注册环保工程师
专业考试复习教材

(第四版)

水污染防治工程技术与实践

(上册)

全国勘察设计注册工程师环保专业管理委员会
中国环境保护产业协会 编

中国环境出版集团·北京

图书在版编目（CIP）数据

注册环保工程师专业考试复习教材. 水污染防治工程技术与实践/全国勘察设计注册工程师环保专业管理委员会，中国环境保护产业协会编. —北京：中国环境出版集团，2017.3（2019.11重印）

ISBN 978-7-5111-2896-6

Ⅰ.①注… Ⅱ.①全… ②中… Ⅲ.①水污染防治－资格考试－自学参考资料 Ⅳ.①X

中国版本图书馆CIP数据核字（2016）第190476号

出版人	武德凯
策划编辑	沈 建 葛 莉
责任编辑	葛 莉 董蓓蓓 宾银平
责任校对	尹 芳
封面设计	彭 杉

出版发行 中国环境出版集团
（100062 北京市东城区广渠门内大街16号）
网　　址 http://www.cesp.com.cn
电子邮箱 bjgl@cesp.com.cn
联系电话 010-67112765（编辑管理部）
　　　　　010-67113412（第二分社）
发行热线 010-67125803，010-67113405（传真）

印　刷	北京中科印刷有限公司
经　销	各地新华书店
版　次	2017年3月第1版
印　次	2019年11月第2次印刷
开　本	787×1092　1/16
印　张	40.75
字　数	970千字
定　价	380元（全三册）

【版权所有。未经许可请勿翻印、转载，侵权必究】

如有缺页、破损、倒装等印装质量问题，请寄回本集团更换

中国环境出版集团郑重承诺：
中国环境出版集团合作的印刷单位、材料单位均具有中国环境标志产品认证；
中国环境出版集团所有图书"禁塑"。

注册环保工程师专业考试复习教材
编 委 会

主　　任	樊元生
副 主 任	易　斌
常务编委	郝吉明　左剑恶　朱天乐　蒋建国　李国鼎　李志远
	余占清　姜　亢　邹　军　燕中凯　刘　媛
编　　委	（按姓氏笔画排列）
	马　金　井　鹏　方庆川　王玉珏　王敬民　司传海
	田贺忠　任重培　刘　君　刘海威　孙　也　何金良
	吴　静　张　纯　李　伟　李　彭　李兴华　李国文
	纳宏波　邱　勇　邹　军　陈　超　陈德喜　周　律
	孟宝峰　尚光旭　罗钦平　姜　亢　胡小吐　席劲瑛
	郭祥信　彭　溶　彭孝容　翟力新　樊　星

《水污染防治工程技术与实践》分册
编写组

主　编：左剑恶

编　写：（按姓氏笔画排列）

马　金　井　鹏　吴　静　李　彭　邱　勇

陈　超　周　律　席劲瑛

前 言

环境工程作为一门以环境科学为基础、以工程技术为主导的解决复杂环境问题的工程学科，具有起步晚、发展较快、多学科相互渗透、技术工艺复杂等特点，主要包括水污染防治、大气污染防治、固体废物处理处置、物理污染控制、污染修复等工程技术领域。环保工程师的主要职责就是要在从事环境工程设计、咨询等活动中，通过环境工程措施来削减污染物排放，使其稳定达到国家或地方环境法规、标准规定的污染物排放限值，其从业范围包括环境工程设计、技术咨询、设备招标和采购咨询、项目管理、施工指导及污染治理设施运行管理等各类环境工程服务活动。环保工程师作为环境工程设计、工程咨询服务的主要力量，应具有一定的理论知识、扎实的专业技能、丰富的实际工程经验和良好的职业道德，并能准确理解、正确应用各类环境法规、标准和政策，综合解决各类复杂环境问题。

为加强对环境工程设计相关专业技术人员的管理，提高环境工程设计技术人员综合素质和业务水平，保证环境工程质量，维护社会公共利益和人民生命财产安全，2005年9月1日起国家实施了注册环保工程师执业资格制度，并开始实行注册环保工程师资格考试。注册环保工程师资格考试实行全国统一大纲、统一考试制度，分为基础考试和专业考试，2007年至今，已成功组织了9次考试。

根据新修订的《勘察设计注册环保工程师执业资格专业考试大纲》（2014年版）要求，全国勘察设计注册工程师环保专业管理委员会秘书处和中国环境保护产业协会组织环境工程领域的资深专家重新编写了"注册环保工程师专业考试复习教材"系列丛书，供环境工程专业技术人员参加注册环保工程师资格专业考试复习使用。同时，也供从事环境工程设计、咨询、项目管理等方面的环境工程专业技术人员，以及高等院校环境工程专业的师生在实际工作、教学、学习中参考使用。

本复习教材以《勘察设计注册环保工程师执业资格专业考试大纲》（2014年版）为依据，内容力求体现专业考试大纲对以下三个层次知识和技能的要求：

（1）了解：是指注册环保工程师应知的与环境工程设计密切相关的知识和技能。

（2）熟悉：是指注册环保工程师开展执业活动必须熟悉的知识和技能。

（3）掌握：是指注册环保工程师必须掌握，并能够熟练地运用于工程实践的知识和必备技能。

根据注册环保工程师执业资格专业考试和环境工程专业的特点，本复习教材内容以注册环保工程师应熟悉和掌握的具有共性的专业理论知识、环境工程实际技能为重点，既不同于普通教科书，也不同于一般理论专著，力求达到科学性、系统性与实用性的统一。为保证知识的系统性，本复习教材部分章节的编排并非与大纲一一对应，但其基本涵盖了大纲要求的全部内容。

本复习教材丛书共分五个分册:《水污染防治工程技术与实践》《大气污染防治工程技术与实践》《固体废物处理处置工程技术与实践》《物理污染控制工程技术与实践》《综合类法规和标准》。

参加本复习教材编写的单位近 20 个。其中,《水污染防治工程技术与实践》分册由清华大学环境学院编写;《大气污染防治工程技术与实践》分册由北京航空航天大学环境科学与工程系、福建龙净环保股份有限公司、中国恩菲工程技术有限公司、北京纬纶华业环保科技股份有限公司、广东佳德环保科技有限公司、北京国能中电节能环保技术股份有限公司、北京师范大学、北京科技大学、北京工业大学编写;《固体废物处理处置工程技术与实践》分册由清华大学环境学院、中国城市建设研究院、中国恩菲工程技术有限公司编写;《物理污染控制工程技术与实践》分册由合肥工业大学机械与汽车工程学院、清华大学电机工程与应用电子技术系、首都经济贸易大学安全与环境工程学院、深圳中雅机电实业有限公司、广东启源建筑工程设计院有限公司编写。

本复习教材的编写在全国勘察设计注册工程师环保专业管理委员会专家组的指导下完成,编写过程中得到了编写人员所在单位的大力支持,并参考了我国现行的环境工程高等教育的推荐教材和环境工程手册、专著等,在此表示诚挚的谢意。

本复习教材编写历时两年,不少内容几易其稿,凝聚了全体编写人员的心血。但由于环境工程技术涉及面广,本复习教材又是新考试大纲颁布实施后的重新编写,难免有差错之处,敬请广大读者批评指正,以期在本教材再版时补充和修正。

编 者

2016 年 8 月

目 录

第1章 污水处理工程总体设计 1
   1.1 污水收集与提升 1
   1.2 污水处理厂总体设计 37

第2章 污水预处理工程 45
   2.1 污水预处理工艺及构筑物设计 45
   2.2 污水一级处理（沉淀）工艺及构筑物设计 52

第3章 污水生物处理工程基础 60
   3.1 活性污泥法 60
   3.2 生物膜法 104
   3.3 污水生物脱氮除磷 129
   3.4 膜生物反应器 137
   3.5 厌氧生物处理 144
   3.6 污水二级处理工艺设计 155
   3.7 生物处理单元构筑物设计 158

第4章 污水物理与化学处理工程基础 178
   4.1 混凝 178
   4.2 沉淀、澄清及浓缩 186
   4.3 沉砂 202
   4.4 隔油 204
   4.5 气浮 207
   4.6 过滤 213
   4.7 吸附 219
   4.8 离子交换 225
   4.9 膜分离 232
   4.10 中和 244
   4.11 化学沉淀 246
   4.12 氧化还原 247
   4.13 萃取、吹脱和汽提 252
   4.14 消毒 255

第 5 章 污水再生利用工程 260
- 5.1 污水再生利用的意义与基本原则 260
- 5.2 污水再生利用的途径与水质要求 261
- 5.3 再生水水源及水质特征 269
- 5.4 污水深度处理单元技术 270
- 5.5 城镇污水深度处理组合工艺 289

第 6 章 工业废水处理工程 294
- 6.1 我国工业废水分类、来源及特征 294
- 6.2 工业废水处理设计的基本方法 298
- 6.3 纺织染整工业废水处理工艺 301
- 6.4 制浆造纸工业废水处理工艺 308
- 6.5 屠宰与肉类加工工业废水处理工艺 317
- 6.6 酿造工业废水处理工艺 321
- 6.7 制糖废水处理工艺 330
- 6.8 食品工业废水处理工艺 334
- 6.9 制药废水处理工艺 343
- 6.10 石油化工工业废水处理工艺 355
- 6.11 电子工业废水处理工艺 361
- 6.12 化学工业废水处理工艺 362
- 6.13 钢铁工业废水处理工艺 368
- 6.14 有色金属冶炼工业废水处理工艺 372
- 6.15 机械加工工业废水处理工艺 384
- 6.16 生活垃圾填埋场渗滤液处理工艺 397
- 6.17 工业园区废水处理工艺 402

第 7 章 污泥处理工程 405
- 7.1 污泥的分类及特性 405
- 7.2 污泥处理技术和方法 407
- 7.3 污泥的最终处置与利用方法 410
- 7.4 污泥的浓缩原理及应用 411
- 7.5 污泥厌氧消化原理及应用 413
- 7.6 污泥脱水原理及应用 417
- 7.7 污泥干化原理及应用 420

第 8 章 污水污泥处理过程的常用设备、药剂及仪表 424
- 8.1 污水污泥处理过程的常用设备 424
- 8.2 污水污泥处理过程的常用药剂 451
- 8.3 污水污泥处理过程的常用仪表 457

  8.4 污水污泥处理过程的控制系统 464

第9章 污水自然净化工程 472
  9.1 人工湿地污水处理技术 472
  9.2 污水土地处理技术 479
  9.3 污水稳定塘处理技术 490

第10章 流域水污染防治工程 499
  10.1 水体污染物的来源、特性及其危害 499
  10.2 流域水污染防治的原则和主要方法 503
  10.3 污染水体水质净化与生态修复主要方法 514

附 件

一、环境质量标准
  GB 3097—1997 海水水质标准 523
  GB 3838—2002 地表水环境质量标准 530
  GB 5084—2005 农田灌溉水质标准 539
  GB 11607－89 渔业水质标准 544
  GB/T 14848—93 地下水质量标准 549

二、污染物排放（控制）标准
  GB 3544—2008 制浆造纸工业水污染物排放标准 554
  GB 4287—2012 纺织染整工业水污染物排放标准 561
  GB 8978—1996 污水综合排放标准 570
  GB 13456—2012 钢铁工业水污染物排放标准 590
  GB 13457－92 肉类加工工业水污染物排放标准 598
  GB 13458—2013 合成氨工业水污染物排放标准 604
  GB 14374—93 GB/T 14375～14378—93
    航天推进剂水污染物排放与分析方法标准 611
  GB 14470.1—2002 兵器工业水污染物排放标准 火炸药 614
  GB 14470.2—2002 兵器工业水污染物排放标准 火工药剂 620
  GB 14470.3—2011 弹药装药行业水污染物排放标准 626
  GB 15580—2011 磷肥工业水污染物排放标准 633
  GB 15581—95 烧碱、聚氯乙烯工业水污染物排放标准 639
  GB 18466—2005 医疗机构水污染物排放标准 647
  GB 18486—2001 污水海洋处置工程污染控制标准 676
  GB 18918—2002 城镇污水处理厂污染物排放标准 680
  GB 19430—2013 柠檬酸工业水污染物排放标准 690

GB 20425—2006	皂素工业水污染物排放标准	696
GB 20426—2006	煤炭工业污染物排放标准	700
GB 20922—2007	城市污水再生利用　农田灌溉用水水质	707
GB 21523—2008	杂环类农药工业水污染物排放标准	712
GB 21901—2008	羽绒工业水污染物排放标准	747
GB 21903—2008	发酵类制药工业水污染物排放标准	752
GB 21904—2008	化学合成类制药工业水污染物排放标准	759
GB 21905—2008	提取类制药工业水污染物排放标准	767
GB 21906—2008	中药类制药工业水污染物排放标准	773
GB 21907—2008	生物工程类制药工业水污染物排放标准	779
GB 21908—2008	混装制剂类制药工业水污染物排放标准	789
GB 21909—2008	制糖工业水污染物排放标准	794
GB 24188—2009	城镇污水处理厂污泥泥质	799
GB 25461—2010	淀粉工业水污染物排放标准	803
GB 25462—2010	酵母工业水污染物排放标准	809
GB 25463—2010	油墨工业水污染物排放标准	815
GB 26877—2011	汽车维修业水污染物排放标准	823
GB 27631—2011	发酵酒精和白酒工业水污染物排放标准	829
GB 28936—2012	缫丝工业水污染物排放标准	835
GB 28937—2012	毛纺工业水污染物排放标准	840
GB 28938—2012	麻纺工业水污染物排放标准	845
GB 30486—2013	制革及毛皮加工工业水污染物排放标准	850
GB/T 18919—2002	城市污水再生利用　分类	856
GB/T 18920—2002	城市污水再生利用　城市杂用水水质	859
GB/T 18921—2002	城市污水再生利用　景观环境用水水质	863
GB/T 19923—2005	城市污水再生利用　工业用水水质	871
GB/T 23484—2009	城镇污水处理厂污泥处置　分类	876
GB/T 23485—2009	城镇污水处理厂污泥处置　混合填埋用泥质	878
GB/T 23486—2009	城镇污水处理厂污泥处置　园林绿化用泥质	882
GB/T 24600—2009	城镇污水处理厂污泥处置　土地改良用泥质	888
GB/T 24602—2009	城镇污水处理厂污泥处置　单独焚烧用泥质	893
GB/T 25031—2010	城镇污水处理厂污泥处置　制砖用泥质	899
CJ 343—2010	污水排入城镇下水道水质标准	904

三、环境工程相关技术（设计）规范

GB 50014—2006	室外排水设计规范（2014年版）	913
GB 50335—2002	污水再生利用工程设计规范	973
GB 50428—2015	油田采出水处理设计规范	982
GB 50788—2012	城镇给水排水技术规范	1009

GB 50810—2012	煤炭工业给水排水设计规范	1021
GB 50963—2014	硫酸、磷肥生产污水处理设计规范	1037
GB 50102—2014	工业循环水冷却设计规范	1049
GB/T 50109—2014	工业用水软化除盐设计规范	1083
GB/T 51146—2015	硝化甘油生产废水处理设施技术规范	1102
GB/T 51147—2015	硝胺类废水处理设施技术规范	1112
HJ 471—2009	纺织染整工业废水治理工程技术规范	1122
HJ 493—2009	水质采样 样品的保存和管理技术规范	1139
HJ 574—2010	农村生活污染控制技术规范	1153
HJ 575—2010	酿造工业废水治理工程技术规范	1163
HJ 576—2010	厌氧-缺氧-好氧活性污泥法污水处理工程技术规范	1185
HJ 577—2010	序批式活性污泥法污水处理工程技术规范	1208
HJ 578—2010	氧化沟活性污泥法污水处理工程技术规范	1234
HJ 579—2010	膜分离法污水处理工程技术规范	1261
HJ 580—2010	含油污水处理工程技术规范	1274
HJ 2002—2010	电镀废水治理工程技术规范	1284
HJ 2003—2010	制革及毛皮加工废水治理工程技术规范	1311
HJ 2004—2010	屠宰与肉类加工废水治理工程技术规范	1334
HJ 2005—2010	人工湿地污水处理工程技术规范	1349
HJ 2006—2010	污水混凝与絮凝处理工程技术规范	1361
HJ 2007—2010	污水气浮处理工程技术规范	1377
HJ 2008—2010	污水过滤处理工程技术规范	1395
HJ 2011—2012	制浆造纸废水治理工程技术规范	1416
HJ 2013—2012	升流式厌氧污泥床反应器污水处理工程技术规范	1438
HJ 2014—2012	生物滤池法污水处理工程技术规范	1457
HJ 2015—2012	水污染治理工程技术导则	1481
HJ 2018—2012	制糖废水治理工程技术规范	1519
HJ 2019—2012	钢铁工业废水治理及回用工程技术规范	1535
HJ 2021—2012	内循环好氧生物流化床污水处理工程技术规范	1550
HJ 2022—2012	焦化废水治理工程技术规范	1574
HJ 2023—2012	厌氧颗粒污泥膨胀床反应器废水处理工程技术规范	1623
HJ 2024—2012	完全混合式厌氧反应池废水处理工程技术规范	1638
HJ 2029—2013	医院污水处理工程技术规范	1654
HJ 2030—2013	味精工业废水治理工程技术规范	1670
HJ 2036—2013	染料工业废水治理工程技术规范	1688
HJ 2038—2014	城镇污水处理厂运行监督管理技术规范	1707
HJ 2041—2014	采油废水治理工程技术规范	1721
HJ 2045—2014	石油炼制工业废水治理工程技术规范	1734
HJ 2047—2014	水解酸化反应器污水处理工程技术规范	1755

HJ 2048—2014　饮料制造废水治理工程技术规范 1766
HJ 2051—2014　烧碱、聚氯乙烯工业废水处理工程技术规范 1784
CJJ 60—2011　城镇污水处理厂运行、维护及安全技术规程 1808
CJJ 131—2009　城镇污水处理厂污泥处理技术规程 1839

四、法律法规

中华人民共和国水污染防治法（中华人民共和国主席令　第八十七号） 1854

五、技术政策

草浆造纸工业废水污染防治技术政策（环发[1999]273 号） 1867
城市污水处理及污染防治技术政策（城建[2000]124 号） 1869
印染行业废水污染防治技术政策（环发[2001]118 号） 1873
湖库富营养化防治技术政策（环发[2004]59 号） 1876
城市污水再生利用技术政策（建科[2006]第 100 号） 1883
城镇污水处理厂污泥处理处置及污染防治技术政策（试行）
　（建城[2009]23 号） 1888

第1章 污水处理工程总体设计

水是城市生存和发展的命脉。治理水污染和保护水资源，不仅是当今世界性的问题，更是我国城乡普遍面临的当务之急。城市污水是城市下水道系统收集到的各种污水，是一种混合污水。人们在生产和生活中产生了大量污水，这些来自工厂、住宅和各种公共建筑中的各类污水，需要及时妥善地排除、处理和利用，如不进行必要的处理，直接排入水体（江、河、湖、海、地下水）或土壤，将会污染环境、破坏自然生态。为避免造成对环境的污染，城市污水必须经过处理达到相关排放标准才能排放。

1.1 污水收集与提升

城市污水按其来源的不同，可分为生活污水、工业废水和由降水所产生的径流污水三类。

生活污水——人们日常生活中用过的水，包括从厕所、浴室、盥洗室、厨房、食堂和洗衣房等处排出的水。生活污水中的主要污染物有蛋白质、动植物脂肪、碳水化合物、尿素、氨氮、合成洗涤剂以及在粪便中出现的病原微生物等。

工业废水——在工业生产中排出的废水。工业废水按照污染程度的不同，可分为生产废水和生产污水两类。工业废水中的污染物因产品性质和生产过程的不同而不同。按其所含污染物的主要成分分类，可分为酸性废水、碱性废水、含氰废水、含汞废水、含酚废水、含油废水等。

降水径流污水——大气降水，包括液态降水（如雨、露）和固态降水（如雪、冰雹、霜等）。通常降雨是排水的主要对象，其在径流过程中被地面的许多污染物污染，如废弃物、垃圾、降尘等。

为保护环境，在进行污水处理与再生利用之前，需要建设一套完整的排水收集系统，即收集、输送、提升等系列工程设施。

1.1.1 排水体制的类型及选择

按城市污水的不同排放方式，其所形成的排水系统，称为排水体制。排水体制一般分为分流制和合流制两种。

1. 排水体制的类型

（1）分流制排水系统

分流制排水系统是将生活污水、工业废水和雨水分别在两个或两个以上的各自独立的管渠系统内排除。

根据雨水管渠系统的完整性，分流制排水系统又可分为完全分流制和不完全分流制两种。完全分流制排水系统中，雨水、污水各自设有单独的排水管道系统。不完全分流制排水系统中，只设污水排水管道，不设或设置不完整的雨水排水管道系统，雨水沿地面或街道边的沟渠排放。图 1-1 为完全分流制排水系统示意图，图 1-2 为不完全分流制排水系统示意图。

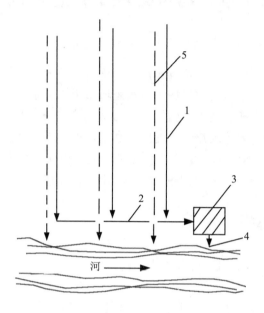

1—污水干管；2—污水主干管；3—污水处理厂；4—出水口；5—雨水干管

图 1-1　完全分流制排水系统

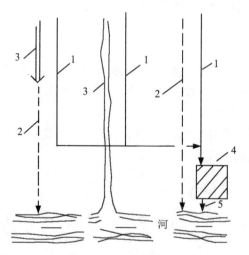

1—污水管道；2—雨水管渠；3—原有渠道；4—污水处理厂；5—出水口

图 1-2　不完全分流制排水系统

（2）合流制排水系统

合流制排水系统是合用一个管渠系统，将雨水、污水（包括生活污水、工业废水）排除。国内许多老城市由于当时的条件所限，在早期市政建设时都是采用简单的直流式合流系统。

随着城市建设的发展,直流式合流制排水系统已逐渐改造为截流式合流制排水系统(图1-3)。

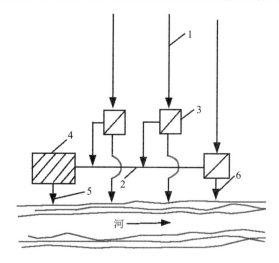

1—合流干管;2—截流主干管;3—溢流井;4—污水处理厂;5—出水口;6—溢流出水口

图1-3 截流式合流制排水系统

(3) 工业企业内部的排水系统

由于工业废水的成分和性质很复杂,在工业企业中,一般采用分流制排水系统。

工厂内废水宜采用分质分流、清污分流等多种管道系统来分别排除不同性质的废水。图1-4为具有循环给水系统和局部处理设施的分流制排水系统。工业废水排放要求:不允许将含有特殊污染物质的有害生产污水与生活或一般生产污水直接混合排放,应在车间附近设置局部处理设施。冷却废水经冷却后在生产中循环使用(图1-4)。

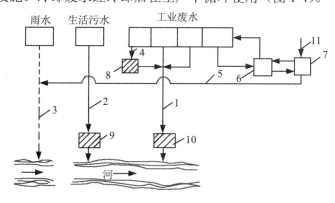

1—生产污水管道系统;2—生活污水管道系统;3—雨水管渠系统;
4—特殊污染生产污水管道系统;5—溢流水管道;6—泵站;7—冷却构筑物;
8—局部处理构筑物;9—生活污水处理厂;10—生产污水处理厂;11—补充清洁水

图1-4 工业企业分流制排水系统

工业企业的污水水质如能够满足《污水综合排放标准》(GB 8978—1996)、《污水排入城镇下水道水质标准》(CJ 343—2010)等有关标准的规定,有市政排水条件的也可直接排入城市污水管道。

2. 排水系统的组成与布置形式

（1）城市污水排水系统的主要组成

城市污水排水系统由室内污水管道系统、室外排水管道系统、污水泵站、污水处理厂和出水口组成。

1）室内污水管道系统

室内污水管道系统的作用是收集建筑内的生活污水，并将其排送至室外居住小区污水管道中。室内污水管道系统主要包括室内卫生设备、排水横管、排水立管、出户管、检查井、化粪池以及室外连接管道。

2）室外排水管道系统

室外排水管道系统由居住小区污水管道系统（也叫作庭院或街坊污水管网）和街道污水管道系统以及管道上的附属构筑物组成。

街道污水管道系统是指敷设在街道下，用以排除居住小区管道流来的污水，它由排水支管、干管和主干管组成。

管道系统上的附属构筑物有各种检查井、跌水井、倒虹管等。

3）污水泵站及压力管道

污水一般以重力排除，有时受到地形的限制，需要在管道系统中设置污水提升泵站。污水泵站分为局部泵站、中途泵站和总泵站等。从泵站出来的污水提升至高地的自流管道或至污水厂的承压管段，称为压力管道。

4）污水处理厂

污水处理厂是由用来处理和处理后再利用的污水、污泥的一系列构筑物和附属建筑物组成的污水处理系统。

5）出水口及事故排出口

出水口是城市污水排入水体的终点构筑物。事故排出口是在排水系统的中部，或在某些易发生故障的局部前设置的辅助性出水口。图1-5是城市污水排水系统示意图。

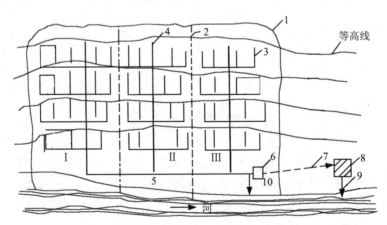

Ⅰ，Ⅱ，Ⅲ—排水流域

1—城市边界；2—排水流域分界线；3—支管；4—干管；5—主干管；6—总泵站；
7—压力管道；8—城市污水厂；9—出水口；10—事故排出口

图1-5 城市污水排水系统总平面示意

(2) 工业企业内部废水排水系统的主要组成

工业企业内部的废水排水系统一般由以下部分组成：① 车间内部的设备和排水管道系统；② 厂区排水管道系统；③ 污水泵站及压力管道；④ 废水处理站。

工业区排水系统总平面示意，见图1-6。

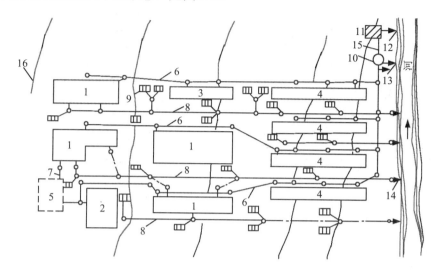

1—生产车间；2—办公楼；3—值班宿舍；4—职工宿舍；5—废水利用车间；6—生产与生活污水管道；
7—特殊污染生产污水管道；8—生产废水与雨水管道；9—雨水口；10—污水泵站；11—废水处理站；
12—出水口；13—事故排出口；14—雨水出水口；15—压力管道；16—等高线

图1-6　工业区排水系统总平面示意

(3) 雨水排水系统的主要组成

雨水排水系统的主要组成部分：① 建筑物的雨水管道系统；② 居住小区或工厂的雨水管渠系统；③ 街道雨水管渠系统；④ 雨水泵站；⑤ 排洪沟；⑥ 出水口。

(4) 城市排水系统的布置形式

1) 平面布置

城市排水系统的平面布置形式可分为正交式、截流式、平行式、分区式、辐射状分散式。图1-7为城市排水系统常见布置的几种形式。图中：(a)—— 正交式布置适用于雨水，而不适用于污水；(b)—— 截流式是正交式的发展结果，用于污水管道可减轻水体污染、改善和保护环境；(c)—— 平行式布置适合于地势向河流方向有较大倾斜的地区，避免管道流速过大，引起管道受到严重冲刷；(d)—— 在地势高低相差很大的地区，可采用分区布置形式，高地区污水靠重力自流入污水厂，低地区设置泵站提升污水，这样可充分利用地形，节省电力；(e)—— 当城市较大，周围有河流或排水出路，或城市中心部分地势较高时，各排水区域的干管可采用辐射状分散式布置。

2) 高程布置

排水管网的高程布置应根据城市的竖向规划，由控制点、最小埋深、最大埋深、泵站和跌水等条件确定。

在排水区域内，对管道埋深起控制作用的地点称为控制点。管道的最小埋深和最大埋深的数值，应根据当地的自然条件、工程技术经济指标、施工能力和施工方法来确定。当管线超过最大埋深时，应设置泵站来提高下游管道的位置。

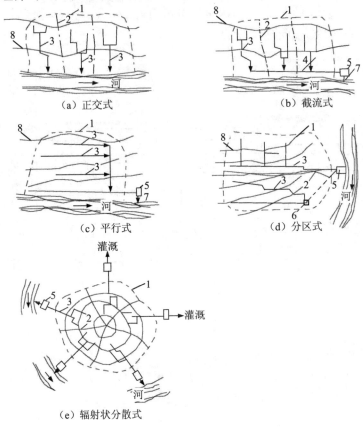

1—城市边界；2—排水流域分界线；3—干管；4—主干管；
5—污水厂；6—污水泵站；7—出水口；8—等高线

图 1-7　城市排水系统平面布置的一般形式

3. 排水体制的选择

合流制排水系统，对于降水量较少的干旱地区和汇水面积较小的村镇排水较为适用。但是由于合流管渠平时输送的旱季污水量和雨季输送的合流污水量相差悬殊，因此，合流管渠容易产生沉积。

分流制排水系统，可以为系统终端的分质处置提供条件。因此，对于充分利用水资源来说，是比较理想的排水体制。

总之，合理地选择排水系统的体制，是城市和工业企业排水系统规划和设计的重要问题。它不仅从根本上影响排水系统的设计、施工、维护管理，而且对城市和工业企业的规划和环境保护影响深远。

《室外排水设计规范》规定，排水系统的选择应根据城镇和工业企业规划、当地降雨情况和排放标准、原有排水设施、污水处理和利用情况、地形和水体等条件综合考虑确定。

对于同一城镇的不同地区可采用不同的排水体制，如新建地区的排水系统应采用分流制。在选择和确定排水系统体制时，工程建设的总投资和初期投资费用以及维护管理费用通常是重要的影响因素,但保护环境应该是选择排水体制首先要考虑的问题。排水系统体制的选择应根据当地条件,通过技术经济比较确定。选择排水体制需考虑以下主要因素:① 环境保护要求;② 工程经济造价;③ 维护管理费用。

1.1.2 污水管网水力计算及工程设计

污水管道系统的工程设计包括:① 设计基础数据的收集;② 污水管道系统的平面布置;③ 污水管道设计流量计算和水力计算;④ 污水管道系统附属构筑物的选择与设计;⑤ 污水管道在街道横断面上位置的确定;⑥ 绘制污水管道系统平面图和纵剖面图。

1. 污水管道设计方案的确定

(1) 设计资料的调查与收集

进行排水工程设计时,通常需要有以下几个方面的基础资料。

1) 与设计任务有关的基础资料

a. 了解与设计工程有关的当地规划、经济、环保等方面的资料。

b. 明确设计范围、设计期限;

c. 根据设计人口、污水量定额确定排水体制;

d. 了解受纳水体的环保要求,确定污水处理方式;

e. 了解现有排水管道布置及其存在的问题;

f. 了解现有各种地下管线,确定污水管道在街道下纵横断面的布置;

g. 在明确任务和全面掌握情况的基础上,最后根据工程投资,确定设计标准。

2) 关于自然条件方面的资料

a. 地形图。初步设计和施工图设计时,区域性规划设计与中小城镇设计以及工厂内部设计应采用不同比例的地形图。地区性和大城市的规划设计需要比例尺为 1∶10 000～1∶25 000、等高线间距 1～2 m 的地形图;中小型城镇采用比例尺为 1∶5 000～1∶10 000、等高线间距 1～2 m 的地形图;工厂采用比例尺为 1∶500～1∶2 000、等高线间距 0.5～2 m 的地形图。在施工图阶段,要求街区平面图比例尺为 1∶500～1∶2 000、等高线间距 0.5～1 m;设置排水管道的沿线带状地形图,比例尺为 1∶200～1∶1 000;局部设置特殊的构筑物时,需要更详细的地形图。

b. 气象资料。主要包括当地的气温、风向和风速、暴雨强度公式等。

c. 水文资料。主要包括受纳水体的水量、水位、流速、洪水情况和水质与环保部门对污水排放的要求。

d. 地质资料。主要包括设计地区的土质、承载力;地下水水位;地震烈度资料;管道沿线的地质柱状图。

3) 有关工程情况的资料

主要包括道路的现状和规划、地面和地下建筑物的位置和高程、各种地下管线的位置、管材和建材供应情况、施工队伍的水平等。

(2) 设计方案的制定

在进行排水工程规划设计时,应提出多个不同的设计方案,进行综合性技术经济比较。

在方案设计中应考虑的关键问题是:① 排水体制的选择;② 污水的分散与集中处理以及污水处理的程度;③ 污水管道走向和污水厂位置;④ 污水管道与其他管线的交叉矛盾。

排水工程建设投资巨大、涉及问题广泛，设计方案应力求做到技术先进、经济合理、安全适用。为此，应该对不同方案的技术水平、工程量和建设投资、运行管理费用、经济效益、环境效益和社会效益等进行综合评价，从而确定最佳的设计方案。

2. 污水管网水力计算

（1）污水设计流量的计算

污水管道常采用最大日最大时的污水流量为设计流量，其单位为 L/s。它包括生活污水设计流量和工业废水设计流量（在地下水位较高的地区，应适当考虑地下水渗入量）。

生活污水设计流量由居住区生活污水设计流量和工厂生产区的生活污水设计流量两部分组成。计算生活污水设计流量时，需要先确定设计标准、变化系数和设计人口等重要参数。

1）污水量设计标准

a. 居住区生活污水量设计标准。居住区生活污水量设计标准可依据居民生活污水定额或综合生活污水定额确定。

居民生活污水是指居民日常生活中洗涤、冲厕、洗澡等产生的污水。

综合生活污水是指居民生活污水和公共设施排水两部分之和。

以上两种定额应根据当地采用的用水定额，结合建筑物内部给水排水设施和排水系统的完善程度等因素确定。对给水排水系统完善的地区可按用水的 90%计，一般地区可按用水的 80%计。《室外给水设计规范》规定的居民生活用水定额和综合生活用水定额如表 1-1（1）和表 1-1（2）所示。

表 1-1（1） 居民生活用水定额   单位：L/（人·d）

分区	特大城市	大城市	中、小城市
一	140～210	120～190	100～170
二	110～160	90～140	70～120
三	110～150	90～130	70～110

表 1-1（2） 综合生活用水定额   单位：L/（人·d）

分区	特大城市	大城市	中、小城市
一	210～340	190～310	170～280
二	150～240	130～210	110～180
三	140～230	120～200	100～170

注：① 特大城市是指市区和近郊区非农业人口 100 万及以上的城市；大城市是指市区和近郊区非农业人口 50 万及以上，不满 100 万的城市；中、小城市是指市区和近郊区非农业人口不满 50 万的城市。
② 一区包括湖北、湖南、江西、浙江、福建、广东、广西、海南、上海、江苏、安徽、重庆；二区包括云南、贵州、四川、黑龙江、吉林、辽宁、北京、天津、河北、山西、河南、山东、宁夏、陕西、内蒙古河套以东和甘肃黄河以东的地区；三区包括新疆、青海、西藏、内蒙古河套以西和甘肃黄河以西的地区。
③ 经济开发区和特区城市，根据用水实际情况，用水定额可酌情增加。
④ 当采用海水或污水再生水等作为冲厕用水时，用水定额相应减少。

b. 工业企业中的生活污水量。工业企业中的生活污水量和淋浴水量的标准及厂内公用建筑物生活污水量的标准，应与国家现行的《室外给水设计规范》的有关规定相协调。

c. 工业企业中的生产废水量。工业废水量可按单位产品的废水量计算，或按工艺流程和设备的排水量计算，也可按实测数据计算，但应与国家现行的工业用水量有关规定相协调。

2）污水量变化系数

a. 污水量变化系数的定义。污水量的变化程度通常用变化系数表示。变化系数分日、时和总变化系数：

日变化系数（K_d）是指一年中最大日污水量与平均日污水量的比值；

时变化系数（K_h）是指最大日最大时污水量与该日平均时污水量的比值；

总变化系数（K_z）是指最大日最大时污水量与平均日平均时污水量的比值。

3个变化系数之间的关系如式（1-1）所示：

$$K_z = K_d K_h \qquad (1-1)$$

b. 居住区生活污水量总变化系数。生活污水量总变化系数宜按表1-2采用。

表1-2 生活污水量总变化系数 K_z 值

污水平均日流量/(L/s)	5	15	40	70	100	200	500	≥1 000
总变化系数 K_z	2.3	2.0	1.8	1.7	1.6	1.5	1.4	1.3

注：① 当污水平均日流量为中间数值时，总变化系数用内插法求得。
② 当居住区有实际生活污水量变化资料时，可按实际数据采取。

c. 工业废水量的变化系数。工业企业的工业废水量及其总变化系数应根据生产工艺过程特点和生产性质确定，并与国家现行的工业用水量有关规定相协调。

3）污水量计算公式

排水管道设计流量计算公式见表1-3。

表1-3 排水管道设计流量计算公式

名称	计算公式	符号说明
居住区生活污水量 Q_s/(L/s)	$Q_s = \dfrac{nNK_z}{24 \times 3600}$	n——居住区生活污水定额，L/(人·d)； N——设计人口数； K_z——生活污水量总变化系数
工业废水量 Q_g/(L/s)	$Q_g = \dfrac{mMK_z}{3600T}$	m——生产过程中每单位产品的废水量，L/单位产品； M——产品的平均日产量； T——每日生产时数，h； K_z——总变化系数
工业企业生活污水量 Q_{gs}/(L/s)	$Q_{gs} = \dfrac{A_1 B_1 K_1 + A_2 B_2 K_2}{3600T}$	A_1——一般车间最大班职工人数，人； A_2——热车间最大班职工人数，人； B_1——一般车间职工生活污水定额，以25 L/(人·班)计； B_2——热车间职工生活污水定额，以35 L/(人·班)计； K_1——一般车间生活污水量时变化系数，以3.0计； K_2——热车间生活污水量时变化系数，以2.0计
工业企业淋浴用水量 Q_{gl}/(L/s)	$Q_{gl} = \dfrac{C_1 D_1 + C_2 D_2}{3600}$	C_1——一般车间最大班使用淋浴的职工人数，人； C_2——热车间及污染严重车间最大班使用淋浴的职工人数，人； D_1——一般车间的淋浴污水定额，以40 L/(人·班)计； D_2——热车间及污染严重车间的淋浴污水定额，以60 L/(人·班)计

4）污水量计算实例

某城镇生活污水、生产废水设计流量的计算及城镇污水总流量的综合计算见表1-4、表1-5及表1-6。

表1-4 城镇居民区生活污水流量计算表

居住区名称	排水流域编号	居住面积/hm²	人口密度/(人/hm²)	居民人数/人	生活污水定额[L/(人·d)]	平均污水量 (m³/d)	平均污水量 (m³/h)	平均污水量 (L/s)	总变化系数 K_z	设计流量 (m³/h)	设计流量 (L/s)
旧城区	I	55.86	480	26 813	100	2 681.3	111.72	31	1.83	204.45	56.73
文教区	II	44.10	460	20 286	150	3 042.9	126.79	35.22	1.86	235.83	65.51
工业区	III	62.85	420	26 397	120	3 167.64	131.99	36.66	1.87	246.82	68.55
合计	—	162.81	—	73 496	—	8 891.84	370.5	102.88	1.62	600.21*	166.67*

* 此两项合计数字不是直接总计,而是合计平均流量与相对应的总变化系数的乘积。

表1-5 城镇中生产废水设计流量计算表

工厂名称	班数	各班时数/h	产品	日产量/t	单位产品废水量/(m³/t)	平均流量 (m³/d)	平均流量 (m³/h)	平均流量 (L/s)	总变化系数 K_z	设计流量 (m³/h)	设计流量 (L/s)
肉类加工厂	3	8	牲畜	162	15	2 430	101.25	28.13	1.7	172.13	47.82
造纸厂	3	8	白纸	12	150	1 800	75	20.83	1.45	108.75	30.20
印染厂	3	8	布	36	150	5 400	225	62.5	1.42	319.5	88.75
皮革厂	3	8	皮革	34	75	2 550	106.25	29.51	1.4	148.75	41.31
合计	—					12 180	507.5	140.97	—	749.13	208.08

表 1-6 城镇污水总流量综合表

排水工程对象	平均日污水流量/(m³/d)		最大时污水流量/(m³/h)		设计流量/(L/s)	
	生活污水	进入城镇污水管道的生产废水	生活污水	进入城镇污水管道的生产废水	生活污水	进入城镇污水管道的生产废水
居住区	8 891.84	—	600.21	—	166.67	—
工　厂	—	12 180	—	749.13	—	208.08
合　计	8 891.84	12 180	600.21	749.13	166.67	208.08
总　计	Q_{vd}=21 071.84		Q_{maxh}=1 349.34		Q_{maxs}=374.75	

注：Q_{vd}——平均日流量；Q_{maxh}——最大时流量；Q_{maxs}——最大平均流量。

（2）污水管道的水力计算

1）水力计算基本公式

污水管道一般采用重力流，污水靠管道两端的落差从高处流向低处。重力流管道中的水流可分为两种流态：

a. 稳定均匀流——在管道、坡度和管径不变的直线管道，污水流量沿程不变或变化很小时，管内污水流态接近于均匀流（图 1-8），可采用稳定均匀流公式进行水力计算；

b. 明渠非均匀流——管道中的水经转弯、交叉、变径、跌水等处时，水流状态发生改变，流速和流量也会发生变化，此时污水管道内的水流状态为明渠非均匀流。

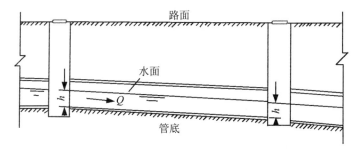

图 1-8 均匀流管段示意

污水管道水力计算的基本公式：

流量公式：

$$Q = Av \quad (1-2)$$

流速公式：

$$v = C\sqrt{RI} \quad (1-3)$$

式中：Q——流量，m³/s；
A——过水断面面积，m²；
v——流速，m/s；
R——水力半径（过水断面面积与湿周的比值），m；
I——水力坡度（等于水面坡度，也等于管底坡度）；

C——流速系数或称谢才系数。

C 值一般按曼宁公式计算,即:

$$C = \frac{1}{n} R^{\frac{1}{6}} \tag{1-4}$$

将式(1-4)代入式(1-3)和式(1-2),得:

$$v = \frac{1}{n} R^{\frac{2}{3}} I^{\frac{1}{2}} \tag{1-5}$$

$$Q = \frac{1}{n} A R^{\frac{2}{3}} I^{\frac{1}{2}} \tag{1-6}$$

式中:n——管壁粗糙系数,宜按表1-7选用。

表1-7 管壁粗糙系数

管道类别	管壁粗糙系数(n)	管道类别	管壁粗糙系数(n)
UPVC管、PE管、玻璃钢管	0.009~0.011	浆砌砖渠道	0.015
石棉水泥管、钢管	0.012	浆砌块石渠道	0.017
陶土管、铸铁管	0.013	干砌块石渠道	0.020~0.025
混凝土管、钢筋混凝土管、水泥砂浆抹面渠道	0.013~0.014	土明渠(包括带草皮)	0.025~0.030

2)水力计算设计数据

a. 设计充满度。污水在管道中的充满度是指在设计流量下,污水在管道中的水深 h 和管道内径 D 的比值,如图1-9所示。

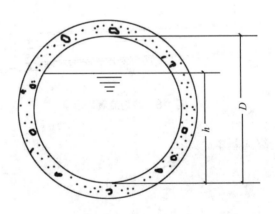

图1-9 充满度示意

《室外排水设计规范》规定,污水管道应按不满流设计,其设计最大充满度应按表1-8选用。

污水管道按不满流设计是考虑为未预见水量的增长留有余地,避免污水外溢,而且管道不满流利于管道内的通风,可排除有害气体,同时便于管道的疏通和维护管理。

表 1-8 最大设计充满度

管径（D）或暗渠高（H）/mm	最大设计充满度（$\frac{h}{D}$ 或 $\frac{h}{H}$）
200～300	0.55
350～450	0.65
500～900	0.70
≥1 000	0.75

注：在计算污水管道充满度时，不包括沐浴或短时间突然增加的污水量，但当管径小于或等于 300 mm 时，应按满流复核。

b. 设计流速。设计流速是指管道中的流量达到设计流量时，与设计充满度相对应的水流平均流速。为了避免管道中产生淤积或冲刷现象，设计流速不宜过大或过小，应在最大和最小设计流速范围之内。

《室外排水设计规范》规定，污水管道在设计充满度下的最小设计流速为 0.6 m/s，明渠为 0.4 m/s。含有金属、矿物固体或重油杂质的生产废水管道，其最小设计流速宜适当加大。排水管道采用压力流时，其设计流速宜采用 0.7～2.0 m/s。

c. 最小管径。为避免管道堵塞，当污水上游管段的设计流量很小、计算出的管径较小时，应根据经验确定一个允许的最小管径。如按计算确定的管径小于最小管径时，应采用《室外排水设计规范》规定的污水管道的最小管径（表 1-9）。

表 1-9 污水管道的最小管径与最小设计坡度

管道类别	最小管径/mm	相应最小设计坡度
污水管	300	塑料管 0.002，其他管 0.003
雨污合流管	300	塑料管 0.002，其他管 0.003
重力输泥管	200	0.01

d. 最小设计坡度。最小设计坡度是指同最小设计流速相对应的坡度。式（1-5）反映了坡度和流速之间的关系，在给定的设计充满度下，管径越大，相应的最小设计坡度值越小。

当设计流量很小而采用最小管径的设计管段称为不计算管段。由于这种管段不进行水力计算，没有设计流速，因此就直接采用规定的管道最小设计坡度，见表 1-9。

管道坡度不能满足表 1-9 的要求时，应有防淤、清淤措施。

3）管道的埋设深度和覆土厚度

埋设深度是指管道内壁底部到地面的距离。

覆土厚度是指管道外壁顶部到地面的距离。

图 1-10 是管道的埋设深度和覆土厚度示意图。

a. 最大允许埋深。管道埋深允许的最大值称为最大允许埋深。一般在干燥土壤中，最大埋深不超过 7～8 m；在多水、流砂、石灰岩地层中，一般不超过 5 m。

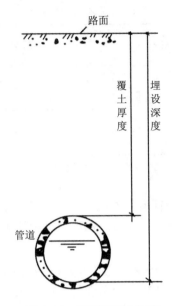

图 1-10 埋深及覆土厚度

b. 最小覆土厚度。管道覆土厚度的最小限值叫作最小覆土厚度。管顶最小覆土厚度应根据管材强度、外部荷载、土壤冰冻深度和土壤性质等条件，并结合当地埋管经验确定。《室外排水设计规范》规定，一般情况下，宜执行最小覆土的规定：人行道下 0.6 m，车行道下 0.7 m。不执行上述规定时，需对管道采取加固措施。一般情况下，排水管道埋设在冰冻线以下，有利于安全运行。当有可靠依据时，也可埋设在冰冻线以上，但需慎重，并应满足支管在衔接上的要求。

根据街区污水管道起点最小埋深值，可依据图 1-11 和式（1-7）计算出街道管网起点的最小埋设深度。

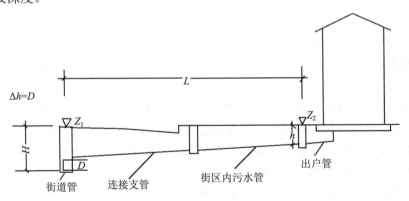

图 1-11 街道污水管道最小埋深示意

$$H = h + IL + Z_1 - Z_2 + \Delta h \qquad (1-7)$$

式中：H——街道污水管网起点的最小埋深，m；

h——街区污水管起点的最小埋深，m；

Z_1——街道污水管起点检查井处地面标高，m；

Z_2——街区污水管起点检查井处地面标高，m；

I——街区污水管和连接支管的坡度；

L——街区污水管和连接支管的总长度，m；

Δh——连接支管与街道污水管的管内底高差，m。

对于每一个管段，从上述决定最小覆土厚度的因素考虑，可以得到三个不同的覆土限值。在这三个限值中应取最大值为允许最小覆土厚度。

4) 污水管道水力计算的方法

a. 水力计算的内容。污水管道的水力计算是在设计流量已知的情况下，计算管道的断面尺寸和敷设坡度。经计算所选择的管道断面尺寸，应在规定的设计充满度和设计流速下，能够排泄设计流量，同时还要考虑经济优化的原则。管道坡度应参照地面坡度和最小坡度的规定，既要使管道尽可能与地面坡度平行敷设以减少埋深，又要控制管道坡度不小于最小设计坡度或控制管道内水流速度大于最小设计流速以及避免流速大于最大设计流速。

b. 水力计算方法。在实际计算中，已知设计流量 Q 及管壁粗糙系数 n，需要求管径 D、水力半径 R、充满度 h/D、管道坡度 I 和流速 v。在两个方程式 [式 (1-2)、式 (1-5)] 中，有 5 个未知数，因此必须先假定 3 个再求其他两个。这样的数学计算极为复杂，往往需要借助计算机来完成。一般情况下，为了简化计算，常采用水力计算表（见有关设计手册）或水力计算图。

为便于计算，实际工程中将流量、管径、坡度、流速、充满度、管壁粗糙系数各水力因素之间的关系绘制成水力计算图。对每一张计算图而言，D 和 n 是已知数，图 1-12 的曲线表示 Q、v、I、h/D 之间的关系。在这 4 个因素中，只要知道两个就可以查出其他两个。

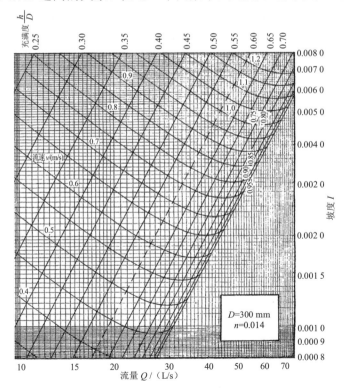

图 1-12 水力计算示意

水力计算也可采用水力计算表进行。表 1-10 为摘录的圆形管道 D=300 mm（不满流，n＝0.014）水力计算表的部分数据。

表 1-10　圆形断面 D =300 mm（不满流，n=0.014）

D	I=（‰）									
	2.5		3.0		4.0		5.0		6.0	
	Q	v	Q	v	Q	v	Q	v	Q	v
0.10	0.94	0.25	1.03	0.28	1.19	0.32	1.33	0.36	1.45	0.39
0.15	2.18	0.33	2.39	0.36	2.76	0.42	3.09	0.46	3.38	0.51
0.20	3.93	0.39	4.31	0.43	4.97	0.49	5.56	0.55	6.09	0.61
0.25	6.15	0.45	6.74	0.49	7.78	0.56	8.70	0.63	9.53	0.69
0.30	8.79	0.49	9.63	0.54	11.12	0.62	12.43	0.70	13.62	0.76
0.35	11.81	0.54	12.93	0.59	14.93	0.68	16.69	0.75	18.29	0.83
0.40	15.13	0.57	16.57	0.63	19.14	0.72	21.40	0.81	23.44	0.89
0.45	18.70	0.61	20.49	0.66	23.65	0.77	26.45	0.86	28.97	0.94
0.50	22.45	0.64	24.59	0.70	28.39	0.80	31.75	0.90	34.78	0.98
0.55	26.30	0.66	28.81	0.72	33.26	0.84	37.19	0.93	40.74	1.02
0.60	30.16	0.68	33.04	0.75	38.15	0.86	42.66	0.96	46.73	1.06
0.65	33.69	0.70	37.20	0.76	42.96	0.88	48.03	0.99	52.61	1.08
0.70	37.59	0.71	41.18	0.78	47.55	0.90	53.16	1.01	58.23	1.10
0.75	40.94	0.72	44.85	0.79	51.79	0.91	57.90	1.02	63.42	1.12
0.80	43.89	0.72	48.07	0.79	55.51	0.92	62.06	1.02	67.99	1.12
0.85	46.26	0.72	50.68	0.79	58.52	0.91	65.43	1.02	71.67	1.12
0.90	47.85	0.71	52.42	0.78	60.53	0.90	67.67	1.01	74.13	1.11
0.95	48.24	0.70	52.85	0.76	61.02	0.88	68.22	0.98	74.74	1.08
1.00	44.90	0.64	49.18	0.70	56.79	0.80	63.49	0.90	69.55	0.98

每一张水力计算表的管径 D 和管壁粗糙系数 n 均是已知的，和查图计算法一样，表中 Q、v、h/D、I 4 个因素，知道其中任意两个便可求出另外两个。

现举例说明这些计算方法的使用。

［例题 1-1］　已知 n=0.014、D=300 mm、I=0.004、Q=30 L/s，求 v 和 h/D。

解：参考《给水排水设计手册》，选用圆管非满流（n=0.014）、D=300 mm 的计算图。

该计算图上共有 4 组线条：竖线条表示流量，横线条表示水力坡度，从左向右下倾的斜线表示流速，从右向左下倾的斜线表示充满度。每条线上的数字代表相应因素的值。

先在横轴上找出代表 I=0.004 的横线，再从竖轴上找出代表 Q=30 L/s 的那条竖线，两条线相交得一点。这一点落在代表流速 v 为 0.8～0.85 m/s 两条斜线之间，估计 v=0.82 m/s，同时落在 h/D 为 0.5～0.55 两条斜线之间，估计 h/D =0.52。

相同的计算结果，也可采用水力计算表获得。

3. 污水管道的设计

（1）污水管道系统的平面布置

污水管道系统平面布置应包括：确定排水区界，划分排水流域；管道定线（确定街道支管的路线及在街道上的位置），确定需要提升的排水区域和设置泵站的位置；选择污水厂和出水口的位置等。

排水区界是污水排水系统设置的界线。在排水区界内应根据地形及城市和工业企业的竖向规划划分排水流域。一般来说，在丘陵地区与地形起伏地区，可以按等高线划分分水线，流域边界与分水线相符合；在地形平坦无显著分水线的地区，可依据面积大小划分。

污水厂和出水口位置影响污水主干管的走向。污水厂和出水口一般布置在城市河流的下游或非采暖季节的下风向，或靠近污水再利用的地方。

一般情况下，地形是影响管道平面布置走向的主要因素。

1) 污水干管和主干管平面布置的一般原则

a. 排水区域与汇水面积划分：依据地形并结合街坊布置或小区规划进行划分；相邻系统统筹考虑，排水面积分担合理。

b. 排水出路选定：利用天然排水系统或已建排水干线为出路；要在流量和高程两个方面都保证能够顺利排出。

c. 管道定线：服从城市总体规划的统筹安排；尽量避免穿越不容易通过的地带和构筑物；污水主干管布置要考虑地质条件，尽量布置在坚硬密实的土壤中。

《室外排水设计规范》规定，排水管道系统应根据城市规划和建设情况统一布置，分期建设。管道平面位置和高程，应根据地形、道路、建筑情况、土质、地下水位以及原有的和规划的地下设施、施工条件等因素综合考虑。

2) 街区内污水支管的平面布置

街区内污水支管的平面布置取决于地形及建筑物特征，并应便于用户出水管接入。街区内污水管道布置通常有低边式[图1-13（a）]、周边式[图1-13（b）]以及穿坊式[图1-13（c）]等几种形式。

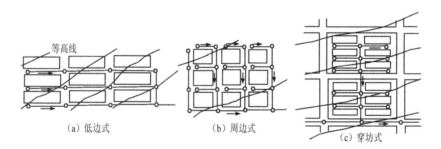

图 1-13 街区内污水管道布置形式

(2) 污水管道系统控制点标高和污水泵站设置地点

1) 控制点标高的确定

在污水排水区域内，对管道系统的埋深起控制作用的地点称为控制点。控制点埋深影响整个污水管道系统的埋深。

控制点的位置有可能在以下几个地点：①管道的起点，起点离出水口最远，或起点本身为低洼地；②管段中的某一点，管段中具有相当深度的支管接入点或个别低洼地区也有可能成为控制点；③具有相当深度的工厂排出口。

控制点的标高确定，一方面，应根据城市的竖向规划，保证排水区域内各点污水都能够排出。另一方面，不能因照顾个别控制点而增加整个管道系统的埋深。

2）污水泵站的设置地点

排水管道系统中的污水提升泵站，根据其位置和功能分为中途泵站、局部泵站和终点泵站。当管道埋深接近最大埋深时，为提高下游管道的管位而设置的泵站，称为中途泵站。为将局部低洼地区或地下建筑物的污水抽升到地势较高地区管道中，所设置的泵站称为局部泵站。因为污水管道系统终点的埋深通常很大，而污水处理厂的处理构筑物设置在地面上，需将污水抽升至第一个处理构筑物，这类泵站称为终点泵站或总泵站。

(3) 设计管段及设计流量的确定

1）设计管段的划分

设计管段是指两个检查井之间的管段，采用同样的管径和坡度使其设计流量不变。在划分设计管段时，管径和坡度不改变的连续管段都可以划为设计管段，旁侧管流入的检查井或坡度改变的检查井均可作为设计管段的起点。在排水管道系统中并非所有两个检查井之间都是设计管段。

2）设计管段的设计流量

每一设计管段的污水设计流量可包括下列几种流量：

a. 本段流量——从管段沿线街坊流入本段的污水流量；

b. 转输流量——从上游管段和旁侧管段流入设计管段的污水流量；

c. 集中流量——从工业企业或其他大型公共建筑物流来的污水量。

为了安全和计算方便，通常假定本段设计污水流量集中在起点进入设计管段，而且流量不变。

本段流量计算公式：

$$q_1 = F q_0 K_z \tag{1-8}$$

式中：q_1——设计管段的本段流量，L/s；

F——设计管段的本段街坊服务面积，hm^2；

K_z——生活污水量总变化系数；

q_0——单位面积的本段平均流量，即比流量，$L/(s·hm^2)$。可用下式计算：

$$q_0 = \frac{np}{86\,400} \tag{1-9}$$

式中：n——居住区生活污水定额，$L/(人·d)$；

p——人口密度，人/hm^2。

从上游管段和旁侧管段流来的平均流量以及集中流量对本设计管段是不变的。

(4) 污水管道的衔接

1）管段在衔接时应遵循的原则

检查井上下游的管段在衔接时应遵循以下原则：a. 尽可能提高下游管段的高程，以减少管道终端的埋深，降低造价；b. 无论采取哪种衔接方式，下游管段起端的管底和水面标高都不得高于上游管段终端的管底和水面标高；c. 避免在上游管段中形成回水造成淤积。

2）管道衔接方式

常用的管道衔接方式有水面平接和管顶平接（如图1-14所示），在特殊情况下可使用跌水连接方式。

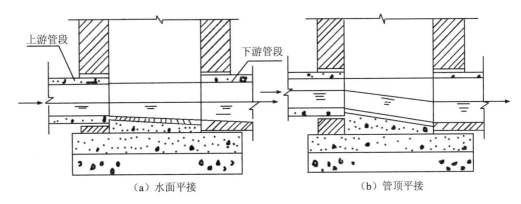

图 1-14 污水管道的衔接

a. 水面平接是指在水力计算中,使上游管段终端和下游管段起端在指定的设计充满度下的水面相平。其优点是可以减小下游管段的埋深,不利之处是有可能因管道中流量的变化而产生回水。

b. 管顶平接是指在水力计算中,使上游管段终端和下游管段起端的管顶标高相同。其优点是不太会产生回水现象,但可能会增加埋深。

c. 当地面坡度很大时,管道坡度可能会小于地面坡度,为保证管段的最小覆土厚度、控制管道流速以及减少上游管段的埋深,上下游管道可采用跌水连接的方式。

在旁侧管道与干管交汇前,如果两条管道的管底标高相差较大,则需在具有较高标高的管道上先设跌水井后再进行管道连接。

(5) 污水管道在街道上的设置位置

1) 排水管道在街道上布置的一般要求

《室外排水设计规范》规定,排水管道与其他地下管道和建筑物、构筑物等相互间的位置,应符合下列要求:a. 在敷设和检修管道时,不应互相影响;b. 在排水管道损坏时,不应影响附近建筑物、构筑物的基础或污染生活饮用水;c. 排水管道与道路中心线平行敷设,并尽量设在快车道以外。

2) 污水管道与给水管道的关系

在污水管道、合流管道与生活给水管道相交时,应敷设在生活给水管道的下面。

3) 污水管道与房屋的距离

当管道的埋深小于 2.2 m 时,管道离房屋边线的距离应不小于 3.5 m。当埋深大于 2.2 m 时,离房屋边线的距离应不小于 5~6 m。

4) 地下管线布置的一般原则

有压管避让无压管,小管让大管,设计管线让已建管线,临时管线让永久管线,柔性结构管线让刚性结构管线,检修次数少的管线让检修次数多的管线。

5) 管线交叉的处理方式

给水管在排水管之上,电力管线在上下水管线之上,煤气管线在给排水管线之上,热水管在上下水管线之上。

6) 污水管道与其他地下管线的最小净距

污水管道与其他地下管线(构筑物)的最小净距如表 1-11 所示。

表 1-11 污水管道与其他地下管线（构筑物）的最小净距

名　称		水平净距/m	垂直净距/m	名称	水平净距/m	垂直净距/m
建筑物		见注③		乔木	1.5	
给水管		见注④	0.4	地上柱杆（通信照明）	0.5	
排水管			0.15	地上柱杆（高压铁塔）	1.5	
再生水管道		0.5	0.4	道路侧石边缘	1.5	
燃气管	低压＜0.05 MPa	1.0	0.15	铁路钢轨	5.0	轨底1.2
	中压 0.05～0.4 MPa	1.2		电车（轨底）	2.0	1.0
	高压 0.4～0.8 MPa	1.5		架空管架基础	2.0	
	高压 0.8～1.6 MPa	2.0		油管	1.5	0.25
热力管沟		1.5	0.15	压缩空气管	1.5	0.15
电力管线		0.5	0.50	氧气管	1.5	0.25
				乙炔管	1.5	0.25
电信管线		1.0	直埋 0.50 穿埋 0.15	电车电缆		0.50
				明渠渠底		0.50
				涵洞基础底		0.15

注：① 表列数字除注明的外，水平净距均指外壁净距，垂直净距均指下面管道的外顶与上面管道基础底间净距。
② 采取充分措施（如结构措施）后，表列数字可以减小。
③ 与建筑物水平净距，管道埋深浅于建筑物基础时，一般不小于 2.5 m；管道埋深深于建筑物基础时，按计算确定，但不小于 3.0 m。
④ 与给水管水平净距，给水管管径小于或等于 200 mm 时，不小于 1.0 m；给水管管径大于 200 mm 时，不小于 1.5 m。与生活给水管道交叉时，污水管道、合流管道在生活给水管道下面的垂直净距不应小于 0.4 m。
⑤ 与乔木中心距离不小于 1.5 m，如遇上高大乔木时，则不小于 2.0 m。
⑥ 穿越铁路时应尽量垂直通过，沿单行铁路敷设时应距路堤坡脚或路堑坡顶不小于 5 m。

(6) 污水管道的设计计算步骤

1) 排水系统总平面设计

首先确定污水厂位置和排水出路，其次在城市或小区平面图上布置排水干管、支管以及进行街区编号并计算干管的汇水面积。

2) 干、支管线的平面设计

确定干、支管线的准确位置及各干、支管的井位、井号，并划分设计管段。

3) 确定设计标准

确定设计标准、设计人口数和设计污水量定额。

4) 确定设计流量

确定总变化系数，计算各设计管段的设计流量以及计算工业企业或公共建筑的污水量。

5) 进行水力计算

根据已经确定的管道路线以及各设计管段的设计流量，进行各设计管段的管径、坡度、流速、充满度和井底高程的计算。

污水管道水力计算的原则是不淤积、不冲刷、不溢流、要通风。

在确定设计流量后，由控制点开始，从上游到下游，依次进行干管和主干管各设计管段的水力计算。

进行管道水力计算时，必须细致地研究管道系统的控制点、地面坡度与管道敷设坡度的关系,应注意下游管段的设计流速应大于或等于上游,并在适当的地点设置跌水井。

6) 绘制管道平面图和纵剖面图

初步设计阶段的管道平面图通常采用的比例尺为 1∶5 000~1∶10 000。施工图设计阶段的管道平面图比例尺常用 1∶1 000~1∶5 000。管道纵剖面图的比例尺,一般横向为 1∶500~1∶2 000,纵向为 1∶50~1∶200。

(7) 污水管道设计实例

[**例题** 1-2] 已知某市一个小区的人口密度为 400 人/hm^2,居民生活污水定额为 120 L/(人·d)。火车站和公共浴室的设计污水量分别为 3 L/s 和 5 L/s。工厂甲和工厂乙的工业废水设计流量分别为 30 L/s 与 15 L/s。生活污水及经过局部处理后的工业废水全部送至污水厂处理。工厂中废水排出口的管底埋深为 2 m。

解:

设计方法和步骤如下:

a. 在小区平面图上布置污水管道。

根据小区平面图的地形、地势,街道支管采用低边式布置形式,干管基本上与等高线垂直布置,主干管基本与等高线平行布置。整个管道系统呈截流式形式布置,如图 1-15 所示。图上箭头表示各街区污水排出的方向。

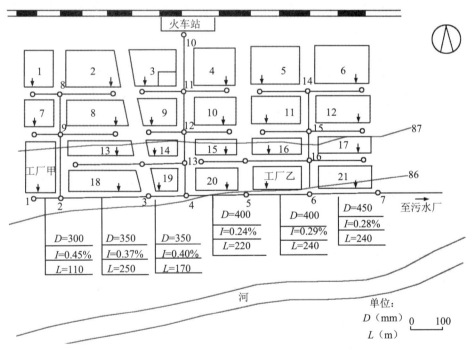

图 1-15 某小区污水管道平面布置图(初步设计)

b. 街坊编号并计算面积。

对排水流域上的街区进行编号,计算面积,列入表 1-12。

表 1-12 街坊面积

街坊编号	1	2	3	4	5	6	7	8	9	10	11
街坊面积/hm²	1.43	2.21	1.96	2.04	2.40	2.40	1.21	2.28	1.45	1.70	2.00
街坊编号	12	13	14	15	16	17	18	19	20	21	—
街坊面积/hm²	1.80	1.66	1.23	1.53	1.71	1.80	2.20	1.38	2.04	2.40	—

c. 划分设计管段，计算设计流量。

根据设计管段的定义和划分方法，将各干管和主干管中有本段流量进入的点（一般定为街区两端）、集中流量及分侧支管进入的点作为设计管段的起讫点的检查井并编上号码。

对各设计管段的设计流量进行列表计算，见表 1-13。

设计流量应根据管网定线图，自管道起点依次向下游进行计算。集中流量从接入点开始计算，本段流量用街坊面积乘比流量。本例中居住区人口密度为 400 人/hm²，居民生活污水定额为 120 L/（人·d），则每公顷街坊面积的生活污水平均流量（比流量）为：

$$q_0 = \frac{400 \times 120}{86\,400} = 0.556 \quad [\text{L}/(\text{s} \cdot \text{hm}^2)]$$

d. 水力计算。

在确定设计流量后，从上游管段开始依次向下游管段进行主干管各设计管段的水力计算，计算结果见表 1-14 所示。

水力计算步骤如下：

①从管道平面布置图上量出每一设计管段的长度，列入表 1-14 第 2 列；②将各设计管段的设计流量列入表中第 3 列。设计管段起点检查井处的地面标高列入表中第 10、11 列；③计算每一设计管段的地面坡度，作为确定管道坡度时参考；④确定起始管段的管径 D、设计流速 v、设计坡度 I、设计充满度 h/D；⑤确定其他管段的管径 D、设计流速 v、设计坡度 I、设计充满度 h/D；⑥计算各管段的水面标高、管内底标高及埋设深度。根据设计管段长度和管道坡度求降落量，根据管径和充满度求管段的水深，确定管网的控制点，求设计管段的管内底标高、水面标高及埋设深度。

表 1-13 各管段设计流量计算表

管段编号	街坊编号	街坊面积/hm²	比流量 q_0/[L/(s·hm²)]	流量 q_1/(L/s)	转输流量 q_2/(L/s)	合计平均流量/(L/s)	总变化系数 K_z	生活污水设计流量 Q_1/(L/s)	集中流量 本段/(L/s)	集中流量 转输/(L/s)	设计流量/(L/s)
1—2	—	—	—	—	—	—	—	—	30.00	—	30.00
8—9	—	—	—	—	2.02	2.02	2.3	4.65	—	—	4.65
9—2	—	—	—	—	3.96	3.96	2.3	9.11	—	—	9.11
2—3	18	2.20	0.556	1.22	3.96	5.18	2.2	11.40	—	30.00	41.40
3—4	19	1.38	0.556	0.77	5.18	5.95	2.2	13.09	—	30.00	43.09
10—11	—	—	—	—	—	—	—	—	3.00	—	3.00
11—12	—	—	—	—	2.22	2.22	2.3	5.12	5.00	3.00	13.12
12—13	—	—	—	—	3.98	3.98	2.3	9.14	—	8.00	17.14
13—14	—	—	—	—	5.58	5.58	2.2	12.28	—	8.00	20.28
4—5	20	2.04	0.556	1.13	11.53	12.66	2.0	25.32	—	38.00	63.32
5—6	—	—	—	—	12.66	12.66	2.0	25.32	15.00	38.00	78.32
14—15	—	—	—	—	2.67	2.67	2.3	6.14	—	—	6.14
15—16	—	—	—	—	4.78	4.78	2.3	11.00	—	—	11.00
16—6	—	—	—	—	7.58	7.58	2.2	16.68	—	—	16.68
6—7	21	2.40	0.556	1.33	20.24	21.57	1.9	40.98	—	53.00	93.98

表 1-14 污水主干管水力计算表

管段编号	管道长度 L/m	设计流量 Q/(L/s)	管径 D/mm	坡度 I	流速 v/(m/s)	充满度 h/D	充满度 h/m	降落量 I·L/m	地面 上端	地面 下端	标高/m 水面 上端	标高/m 水面 下端	管内底 上端	管内底 下端	埋设深度/m 上端	埋设深度/m 下端
1—2	110	30.00	300	0.004 5	0.85	0.50	0.150	0.495	86.20	86.10	84.350	83.855	84.200	83.705	2.00	2.40
2—3	250	41.40	350	0.003 7	0.86	0.52	0.182	0.925	86.10	86.05	83.855	82.930	83.673	82.748	2.43	3.30
3—4	170	43.09	350	0.004 0	0.89	0.53	0.186	0.680	86.05	86.00	82.930	82.250	82.744	82.064	3.31	3.94
4—5	220	63.32	400	0.002 4	0.81	0.60	0.240	0.528	86.00	85.90	82.250	81.722	82.010	81.482	4.04	4.42
5—6	240	78.32	400	0.002 9	0.91	0.65	0.260	0.696	85.90	85.80	81.722	81.026	81.462	80.766	4.44	5.03
6—7	240	93.98	450	0.002 8	0.94	0.60	0.270	0.672	85.80	85.70	81.026	80.354	80.756	80.084	5.04	5.62

注：管内底标高计算至小数点后 3 位，埋设深度计算至小数点后 2 位。

e. 绘制管道平面图和纵剖面图

在水力计算结束后,将计算所得的管径、坡度等数据标注在图 1-15 上。本例设计深度为初步设计,该图即为管道平面图。另绘制主干管纵剖面图,见图 1-16。

污水管道的纵剖面图反映管道沿线的高程位置,它是和平面图相对应的,图上用单线条表示原地面高程线和设计地面高程线,用双线条表示管道高程线,用双竖线表示检查井。图中还应标出沿线支管接入处的位置、管径、高程;与其他地下管线、构筑物或障碍物交叉点的位置和高程;沿线地质钻孔位置和地质情况等。在剖面图的下方有一表格,表中列有检查井号、管道长度、管径、坡度、地面高程、管内底高程、埋深、管道材料、接口形式、基础类型。有时也注明流量、流速、充满度等数据。

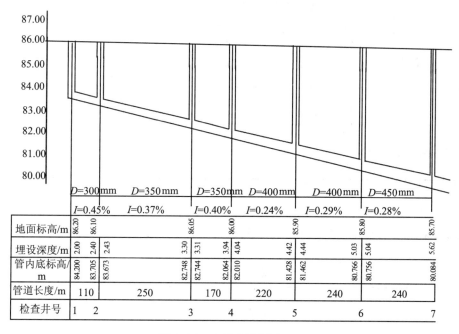

图 1-16 主干管纵剖面

1.1.3 污水泵站及污泥泵站的工程设计

1. 污水泵站的工程设计

(1) 污水泵站的特点

污水泵站的特点是连续进水,水量变化较大且水中污杂物含量多。所以污水泵站应使用适合污水的水泵及格栅除污设备。集水池要有足够的调蓄容积,并考虑备用水泵。

(2) 泵房的设计内容及一般规定

1) 泵房形式

应根据不同条件确定,其常见形式见表 1-15。

表 1-15 泵房的常见形式

常见泵房种类	优缺点
合建式	① 紧凑，占地少，结构较省； ② 多用于自灌式
分建式	① 结构处理简单，无渗漏问题，水泵检修方便； ② 吸水管较长，水头损失大； ③ 仅限于非自灌
地下式	① 地面以上占地少； ② 地下泵房潮湿，对一般电机的正常运转会产生影响，应采用潜水泵
半地下式	见自灌式及非自灌式之优缺点
自灌式（或半自灌式）	① 启动及时可靠，操作方便，不需引水的辅助设备； ② 泵房较深，增加地下部分的工程造价
非自灌式	① 泵房深度较浅，结构简单； ② 有利于自然采风和通风，室内干燥； ③ 不能直接启动，需采用引水设备
矩形泵房	① 工艺布置适用于 Q=1.0～30 m³/s 的大中型泵房； ② 可利用的空间较大
圆形及下圆上方形泵房	① 圆形仅限于≤4 台水泵时选用； ② 便于沉井法施工； ③ 直径 D=7～15 m 时，工程造价比矩形低

2）非自灌式泵房

通常采用引水设备辅助水泵工作，其设备见表 1-16。

表 1-16 引水设备

名　称	优缺点及使用条件
真空泵引水	① 启动可靠，效率较高； ② 用于各种水泵； ③ 水泵充水时间 3～5 min，设两台（其中 1 台备用）
真空罐引水	① 可简化水泵启动控制系统； ② 保证水泵随时启动； ③ 适用于大、中型水泵的启动

3）格栅

格栅的目的是拦截污水中较大的漂浮物及杂质。对于这些漂浮物及杂质，小型泵站多采用人工清除，大中型泵站采用机械清除。

4）集水池

a. 最小容积：污水泵房集水池的最小容积，不应小于最大一台水泵 5 min 的出水量。

b. 污水泵房集水池宜设冲洗和清泥设施。

c. 集水池的布置：应考虑改善水泵吸水管的水力条件，减少滞流或涡流。

5）机器间

a. 机器间尺寸见表 1-17。

表 1-17 机器间平面尺寸及高度

水泵机组布置间距	电动机功率≤55 kW 时，基础之间距离 0.8~1.2 m； 电动机功率≥55 kW 时，基础之间距离 1.2~1.6 m； 轴流泵和混流泵轴间距，采用口径的 3 倍
主要通道宽	≥1.5 m
配电盘前面的通道宽度： 　低压配电 　高压配电	 1.5~1.6 m 2.0~2.2 m
配电盘后面的通道宽度	1.0 m
楼梯及平台宽度	楼梯宽 0.8~1.0 m，平台宽 1.0 m，吊装用平台宽 1.5~2.0 m
机器间高度： 　无吊车梁 　有吊车梁	室内地面以上有效高度 3.0~3.5 m 应保证吊起物体底部与所跨越之固定物体顶部有不小于 0.5 m 的净空

b. 起重设备。

根据泵站的大小和设备的重量，选择合适的起重设备。门、过道及孔洞等可能用于设备出入的地方，要有必要的宽度及净空，为使吊车正常运转，必须避开与出水管、阀门、支架、平台、走廊等的冲突。起重设备的选择见表 1-18。

表 1-18 起重设备选择

起重量/t	起重设备形式
<0.5	移动吊架、固定吊钩或手动单轨吊车
0.5~2.0	单轨吊车或双轨吊车，手动操作
2.0~5.0	单轨吊车或双轨吊车，电动或手动操作
>5.0	双轨桥式吊车，电动操作

c. 地面排水。

水泵间室内地面应做成 0.01 的坡度，倾向排水沟或集水坑，集水坑直径 500~600 mm，深 600~800 mm，排水沟断面 100 mm×100 mm，坡度 0.01。

d. 通风。

夏季室内温度应不超过 35℃，自然通风不能满足时应采用机械通风。自然通风除开窗外可设一高一低两个拔风筒，由地下部分通向室外。

6）泵站仪表及计量设备

a. 泵站仪表

泵站内应装置的控制仪表有以下几种：配电设备仪表有电流表、电压表、计量表；自灌式水泵吸水管上安装真空表；出水压力管上设置压力表。

b. 计量设备

电磁流量计：结构简单，工作可靠，电耗少，精度高（±1.5%），计量方便。

超声波流量计：测量精度高（一般在 2%范围内），水头损失小，电耗小，但成本较高。

文氏管水表：操作简单可靠，水头损失小，准确度高，一般设在出水管上，管径不大于 800 mm。

7）泵站的自动控制

一般控制方式有以下几种：

a. 就地控制：用配电盘操作，一般不大于 50 m。

b. 集中控制：将机组控制按钮、转换开关测量仪表与指示信号等，均引至控制台，进行集中操作。

c. 远距离控制：由控制站对各分散的泵站集中控制。

泵站的一般自动控制部分见表 1-19。

表 1-19 一般设备控制的项目

设备名称	选用控制程度
水泵开停	自灌式，一般采用自动控制 非自灌式，多采用半自动控制
总进、出水闸	一般采用电动加手动控制
水泵吸水管及出水压力管闸	$D \leqslant 400$ mm 时，采用手动控制 $D > 400$ mm 时，采用电动加手动控制
格栅除渣	采用机械格栅时用电动加手动控制

（3）选泵

1）常用水泵的种类见表 1-20

表 1-20 常用水泵及适用条件

泵的种类	适用条件
立式轴流泵	① 中流量和大流量，低扬程； ② 适于雨水、合流、排灌泵站 $Q=2.0 \sim 15.0$ m³/s，$H=3 \sim 8$ m
潜水轴流泵	① 大流量、低扬程； ② 适于雨水、污水、合流泵站 $Q=0.125 \sim 3.40$ m³/s，$H=1.5 \sim 9$ m
立式和卧式混流泵	① 中流量、扬程较低； ② 适于雨水、合流泵站 $Q=0.25 \sim 1.0$ m³/s，$H=5 \sim 9$ m $Q=2.00 \sim 3.0$ m³/s，$H=7 \sim 15$ m
立式排污泵	① 大、中、小流量，低扬程； ② 适于雨水、污水、合流泵站 $Q=80 \sim 10\,000$ m³/h，$H=5 \sim 30$ m
卧式污水泵	① 中、小流量和较低扬程； ② 适于污水、合流、雨水泵站 $Q=0.03 \sim 0.18$ m³/s，$H=9 \sim 25$ m $Q=0.20 \sim 1.50$ m³/s，$H=7 \sim 15$ m

泵的种类	适用条件
潜水排污泵	① 中、小流量，中低扬程； ② 适于雨水、污水、合流泵站 Q=15～3 750 m³/h，H=7～40 m
耐腐蚀立式离心泵	① 小流量，较高扬程； ② 用于低浓度带腐蚀性污水 Q=0.001～0.10 m³/s，H=16～33 m
螺旋泵	① 中小流量，低扬程； ② 适于污水、污泥 Q=0.10～1.00 m³/s，H=3～7 m

2）轴功率的计算

a. 水泵轴功率公式为：

$$N = \frac{\gamma QH}{102\eta} \tag{1-10}$$

式中：γ —— 水的容重，kg/L；

Q —— 水泵的输水量，L/s；

H —— 水泵的总扬程，m；

η —— 水泵的总效率；

N —— 功率，kW。

b. 水泵电机所需功率的公式：

$$N = \frac{K \times \gamma QH}{102\eta} \tag{1-11}$$

式中：K —— 电机的超负荷系数。

3）水泵工作的特性曲线

选用水泵时应将水泵的工作点，置于水泵的 Q—η 特性曲线效率较高的范围。水泵的工作点由水泵的 Q—H 特性曲线与管路的特性曲线相交得出。

4）管路的特性曲线

水泵总扬程公式：

$$H = H_1 + \sum h \tag{1-12}$$

式中：H_1 —— 吸水高度和扬水高度之和，m；

$\sum h$ —— 吸水管线和扬水管路的总水头损失，m。

a. 水泵并联：当压力一定，一台泵不能满足设计流量时，可采用相同（或不同）的几台泵联合工作。水泵并联曲线参见图 1-17、图 1-18。

b. 水泵串联：一台水泵扬程不能达到设计要求高度时，可采用同流量的两台泵串联，工作曲线见图 1-19。

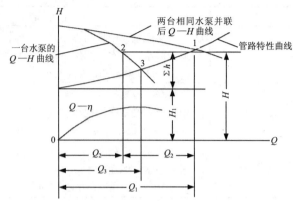

H—水泵总扬程，m；H_1—总几何高差，m；$\sum h$—总水头损失，m；
点 1—两台水泵并联时的工作点；点 2—并联时，每台水泵的工作点；
点 3—1 台水泵单独工作时的工作点

图 1-17　两台相同型号水泵并联的特性曲线

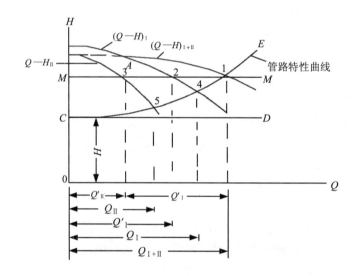

点 1—并联水泵的极限工作点，给出水泵的合成输水点；
点 2 与点 3—并联时，各台水泵的工作点；
点 4—第 1 台水泵单独工作时的工作点；
点 5—第 2 台水泵单独工作时的工作点

图 1-18　两台不同水泵并联的特性曲线

两台泵串联运行中，将第 1 台水泵的压水管作为第 2 台水泵的吸水管，水以同一流量依次流过各台水泵。其特点是，水流获得的能量为各台水泵所供给能量之和，即串联工作总扬程为各泵扬程之和，如图 1-19 所示。串联工作水泵的总扬程 $H_A=H_1+H_2$，即串联特性曲线 $(Q-H)_{I+II}$ 是根据同一流量下扬程叠加绘出的。自串联工况点 A 向下引垂线与各泵的 $Q-H$ 曲线分别交于点 B（Q_A，H_1）和点 C（Q_A，H_2），则点 B 和点 C 分别为两台泵在串联工作时的工况点。

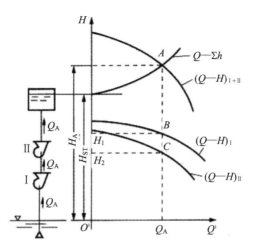

图 1-19 水泵串联时的合成特性曲线

c. 水泵进出水管。

水泵进出水管的一般规定见表 1-21。

表 1-21 水泵进出水管规定

项 目	一般规定
吸水管	① 断面应比水泵吸入口大一级并应不小于 100 mm； ② 每台泵设单独的吸水管； ③ 吸水管流速 0.8~1.5 m/s，不得小于 0.7 m/s； ④ 采用偏心渐缩管时管顶应成水平，管底成斜坡
出水管 （压水管）	① 断面比水泵吐出口大一级，并应不小于 100 mm； ② 流速 1.2~1.8 m/s，不得小于 1.0 m/s 及不大于 2.5 m/s； ③ 压力干管的高点应设排气装置，最低点设泄水装置

（4）水泵全扬程计算

计算公式：

$$H \geqslant h_1 + h_2 + h_3 + h_4 \tag{1-13}$$

$$h_1 = \zeta_1 \times \frac{v_1^2}{2g} + h_1' \tag{1-14}$$

$$h_2 = \zeta_2 \times \frac{v_2^2}{2g} + h_2' \tag{1-15}$$

式中：h_1——吸水管水头损失，m；

h_2——出水管水头损失，m；

ζ_1、ζ_2——局部阻力系数；

v_1——吸水管流速，m/s；

v_2——出水管流速，m/s；

g——重力加速度，9.81 m/s^2；

h_3——集水池最低工作水位与所提升最高水位之差；

h_4 —— 自由水头，m，按 0.5～1.0 m 计；

h'_1、h'_2 —— 吸水管、出水管沿程损失。

水泵扬程示意，见图 1-20。

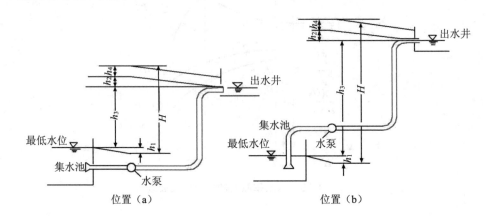

图 1-20 水泵扬程示意

（5）设计计算例题

[例题 1-3]

已知：

某城市人口为 90 000 人，生活污水量定额为 120 L/（人·d）；泵站为自灌式污水泵站（图 1-21）；泵站进水管管底高程为 80.80 m，管径 DN 为 600 mm，充满度 h/D=0.75；出水管提升后的水面高程为 95.80 m，经 300 m 长管道输送至处理构筑物；泵站原地面高程为 89.80 m。

解：

1）流量计算

平均秒流量：Q =120×90 000/86 400=125（L/s）；

最大秒流量：$Q_1=K_z Q$=1.59×125=199（L/s），取 200 L/s。

采用合建式泵站，设计 3 台水泵（2 用 1 备），每台水泵的输水量为：$\frac{200}{2}$=100（L/s）。

2）集水池容积

按单机 6 min 的容量考虑：W =100×60×6/1 000=36（m³），有效水深采用 H=2.5 m，则集水池面积为 F=14.4 m²。

3）水泵扬程估算

经过格栅的水头损失为 0.1 m（估算）。

集水池最低工作水位与所提升最高水位之间的高差为：

h_3 = 95.8－（80.8＋0.6×0.75－0.1－2.5）=17.15（m）（集水池有效水深为 2.5 m）

4）出水管管线水头损失

总出水管：

Q =200 L/s，选用管径为 400 mm 的铸铁管查表得：v = 1.59 m/s，1 000 i=8.93 m。当一台水泵运转时：Q=100 L/s，v = 0.8 m/s。

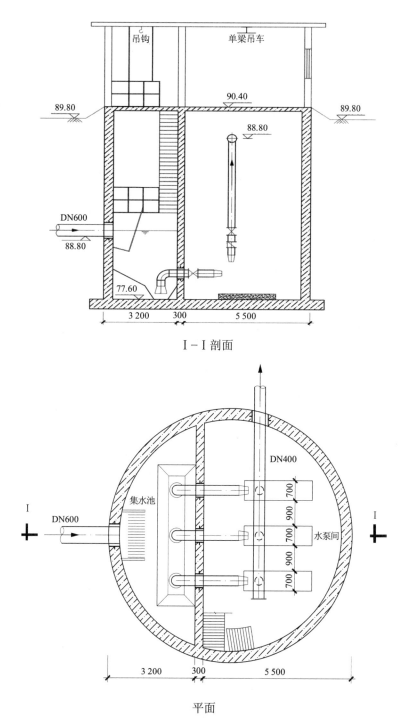

I-I 剖面

平面

图 1-21 自灌式污水泵站

总出水管局部损失按沿线损失的 30% 计,则泵站外管线(出水管线水平长度+竖向长度)水头损失为:

$$H_w = L \times i \times 1.3 = [300 + (95.8 - 88.8)] \times \frac{8.93}{1000} \times 1.3 = 3.56 \text{（m）}$$

泵站内的管线水头损失假设为 1.5 m，考虑自由水头为 1 m，则水泵总扬程：

$$H = h_3 + \sum h = 1.5 + 3.56 + 17.15 + 1 = 23.21 \text{（m）}$$

5）水泵选型及损失校核

查阅《给水排水设计手册》选用 6PWA 型污水泵，每台 $Q = 100$ L/s，$H = 23.5$ m，泵站经平面布置后，对水泵总扬程进行核算。

a. 泵站内吸水管路水头损失计算：

每根吸水管 $Q = 100$ L/s，选用 350 mm 管径，直管段长度为 1.2 m；喇叭口（$\zeta = 0.1$）、90°弯头（$\zeta = 0.5$）、DN350 mm 闸门（$\zeta = 0.1$）、DN350 mm×150 mm 渐缩管（由大到小，$\zeta = 0.25$）各一个。

沿程损失为：

$$h_f = L \cdot i = 1.2 \times \frac{4.62}{1\,000} = 0.006 \text{（m）}$$

局部损失：

$$h_i = \sum \zeta \frac{v^2}{2g} = (0.1 + 0.5 + 0.1) \times \frac{1.04^2}{2g} + 0.25 \times \frac{5.7^2}{2g} = 0.453 \text{（m）}$$

吸水管路水头总损失为：

$$\sum h = 0.453 + 0.006 = 0.459 = 0.46 \text{（m）}$$

b. 泵站内出水管路水头损失计算：

每根出水管 $Q = 100$ L/s，选用 300 mm 管径，$v = 1.41$ m/s，$1\,000\,i = 10.2$ m。以最不利点 A 为起点，沿 A、B、C、D、E 线顺序计算水头损失。

$A—B$ 段：

DN150 mm×300 mm 渐扩管 1 个（$\zeta=0.375$），DN300 mm 单向阀 1 个（$\zeta=1.7$），90°弯头 1 个（$\zeta=0.50$），阀门 1 个（$\zeta=0.1$）。

局部损失：

$$\sum h = 0.375 \times \frac{5.7^2}{19.62} + (1.7 + 0.5 + 0.1) \times \frac{1.41^2}{19.62} = 0.85 \text{（m）}$$

$B—C$ 段：

选用 DN400 mm 管径，$v = 0.8$ m/s，$1\,000\,i = 2.37$ m，直管部分长度 0.78 m，丁字管 1 个（$\zeta = 1.5$）。

沿程损失：

$$h_f = 0.78 \times \frac{2.37}{1\,000} = 0.002 \text{（m）}$$

局部损失：

$$h_i = 1.5 \times \frac{1.41^2}{19.62} = 0.152 \text{（m）}$$

$C—D$ 段：

选用 DN400 mm 管径，$Q = 200$ L/s，$v = 1.59$ m/s，$1\,000\,i = 8.93$ m，直管段长度 0.78 m，

丁字管 1 个（$\zeta=0.1$）。

沿程损失：
$$h_f = 0.78 \times \frac{8.93}{1\,000} = 0.007 \text{（m）}$$

局部损失：
$$h_i = 0.1 \times \frac{1.59^2}{19.62} = 0.013 \text{（m）}$$

$D—E$ 段：

直管部分长 5.5 m，丁字管 1 个（$\zeta=0.1$），DN400 mm，90°弯头 2 个（$\zeta=0.6$）。

沿程损失：
$$h_f = 5.5 \times \frac{8.93}{1\,000} = 0.049 \text{（m）}$$

局部损失：
$$h_i = (0.1 + 0.6 \times 2) \times \frac{1.59^2}{19.62} = 1.3 \times 0.129 = 0.168 \text{（m）}$$

总出水管路水头总损失：
$$\sum h = 3.56 + 0.85 + 0.002 + 0.152 + 0.007 + 0.013 + 0.049 + 0.168 = 4.801 \text{（m）}$$

则水泵所需总扬程：
$$H = 0.46 + 4.801 + 17.15 + 1 = 23.411 \text{（m）}$$

故选用 6PWA 型水泵是合适的。

2. 污泥泵站的工程设计

（1）污泥泵站的特点及一般规定

1）污泥泵站的特点

污泥泵站的特点是提升的介质为黏稠度比污水大的污泥。设计中应根据抽升污泥的性质、输送的水力特性和密度的大小，选择和确定污泥泵及配用功率。

2）污泥泵站的一般规定

a. 布置要求：设置污泥泵站时，应使污泥输送的管道尽量缩短。集泥池可与污泥泵房分开。有条件时，集泥池可与污泥泵房同建于一个建筑内。

b. 格栅：集泥池一般不设格栅，但采用明槽输送污泥时，则应考虑设置格栅，其栅条间隙可适当增大。

c. 集泥池：在抽升初沉池污泥或消化污泥的泵房中，集泥池容积应根据初次沉淀池或消化池的一次排泥量计算，在抽升活性污泥时，集泥池的容积可按不小于一台回流泵 5 min 的抽送能力计算。回流泵抽送能力，除考虑最大回流量外，还应考虑剩余污泥的排量。

（2）污泥泵站的设计要点

1）集泥池容积计算

抽升活性污泥时
$$V = \frac{Q_0 t \times 60}{1\,000} \quad (1-16)$$

式中：Q_0—— 一台污泥泵的最大抽升能力，L/s；

t —— 抽升时间，min，一般不小于 5 min。

当抽升初沉池污泥或消化污泥时，集泥池容积按一次排泥量计算。

2）选泵

由于抽送的污泥种类很多，在任何情况下，都应保证泥液能顺畅地流入泵内，并且运行经济可靠。综合起来污泥黏度是主要考虑的影响因素。按黏度不同，污泥一般分为以下四类，可分别选用不同类型的泵。

a. 低黏度污泥：在任何浓度已知的情况下，悬浮固体的密度越低，泥浆就越黏。污泥中悬浮固体的密度都与水相似，表 1-22 为不同处理过程的污泥密度。

对于低黏度的污泥，通常用离心污水泵（如 PW 型和 PWL 型）和潜污泵输送。

表 1-22　不同处理过程的污泥密度

处理过程	污泥密度/（kg/L）	处理过程	污泥密度/（kg/L）
初次沉淀池污泥	1.02	除藻	1.005
活性污泥（剩余污泥）	1.005	低石灰（350～500 mg/L）	1.04
生物过滤	1.025	高石灰（800～1 600 mg/L）	1.05
延时曝气	1.015	活性污泥脱硝	1.005
曝气塘	1.010	精处理滤池	1.020
过滤	1.005		

b. 高黏度污泥：初沉和初沉加二沉污泥，经重力、浮选或离心浓缩的污泥、消化污泥及经过调制的污泥都属高黏度污泥。表 1-23 为某些高黏度污泥的总固体浓度。对于高黏度污泥，选用泵时，要求泵的提吸能力高，因污泥不易流入泵内。

表 1-23　高黏度污泥的总固体浓度

污泥来源	总固体/%	污泥来源	总固体/%
浓缩的初沉原污泥	4～12	石灰污泥	10～30
浓缩的二沉原污泥	2～6	明矾和三价铁污泥	2～6
浓缩的初沉和二沉原污泥	3～8		
消化污泥	4～10		

c. 浮渣和栅渣：初沉污泥泵往往兼作浮渣泵。一般是将全部浮渣抽送到浓缩池进行浓缩，所用的泵与初沉污泥以及兼抽浮渣的泵相同。

d. 泥饼：二沉生物污泥的泥饼，具有流变性，在搅动时流动性提高，可用连续式螺旋泵抽送。表 1-24 为可抽送的污泥饼种类的浓度，其抽送距离须小于 30 m。

污泥泵的数量取决于以下因素：所用泵的作用、处理厂的规模、检修所需时间等，一般应不少于两台，一用一备。有时也可用一台两用泵来作备用。浮渣的抽送一般用初污泥泵作备用泵，消化池的浮渣控制一般不需备用泵。活性污泥的回流必须设备用泵。

表 1-24　可抽送的污泥

污泥来源	总固体/%	污泥来源	总固体/%
初沉加二沉原污泥	15~25	初沉加二沉加 Al^{3+} 污泥	15~25
二沉污泥	8~25	初沉加二沉加 Fe^{3+} 污泥	15~25
厌氧消化污泥（初沉加二沉）	15~30	初沉加二沉加石灰污泥	20~35

注：通常真空过滤和离心脱水的泥饼能够抽送，但加压过滤或加热处理的污泥泥饼则应慎重。

1.2 污水处理厂总体设计

污水处理厂设计原则：首先必须确保处理后污水达到相应排放标准规定的水质要求；采用的各项设计参数必须可靠；应力求做到经济合理、技术先进、安全运行；注意近远期结合；考虑环境保护、绿化和美观等方面的要求。

1.2.1 污水处理厂设计水量的确定

进入城市污水处理厂的城市污水，由居民区的生活污水、公用建筑生活污水、医院污水和位于城区内的工业企业排放的工业废水以及部分地区的降水组成。

1. 生活污水水量的确定

生活污水水量的设计标准可依据居民生活污水定额或综合生活污水定额确定。

（1）居民生活污水水量定额

生活污水水量的大小取决于生活用水量，人们在日常生活中，绝大多数用过的水都成为污水流入污水管道。因此，居民生活污水定额和综合生活污水定额应该根据当地采用的用水量定额，并结合建筑物内部给水排水设施水平和排水系统普及程度等因素确定。可按用水量的80%~90%采用。

（2）综合生活污水水量定额

综合生活污水水量，包括居民生活污水和公共建筑设施（如娱乐场所、宾馆、浴室、商业网点、医院、学校、科研院所和机关等地方）生活污水的两部分排水之和。

《室外给水设计规范》规定的居民生活用水定额和综合生活用水定额可参见表1-1（1）和表1-1（2）。

（3）生活污水水量的计算

生活污水水量通常采用定额计算法，即按生活排水量定额和人口计算。对于未来的污水水量预测，应先预测出未来的人口，再根据已知的人均用水量，按预测的污水排除率得出污水排除定额，然后据此计算生活污水水量。

2. 工业废水水量的确定

工业生产的废水量，通常按单位产品耗水量或万元产值耗水量计算，也可按工艺流程和设备排水量计算，或按实测水量计算。

3. 污水厂设计水量的确定

（1）平均日流量（m^3/d）

这种流量一般用于表示污水处理厂的设计规模。用以计算污水厂年电耗、耗药量、处理总水量、产生并处理的总泥量。

（2）最大日最大时流量（m³/h）或（L/s）

污水厂进水管设计用此流量。污水处理厂的各处理构筑物（除另有规定外）及厂内连接各处理构筑物的管渠，都应满足此流量。当污水为提升进入时，按每期工作水泵的最大组合流量计算。但这种组合流量应尽量与设计流量相吻合。

（3）降雨时的设计流量（m³/d）或（L/s）

这种流量包括旱天流量和截流 n 倍的初期雨水流量。用这一流量校核初沉池前的处理构筑物和设备。

（4）最大日平均时流量（m³/h）

考虑到最大流量的持续时间较短，当曝气池的设计反应时间在 6 h 以上时，可采用最大日平均时流量作为曝气池的设计流量。

当污水处理厂为分期建设时，设计流量采用相应的各期流量。

1.2.2 污水处理厂处理工艺的选择和厂址确定

1. 污水处理厂处理工艺的选择

（1）处理工艺选定应考虑的因素

1）污水处理程度

a. 按受纳水体的水质标准确定，即根据地方政府或国家环保部门对受纳水体规定的水质标准进行确定。

b. 按城市污水处理厂处理工艺所能达到的处理程度确定，一般以二级处理技术能达到的处理程度作为依据。

c. 考虑受纳水体的稀释自净能力，在取得当地环保部门的同意后，在一定程度上降低对水处理程度的要求，但对此应采取审慎态度。

当处理水回用时，无论回用的用途如何，在进行深度处理之前，城市污水必须经过完整的二级处理。

2）工程造价与运行费用

以处理水应达到的水质标准为前提，以处理系统最低造价和运行费为目标，选择技术可靠、经济合理的处理工艺流程。

3）污水量和水质变化情况

污水量的大小也是选定工艺需要考虑的因素，水质、水量变化较大的污水，应考虑设置调节池或事故贮水池，或选用承受冲击负荷能力较强的处理工艺，或间歇式处理工艺。

4）当地的其他条件

当地的地形、气候、地质等自然条件也对污水处理工艺流程的选定具有一定的影响。寒冷地区应当采用适合于低温条件运行的或在采取适当的技术措施后也能在低温条件运行的处理工艺；地下水位高、地质条件差的地方不宜选用深度大、施工难度高的处理构筑物。

总之，污水处理工艺流程的选定是一项比较复杂的系统工程，必须对上述各因素进行综合考虑和经济技术比较，才可能选定技术先进、经济合理、安全可靠的污水处理工艺流程。

（2）城市污水处理的基本工艺

城市污水处理工艺的典型流程见本书其他章节。污水三级处理各级主要去除的污染物质和主要处理方法见表1-25。

表1-25 污水分级处理的主要方法及作用

处理级别	去除的主要污染物	主要方法
一级处理	悬浮固体或胶态固体	格栅、沉砂、沉淀
二级处理	胶态有机物、溶解性可降解的有机物	生物处理
三级处理	不可降解有机物	活性炭吸附
	溶解性无机物	离子交换、电渗析、超滤、反渗透、臭氧、化学法

2. 污水处理厂厂址确定

根据《室外排水设计规范》，污水处理厂位置的选择应符合城镇总体规划和排水工程专业规划的要求，并根据下列因素综合确定：① 位于城镇水体的下游；② 在城镇夏季最小频率风向的上风向侧；③ 有良好的工程地质条件；④ 少拆迁、少占农田，有一定的卫生防护距离；⑤ 有扩建的可能；⑥ 便于污水、污泥的排放和利用；⑦ 厂区地形不受水淹，有良好的排水条件；⑧ 有方便的交通、运输和水电条件。

污水厂的厂区面积应按远期规模确定，并作出分期建设的安排。污水厂占地面积，与处理水量和所采用的处理工艺有关。根据《城市污水处理工程项目建设标准》，污水厂处理单位水量的建设用地不应超过表1-26所列指标。

表1-26 污水厂建设用地指标　　　　　　　　　　单位：m²/（m³·d）

建设规模/（万m³/d）	一级污水厂	二级污水厂	深度处理
Ⅰ类：50～100	—	0.50～0.40	—
Ⅱ类：20～50	0.30～0.20	0.60～0.50	0.20～0.15
Ⅲ类：10～20	0.40～0.30	0.70～0.60	0.25～0.20
Ⅳ类：5～10	0.45～0.40	0.85～0.70	0.35～0.25
Ⅴ类：1～5	0.55～0.45	1.20～0.85	0.40～0.35

注：① 建设规模大的取下限，规模小的取上限。
② 表中深度处理的用地指标是在污水二级处理的基础上增加的用地，深度处理工艺按提升泵房、絮凝、沉淀（澄清）、过滤、消毒、送水泵房等常规流程考虑。当二级污水厂出水满足特定回用要求或仅需几个净化单元时，深度处理用地应根据实际情况降低。

1.2.3 污水处理厂平面布置原则及竖向设计

1. 污水处理厂平面布置原则

（1）总图布置

总图布置应考虑远近期结合，有条件时，可按远期规划水量布置，分期建设。污水厂应安排充分的绿化地带。

（2）处理单元构筑物的平面布置

处理构筑物是污水处理厂的主体构筑物，其布置应紧凑。构筑物之间的连接管、渠要便捷直通，避免迂回曲折，尽量减少水头损失；处理构筑物之间应保持一定距离，以便敷设连接管渠；土方量做到基本平衡，并尽量避开劣质土壤地段。

（3）管、渠的平面布置

污水厂内管线种类很多，应考虑综合布置、避免发生矛盾。主要生产管线（污水、污泥管线）要便捷直通，尽可能考虑重力自流；辅助管线应便于施工和维护管理，有条件时设置综合管廊或管沟；污水厂应设置超越管道，以便在发生事故时，使污水能超越部分或全部构筑物，进入下一级构筑物或事故溢流。

（4）污泥处理构筑物的布置

污泥处理构筑物应尽可能布置成单独的区域，以保安全，方便管理。

（5）辅助建筑物的布置

污水厂内的辅助建筑物有泵房、鼓风机房、脱水机房、办公室、控制室、化验室、仓库、机修车间、变电所等。

辅助建筑物的布置原则为：方便生产、方便生活、确保安全、有利环保。如鼓风机房位于曝气池附近，变电所接近耗电量大的构筑物，办公楼处于夏季主风向的上风一方并距处理构筑物有一定距离等。

（6）厂区道路的布置

污水厂内应合理地设置通向各构筑物及设施的道路。厂内道路的设置既要考虑方便运输，又要考虑分隔不同生产区域。主要行车道路宽：单车道，3.5～4.0 m；双车道，6.0～7.0 m。转弯半径宜为 6.0～10.0 m。

总之，污水厂的总平面布置应以节约用地为原则，根据污水各建筑物、构筑物的功能和工艺要求，结合厂址地形、气象和地质条件等因素，使总平面布置合理、紧凑、经济、节约能源，并应便于施工、维护和管理。

2. 污水处理厂竖向设计

污水处理厂的竖向设计，也称高程设计。其主要任务是：根据市政排水管道的来水、自然地面和排水口的条件，确定各处理构筑物和泵房的标高及各处理构筑物之间连接管、渠的标高。其目的是通过各控制点的高程计算，最终确定各处理单元的各部位的水面标高。使污水能够按照设计要求，沿处理工艺流程在处理构筑物之间通畅地流动，以确保污水处理厂的正常运行。

1.2.4 污水处理厂水力流程设计原则和方法

1. 水力流程设计原则及规定

在进行污水厂的水力流程设计时，所依据的主要技术参数是构筑物的高度和水头损失。在处理流程中，相邻构筑物的相对高差取决于两个构筑物之间的水面高差，这个水面高差的数值就是流程中的水头损失；它主要由三部分组成，即构筑物本身的、连接管（渠）的及计量设备的水头损失等。

初步设计时，可按表 1-27 所列数据估算。污水流经处理构筑物的水头损失，主要产生在进口、出口和需要的跌水处，而流经处理构筑物本身的水头损失通常都较小。

表 1-27　处理构筑物水头损失估算值

构筑物名称	水头损失/m	构筑物名称	水头损失/m
格栅	0.1~0.25	曝气池	0.25~0.5
沉砂池	0.1~0.25	接触池	0.1~0.3
沉淀池		混合池	0.1~0.3
平流	0.2~0.4	生物滤池（工作高度 2 m 时）	
竖流	0.4~0.5	旋转式布水	2.7~2.8
辐流	0.5~0.6	固定式布水	4.5~4.75

进行水力流程设计时，除应首先计算这些水头损失外，还应考虑以下安全因素，以便留有余地：

a. 考虑远期发展，水量增加后可能导致的水头损失增加；

b. 避免处理构筑物之间跌水等浪费水头的现象，充分利用地形高差，实现重力自流；

c. 在计算并留有余量的前提下，力求缩小全程水头损失及提升泵站的流程，以降低运行费用；

d. 排放口的设置，应选取经常出现的高水位作为排放水位，并应保证常年大多数时间里能够自流排放水体，注意排放水位一定不选取每年最高水位，因为其出现时间较短，易造成常年水头浪费；

e. 应尽可能使污水处理工程的出水管渠的高程不受洪水顶托，在多数洪水条件下，仍能通过重力自流排放。

构筑物连接管（渠）的水头损失，包括沿程与局部水头损失，可按下列公式计算确定：

$$h = h_1 + h_2 = \sum iL + \sum \xi \frac{v^2}{2g} \tag{1-17}$$

式中：h_1——沿程水头损失，m；

h_2——局部水头损失，m；

i——单位管长的水头损失（水力坡度），根据流量、管径和流速等查阅《给水排水设计手册》获得；

L——连接管段长度，m；

ξ——局部阻力系数，查阅《给水排水设计手册》获得；

g——重力加速度，9.81 m/s^2；

v——连接管中流速，m/s。

连接管中流速一般取 0.7~1.5 m/s；进入沉淀池时流速可以低些；进入曝气池或反应池时，流速可以高些。设计流速太低时，会导致管径过大，相应管件及附属构筑物规格亦增大；设计流速太高时，则要求管（渠）坡度较大，水头损失增大，会增加填、挖土方量等。在确定连接管（渠）时，应考虑留有水量发展的余地。

污水处理厂中计量槽、薄壁计量堰、流量计的水头损失应通过计量设施有关计算公式、图表或者设备说明书来确定。一般污水厂进、出水管上计量仪表中水头损失可按 0.2 m 计算。

2. 水力流程设计计算

进行水力计算时，应选择一条距离最长、损失最大的流程；并按最大设计流量计算。水力计算常以受纳水体的最高水位作为起点，逆污水处理流程向上倒推计算，以使处理后的污水在洪水季节也能自流排出。

污水厂污水的水头损失主要包括：水流经过各处理构筑物的水头损失；水流经过连接前后两构筑物的管渠的水头损失，包括沿程损失与局部损失和经过计量设备的损失。

（1）处理构筑物的水头损失计算

1）格栅水头损失计算

$$h_f = kh_0 \tag{1-18}$$

$$h_0 = \xi \frac{v^2}{2g} \sin\alpha \tag{1-19}$$

式中：h_f——过栅水头损失，m；

h_0——计算水头损失，m；

g——重力加速度，9.81 m/s²；

k——系数，格栅受污物堵塞后，水头损失增大的倍数，一般 $k=3$；

ξ——阻力系数，$\xi = \beta (s/e)^{4/3}$，与栅条断面形状有关，其中，当为矩形断面时，$\beta = 2.42$；

v——过栅流速，m/s，最大设计流量时为 0.8～1.0 m/s，平均设计流量时为 0.3 m/s。

2）集水槽水头损失计算

集水槽系平底，且为均匀集水、自由跌落水流，按下列公式计算：

$$B = 0.9Q^{0.4} \tag{1-20}$$

$$h_0 = 1.25B \tag{1-21}$$

式中：Q——集水槽设计流量，为确保安全常对设计流量乘以 1.2～1.5 的安全系数，m³/s；

B——集水槽宽，m；

h_0——集水槽起端水深，m。

则集水槽水头损失如图 1-22 所示计算公式为：

$$h_f = h_1 + h_2 + h_0 \tag{1-22}$$

式中：h_f——集中槽水头损失，m；

h_1——堰上水头，m；

h_2——自由跌落水头，m。

3）处理构筑物集、配水渠道的水头损失计算

集水、配水渠道以及集配水设备，它们的水头损失主要为局部水头损失。主要包括堰流损失、进口损失及出口损失。

a. 堰流损失：

$$h_f = H + h \tag{1-23}$$

式中：h_f——堰流局部水头损失，m；

H——堰前水头，m；

h——跌落水头，m。

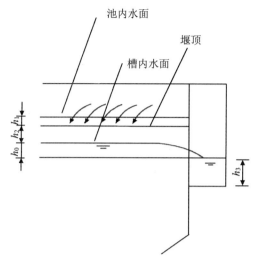

h_0—集水槽起端水深；h_1—堰上水头；h_2—自由跌落水头；h_3—总渠起端水深

图 1-22　集水槽水头损失计算

b. 进口损失：

$$h_f = \xi \frac{v^2}{2g} \tag{1-24}$$

式中：h_f——堰流局部水头损失，m；

　　　ξ——局部阻力系数，查阅《给水排水设计手册》获得；

　　　g——重力加速度，9.81 m/s²；

　　　v——水流速度，m/s。

c. 出口损失：

出口损失计算同进口损失。

（2）连接管渠的水头损失计算

为简化计算，一般认为水流为均匀流。连接管渠水头损失主要有沿程水头损失和局部水头损失。

1）沿程水头损失计算

$$h_f = \frac{v^2}{C^2 R} \cdot L \tag{1-25}$$

式中：h_f——沿程水头损失，m；

　　　L——管段长，m；

　　　R——水力半径，m；

　　　v——管内流速，m/s；

　　　C——谢才系数。

C 值一般按曼宁公式来计算：

$$C = \left(\frac{1}{n}\right) R^{1/6} \qquad (1-26)$$

式中：n——管壁粗糙系数，该值根据管渠材料而定，见表 1-7。

2) 局部水头损失计算

局部水头损失主要包括不同管径连接处的水头损失、阀门水头损失以及弯管的水头损失，其计算公式为：

$$h_f = \xi \frac{v^2}{2g} \qquad (1-27)$$

式中：h_f——堰流局部水头损失，m；

ξ——局部阻力系数，查阅《给水排水设计手册》获得；

g——重力加速度，9.81 m/s²；

v——水流速度，m/s。

3) 连接管渠的设计规定

为防止污水中悬浮物及活性污泥在渠道内沉淀，污水在明渠内必须保持一定的流速。在最大流量时，流速为 1.0～1.5 m/s；在最小流量时，流速为 0.4～0.6 m/s。连接管道尽可能短，初沉池、反应池、二沉池等主要处理单元之间的连接管道尽可能设置成双路，以保证安全运行。连接管道采用设计流量的标准见表 1-28。

表 1-28 连接管道的设计流量选用

连接管道	设计污水流量
提升泵出口—初沉池	分流到下水道：最大时水量 合流到下水道：雨天设计水量
初沉池—反应池	最大时水量
反应池—二沉池	最大时水量+回流污泥量
二沉池—排放口	最大时水量

(3) 计量设备的水头损失计算

计量设备一般安装在沉砂池与初次沉淀池之间的渠道上或者处理厂总出水管渠上。常见的计量设备有电磁流量计、巴式计量槽和淹没式薄壁堰装置。

巴式计量槽在自由流的条件下，计量槽的流量按下列公式计算：

$$Q = 0.372 b (3.28 H_1)^{1.569 b^{0.026}} \qquad (1-28)$$

式中：Q——过堰流量，m³/s；

b——喉宽，m；

H_1——上游水深，m。

对于巴式计量槽只考虑跌落水头。

第 2 章 污水预处理工程

2.1 污水预处理工艺及构筑物设计

预处理是污水处理的重要环节之一，主要起到去除污水中固体污染物的作用，常见的设施有格栅、沉砂池和沉淀池等。预处理工艺的选择主要根据去除的固体污染物的特点来确定。

2.1.1 格栅

1. 格栅的作用及设置

格栅的主要作用是将污水中的大块污物拦截，以免其对后续单元的水泵或工艺管线造成损害。按形状，格栅可分为平面和曲面两种；按栅条间的净间距，又分为粗格栅（保护型格栅：栅距>40 mm）、中格栅（栅距为 15~25 mm）、细格栅（栅距 1~10 mm）。

格栅常规的设置方法是按一粗一中或者一中一细设两道格栅，也有按一粗一中一细设三道格栅的。

2. 设计运行工艺参数

（1）栅前流速

污水在栅前渠道内的流速一般控制在 0.4~0.9 m/s，以保证污水中粒径较大的颗粒不会在栅前渠道内沉积。

（2）过栅流速

过栅流速即污水通过格栅的流速，一般控制在 0.6~1.0 m/s。过大会使拦截在格栅上的软性栅渣冲走，过小则会造成栅前渠道的流速小于 0.4 m/s，使栅前渠道出现淤积。

（3）过栅水头损失

污水的过栅水头损失与污水的过栅流速有关，一般在 0.2~0.5 m。

（4）栅渣量

栅渣量以处理每单位体积水量的产渣量计，一般为 0.1~0.01 $m^3/10^3 m^3$ 污水。粗格栅用小值，细格栅用大值，或根据实际情况调整。

3. 格栅的设计计算

（1）设计内容

a. 尺寸设计：栅槽宽度（格栅宽度）、栅后槽总高度、栅槽总长度。

b. 水力计算：通过格栅的水头损失（设计水头损失、计算水头损失）。

c. 栅渣量：每日栅渣量计算。

d. 清渣机的选型。

e. 格栅间工作台设计。台面应高出栅前最高设计水位 0.5 m，工作台上应有安全和冲洗设施。格栅工作台两侧过道宽度不小于 0.7 m，工作台正面过道宽度为 1.2～1.5 m。

（2）计算公式及计算简图

1）栅槽宽度

$$b = S(n-1) + bn \qquad (2\text{-}1)$$

$$n = \frac{Q_{\max}\sqrt{\sin\alpha}}{bhv} \qquad (2\text{-}2)$$

式中：S——栅条宽度，m；

b——栅条间隙，m；

$Q_{\max}$——最大设计流量，m³/s；

α——格栅倾角，(°)；

h——栅前水深，m；

v——过栅流速，m/s；

n——栅条间隙数，个。

2）通过格栅的水头损失

$$h_1 = h_0 k \qquad (2\text{-}3)$$

$$h_0 = \zeta \frac{v^2}{2g}\sin\alpha \qquad (2\text{-}4)$$

式中：h_1——设计水头损失，m；

h_0——计算水头损失，m；

k——系数，格栅受污物堵塞时水头损失增大倍数，一般取 3；

ζ——阻力系数，其值与栅条断面形状有关，参见《给水排水设计手册》；

g——重力加速度，9.81 m/s²。

3）栅后槽总高度

$$H = h + h_1 + h_2 \qquad (2\text{-}5)$$

式中：h_2——栅前渠道超高，一般取 0.3 m。

4）栅槽的长和高

$$L = l_1 + l_2 + 1.0 + 0.5 + \frac{H_1}{\tan\alpha} \qquad (2\text{-}6)$$

$$l_1 = \frac{(B - B_1)}{2\tan\alpha_1} \qquad (2\text{-}7)$$

$$l_2 = \frac{l_1}{2} \qquad (2\text{-}8)$$

$$H_1 = h + h_2 \qquad (2\text{-}9)$$

式中：l_1——进水渠道渐宽部分的长度，m；

l_2——格栅槽与出水渠道连接处渐窄部分的长度，m；

B_1——进水渠宽，m；

H_1——栅前渠道深，m；

α_1——进水渠道渐宽部分的展开角度，一般取 20°。

5）每日栅渣量

$$W = \frac{86\,400 Q_{max} W_1}{1\,000 K_z} \quad (2\text{-}10)$$

式中：W_1——栅渣量，$m^3/10^3\ m^3$（污水）；

K_z——生活污水流量总变化系数。

6）格栅计算简图（图2-1）

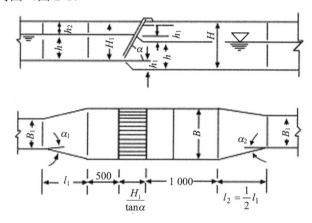

图2-1 格栅计算简图

2.1.2 沉砂池

1. 功能与设计要求

（1）沉砂池的功能及种类

沉砂池去除污水中比重较大的颗粒，主要包括无机砂粒、砾石和少量较重的有机颗粒。沉砂池一般设在初沉淀池之前，以减轻沉淀池的负荷，改善污泥处理构筑物的运行条件；也可设于泵站和倒虹管前，以减轻对机械和管道的磨损以及管道的淤积。

沉砂池一般按流态分为平流式沉砂池、曝气式沉砂池、旋流式沉砂池等种类。

（2）一般规定

根据《室外排水设计规范》规定，城市污水厂一般均应设置沉砂池，且沉砂池的格数不应少于两个，按并联系列设计。当污水量较小时，可考虑一格工作，一格备用。

沉砂池的设计目标是去除粒径为0.2 mm以上的砂粒（相对密度为2.65）。城市污水的沉砂量一般可按15～30 $m^3/10^6\ m^3$计算，沉砂的含水率为60%，容重为1 500 kg/m^3；合流制污水处理厂的沉砂量应根据实际测试结果确定。

沉砂池的设计流量应按分期建设考虑：当污水自流进入时，应按每期的最大设计流量计算；当污水为提升进入时，应按每期工作水泵的最大组合流量计算；在合流制处理系统中，应按降雨时的设计流量计算。

此外，沉砂池还应满足以下要求：a. 砂斗容积应按不大于2 d的沉砂量计算，斗壁与水平面的倾角应不小于55°，沉砂池的超高不宜小于0.3 m。b. 除砂应尽量采用机械方法。采用人工排砂时，排砂管直径应不小于200 mm。c. 应设置洗砂器、贮砂池或晒砂场。

2. 沉砂池的设计参数及方法

（1）平流式沉砂池

1）设计参数

停留时间一般采用 30~60 s，最大流量时停留时间不小于 30 s。

最大流速为 0.3 m/s，最小流速为 0.15 m/s。

有效水深应不大于 1.2 m，一般采用 0.25~1.0 m，每格宽度不宜小于 0.6 m。

池底坡度一般为 0.01~0.02；进水头部应采取消能和整流措施；当设置除砂设备时，应根据设备要求考虑池底形状。

2）设计内容

平流式沉砂池一般用于污水处理厂一级处理或预处理，其设计内容为池长、水流断面、池宽、池高和沉砂斗容积，最后还应校核流速。

3）计算公式

计算公式参见《给水排水设计手册》。

4）设计例题

[例题2-1] 已知某城市污水处理厂的最大设计流量为 0.4 m³/s，求沉砂池各部分尺寸。

解：

沉砂池长度：

设：v = 0.25 m/s，t = 30 s，则：

$$L = vt = 0.25 \times 30 = 7.5 \text{ (m)}$$

水流断面积：

$$A = \frac{Q_{\max}}{v} = \frac{0.4}{0.25} = 1.6 \text{ (m}^2\text{)}$$

池总宽度：

设：n=2 格，每格宽 b=0.6 m，则：

$$B = nb = 2 \times 0.6 = 1.2 \text{ (m)}$$

有效水深：

$$h_2 = \frac{A}{B} = \frac{1.6}{1.2} = 1.33 \text{ (m)}$$

沉砂所需容积：

设：贮存时间 T=2 d

$$V = \frac{86\,400 Q_{\max} XT}{K_z 10^6} = \frac{86\,400 \times 0.4 \times 30 \times 2}{1.5 \times 10^6} = 1.38 \text{ (m}^3\text{)}$$

每个沉砂斗容积：

设：每个分格有 2 个沉砂斗，共有 4 个沉砂斗，则：

$$V_0 = \frac{1.38}{2 \times 2} = 0.35 \text{ (m}^3\text{)}$$

设：斗底宽 a_1=0.5 m，斗壁与水平面的倾角为 55°，斗高 h_3=0.5 m，砂斗上口宽：

$$a = \frac{2h_3'}{\tan 55°} + a_1 = \frac{2 \times 0.5}{\tan 55°} + 0.5 = 1.2 \text{ (m)}$$

沉砂斗容积：

$$V_0 = \frac{h_3'}{6}(2a^2 + 2aa_1 + 2a_1^2)$$
$$= \frac{0.5}{6}(2 \times 1.2^2 + 2 \times 1.2 \times 0.5 + 2 \times 0.5^2)$$
$$= 0.38 \text{ m}^3 (\approx 0.35 \text{ m}^3)$$

沉砂池高度：

采用重力排砂，设池底坡度为 0.02，坡向砂斗，沉砂池的宽度为 $[2(l_2 + a) + 0.2]$。

$$l_2 = \frac{l - 2a - 0.2}{2} = \frac{7.5 - 2 \times 1.2 - 0.2}{2} = 2.45 \text{ (m)} \quad （0.2 为二沉砂斗之间隔壁厚，单位为米）$$

$$H_3 = h_3' + 0.02 \times l_2 = 0.5 + 0.02 \times 2.45 = 0.55 \text{ (m)}$$

沉砂池总高度：

沉砂池超高取：$h_1 = 0.3$ m，则：

$$H = h_1 + h_2 + h_3 = 0.3 + 1.33 + 0.65 = 2.28 \text{ (m)}$$

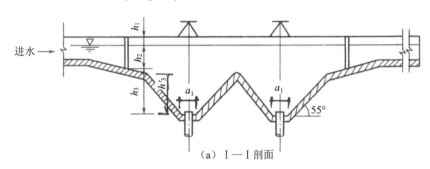

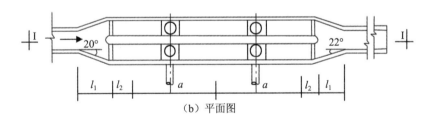

图 2-2 平流式沉砂池

（2）曝气式沉砂池

与平流式沉砂池不同，曝气式沉砂池利用空气上升作用使池内的水流和水中的悬浮颗粒产生碰撞、摩擦，从而剥离黏附在砂粒上的有机物，使砂粒更易沉淀。

1）设计参数及要点

流速设计：水平流速一般为 0.06~0.12 m/s；旋流速度应保持 0.25~0.3 m/s。

最大流量时停留时间：取 2 min 以上。

有效水深：2~3 m。

尺寸：宽深比一般采用 1~2；长宽比可达 5。当长比宽很大时，应设置横向挡板。

曝气量：1 m³ 污水的曝气量为 0.1~0.2 m³ 空气。

曝气式沉砂池的空气扩散装置通常设在池子的一侧，距池底 0.6～0.9 m，送气管应设置调节气量的阀门。池子的进口和出口布置应防止发生短路，进水方向应与池中旋流方向一致，出水方向应与进水方向垂直，并宜考虑设置挡板。此外，池内应考虑设消泡装置。

2）设计内容

沉砂池总有效容积、水流断面积、沉砂池总宽度、沉砂池长、每小时所需空气量。

3）计算公式

计算公式参见《给水排水设计手册》。

4）设计例题

[例题2-2] 已知某污水处理厂的最大设计流量为 0.6 m³/s，计算曝气式沉砂池的各部分尺寸。

解：

见图 2-3。

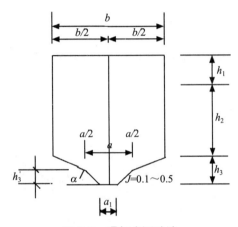

图 2-3 曝气式沉砂池

沉砂池总有效容积：

设：$t = 2$ min，则

$$V = Q_{max} t \times 60 = 0.6 \times 2 \times 60 = 72 \ (m^3)$$

水流断面面积：

设：$v_1 = 0.1$ m/s，则

$$A = \frac{Q_{max}}{v_1} = \frac{0.6}{0.1} = 6 \ (m^2)$$

沉砂池总宽度：

设：$h_2 = 2$ m，则

$$B = \frac{A}{h_2} = \frac{6}{2} = 3 \ (m)$$

每个池子宽度：

设：$n = 2$ 格，则

$$b = \frac{B}{n} = \frac{3}{2} = 1.5 \ (m)$$

沉砂池长：

$$L = \frac{V}{A} = \frac{72}{6} = 12 \text{ (m)}$$

每小时所需空气量：

设：空气量按 $d = 0.2 \text{ m}^3/\text{m}^3$ 计，则有：

$$q = 3\,600 d Q_{\max} = 3\,600 \times 0.2 \times 0.6 = 432 \left(\text{m}^3/\text{h}\right)$$

沉砂池其他部分的设计计算方法参见平流式沉砂池。

（3）旋流式沉砂池

旋流式沉砂池利用旋转流动水流的流态和流速，加速砂粒的沉淀。旋流式沉砂池的水力表面负荷一般取 $200 \text{ m}^3/(\text{m}^2 \cdot \text{h})$，最高时流量停留时间不小于 30 s。

进水渠道直段长度应为渠道宽的 7 倍，且不小于 4.5 m，以创造平稳的进水条件。在最大流量 40%～80%的情况下，进水渠道的流速一般控制在 0.6～0.9 m/s；在最小流量时其流速应大于 0.15 m/s。

出水渠道与进水渠道的夹角大于 270°，以最大限度地延长水流在沉砂池内的停留时间，达到有效除砂目的。两种渠道均设在沉砂池的上部，以防扰动底部沉积的砂子。

旋流式沉砂池的总体布置形式如图 2-4 所示，平面布置形式如图 2-5 所示。

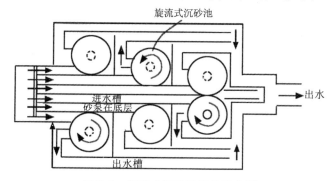

图 2-4 旋流式沉砂池的总体布置

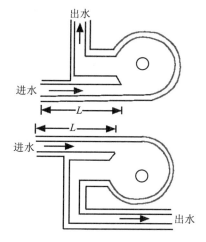

图 2-5 旋流式沉砂池布置要求

可以根据设计水量的不同,选择旋流沉砂池的各部位尺寸及规格,具体参考表2-1。

表2-1 旋流式沉砂池选择参考

设计水量/(万 m^3/d)	0.38	0.95	1.50	2.65	4.5	7.6	11.4	18.9	26.5
沉砂池直径/m	1.83	2.13	2.44	3.05	3.66	4.88	5.49	6.10	7.32
沉砂池深度/m	1.12	1.12	1.22	1.45	1.52	1.68	1.98	2.13	2.13
砂斗直径/m	0.91	0.91	0.91	1.52	1.52	1.52	1.52	1.52	1.83
砂斗深度/m	1.52	1.52	1.52	1.68	2.03	2.08	2.13	2.44	2.44
驱动机构功率/W	0.56	0.86	0.86	0.75	0.75	1.5	1.5	1.5	1.5
桨板转速/(r/min)	20	20	20	14	14	13	13	13	13

2.2 污水一级处理(沉淀)工艺及构筑物设计

2.2.1 沉淀原理

沉淀是指利用某些悬浮颗粒的密度大于水的特性,将其从水中去除的过程。沉淀池的处理对象是污水中的固体颗粒,污水中密度大于水的悬浮颗粒有可能是污水本身存在的,也可能是污水经混凝反应后生成的矾花。根据其浓度和特性,颗粒物在水中的沉淀分为自由沉淀、絮凝沉淀、拥挤沉淀(分层沉淀)和压缩沉淀4种类型,具体参见4.2.1。

2.2.2 沉淀池设计

按池内水流方向的不同,沉淀池可分为平流式沉淀池、竖流式沉淀池和辐流式沉淀池。每种沉淀池均包含五个区,即进水区、沉淀区、缓冲区、污泥区和出水区。按其在污水处理流程中的位置,分为初次沉淀池和二次沉淀池。初次沉淀池的作用是对污水中的以无机物为主体的比重大的固体悬浮物进行沉淀分离。

沉淀池各种池型的特点和适用条件见表2-2。

表2-2 沉淀池各种池型的比较

池型	适用条件	优点	缺点
平流式	① 适用于地下水位高及地质较差的地区; ② 适用于大、中、小型污水处理厂	① 沉淀效果好; ② 对冲击负荷和温度变化的适应能力较强; ③ 施工简易,造价较低	① 池子配水不易均匀; ② 采用多斗排泥时,每个泥斗需单独设排泥管各自排泥,操作量大;采用链带式刮泥机排泥时,链带的支撑件和驱动件都浸于水中,易锈蚀,故障较多
竖流式	适用于小型污水处理厂	① 排泥方便,管理简单; ② 占地面积较小	① 池子深度大,施工困难; ② 对冲击负荷和温度变化的适应能力较差; ③ 池径不宜过大,否则布水不匀
辐流式	① 适用于地下水位较高地区; ② 适用于大、中型污水处理厂	① 多为机械排泥,运行较好,管理较简单; ② 排泥设计已趋定型	对机械排泥设备及施工质量要求高

1. 设计参数及一般规定

(1) 设计流量

当污水为自流时,应按每期的最大设计流量计算;当污水为提升进入时,应按每期工作水泵的最大组合流量计算;在合流制处理系统中,应按降雨时的设计流量计算。

(2) 沉淀池的设计参数

当无实测资料时,城市污水沉淀池的设计数据可参考表 2-3 选用。

表 2-3 城市污水沉淀池的设计数据

类型	沉淀时间/h	表面负荷/[m³/(m²·h)]	污泥量(干物质)/[g/(人·d)]	污泥含水率/%	固体负荷/[kg/(m²·d)]	堰口负荷/[L/(s·m)]
初次沉淀池	0.5~2.0	1.5~4.5	16~36	95~97	—	≤2.9

(3) 沉淀池的一般规定

沉淀池的个数或分格数应不小于两个;沉淀时间一般不小于 30 min。池子的超高至少采用 0.3 m。沉淀池的缓冲层高度,一般采用 0.3~0.5 m。

污泥斗的斜壁与水平面的倾角,方斗不宜小于 60°,圆斗不宜采用小于 55°。采用多斗排泥时,每个泥斗均应设单独的闸阀和排泥管,排泥管直径不应小于 200 mm。

沉淀池采用静压排泥时,初次沉淀池的静水头不应小于 1.5 m。

2. 设计要点

(1) 平流式沉淀池

1) 设计参数

一般按表面负荷计算,按水平流速校核,最大水平流速:初沉池为 7 mm/s;二沉池为 5 mm/s。

池子的长宽比不小于 4,池子的长深比不小于 8。大型沉淀池可考虑设导流墙,池底纵坡不小于 0.01。

采用机械排泥时,其宽度应根据排泥设备确定。排泥机械行进速度一般采用 0.6~0.9 m/min。

出水堰前应设置收集与排除浮渣的设施(如可转动的排渣管、浮渣槽等)。当采用机械排泥时,可一并结合考虑。

当沉淀池采用多个排泥斗时,一般不宜多于两排。

常见的平流式沉淀池结构见图 2-6 和图 2-7。

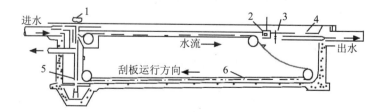

1—集渣器驱动装置;2—浮渣槽;3—挡板;4—可调节的出水堰;5—排泥管;6—刮板

图 2-6 设有链带式刮泥机的平流式沉淀池

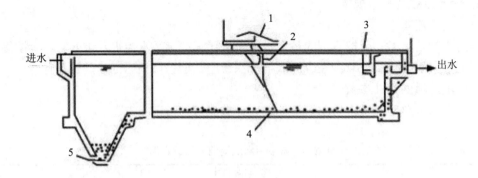

1—驱动装置；2—刮渣板；3—浮渣槽；4—刮泥板；5—排泥管

图 2-7 设有行车式刮泥机的平流式沉淀池

2）计算公式

计算公式参见《给水排水设计手册》。

3）设计例题

[**例题 2-3**] 某城市污水处理厂最大设计流量为 43 200 m³/d，设计人口为 250 000 人，沉淀时间为 2 h，采用链带式刮泥机，求平流式初次沉淀池各部分尺寸。

解：

池子总面积：

设表面负荷 $q' = 1.5$ m³/(m²·h)，设计流量为 0.5 m³/s，则

$$A = \frac{Q_{max} \times 3\,600}{q'} = \frac{0.5 \times 3\,600}{1.5} = 1\,200 \text{ (m}^2\text{)}$$

沉淀部分有效水深：

$$h_2 = q't = 1.5 \times 2 = 3.0 \text{ (m)}$$

沉淀部分有效容积：

$$V' = Q_{max} \times t \times 3\,600 = 0.5 \times 2 \times 3\,600 = 3\,600 \text{ (m}^3\text{)}$$

池长：

设水平流速 $v = 3.70$ mm/s，则：

$$L = vt \times 3.6 = 3.7 \times 2 \times 3.6 = 26.64 \text{ (m)}，取 27 \text{ m}$$

池子总宽度：

$$B = A/L = 1\,200/27 = 44 \text{ (m)}，取 45 \text{ m}$$

池子个数：

设每个池子宽 4.5 m，则：

$$n = B/b = 45/4.5 = 10 \text{ (个)}$$

校核长宽比：

$$\frac{L}{b} = \frac{27}{4.5} = 6.1 > 4.0 \text{（符合要求）}$$

校核长深比：

$$\frac{L}{h_2} = \frac{27}{3.0} = 9 > 8.0 \text{(符合要求)}$$

污泥部分需要的总容积：

设 $T = 2$ d，污泥量为 25 g/（人·d），污泥含水率为 95%，则：

每人每日污泥量：

$$S = \frac{25 \times 100}{(100-95) \times 1000} = 0.50 [\text{L/（人·d）}]$$

$$V = \frac{SNT}{1000} = 0.5 \times 250\,000 \times 2.0/1\,000 = 250\,(\text{m}^3)$$

每格池子污泥所需容积：

$$V'' = \frac{V}{n} = 250/10 = 25\,(\text{m}^3)$$

污泥斗容积（污泥斗见图 2-8）：

$$V_1 = \frac{1}{3} h_4''(f_1 + f_2 + \sqrt{f_1 f_2})$$

$$h_4'' = \frac{4.5 - 0.5}{2} \tan 60° = 3.46(\text{m})$$

$$V_1 = \frac{1}{3} \times 3.46 \times (4.5 \times 4.5 + 0.5 \times 0.5 + \sqrt{4.5^2 \times 0.5^2}) = 23.36\,(\text{m}^3)$$

污泥斗以上梯形部分污泥容积：

$$V_2 = \left(\frac{l_1 + l_2}{2}\right) h_4' \cdot b$$

$$h_4' = (27 + 0.3 - 4.5) \times 0.01 = 0.228\,(\text{m})$$

$$l_1 = 27 + 0.3 + 0.5 = 27.80\,(\text{m})$$

$$l_2 = 4.50\,(\text{m})$$

$$V_2 = \frac{(27.80 + 4.50)}{2} \times 0.228 \times 4.5 = 16.57\,(\text{m}^3)$$

污泥斗和梯形部分污泥容积：

$$V_1 + V_2 = 23.36 + 16.57 = 39.93\,(\text{m}^3) > 25\,(\text{m}^3)$$

池子总高度见图 2-8。

设缓冲层高度 $h_3 = 0.50$ m，则：

$$H = h_1 + h_2 + h_3 + h_4$$

$$h_4 = h_4' + h_4'' = 0.158 + 3.46 = 3.62\,(\text{m})$$

$$H = 0.3 + 3.0 + 0.5 + 3.62 = 7.42\,(\text{m})$$

（2）竖流式沉淀池

1）设计要点

竖流式沉淀池有圆形和正方形两种形式。直径（或边长）与有效水深之比值不大于 3.0。直径（或边长）不宜大于 8.0 m，一般采用 4.0～7.0 m。

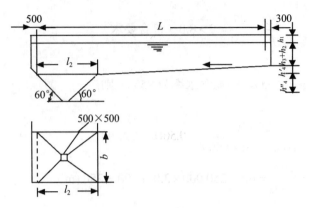

图 2-8 沉淀池的污泥斗简图

中心管流速不大于 30 mm/s。

中心管下口设有喇叭口和反射板,反射板底距泥面至少 0.3 m。

中心管下端至反射板表面之间的缝隙高在 0.25~0.50 m 范围内时,缝隙中污水流速,在初次沉淀池中不大于 30 mm/s,在二次沉淀池中不大于 20 mm/s。

当直径(边长)小于 7.0 m 时,处理出水沿周边流出;当直径(或边长)≥7.0 m 时应增设辐射式集水支渠。

排泥管下端距池底不大于 0.20 m,管上端超出水面不小于 0.40 m。

竖流式沉淀池的结构见图 2-9。

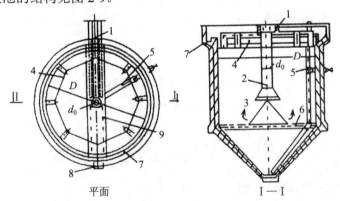

1—进水槽;2—中心管;3—反射板;4—挡板;5—排泥管;
6—缓冲层;7—集水槽;8—出水管;9—过桥

图 2-9 竖流式沉淀池简图

2)计算公式

计算公式参见《给水排水设计手册》。

(3)辐流式沉淀池

1)设计要点

辐流式沉淀池通常为圆形。直径与有效水深的比值,一般采用 6~12。池径一般不小于 16 m。池底坡度一般不小于 0.05。

辐流式沉淀池均采用机械刮泥,也可附有空气提升或静水头排泥设施。池径小于 20 m,

一般采用中心传动的刮泥机；池径大于 20 m 时，一般采用周边传动的刮泥机。刮泥机旋转速度一般为 1～3 r/h，外周刮泥板的线速一般采用 1.5 m/min。

常见的辐流式沉淀池结构见图 2-10。

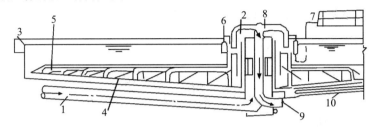

1—进口；2—挡板；3—堰；4—刮板；5—吸泥管；6—冲洗管的空气升液器；
7—压缩空气入口；8—排泥虹吸管；9—污泥出口；10—放空管

图 2-10　带有中央驱动装置的吸泥型辐流式沉淀池

2）计算公式

辐流式沉淀池取池子半径 1/2 处的水流断面作为计算断面，各部分计算公式如下：

沉淀池表面积和直径：

$$A = \frac{Q}{nq'} \tag{2-11}$$

$$D = \sqrt{\frac{4A}{\pi}} \tag{2-12}$$

式中：Q —— 设计流量，m^3/h；
　　　n —— 池数，个；
　　　q' —— 表面负荷，$m^3/(m^2 \cdot h)$。

沉淀池有效水深：

$$h_2 = q't \tag{2-13}$$

式中：t —— 沉淀时间，h。

沉淀池有效容积：

$$V' = \frac{Q}{n} \cdot t \tag{2-14}$$

或

$$V' = Ah_2 \tag{2-15}$$

污泥区容积：

$$V = \frac{SNT}{1\,000} \tag{2-16}$$

或

$$V = \frac{Q(C_1 - C_2) 24 \times 100 T}{\gamma(100 - p_0)n} \tag{2-17}$$

式中：S —— 每人每日污泥量，L/(人·d)，一般采用 0.3～0.8 L/(人·d)；
　　　N —— 设计人口数；

T—— 两次清除污泥间隔时间, d;
γ—— 污泥容重, t/m³, 取 1.0;
p_0—— 污泥含水率, %;
C_1—— 进水悬浮物浓度, t/m³;
C_2—— 出水悬浮物浓度, t/m³。

污泥斗容积:

$$V_1 = \frac{\pi h_5}{3}(r_1^2 + r_1 r_2 + r_2^2) \qquad (2\text{-}18)$$

式中: h_5—— 污泥斗高度, m;
r_1—— 污泥斗上部半径, m;
r_2—— 污泥斗下部半径, m。

污泥斗以上圆锥部分污泥容积:

$$V_2 = \frac{\pi h_4}{3}(R^2 + R r_1 + r_1^2) \qquad (2\text{-}19)$$

式中: h_4—— 圆锥体高度, m;
R—— 池子半径, m。

沉淀池总高度:

$$H = h_1 + h_2 + h_3 + h_4 + h_5 \qquad (2\text{-}20)$$

式中: h_1—— 超高, m;
h_3—— 缓冲层高度, m。

沉淀池计算示意见图 2-11。

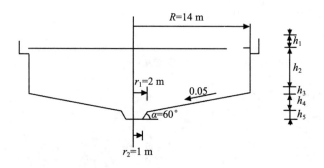

图 2-11 沉淀池计算示意

3) 设计例题

[**例题 2-4**] 某城市污水厂的最大设计流量 Q_{max}=2 400 m³/h, 设计人口 N=34 万, 采用机械刮泥, 设计辐流式初次沉淀池。

解:

a. 计算沉淀池表面积:

取 $q_0' = 2\text{m}^3/(\text{m}^2 \cdot \text{h})$, $n = 2$ (座), 则:

$$A_1 = \frac{Q_{\max}}{nq_0} = \frac{2\,400}{2 \times 2} = 600 \text{ (m}^2\text{)}$$

池径：
$$D = \sqrt{\frac{4A_1}{\pi}} = \sqrt{\frac{4 \times 600}{\pi}} = 27.6 \text{ m（取 } D=28 \text{ m）}$$

b. 计算沉淀池有效水深：

取沉淀时间 $t=1.5$ h，则：
$$h_2 = q_0't = 2 \times 1.5 = 3 \text{ (m)}$$

c. 计算沉淀池总高度：

每周期污泥量用下式计算：
$$V_1 = \frac{SNT}{1\,000n} = \frac{0.5 \times 34 \times 10^4 \times 4}{1\,000 \times 2 \times 24} = 14.2 \text{ (m}^3\text{)}$$

式中：S 取 0.5 L/（人·d），由于用机械刮泥，所以污泥在斗内储存时间取 4 h。

污泥斗容积用几何公式计算：
$$V_1 = \frac{\pi h_5}{3}(r_1^2 + r_1 r_2 + r_2^2) = \frac{\pi \times 1.73}{3}(2^2 + 2 \times 1 + 1^2) = 12.7 \text{ (m}^3\text{)}$$

$$h_5 = (r_1 - r_2)\tan\alpha = (2-1)\tan 60° = 1.73 \text{ (m)}$$

底坡落差：
$$h_4 = (R - r_1) \times 0.05 = 0.6 \text{ (m)}$$

因此，池底可储存污泥的体积为：
$$V_2 = \frac{\pi h_4}{3}(R^2 + Rr_1 + r_1^2) = \frac{\pi \times 0.6}{3}(14^2 + 14 \times 2 + 2^2) = 143.2 \text{ (m}^3\text{)}$$

共可储存污泥体积为：
$$V_1 + V_2 = 12.7 + 143.2 = 156 \text{ m}^3 > 14.2 \text{ (m}^3\text{)}$$

沉淀池总高度：
$$H = 0.3 + 3 + 0.5 + 0.6 + 1.73 = 6.13 \text{ (m)}$$

沉淀池周边处的高度为：
$$h_1 + h_2 + h_3 = 0.3 + 3.0 + 0.5 = 3.8 \text{ (m)}$$

径深比校核：
$$D/h_2 = 28/3 = 9.3 \text{（合格）}$$

第3章 污水生物处理工程基础

污水生物处理就是利用微生物分解氧化有机物的这一功能，通过采取一定的人工措施，创造有利于微生物生长和繁殖的环境，获得大量具有高生物活性的微生物，以提高其分解氧化有机物效率的一种污水处理方法。生物反应过程见图3-1。

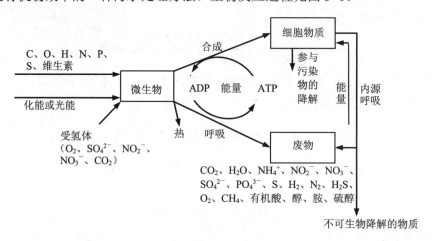

图 3-1 生物反应

污水生物处理分为好氧生物处理和厌氧生物处理两大类。好氧生物处理的进行需要有氧的供应；而厌氧生物处理则需保证无氧的环境，即没有溶解氧或硝态氮的存在。

常用的好氧生物处理工艺有活性污泥法和生物膜法两种。活性污泥法是天然生物处理法中水体自净过程的人工强化。活性污泥法使微生物群体在反应器（曝气池）内呈悬浮状，并与污水接触得到净化的方法，因此活性污泥法又称为悬浮生长法。生物膜法是天然生物处理法中土壤自净过程的人工强化，是使微生物群体附着于其他物体表面上呈膜状，并与污水接触而使污水得到净化的方法，所以生物膜法又称为固定生长法。由于好氧生物处理效率高，使用比较广泛。

3.1 活性污泥法

3.1.1 活性污泥法的基本工艺流程

1. 活性污泥法的基本概念

向一个固定容器（即生物处理构筑物）中的生活污水进行曝气，隔一定时间后，停止曝气，去除上层污水，保留沉淀物，更换新鲜污水，再进行曝气。如此连续操作，持续一段时间后，在污水中就形成一种黄褐色的絮状体。在显微镜下观察，该絮状体含有多种微生物。这种絮状体在曝气时，呈悬浮状态，曝气停止后，易于沉淀分离，从而使污水得到净化、澄清。这种含有多种微生物的絮状体被称为"活性污泥"。

活性污泥法是污水生物处理的一种方法。该法是通过人工强化充氧方式，对污水和各微生物群体进行连续混合培养，形成活性污泥。利用活性污泥的生物凝聚、吸附和氧化作用，分解去除污水中的有机污染物。然后使污泥与水分离，大部分污泥再回流到生物反应池，多余部分作为剩余污泥排出活性污泥系统。

2. 活性污泥法的基本工艺流程

传统活性污泥法的基本工艺流程见图 3-2。

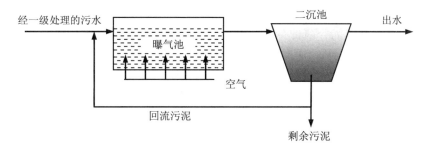

图 3-2 传统活性污泥法的基本工艺流程示意图

活性污泥法的基本工艺流程由曝气池或生物反应池、二沉池、曝气系统、污泥回流及剩余污泥排放五部分组成。

经过一级处理（格栅、沉砂、沉淀等）后的污水进入曝气池，通过曝气，一方面提供好氧微生物新陈代谢过程所需要的溶解氧，另一方面也起到混合搅拌作用，使微生物和污染物充分接触，强化生化反应的传质过程。曝气池或生物反应池是利用活性污泥法进行污水生物处理的构筑物，池内提供一定污水停留时间，满足好氧微生物所需的氧量以及污水与活性污泥充分接触的混合条件。曝气池内的泥水混合液流入二沉池进行泥水分离，活性污泥絮体沉入池底，泥水分离后的清水作为处理出水排出二沉池。二沉池沉降下来污泥一部分作为回流污泥返回曝气池，以维持曝气池内的微生物浓度；另一部分作为剩余污泥排出，进行污泥处理。

3.1.2 活性污泥形态和活性污泥组成

1. 活性污泥形态

活性污泥是活性污泥法的主体。活性污泥的絮体形态与微生物组成、数量、污水中污染物的特性以及外部条件（如水温、运行操作条件等）相关，絮体大小一般为 0.02～0.2 mm，呈不定形状，微具土壤味。

活性污泥表面积可达 2 000～10 000 m^2/m^3。

活性污泥相对密度因含水率不同而有所不同，如曝气池中混合液含水率一般都在 99.2%～99.8%，相对密度为 1.002～1.003；回流污泥和剩余污泥相对密度为 1.004～1.006；污泥干固体相对密度为 1.20 左右。

活性污泥中有机物占 75%～85%，无机物占 15%～25%。

2. 活性污泥组成

活性污泥主要由四部分组成：①具有代谢功能的活性微生物群体（Ma）；②微生物内源呼吸、自身氧化的残留物（Me）；③被污泥絮体吸附的难降解有机物（Mi）；④被污泥絮体吸附的无机物（Mii）。

具有代谢功能的活性微生物群体包括细菌、真菌、原生动物、后生动物等，而其中细菌承担了降解有机污染物的主要作用。细菌是以溶解性营养物质为食物的单细胞微生物。活性污泥中的细菌以异养型的原核细菌为主，对正常成熟的活性污泥，1 mL 活性污泥中的细菌数在 $10^7 \sim 10^9$ 个。

在活性污泥中形成优势的细菌与污水中的污染物性质、活性污泥法运行操作条件有关。活性污泥中常见的优势菌种有：产碱杆菌属、芽孢杆菌属、黄杆菌属、动胶杆菌属、假单胞菌属、丛毛单胞菌属、大肠埃氏杆菌属等。活性污泥中一些细菌，如枝状动胶杆菌、蜡状芽孢杆菌、黄杆菌、放线形诺卡亚氏菌、假单胞菌等具有分泌黏性物质的能力，这些黏性物质能使细菌互相黏结、形成菌胶团。菌胶团对污水中微小颗粒和可溶性有机物有一定的吸附和黏结作用，可促进形成活性污泥絮体。

真菌是多细胞的异养型微生物，属于专性好氧微生物，以分裂、芽殖及形成孢子等方式生存，真菌对氮的需求仅为细菌的一半。活性污泥法中常见的真菌是微小的腐生或寄生的丝状菌，它们具有分解碳水化合物、脂肪、蛋白质及其他含氮化合物的功能。如果大量出现，会产生污泥膨胀现象，严重影响活性污泥系统的正常工作。真菌在活性污泥法中出现往往与水质有关，常在碳水化合物较多，溶解氧不足，缺乏氮、磷等养料，水温高或 pH 较低等情况下出现。

原生动物为单细胞生物，分裂繁殖，大多为好氧化能异养型菌，它们的主要食物对象是细菌。因此，处理水的水质和活性污泥中细菌的变化直接影响原生动物的种类和数量的变化。肉足类、鞭毛类、纤毛类是活性污泥中常见的三类原生动物。在活性污泥法的运行初期，以肉足虫类、鞭毛虫类为主，然后是自由游泳的纤毛虫类，当活性污泥成熟，处理效果良好时，匍匐型或附着型的纤毛虫类占优势。原生动物个体较大，通过显微镜能够观察到，可作为指示生物。在活性污泥法的应用中，常通过观察原生动物的种类和数量，间接地判断污水处理的效果。因此，活性污泥生物相的观察，是活性污泥质量评价的重要手段之一。此外，原生动物捕食细菌的作用也确保活性污泥系统出水水质的进一步提高，它是仅次于细菌的污水净化功能承担者。

在活性污泥中常出现的后生动物是轮虫、线虫和寡毛类，它们通常以细菌、原生动物以及活性污泥碎片为食。轮虫通常出现在处理水质有机物含量低且水质好的系统中，如延时曝气活性污泥系统，因此，轮虫是出水水质好且稳定的标志。

3.1.3 活性污泥增长曲线

在活性污泥法的曝气池或生物反应池中，随着有机污染物的不断降解，活性污泥微生物的量不断增殖。活性污泥微生物的增殖规律，通常用增殖曲线描述。增殖曲线表达的是，在环境条件（温度、溶解氧等）满足微生物生长要求，并有一定量初始微生物接种、营养物质一次充分投加的条件下，微生物数量随时间的增殖和衰减规律。

活性污泥法生物处理由三部分组成，即微生物、有机物和溶解氧共同参与完成的，因此在微生物增殖的同时有机物的量和溶解氧量的消耗都会发生变化。活性污泥中微生物的增殖、有机物的降解和溶解氧消耗曲线示意见图 3-3。根据微生物的生长情况，微生物的增殖可以分成四个阶段，即适应期、对数增殖期、减速增殖期和内源呼吸期。

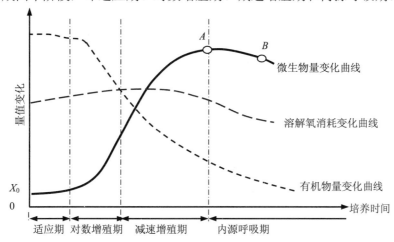

图 3-3 活性污泥中微生物的增殖、有机物的降解和溶解氧的消耗曲线示意

1. 适应期

适应期也称调整期或延迟期。这一阶段是微生物培养的初期，微生物刚进入新的培养环境中，细胞中的酶系统开始对环境进行适应。在本阶段微生物细胞的特点是：分裂迟缓、代谢活跃、一般数量不增加但细胞体积增长较快；合成代谢活跃；易产生诱导酶。此阶段的时间长短与污水中有机物可生物降解性、微生物菌种的遗传性、微生物世代周期及接种前后所处的微生物环境条件等因素密切相关。适应期对于后续微生物功能的发挥是非常重要的。在实际应用中活性污泥法的启动初期会发生在这一阶段。

2. 对数增殖期

对数增殖期也称对数生长期。当微生物经过一段时间的适应和调整后，细胞以最快的速度进行分裂。对数增殖期微生物的生长特点是：微生物代谢活性最强，组成微生物新细胞物质最快，细胞数以几何级数 $N=N_0 \times 2^n$ 关系增加（N、N_0 分别为最终和起始细胞数；n 为世代数），细胞数的对数值和培养时间呈直线关系（图 3-3）。在此期间，由于微生物周围营养丰富，微生物的生长繁殖不受有机底物的限制，微生物的生长速率最大，同时有机物降解速率也非常快，溶解氧的需求量大。另外，与新增加的微生物量相比，死亡的微生物量相对较小。在实际应用中，死亡这部分的微生物量可以忽略不计。

3. 减速增殖期

微生物经过对数增殖期的大量繁殖后，培养液中的有机物已被大量消耗，代谢产物积累过多，使得细胞的增殖速率逐渐减慢。在此阶段，细胞繁殖速率与细胞的死亡速率相同，活的微生物总数趋近稳定，且达到最大量。减速增殖期的长短，与菌种和外界环境条件有关。如果此阶段，再添加有机物等营养物质，并排出代谢物，则微生物又可以恢复到对数增殖期。大多数活性污泥处理厂是将曝气池的运行工况控制在减速增殖期。

4. 内源呼吸期

在经过减速增殖期后，培养液中的有机物含量继续下降，并达到几乎耗尽的程度，微生物开始利用自身的贮藏物甚至菌体的组成成分作为养料，维持生命。细菌在这个阶段往往产生芽孢，原生质中出现液泡与空泡，有些菌细胞常呈畸形或多形态性。这阶段只有少数细胞继续分裂，大多数细胞出现自溶和死亡，致使培养液中活的总微生物数量下降，微生物的增殖曲线显著下降，同时溶解氧的需要量也下降。只有个别活性污泥法工艺的工况设置在这一阶段，如延时曝气法等。

上述的微生物增殖或活性污泥增长四阶段是营养物质一次充分投加后，在有接种微生物和溶解氧的条件下的变化规律，属于非连续工作过程，即在培养过程中不连续补充营养物质（有机污染物），也不排出代谢产物。

培养液中有机物量与微生物量的比值，即食料比 F/M（也称为污泥负荷，F 代表营养物量，M 代表微生物量，污泥负荷的有关内容见后面章节），随着培养时间是不断变化的，从初期的高比值到后期的低比值（图 3-3）。

5. 活性污泥增长曲线的应用

F/M 值的高低影响微生物的代谢，当 F/M 值高时，营养物量相对过剩，微生物繁殖快，活力很强，处理污水能力高，如在对数增殖期就是这种状况。但由于微生物活性高，细胞之间存在的斥力大于引力，导致微生物的絮凝、沉淀效果差，会造成出水中所含的有机物含量高。因此，为了取得比较稳定和高效的有机物处理效果，一般不选用处于对数期的工况条件，而常采用处于减速增殖期或内源呼吸期的工况条件。在减速增殖期或内源呼吸期 F/M 值相对较低，虽然这时微生物多处于老龄阶段，活性有所降低，运动能力差，但此时微生物活性降低，细胞间引力占优，能形成絮凝、沉降性能好的菌胶团，生物处理系统的出水有机物含量低，另外溶解氧供给量也相对小。因此，F/M 值的高低影响微生物的增殖过程，影响微生物的絮凝、沉降性能，同时也影响溶解氧的消耗速率，是非常重要的活性污泥法工艺设计、运行指标。

需要说明的是，活性污泥法在实际应用时，含有有机物的污水连续不断地进入反应器或系统，微生物和处理完的水不断排出反应器或系统，是一个稳定的连续过程。因此，实际的污水生物处理单元工作点位于图 3-3 活性污泥的增殖曲线的一点或一段上，具体情况要结合工艺条件。例如，对于完全混合曝气池，由于进入曝气池的污水立刻被混合，池中的有机物浓度基本相同，这时 F/M 值为一固定值，根据工艺设计要求，其工作点处于图 3-3 中的 A 点、B 点或其他点。从微生物的增殖过程可知，A 点的 F/M 值要高于 B 点 F/M 值。对于推流式曝气池，曝气池中的混合液沿流动方向无法有效混合，使得沿曝气池长度方向的有机物浓度不相同，沿池长的 F/M 值呈由高到低变化，所以此时生物处理的 F/M 值工作点在活性污泥的增殖曲线是一曲线段，如图 3-3 中的 A 到 B 段。

3.1.4 活性污泥及活性污泥法的相关指标与工艺参数

1. 活性污泥微生物量的指标

（1）混合液悬浮固体（MLSS）

MLSS 是指曝气池单位容积污泥污水混合液中，所含活性污泥固体的总重量，单位为 mg/L、g/L、g/m^3 或 kg/m^3。该指标用来表示活性污泥量，指标中包含具有代谢功能的活性微生物群体（Ma）；微生物内源呼吸、自身氧化的残留物（Me）；原污水含有的微生物难以降解有机物（Mi）；原污水含有的无机物（Mii）四部分。可表示为：MLSS = Ma + Me + Mi + Mii。

MLSS 不能够精确表示具有降解功能的"活"的微生物的数量。在活性污泥法中，MLSS 通常在 2 000～4 000 mg/L 的范围，MLSS 只含 30%～50%活的微生物体。该指标更适合用于污泥管理和处理的污泥量计算统计等。如无特别说明，常用符号 X 表示。

（2）混合液挥发性悬浮固体（MLVSS）

MLVSS 是指曝气池单位容积污泥污水混合液中，所含有机固体的总重量，单位为 mg/L、g/L、g/m³ 或 kg/m³，如无特别说明，常用符号 X_V 表示。该指标也用来表示活性污泥量。由于该指标中包含具有代谢功能的活性微生物群体（Ma）；微生物内源呼吸、自身氧化的残留物（Me）；原污水含有的微生物难以降解有机物三部分（Mi）。因此，MLVSS 表示"活"的微生物的数量的准确程度要比 MLSS 有所提高，可表示为：MLVSS=Ma＋Me＋Mi。但 MLVSS 仍然不能够完全表示"活"的微生物的数量，活性污泥中活的异养型微生物只占 MLVSS 的一小部分。

通常，活性污泥法系统中，MLVSS 和 MLSS 的比值通常在 0.65～0.85 范围，在以处理生活污水为主的城市污水活性污泥法系统中，MLVSS 和 MLSS 的比值约为 0.75。

MLVSS 和 MLSS 也常称为曝气池污泥浓度。

2. 活性污泥沉降性能指标

（1）污泥沉降比（SV）

SV 是指一定量的曝气池中混合液（通常为 1 L）在量筒中静置 30 min 后，沉降的污泥体积与静置前混合液体积之比，一般用百分数表示。SV 反映了曝气池正常运行时的污泥量，通常用于工艺的管理，如控制剩余污泥的排放量，以及通过观察 SV，了解污泥膨胀的状况等。

（2）污泥容积指数（SVI）

SVI 是指曝气池中的混合液静置 30 min 后，每克干污泥所形成的沉淀污泥所占的体积，其单位为 mL/g。SVI 值等于污泥所占体积比（单位 mL/L）除以污泥浓度 X（单位 g/L）。

SVI 反映了污泥的凝聚和沉降性能，是工艺管理中的重要指标，比 SV 更能准确地评价污泥的凝聚性能和沉降性能。SVI 值过低，表明活性污泥泥粒小、密实、无机成分多；SVI 值过高，表明其污泥絮体松散、沉降性能不好，将要或已经发生膨胀现象。对于城市污水，SVI 为 70～100 mL/g。如果 SVI 大于 200 mL/g，通常表明发生了污泥膨胀。

SV 和 SVI 两者都是用于评价污泥沉降性能的指标，日常管理中 SV 使用得更多一些。两者的关系见式（3-1）。

$$SVI = \frac{SV(\%) \times 10}{MLSS(g/L)} \qquad (3\text{-}1)$$

3. 活性污泥法系统的基本工艺参数

（1）水力停留时间（HRT）

水力停留时间是指待处理污水在反应器中的滞留时间，由反应器容积（V）除以待处理水流量（Q）求得，即 HRT = V/Q，通常 Q 不包含回流污泥流量（RQ），也称为名义（或理论）水力停留时间；考虑了回流污泥量后的水力停留时间 HRT' = $V/(1+R) \cdot Q$，称为实际的水力停留时间。在污水生物处理系统中，水力停留时间与污泥泥龄是完全分离的，这是污水生物处理的重要特点之一。

（2）污泥泥龄（θ_c）

污泥泥龄，简称泥龄，指系统在稳定状态下曝气池中活性污泥的总量与每日排放的污泥量之比。它是活性污泥在曝气池中的平均停留时间，因此有时也称为生物固体的平均停留时间（SRT），单位为 d（日）。污泥泥龄的计算式见式（3-2）。

$$\theta_c = \frac{X \cdot V}{\Delta X} \tag{3-2}$$

式中：θ_c—— 污泥泥龄，d；
X—— 曝气池中的 MLSS，kg/m^3；
V—— 曝气池的体积，m^3；
ΔX—— 每日排出处理系统的活性污泥量，在稳定的活性污泥系统中，也即曝气池中每日增长的活性污泥量，kg/d。

ΔX 可按式（3-3）计算。

$$\Delta X = Q_w X_r + (Q - Q_w) X_e \tag{3-3}$$

式中：Q_w—— 剩余污泥的排放量，m^3/d；
X_r—— 剩余污泥或回流污泥的浓度，kg/m^3。X_r 是从二沉池底部排出的污泥浓度，与污泥容积指数 SVI 有如式（3-4）所示的近似关系。

$$X_r \approx \frac{10^6}{SVI} \tag{3-4}$$

式中：Q—— 污水流量，m^3/d；
X_e—— 出水中的悬浮物浓度，单位应换算为 kg/m^3。

通常，由于 X_e 与 X、X_r 相比非常低，可忽略不计。此外，本章中的 X_e 与 SS_e 为同一概念。以上公式中的参数在活性污泥法中的含义见图 3-4。

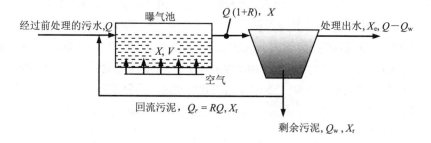

图 3-4 活性污泥法中部分参数含义图示

图中 Q 为进水流量，Q_w 为剩余污泥流量，m^3/d；X、X_r、X_e 分别为曝气池、二沉池回流、二沉池出水中的污泥浓度，g/m^3；R 为污泥回流比，量纲为一。

污泥泥龄是活性污泥工艺系统设计、运行的重要参数。常按照设计污泥泥龄来划分生物处理负荷，高负荷时为 0.2~2.5 d，中负荷时为 5~15 d，低负荷时为 20~30 d。

(3)污泥负荷和容积负荷

在活性污泥法中,有机污染物的降解速率、活性污泥的增长速率和溶解氧的利用速率是工艺设计与运行的关键,而决定上述三者的最重要因素是有机物量与活性污泥量的比值。这一比值称为曝气池污泥负荷。我国《室外排水设计规范》(GB 50014—2006)规定,以 BOD_5 表征有机物的污泥负荷的关系式见式(3-5)。

$$L_s = \frac{24Q(S_0 - S_e)}{1\,000 X \cdot V} \tag{3-5}$$

式中:L_s——曝气池去除五日生化需氧量污泥负荷,kg BOD_5/(kg MLSS·d);

Q——曝气池的设计流量,m^3/h;

S_0——曝气池进水 BOD_5 质量浓度,mg/L;

S_e——曝气池出水 BOD_5 质量浓度,mg/L;

X——曝气池内混合液悬浮固体(MLSS)平均质量浓度,mg/L;

V——曝气池的容积,m^3。

L_s 也简称污泥负荷,它表征了曝气池中的单位重量活性污泥在单位时间内去除的有机污染物量,L_s 以有机物去除为基础进行计算。

曝气池单位容积在单位时间内降解有机污染物量,简称容积负荷或体积负荷。即以有机物去除为基础的容积负荷 L_v,L_v 可表示为式(3-6)。

$$L_v = \frac{Q \cdot (S_0 - S_e)}{V} \tag{3-6}$$

L_s 与 L_v 之间的关系可用式(3-7)表示。

$$L_v = L_s \cdot X \tag{3-7}$$

由后面式(3-22)和式(3-30)可知,负荷(L_s)与泥龄 θ_c 的关系为 $\frac{1}{\theta_c} = Y \cdot L_s - K_d$。

(4)污泥回流比

污泥回流比是回流污泥量与待处理污水量之比,即 $R = Q_r/Q$,如图 3-4 所示。通过调节污泥回流比,可以调整污泥负荷,改变工艺的运行状态。对于正常运行的工艺,保证污泥回流比相对恒定非常重要。由 SVI 值计算回流污泥的浓度 X_r 的方法见式(3-4),污泥回流比与污泥龄关系见式(3-33),由混合液污泥浓度 X 和回流污泥的浓度 X_r 计算污泥回流比 R 的公式见式(3-68)。

3.1.5 活性污泥法的动力学基础

活性污泥法动力学定量研究微生物在一定条件下对有机污染物的降解速率。首先,了解各项因素,如有机物浓度、活性污泥量、溶解氧浓度对生物化学反应速度的影响。其次,使污水处理工艺在比较理想的条件下,达到处理效率,并且使工艺设计和运行管理更加合理。此外,通过动力学研究,明确有机物代谢、降解的内在规律,以便人们能够主动地对污水生物处理的生化反应速度进行控制,以达处理要求。

以下主要介绍活性污泥法动力学基本内容,包括莫诺德(Monod)方程和以此为基础建立的劳伦斯-麦卡蒂(Lawrence-McCarty)方程。

1. 莫诺德方程

（1）莫诺德方程

莫诺德方程是莫诺德用纯种微生物在单一无毒性的有机底物的培养基上，进行的微生物增殖速率和底物浓度之间关系研究试验中得到的。所得关系曲线如图 3-5 所示。该曲线形态与以往研究者研究的酶促反应速度与有机底物之间的关系，即米-门氏方程（Michaelis-Menton）相似，因此莫诺德提出了与描述酶促反应速度与有机底物关系式类似的微生物增殖速率与底物浓度的关系式，见式（3-8）。此后，研究人员进行混合微生物群体组成的活性污泥对多种有机底物的微生物增殖试验，也取得了与莫诺德提出关系相似的结果，这说明莫诺德方程是适合活性污泥过程的。

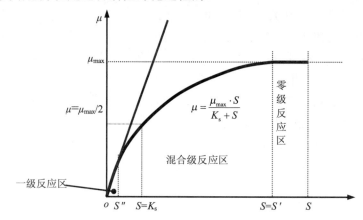

图 3-5　莫诺德方程中有机底物浓度 S 与微生物比增殖速率 μ 的关系

$$\mu = \frac{\mu_{\max} \cdot S}{K_s + S} \tag{3-8}$$

式中：μ——微生物的比增殖速率，即单位重量微生物在单位时间内的增殖量，d^{-1}；

$\mu_{\max}$——微生物的最大比增殖速率，d^{-1}；

K_s——饱和常数或半速度常数，是当 $\mu=\mu_{\max}/2$ 时的有机底物质量浓度，质量/容积；

S——有机底物质量浓度，质量/容积。

假定，微生物的比增殖速率 μ 与有机底物的比降解速率 v 成正比关系，也即有式（3-9）的关系。

$$\mu \propto v \tag{3-9}$$

则，v 可以表示为式（3-10）。

$$v = \frac{v_{\max} \cdot S}{K_s + S} \tag{3-10}$$

式中：v——有机底物的比降解速率，也即单位重量的微生物在单位时间内降解的有机底物量，d^{-1}；

$v_{\max}$——有机底物的最大比降解速率，d^{-1}；

其他符号同前。

根据有机底物的比降解速率含义，具体可用式（3-11）表示。

$$v = -\frac{1}{X} \cdot \frac{dS}{dt} \tag{3-11}$$

式中：X——混合液中微生物的总量；

S_0——原污水中有机底物的原始浓度；

S——经过时间 t 后混合液中剩余的有机底物质量浓度；

t——活性污泥进行反应（即有机物降解）的时间，即为曝气池的水力停留时间，$t=V/Q$；

$-\dfrac{dS}{dt}$——有机底物降解速率。

由式（3-10）和式（3-11）可得式（3-12）。

$$-\frac{dS}{dt} = \frac{v_{\max} \cdot X \cdot S}{K_s + S} \tag{3-12}$$

（2）莫诺德方程的推论

由式（3-12）可以得出如下推论：

a. 当 $S \gg K_s$，即 S 值远大于 K_s 值时，K_s 值与 S 值相比，可以忽略不计，简化式（3-10）和式（3-12）得式（3-13）和式（3-14）。

$$v = v_{\max} \tag{3-13}$$

$$-\frac{dS}{dt} = v_{\max} X = K_1 X \tag{3-14}$$

式中：K_1——反应常数，等于 $v_{\max}$。

式（3-13）和式（3-14）说明，在污水中有机物浓度高的情况下，有机物降解以最大速度降解，降解速率与有机物浓度高低无关，即与 S 值呈零级反应，S 浓度值位于图 3-6 中零级反应区内（$S'\sim S$ 区间内）。但此时有机物降解与微生物的量呈一级反应关系，微生物处于对数生长曲线的对数增殖段。

b. 当 $S \ll K_s$，即有机物浓度非常低时，S 值与 K_s 值相比，S 可以忽略。式（3-10）和式（3-12）可以分别简化为式（3-15）和式（3-16）。

$$v = v_{\max} \frac{S}{K_s} = K_2 S \tag{3-15}$$

$$-\frac{dS}{dt} = K_2 X S \tag{3-16}$$

式中：K_2——反应常数，等于 $v_{\max}/K_s$。

由式（3-15）和式（3-16）可以看出有机物降解速率 $-\dfrac{dS}{dt}$ 与有机底物 S 成一级反应关系，有机底物的量已成为有机物降解的控制因素，提高有机底物的浓度可以增加降解的速率。此时，S 浓度值位于图 3-6 中一级反应区内（原点 o—S'' 区间内），微生物处于对数生长曲线的减速增殖段。K_2 就是通过原点与图 3-5 的 S—μ 曲线相切直线的斜率。

当 S 值位于 S''—S' 区间时，随着 S 值的增加，$-\dfrac{dS}{dt}$ 与有机底物 S 呈现的关系就不是正比关系，属于混合级的关系，反应级数介于 0～1，是一级反应到零级反应的过渡段。

研究和应用证明，式（3-16）所表达的关系是比较适合有机物浓度不高的城市污水。

尤其对于完全混合式曝气池来讲，曝气池的出水有机物污染物浓度远远小于 S''，满足式（3-16）得出的条件。

（3）莫诺德方程中常数 K_2、v_{max} 和 K_s 的求解

1）常数 K_2 的求解

稳态条件下完全混合式曝气池系统中有机物的平衡方程，见式（3-17）：

$$S_0 Q + RQS_e + V \frac{dS}{dt} = (Q + RQ)S_e \tag{3-17}$$

式中：S_e——曝气池出口处的有机物浓度，用 BOD_5 表示；

R——污泥回流比，回流污泥量与进水量之比。

式（3-17）所表达的曝气池中有机物的平衡关系，可参见图 3-6。

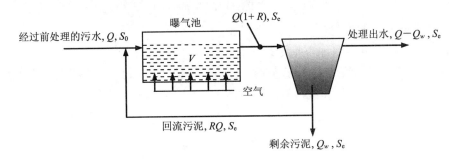

图 3-6 有机物平衡方程中的参数关系

整理式（3-17）得式（3-18）：

$$-\frac{dS}{dt} = \frac{Q(S_0 - S_e)}{V} = \frac{S_0 - S_e}{t} \tag{3-18}$$

结合式（3-16）和式（3-18）得式（3-19）：

$$\frac{S_0 - S_e}{X \cdot t} = K_2 S \tag{3-19}$$

利用式（3-19），采用图解法求解 K_2。以 $\frac{S_0 - S_e}{X \cdot t}$ 为纵坐标，以 S_e 为横坐标，通过实验或从现有污水处理厂取得相关数据，绘出直线，见图 3-7，直线的斜率即为 K_2。

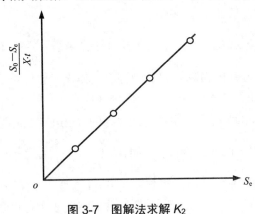

图 3-7 图解法求解 K_2

2）常数 v_{max} 和 K_s 的求解

常数 v_{max} 和 K_s 的求解通常也采用图解法。结合式（3-12）和式（3-18），得式（3-20）：

$$\frac{S_0 - S_e}{t} = \frac{v_{max} \cdot X \cdot S_e}{K_s + S_e} \tag{3-20}$$

对式（3-20）取倒数并整理，可得式（3-21）。

$$\frac{X \cdot t}{S_0 - S_e} = \frac{K_s}{v_{max}} \cdot \frac{1}{S_e} + \frac{1}{v_{max}} \tag{3-21}$$

以 $\frac{X \cdot t}{S_0 - S_e}$ 为纵坐标，以 $\frac{1}{S_e}$ 为横坐标，通过实验或从现有污水处理厂取得相关数据，绘出直线，见图 3-8。

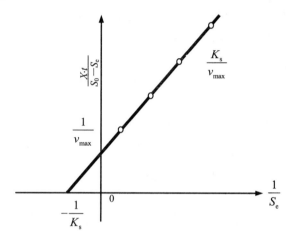

图 3-8 图解法求解 v_{max} 和 K_s

图 3-8 中，直线在纵坐标上的截距为 $\frac{1}{v_{max}}$，在横坐标上的截距为 $-\frac{1}{K_s}$，斜率为 $\frac{K_s}{v_{max}}$，由此可得 v_{max} 和 K_s。

2. 劳伦斯-麦卡蒂（Lawrence-McCarty）方程

（1）劳伦斯-麦卡蒂基本方程

劳伦斯-麦卡蒂方程是根据莫诺德方程建立的动力学关系式。该关系式仍基于微生物的增殖和有机物的降解过程。劳伦斯-麦卡蒂方程主要由两个基本方程式表达，即式（3-22）和式（3-23）。

$$\frac{1}{\theta_c} = Y \cdot q - K_d \tag{3-22}$$

$$\left(\frac{dS}{dt}\right)_u = v_{max} \frac{X \cdot S}{K_s + S} \tag{3-23}$$

式中：θ_c——污泥龄，d；

$\left(\frac{dS}{dt}\right)_u$——有机底物被微生物利用（降解）的速率；

Y——活性污泥微生物产率系数，kg 微生物/kg 被降解的有机物底物；

q——单位有机物底物利用率,可表示为 $q = \dfrac{(\mathrm{d}S/\mathrm{d}t)_\mathrm{u}}{X}$;

X——曝气池中微生物浓度,常用活性污泥浓度(MLSS)表示,mg/L;

K_d——微生物自身衰减系数,也即微生物自身氧化系数,d^{-1};

K_s——半速度常数,即 $q = \dfrac{1}{2}v_\mathrm{max}$ 时的有机底物浓度,mg/L;

S——微生物周围的有机底物浓度,mg/L。

劳伦斯-麦卡蒂方程强调污泥龄(细胞平均停留时间)的重要性,由于污泥龄可以通过控制污泥的排放量进行调节,因此,劳伦斯-麦卡蒂方程在实际应用中的可操作性强。

(2)劳伦斯-麦卡蒂基本方程的推导

由于曝气池或生物反应池内微生物合成与内源代谢同时进行,因此单位曝气池容积内的活性污泥净增殖速率可表示为式(3-24)。

$$\left(\dfrac{\mathrm{d}X}{\mathrm{d}t}\right)_\mathrm{g} = \left(\dfrac{\mathrm{d}X}{\mathrm{d}t}\right)_\mathrm{s} - \left(\dfrac{\mathrm{d}X}{\mathrm{d}t}\right)_\mathrm{e} \tag{3-24}$$

式中:$\left(\dfrac{\mathrm{d}X}{\mathrm{d}t}\right)_\mathrm{g}$——活性污泥微生物净增殖速率;

$\left(\dfrac{\mathrm{d}X}{\mathrm{d}t}\right)_\mathrm{s}$——活性污泥微生物合成或增殖速率,$\left(\dfrac{\mathrm{d}X}{\mathrm{d}t}\right)_\mathrm{s} = Y\left(\dfrac{\mathrm{d}S}{\mathrm{d}t}\right)_\mathrm{u}$;

$\left(\dfrac{\mathrm{d}X}{\mathrm{d}t}\right)_\mathrm{e}$——活性污泥微生物内源代谢或自身氧化速率,可表示为 $\left(\dfrac{\mathrm{d}X}{\mathrm{d}t}\right)_\mathrm{e} = K_\mathrm{d} \cdot X$。

因此,式(3-24)可变化为式(3-25):

$$\left(\dfrac{\mathrm{d}X}{\mathrm{d}t}\right)_\mathrm{g} = Y \cdot \left(\dfrac{\mathrm{d}S}{\mathrm{d}t}\right)_\mathrm{u} - K_\mathrm{d} \cdot X \tag{3-25}$$

调整式(3-25)为式(3-26)。

$$\dfrac{\left(\dfrac{\mathrm{d}X}{\mathrm{d}t}\right)_\mathrm{g} \cdot V}{X \cdot V} = Y \cdot \dfrac{\left(\dfrac{\mathrm{d}S}{\mathrm{d}t}\right)_\mathrm{u}}{X} - K_\mathrm{d} \tag{3-26}$$

式中:$\left(\dfrac{\mathrm{d}X}{\mathrm{d}t}\right)_\mathrm{g} \cdot V$——每日净增加的活性污泥微生物量,也是为维持活性污泥系统正常运行每日需排出系统的剩余污泥量,而 $X \cdot V$ 是曝气池中工作着的活性污泥微生物总量,所以式(3-26)左边项表示的是污泥龄的倒数。

此外,由于 $q = \dfrac{\left(\dfrac{\mathrm{d}S}{\mathrm{d}t}\right)_\mathrm{u}}{X}$,所以式(3-26)经过整理后,就可变为式(3-22):$\dfrac{1}{\theta_\mathrm{c}} = Y \cdot q - K_\mathrm{d}$。

劳伦斯-麦卡蒂方程中的式（3-23），$\left(\dfrac{\mathrm{d}S}{\mathrm{d}t}\right)_\mathrm{u} = v_\mathrm{max}\dfrac{X\cdot S}{K_\mathrm{s}+S}$，其含义与莫诺德方程式（3-8）是一致的。

（3）由劳伦斯-麦卡蒂基本方程衍生的其他关系式

1）曝气池出水有机物浓度（S_e）与污泥龄的关系

由式（3-23）变化后得式（3-27）。

$$\frac{\left(\dfrac{\mathrm{d}S}{\mathrm{d}t}\right)_\mathrm{u}}{X} = q = \frac{v_\mathrm{max}\cdot S_\mathrm{e}}{K_\mathrm{s}+S_\mathrm{e}} \tag{3-27}$$

将 q 代入式（3-22），S_e 与污泥龄的关系见式（3-28）。

$$S_\mathrm{e} = \frac{K_\mathrm{s}\cdot\left(\dfrac{1}{\theta_\mathrm{c}}+K_\mathrm{d}\right)}{Y\cdot v_\mathrm{max}-\left(\dfrac{1}{\theta_\mathrm{c}}+K_\mathrm{d}\right)} \tag{3-28}$$

2）曝气池微生物浓度与污泥龄的关系

由式（3-20）得式（3-29）。

$$\frac{S_0-S_\mathrm{e}}{X\cdot t} = \frac{v_\mathrm{max}\cdot S_\mathrm{e}}{K_\mathrm{s}+S_\mathrm{e}} \tag{3-29}$$

结合式（3-27）、式（3-29）得式（3-30）。

$$q = \frac{S_0-S_\mathrm{e}}{X\cdot t} \tag{3-30}$$

将式（3-30）代入式（3-22）得曝气池微生物浓度与污泥龄的关系，见式（3-31）。

$$X = \frac{\theta_\mathrm{c}\cdot Y(S_0-S_\mathrm{e})}{t\cdot(1+K_\mathrm{d}\cdot\theta_\mathrm{c})} \tag{3-31}$$

3）污泥龄与污泥回流比（R）的关系

依据图 3-5，建立处理系统的活性污泥微生物物料平衡关系式，忽略进水中的活性污泥微生物量，得式（3-32）。

$$R\cdot Q\cdot X_\mathrm{r} + V\left(\dfrac{\mathrm{d}X}{\mathrm{d}t}\right)_\mathrm{g} = Q\cdot X(1+R) \tag{3-32}$$

由于 $\dfrac{1}{\theta_\mathrm{c}} = \dfrac{\left(\dfrac{\mathrm{d}X}{\mathrm{d}t}\right)_\mathrm{g}\cdot V}{X\cdot V}$，将式（3-32）整理后得污泥龄与污泥回流比（$R$）的关系，见式（3-33）。

$$\frac{1}{\theta_\mathrm{c}} = \frac{Q}{V}\cdot\left(1+R-R\cdot\frac{X_\mathrm{r}}{X}\right) \tag{3-33}$$

4）有机物在高浓度与低浓度时的降解关系

当有机物浓度高时，有机底物被微生物利用（降解）的速率为：

$$\left(\frac{dS}{dt}\right)_u = v_{max} \cdot X，也即 q = v_{max}$$

当有机物浓度低时，有机底物被微生物利用（降解）的速率为：

$\left(\frac{dS}{dt}\right)_u = K_2 \cdot S \cdot X$，稳态条件下的完全混合式曝气池，有式（3-34）的关系。

$$\frac{Q(S_0 - S_e)}{V} = K_2 X S_e \tag{3-34}$$

5）活性污泥表观产率 Y_{obs} 与污泥产率 Y 的关系

活性污泥表观产率 Y_{obs} 是指活性污泥在处理污水的过程中，微生物的净增殖量与所取出的有机物量之间的比率，微生物的净增殖量是指在微生物初始合成量中扣除了由于微生物的内源呼吸作用而减少的微生物量之后的微生物增量。

我们通常所说的污泥产率 Y，是指没有扣除由于内源呼吸作用所减少的微生物量的微生物初始合成量与所去除的有机物量之间的比率。

因此，根据污泥表观产率 Y_{obs} 的含义，有式（3-35）的关系。

$$Y_{obs} = \frac{\left(\frac{dX}{dt}\right)_g}{\left(\frac{dS}{dt}\right)_u} = \frac{\left(\frac{dX}{dt}\right)_g / X}{\left(\frac{dS}{dt}\right)_u / X} = \frac{1}{\theta_c} \cdot \frac{1}{q} \tag{3-35}$$

根据式（3-35）的变化，则有式（3-36）的关系。

$$q = \frac{1}{\theta_c} \cdot \frac{1}{Y_{obs}} \tag{3-36}$$

将 q 代入式（3-22），可得活性污泥表观产率 Y_{obs} 与污泥产率 Y 的关系，见式（3-37）。

$$Y_{obs} = \frac{Y}{1 + K_d \cdot \theta_c} \tag{3-37}$$

活性污泥法动力学常数汇总为表 3-1。

表 3-1 活性污泥法动力学常数

常数	单位	数值（20℃）	
		范围	典型值
v_{max}	d^{-1}	2～10	5.0
K_s（BOD_5）	mg/L	25～100	60
Y（MLVSS/BOD_5）	kg/kg	0.4～0.8	0.6
K_d	d^{-1}	0.025～0.075	0.06

3.1.6 活性污泥净化机理、过程及影响因素

1. 活性污泥净化污水机理与过程

活性污泥中的微生物在酶的催化作用下，利用污水中的有机物和氧，将一部分有机物氧化为水和二氧化碳，将另外一部分有机物转化合成为新的细胞，最终达到去除水中有机污染物的目的。

活性污泥对污水有机物的去除过程一般分为 3 个阶段：初期的吸附去除、活性污泥微生物的代谢和活性污泥絮体的分离沉淀。

（1）初期的吸附去除

在活性污泥处理系统中，在污水与活性污泥接触的最初的一段时间内，通常 15～30 min，可以使污水中的有机物大量去除，表现出很高的有机物去除率。这种初期的高速去除主要是由于活性污泥絮体具有很强的吸附能力，能快速通过物理吸附和生物吸附作用将污水中有机物快速吸附去除，但此时有机物仅仅是被活性污泥吸附，并没有被转化或降解，所以随着时间的推移部分有机物又被释放到污水中。反应初期的有机物吸附去除过程见示意图 3-9。

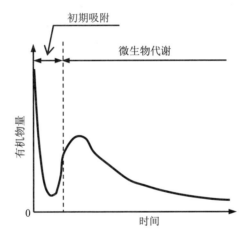

图 3-9 活性污泥净化过程示意

活性污泥具有很强吸附能力是由于污泥絮体的比表面积巨大，而且表面上覆盖有多糖类的黏质层。活性污泥法初期的吸附去除的主要特点可以概括如下：① 初期的吸附去除完成时间短，去除量大，在 30 min 内城市污水的有机物去除率往往可达 70%以上；② 去除的有机物对象主要是胶体和悬浮性有机物；③ 活性污泥的性质与初期的吸附去除关系密切，一般处于内源呼吸期的活性污泥微生物吸附能力强，但氧化过度的活性污泥微生物初期吸附的效果不好；④ 初期吸附有机物的效果与生物反应池的混合及传质效果密切相关，混合及传质效果好，可以增加有机物与微生物的接触机会，提高初期的吸附去除效率；⑤ 被吸附有机物没有从根本上被转化或降解，在吸附阶段以后，会有部分有机物再被释放到水中，导致水中的有机物浓度再次升高（图 3-9）。被吸附和未被吸附的有机物通常经过数小时的曝气后，在微生物的作用下，有机物分解成小分子有机物后，才可能被微生物完全代谢转化。

针对活性污泥对有机物初期的吸附去除特点，人们开发利用了这一特点的活性污泥法工艺，如吸附再生法和 A-B 法等。

（2）活性污泥微生物的代谢

污水中呈非溶解状态的大分子有机物被活性污泥吸附后，首先在微生物分泌的胞外酶作用下，分解成小分子的溶解性有机物，这些小分子有机物与污水中的溶解性有机物一起在各种物质输送机制作用下进入微生物细胞内。进入细胞体内的有机物，在各种胞内酶的参与下，通过各种代谢反应被降解和转化，部分有机物质进行分解代谢，最终氧化为水和二氧化碳，同时获得合成新细胞所需的能量；部分有机物质通过合成代谢，合成为新细胞。同时，活性污泥中的微生物还会氧化分解自身细胞物质或体内积蓄的有机物以获得维持生命活动所需的能量，这称为内源呼吸过程，当污水中有机物量充足时，内源呼吸作用并不显著；但当缺乏营养时，则微生物只能通过内源呼吸来获得维持生命活动的能量。有机物的分解代谢、微生物的合成代谢和内源呼吸计量关系式见式（3-38）、式（3-39）和式（3-40）。

$$C_xH_yO_z + (x + \frac{y}{4})O_2 \xrightarrow{\text{酶}} xCO_2 + \frac{y}{2}H_2O + 能量 \tag{3-38}$$

$$nC_xH_yO_z + nNH_3 + n(x + \frac{y}{4} - \frac{z}{2} - 5)O_2 + 能量$$
$$\xrightarrow{\text{酶}} (C_5H_7NO_2)_n + n(x-5)CO_2 + \frac{n}{2}(y-4)H_2O + 能量 \tag{3-39}$$

$$(C_5H_7NO_2)_n + 5nO_2 \xrightarrow{\text{酶}} 5nCO_2 + 2nH_2O + nNH_3 + 能量 \tag{3-40}$$

图 3-10 表示有机物的分解代谢、微生物的合成代谢和内源呼吸三项活动的大致数量关系。图 3-11 表示污水中常见有机污染物分解代谢的一般途径，如多糖类、脂肪类、蛋白质类和木质素类等。大分子的有机污染物首先在微生物产生的各类胞外酶的作用下分解为小分子有机物。如多糖类转化为单糖类，脂肪类分解为甘油和脂肪酸等。这些小分子有机物被好氧微生物继续氧化分解，通过不同途径进入三羧酸循环（TCA 循环），最终被彻底分解为二氧化碳、水、NH_3 和硫酸盐等简单的无机物。最终，污水中的有机污染物就被消除，而简单的无机物再进入物质循环之中。

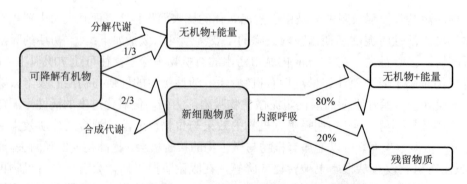

图 3-10 活性污泥法中微生物三项代谢活动的大致数量关系

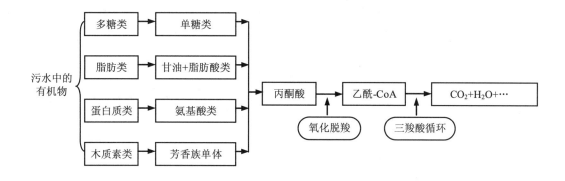

图 3-11 污水中主要有机污染物分解代谢的一般途径

由于污水中有机物种类常常很复杂，需要多种微生物对不同的污染物发生作用。多数人工合成的有机物也可以被经过自然或人工驯化的微生物分解，有时一种有机污染物需要多种微生物的共代谢作用才能够被降解。因此活性污泥是一个多底物多菌种的混合体，存在错综复杂的代谢方式和途径，它们相互联系、相互影响，最终使污水中的有机物得到比较彻底的降解。

根据上述好氧活性污泥法分解和合成代谢的分析，活性污泥的增殖是微生物合成反应和内源呼吸两项生理活动的综合结果，活性污泥净增殖量应是微生物合成量与内源呼吸消耗量的差值，如式（3-41）和式（3-42）所示。活性污泥净增殖量通常也称为剩余污泥量，指为维持正常运行每日需要排出系统的污泥量。

按照污泥泥龄的定义，剩余污泥量可按式（3-41）计算：

$$\Delta X = \frac{X \cdot V}{\theta_c} \tag{3-41}$$

按照污泥产率系数、衰减系数及污水中不可生物降解和惰性悬浮物综合考虑，则可按式（3-42）计算：

$$\Delta X = Y \cdot Q (S_0 - S_e) - K_d \cdot V \cdot X_v + f \cdot Q (SS_0 - SS_e) \tag{3-42}$$

式中：ΔX—— 剩余污泥量，kg SS/d；

Y—— 污泥产率系数，kg MLVSS/kg BOD_5，20℃时为 0.4～0.8；

Q—— 曝气池或生物反应池设计平均进水量，m^3/d；

S_0—— 曝气池或生物反应池进水 BOD_5，kg/m^3；

S_e—— 曝气池或生物反应池出水 BOD_5，kg/m^3；

K_d—— 衰减系数，d^{-1}，应以当地冬季和夏季的污水水温进行修正，温度修正公式为 $K_{dt}=K_{d20} \cdot (\theta_t)^{t-20}$，其中 K_{dt} 为 t℃时的衰减系数，K_{d20} 为 20℃时的衰减系数，t 为设计温度，θ_t 为温度系数（采用 1.02～1.06）；

V—— 曝气池或生物反应池体积，m^3；

X—— 曝气池或生物反应池内混合液固体平均质量浓度，kg MLSS/m^3；

X_v—— 曝气池或生物反应池内混合液挥发性固体平均质量浓度，kg MLVSS/m^3；

θ_c—— 污泥泥龄，d；

f——SS 的污泥转换率，无试验资料时可取 0.5～0.7 kg MLSS/kg SS；

SS_0——曝气池或生物反应池进水悬浮物质量浓度，kg/m^3；

SS_e——曝气池或生物反应池出水悬浮物质量浓度，kg/m^3。

（3）活性污泥絮体的分离沉淀

为保证出水水质，需要对曝气池混合液进行沉淀，使活性污泥与水分离，得到澄清的出水。沉淀过程通常在沉淀池或专门设置的沉淀区域中进行。活性污泥比重略大于水，易形成絮状体，可通过沉淀完成固液分离。通过控制 F/M 值在较低的水平，如在内源呼吸阶段，可以获得比较好的沉淀效果，因为此时微生物代谢不活跃，能量水平较低，表面电荷下降，容易形成大块的絮状体。

在生物处理系统中，二沉池与曝气池可分建或合建。分建式二沉池主要采用竖流式、平流式和辐流式 3 种类型。对于大中型城市污水处理厂的二沉池，较多采用带有旋转机械刮泥机的圆形辐流式沉淀池，沉淀污泥靠静水压力或刮吸泥机提升排出。

活性污泥在沉淀过程形成清晰的泥水界面，界面沉速变化范围为 0.2～0.5 mm/s。当 MLSS 较高时，界面沉速值降低。

二沉池是生物处理工艺中的最后一个工艺单元，其作用对出水水质的影响非常大。二沉池的具体作用体现在沉淀分离和浓缩两个方面：① 从曝气池混合液中分离出符合设计要求的澄清水；② 将回流污泥进行浓缩。因此二沉池必须选择适当的池深和足够的池容，以储存处理厂持续高峰负荷期间所产生的污泥，通常设计宜为不大于 2.0 h 的污泥量，并且能够适应污水高峰期间的流量变化。

二沉池的两个关键工艺参数是表面负荷和固体负荷。

表面负荷（也称水力负荷或表面水力负荷）是流过每平方米沉淀池表面积的最大污水流量（不包括回流污泥量）。表面负荷是直接与污泥沉降性能相关的参数。对于分建式二沉池，表面负荷宜为 0.6～1.5 $m^3/(m^2 \cdot h)$，水力停留时间为 1.5～4.0 h；对于合建式二沉池，表面负荷宜为 0.5～1.0 $m^3/(m^2 \cdot h)$。

固体负荷指单位时间内单位二沉池面积所能浓缩的混合液悬浮固体量，是二沉池污泥浓缩能力的一个指标。对于一定的活性污泥而言，二沉池固体负荷越小污泥浓缩效果越好。按表面负荷设计沉淀池时，应校核固体负荷、沉淀时间和沉淀池各部主要尺寸的关系，使之相互协调。

2. 活性污泥法处理效果的影响因素

活性污泥法的主体——微生物的生长受周围环境条件影响非常大，如何消除不利影响，为微生物创造适宜的生活环境，保证活性污泥中微生物良好地生长、繁殖，是活性污泥法正常运转的重要保证。

影响活性污泥法净化污水的因素较多，最主要的影响因素有营养物质的平衡、溶解氧的含量、pH、水温和有毒物质等。

（1）营养物质的平衡

在微生物细胞中，水是其主要组成部分，水的重量占细胞总重量的 75%～90%。细胞的固体成分因微生物的种类及环境条件的不同略有差异。表 3-2 为大肠杆菌细胞的主要成分。

表 3-2　大肠杆菌细胞成分

元素	干重/%	元素	干重/%
碳	50	钠	1
氧	20	钙	0.5
氮	14	镁	0.5
氢	8	氯	0.5
磷	3	铁	0.2
硫	1	其他	0.3
钾	1		

通常，占细胞干重90%以上的物质是由碳、氧、氮、氢四元素构成；磷和硫在细胞中也占一定的比例；其他元素，如钾（K）、钠（Na）、钙（Ca）、镁（Mg）、氯（Cl）、铁（Fe）、锰（Mn）、钴（Co）、铜（Cu）、硼（B）、锌（Zn）、钼（Mo）等，占细胞干物质重的4%。异养微生物的近似化学计量式为$C_5H_7NO_2$。

从以上的微生物组分分析中可以看出营养物质的平衡对微生物生长至关重要。当某些元素不足或缺少时会影响活性污泥的正常功能发挥，如当碳源不足时会使活性污泥生长不良、松散、絮凝性不好。

污水尤其是生活污水中含有微生物生长所需的各种营养物质。对于污染物组分单一的工业废水，必须补充适量的营养元素，保持适当有机物与氮、磷比值。对于好氧活性污泥法可按照BOD_5：N：P=100：5：1进行配置。由于细菌较易利用氨氮，因此污水中氮源不足时，可适量地投加粪水、尿素、硫酸铵等。当磷不足时，会影响微生物许多重要酶的活性，此时可补充生活污水、磷酸钾、磷酸钠等。

活性污泥法中正常生物代谢所需的其他一些微量营养元素的配比，可参见表3-3。

表 3-3　生物氧化过程所需的微量营养物质

种类	需要量/（mg/mg BOD）	种类	需要量/（mg/mg BOD）
Mn	10×10^{-5}	Co	13×10^{-5}
Cu	14.6×10^{-5}	Ca	62×10^{-4}
Zn	16×10^{-5}	Na	5×10^{-5}
Mo	43×10^{-5}	K	45×10^{-4}
Se	14×10^{-10}	Fe	12×10^{-3}
Mg	30×10^{-4}		

活性污泥法在实际运用中，考虑微量营养物质的需要量相对较少，因此主要还是从BOD_5：N：P=100：5：1考虑污水的营养配比是否满足要求。但照此比例提供所需补充氮、磷量未必经济，因为微生物的产量会随着泥龄的增加而减少，而微生物产量减少则对氮、磷的需要量也减少。式（3-43）、式（3-44）给出了基于泥龄计算的氮、磷需要量。

$$氮的需要量（kg/d）=0.12 \cdot \Delta X \qquad (3-43)$$

$$磷的需要量（kg/d）=0.02 \cdot \Delta X \qquad (3-44)$$

式中：ΔX——剩余污泥量或新增污泥量（MLVSS），kg/d。

由于生活污水营养源充足，因此当对工业废水进行处理时，最好将工业废水、生活污水合并处理，这对于提高处理效率、降低运转费用都非常有利。

（2）溶解氧含量

在污水好氧生物处理中，为维持好氧微生物的代谢要求，需向曝气池补充氧气，以保证曝气池混合液溶解氧浓度不小于 2.0 mg/L。如果水中溶解氧不足，好氧微生物的活性降低，正常的生长代谢将受到影响；同时对溶解氧浓度要求低的微生物大量出现，严重时导致环境缺氧，厌氧微生物大量繁殖，好氧微生物受到抑制而大量死亡，处理水发黑发臭，使污水中的有机物氧化不能彻底进行，对出水水质产生影响。

为保证好氧微生物的正常生长，通常曝气池中的溶解氧含量维持在 2.0~4.0 mg/L，曝气池出口处溶解氧的质量浓度控制为 2.0 mg/L。在这种工况下，活性污泥结构正常，沉降、絮凝性能好。过多的供氧不仅造成能量的浪费，有时也会使污泥结构松散、易破碎、影响沉降性能。

（3）pH

曝气池中 pH 过高或过低，可引起细胞膜电荷的变化，从而影响微生物对营养物质的吸收以及代谢过程中酶的活性；改变营养物质的供给性和有害物质的毒性。此外，不利的 pH 条件不仅影响微生物的生长，甚至影响微生物的形态。

微生物的细胞质是一种胶体溶液，有一定的等电点，当环境中 pH 变化改变了细胞质等电点时，微生物的呼吸作用和对营养物质的代谢作用就会发生障碍。

大部分细菌生长的最佳 pH 范围为 6.5~9.5。在偏高或偏低的 pH 环境中，微生物虽然可以生存，但生理活动微弱，增殖速率大为降低，甚至容易死亡。强酸或强碱条件对微生物有致死作用。如 pH 过低，高浓度的氢离子可导致菌体表面蛋白质和核酸水解而发生变性。

当污水中混入工业废水时，pH 有可能超出微生物生长的最佳 pH 范围，这时需要采取调节措施对 pH 进行调整。

（4）水温

水温会影响生物体内的许多生化反应，影响生物代谢活动。此外，水温改变还可引起其他环境因子的变化，从而影响微生物的生命活动。水温对活性污泥法影响主要体现在以下几方面。

a. 温度在一定范围内上升，可以加快酶的反应速率，促进微生物生长，其关系可用阿累尼乌斯（Arrhenius）方程来表达，如式（3-45）所示。对于好氧活性污泥法，微生物最大增殖速率出现在 15~30℃，这一温度范围也是微生物最适宜的增殖温度范围；当温度上升至 39℃后微生物反应速率迅速降低。因此，式（3-45）只在一定温度范围内适用。

$$K_{(t)} = K_{(20)} \cdot \theta^{(t-20)} \tag{3-45}$$

式中：$K_{(20)}$——20℃时的反应速率常数；

$K_{(t)}$——t ℃时的反应速率常数；

θ——温度系数，对于城市污水，取值范围为 1.02~1.25。

b. 温度上升会使微生物细胞内蛋白质、核酸和其他对温度敏感的细胞成分产生不可逆的凝固或溶解，细胞衰减和内源呼吸的速率将上升，导致活性污泥絮体松散。

c. 在一定范围内（4～30℃），活性污泥的沉降性能随水温的升高而改善，这主要是由于温度升高，水的黏度减小的原因。

d. 水温增高会使水中的溶解氧浓度下降，需要增加供氧量。

e. 参与活性污泥生物处理过程的微生物多为嗜温菌，适宜的温度范围为 10～45℃，通常活性污泥法的设计温度范围为 10～35℃。

在我国，对于水温一般在 6～10℃，短时间为 4～6℃的城市污水，要求按照寒冷地区活性污泥法的设计规程进行设计，实施中还需采取有针对性抗低温措施。

（5）有毒物质

有毒物质对活性污泥微生物的影响表现在以下几方面。

a. 重金属离子对微生物会产生毒性作用，它们可以与细胞中的蛋白质结合，使蛋白质变性或沉淀。汞、银等对微生物的亲和力大，能够与微生物酶蛋白中的—SH 基结合，抑制酶蛋白的正常代谢功能。

b. 有些有毒有机物能够促使菌体蛋白凝固，又能够对某些酶系统产生抑制，破坏细胞正常代谢。此外，还有些有机物本身具有很强的杀菌性能，如酚的许多衍生物等。

c. 有毒物质毒害作用与水中的 pH、水温、溶解氧浓度、其他有毒物质含量、微生物数量以及是否经过驯化等密切相关。

因此，工业废水应该经过必要的预处理，并达到国家有关排放标准后方可向与污水处理厂相接的下水道系统排放。

3.1.7 曝气池的需氧量与供氧量

1. 曝气池的需氧量

活性污泥法是一种污水好氧生物处理工艺，为了使工艺进行正常生化反应并发挥去除污水中污染物的功能，需要有足够的可利用氧。根据 BOD_5 的去除量、氨氮的硝化及脱氮等要求，《室外排水设计规范》（GB 50014）规定活性污泥的需氧量按式（3-46）计算。

$$O_2 = a \cdot Q \cdot (S_0 - S_e) - c \cdot \Delta X_v + b \cdot [Q \cdot (N_k - N_{ke}) - 0.12 \cdot \Delta X_v] - 0.62 \cdot b[Q \cdot (N_t - N_{ke} - N_{oe}) - 0.12 \cdot \Delta X_v] \quad (3-46)$$

式中：O_2——污水生物处理需氧量，$kg\ O_2/d$；

Q——曝气池进水量，m^3/d；

S_0——曝气池进水 BOD_5，kg/m^3；

S_e——曝气池出水 BOD_5，kg/m^3；

ΔX_v——排出生物处理系统的微生物量，$kg\ MLVSS/d$；

N_k——曝气池进水总凯氏氮质量浓度，$kg\ TKN/m^3$；

N_{ke}——曝气池出水总凯氏氮质量浓度，$kg\ TKN/m^3$；

N_t——曝气池进水总氮质量浓度，$kg\ TN/m^3$；

N_{oe}——曝气池出水总硝态氮质量浓度，$kg\ NO_3\text{-}N/m^3$；

$0.12 \cdot \Delta X_v$——排出生物处理系统的微生物中含氮量，$kg\ TN/d$；

a —— 碳的氧当量，当含碳物质以 BOD_5 计时，取 1.47；

b —— 常数，氧化每千克氨氮所需的氧量，kg/kg，取 4.57；

c —— 常数，细菌细胞的氧当量，单位为 kg O_2/kg MLVSS，取 1.42。

式（3-46）右边第一项为去除含碳污染物的需氧量，第二项为剩余污泥氧当量，第三项为氧化氨氮需氧量，第四项为反硝化回收的氧量。如果处理系统仅为去除碳源污染物，则 b 为零，只计算式（3-46）的第一项和第二项。粗略计算去除含碳污染物需氧量时，可采用经验数据，去除 1 kg BOD_5 需要 0.7~1.2 kg O_2。

总凯氏氮包括有机氮和氨氮。有机氮可以通过水解脱氨基而生成氨氮，此过程为氨化作用。氨化作用对氮原子而言，化合价不变，并没有氧化还原反应发生，所以采用氧化 1 kg 氨氮需 4.57 kg 氧来计算总凯氏氮降低所需要的氧量。

反硝化反应可以采用式（3-47）表示：

$$5C + 2H_2O + 4NO_3^- \rightarrow 2N_2 + 4OH^- + 5CO_2 \quad (3\text{-}47)$$

由此可知，4 mol NO_3^- 被还原成 2 mol N_2，可使 5 mol 有机碳氧化为 CO_2，相当于消耗 5 mol O_2，而从反应式（3-48）可知，4 mol 氨氮氧化为 4 mol NO_3^- 需消耗 8 mol O_2，由此，反硝化时氧的回收率可按式（3-49）计算。

$$4NH_4^+ + 8O_2 \rightarrow 4NO_3^- + 8H^+ + 4H_2O \quad (3\text{-}48)$$

$$\text{反硝化时氧的回收率} = \frac{5}{8} = 0.62 \quad (3\text{-}49)$$

式（3-46）中常数 c 是细菌细胞的氧当量，取 1.42。如果采用 $C_5H_7NO_2$ 表示细菌细胞，则氧化 1 mol $C_5H_7NO_2$ 分子需要 5 mol 氧原子，细菌细胞的氧当量可按照式（3-50）计算。

$$\text{细菌细胞的氧当量}(O_2/MLVSS) = \frac{160}{113} = 1.42(\text{kg/kg}) \quad (3\text{-}50)$$

2. 曝气池的供氧量

在曝气池中，氧是通过空气在混合液中扩散转移到水中，成为溶解氧后，才能被微生物细胞利用。

（1）氧转移的基本原理

根据气体传递双膜理论，曝气池内清水中气泡内氧转移到水中的速率可用式（3-51）表示。

$$\frac{dC}{dt} = K_{La}(C_s - C) \quad (3\text{-}51)$$

式中：$\dfrac{dC}{dt}$ —— 液相主体中溶解氧浓度变化速率（或氧转移速率），kg O_2/（$m^3·h$）；

K_{La} —— 氧的总转移系数（对应于某一特定点），h^{-1}，K_{La} 是与液膜厚度、氧分子在液膜中的扩散系数、气液两相接触界面积有关的系数；

C_s —— 清水中饱和溶解氧质量浓度（对应于某一温度时），kg O_2/m^3；

C —— 清水中氧的实际质量浓度，kg O_2/m^3。

通过曝气，空气中的氧从气相传递到混合液的液相中，这既是一个传质过程，也是一个物质扩散过程。扩散过程的推动力是氧在界面两侧的质量浓度差（C_s-C），即氧的不足量或溶解氧的饱和差。饱和差是氧不断溶解至水中的推动力，饱和差越大，氧的转移速率越大。

式（3-51）只代表了曝气系统中某一特定点的情况。计算氧的总转移速率时，应将式（3-51）应用于全部的曝气液体体积。但在实际曝气系统中，K_{La}在空间中是变化的，因此在计算氧的总转移速率时，采用平均体积转移系数，可用式（3-52）表示：

$$OTR = K_{La} \cdot V \cdot (C_s - C) \tag{3-52}$$

式中：OTR（Oxygen Transfer Rate）——体积为V的液体中氧的转移速率，kg O_2/h；

K_{La}——清水中氧的平均体积转移系数，h^{-1}；

V——曝气系统的液体体积，m^3；

其他符号同前。

式（3-52）中的C_s是曝气系统中液体的空间平均质量浓度，通常由清水试验得到。

（2）影响氧转移的因素

影响氧转移的因素主要有温度、溶液的组成、搅拌强度、大气压、悬浮固体质量浓度等。

a. 温度不仅会影响饱和溶解氧质量浓度，而且会影响液体的黏滞度，从而影响K_{La}的大小。温度对K_{La}的影响可用式（3-53）表示：

$$K_{La(t)} = K_{La(20)} \cdot \theta^{(t-20)} \tag{3-53}$$

式中：t——设计的工艺温度，℃，20为标准状态的温度（20℃）；

$K_{La(t)}$——温度为t℃时氧的总转移系数，h^{-1}；

$K_{La(20)}$——温度为20℃时氧的总转移系数，h^{-1}；

θ——温度系数，θ取值范围为1.008～1.047，一般取1.024。

b. 溶液的性质及其所含组分对氧的溶解度和氧的转移都有直接影响，如污水中的许多有机组分（如表面活性剂）会对K_{La}产生影响。这种影响可用式（3-54）表示。

$$\alpha = \frac{K'_{La}}{K_{La}} \tag{3-54}$$

式中：α——氧转移折算系数，α小于1，其值的范围从0.2到1.0，它的大小还受到污水在系统中的紊流程度、单位体积的输入功率大小、曝气池的几何形状、曝气池和曝气装置相对的几何大小比例、气泡的大小、污水的处理程度和其他的水质性质影响。α值的测量最好能够在实际规模的曝气池中进行，分别测定在清水状态和实际污水时的氧转移参数。但事实上，这样做不现实。在小体积的池中测得的α值，与实际情况相比，往往不是特别准确。另外需要注意的是，在估计实际处理情况下氧的转移速率时，实际的α值并不是一个常数，而是在一个范围内变化的；

K'_{La}——污水中氧的总转移系数，h^{-1}；

K_{La}——清水中氧的总转移系数，h^{-1}。

由于污水中含有其他有机和无机的组分,对氧的饱和溶解度产生影响,可用式(3-55)表示。

$$\beta = \frac{C_s'}{C_s} \quad (3\text{-}55)$$

式中:β——氧溶解度折算系数,其值小于1,范围在0.8~1.0;
C_s'——污水中氧的溶解度,kg/m^3;
C_s——清水中氧的溶解度,kg/m^3。

在活性污泥法曝气池中,α值一般为0.8~0.9,生活污水的β值约为0.9。应该指出的是α值和β值并非为常数,在生化过程中可能增大或减小并趋于1。这是由于影响转移速率的物质有可能在生化过程中被去除。

c. 曝气装置的搅拌混合强度影响K_{La}值的大小。强的混合程度会使液膜的厚度减小从而使K_{La}值增大,所以搅拌混合强度越大,K_{La}值就越大,反之亦然。强烈的搅拌不仅使液膜厚度减小(K_L增大),而且气泡直径减小,增加了气液交界的面积a,因此增大了K_{La},有利于氧的转移。

d. 压力对氧传质的影响表现为氧分压影响。在压力不是标准状态大气压的地区,使用式(3-56)进行修正。

$$\rho = \frac{P}{P_s} \quad (3\text{-}56)$$

式中:P_s——标准状态大气压,1.013×10^5 Pa;
P——设计地区的大气压。

考虑到曝气池水深对氧溶解的影响,还要进一步修正。在曝气池,安装在池底的空气扩散装置出口处的氧分压最大,因此C_s值也最大。随着气泡上升至水面,气体压力逐渐降低,降低到一个大气压,而且气泡中的一部分氧已转移到液体中,曝气池中的C_s值应是扩散装置出口处和混合液表面两处的溶解氧饱和浓度的平均值,可按式(3-57)计算:

$$C_{sb} = C_s \left(\frac{P_b}{2.026 \times 10^5} + \frac{O_t}{42} \right) \quad (3\text{-}57)$$

式中:C_{sb}——鼓风曝气池内混合液饱和溶解氧质量浓度平均值,mg/L;
C_s——在设计地点大气压条件下的饱和溶解氧质量浓度,mg/L;
P_b——空气释放点处绝对压力,Pa,按式(3-58)计算;
O_t——空气逸出池面时气体中氧的百分数,按式(3-59)计算。

$$P_b = P + 9.8 \times 10^3 \cdot H \quad (3\text{-}58)$$

式中:H——曝气池空气扩散装置释放点距水面距离,m。

$$O_t = \frac{21 \cdot (1 - E_A) \cdot 100}{79 + 21 \cdot (1 - E_A)} \quad (3\text{-}59)$$

式中:E_A——曝气器氧的利用率,以百分数计,不同类型曝气装置有不同的E_A值。

(3)供氧量计算

实际的氧转移速率可表示为式(3-60):

$$R = K_{La(20)} \cdot \alpha \cdot \theta^{(t-20)} \cdot (\rho \cdot \beta \cdot c_{sb(t)} - c) \cdot V \tag{3-60}$$

式中：R——实际的氧转移速率，kg/h；

t——设计工艺系统中污水的温度，℃；

$C_{sb(t)}$——t ℃时水的平均饱和溶解氧质量浓度，kg/m³；

C——t ℃时，工艺系统中污水的溶解氧质量浓度，kg/m³。

其他符号同前。

氧转移速率表达中常用标准条件的氧转移速率 R_0（Standardized Oxygen Transfer Rate），它可表示为式（3-61）：

$$R_0 = K_{La(20)} \cdot c_{s(20)} \cdot V \tag{3-61}$$

所谓标准条件是指水温为 20℃；气压为 1.013×10^5 Pa（标准大气压）；测定所用的水是脱氧清水。R_0 由生产厂家提供，使用时必须根据实际条件对氧转移速率等数据加以修正。

结合式（3-60）和式（3-61），得式（3-62）：

$$R = \frac{R_0 \cdot \alpha \cdot \theta^{(t-20)}}{c_{s(20)}} \cdot (\rho \cdot \beta \cdot c_{sb(t)} - c) \tag{3-62}$$

使 R 等于式（3-46）的生物处理的需氧量，即可求得 R_0。

通常，R/R_0 为 1.33～1.61。

曝气器氧的利用率 E_A 可表示为式（3-63）。

$$E_A = \frac{R_0}{S} \times 100\% \tag{3-63}$$

式中：S——供氧量，kg/h，S 可由式（3-64）表示。

$$S = G_S \times 21\% \times 1.33 = 0.28 G_S \tag{3-64}$$

式中：G_S——供气量，m³/h；G_S 可按式（3-65）或式（3-66）求得；

21%——氧气在空气中的百分数；

1.33——20℃空气的密度*，kg/m³。

$$G_S = \frac{R_0}{0.28 \times E_A} \times 100 \tag{3-65}$$

$$G_S = \frac{O_s}{0.28 E_A} \tag{3-66}$$

式中：O_s——标准状态下曝气池或生物反应池需氧量，kg/h。

上述计算是基于鼓风曝气的供氧方式进行计算。

当采用曝气叶轮、转刷、转碟和各种射流曝气器等机械曝气器时，产品的标准条件的充氧量值应按厂商提供的实测数据或产品规格、性能等技术资料选用。

---

* 一个大气压下，不同温度下空气的密度 $r_{(t)} = \dfrac{1.43}{1 + 0.00367 \times t}$，式中 t 为温度。

以上供氧量或供气量计算依据是生化过程的需氧量，考虑到常常采用曝气进行混合搅拌，因此在确定曝气池（生物反应池）的供气量还要进行校核。方法如下：① 采用鼓风曝气时，污水生物处理供风量一般不小于 3 m³ 空气/m³ 污水，即气水比不小于 3∶1；② 以表面曝气设备（装置）配置功率表示，曝气池混合所需功率，一般不小于 25 W/m³，氧化沟一般不小于 15 W/m³。

(4) 曝气设备

1) 常见的曝气设备

曝气设备是活性污泥法污水处理工艺系统中的重要组成部分，通过曝气设备向曝气池供氧，同时曝气设备还有混合搅拌的功能，以增强污染物在水处理系统中的传质条件，提高处理效果。在传统的活性污泥法污水处理工艺中，曝气设备的能耗常常占到全部工艺能耗的 50%以上。

提高曝气设备供氧效率的主要途径主要有：提高空气（氧气）释放时的压力，如增加水深；增加曝气池供氧的浓度，如采用纯氧曝气系统；增加气泡的比表面积，如减小气泡的尺寸；改善曝气池水流流态，增强紊动性，如鼓风曝气结合机械搅拌等。目前污水处理中常见的曝气设备种类见表 3-4。

表 3-4 常见的曝气设备形式和种类

设备形式	扩散装置类别	名称
鼓风曝气	微孔曝气器	盘式曝气器 球式曝气器 钟罩式曝气器 平板式曝气器 软管式曝气器 可张中、微孔曝气器
	中大气泡曝气器	固定螺旋曝气器 穿孔管曝气器
水下曝气	水下曝气设备	泵吸式曝气机 自吸式射流曝气机 供气式射流曝气机 自吸式螺旋曝气机
表面曝气	立轴式表面曝气机	倒伞形曝气机 泵形叶轮曝气机 平板曝气机
	卧轴式表面曝气机	转刷曝气机 转盘曝气机

2) 鼓风曝气系统的组成与气体扩散装置

大中型城市污水处理厂常采用鼓风曝气系统。曝气系统主要由鼓风机、空气净化器、空气扩散装置和一系列连通的空气管道所组成。

鼓风机将空气通过空气管道输送到安装在曝气池底部的空气扩散装置，经过扩散装置，使空气形成不同尺寸的气泡。气泡在扩散装置出口处形成，尺寸则取决于空气扩散装置的形式。气泡经过上升和随水循环流动,最后在液面处破裂,在这一过程中产生氧向混合液中转移的作用。

鼓风曝气系统中的主要部分是气体扩散装置和鼓风机。

鼓风曝气气体扩散装置分为微孔扩散器及中大气泡扩散器。按照我国的规定,空气通过多孔介质,在水中产生气泡直径小于 3 mm 的高效气体扩散装置称为微孔扩散器;空气通过装置在水中产生气泡直径大于 3 mm 以上的气体扩散装置称为中大气泡扩散器。由于微孔扩散器具有较高的氧传质效率,因此在大型的城市污水处理厂中被普遍采用。

鼓风曝气系统中常用的鼓风机为罗茨鼓风机和离心风机。

罗茨鼓风机在中小型污水厂较为常用,单机风量在 80 m³/min 以下,风压有 34.3 kPa、49 kPa、68.8 kPa、88.2 kPa、107.8 kPa。罗茨鼓风机噪声大,必须采取消音、隔音措施。

离心式鼓风机应用广泛。一般单机额定风量在 80 m³/min 以上时,多采用离心式鼓风机。离心式鼓风机噪声较小,效率较高,可在进口调节风量,操作简便,因此适用于大中型污水厂。离心式鼓风机的特性是压力条件及气体比重变化时对送风量及动力影响很大,宜用于水深不变的生物反应池。

鼓风曝气系统的设备选型和设计请参考本书第 8 章内容。

3.1.8 活性污泥法的工艺流程和运行方式

自 1914 年英国建成活性污泥法试验厂的一百多年来,随着相关研究的深入和技术上的不断革新,活性污泥法得到很大的发展,出现了多种活性污泥法工艺流程和运行方式。

1. 传统活性污泥法

传统活性污泥法的基本工艺流程见图 3-2,其中常见的推流式廊道曝气池布置见图 3-12。

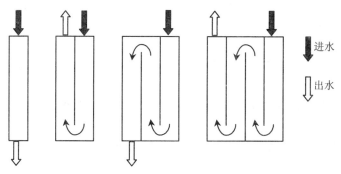

图 3-12 推流式曝气池廊道布置形式

待处理的污水与来自二沉池的回流污泥同时从曝气池首端进入池内,泥水混合液以推流形式流动到曝气池末端,然后进入二沉池进行泥水分离。曝气池泥水混合液流动的同时,对池中不断进行曝气供氧。二沉池内经过分离后的澄清水由出水堰排出系统,沉淀到二沉池底部的污泥大部分作为接种污泥再回流到曝气池,另一小部分污泥作为剩余污泥排至污泥处理工艺,离开污水处理系统。

传统活性污泥法曝气池为推流式,有单廊道和多廊道形式,见图 3-12。一般进口设于液面下,由进水闸板控制。出水用溢流堰或淹没孔控制。廊道长一般为 50~70 m,最长可达 100 m；有效水深多为 4～6 m；宽深比为 1～2；长宽比为 5～10。

在正常运行的传统活性污泥法曝气池中，在曝气池的首端，回流的活性污泥与污水立刻得到充分混合，活性污泥将大量吸附污水中的有机物。由于这时 F/M 值比较高，所以微生物生长一般处于对数增殖期或减速增殖期，需氧量旺盛。随着曝气池混合液中有机物沿池长不断被氧化及微生物细胞不断合成，水中的有机物浓度越来越低，F/M 值也越来越小，到了池子末端，微生物的生长已进入内源呼吸期，需氧量减小。传统活性污泥法曝气池需氧量变化示意见图 3-13 中实线。

传统活性污泥法所供应的氧气不能够充分利用，这是由于曝气池前段生化反应剧烈，需氧量大，后段生化反应较为平缓需氧量相对减少，而实际中空气的供应往往沿池长平均分布，见图 3-13 中虚线，这就造成前段需氧量不足，后段供氧量过剩。如果要维持前段有足够的溶解氧，后段氧量往往要大大超过需要，因而增加处理费用。

为了解决传统活性污泥法供氧与需氧之间的矛盾，人们提出渐减曝气的供氧方式，即沿曝气池池长的供氧按照需氧量的要求分几段提供，前段多供氧，后段少供氧，使供氧和需氧基本一致。渐减曝气活性污泥法的需氧和供氧见图 3-14。渐减曝气方式由于解决了供氧与需氧的矛盾，改善了曝气池中溶解氧的分布，提高了氧的利用率，从而节约运行费用，提高处理效率。

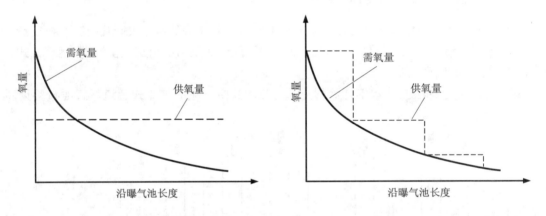

图 3-13 传统活性污泥法曝气池的需氧量和供氧量　　图 3-14 渐减曝气活性污泥法的需氧量和供氧量

曝气池内溶解氧、回流污泥量和剩余污泥排放量是活性污泥法系统运行中三个主要控制参数。

曝气池内溶解氧浓度过高或过低都不适宜。鼓风曝气系统通常通过改变供给空气量来调节溶解氧浓度，因此可以采用在线溶解氧仪与鼓风设备联动，实现有效的溶解氧浓度控制。表面曝气设备常通过调整曝气叶轮（转盘或转刷）的淹没深度和转速来改变供氧量，以取得合适溶解氧浓度。

回流污泥量的控制是为保证曝气池合适的污泥负荷，常用两种方法。第一种方法是保持污泥回流比相对恒定，只有日处理污水量（或处理有机物量）有较大变化时，污泥回流比才进行适当的调整。第二种方法是定期或根据仪器仪表反馈的数据随时调节污泥回流比和回流量。实际中采用第一种方法居多。

通过对曝气池建立物料平衡关系式可得式（3-67）。

$$\frac{R}{1+R} = \frac{X}{X_r} \tag{3-67}$$

式中：R——污泥回流比，回流污泥量 Q_r 即为 RQ；

X——曝气池混合液的 MLSS；

X_r——回流污泥的 MLSS。

因此，污泥回流比可由式（3-68）计算。

$$R = \frac{X}{X_r - X} \tag{3-68}$$

剩余污泥量的排放可以用四种方法计算。方法一，按照 SV 值确定剩余污泥排放量，但无法判定污泥浓度的大小；方法二，按照曝气池中 MLSS 确定剩余污泥排放量，以保证曝气池中稳定的污泥浓度；方法三，按照 F/M 值，即污泥负荷确定剩余污泥量，这种方法是通过排放污泥调整适当的污泥浓度，使工艺运行在允许的设计范围内；方法四，按照设计污龄（SRT）进行剩余污泥排放，这种方法最接近于生物代谢内在规律排泥运行控制方式。在实际运行时，常采用几种方法相结合，以确保活性污泥法正常的工作状态。

传统活性污泥法具有如下特点：①工艺相对成熟、积累运行经验多、运行稳定；②有机物去除效率高，BOD_5 的去除率通常为 90%～95%；③适用于处理进水水质比较稳定而处理程度要求高的大型城市污水处理厂；④曝气池耐冲击负荷能力比较低；⑤需氧与供氧矛盾大，池首端供氧不足，池末端供氧大于需氧，造成浪费；⑥传统活性污泥法曝气池停留时间较长，因此曝气池容积大、占地面积大、基建费用高、电耗大；⑦脱氮除磷效率低，通常只有 10%～30%。

2. 阶段曝气活性污泥法

阶段曝气活性污泥法是传统活性污泥法的一种改进形式，由曝气池池首的一点进水，改为沿曝气池池长的多点进水。工艺流程示意见图 3-15。

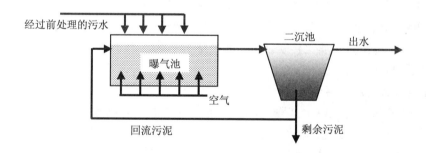

图 3-15　阶段曝气活性污泥法工艺流程

阶段曝气活性污泥法的主要特点如下：①有机污染物在池内分配的均匀性，缩小供氧和需氧量的矛盾；②供气的利用效率高，节约能源；③系统耐冲击的能力高于传统活性污泥法；④曝气池混合液中污泥浓度沿池长逐步降低，流入二沉池的混合液中的污泥浓度较低，可提高二沉池固液分离效果。

3. 吸附再生活性污泥法

吸附再生活性污泥法是将活性污泥对有机物的"吸附"和"代谢稳定"的两个阶段分在两个相对独立的构筑物中完成。具体机理见本章"3.1.6 活性污泥净化机理、过程及影响因素"。

吸附再生活性污泥法的系统可以分为分建式和合建式系统，示意图见图3-16。

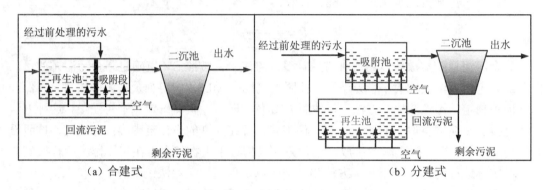

图3-16 吸附再生活性污泥法工艺流程示意图

吸附再生活性污泥法的运行方式如下：污水进入吸附池（段）和再生池出泥进行充分接触30~60 min，污泥吸附进水中的有机物。吸附了有机物的活性污泥混合液进入二沉池进行泥水分离。处理水由二沉池上部排出，污泥从沉淀池底部排出。底部排出的污泥一部分作为剩余污泥排出系统，另一部分作为回流污泥进入再生池停留 3~6 h 进行"污泥再生"，完成被吸附有机物的代谢和微生物合成。活性污泥在再生池中通常进入内源呼吸阶段，使活性污泥的吸附活性得到充分的恢复。当处理城市污水时，吸附区的容积不应小于再生和吸附池总容积的 1/4，吸附池（段）的水力停留时间不应小于 30 min。

吸附再生活性污泥法的主要特点如下：①吸附和代谢分开进行，对冲击负荷的适应性较强；②可设置活性污泥"吸附"和"代谢"有机物的最佳工作状态，构筑物体积小于传统活性污泥法；③出水水质比传统活性污泥法要差；④当有机物是以溶解性 BOD 为主时，不宜采用吸附再生活性污泥法。

4. 完全混合式活性污泥法

有机污染物进入完全混合式曝气池后立即与混合液充分混合，池中各处的 F/M 值相同，溶解氧浓度一致。这意味着，该工艺的运行工况点位于活性污泥的增长曲线的某一点上。完全混合式活性污泥法系统有曝气池与沉淀池合建及分建两种，曝气系统（装置）可以采用鼓风曝气装置或机械表面曝气装置。

完全混合式活性污泥法的主要特点：①系统混合稀释作用强，对冲击负荷抵御能力较强；②通过 F/M 值调整，易于实现最佳条件的控制；③混合液需氧量均衡，动力消耗低于传统活性污泥法；④比较适合工业废水的处理；⑤比较适合小型污水处理厂；⑥易于产生污泥膨胀。

传统活性污泥法和它的主要变形工艺设计参数见表3-5。

表 3-5　几种活性污泥法的主要设计和运行参数

类　别	L_s（BOD$_5$/MLSS）/ [kg/（kg·d）]	X（MLSS）/ （g/L）	L_v（BOD$_5$）/ [kg/（m³·d）]	污泥回流比/%	总处理效率/%
传统活性污泥法	0.2～0.4	1.5～2.5	0.4～0.9	25～75	90～95
阶段曝气活性污泥法	0.2～0.4	1.5～3.0	0.4～1.2	25～75	85～95
吸附再生活性污泥法	0.2～0.4	2.5～6.0	0.9～1.8	50～100	80～90
完全混合活性污泥法	0.25～0.5	2.0～4.0	0.5～1.8	100～400	80～90

到 20 世纪 60 年代，在实际生产中得到应用的活性污泥法工艺还有高负荷活性污泥法、延时曝气活性污泥法、深井曝气活性污泥法、浅层曝气活性污泥法、纯氧曝气活性污泥法等。下面介绍近十年来研发成功并获得广泛应用的活性污泥法工艺。

5. 生物吸附—降解活性污泥法（AB 法）

AB 法主要应用于城市污水处理，由 A 段和 B 段组成，串联运行，工艺流程见图 3-17。A 段由 A 段曝气池与中沉池组成；B 段由 B 段曝气池与终沉池构成，A、B 段各自设立污泥回流系统。经过一级处理的污水（通常不设初沉池）先进入高污泥负荷的 A 段，然后进入低污泥负荷的 B 段。

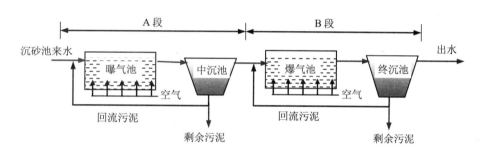

图 3-17　AB 法工艺流程

A 段为生物吸附段，其工艺设计理念是在高 F/M 条件下，城市污水中含有的大量微生物处于对数增殖阶段，细胞以几何级数增加。A 段的进水负荷（BOD$_5$/MLSS）大于 2 kg/（kg·d）。A 段通过曝气加强微生物絮凝能力，将有机物吸附并随污泥进入中沉池进行沉淀分离，吸附的大部分有机物以排放剩余污泥的形式去除。A 段微生物以世代周期短的细菌为主。水力停留时间为 20～30 min，能够去除 50%～70% 的有机物（其中 65% 是通过生物絮凝和吸附去除，35% 由微生物增殖去除）和 60%～75% 的悬浮物。污泥质量浓度为 2 000～3 000 mg/L，SVI 为 50 左右，污泥龄为 0.3～0.5 d。A 段曝气池溶解氧为 0.20～1.5 mg/L，回流比为 50%～70%，能耗约为传统活性污泥法的 30%。

B 段为生物降解段，其工艺设计理念与传统活性污泥法相同。B 段的进水负荷（BOD$_5$/MLSS）为 0.15～0.30 kg/（kg·d），氧化 A 段残留的有机物，曝气池的出水进入终沉池进行泥水分离。B 段产泥量少，污泥龄为 15～20 d，水力停留时间为 2.0～3.0 h。曝气池溶解氧为 2.0 mg/L，污泥浓度为 3 000～4 000 mg/L，回流比为 50%～100%。A 段和 B 段总的有机物去除率为 90% 左右。

AB法工艺特点如下：① 通常不设初沉池；② A段、B段运行既独立又联系，可以根据进出水水质特点和要求，灵活地调整运行参数；③ 具有一定的脱氮除磷功能，AB法对氮和磷的去除率分别达35%~40%和60%~70%；④ 耐冲击负荷，A段对进水水质和环境条件的变化有强的适应性，由于A段的作用，使得B段受影响的程度降低，保证最终处理效果的稳定；⑤ 适合某些难降解工业废水，在处理难降解工业废水时，A段实行兼氧运行方式，这样能够使结构复杂的大分子有机物分解为结构简单的易降解小分子有机物，提高污水的可生化性；⑥ AB法基建投资省、运行费用低、能耗小、处理效果好，据我国统计，AB法可以节省曝气池容积30%~40%，曝气量可减少20%~30%；⑦ AB法易于实现分期建设，先建A段，通过A段去除大多数有机物，部分达到削减有机物的环境质量要求，资金到位后，再续建B段；⑧ AB法污泥量大；⑨ 难以满足比较高的脱氮除磷要求；⑩ A段的去除率高低与进水微生物量有关，对于工业废水或工业废水比例比较高的城市污水，由于进水中微生物浓度低，常造成A段去除率下降。

针对AB法的不足，目前出现了一些AB法的变形工艺。

A－B（BAF）工艺：用具有高容积负荷的曝气生物滤池（BAF）代替AB法中的B段，形成生物吸附—曝气生物滤池串联工艺。

A－B（A/O）工艺：将AB法中的B段改为A/O法，系统不仅有较高的去除含碳有机物能力同时也提高了工艺的脱氮能力。

A－B（A/A/O）工艺：将AB法中的B段改为A/A/O法。这种工艺既具有AB法进水负荷高、耐冲击负荷的优点，又具有A/A/O工艺对含碳有机物、氮、磷去除效果好的特点，而且运行灵活、稳定。

A－B（SBR）工艺：将B段改为序批式活性污泥法（SBR），使得B段可以达到去除有机物、氮、磷的目的。该工艺比较适合新建、改建或扩建污水处理厂的情况。

A－B（氧化沟）工艺：将AB法中的B段改为氧化沟工艺，利用A段进水负荷高、耐冲击负荷和氧化沟处理效果稳定、出水水质好、污泥量少、管理方便的特点。

6. 序批式活性污泥法

序批式活性污泥法（Sequencing Batch Reactor，SBR），又称间歇式活性污泥法，其污水处理机理与传统活性污泥法相同。随着自控技术的进步，特别是一些在线监测仪器仪表，如溶解氧仪、pH计、电导率仪、氧化还原电位（ORP）仪等的广泛使用，SBR法得到比较快的应用。

SBR活性污泥法是将沉砂池或初沉池出水引入具有曝气功能的SBR反应池，按时间顺序进行进水、曝气反应、沉淀、出水、等待（排泥与闲置）等基本操作，从污水的流入开始到等待时间结束称为一个操作周期。这种操作周而复始地进行，从而达到不断进行污水处理的目的。SBR工艺与传统活性污泥法最大的不同点在于，传统活性污泥法工艺的各个操作过程，如曝气、沉淀等分别在各自的构筑物内进行，而SBR工艺的各反应操作过程都在同一池中完成，只是依时间而变化操作。SBR工艺不需要设置专门的二沉池和污泥回流系统。

（1）SBR工艺流程、基本原理与工艺特点

1）典型的SBR工艺流程

用于城市污水处理的典型SBR工艺处理系统流程见图3-18。

工艺中除污水贮存池和SBR池以外，其他的构筑物与典型污水处理工艺相似。污水

贮存池的作用是对原污水进行部分贮存。SBR 工艺污水处理厂通常是由两个或两个以上的单池 SBR 构成一个完整的系统，几个池子按顺序进水和进行处理，因此在安排各池运行周期和进水时，有可能出现各个池子都不处在进水阶段，这样就需先贮存进水，等待下一个 SBR 单池开始进水时再由污水贮存池向该 SBR 单池供水。污水贮存池的容积应根据运行周期的具体安排来定。SBR 池可以是圆形、方形或长方形。

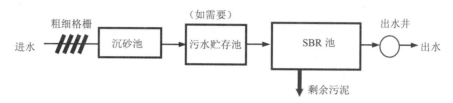

图 3-18　典型的 SBR 处理系统工艺流程

当采用鼓风曝气时，池深多为 4~6 m；如采用表面曝气，池深比应略小。SBR 系统运行周期可按 4 h、6 h、8 h、12 h 来考虑设定。

为防止因丝状菌过度繁殖导致污泥膨胀现象的发生，可在 SBR 池前设置缺氧或厌氧生物选择池。另外应选择不宜堵塞的曝气装置。

SBR 工艺中的关键及专用设备是滗水器，它是一种能随水位变化而调节的出水堰，排水口淹没在水面下一定深度，可防止浮渣进入。另外，由于 SBR 工艺系统中通常不设初沉池，为了消除浮渣，SBR 反应池宜有清除浮渣的装置。

2）SBR 工艺基本原理

典型的 SBR 工艺的运行由五个步骤组成，即进水、反应、沉淀、出水和排泥与闲置，分别按时间顺序在一个周期内完成这五步的操作，见图 3-19。

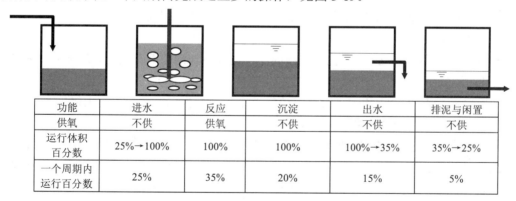

功能	进水	反应	沉淀	出水	排泥与闲置
供氧	不供	供氧	不供	不供	不供
运行体积百分数	25%→100%	100%	100%	100%→35%	35%→25%
一个周期内运行百分数	25%	35%	20%	15%	5%

图 3-19　典型的 SBR 工艺运行方式

a. 污水流入工序。污水流入曝气池前，该池处于操作周期的待机（闲置）工序，此时沉淀后的清液已排放，曝气池内留有沉淀下来的活性污泥。污水流入的方式主要有 3 种，即进水、进水同时曝气、进水同时缓速搅拌，需根据设计要求来选定。

进水：污水流入，当注满后再进行曝气操作，则曝气池能有效地调节污水的水质水量。

进水同时曝气：当污水流入的同时进行曝气，则可使曝气池内的污泥再生和恢复活性，并对污水起到预曝气的作用（这种方式也称非限制曝气）。

进水同时缓速搅拌：当污水流入的同时不进行曝气，而是进行缓速搅拌使之处于缺氧态，则可对污水进行脱氮与聚磷菌对磷的释放（这种方式也称限制曝气）。

除了上面的 3 种进水方式外，还有所谓的半限制曝气，这种方式是污水进入中后期开始曝气。

污水流入时间短对工艺效果有利，尤其对除磷有利。

b. 反应工序。当污水注满后，即开始曝气（或仅进行混合）操作，它是最重要的一道工序，如要求去除有机物、硝化和磷的吸收则需要曝气，如要反硝化则应停止曝气而进行缓速搅拌。

c. 沉淀工序。使混合液处于静止状态，进行泥水分离，沉淀效果良好。沉淀时间一般为 1 h。

d. 排水工序。排除沉淀后的上清液，直至达到开始向反应池进水时的最低水位。留下活性污泥，作为下一个操作周期的菌种。排水时间宜为 1.0~1.5 h。

e. 排泥与闲置工序（等待工序）。剩余污泥的排放可以放在这一阶段。此外该阶段 SBR 池处于空闲状态主要是与其他反应池进行匹配，也即等待相邻的 SBR 池某一过程的结束，并开启本池下一个操作周期。此工序不是一个必需的工序，可以省略。闲置时间的长短由进水流量和各工序的时间安排等因素决定。在闲置期间，根据处理要求，可以进水、好氧反应、非好氧反应以及排除剩余污泥等。

3） 典型的 SBR 工艺特点

a. 工艺流程简捷。SBR 工艺的流程简捷，在一个池内可以完成几个工艺过程，如曝气、碳化、硝化、反硝化和沉淀等。与传统的活性污泥法相比，该工艺可以省去一些构筑物和相关的设备，这为有效的自动化管理创造了条件。虽然该工艺中污水的总水力停留时间与其他工艺相差不大，但由于 SBR 工艺通常可以由几座池共享池壁，土建的造价也相对较低，对于中小型规模的 SBR 工艺污水处理厂，其造价要比相同规模传统活性污泥法污水处理厂省 22%，占地少 30%。

b. 处理效果好。在 SBR 工艺非连续的操作过程中，池中的有机物浓度随时间是变化的，活性污泥处于一种交替的吸附、吸收和生物降解过程。有机物浓度从进水时的最高值，经过反应以后，逐渐降低到出水时的最低值，整个反应过程保持着最大的生化反应推动力，从而保证了比较好的处理效果。

c. 控制灵活，易于实现脱氮除磷。各工序可根据水质、水量进行调整，运行灵活。根据进出水水质的要求，通过改变工艺的工作方式，如搅拌混合、曝气等可以任意的创造缺（厌）氧、好氧的状态，对工作时间、泥龄等的设置，可以按脱氮除磷的工艺要求实现营养物去除的目的，但难以同时达到脱氮除磷最好的水平。

d. 污泥的沉降性能好。SBR 工艺由于存在较高的有机物浓度梯度，并且缺氧和好氧状态交替出现，能够抑制丝状菌的过量繁殖，使得污泥的沉降性能比较好。

e. 适合中小型污水处理厂。

f. 可以防止污泥膨胀。由于池中交替出现缺氧（厌氧）、好氧，以及有机物浓度的变化，可抑制污泥膨胀。

4） SBR 工艺脱氮除磷的条件控制

生物脱氮除磷过程比较复杂，一般情况下只有在多池串联的工艺中较易完成，而要求

SBR 工艺的单一反应器在一个运行周期完成脱氮除磷的功能,就需针对水质特点和要求达到的标准,对运行状态或过程进行设计和调节。

典型的 SBR 工艺在一个周期内常用的操作模式汇于图 3-20 中。需要指出的是,在曝气阶段仅靠混合曝气能够满足混合要求时,可以不采用专门的混合设备进行搅拌混合。

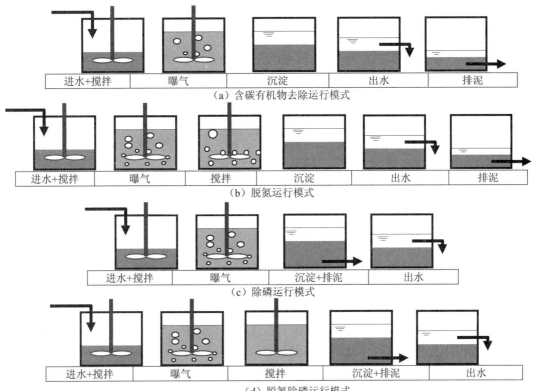

图 3-20 SBR 工艺典型的运行模式

影响 SBR 工艺脱氮除磷的主要因素包括以下几个方面:

a. 易生物降解的有机物浓度。在厌氧条件下,易生物降解的有机物由兼性异养菌转化成低分子脂肪酸(如甲酸、乙酸、丙酸)后,才能被聚磷菌所利用,而这种转化对聚磷菌的释磷起着诱导作用,这种转化速率越高,则聚磷菌的释磷速率就越大,导致聚磷菌在好氧状态下的摄磷量更多,从而有利于磷的去除。所以污水中易生物降解有机物的浓度越大,则除磷越高,通常以 BOD_5/TP(总磷)的比值来作为评价指标,一般认为 $BOD_5/TP>17$,生物除磷的效果较好。当 SBR 工艺进水过程为单纯加水缓慢搅拌时,在进水过程中曝气池内活性污泥混合液处于缺氧过渡到厌氧状态,反硝化细菌会利用水中有机物作碳源,完成反硝化反应。聚磷菌在厌氧条件下释放磷,在好氧条件下摄磷,通过好氧阶段排放高含磷量的剩余污泥,达到除磷目的。

b. NO_3^--N 浓度对除磷的影响。NO_3^--N 在厌氧条件下会发生反硝化反应,反硝化消耗易生物降解有机物,而反硝化速率比聚磷菌的磷释放速率快,所以反硝化细菌与聚磷菌争夺有机碳源,且优先消耗掉部分易生物降解的有机物。如果厌氧混合液中 NO_3^--N 质量浓度大于 1.5 mg/L，聚磷菌释放时间滞后，释磷速率减缓，释磷量减少，最终导致好氧状态下聚磷菌摄取磷能力下降，影响除磷效果。所以，应尽量降低曝气池内进水前留于池内的 NO_3^--N 质量浓度。

c. 运行时间和溶解氧的影响。运行时间和溶解氧是 SBR 取得良好脱氮除磷效果的两个重要参数。进水工序的厌氧状态，溶解氧质量浓度应控制在小于 0.3 mg/L，以满足释磷要求。如果释磷（MLSS）速率为 9~10 mg/（g·h），水力停留时间大于 1 h，则聚磷菌体内的磷已充分释放。如果污水中 BOD_5/TP 偏低，则应适当延长厌氧时间。

曝气工序的溶解氧浓度应控制在 2.5 mg/L 以上，以保证碳化、硝化以及聚磷菌摄磷过程的高氧环境。由于聚磷菌的好氧摄磷速率低于硝化速率，因此以摄磷来考虑曝气时间较合适，一般曝气时间为 2~4 h，但不宜过长，否则聚磷菌内源呼吸使自身衰减死亡和溶解而导致磷的释放。

沉淀、排水工序均为缺氧状态，溶解氧质量浓度不高于 0.5 mg/L，时间不宜超过 2 h。在此条件下，反硝化菌将好氧曝气工序时贮存体内的碳源释放，进行 SBR 所持有的贮存性反硝化作用，使 NO_3^--N 进一步去除，但当时间过长，则会造成磷释放，导致出水中含磷量大大增加，影响除磷效果。

典型的 SBR 工艺污泥负荷，当以脱氮为主时，BOD_5/MLSS 宜采用 0.03~0.12 kg/（kg·d）；以除磷为主时，BOD_5/MLSS 宜采用 0.08~0.4 kg/（kg·d）；同时脱氮除磷时，BOD_5/MLSS 宜采用 0.08~0.12 kg/（kg·d）。

（2）其他几种序批式活性污泥法工艺

1）改良型 SBR（MSBR）

改良型 SBR（Modified SBR，MSBR）工艺不需设置初沉池和二沉池，系统连续进出水，两个序批池交替充当池淀池用，周期运行。典型的 MSBR 平面布置见图 3-21。

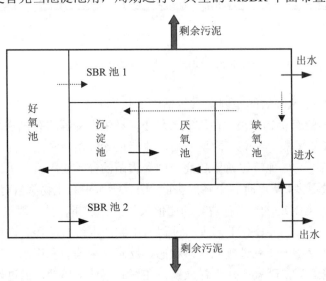

图 3-21　典型的 MSBR 平面布置

在 MSBR 工艺中，污水首先进入厌氧池，在厌氧池内进行污水与沉淀池回流的高浓度污泥混合，聚磷菌在此进行磷的释放，吸收低分子脂肪酸并以 PHB 等形式在体内贮存起来。接着，混合液进入好氧池，聚磷菌分解体内的 PHB，获得能量，过量吸收周围环境中的正磷酸盐，并以聚磷酸盐的形式在细胞内累积，同时碳化菌完成有机碳的降解，硝化菌完成氨氮的硝化。然后，好氧池的混合液一部分进入 SBR 池 1→缺氧池→沉淀池→好氧池形成系统内部的混合液循环，内循环量大小近似进水流量。在内循环过程中，缺氧池担负着反硝化功能，沉淀池将混合液中的污泥沉淀下来进入厌氧池，以形成聚磷菌的厌氧释磷和好氧吸磷的循环流动，上清液则流入主曝池。好氧池混合液的另一部分进入 SBR 池 2，沉淀后作为水流出系统。两个序批池交替进行上述过程，当其中一个进行缺氧、好氧循环反应时，另一序批池作为平流式沉淀池出水排放。经过一定时间后作为沉淀池作用的序批池污泥不断积累，池中泥面上升到一定程度后与另一序批池交换运行。剩余污泥排放在沉淀后期直接从序批池中底部排放。

缺氧池、厌氧池分别设置有搅拌装置，SBR 池中为了在缺氧反应时防止污泥沉淀，也设置有搅拌装置，两只 SBR 池至泥水分离池各设有一只过墙回流泵，为了控制回流至厌氧池的污泥量，沉淀池至厌氧池也可设有过墙回流泵，主曝气池内设穿孔曝气管，空气来自鼓风机，SBR 池出水由气源控制空气堰自动出水装置，便于两序批池之间切换。

MSBR 工艺运行方式与三沟型氧化沟、典型 SBR 系统类似，MSBR 也是将运行过程分为不同的时间段，在同一周期的不同时段内，一些单元采用不同的运转方式，以便完成不同的处理目的。MSBR 将一个运转周期分为 6 个时段，由 3 个时段组成一个半周期，在两个相邻的半周期内，除 SBR 池的运转方式不同外，其余各个单元的运转方式完全一样。MSBR 的运转半周期持续 120 min，由 3 个时段组成，各时段的持续时间：时段 1 为 40 min；时段 2 为 50 min；时段 3 为 30 min。

由其工作原理可以看出，MSBR 是同时进行生物除磷及生物脱氮的污水处理工艺，它是由 A/A/O 系统与 SBR 系统串联组成，并集合了二者的优势。

MSBR 工艺的主要特点是：

a. 采用连续进、出水，避免了传统 SBR 对进水的控制要求及其间歇排水所造成的问题；

b. 采用恒水位运行，避免了传统 SBR 变水位操作水头损失大、池子容积利用率低的缺点；

c. 提供传统连续流、恒水位活性污泥工艺对生物脱氮除磷所具有的专用缺氧、厌氧和好氧反应区，提高了工艺运行的可靠性和灵活性；

d. 为泥水分离提供了与传统 SBR 类似的静止沉淀条件，改善了出水水质；

e. 提供与传统 SBR 类似的间歇反应区，提高了系统对生物脱氮除磷及有机物的去除效率。

2) CAST 工艺

CAST 工艺（Cyclic Activated Sludge Technology）是一种循环式活性污泥法，它的反应池用隔墙分为生物选择区和主反应区，进水、曝气、沉淀、排水、排泥都是间歇周期性运行。因此整个工艺为一间歇式反应器，在此反应器中，工艺过程按曝气和非曝气阶段不断重复，将生物反应过程和泥水分离过程结合在一个池子中进行。

与传统的 SBR 反应器不同，CAST 工艺在进水阶段不设单纯的充水过程或缺氧进水混合过程，另外一个重要特性是在反应器的进水处设置一生物选择区。生物选择区是一容积较小的污水污泥接触区,进入反应器的污水和从主反应区内回流的活性污泥(回流量约为日平均流量的 20%)在此相互混合接触。生物选择器的设置严格遵循活性污泥种群组成动力学的有关规律,创造合适的微生物生长条件并选择出絮凝性细菌,可有效地抑制丝状性细菌的大量繁殖,克服污泥膨胀,提高系统的稳定性。

CAST 工艺的运行以周期循环方式进行,其工艺反应时间可以根据需要进行调整。标准的 CAST 工艺以 4 h 为一循环周期,其中 2 h 曝气,2 h 非曝气。当有冲击负荷时,可以通过延长曝气时间、增加循环周期的时间来适应负荷的冲击,来保证处理效果。

CAST 工艺的每个周期的运行可分成四个阶段,见图 3-22。

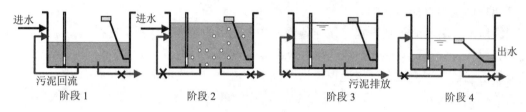

图 3-22 CAST 工艺的运行阶段示意

阶段 1,污水进入生物选择区,同时污泥回流开始,污水和污泥在选择区内充分接触后进入主反应区。曝气可以同步进行,也可以在进水一定时间后开始,具体根据进水水质确定。

阶段 2,当反应池进水量达到设计值后,池中的水位最高,进水切换到其他反应池,该反应池停止进水,污泥回流也停止,曝气继续,延长的时间由需要达到的处理效果决定。

阶段 3,进行沉淀。

阶段 4,沉淀阶段后,系统的出水由自动控制的滗水装置排除,通过保持恒定的作用水头,以确保出水水质的均匀。实际操作中,滗水装置运行的时间小于等于设计时间,如有剩余的时间用作闲置时间。

3) ICEAS 工艺

间歇循环延时曝气系统(Intermittent Cycle Extended Aeration System,ICEAS)工艺是一种连续进水的 SBR 工艺。为了在沉淀阶段也能够进水而不影响出水的水质,反应池的长度有一定的要求。一般从停止曝气到开始出水,原污水最多流到反应池全长的 1/3 处,滗水结束,原污水最多到达反应池全长的 2/3 处。

ICEAS 工艺的反应池前端设置专门的缺氧选择器——预反应区,用以促进菌胶团的形成和抑制丝状菌的繁殖。反应池的后部为主反应区。在预反应区内,污水连续流入。在主反应区内,依次进行曝气、搅拌、滗水、排泥等过程,并且周期循环。主反应区和预反应区通过隔墙下部的孔洞相连,污水以较慢的速度由预反应区流入主反应区。ICEAS 工艺反应池的构造见图 3-23。

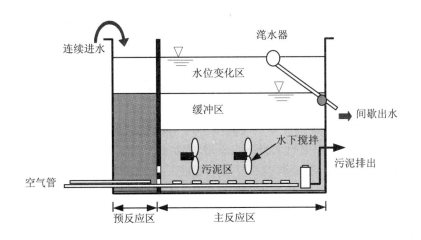

图 3-23　ICEAS 工艺反应池的构造

7. 氧化沟活性污泥法

（1）氧化沟工艺流程、基本原理与工艺特点

1）氧化沟工艺流程与基本原理

氧化沟（Oxidation ditch）是活性污泥法的一种，其构筑物呈封闭无终端渠形。一般采用机械充氧和推动水流。因为污水和活性污泥的混合液在环状的曝气渠道中不断循环流动，故也称其为"循环曝气池""无终端的曝气系统"。

氧化沟一般呈环状沟渠形，也可以是长方形、圆形等。早期的氧化沟池壁按土质挖成斜坡浇以 10 cm 厚的素混凝土，目前池壁常以钢筋混凝土现浇。氧化沟的断面有梯形、单侧梯形和矩形。氧化沟的水深与曝气和混合推动设备及相关的结构有关，一般为 3.5～5.0 m，最深的可达 8.0 m。

在氧化沟系统中，通过转刷（或转盘和其他机械曝气设备），使污水和混合液在环状的渠内循环流动，依靠转刷推动污水和混合液流动以及进行曝气，典型的氧化沟工艺流程见图 3-24。

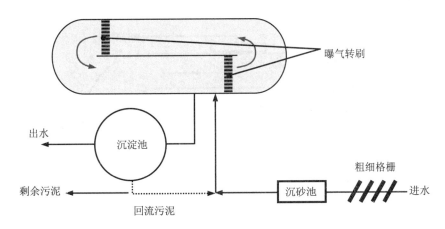

图 3-24　氧化沟工艺流程

混合液通过转刷后，溶解氧浓度被提高，随后，在渠内流动过程中溶解氧又逐渐降低。氧化沟通常采用延时曝气的方式运行，水力停留时间为 10～24 h，污泥泥龄为 20～30 d。通过设置进水和出水位置、污泥回流位置、曝气设备位置可以使氧化沟完成碳化、硝化和反硝化功能。如果主要去除 BOD_5 或硝化，进水点通常设在转刷上游，出水点在进水点的上游处。

氧化沟渠道内的水流速度为 0.25～0.35 m/s。沟的几何形状和具体尺寸，与曝气设备和混合设备密切相关，要根据所选择的设备最后确定。常用的氧化沟曝气和混合设备是转刷（盘）、立轴式表曝机和射流曝气机。目前也有将水下空气扩散装置与表曝机或水下扩散装置与水下推进器联合使用的工程实例。污泥沉淀设施可采用分建式或合建式。

由于氧化沟多用于长泥龄的工艺，悬浮状有机物可在沟内得到部分稳定，故氧化沟前可不设初次沉淀池。

2）氧化沟工艺特点

a. 氧化沟工艺结合了推流和完全混合两种流态。污水进入氧化沟后，在曝气设备的作用下被快速、均匀地与沟中混合液进行混合。混合后的水在封闭的沟渠中循环流动。例如，水流在沟渠中的流速为 0.25～0.35 m/s，氧化沟的总长为 90～600 m，则完成一个循环所需时间为 5～20 min。由于污水在氧化沟中的表观水力停留时间多为 10～24 h，因此可以推算，污水在停留时间内要完成 30～200 次循环。氧化沟在一个循环中呈现推流式，而在多次循环中则呈现完全混合特征，两者结合可减小短流，使进水被数十倍的循环水所稀释，从而提高了氧化沟系统的缓冲能力。

b. 氧化沟具有明显的溶解氧浓度梯度。由于氧化沟的曝气装置一般是定位布置的，因此在装置下游混合液的溶解氧浓度较高。随着水流沿沟长的流动，溶解氧浓度逐步下降，在某些位置溶解氧的浓度甚至可降至零，从而出现明显的溶解氧浓度梯度。图 3-25 是 Carrousel 氧化沟出现的缺氧区位置示意图。利用溶解氧在沟中的浓度变化以及沟内存在好氧区和缺氧区的特性，氧化沟工艺可以在同一构筑物中实现硝化和反硝化。这样不仅可以利用硝酸盐中的氧，节省了 10%～25% 的需氧量，而且通过反硝化恢复了硝化过程消耗的部分碱度，有利于节约能源和减少化学药剂的用量。

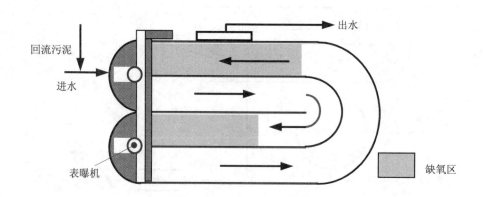

图 3-25 Carrousel 氧化沟中的缺氧区

c. 氧化沟的整体体积功率密度较低。氧化沟中的混合液一旦被推动，即可在沟内持续循环流动。一定的流速可以防止混合液中悬浮固体的沉淀，同时充入混合液中的溶解氧随水流流动也加强氧的传递。水流在循环流动中仅需要克服在沟内的沿程损失和局部损失，而这两部分的水头损失通常很小。另外，氧化沟中的曝气设备不是沿沟长均匀分布的，而是集中布置在几处。因此，氧化沟可在比其他系统低得多的整体体积功率密度下保持液体流动、固体悬浮和充氧，从而降低能量的消耗。当污泥固体在非曝气区逐步下沉到沟底部时，会随着水流输送到曝气区，在曝气区高功率密度的作用下，又可被重新搅拌悬浮起来，这样的过程对于污泥吸附进水中的非溶解性物质很有益处。当氧化沟按照脱氮工艺运行时，节能效果很明显。实践证明，氧化沟比传统活性污泥法能耗降低20%～30%。

氧化沟曝气区的功率密度通常可达 $100 \sim 210 \mathrm{~kW} \cdot \mathrm{h} / \mathrm{m}^{3}$，平均速度梯度 $G > 100 \mathrm{~s}^{-1}$。这样局部高强度的功率密度可加速液面的更新，促进氧的传递，同时提高混合液中泥水混合程度，有利于充分切割絮凝的污泥，也利于污泥的再絮凝。

d. 氧化沟工艺流程简捷。氧化沟工艺处理城市污水时可不设初沉池，悬浮状的有机物可在氧化沟内得到部分稳定，这比设立单独的初沉池再进行单独的污泥稳定要经济。由于氧化沟采用的污泥平均停留时间较长，其剩余污泥量少于一般活性污泥法，而且氧化沟排放的剩余污泥已在沟内得到一定程度的稳定，因此一般可不设污泥消化处理装置。为防止无机沉渣在沟中的积累，原污水应先经过粗细格栅及沉砂池的预处理。

工艺流程中的二沉池可与氧化沟分建也可与氧化沟合建（视具体的沟型）。合建的氧化沟系统可省去单独的二沉池和污泥回流系统，使处理构筑物的布置更加紧凑。另外，氧化沟工艺也可参与不同的工艺单元操作过程，如氧化沟前增加厌氧池可增加和提高系统的除磷功能，也可将氧化沟作为 AB 法的 B 段，提高处理系统的整体负荷，改善和提高出水水质。由此可见，氧化沟污水处理工艺具有流程简单、运行操作灵活的特点。

e. 氧化沟处理效果稳定，出水水质好。实际应用表明，氧化沟工艺在有机物和悬浮物去除方面，比传统活性污泥法具有更好且更稳定的效果。

（2）氧化沟工艺类型

1）Carrousel 型氧化沟

Carrousel 型氧化沟是一种多沟串联的处理系统。进水与回流污泥混合后，共同沿水流方向在沟内作不停地循环流动。沟内在池的一端安装立式表曝机，每组沟安装一个，工艺流程见图 3-25。

Carrousel 型氧化沟曝气机均安装在氧化沟的同一端，因此形成了靠近曝气机下游的富氧区和曝气机上游的缺氧区。设计有效深度一般为 4.0～4.5 m，沟中的流速为 0.3 m/s。由于曝气机周围的局部区域的能量强度比传统活性污泥法曝气池中的强度高得多，因此氧的转移效率大大提高。

2）Orbal 型氧化沟

Orbal 型氧化沟是由几条同心圆或椭圆形的沟渠组成，沟渠之间采用隔墙分开，形成多条环形渠道，每一条渠道相当于单独的反应器。

Orbal 型氧化沟设计深度一般为 4.0 m 以内，采用转盘曝气，转盘浸没深度控制在 230～530 mm。沟中水平流速为 0.3～0.6 m/s。

运行时，污水先进入氧化沟最外层的渠道，在其中不断循环的同时，依次进入下一个渠道，最后从中心渠道排出混合液，进入沉淀池。因此，Orbal 型氧化沟相当于串联的一系列完全混合反应器的组合。Orbal 型氧化沟的组成见图 3-26。

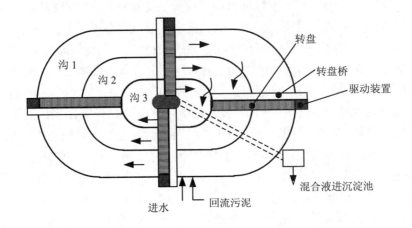

图 3-26　Orbal 型氧化沟的组成

Orbal 型氧化沟可根据需要分设两条沟渠、三条沟渠和四条沟渠。常用的为三条沟渠形式。对设三条沟渠的系统，第一条沟的体积约为总体积的 60%，第二条沟体积占总体积的 20%～30%，第三条沟则占总体积的 10% 左右。运行中保持第一、第二、第三条沟的溶解氧质量浓度依次递增，通常为 0 mg/L、1.0 mg/L、2.0 mg/L，以达到除碳、除氮、节省能量的作用。

Orbal 型氧化沟有三个相对独立的沟道，因此进水方式灵活。在暴雨期间，进水可以超越外沟道，直接进入中沟道或内沟道，由外沟道保留大部分活性污泥，有利于系统的恢复。因此，对于合流制或部分合流制的污水系统，Orbal 型氧化沟均有很好的适用性。

3）一体化氧化沟

一体化氧化沟又称合建式氧化沟，集曝气、沉淀、泥水分离和污泥回流功能为一体，无须建造单独的二沉池。

固液分离器是一体化氧化沟的关键技术设备，目前已应用的固液分离方式有多种。图 3-27 为船式一体化氧化沟及分离器的示意。

一体化氧化沟经济、节能、构形简单、处理效果高，尤其适合小水量污水的处理。

4）交替式氧化沟

交替式氧化沟（Phased Isolation Ditch）是 SBR 工艺与传统氧化沟工艺组合的结果。交替式氧化沟可以采用具有脱氮或具有脱氮脱磷工艺等方式设计或运行。目前主要应用的两种交替式氧化沟是两沟（DE）型和三沟（T）型，它们的主要工艺特征见表 3-6，示意图见图 3-28。

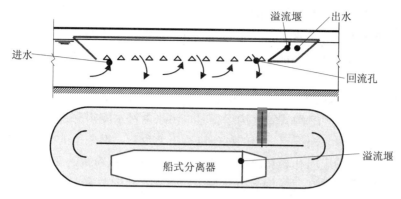

图 3-27 船式一体化氧化沟及分离器

表 3-6 交替式氧化沟的主要工艺特征

类型	处理对象	系统中沟的数量	各沟的功能分工	设置单独的沉淀池
DE 型	BOD_5、SS、TN	2	氧化；反硝化	需要
	BOD_5、SS、TN、TP	2	氧化/磷的吸收；反硝化	
T 型	BOD_5、SS、NH_3-N	3	氧化；沉淀	不需要
	BOD_5、SS、TN	3	氧化；反硝化；沉淀	

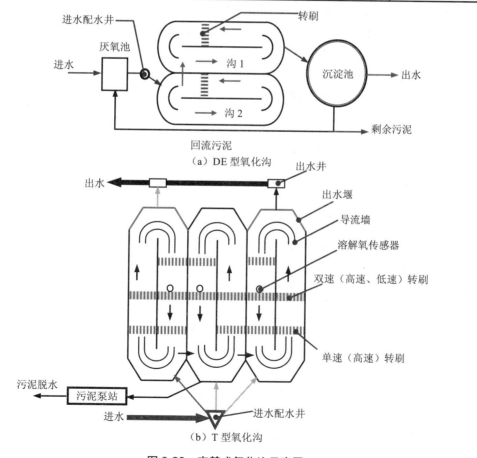

(a) DE 型氧化沟

(b) T 型氧化沟

图 3-28 交替式氧化沟示意图

两沟（DE）型氧化沟整个系统由两条相互连通的氧化沟与单独设立的沉淀池组成。氧化沟仅进行生化反应，而固液分离过程在沉淀池中完成。这样提高了设备和构筑物的利用率。为提高除磷效果，可在交替式氧化沟之前设厌氧池，见图3-28（a），这样做也对污泥膨胀起到抑制作用。

三沟（T）型氧化沟是以三条相互联系的氧化沟作为一个整体，每条沟都装有用于曝气和推动循环的转刷。在三沟式氧化沟运行时，污水由进水配水井进行三条沟的进水配水切换，进水在氧化沟内，根据已设定的程序进行工艺反应。常采用的布置形式是3条沟并排布置，利用沟壁上的连通孔相互连接，图3-28（b）为并排布置的T型氧化沟系统组成。

在T型氧化沟系统中，三条沟交替变换工作方式，其中两条沟用于生化反应，一条沟用作固液分离。

交替式氧化沟系统实际上是单个氧化沟的不同组合。运行中，根据使用情况还可以进行更多的组合，这是交替式氧化沟系统的突出优点。

5）其他氧化沟系统

常见的其他氧化沟系统还包括导管式氧化沟系统和射流曝气氧化沟系统。

导管式氧化沟系统中以导管式曝气器替代转刷等表曝机，导管式氧化沟由四部分组成，氧化沟（内设阻流墙）、导管式曝气器设备、导流管、供氧系统。导管式氧化沟内流速由水力推进器维持，供氧由鼓风机提供，氧化沟内的混合和供氧分别由两套装置独立承担；水流从氧化沟底部推进，可避免底部污泥淤积。

采用射流曝气器的氧化沟称为射流曝气氧化沟。在氧化沟沟底设置射流曝气装置，将压缩空气与混合液在混合室充分混合，完成水、泥、气三相混合和传质，并以挟气溶气的状态向水流流动方向射出，达到氧化沟要求的曝气充氧和搅拌推流的双重功能。射流曝气装置沿沟宽方向均匀布置。由于射流曝气装置在池底，沟深可以较深，缺点是充氧过程的动力效率偏低。

3.2 生物膜法

3.2.1 生物膜法的基本原理

生物膜法是通过附着在载体或介质表面上的细菌等微生物生长繁殖，形成膜状活性生物污泥——生物膜，从而降解污水中的有机物的生物处理方法。生物膜中的微生物以污水中的有机污染物为营养物质，在新陈代谢过程中将有机物降解，同时微生物自身也得到增殖。

生物膜中常见的微生物群体包括好氧菌、厌氧菌和兼氧菌，还有真菌、藻类、原生动物、后生动物以及蚊蝇的幼虫等生物等。在生物滤池中兼氧菌常占优势，而无色杆菌属、假单胞菌属、黄杆菌属以及产碱杆菌属等也是生物膜中常见的细菌。在生物膜滤池中，原生动物和一些较高等的动物均以生物膜为食，起着控制细菌群体量的作用，能促使细菌群体以较高速率产生新细胞，有利于污水处理。

生物膜法适用于中小规模污水生物处理。生物膜法处理污水可独立建立，也可与其他污水处理工艺组合应用。污水进生物膜法处理前，一般需要进行沉淀等预处理。当进水水质或水量波动大时，应设调节池。

生物膜法与活性污泥法主要区别在于，前者的微生物附着生长于载体之上，而后者则悬浮在水中，因而二者的工艺特点有所不同。相对于活性污泥法，生物膜法的优势在于：①对水质水量变化的适应性较强；②无须污泥回流，管理方便；③无污泥膨胀问题，易于微生物生存，运行稳定，同时产生污泥量少；④动力费低，占地面积小。但生物膜法也存在一些劣势：①需要更多填料与支撑结构，基建投资较高；②活性生物量较难控制，运行灵活性较差；③比表面积较小，容积负荷有限；④需要反冲洗，操作复杂，另外还有滤料腐蚀、老化等问题。一般来讲，活性污泥法适用于大中型水厂，而生物膜法更适用于中小型水厂。

生物膜法分成好氧和厌氧两类，本节主要介绍好氧生物膜法。

1. 生物膜结构及其降解有机物的机理

图 3-29 为载体上形成的生物膜结构，以及生物膜降解有机物的示意图。

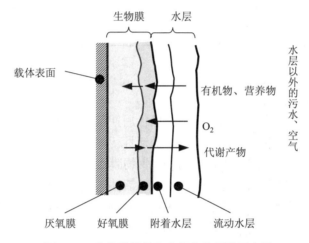

图 3-29 生物膜结构和有机物降解的示意图

生物膜法刚开始运行时，必须先进行挂膜。对于城市污水，在 20℃条件下，需要 15～30 d 挂膜成熟。从图 3-29 可以看出，生物膜的表面上有很薄的附着水层，相对于外侧流动的水流，附着水层是静止的。由于流动水层比附着水层中的有机物浓度高，有机物的浓度梯度和水流的紊动扩散作用可使有机物、营养物和溶解氧进入附着水层，并进一步扩散到生物膜中，有机物被生物膜吸附、吸收和降解。微生物在分解有机物的过程中自身也进行合成，不断增殖，使生物膜的厚度增加。传递进入生物膜的溶解氧很快被生物膜表层的好氧微生物所消耗，使得生物膜内层形成以厌氧微生物为主的厌氧膜。由于扩散的过程及微生物的特点，有机物的分解主要在生物膜的好氧膜中完成。微生物的代谢产物，如水、二氧化碳、氨以及其他无机盐等，沿着与有机物扩散相反的方向，从生物膜经过附着水层进入流动水层中，随后从污水处理装置排出。

当生物膜厚度不大时，好氧膜与厌氧膜之间可以维持平衡关系，厌氧膜产生的代谢产物，如有机酸、醇类等通过好氧膜，可被进一步降解去除。但当厌氧膜的厚度不断加大，厌氧膜中的代谢产物增多，尤其是气态物质不断逸出，降低了生物膜的附着力，这种"老化"的生物膜很容易从附着的载体上脱落。在脱落的生物膜的位置上，随后又长出新的生物膜。生物膜的更新与脱落过程不断循环进行。脱落的生物膜可通过沉淀池去除。

由于生物膜法中微生物以附着的状态存在，不易脱落而留在反应器内部，因此生物膜法的泥龄长，使得生物膜中既有世代时间短、比增长速率大的微生物，又有世代时间长、比增长速率小的微生物。这使得生物膜法中参与代谢的微生物种类多于活性污泥法。表 3-7 为生物膜法与活性污泥法主要微生物种类与数量比较。

表 3-7　生物膜法与活性污泥法出现的主要微生物种类与数量比较

微生物种类	生物膜法	活性污泥法	微生物种类	生物膜法	活性污泥法
细菌	多	多	其他纤毛虫	比较多	一般
真菌	比较多	少	轮虫	比较多	少
藻类	一般	极少	线虫	一般	少
鞭毛虫	比较多	一般	寡毛虫	一般	极少
肉足虫	比较多	一般	其他后生动物	少	极少
纤毛虫缘毛类	多	多	昆虫类	一般	极少
纤毛虫吸管类	少	少			

2. 生物膜法的主要特点

（1）生物膜中微生物种群丰富

由于微生物附着生长，泥龄长，有利于世代周期长的种群的生长。例如，硝化细菌生长缓慢，世代周期长，在停留时间为 6～8 h 的活性污泥法反应器中难以生存，而在生物膜法中，生长条件有利于硝化细菌生长。此外，生物膜法有利于发挥多种细菌对有机物的降解作用。生物膜中除细菌和原生动物外，还出现活性污泥法中少见的真菌、藻类和后生动物等，同时还存在厌氧菌，生物膜法中微生物的食物链长。这样可提高污水的处理深度，剩余污泥量减少。通常，生物膜法所产生的污泥量仅为活性污泥法的 3/4。生物膜法产生的污泥主要是载体表面脱落的生物膜，这种污泥含水率比悬浮型活性污泥法产生的剩余污泥的含水率低，多呈块状或条形，具有良好的沉降和脱水性能。

（2）生物膜法中优势菌种分层生长，传质条件好

生物膜法反应器各层中生长着与流经本层水质相适应的优势菌种，有利于有机物的降解。生物膜法可处理低浓度进水，将 BOD_5 为几十毫克/升的低浓度有机污水进一步处理到出水 BOD_5 仅为 5～10 mg/L 的水平。而在活性污泥法中，当进水 BOD_5 为 50～60 mg/L 时，活性污泥絮体会因基质不足而恶化，处理效率下降。

（3）生物膜法工艺过程稳定，适应性强

由于生物膜法生物相丰富、停止进水期间也可以自然通风，不易发生活性污泥法进水和供氧停止时间长而发生的厌氧状况，因此生物膜法可以间歇运行。此外，水质、有机物负荷、表面负荷变化对生物膜影响小，所以生物膜法耐冲击负荷。当适应低温生长的菌种占优势时，生物膜法也适于低温条件下运行。

（4）生物膜法动力消耗少，运行管理方便

生物膜法中的许多工艺，采用自然通风供氧，无污泥回流系统，总体上动力消耗少。不会发生活性污泥系统中经常出现的污泥膨胀现象，系统管理方便。

(5) 生物膜法的不足

生物膜法还存在一些不足,各种生物膜法工艺略有不同,具体在以下工艺中介绍。

3.2.2 影响生物膜法的主要因素

凡是影响生物处理的因素也是影响生物膜法的因素,如水质、温度、pH、溶解氧、营养平衡、有毒有害物质浓度等。这些因素,在前面的活性污泥法内容中已有叙述,不再赘述。以下重点就生物膜法所特有的因素进行介绍。

1. 表面负荷

对于生物滤池,是指在保证所要处理的污水达到要求水质的前提下,每平方米滤池表面每天所能接受污水的量,以 $m^3/(m^2 \cdot d)$ 表示。

(1) 表面负荷对生物膜法处理效果的影响

微生物对有机物的降解需要一定的接触反应时间。在保证生物膜处于正常脱落更新的范围内:表面负荷越小,污水与生物膜接触的时间越长,处理效果越好;表面负荷越大,污水与生物膜接触的时间越短,处理效果就可能变差。另外,表面负荷与容积负荷有密切的联系,它们的关系见式(3-69):

$$q = \frac{L_v \cdot H}{S_0} \tag{3-69}$$

式中:q —— 表面负荷,$m^3/(m^2 \cdot d)$;

L_v —— BOD_5 容积负荷率,$kg/(m^3 \cdot d)$,该负荷是每立方米载体每天所能去除 BOD_5 的量;

H —— 载体的填充高度,m;

S_0 —— 进水 BOD_5 质量浓度,kg/m^3。

(2) 表面负荷对生物膜厚度和传质改善的影响

高的表面负荷对生物膜厚度的控制及传质效果的改善有利,但表面负荷应控制在一定的限度内,以免过高的表面负荷产生过强的冲刷力,造成生物膜的流失,影响反应器的稳定运行。因此应该根据所选择的生物膜法工艺,选择适宜的表面负荷。

2. 载体表面结构和性质

载体是生物膜法的关键组成之一。载体对污水处理效果的影响主要反映在载体的表面性质,包括载体的比表面积大小、载体表面亲水性及表面电荷、表面粗糙度、载体的密度、孔隙率和材料强度等。载体的选择不仅决定了可供生物膜生长的面积大小和生物量的多少,而且还影响反应器中的水动力学状态。细菌属亲水性,且表面通常带有负电荷,因此载体表面呈正电位越高、亲水性越大,细菌越容易附着在载体上形成生物膜。高的载体表面粗糙度有利于细菌在其表面附着,因为粗糙的表面增加了微生物与载体之间的有效接触面积。载体中的孔、裂隙增加了比表面积,同时对附着在上面的微生物起到了保护屏障的作用,使微生物免受水力剪切作用的影响。通常理想的载体表面形成的孔径大小应为细菌大小的 4~5 倍。目前常用的载体,按照材料分类,可分为无机类与有机类。前者常见的有砂子、碳酸盐类、各种玻璃材料、沸石类、陶瓷材料、碳纤维、矿渣、活性炭、金属等;后者常见的有 PVC、PE、PS、PP、各类树脂、塑料、软性或半软性纤维等。按形态分类,则可分为颗粒状、柱状、丝状、球状等。在载体选择时,应满足的主要条件有:①易流化,但不易流失;②易成膜,无毒害作用;③能提供大的比表面积,以增加生物附着量;④价格低廉,容易取材。

3. 生物膜量及其活性

生物膜的厚度反映了生物量的大小。生物膜由好氧膜和厌氧膜组成,好氧膜厚度通常为 1.5~2.0 mm,有机物的降解主要在好氧层内完成。附着生物的活性并非总是与载体上的生物量呈正相关性。在好氧膜厚度范围内,膜的生物降解活性与生物量呈正相关性。当厌氧膜厚度在一定范围时,膜的生物降解活性就与生物膜的厚度无关,有时还会出现单位重量生物膜生物降解活性下降的现象。若厌氧膜厚度继续增加,就会发生生物膜的脱落。也就是说,过厚的生物膜并不能提高反应器的处理能力,反而会造成脱落的生物膜过多,堵塞载体空隙。因此,对于生物膜反应器,不应单纯追求增加反应器的生物量,而应保证反应器内生物膜正常脱落更新而不发生载体间隙被堵塞的现象。

3.2.3 生物膜法的主要类型和工艺流程

按照微生物附着的载体存在状态,生物膜法可以分为固定床生物膜法和流动床生物膜法。固定床生物膜法包括生物滤池、生物接触氧化法等;流动床生物膜法包括生物流化床和移动床等。

按照生物膜被污水浸没的程度,生物膜法又可以分为浸没式生物膜法、半浸没式生物膜法和非浸没式生物膜法三类。常见的浸没式生物膜法包括生物接触氧化池、曝气生物滤池等,流动床生物膜法也可以归为此类;常见的半浸没式生物膜法有生物转盘等;常见的非浸没式生物膜法有生物滤池等。其中浸没式生物膜法具有占地面积小、有机容积负荷高、运行成本低、处理效率高等特点,近年来在污水二级生物处理中被较多采用。

通常,污水进入生物膜处理构筑物前,应进行沉淀处理,使进水悬浮物质尽量少,有利于防止填料堵塞,保证处理构筑物的正常运行。当进水水质或水量波动大时,应设调节池,停留时间一般根据一天中水量、水质波动情况确定。

1. 普通生物滤池

(1) 基本工艺流程

普通生物滤池是历史最悠久的生物膜法,也称为滴滤池(Trickling filter)、低负荷生物滤池。基本工艺流程见图 3-30。污水先进入初沉池,去除可沉悬浮物,接着进入生物滤池。在滤池内设有固定生物膜的载体(滤料),污水由上而下过滤时,不断与滤料相接触,微生物就在滤料表面逐渐形成具有降解有机物功能的生物膜。经过滤池处理的污水和滤池滤料上脱落的老化生物膜流入二沉池,经过固液分离后,排出净化水。普通生物滤池供氧通常采用自然通风的方式。

图 3-30 普通生物滤池基本工艺流程

（2）普通生物滤池构造

普通生物滤池一般由滤池池体、布水装置、滤料和排水系统组成。其构造见示意图 3-31。

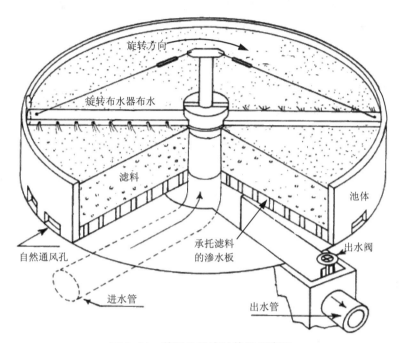

图 3-31 普通生物滤池构造示意图

滤池池体一般用砖或混凝土构筑而成。滤池深度一般为 1.8～3 m。池底有一定坡度，处理好的水能自动流入集水沟，再汇入总排水管，其水流速应小于 0.6 m/s。

布水装置主要有固定布水器和旋转布水器。固定布水器是生物滤池中由固定的穿孔管或喷嘴等组成的布水设施。旋转布水器，由若干条旋转的配水管组成的配水装置，利用从配水管孔口喷出的水流所产生的反作用力，推动配水管绕旋转轴旋转达到均布配水的目的。旋转布水装置一般由进水竖管和可旋转的布水横管组成，在布水管的下面一侧开有直径为 10～15 mm 的小孔。滤料一般要求有一定强度，表面积大，孔隙率大，而成本低，常用的有碎石块、煤渣、矿渣或蜂窝型、波纹型的塑料管等。排水系统包括渗水装置、集水沟和排水泵。除有排水作用外，还有支撑填料和保证滤池通风的作用。沿滤池池底周边应设置自然通风孔，其总面积不应小于池表面积的 1%。

普通生物滤池中的滤料要求和作用：① 能为微生物附着提供大量的表面积；② 使污水以液膜状态流过生物膜；③ 有足够的孔隙率，保证通风（即保证氧的供给）和使脱落的生物膜能随水流出滤池；④ 不被微生物分解，也不抑制微生物生长，有较好的化学稳定性；⑤ 有一定机械强度；⑥ 价格低廉。粒径为 3～10 cm，孔隙率为 45%～90%，比表面积为 60～200 m^2/m^3。

滤料粒径越小，滤床的可附着微生物面积越大，滤床的工作能力也越大。但是，粒径太小，孔隙就减小，滤床容易被生物膜堵塞，滤床通风性能变差。因此，选择滤料粒径时应考虑适中。

(3) 普通生物滤池的工艺特点

a. 污水处理效果好，BOD_5 的去除率可达 85%～95%，处理城市污水通常出水 BOD_5 在 25 mg/L 以下，硝酸盐含量为 10 mg/L 左右，且出水水质稳定。

b. 采用自然通风进行供氧，动力消耗低。但自然通风效果受气候条件的影响，因为滤池的通风主要依靠池内外的温度差进行，其关系为式（3-70）：

$$v = 0.075 \times \Delta T - 0.15 \quad (3-70)$$

式中：v—— 空气流速，m/min；

ΔT—— 池内外温度差，℃；

0.075 和 0.15 为经验常数。

由于温度影响，通常，夏季供气方向由滤池自上而下，冬季自下而上。

c. 表面负荷较低，如在处理城市污水时，正常气温时，表面负荷为 1～3 m³/(m²·d)，BOD_5 容积负荷为 0.15～0.3 kg/(m³·d)。因此，占地面积比较大，所以普通生物滤池适合小处理水量的场合。

d. 运行比较稳定，易于管理。

e. 剩余污泥量小。

f. 卫生条件较差。

普通生物滤池与传统活性污泥法的比较见表 3-8。

表 3-8　普通生物滤池与传统活性污泥法的比较

比较项目	普通生物滤池	传统活性污泥法
出水	可高度硝化、悬浮物较多	悬浮物少、通常出水难以达到高度硝化
污泥量	少	多
污水水质的影响	较适合中小水量生活污水和工业废水	对高浓度难处理的工业废水敏感
气候的影响	易受温度的影响	易受温度的影响
技术控制	容易	较容易
滤池蝇和臭味	滤池蝇多、味大	无滤池蝇、味小
合成洗涤剂的影响	泡沫少	泡沫较多，影响充氧
基建费	低	较低
运行费	低	较高

2. 高负荷生物滤池

高负荷生物滤池是生物滤池的一种形式，一般通过回流处理水和限制进水有机负荷等措施提高表面负荷，解决堵塞问题。这种滤池是针对普通生物滤池所存在的问题而发展起来的。主要改进如下：大幅度提高滤池的负荷，BOD 容积负荷通常为普通生物滤池的 6 倍以上，表面负荷为普通生物滤池的 10 倍。

高负荷生物滤池的高负荷率是通过限制进水 BOD 值和在运行上进行出水回流等技术实现的。通常进入滤池的 BOD_5 值必须低于 200 mg/L，否则要用处理水回流加以稀释。

高负荷生物滤池的构造与普通生物滤池没有本质的差别，主要的区别有：
(1) 高负荷生物滤池工艺流程

高负荷生物滤池工艺系统有多种形式，其中图 3-32 为几种高负荷单池（级）生物滤池工艺流程。

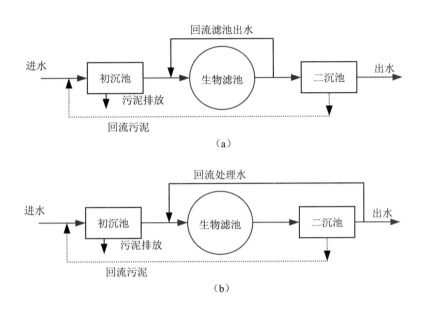

图 3-32　高负荷单池生物滤池典型工艺流程

图 3-32（a）中将生物滤池出水直接回流到滤池前，并由二沉池向初沉池回流污泥。这种流程有助于微生物的接种，促进生物膜的更新。另外，由于二沉池的污泥回流进入初沉池，有助于提高初沉池的沉淀效果。该工艺使用比较广泛，也比较经济。

图 3-32（b）中将二沉池出水回流到滤池前，好的回流水质有稀释和冲刷的效果，同样二沉池的污泥回流进入初沉池，有助于提高初沉池的沉淀效果。

实践表明，采用单池（级）高负荷生物滤池时，使出水 BOD_5 浓度稳定小于 30 mg/L 的难度较大。因此当对于出水水质要求高时，可以采用将两座滤池串联组成二级高负荷生物滤池工艺流程，这样 BOD_5 去除率可达 90%以上。

图 3-33 为几种高负荷生物滤池工艺的流程。在这些系统中均不设置中间沉淀池，目的是保持二级生物滤池的生物量。

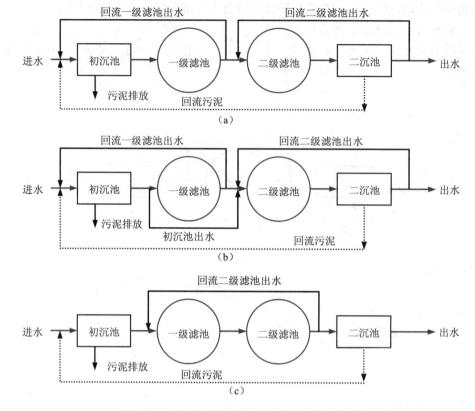

图 3-33 二级高负荷单池生物滤池典型工艺流程

图 3-33（a）中，一级滤池产生的生物膜和出水一部分进入二级生物滤池，另一部分回流到初沉池前增加沉淀效果，提高一级滤池的表面负荷。

图 3-33（b）中，一部分初沉池出水超越到二级生物滤池，提高了二级生物滤池的有机物负荷。一级滤池产生的生物膜和出水一部分进入二级生物滤池，另一部分回流到初沉池前增加沉淀效果、提高一级滤池的表面负荷。

图 3-33（c）中，采用二级生物滤池出水进行循环稀释进水和增加表面负荷。

在高负荷生物滤池中，一般来说一级滤池的进水浓度高，生物膜量大；二级滤池的进水浓度较低，有时生物膜生长不好，滤池的容积得不到充分利用。为克服这个缺点，常将两个滤池串联的次序进行周期交替运行，定期改变串联中的前后位置。这样既提高了处理效率，也有效地防止了滤池堵塞的现象。

(2) 高负荷生物滤池的特点

a. 高负荷生物滤池克服了普通生物滤池的缺陷，两者的比较见表 3-9。

b. 运行比较稳定，易于管理。

c. 剩余污泥量小。

d. 占地面积大。

e. 工艺中需要较大的水头跌落，一般超过 3 m。

f. 需二次提升。

表 3-9　普通生物滤池与高负荷生物滤池的比较（处理城市污水时）

比较项目	普通生物滤池	高负荷生物滤池
表面负荷/[m³/(m²·d)]	1~3	10~30
BOD$_5$容积负荷/[kg/(m³·d)]	0.15~0.3	0.8~1.2
深度/m	1.5~2.0	2.0
回流比/%	无	75~600（单级）；50~300（二级，各段）
滤料	碎石块、煤渣、矿渣或蜂窝型、波纹型的塑料管等	多为塑料滤料
比表面积/(m²/m³)	较大	较小
空隙率/%	较低	较高
动力消耗/(W/m³)	无	2~10
滤池蝇	多	很少
生物膜脱落情况	主要在春秋季	经常
运行要求	简单	比较简单
污水投配时间的间歇	不超过 5 min	不超过 15 s，连续投配
产生的污泥	黑色，高度氧化	棕色，未充分氧化（单级）；氧化充分（二级）
处理出水水质	高度硝化	未充分硝化（单级）；硝化充分（二级）
BOD 去除率/%	90	75~85（单级）；90（二级）

3. 塔式生物滤池

塔式生物滤池是生物膜法的一种塔形构筑物。塔内分层布设轻质塑料载体，污水由上往下喷淋，与载体上生物膜及自下而上的流动的空气充分接触，使污水获得净化。

（1）塔式生物滤池的构造

塔式生物滤池属高负荷生物滤池，简称塔滤。塔身一般可高达 8~24 m，直径为 1~3.5 m，径高比为 1:6~1:8。塔式生物滤池由塔体、滤料、布气系统及通风、排水系统组成，具体见图 3-34。

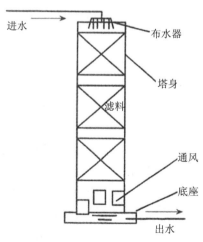

图 3-34　塔式生物滤池示意

塔滤的滤料分层设置，每层不大于 2.5 m，总装填高度一般为 8～12 m。

（2）塔式生物滤池的特点

塔式生物滤池延长了污水、生物膜和空气接触的时间，处理能力相对较高，有机负荷（BOD_5）可达 1～5 kg/($m^3 \cdot$d)，表面负荷为 80～200 m^3/($m^2 \cdot$d)。

塔式生物滤池的进水 BOD_5 宜控制在 500 mg/L 以下，否则较高的有机容积负荷会使生物膜生长迅速，高的表面负荷使生物膜受到强烈的冲刷而不断脱落与更新，极易造成滤料堵塞。

塔式生物滤池的通风大部分采用自然通风，高温季节时采用人工通风，总体能耗低。

滤料一般采用轻质的塑料或玻璃钢。为了使塔式生物滤池更好地发挥作用，有的采用分层进水、分层进风的措施来提高处理能力。防止堵塞是塔式生物滤池设计和运行中需要注意的问题。

塔式生物滤池滤层存在明显的微生物种群的分层，各滤料层微生物种属各异，这种特点更有助于有机物的降解。

塔式生物滤池的优点是占地面积小，耐冲击负荷能力强，适合处理中小水量的城市污水和各种适合生物降解的有机工业废水；缺点是塔身高、运行管理不方便。

4. 曝气生物滤池

曝气生物滤池（Biological Aerated Filter，BAF）是由浸没式接触氧化与过滤相结合的生物处理工艺。它是一种新型高负荷淹没式反应器，兼有活性污泥法和生物膜法两者的优点，并将生化反应与吸附过滤等两种处理过程合并于同一构筑物中。

（1）工艺流程和工作原理

曝气生物滤池应用于城市污水处理，可省去二次沉淀池。其去除含碳有机物的工艺流程见图 3-35。

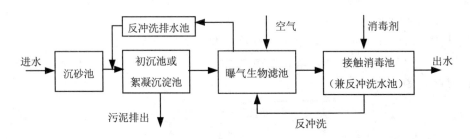

图 3-35 典型曝气生物滤池工艺流程

污水经过沉砂、初沉后进入曝气生物滤池，在溶解氧存在的条件下，利用滤池中的生物膜降解污水中的污染物质。处理水进入消毒池，经过消毒后排放。

随着处理过程的进行，填料表面和内部新产生的生物量越来越多，截留的悬浮物不断增加。在开始阶段，水头损失增加缓慢，当固体物质积累达到一定程度后，会堵塞滤料层的上部表面，从而阻止气泡的释放，导致水头损失很快达到极限。此时应立即进入反冲洗，以去除滤床内过量的生物膜及其他悬浮物，恢复处理能力。

反冲洗通常采用气—水联合反冲，即先用气冲，再用气、水联合冲洗，最后再用水漂洗。反冲洗水为处理后出水（来自消毒池），反冲洗空气来自底部单独的反冲气管。反冲洗时滤层有轻微的膨胀,在气—水对填料的冲刷和填料间相互摩擦下,老化的生物膜和被截留的其他悬浮物与填料分离,并被排出滤池,反冲洗污泥回流至初沉池。不同形式、不同滤料的曝气生物滤池,其反冲洗强度、历时、周期各不相同,用水量和用气量也存在较大差异。

原水和反冲洗水经沉淀池沉淀,产生的污泥先外排,然后进行污泥处理。曝气生物滤池在处理含碳有机物阶段的污泥产量(MLVSS)可按 0.30~0.45 kg/kg 去除(BOD_5)估算。

由于曝气滤池具有截留脱落滤膜和其他悬浮物的作用,因此其后不设二沉池。

曝气生物滤池根据进水方向,分为升流式和降流式两种,如图 3-36 所示。

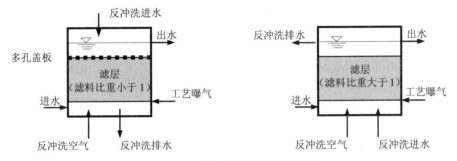

(a) 升流式曝气生物滤池

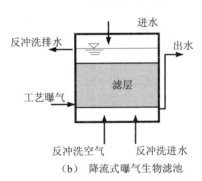

(b) 降流式曝气生物滤池

图 3-36 曝气生物滤池的分类

尽管曝气生物滤池工艺类型和操作方式有多种,各具特点,但其基本原理是一致的,即利用滤池内填料上生物膜微生物的氧化分解作用及填料与生物膜的吸附截留作用,在沿水流方向形成了食物链的分级捕食作用。

根据处理程度不同,曝气生物滤池可分为一段去除含碳有机物曝气生物滤池、两段硝化曝气生物滤池和三段(反硝化、除磷)曝气生物滤池。一段曝气生物滤池以碳化为主;二段曝气生物滤池主要对污水中的氨氮进行硝化;三段曝气生物滤池主要为反硝化除氮,同时可以在第二段滤池出水中投加碳源(污水中碳源不足时)和铁盐或铝盐进行反硝化脱氮除磷。

曝气生物滤池的容积负荷 [kg/($m^3 \cdot d$)] 和表面负荷 [m^3/($m^2 \cdot h$),也称滤速] 的典型值见表 3-10。

表 3-10　曝气生物滤池典型负荷值

负荷类别	碳化	硝化	反硝化
表面负荷/[m³/(m²·h)]	3~16	3~16	10~35
最大容积负荷/[kg$X$/(m³·d)]	5	<3	<7

注：X 分别代表 BOD_5（含碳有机物）、NH_3-N（硝化时）、NO_3^--N（反硝化时）。

(2) 曝气生物滤池的构造

曝气生物滤池由滤池池体、滤料、承托层、布水系统、布气系统、反冲洗系统等几部分组成。其构造见图 3-37。

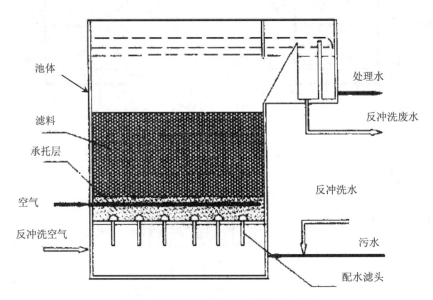

图 3-37　升流式曝气生物滤池的构造

1) 滤池池体

池体可采用圆形、正方形和矩形。池体结构可采用钢制和钢筋混凝土结构。当处理水量小时多用圆形池体。当水量大时宜采用钢筋混凝土结构的正方形或矩形池型，土建经济。

曝气生物滤池的池体高度一般为 5~7 m。它考虑了配水区、承托层、滤料层、清水区和超高等。

2) 滤料

曝气生物滤池所采用的滤料主要有以下几种：多孔陶粒、无烟煤、石英砂、膨胀页岩、轻质塑料（如聚乙烯、聚苯乙烯、合成纤维等）、膨胀硅铝酸盐、塑料模块。工程运行经验表明，粒径为 3~10 mm 的均质陶粒滤料及塑料球形颗粒较好。

滤料性能的要求如下：①表面较粗糙，比表面积大；②强度大，耐磨性好，耐久性好；③良好的颗粒态；④生物附着性强，易于冲洗；⑤能使水、气均匀分布；⑥能够阻截、容纳水中悬浮物。

曝气生物滤池滤料常用的理化特性见表 3-11。

3）承托层

承托层主要用来支撑滤料，防止滤料流失和滤头堵塞，保持反冲洗稳定进行。曝气生物滤池承托层所用材料的材质应有良好的机械强度和化学稳定性，常用卵石或磁铁矿，按一定级配布置。用卵石作承托层其级配自上而下为：卵石直径 2~4 mm、4~8 mm、8~16 mm，卵石层高度 50 mm、100 mm、100 mm。

表 3-11 曝气生物滤池常用滤料的理化特性

名称	物理性质							
	比表面积/(m^2/g)	总孔体积/(cm^3/g)	松散容重/(g/L)	磨损率/%	堆积密度/(g/cm^3)	堆积孔隙率/%	粒内孔隙率/%	粒径/mm
黏土陶粒	4.89	0.39	875	≤3	0.7~1.0	>42	>30	3~5
叶岩陶粒	3.99	0.103	976					
沸石	0.46	0.0269	830					
膨胀球形黏土	3.98		1550	1.5				3.5~6.2

4）布水系统

曝气生物滤池的布水系统包括滤池最下部的配水室和滤板上的配水滤头，或采用栅型承托板和穿孔布水管。对于升流式滤池，配水室的作用是使某一时段内进入滤池的污水能在此混合均匀，并通过配水滤头均匀流进滤料层，同时也作为滤池反冲洗配水用。对于降流式滤池，池底部的布水系统主要用于滤池的反冲洗和处理水的收集。

5）布气系统

曝气生物滤池的布气系统包括充氧曝气所需的曝气系统和气—水联合反冲洗时的供气系统。一般需要将反冲洗供气系统和充氧曝气系统独立设置。曝气量与处理要求、进水条件、填料情况直接相关，由工艺计算所得。布气系统是保持曝气生物滤池中有足够的溶解氧含量和反冲洗气量的关键。

曝气装置可用穿孔管、膜空气扩散器，也可用曝气生物滤池专用的曝气器。根据工艺特点和要求，曝气装置可设于承托层中，也可设于滤料层底部。

6）反冲洗系统

曝气生物滤池的反冲洗系统与给水处理中的 V 形滤池类似。曝气生物滤池反冲洗通过滤板和固定于其上的长柄滤头来实现，由单独气冲洗、气—水联合反冲洗、单独水洗三个过程组成。

根据水质参数和滤料层阻力损失控制，反冲洗周期一般为一周期 24 h；反冲洗水量为进水水量的 8%左右；反冲洗出水水质平均悬浮固体质量浓度为 600 mg/L；反冲洗水强度不应超过 8 L/$(m^2·s)$。

(3) 曝气生物滤池主要技术特点

a. 占地面积小。曝气生物滤池之后不设二次沉淀池，可省去二次沉淀池的占地。此外，由于系统中生物膜量大且活性高，使得工艺水力停留时间短，所需生物处理构筑物面积和体积均较小。

b. 出水水质好。填料本身截留及表面生物膜的多种作用使出水水质好。

c. 氧的传输效率高，供氧动力消耗低。由于滤料粒径小，气泡在上升过程中，不断被切割成小气泡，加大了气液接触面积，提高了氧气的利用率。此外，气泡在上升过程中，受到了滤料的阻力，延长了气泡在滤料中的停留时间，有利于氧的传质。处理污水的运行费用比传统活性污泥法约低 20%。

d. 抗冲击负荷能力强，受气候、水量和水质变化影响相对较小。这主要依赖于滤料的高比表面积，使系统内截留了比较大的生物量，提高了系统的抗冲击负荷能力。另外由于生物膜的特点，曝气生物滤池可暂时停止运行，一旦通水曝气，可在很短的时间内恢复正常。

e. 生物曝气滤池可和其他传统工艺组合使用，适合老污水厂的技术改造。

f. 曝气生物滤池采用模块化结构，便于后期改建、扩建。

g. 进水一般要求进行预处理，当进水悬浮物较多时，运行周期短，反冲洗频繁。

5. 生物接触氧化法

生物接触氧化法也称为接触曝气法。该工艺净化污水的原理主要依靠载体上的生物膜作用，同时生物接触氧化池内也存在一定浓度悬浮活性污泥。因此，接触曝气法兼有活性污泥法和生物膜法的优点。

（1）生物接触氧化法工艺流程

生物接触氧化池根据进水水质和处理程度主要有一段（级）式或二段（级）式两种流程。

一段式生物接触氧化法工艺流程见图 3-38。污水经过初沉池处理后进入接触氧化池，经处理后进入二沉池，从填料上脱落的生物膜在二沉池中形成沉淀污泥排出系统，澄清水由二沉池上部排出。

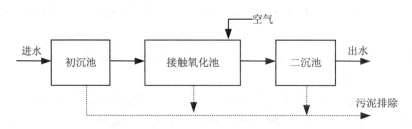

图 3-38 一段式生物接触氧化法工艺流程

接触氧化池的流态为完全混合式，微生物处于对数增殖期后期或减速增殖期前期，因此生物膜增长较快，有机物降解速率较高。

一段式生物接触氧化法流程简单，易于维护管理，投资较低，但接触氧化池有时因布水或曝气不均匀，在局部地方存在死角，影响处理效果。

为了提高处理效率，实际工程中常采用二段生物接触氧化法。二段生物接触氧化法将一段生物接触氧化池分为两段：第一段微生物处于对数增长期，F/M 值高于 2.0，以低能耗、高负荷、快速生物吸附和合成为主，能够去除污水中 70%～80% 的有机物；第二段利用微生物的氧化分解作用，对污水中残留的有机物进行氧化分解，以进一步改善出水水质。

分段既可充分发挥同类微生物种群间的协同作用，又可发挥不同微生物种群的优势，因此二段法更能适应水质的变化。另外，二段法虽然每座氧化池流态属于完全混合式，但串联结合在一起后，具有推流式的特点。因此，二段法比一段法处理效果稳定，处理效率提高。但二段法增加了处理装置和维护管理的费用，投资要高于一段法。

二段法的工艺流程见图 3-39。在实际工程中，可以根据情况不设置中沉池。

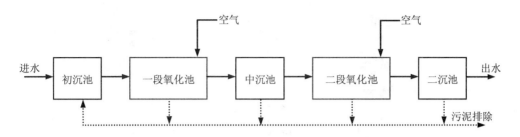

图 3-39　二段式生物接触氧化法工艺流程

实际运用时，也有三个或三个以上接触氧化池串联的多段系统。此类系统更明显地存在高负荷、中负荷和低负荷生化反应区，可以提高总体的生物处理效果。多段法在工业废水处理中应用得较多。

（2）生物接触氧化池的构造

生物接触氧化池是该工艺中的关键构筑物，基本构造见图 3-40。接触氧化池主要由池体、填料、布水布气及排泥放空等部分构成。

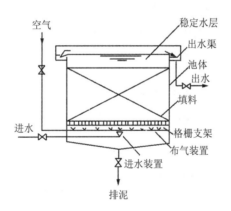

图 3-40　生物接触氧化池的组成

池体可为钢结构或钢筋混凝土结构。池体中设置填料、布水布气装置和支撑填料的支架。由于池中水流速度低，从填料上脱落的残膜会有一部分沉积在池底，因此池底可做成多斗式或设置集泥设备，以便排泥。生物接触氧化池平面形状宜为矩形，有效水深宜为 3～5 m。构筑物不应少于两个池，每池可分为两室，并按同时运行考虑管线设计。

生物接触氧化法对填料的要求：比表面积大、孔隙率大、水力阻力小、强度大、化学和生物稳定性好、经久耐用。目前国内常用的填料有玻璃钢蜂窝、塑料波纹板、塑料多面球、纤维球、软性、半软性纤维束等填料，其中纤维状填料适用范围比较广泛。纤维状填料是用尼龙、维纶、腈纶、涤纶等化学纤维编结成束状，成绳状连接，见图 3-41。使用时将绳状填料与框架组合制作为框状模块，再放置进接触池中。

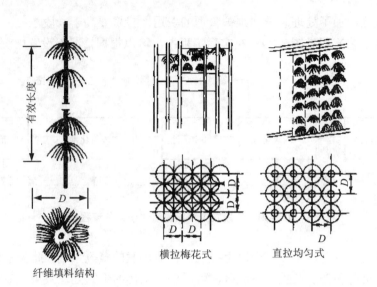

图 3-41 纤维填料的形状

生物接触氧化池中的填料床设置可采用全池布置（底部进水、进气）、两侧布置（中心进气、底部进水）或单侧布置（侧部进气、上部进水）的形式。

布气管可布置在池子中心、侧面或全池。全池曝气时，在整个池底安装穿孔布气管，管子相互正交，形成边长为 0.3 m 的方格，气水比宜为 8:1。

生物接触氧化池的 BOD_5 容积负荷宜根据试验确定。无试验条件时，碳氧化时 BOD_5 容积负荷为 2.0～5.0 kg/（m³·d），碳氧化/硝化时 BOD_5 容积负荷为 0.2～2.0 kg/（m³·d）。

（3）生物接触氧化法与传统活性污泥法的比较

以二段式生物接触氧化法为例，表 3-12 归纳了生物接触氧化法的工艺特点，以及与传统活性污泥法的比较。

表3-12 生物接触氧化法与传统活性污泥法的比较

比较项目	二段式生物接触氧化法	传统活性污泥法
污泥产率	低	高
污泥稳定性	稳定	较稳定
污泥回流	无	有
容积负荷	高	低
耐冲击负荷	好	不好
水力停留时间	短	长
设备数量	少	多
脱氮除磷效果	有去除氨氮的能力	不好
出水水质	好	一般
运行情况	稳定	不稳定，易污泥膨胀
适用条件	中小处理水量，城市污水、有机工业废水处理均可	大中处理水量，以城市污水为主

6. 生物转盘

（1）基本流程和工作原理

生物转盘又称为半浸没生物膜法反应器，基本流程如图 3-42 所示。生物转盘的核心处理装置是表面附有生物膜的盘片。盘片约有一半浸没在污水水面下，盘片在水平轴的带动下缓慢转动。圆盘浸没在污水中时，污水中的有机物被盘片上的生物膜吸附。当盘片离开污水时，盘片表面形成的水膜从空气中获得氧气，在微生物的作用下，被吸附的有机物发生降解和转化。此外盘片在污水液面以上时，氧气进入盘片表面的液膜中并使液膜中的氧气含量饱和。当盘片在转入污水中时，由于有氧的存在，生物膜继续进行生化反应和吸附。同时通过盘片的搅动，也可把空气中的氧带入反应槽中。按照这种方式，反复循环，使污水得到净化。

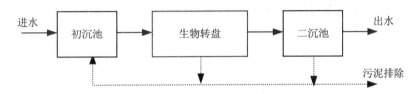

图 3-42　生物转盘基本流程

在运行的过程中，生物膜的厚度不断增加，盘片表面生长的生物膜厚度可达 1~4 mm。盘片转动可产生剪切力，而且生物膜老化导致附着力降低，因此生物膜会发生脱落，进而新的生物膜又开始生长，在降解有机物的同时不断进行生物膜的新老交替。脱落下来的生物膜可利用沉淀池进行泥水分离。

生物转盘的工作原理见图 3-43。

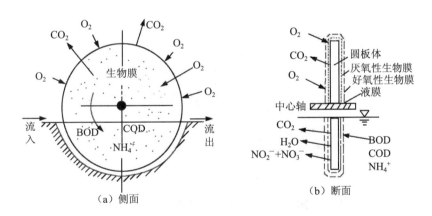

图 3-43　生物转盘的工作原理

生物转盘也常采用多级处理方式运行。如盘片面积不变，将转盘串联运转，可以增加污水中的溶解氧含量，提高处理水质。

生物转盘可以分为单级单轴、单级多轴和多轴多级等形式，级数的多少主要根据污水的水质、水量和处理要求来定。当采用多级形式时，由于有机物的浓度逐级降低，盘片的数量也应该逐级减少。图 3-44 是常见的生物转盘布置形式。

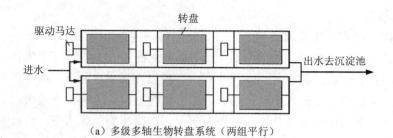

(a) 多级多轴生物转盘系统（两组平行）

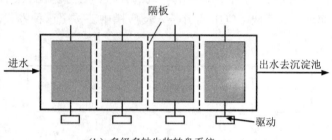

(b) 多级多轴生物转盘系统

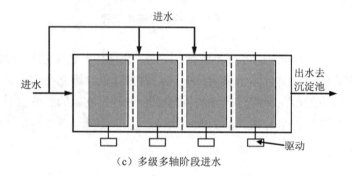

(c) 多级多轴阶段进水

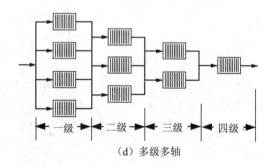

(d) 多级多轴

图 3-44　常见的生物转盘布置形式

处理城市生活污水的生物转盘设计负荷应根据试验确定，无试验条件时，一般采用的盘片表面有机负荷（BOD_5）为 $5\sim20$ g/($m^2·d$)，第一级转盘 BOD_5 不宜超过 $30\sim40$ g/($m^2·d$)；盘片表面负荷宜为 $0.04\sim0.2$ m^3/($m^2·d$)。

（2）生物转盘的构造

生物转盘的主要组成部分有盘片、污水处理槽、水平轴和驱动装置等。

生物转盘的主体是垂直固定在水平轴上的一组圆形盘片，和一个同它配合的半圆形水槽。微生物生长并形成一层生物膜附着在盘片表面,约大于盘片直径 35%的盘面应浸没在污水中,上半部敞露在大气中。

盘片的材料要求质轻、耐腐蚀、坚硬和不变形。目前多采用聚乙烯硬质塑料或玻璃钢制作盘片。转盘可以是平板或由平板与波纹板交替组成。盘片直径一般是 1~4 m,最大为 5 m,水平轴长通常小于 8 m。盘片外缘与槽壁的净距不宜小于 150 mm。盘片净距:进水端宜为 25~35 mm,出水端宜为 10~20 mm。转轴中心高度应高出水位 150 mm 以上。

污水处理槽可以用钢筋混凝土或钢板制作,断面直径比转盘略大(一般为 20~40 mm),从而转盘既可以在槽内自由转动,脱落的生物膜又不至于留在槽内。

驱动装置通常采用附有减速装置的电动机。根据具体情况,也有采用水轮驱动或空气驱动的生物转盘。转盘的最佳转速为 0.8~3.0 r/min,线速度为 10~20 m/min。

图 3-45 是小型生物转盘装置的组成示意图。

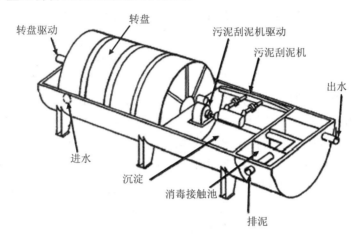

图 3-45　生物转盘系统的组成

(3)生物转盘的特点

a. 微生物浓度高,如以盘片 5 mg/cm^2 生物膜量估算,折算成污水处理槽内的混合液污泥质量浓度可达 10~20 g/L。由于生物量大,F/M 值小,系统运行效率高,抗冲击负荷能力强。

b. 转盘分级设置,使生物相分级,对微生物生长繁殖和有机物降解有利。

c. 生物转盘具有硝化功能。

d. 适用范围广,对 BOD_5 高达 10 000 mg/L 以上的高浓度污水和 100 mg/L 以下的低质量浓度污水都具有良好的处理效果。

e. 污泥量少,易于沉淀。

f. 通常不需要曝气和污泥回流,动力消耗低。

g. 不产生污泥膨胀,便于管理。

h. 适合小水量处理。

7. 生物流化床

生物流化床法是借助流体(液体、气体)使表面生长着微生物的固体颗粒(生物颗粒)呈流态化,实现高效去除有机物的一种生物膜法。

（1）流化床载体流态化的原理

当液体以很小的速度流经载体床层时，载体处于静止不动的状态，床层高度也基本维持不变，这时的床层称固定床。这一阶段，初期的水流通过床层的压力损失值（以下简称压降）将随着流速的增大而增大，且压降与流速呈线性关系。当流速增大到某一数值时，此时压降的数值等于载体床层的浮重，流化床中的载体颗粒就由静止开始向上运动，床层也由固定状态开始膨胀。如果流速继续增大，则床层进一步膨胀，直到载体颗粒之间互不接触，悬浮在流体中，这一状态称为初始流态化。达到初始流态化之后，如果再继续增大流速，载体颗粒床会进一步膨胀，但是压降却不再增加。初始流态化状态对应的流速称为临界流化速度。

临界流化速度是固定床向流化床转变的关键参数，它实际上是使载体颗粒流化的最小流速。在生物流化床的设计中，临界流化速度是一个重要的校核参数，必须保证设计的流体上升流速大于临界流化速度。由于载体颗粒大小的影响以及流化过程中气体的参与（如好氧的三相生物流化床反应器、厌氧流化床反应器等），会使流化状态的确定方法不同，因此临界流化速度一般要采用对应的计算或试验方法得到。

当达到初始流化态之后，载体床层开始流化；随着液体流速的增加，载体颗粒间的平均距离也增大；当空隙增大到一定程度后，载体颗粒会随着水流从流化床中流出，此时的流体速度常称为冲出速度。在流化床的操作中，应该控制流体的流速介于临界流化速度和冲出速度之间。载体床中的流体流速与载体间的孔隙率之间密切相关，两者之间的关系确定了膨胀的行为，这也是流化床工艺设计的关键。

（2）生物流化床工艺类型

按照供氧方式、生物膜脱膜方式以及流化床床体结构，好氧生物流化床主要分为二相生物流化床工艺和三相生物流化床工艺。

1）二相生物流化床工艺

二相生物流化床工艺见图3-46。其基本特点是生物流化床外设充氧设备和脱膜设备，在流化床中只有液、固二相。

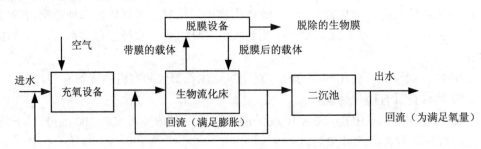

图 3-46 典型的二相生物流化床工艺流程

流程中，污水先经过外设的充氧设备，使污水中的溶解氧浓度达到饱和，以空气充氧时，污水中的溶解氧可达 8～9 mg/L；当以纯氧进行充氧时，污水中的溶解氧可达 30～40 mg/L。有时可以采用出水进行回流以补充溶解氧量，回流比可按式（3-71）确定。

$$r = \frac{(S_0 - S_e) \cdot D}{O_{in} - O_{out}} - 1 \tag{3-71}$$

式中：r —— 回流比；
S_0 —— 进水 BOD_5 质量浓度，mg/L；
S_e —— 出水 BOD_5 质量浓度，mg/L；
D —— 每去除 1 kg BOD_5 所需的氧量，kg/kg，对于城市污水 $D=1.2\sim1.4$；
O_{in} —— 进水的溶解氧质量浓度，mg/L；
O_{out} —— 出水的溶解氧质量浓度，mg/L。

2）三相生物流化床工艺

在三相生物流化床反应器中，气、固、液三相共存。在流化床内直接充氧，不设体外充氧设备。由于气体强烈搅动造成紊流，载体颗粒摩擦强度大，使得载体表层的生物膜脱落，因此也不设体外脱膜设备。三相生物流化床又有传统三相生物流化床和内循环式三相生物流化床等分类。

传统三相生物流化床系统由曝气装置、流化床以及三相分离器组成，传统三相生物流化床系统示意见图3-47（a）。空气和污水由反应器底部进入。污水、空气和载体在反应器中混合、搅拌的程度比二相生物流化床剧烈，生物膜利用污水中的有机物进行代谢及合成，载体之间的摩擦控制膜的厚度，完成新老生物膜的更换。在三相分离区，水、气、载体分离，载体返回反应器主体，流化床的出水进入后续沉淀单元，进行膜与处理水的分离。由于流化床中仅依靠进水通常难以达到比较好的流化和处理效果，实际中常将部分出水回流到流化床的进水入口。回流比常取 100%～200%。

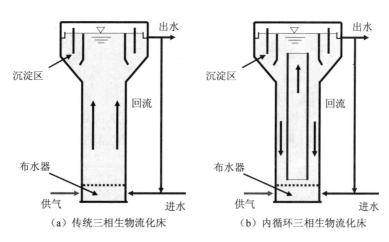

图 3-47 三相生物流化床系统示意图

内循环式三相生物流化床是在传统三相生物流化床基础上发展起来的，目前应用日趋成熟。内循环式三相生物流化床通过在流化床中设置升流区和降流区，利用两个区域之间的密度差，推动流体带动载体的循环流动。内循环三相生物流化床系统示意见图3-47（b）。这种流化床系统混合、传质效果好，不易发生载体分层现象，对配水均匀性的要求低，易于做到流体的均匀流动，并且载体不易流失。

（3）污水处理中使用的流化床的主要组成

1）池体

池体一般呈圆形或方形，材料可为钢制也可为钢筋混凝土。高度与直径比一般采用

3∶1~4∶1。

2）布水器

布水器的作用是做到布水均匀，保证载体均匀膨胀，反应器暂停再运转后重新启动容易，使流体在床层各断面均匀分布，床内各流线和阻力损失尽量相等，运行中不出现堵塞现象等。

通常对于处理小水量的流化床，采用多孔板小阻力布水器；对于处理大水量的流化床，多采用管式大阻力布水器。

3）沉淀区及三相分离器

为了处理出水排出之前将载体颗粒与水分离，需要在流化床反应器顶部设置沉淀区。对于三相流化床，除了将载体与水分离外，还需要将气泡从水中分离，这种沉淀区就是三相分离器。见图3-47。

4）载体

流化床所用载体的相对密度略大于1，相对密度过大初始化流速高、能耗大；相对密度小较难控制适宜的水力操作条件，还易被水流带出系统。载体形状应尽量接近于球形。

常用的载体有砂粒、无烟煤、陶粒、微粒硅胶以及聚苯乙烯颗粒等，粒径为0.3~1.0 mm。

在选择载体时要考虑级配，因为粒径差别过大，难以获得保持良好混合条件的上升流速。因此在选择载体时，希望粒径越均匀越好，最大和最小粒径之比不宜大于2。对载体的其他要求，与生物滤池滤料的要求相同。

5）其他

对于体外充氧的流化床，通常要设置充氧装置；对于二相流化床系统，还要设置专门的脱膜装置。

（4）生物流化床法的工艺特点

1）生物流化床的小粒径载体提供了微生物生长繁殖巨大的表面积，使反应器内部能够维持高达40~50 g/L的好氧微生物浓度，从而可使反应器的容积负荷高达3~13 kg（BOD_5）/（$m^3 \cdot d$）以上。

2）流态化的操作方式提供了良好的传质条件，如氧的利用率可达10%~30%，动力效率达2~5 kg（O_2）/（kW·h），这样增加了反应速度，提高了处理效率，降低了能耗。

3）由于生物流化床法具有较高的容积负荷，这样可以大大减小反应器容积，减小占地面积。

4）与活性污泥法相比，生物膜法流化床具有较高的抗冲击负荷能力，不存在污泥膨胀问题，污泥产量少。

5）管理较其他生物膜法复杂。

8. 生物移动床

移动床生物膜反应器（Moving-bed Biofilm Reactor，MBBR）是在生物滤池和流化床的工艺基础上发展起来的。它既具有生物膜法耐冲击负荷、泥龄长、剩余污泥量少的特点，又具有活性污泥法的高效性和运转灵活性。

反应器中微生物量为传统活性污泥法的5~10倍，总生物浓度可高达30~40 g/L，气水比多为3∶1~15∶1，载体的填充率在15%~70%不等。该工艺适合应用于中、小型生活污水和工业有机废水处理。

(1) 生物移动床反应器基本工艺流程

生物移动床反应器基本工艺流程见图 3-48。

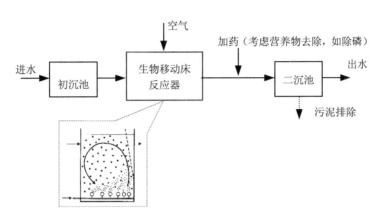

图 3-48　生物移动床反应器基本工艺流程

污水经过初沉池处理后，进入生物移动床反应器，处理后的出水从反应器上方的格栅网溢流口流出，进入二沉池进行泥水分离。当需要进行营养物（尤其是磷）的去除时，可将处理药剂通过计量泵注入沉淀池进水管道内，并在管道内完成搅拌、混合。

(2) 生物移动床反应器的组成

生物移动床反应器的组成包括反应器池体、载体、出水装置、曝气系统或搅拌系统等。

1）反应器池体

池体由钢制或钢筋混凝土制成，构形为圆柱形、长方形等。反应器设置导流板，底角为斜面有利于改善反应器的水力特性。反应器的长深比为 0.5 左右时，有利于载体的完全移动。应用中可利用现有活性污泥的池体或者其他废弃池体改建，因此该工艺比较适用于污水处理厂的升级改造。

2）载体

载体是生物移动床反应器的核心，多为有机合成材料制成的悬浮载体，其中又以聚乙烯、聚丙烯塑料、聚氨酯、橡胶等为多。载体密度多小于或接近水，干密度为 0.96 g/cm^3 左右。载体在未覆盖生物膜时浮于水面；当长满微生物膜后，比重略大于水，在正常的曝气和搅拌强度下极易达到全池流化翻动。比表面积大，为 200～1 500 m^2/m^3。载体尺寸较大，十几到几十毫米不等。

3）出水装置

出水装置要求把载体拦截在反应器中，同时不易被出流的生物膜或活性污泥堵塞。出水装置的孔径取决于生物填料的外观尺寸。出水面积依照不同孔径的溢流负荷确定。要求出水装置没有可动部件，以延长使用寿命。

4）曝气或搅拌系统

采用曝气达到供氧和流化的双重目的。由于生物载体在反应器内无规则运动，可起到切割破碎气泡的作用，因此采用中小孔曝气管即可，但要求布气均匀，避免曝气死角。一般满足载体流化要求的曝气量即可同时满足充氧需要。

(3) 生物移动床反应器主要工艺特征

a. 反应速率高。生物膜载体颗粒随水流运动，曝气管释放出的气泡受载体的剪切、阻隔和吸附，被分割成更小的气泡，由于载体与水流混合充分，增加了细小气泡的停留时间及气液接触面积，提高传质效率；由于水流的剪切力及载体间的碰撞摩擦，载体外表面生物膜较薄，生物活性相对较高，因此生物反应速率高。

b. 容积负荷高、紧凑省地。反应器中载体的比表面积大，微生物在载体上可以大量附着和繁殖，分层分布着好氧、缺氧和厌氧菌种。菌种的多元化有利于提高污水的处理效果，缩短处理时间。

c. 水头损失小、不易堵塞、无须反冲洗、一般不需回流。由于载体和水流可以在整个反应器内混合，避免了堵塞的可能，且使得池容充分利用，反应器内混合效果良好，抗冲击负荷能力较强。对预处理要求不高，不存在堵塞问题。

d. 污水处理厂改造升级方便。首先，由于生物移动床反应器的池型、构造与普通接触氧化池一样，现有或废弃的水池较易改造成 MBBR；其次，反应器内载体的填充率可灵活设计，为日后升级提供便利；最后，由于生物移动床反应器无须固定支架，直接投加载体即可，因此，可以方便地与原有活性污泥法工艺结合，形成串联工艺或者复合工艺。

e. 系统控制管理比较方便。

9. 固定生物膜—活性污泥工艺简介

固定生物膜—活性污泥工艺（Integrated Fixed Film Activated Sludge，IFAS），是将附着生长的生物膜和悬浮生长的活性污泥相结合的新兴工艺。该工艺占地面积小，可有效脱氮除碳，在传统活性污泥工艺的升级改造上具有很大优势。

(1) 固定生物膜—活性污泥工艺流程

固定生物膜—活性污泥工艺流程如图 3-49 所示，在 A/O^2 工艺的好氧池中添加填料，改造成 IFAS，其他活性污泥工艺也可以做类似的改造。

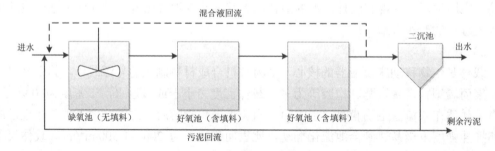

图 3-49 IFAS 工艺流程

(2) IFAS 工艺特点

a. 提高有机物去除效率。IFAS 处理系统中，填料的加入能在更小的容积内产生更多的有效生物量，生物膜对水体中污泥量的贡献高达 6 000 mg/L，新增的污泥能提高体系对有机物的降解能力。

b. 提高脱氮能力。IFAS 处理系统能有效增加污泥停留时间（SRT）。研究表明，将填料加入活性污泥体系后，SRT 提高了 6.5 d，在水温为 5℃以上的条件下 SRT 都大于污泥硝化所需的最小停留时间，有利于硝化作用的进行。

c. 降低污泥产率。污泥泥龄增加，有利于原生动物、后生动物等微型动物的生长，它们以细菌为食，从能量逐级递减的观点看，有利于污泥产率下降。

d. 降低改造成本。IFAS 与其他改造工艺如悬浮填料膜生物反应器（MBBR）、淹没式曝气生物滤池（SBF）等进行对比分析时发现，IFAS 工艺的改造成本是最低的。

（3）填料的选择

IFAS 工艺的应用成功与否，填料的选择是关键。目前，污水处理厂应用的填料有两大类：固定式填料和悬浮型填料。

固定式填料的优点在于安装容易，且对污水处理厂的水力条件没有不利影响，但在反应池中水体污泥负荷降低且 DO 含量较高的情况下，填料上可能会长红虫等微型后生动物，导致体系中的脱氮能力急剧下降。

悬浮型填料主要有两种类型，海绵状填料和塑料填料。悬浮型填料的硝化效果很好，但海绵状填料上的生物膜较厚。应用海绵状填料时，需安装填料回收设施，还需要考虑对填料的截留，以免堵塞管道。

3.3 污水生物脱氮除磷

3.3.1 污水生物脱氮

1. 生物脱氮基本原理

（1）氨化反应

未经处理的城市污水中氮的主要存在形式是有机氮化合物（蛋白质和氨基酸）和氨氮等。在氨化菌作用下，有机氮被分解转化为氨氮，这一过程称为氨化过程。例如，氨基酸的氨化反应为式（3-72）。氨化过程很容易进行。

$$RCHNH_2COOH + O_2 \xrightarrow{\text{氨化菌}} RCOOH + CO_2 + NH_3 \tag{3-72}$$

（2）硝化反应

硝化反应是指在有氧状态下，氧自养型微生物利用无机碳为碳源将 NH_4^+ 氧化成 NO_2^-，然后再氧化成 NO_3^- 的过程。污水生物处理中也称为生物硝化，指好氧状态下硝化菌将氨氮氧化成硝态氮的过程。

硝化过程可以分成两个阶段。第一阶段是由亚硝化菌将氨氮转化为亚硝酸盐（NO_2^-），第二阶段由硝化菌将亚硝酸盐转化为硝酸盐。硝化反应见式（3-73）和式（3-74）。

$$NH_4^+ + 1.382\,O_2 + 1.982\,HCO_3^- \longrightarrow 0.982\,NO_2^- + 1.036\,H_2O \\ + 1.891\,H_2CO_3 + 0.018\,C_5H_7O_2N \tag{3-73}$$

$$NO_2^- + 0.488\,O_2 + 0.01\,H_2CO_3 + 0.003\,NH_4^+ \longrightarrow NO_3^- + 0.008\,H_2O \\ + 0.03\,C_5H_7O_2N \tag{3-74}$$

硝化反应的总反应式为式（3-75）。

$$NH_4^+ + 1.87 O_2 + 1.982 HCO_3^- \longrightarrow 0.982 NO_3^- + 1.044 H_2O + 1.881 H_2CO_3 + 0.021 C_5H_7O_2N \qquad (3\text{-}75)$$

一般 1 g NH_4^+-N 完全硝化，需碱度 7.14 g（以 $CaCO_3$ 计）。

（3）反硝化反应

反硝化反应是在缺氧状态下，反硝化菌将亚硝酸盐氮、硝酸盐氮还原成气态氮（N_2）的过程。反硝化菌为异养型微生物，多属于兼性细菌。在缺氧状态时，反硝化菌利用硝酸盐中的氧作为电子受体，以有机物（污水中的 BOD 成分）作为电子供体提供能量并被氧化稳定。在污水生物处理中也称为生物反硝化，指在缺氧状态下反硝化菌将硝态氮还原成氮气，去除污水中氮的过程。反硝化过程可用式（3-76）和式（3-77）表示。

$$2 NO_2^- + 6[H](电子供体) \xrightarrow{反硝化菌} N_2 \uparrow + 2 H_2O + 2 OH^- \qquad (3\text{-}76)$$

$$2 NO_3^- + 10[H](电子供体) \xrightarrow{反硝化菌} N_2 \uparrow + 4 H_2O + 2 OH^- \qquad (3\text{-}77)$$

由式（3-76）和式（3-77）计算，转化 1 g 亚硝酸盐氮为氮气时，需要有机物（BOD_5）为 1.71 g；转化 1 g 硝酸盐氮为氮气时，需要有机物（BOD_5）为 2.86 g。因此，常可用式（3-78）计算反硝化需要的有机物量。

$$c = 1.71[NO_2^--N] + 2.86[NO_3^--N] \qquad (3\text{-}78)$$

式中：c —— 反硝化过程有机物（BOD_5）需要量，mg/L；

$[NO_3^--N]$ —— 硝酸盐氮质量浓度，mg/L；

$[NO_2^--N]$ —— 亚硝酸盐氮质量浓度，mg/L。

反硝化过程产生碱度为 3.47 g $CaCO_3$/g NO_3^--N。

在反硝化过程中，硝酸氮通过反硝化菌的代谢活动有同化反硝化和异化反硝化两种转化途径，其最终产物分别是有机氮化合物和气态氮。前者成为菌体组成部分，后者排入大气，如式（3-79）所示。

$$NO_3^- \longrightarrow \begin{cases} NO_2^- \to NH_2OH \to 有机体(同化反硝化) \\ NO_2^- \to N_2O \to N_2 \uparrow (异化反硝化) \end{cases} \qquad (3\text{-}79)$$

具体表示为式（3-80）和式（3-81）。

$$C_5H_7NO_2（微生物）+ 4 NO_3^- \to 5 CO_2 + NH_3 + 2 N_2 \uparrow + 4 OH^- \qquad (3\text{-}80)$$

$$C_{18}H_{19}O_3N（污水中的有机物）+ 10 NO_3^- \to 10 CO_2 + NH_3 + 3 H_2O + 5 N_2 \uparrow + 4 OH^- \qquad (3\text{-}81)$$

当污水中缺乏有机物时，则无机物如氢、Na_2S 等也可作为反硝化反应的电子供体，而微生物则可利用原生质作为电子受体，通过消耗自身进行内源反硝化。

内源反硝化将导致细胞物质的减少，同时还生成 NH_3。为了不让内源反硝化占主导地位，常外加有机碳源。从经济性考虑，目前国外使用最普遍的碳源为甲醇，因为其分解产物为 CO_2 和 H_2O，没有难分解的中间产物，其反应式为式（3-82）。

$$6 NO_3^- + 5 CH_3OH \xrightarrow{反硝化菌} 3 N_2 \uparrow + 7 H_2O + 5 CO_2 + 6 OH^- \qquad (3\text{-}82)$$

采用甲醇作为补充碳源,费用偏高且需注意安全使用。当有高浓度有机废水或废物,如食品工业废水等,可用作为补充碳源,这样可以达到一举两得的作用。

2. 生物脱氮过程的主要影响因素

(1) 温度

生物硝化反应适宜的温度范围为 20~30℃,15℃以下硝化反应速率下降,5℃时基本停止。反硝化适宜的温度范围为 20~40℃,15℃以下反硝化反应速率下降。实际中观察到,生物膜反硝化过程受温度的影响比悬浮污泥法小,此外,流化床反硝化对温度的敏感性比生物转盘和悬浮污泥小得多。

(2) 溶解氧

生物硝化反应器内宜保持溶解氧质量浓度在 2.0 mg/L 以上。溶解氧浓度的增加可以提高溶解氧对生物絮体的穿透力,从而提高硝化反应速率。反硝化通常需在缺氧条件下进行,污水生物处理中溶解氧不足或没有溶解氧但有硝态氮的环境状态称为缺氧。溶解氧对反硝化有抑制作用,主要是由于氧会与硝酸盐竞争电子供体,同时分子态氧也会抑制硝酸盐还原酶的合成及其活性。当溶解氧为 0 mg/L 时,如果碳源等条件满足要求,硝酸盐的去除率可达 100%。实际中很难达到反硝化过程溶解氧恒定为 0 mg/L,考虑到污泥絮凝物内部仍呈缺氧或厌氧状态,同样可进行反硝化作用,因此一般控制溶解氧浓度小于 0.5 mg/L。

(3) pH

硝化菌对 pH 变化十分敏感。pH 在 7.0~7.8 时,亚硝酸菌的活性最好;而硝酸菌在 pH 为 7.7~8.1 时活性最好。当 pH 降到 5.5 以下时,硝化反应几乎停止。由于硝化反应需要消耗碱度,硝化设施中剩余碱度宜大于 70 mg/L(以 $CaCO_3$ 计)。反硝化最适宜的 pH 为 7.0~7.5,不适宜的 pH 会影响反硝化菌的增殖和酶的活性。反硝化会恢复一部分碱度,有助于把系统的 pH 维持在所需的范围内。

(4) 碳氮比

对于硝化过程,碳氮比影响活性污泥中硝化细菌所占的比例,过高的碳氮比将降低污泥中硝化细菌的比例。反硝化中异养菌利用有机物作为电子供体,碳源的数量直接影响反硝化的效果。脱氮工艺的污水 BOD_5 与总凯氏氮之比宜大于 4,否则反硝化速率降低,反硝化过程将进行得不完全。另外,碳源的质量也非常重要,反硝化过程需要易于降解的有机物。

(5) 泥龄

硝化过程的泥龄一般为硝化菌最小世代时间的两倍以上。生物脱氮过程泥龄宜为 12~25 d,对应负荷为 0.05~0.15 kg(BOD_5)/[kg(MLSS)·d]。当冬季温度低于 10℃时,应适当提高泥龄。

(6) 有毒物质

硝化与反硝化过程都容易受到有毒物质的影响,硝化菌更易受到影响。对硝化菌有抑制作用的有毒物质有 Zn、Cu、Hg、Cr、Ni、Pb、CN^-、HCN 等。

3. 生物脱氮工艺

目前使用比较广泛的生物脱氮工艺主要有 SBR 工艺、氧化沟工艺以及缺氧/好氧(A_NO)工艺等。SBR 工艺、氧化沟工艺在前面已作介绍,以下重点介绍缺氧/好氧(A_NO)工艺。

缺氧/好氧脱氮工艺简称 A_NO 法。A 为缺氧(Anoxic),O 为好氧(Oxic)。A_NO 法的工艺流程见图 3-50。

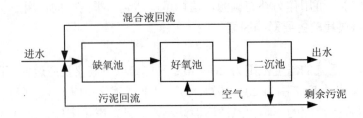

图 3-50　A_NO 法生物脱氮工艺流程

污水先进入缺氧池，再进入好氧池，同时将好氧池的混合液与部分二沉池的底流污泥一起回流到缺氧池，确保缺氧池和好氧池中有足够数量的微生物；同时由于进水中存在大量的含碳有机物，而回流的好氧池混合液中含有硝酸盐氮，这样就保证了缺氧池中反硝化过程的顺利进行，提高了氮的去除效果。

（1）A_NO 法生物脱氮工艺的特点

与物化法除氨氮或后置反硝化法生物脱氮工艺相比，A_NO 法生物脱氮工艺具有以下特点：

　　a. 流程简单、基建费用省，无二次污染；

　　b. 污水中的有机物和内源代谢产物可用作反硝化的碳源，不需外加碳源；

　　c. 前置的反硝化缺氧池具有生物选择器的功能，可避免污泥膨胀，改善污泥沉降性能；

　　d. 缺氧池进行的反硝化可以恢复部分碱度，调节系统的 pH。

（2）A_NO 法生物脱氮工艺的控制

　　a. A_NO 法主要工艺参数见表 3-27。

　　b. A_NO 法回流污泥系统的控制。

A_NO 法工艺进入二沉池的混合液硝酸盐氮浓度已大大降低，由于反硝化而造成二沉池污泥上浮的情况很少见。由于污泥的沉降性能好，回流污泥浓度高，因此污泥的回流比可以低于传统活性污泥法的回流比。

　　c. A_NO 法混合液回流系统的控制。

A_NO 法生物脱氮系统中的混合液回流比是一个非常重要的工艺控制参数。混合液回流直接提供进行反硝化的硝酸盐氮源，因此混合液回流比也就决定了脱氮的最大可能效率。如果假设进水中的总氮在好氧池中全部被硝化，回流混合液中的硝酸盐氮在缺氧池会被反硝化去除，则脱氮效率可表示为式（3-83）。

$$E_N = \frac{R + R_i}{1 + R + R_i} \times 100 \qquad (3-83)$$

式中：E_N —— 总氮的去除率，%；

　　　　R —— 污泥回流比，%；

　　　　R_i —— 混合液回流比，%。

3.3.2 污水生物除磷

1. 生物除磷基本原理

生物除磷是指利用聚磷菌的生理活动富集较多磷元素，然后排放聚磷菌较多的剩余污泥，从而去除污水中磷的过程。

城市污水中磷通常以有机磷、磷酸盐或聚磷酸盐的形式存在。活性污泥组成中 C：N：P 约为 46：8：1。如果污水中的有机物和营养物质（氮、磷）维持这个比例，则污水中的氮和磷可全被活性污泥法去除。但一般城市污水中的氮和磷浓度往往大于上述这个比例，其中用于微生物细胞合成的磷一般只占进水总磷量的15%～20%，所以传统活性污泥法通过微生物细胞合成而去除污水中的磷，一般仅为10%～20%。

根据研究发现，活性污泥在厌氧—好氧交替变换过程中，原生动物等生物不发生变化，只有异养型生物相中的小型革兰氏阴性短杆菌——聚磷菌，大量繁殖。聚磷菌是好氧菌，虽竞争能力很差，生长较慢，但却能在细胞内贮存聚β羟基丁酸（PHB）和聚磷酸盐（Poly-P）。聚磷菌在厌氧状态下吸收低分子的有机物（如脂肪酸），同时将贮存在细胞中的聚磷酸盐中的磷通过水解而释放出来，并提供微生物生命活动所必需的能量，即聚磷菌体内的 ATP 进行水解，放出 H_3PO_4 和能量，ATP 转为 ADP。在随后的好氧状态下，聚磷菌有氧呼吸，所吸收的有机物被氧化分解并产生能量，能量为 ADP 所获得，结合 H_3PO_4 而合成 ATP，此时微生物从污水中摄取的磷远远超过其细胞合成所需磷量，且以聚合磷酸盐的形式贮藏在菌体内，形成高含量磷的活性污泥。通过排出富含磷元素的剩余污泥，可以达到除磷效果。生物除磷基本过程如图 3-51 所示。

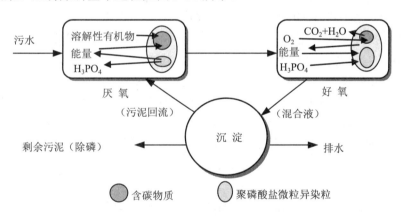

图 3-51 生物除磷基本过程

生物除磷由吸磷和放磷两个过程组成。聚磷菌在厌氧放磷时，伴随着溶解性易生物降解的有机物在菌体内储存。若放磷时无溶解性易生物降解的有机物在菌体内储存，则聚磷菌在进入好氧环境中并不吸磷，此类放磷为无效放磷。

2. 生物除磷的主要影响因素

（1）温度

聚磷菌在低温时生长速率减慢，生物除磷的温度宜大于 10℃。与硝化和反硝化菌相比，温度对微生物除磷影响较小。

(2) pH

生物除磷系统合适的 pH 范围与常规生物处理相同,为中性和弱碱性。当环境 pH 偏离最佳值时,反应速度逐渐下降。生活污水的 pH 通常在中性和弱碱性范围内,而对 pH 不在此范围的工业废水进行生物除磷时,处理前须先行调节,以避免毒害污泥中的微生物。

在 pH 较高的处理系统中,常可看到沉积的磷酸钙。这种灰白色沉积物结构紧密,质地坚硬,不溶于水,经盐酸浸泡,无法去除。磷酸钙沉积物极易堵塞管道,弯管处尤其严重,直接影响污水厂正常运行。

(3) 碳源的数量和性质

碳源的数量是影响生物除磷效果的一个重要因素。首先,有机物浓度越高,污泥放磷越早、越快。这是由于有机物浓度提高后诱发了反硝化作用,并迅速消耗了硝酸盐。其次,可为发酵产酸菌提供足够的养料,从而为聚磷菌提供放磷所需的溶解性有机物。为了使生物除磷工艺的出水磷浓度小于 1 mg/L,通常进水总 BOD_5 与总磷之比必须在 23~30。对于生物除磷工艺,一般要求污水中的 BOD_5 浓度与总磷浓度之比大于 17。

碳源的性质对磷的吸收也非常重要。污水中的有机物对厌氧放磷的影响情况比较复杂,存在大量不能够被直接利用的大分子有机物。大分子有机物必须先在发酵产酸菌的作用下转化为小分子的发酵产物后,才能被聚磷菌吸收利用并诱导放磷,而诱导放磷的速率取决于非聚磷菌对大分子有机物转化为易被聚磷菌利用小分子有机物的效率。甲酸、乙酸、丙酸、甲醇、乙醇、柠檬酸、葡萄糖、丁酸、乳酸和琥珀酸等是易被聚磷菌利用的有机物。

(4) 溶解氧

溶解氧是影响微生物除磷的重要因素之一。生物除磷的厌氧环境要求既没有溶解氧也没有硝态氮。厌氧区溶解氧的存在对污泥的放磷不利,因为微生物的好氧呼吸消耗了一部分可生物降解的有机基质,使产酸菌可利用的有机基质减少,结果聚磷菌所需的溶解性可快速生物降解的有机基质大大减少。实际中应控制溶解氧浓度小于 0.2 mg/L。厌氧条件下微生物多释放 1 mg 磷,进入好氧状态后微生物就可以多吸收 2.0~2.4 mg 的磷。

硝酸盐和亚硝酸盐的影响与溶解氧相似,厌氧区中如存在硝酸盐和亚硝酸盐时,反硝化细菌以它们为最终电子受体而氧化有机基质,使厌氧区中厌氧发酵受到抑制而不产生挥发性脂肪酸。通常存在硝酸盐时,微生物进行吸磷,磷浓度缓慢地减少,只有当硝酸盐经反硝化全部耗完后才开始放磷。当污水处理厂工艺要求同时脱氮除磷,必须仔细安排工艺以减少和避免硝酸盐对除磷的影响。

另外,好氧池是好氧微生物生化活动的场所,溶解氧浓度通常要求保持在 2.0 mg/L 以上。

(5) 泥龄

生物除磷系统中,大部分磷是通过排泥去除的,因此在生物污泥含磷量一定时,污泥排放的越多系统去除的磷的量就越多。剩余污泥的排放量直接与系统的泥龄相关,剩余污泥排泥量大,则泥龄就小。过小的泥龄将会影响生物处理的效果。因此,生物除磷系统的泥龄宜控制在 3.5~7 d 的范围内。

3. 生物除磷工艺

生物除磷工艺为厌氧/好氧(A_PO)工艺,这里的 A 为厌氧(Anaerobic),O 为好氧(Oxic),简称 A_PO 法。A_PO 法生物除磷的工艺流程见图 3-52。

图 3-52 A$_P$O 法生物脱磷工艺流程

厌氧反应器中溶解氧（DO）不大于 0.2 mg/L，回流污泥与进水靠潜水式搅拌器在池内混合接触，要求好氧池 DO 大于 2 mg/L。

a. A$_P$O 法生物脱磷工艺的特点：① 与化学法除磷工艺相比，工艺流程简单，基建投资省，运行费用低，而且无化学残渣；② 前置厌氧池具有生物选择器功能，可避免污泥膨胀；③ 产生的剩余污泥易脱水、肥效高；④ 通常处理城市污水不需外加碳源，为保证有较好的碳源供应，系统中往往不设初沉池；⑤ 为保证磷被最终去除，系统中也不宜设置污泥浓缩池，避免含磷浓度高上清液返回系统。

b. 回流比的控制：生物除磷系统的回流比不宜太低，以保证有足够量的聚磷菌参与释磷和吸磷反应过程。

c. 水力停留时间：应确保污水在厌氧池有足够的水力停留时间，过短的时间难以保证磷的有效释放，同时污泥中的兼性酸化菌也不能充分地将大分子有机物分解为小分子的易于被聚磷菌利用的有机物。

d. 泥龄的控制：控制适当的泥龄，以确保工艺中磷的处理效率，泥龄选择时也要考虑有机物的有效去除。

3.3.3 同时生物脱氮除磷工艺

国家有关标准对污水处理厂的出水中总氮和总磷都有排放要求。因此，实际工程中将前面介绍的生物脱氮和生物除磷工艺进行组合，形成同时生物脱氮除磷工艺，即厌氧/缺氧/好氧（A^{2}O）工艺，典型流程见图 3-53。

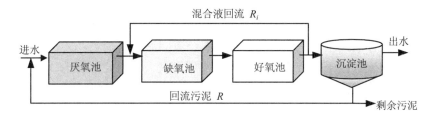

图 3-53 典型的同时生物脱氮除磷 A^{2}O 工艺

典型的 A^{2}O 工艺由厌氧池、缺氧池和好氧池组成。厌氧池中，回流污泥中的聚磷菌释放磷，同时 BOD$_5$ 也得到了部分去除；进入好氧池后，聚磷菌又过量摄取磷；通过剩余污泥的排放将磷去除。在好氧池中，污水的 BOD$_5$ 得到更进一步去除，同时氨氮被硝化，含硝酸盐混合液借内回流方式进入缺氧段进行反硝化脱氮。因此，该工艺具有同时生物脱氮除磷的功能。

在典型的 AAO，又称 A²O 工艺基础上，产生了一些改良的 AAO，又称改良 A²O 工艺，见图 3-54。流程 1 将回流污泥分别回流到厌氧池和缺氧池中，可以提高氮的去除率，同时减小回流污泥中硝酸盐对厌氧池中磷释放的影响。流程 2 在典型的 AAO 工艺流程前又设置一座前置缺氧池，将进水的一部分分流至厌氧池中，这样使回流污泥中所含的硝酸盐氮在前置缺氧池可利用进水中的碳源进行反硝化，减小污水流入对后续厌氧池释磷的影响，同时分流的一部分进水对厌氧池释磷提供了碳源。流程 2 脱氮除磷效果较典型的 A²O 工艺有所提高。

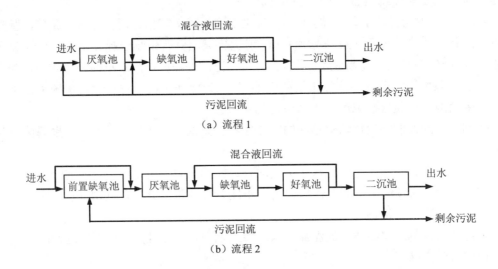

图 3-54 同时生物脱氮除磷 AAO 的变形工艺

生物脱氮除磷工艺实际使用中还有许多改进方式，主要可分为两类：

一类是增加缺氧、好氧反应池的级数，强化处理效果，如四阶段、五阶段 Bardenpho 工艺或 Phoredox 工艺，脱氮效率可以达到 90%，出水总氮浓度不超过 3 mg/L，缺点是水力停留时间较长。

另一类是改变混合液的回流方式或系统的进水方式，如南非开普敦大学开发的 UCT 工艺，采用两股混合液回流，在传统的好氧池混合液回流的基础上，又增加了由缺氧池至厌氧池的混合液回流。由于缺氧池中的反硝化作用已大大降低了池内 $NO_3^- $-N 的浓度，这样就可以避免缺氧池回流液携带的 NO_3^--N 浓度过高而破坏厌氧池的厌氧状态，影响除磷效果。

运用同时生物脱氮除磷工艺需要注意以下两点：① 脱氮和除磷是相互影响的。脱氮要求较低负荷和较长泥龄，除磷却要求较高负荷和较短泥龄，而且回流污泥中过高的硝酸盐浓度对除磷有较大影响。因此设计生物反应池各段池容时，应根据氮、磷的排放标准等要求，寻找合适的平衡点。② 同时生物脱氮除磷工艺的脱氮效果好时，除磷效果较差，反之亦然。由于很难同时取得较好的效果，因此必须结合水质特点，对工艺流程进行变形改进，调整污泥龄、水力停留时间等设计参数，从而达到或提高脱氮除磷效果。

3.4 膜生物反应器

3.4.1 膜生物反应器的基本原理

1. 膜生物反应器的原理

膜生物反应器（Membrane Bioreactor，MBR）是生物反应器与膜组件组合工艺的统称。根据膜组件在 MBR 的作用，可将其分为三种类型：分离膜生物反应器（separation membrane bioreactor）、曝气膜生物反应器（aeration membrane bioreactor）和萃取膜生物反应器（extractive membrane bioreactor）。污水处理中最常用的是分离膜生物反应器，以下没有特别说明时直接简称膜生物反应器为 MBR。

膜分离原理在本书 4.9 节中详细介绍，污水生物处理原理在本章 3.1 节中已有介绍，在此不再赘述相关内容。MBR 综合了膜分离技术和生物处理技术的优点，以膜组件代替生物处理中的二沉池，起到分离活性污泥混合液中的固体微生物和大分子溶解性物质的作用，将微生物与污染物截留在生物反应器中，实现了污泥停留时间和水力停留时间的分离，提高了反应器效率；同时通过膜的分离过滤，得到良好的出水效果。

根据膜组件的设置位置，MBR 又可分为外置式（分置式）和浸没式（一体式）两种，基本构型如图 3-55 所示。

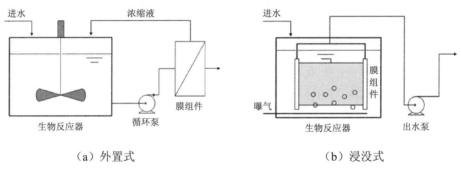

（a）外置式　　　　　　　　　　（b）浸没式

图 3-55　MBR 分类

外置式 MBR 把膜组件和生物反应器分开设置，生物反应器的混合液经泵增压后进入膜组件，在压力作用下，混合液中的液体透过膜，成为系统出水；固形物、大分子物质等则被膜截留，随浓缩液回流至生物反应器内。外置式 MBR 的特点是运行稳定可靠，操作管理容易，膜的清洗、更换及增设比较简单。但是，为了减少污染物在膜表面的沉积，循环泵提供的水流流速都很高，因此动力消耗较高。此外，泵高速旋转产生的剪切力会使某些微生物的菌体出现失活现象。

浸没式 MBR 是把膜组件置于生物反应器内部，原水进入 MBR 后，其中的大部分污染物被混合液中的活性污泥分解，再在抽吸泵或者水头差提供的压差作用下由膜过滤出水。膜组件下设置的曝气系统不仅给微生物分解提供了必需的氧气，而且气泡的冲刷和在膜表面形成的循环流速可以阻止和缓解污染物在膜表面的沉积。这种形式的 MBR 由于省去了混合液的循环系统，并且靠抽吸出水，与外置式 MBR 相比能耗相对较低。为进一步减少膜污染，延长运行周期，一般采用间歇式抽吸出水。与外置式 MBR 相比，浸没式 MBR 具有设备简单、占地面积小、设备紧凑、运行费用低等优点，但在操作管理和膜组件的清洗与更换上不及外置式 MBR 简单。

此外，根据生物反应器是否需氧，MBR 还可分为好氧 MBR 和厌氧 MBR；根据膜孔径大小可分为微滤 MBR 和超滤 MBR 等。

2. 膜生物反应器的特点

与其他污水处理工艺相比，MBR 具有以下优点：

（1）出水水质好

由于膜的高效过滤作用，MBR 出水中基本无悬浮固体，细菌和病毒可以被有效去除，出水水质好。

由于膜的高效分离，增强了系统对有机物及含氮化合物等污染物的去除效率：

a. 活性污泥混合液中的微生物絮体和较大分子量的有机物被滤膜截留在反应器内，使生物反应器内保持较高的污泥浓度（MLSS）和较长的固体平均停留时间，污泥浓度可以维持在 10~20 g/L，不排泥的情况下甚至可以高达 50 g/L，反应器中 F/M 值很低，有机物的降解彻底。

b. 膜生物反应器易于控制污泥停留时间（SRT）和污水水力停留时间（HRT）的比例，有利于生物反应器中细菌种群多样性的培养和保持，使得世代时间长的细菌（如硝化菌等）也能生长，提高了硝化效率。

c. 颗粒物、胶体及大分子物质等污染物均被截留在系统内，增加了生物对其进一步降解的机会。

d. 由于膜的高效截留效果，有利于高效菌种在生物反应器中的投放和积累，提高对于难降解有机物的降解效率，同时防止了菌的流失，降低了处理出水的生物风险。

（2）容积负荷高，占地面积小

MBR 的容积负荷一般为 1.2~3.2 kg COD/（m^3·d），甚至高达 20 kg COD/（m^3·d），因此占地面积相比传统工艺大幅度减小。

从整个处理系统来看，污水经过必要的预处理后，MBR 工艺可省去二沉池，流程简单，结构紧凑，占地面积小，不受设置场所限制，可做成地面式、半地下式或地下式。

（3）剩余污泥产量少

MBR 的污泥负荷一般为 0.03~0.55 kg COD/（kg-MLSS·d）。F/M 值保持在一个较低值，反应器中微生物营养受限而处于内源呼吸阶段，比增长速率很低，活性污泥生殖增长与内源呼吸消耗达到动态平衡。因此，膜生物反应器产生的剩余污泥量少，可降低污泥处理、处置费用。

（4）运行管理方便

MBR 实现了 HRT 与 SRT 的完全分离，膜分离单元不受污泥膨胀等因素的影响，易于设计成自动控制系统，从而使运行管理简单易行。

然而，MBR 仍存在一些不足之处：①膜材料价格相对较高，使得 MBR 的建设投资高于同规模传统污水处理工艺；②膜污染控制的技术要求较高，膜的清洗给操作管理带来不便，同时也增加运行成本；③为克服膜污染，一般需用循环泵或膜下曝气的方式在膜的表面提供一定的错流流速，造成运行能耗较高；④运行过程电耗较高。

3.4.2 影响膜生物反应器的主要因素

影响 MBR 性能的因素众多。影响生物反应的因素同样对 MBR 的效果产生影响。对 MBR 运行特有的影响因素主要有：膜特性（包括膜材料与膜组件特性）、活性污泥混合液特性（包括进水与微生物特性）、系统运行条件。这些因素之间同时也存在相互作用。

1. 膜特性

膜组件是 MBR 的核心构成，是决定 MBR 工艺性能的关键环节。理想的膜组件应具有以下特点：①填装密度大，成本低；②有良好的水力条件，能促进传质并防止污泥淤积；③低能耗；④寿命长；⑤抗污染性能好；⑥易于清洗更换；⑦可模块化设计和安装等。

膜材料本身的特性如材质、孔径大小及孔隙率、表面电荷及粗糙度、亲疏水性能等以及膜组件的构型对于 MBR 的效果均有显著的影响。目前 MBR 中常见的膜材料有聚偏氟乙烯（PVDF）、聚丙烯（PP）、聚乙烯（PE）、聚醚砜（PES）、聚氯乙烯（PVC）、聚丙烯腈（PAN）等。

a. 膜孔径大小与分布：较小的膜孔径所截留的颗粒物范围更广，但孔径小又会增加滤饼层阻力，导致需要更大的工作压力。在满足截留要求的情况下，选择孔径或截留分子量相对较大的膜可得到较高的膜通量。然而，大孔径膜使用过程中会有混合液内胶体进入膜孔并吸附引起膜孔堵塞，并且难以清除。对于某一特定的膜材料和料液及水力条件存在最佳膜孔径，在 MBR 中一般为 $0.04 \sim 0.4\ \mu m$。

b. 膜表面荷电性质：水溶液中胶体离子一般带负电，当膜表面基团带正电时，交替杂质容易吸附沉淀在膜表面造成膜污染。可以通过表面改性改变膜表面的荷电性质，增加耐污染性能。

c. 膜表面粗糙度：粗糙的膜表面增加了膜的比表面积，从而增加了膜表面对污染物吸附的可能性，但同时也增加了膜表面附近的水流扰动程度，抑制膜污染。具体情况应考虑比表面积和水流扰动二者的综合效应。

d. 膜表面亲疏水性：亲水性膜不容易与混合液中的蛋白质类污染物结合，减少膜对生物类污染物质的吸附。可以通过人工改性引入亲水基团，增加膜的透水性。

e. 膜构型：膜的结构形式（填充密度、高径比等）会直接影响膜表面的料液流态，从而对 MBR 运行效果产生影响。目前在 MBR 中常见的膜组件构型有平板式（flat sheet）、中空纤维（hallow fiber）和管式（tubular）。平板式膜组件组装简单，操作方便，膜的维护、清洗、更换比较容易，对预处理要求较低，膜寿命较长，但密封较复杂，填装密度较小。中空纤维膜组件填装密度可以很高，单位膜面积的制造费用相对较低，膜的耐压性能高，不需要支撑层，缺点在于两端易堵塞，对预处理要求高。管式膜组件可以通过控制料液湍流程度防止污泥淤堵、易于清洗、压力损失小，但同样存在填装密度较小的问题。

填装密度主要影响单位容积膜组件的处理能力，填充密度低导致处理能力低，但填充密度的增加将会增加膜污染趋势。膜的高径比也是一个重要的结构因素，主要影响沿膜丝长度方向膜通量和压力分布的不均匀性。

2. 进水水质和微生物特性

MBR 中的膜组件对污水与污泥混合液存在物理过滤作用，因此 MBR 中膜污染与进水水质和微生物特性有双重影响。混合液的性质包括理化性质和生物学性质。

a. 污泥浓度（MLSS）：MBR 中污泥浓度一般较高（常见浓度范围为 3~20 g/L），中低污泥浓度（3.6~8.4 g/L）对膜污染没有明显影响；但在高污泥浓度下（>15 g/L），膜污染明显加重，稳定运行的膜通量降低。

b. 有机物浓度：膜通量随着溶解性有机物浓度升高而下降，溶解性有机物除了形成凝胶层（膜表面污染层阻力的主要来源），还会引起膜孔和滤饼层内后生孔道堵塞，从而引起膜过滤阻力大幅升高。

c. 无机物质含量：随着 MBR 运行，无机颗粒物和沉淀也会在反应器内和膜表面积累，无机物形成的污染层中常见元素为 Ca、Mg、Fe、Si 等。

d. 污泥粒径分布：滤饼层阻力与颗粒直径密切相关，颗粒越小所形成的滤饼层阻力越大。MBR 由于循环泵或强化曝气造成的剪切力较大，污泥粒径范围明显小于传统活性污泥工艺，不利于 MBR 中膜污染的控制。

e. 混合液黏度：混合液黏度的上升会加剧膜污染，导致跨膜压差迅速增大。

3. 运行条件

在 MBR 的实际应用中，各种运行参数，如膜通量、操作压力、膜表面流态与错流速率、膜过滤的操作方式、HRT、SRT 等均对 MBR 的运行效果有着重要影响。

a. 膜通量：MBR 有恒通量与恒压力两种运行模式。恒通量运行模式即在系统运行时保持膜组件通量不变。对于恒通量运行模式，膜通量的选择直接影响膜污染速率。对于特定的 MBR，存在临界膜通量，当实际运行采用的膜通量大于该临界值时，膜污染发展迅速。

b. 操作压力：指膜两侧的跨膜压差（Transmembrane Pressure，TMP）。恒压力运行模式即在系统运行过程中保持膜两侧的跨膜压差不变。与恒通量操作类似，恒压力操作也存在一个临界操作压力，高于该临界值的操作压力下运行会导致膜迅速污染。临界 TMP 随着膜孔径的增加而减小，实际运行中应选择低于临界 TMP 的操作压力。

c. 曝气强度：增大曝气强度可以增加混合液湍流强度，膜表面受到的剪切力增大，可以减少污泥在膜表面的沉积，从而长时间保持高通量。在浸没式 MBR 中，曝气量常大于微生物需要量，但曝气量增大到一定程度时膜通量不再变化。因此在实际运行中，需要将 MBR 曝气强度控制在最佳曝气量。

d. 膜表面流态与错流速率：选择合适的流态使膜表面处于湍流可以有效控制膜污染，但过大的膜表面错流速率会使活性污泥絮体破碎，污泥粒径减小，上清液中溶解性物质增加而加剧膜污染。膜面错流速率达到一定值后，过大的速率不仅不会剥离沉淀层，反而会压实沉淀层，同时增加能耗。在浸没式 MBR 中，通过调整曝气强度控制错流速率；在外置式 MBR 中，常采用提高泵流量的方法提高错流速率。

e. 膜过滤操作方式：间歇出水操作模式有利于膜污染控制，这是因为停止抽吸阶段对膜表面沉积污染物的剥离非常有效。

f. HRT 和 SRT：二者的变化会引起反应器中污泥特性和 MLSS 的变化，导致水处理效果和膜污染状况发生变化。MBR 中采用较短的 HRT 可以为微生物提供更多营养，因而污泥增长速率较高，MLSS 浓度升高快。SRT 则直接影响剩余污泥的产量、组成、生物特性和浓度。

3.4.3 膜生物反应器的工艺流程

1. MBR 工艺选择

MBR 工艺若以去除有机物为目的，膜组件可以与好氧生物处理结合；若污水需要脱氮除磷，则包含膜组件好氧单元可以与厌氧、缺氧联合使用。常见的浸没式与外置式 MBR 工艺流程如下：

（1）去除有机物为主的 MBR 工艺流程

以去除有机物为目的的膜生物反应器采用好氧生物处理单元，可以是活性污泥法也可以是生物膜法，其工艺流程如图 3-56 所示。

其中，预处理可包括格栅、毛发收集器、去除尖锐颗粒、提高可生化性等；后处理可包括化学氧化脱色、活性炭吸附、消毒等。

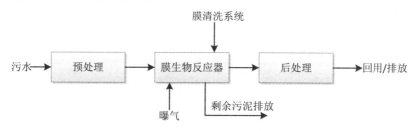

图 3-56　以去除有机物为主的 MBR 工艺流程

（2）以脱氮为主的 MBR 工艺流程

以脱氮为主要目的的 MBR 工艺结合了缺氧与好氧生物处理，其工艺流程如图 3-57 所示。

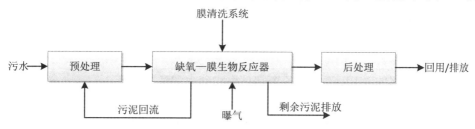

图 3-57　以脱氮为主的 MBR 工艺流程

（3）同时脱氮除磷的 MBR 工艺流程

同时脱氮除磷的 MBR 的生物处理过程与常规生物处理工艺类似，污泥龄不宜过长，否则不利于生物除磷。工艺过程包括厌氧、缺氧和好氧过程，其工艺流程如图 3-58 所示。

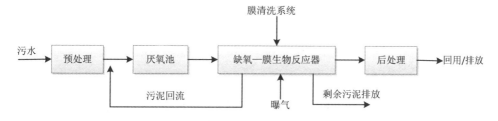

图 3-58　同时脱氮除磷的 MBR 工艺流程

（4）外置式 MBR 工艺流程

具有同时脱氮除磷的外置式膜生物反应器的工艺流程如图 3-59 所示。

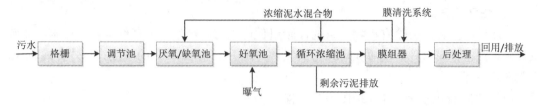

图 3-59　同时脱氮除磷的外置式 MBR 工艺流程

2. 膜生物反应器的基本参数

（1）工艺参数

采用 MBR 反应器的生物反应池相关工艺参数应根据水质及其他条件由试验确定。水力停留时间根据去除污染物的目的不同而不同，可参考普通生物处理水力停留时间，如表 3-13 所示。

表 3-13　MBR 与传统活性污泥法工艺参数

参数	单位	MBR		传统活性污泥法
		中空纤维膜	平板膜	
污泥负荷（F/M）	kg BOD_5/（kg-MLSS·d）	0.05～0.15	0.05～0.15	0.2～0.4
混合液悬浮固体（MLSS）	mg/L	6 000～12 000	6 000～20 000	2 000～4 500
污泥龄	d	12～30	12～30	7～20
过膜压差（TMP）	kPa	0～60	0～20	—
设计运行通量	L/（m²·h）	12～30	16～50	—

（2）动力学参数

处理城市污水的 MBR 工艺的各个常见生物动力学参数见表 3-14。

表 3-14　MBR 与传统活性污泥法动力学常数

常数	单位	MBR	传统活性污泥法
v_{max}	d^{-1}	3～13.2	2～10
K_s	mg/L	5～120	25～100
Y（MLVSS/COD）	kg/kg	0.28～0.67	0.25～0.4
K_d	d^{-1}	0.02～0.2	0.025～0.075

3. 工艺设备与材料

（1）浸没式膜组器

1）膜组件选择

中空纤维膜宜采用帘式或柱式，平板膜宜采用板框式；膜组器应耐污染和耐腐蚀；膜材料宜选用聚偏氟乙烯（PVDF）或聚乙烯（PE），也可选用聚丙烯（PP）、聚砜（PS）、聚醚砜（PES）、聚丙烯腈（PAN）以及聚氯乙烯（PVC）等；膜的孔径应在 0.01～0.4 μm；

在合理的设计和使用条件下,通常膜使用寿命不低于 3 年。

选择时主要应遵循以下原则:纯水通量 120~750 L/(m^2·h)(10 kPa);膜孔分布均匀,孔径范围窄;抗氧化性强;耐酸碱;机械稳定性好,延伸率小于 10%。膜组器的结构应简单,便于安装、清洗和检修。膜组器的支撑材料应防腐,宜选用不锈钢或其他耐腐蚀材料。

2)膜组件的布置

水平布置时,膜组器应均匀分布于曝气池内,膜组器两边与池壁距离不应小于 300 mm。高程设计上,以正常运行时的最低水位为基准,膜组器顶部至水面之间距离不应小于 400 mm;散气管(膜组件底部)至曝气池地面之间距离不应小于 300 mm;应合理设计膜生物反应池内的水流循环通道,使处理水的流向形成通过膜组件的向上流循环。

3)膜的清洗

a. 在线清洗:a. 在线清洗系统包括加药泵、药液罐、管路系统、计量控制系统。b. 清洗频次:中空纤维膜每月不宜少于一次,平板膜可 2~3 个月一次。c. 在线清洗药剂宜采用 NaClO(膜制造商有特殊要求的除外),药剂用量按 2.0 L/(m^2·次)配制,另加管道容积量。药剂浓度宜为 1‰~3‰。d. 在线清洗时,停止产水、停止曝气、启动反洗泵、30~40 min 把清洗药液全部输入膜内、浸泡 20~30 min、排出废清洗液。废清洗液排入废液储存池或污水预处理池。

b. 离线清洗:a. 离线清洗设备包括清洗槽、吊装设备、曝气系统。b. 清洗频次:宜半年到一年一次。c. 离线清洗药剂宜采用 NaClO+NaOH(重量比为 1∶1)、柠檬酸,药剂浓度宜为 3‰~5‰(膜制造商有特殊要求的除外)。d. 废清洗液经活性炭或投加亚硫酸氢钠还原处理后,返回预处理装置。

(2)外置式膜组件

1)膜组件选择

管式膜组件组装的膜组器,壳体宜由不锈钢或 U-PVC 制造;膜的孔径宜在 0.03~0.5 μm;最高运行温度宜为 60℃;在设计条件下使用寿命应不低于 5 年。中空纤维膜组件组装的膜组器,壳体宜由 U-PVC 或 PVC 制造;最高运行温度宜为 45℃;膜组器的出水管应设置化学清洗用的清洗液接口。

2)增压设备

由管式膜组装的管式膜系统,宜由大流量循环泵(卧式)推动出水。循环泵的进水流量应为该系统产水流量的 6~9 倍。进水压力宜选择 0.2~0.4 MPa。由中空纤维膜组装的管式膜系统,进水泵宜为卧式离心泵。流量宜为设计进水流量。进水压力宜选择 0.1~0.2 MPa。

3)膜清洗系统

清洗系统宜由药液泵、药液罐、管路系统、计量控制系统组成;清洗频次,宜 30~120 min 反冲洗一次,每次冲洗时间宜为 20~30 s;化学清洗通常每月不少于一次。化学清洗药剂,碱清洗宜采用 NaClO+NaOH(重量比为 1∶1),碱药剂浓度宜为 1‰~2‰,酸清洗宜采用盐酸或柠檬酸,盐酸浓度宜为 2‰~3‰,柠檬酸浓度宜为 3‰~5‰。

3.5 厌氧生物处理

3.5.1 厌氧生物处理原理

厌氧方法处理污水至今已有 100 多年的历史。厌氧生物处理又称为厌氧消化或厌氧发酵，是指在无氧条件下，由厌氧和兼性微生物的共同作用，将有机物分解转化为 CH_4 和 CO_2 的过程。

最初，人们将厌氧消化过程分为酸性发酵和碱性发酵两个阶段。随着对厌氧过程研究的进展，人们的认识不断深入，目前普遍认为，厌氧过程分为以下 3 个阶段。

第一阶段：水解发酵阶段。在水解与发酵细菌作用下，碳水化合物、蛋白质、脂肪被转化为单糖、氨基酸、挥发性脂肪酸（VFAs）、甘油、二氧化碳、氢等，该阶段反应较迅速。

第二阶段：产氢和乙酸阶段。在产氢产乙酸菌和同型乙酸菌的作用下，第一阶段的产物被转化成 H_2、CO_2 和 CH_3COOH。

第三阶段：产甲烷阶段。CO_2 和 H_2 在一类产甲烷菌作用下转变为甲烷和水，而 CH_3COOH 在另一类产甲烷菌的作用下转变为 CH_4 和 CO_2。由乙酸形成的 CH_4 约占总量的 2/3，由 CO_2 和 H_2 形成的 CH_4 约占总量的 1/3。该阶段是整个厌氧消化的控制或限制阶段。

以上三阶段的有机物和产物的相互转换关系见图 3-60。

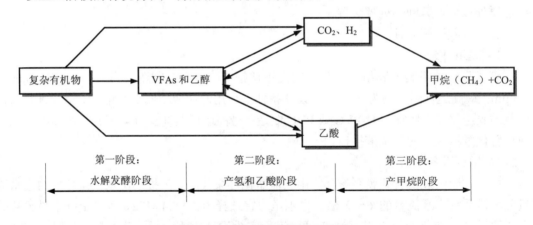

图 3-60 厌氧分解过程的三阶段

1. 厌氧生物处理的主要优点

a. 对于高或中等质量浓度污水（COD_{Cr} 大于 1 500 mg/L），厌氧处理可以大大降低运行费用，还可产生能量。通常厌氧处理系统整体能耗仅为好氧处理工艺的 10%～15%。这是由于厌氧处理本身不需提供空气，相反可以产出甲烷含量为 50%～70% 的沼气，沼气的热值为 21 000～25 000 kJ/m³。去除 1 kg COD，好氧处理需要消耗 0.5～1.0 kW·h 的电能，而厌氧处理能够产生 0.5～0.6 m³ 的沼气。厌氧生物处理工艺中沼气的产量可用反应式（3-84）估算。

$$C_nH_aO_b + \left(n - \frac{a}{4} - \frac{b}{2}\right)H_2O \rightarrow \left(\frac{n}{2} - \frac{a}{8} + \frac{b}{4}\right)CO_2 + \left(\frac{n}{2} + \frac{a}{8} - \frac{b}{4}\right)CH_4 \tag{3-84}$$

b. 目前应用的高效厌氧生物反应器容积负荷（COD）为 3～30 kg/(m³·d)，而好氧生物反应器通常的容积负荷（COD）为 0.5～3.2 kg/(m³·d)，因此厌氧生物处理反应器容积和系统占地面积都较小。

c. 每去除 1 kg COD，好氧处理产生的剩余污泥为 0.4～0.6 kg（MLVSS），厌氧处理产生的剩余污泥为 0.02～0.18 kg（MLVSS）。

d. 厌氧微生物可以对好氧难降解的有机物进行降解或部分降解。这是由于参与厌氧生物处理的微生物种群多、功能各异，处理过程远比好氧处理过程复杂。比如，有些微生物可以对难降解有机物进行断链处理，将复杂的大分子转化为结构简单的小分子，提高污水的可生化性，从而使厌氧生物处理过程得以进行。

e. 厌氧处理对营养物的要求低于好氧处理，通常为 BOD_5：N：P=200：5：1～400：5：1。

f. 厌氧处理应用范围广和应用规模大。可以用于高浓度有机污水，也可用于中低浓度污水。

2. 厌氧生物处理的主要不足

a. 由于厌氧微生物生长缓慢，且易受环境条件影响，因此厌氧处理系统启动时间长。

b. 厌氧处理出水的水质不高，往往和好氧生物处理单元构成组合工艺。

c. 易产生臭味和腐蚀性气体，如硫化氢、硫醇、氨气等。

d. 系统管理比较复杂。

3.5.2 影响厌氧生物处理的主要因素

1. 氧化还原电位

厌氧条件是厌氧反应器正常运行的环境条件，一般用氧化还原电位来衡量厌氧反应器中的厌氧程度。产甲烷菌最适的氧化还原电位为 -150～-400 mV，在培养产甲烷菌初期，氧化还原电位不能高于 -300 mV。

2. 营养物质

与好氧微生物生长相同，厌氧微生物的生长过程中也需要各种营养物质，这些营养物质可分为常规营养物质，如氮、磷、硫、钾、钠、钙、镁等，以及微量营养物质，如铁、铜、锌、钴等。一般这些营养物质都存在于污水和待厌氧消化的初沉及二沉池剩余污泥中，但对于一些工业废水，就需要添加不足的营养物质，以确保厌氧微生物的正常代谢。

3. 有毒物质

厌氧微生物尤其产甲烷菌对有毒物质比较敏感。抑制厌氧微生物活性的有毒物质包括各种离子和有机毒物，如高浓度的钾、钠、钙、镁离子将改变细胞的渗透压，进而影响微生物的活性。高浓度的氨和硫化氢直接对微生物产生毒性。有毒物质的种类及限值见表3-15、表3-16和表3-17。

表 3-15　抑制厌氧消化的有毒物质限值

有毒物质	限值/（mg/L）	有毒物质	限值/（mg/L）
六价铬	6	锌	2 000
三价铬	50	氰	0.2
铜	30	硫	150
铝	70	苯	200

表 3-16　金属离子对厌氧消化的影响　　　　　　　　　　　　　单位：mg/L

离子种类	促进反应	轻微抑制	严重抑制
Ca^{2+}	100～200	2 500～4 500	8 000
Mg^{2+}	75～150	1 000～1 500	3 000
K^+	200～400	2 500～4 500	12 000
Na^+	100～200	3 500～5 500	8 000

表 3-17　氨氮对厌氧消化的影响

氨氮质量浓度/（mg/L）	影响
50～200	有利
200～1 000	无不利影响
1 500～3 000	pH 超过 7.6 时即有抑制作用
>3 000	有毒害

4. 温度

污泥厌氧消化受温度影响很大。厌氧消化过程有两个最优温度段：33～35℃常称为中温消化，50～55℃常称为高温消化。温度不同，优势菌种不同，反应速率和产气速率也都不同。高温消化反应速度快、产气率高、杀灭病原微生物效果好，但热能消耗大。甲烷菌正常生存的温度范围是 10～60℃。当温度低于 10℃时虽然能存活，但代谢基本停止。

5. pH 和碱度

厌氧消化过程对 pH 很敏感。厌氧消化池正常运行时产酸菌和产甲烷菌会自动保持平衡，消化液的 pH 自动维持在 6.5～7.5，碱度一般在 1 000～5 000 mg/L（以 $CaCO_3$ 计）之间，典型值为 2 500～3 500 mg/L。如果产酸阶段和产甲烷阶段失去平衡，pH 有可能降至 6.5 以下，甲烷菌会逐渐失去活性，不再产生甲烷，直至消化系统被完全破坏。产酸菌和产甲烷菌所要求的 pH 范围见表 3-18。

表 3-18　产酸菌和产甲烷菌所要求的 pH 范围

细菌种类	存活范围	正常代谢范围	高效代谢范围
产酸菌	5.0～9.0	6.0～8.0	6.0～8.0
产甲烷菌	6.0～8.0	6.4～7.8	6.8～7.1

3.5.3 厌氧生物处理反应器

从 20 世纪 60 年代开始,随着能源危机的加剧,人们加强了利用厌氧消化过程处理有机废水的研究,相继出现了一批现代高速厌氧消化反应器,即所称的"第二代厌氧生物反应器",如厌氧接触法、厌氧滤池（AF）、上流式厌氧污泥床（UASB）反应器、厌氧流化床（AFB）、厌氧附着膜膨胀床反应器（AAFEB）等。

20 世纪 90 年代后,又出现了颗粒污泥膨胀床（EGSB）反应器和厌氧内循环（IC）反应器等新型厌氧生物处理装置,即所谓的"第三代厌氧生物反应器"。目前厌氧生物处理工艺已被大规模地应用于城市污水、工业废水和有机污泥的处理。

1. 厌氧接触法

厌氧接触法工艺流程见图 3-61。

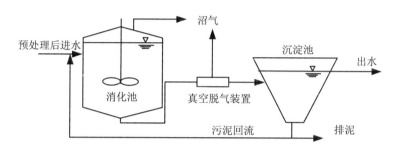

图 3-61 厌氧接触法工艺流程

在机械或水力或压缩沼气的搅拌下,消化池内呈完全混合流态。真空脱气装置的功能是脱除进液和附着在污泥表面的沼气,以免气体干扰沉淀池内的固液分离过程。厌氧接触法工艺实现了生物固体平均停留时间（SRT）和水力停留时间（HRT）的分离。相对于第一代厌氧反应器,这是一大发展。

厌氧接触法的主要特征:① 消化池中的污泥（MLVSS）质量浓度高,一般为 5~10 g/L,抗冲击负荷能力强;② 消化池有机容积负荷高,中温时刻处理进水 COD_{Cr} 高达 40 000~50 000 mg/L,COD 负荷可达 8~9 kg/($m^3 \cdot d$),COD_{Cr} 去除率为 80%~90%;③ 出水水质好于传统厌氧消化工艺;④ 适合于处理悬浮物和有机物质量浓度均很高的废水,悬浮物质量浓度达 50 000 mg/L 也不影响其正常运行;⑤ 由于有沉淀池、污泥回流系统、真空脱气设备等,流程较复杂;⑥ 沉淀池固液分离效果较差,污泥中脱气不彻底;厌氧过程在沉淀池内仍存在厌氧生化反应产气,这些均影响污泥沉降。

2. 两相厌氧消化工艺

厌氧消化水解发酵阶段和产甲烷阶段中起作用的微生物种群生理生化特性上有很大的差异。两相厌氧消化工艺就是人为地将水解发酵细菌和产甲烷菌分别设置在两个不同的反应器中,串联运行,确保发挥两大类微生物各自优势所需条件,使产酸相反应器和产甲烷相反应器均处于最优工况。两相厌氧消化工艺典型工艺流程见图 3-62。

两相厌氧消化工艺的反应器种类可以根据水质特征设计选取。产酸相反应器可以采用完全混合的厌氧接触消化池、升流式污泥床反应器、厌氧滤池等,产甲烷相反应器常采用升流式污泥床反应器、厌氧滤池等。

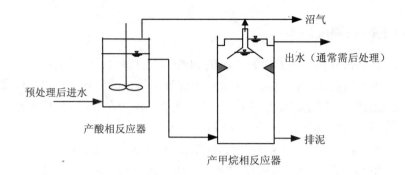

图 3-62　两相厌氧消化工艺典型工艺流程

两相厌氧消化工艺的主要特征：

a. 产酸相反应器可以在高负荷下运行，产甲烷相反应器在最佳工作状态下运行，两相厌氧工艺总体负荷比单相工艺有明显提高。对于以溶解性有机物为主的高浓度有机废水，产酸相反应器与产甲烷相反应器体积比为 1/3～1/5；对于以悬浮性有机物为主的废水，产酸相反应器与产甲烷相反应器体积比为 1/2～2/5。

b. 两相厌氧消化工艺运行相对稳定，耐冲击负荷的能力强。

c. 当污水中含有大量硫酸盐等抑制物时，可以通过在两相反应器中间增设 H_2S 等有害物质脱除装置，降低产甲烷菌受抑制的程度。

d. 工艺系统相对复杂。

3. 厌氧滤池

厌氧生物滤池的构造与浸没式好氧生物滤池相似，但池顶密封用于气体收集。滤池中厌氧微生物量较高，生物固体平均停留时间可长达 150 d 左右。厌氧生物滤池主要的 3 种形式见图 3-63。

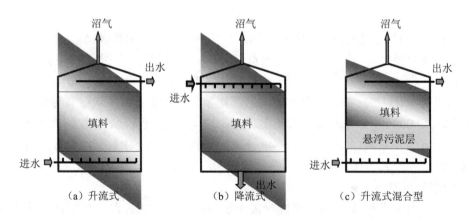

图 3-63　常用的厌氧生物滤池形式

厌氧生物滤池对有机物去除效率与水力停留时间、反应器形式和填料有关，关系式见式（3-85）。

$$E = f(\text{HRT}, e) \tag{3-85}$$

式中：E —— 预计的溶解性 BOD_5 去除率，%；

　　　HRT —— 以滤池中空容积计算的水力停留时间，h；

　　　e —— 由试验确定的参数，与反应器形式和填料有关。

厌氧生物滤池的运行效果受温度影响大，不同运行温度条件下厌氧生物滤池的容积负荷相差较大，详见本章 3.7.5。

填料是厌氧生物滤池的关键部分，填料的选择对滤池的运行有着重要的影响。影响厌氧滤池填料的因素包括材质、粒度、表面性质、比表面积和空隙率等。填料粒径的选择范围为 0.2～60 mm，粒径较小的填料易堵塞，特别对于高浓度废水。实践中，多选用粒径 20 mm 以上的填料。实际应用时发现，滤池中填料堆积高度为 0.8 m 时污水中的有机物绝大部分已被去除，堆积高度提高到 1 m 以上时有机物的去除率几乎不再增加。工程中，设计的填料堆积高度一般控制在 2.0 m 左右。

当处理污水的 COD 质量浓度高于 8 000～12 000 mg/L 时，厌氧生物滤池可以采用出水回流的方式，以减小进水的 COD 质量浓度，改善进水分布，提高滤池生物的均匀分布程度。

大多数厌氧生物滤池在中温（30～35℃）条件下运行。为节约加温所需要的能耗，也可以在常温下运行。降低运行温度将使处理效率下降。

厌氧生物滤池适宜处理溶解性有机废水。降流式厌氧生物滤池由于水流向下流动、沼气向上流动，加之填料空隙存在，传质及混合情况较好，类似完全混合式工艺，而升流式厌氧生物滤池，则类似推流式。当采用升流式厌氧生物滤池时，通常控制进水悬浮物质量浓度不超过 200 mg/L，防止滤料的堵塞；采用降流式厌氧生物滤池时，进水悬浮物质量浓度可以高一些，有实践表明在悬浮物质量浓度为 3 000 mg/L 时，未发生滤料的堵塞现象。

厌氧生物滤池的主要特点：①生物膜量大，有机污泥负荷高，耐冲击负荷能力强。②泥龄长，水力停留时间短，反应器体积小。③启动时间短，短时间停止运行后再启动较容易。④不需要回流污泥，运行管理方便。

4. 升流式厌氧污泥床（Upflow Anaerobic Sludge Blanket，UASB）反应器

UASB 反应器是在升流式厌氧生物滤池基础上发展起来的一种高效厌氧生物反应器。厌氧升流式污泥床反应器构造见图 3-64。

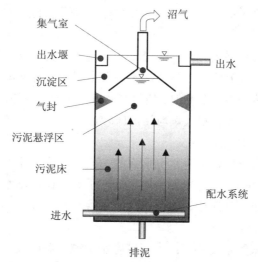

图 3-64　厌氧升流式污泥床（UASB）反应器构造示意图

在一定条件下，可以在 UASB 反应器内培养出沉淀性能好、生物活性高的颗粒污泥。颗粒污泥的相对密度比人工载体小，粒径为 0.1～0.5 cm，相对湿密度为 1.04～1.08。

UASB 反应器主要由进水配水系统、反应区、气-固-液三相分离器、出水系统和排泥系统等组成。

配水系统将进水均匀地分配到 UASB 反应器底部。进水中的有机物与污泥床内高浓度的颗粒污泥充分接触，反应产生的沼气和上升的污水一起搅动污泥层，部分颗粒污泥随气流和水流向上运动而形成悬浮污泥区，剩余的有机物在此获得进一步降解。

气-固-液三相分离器简称三相分离器，由沉淀区、集气室和气封组成，其功能是把沼气、污泥和处理后的污水进行分离。沼气被分离后进入集气室，排出系统。微生物和污水的混合液在沉淀区进行固液分离，下沉的污泥依靠重力返回反应区。三相分离器分离效果的好坏，直接影响处理效果。

出水系统的主要作用是把沉淀区液面的澄清水均匀收集，排出 UASB 反应器外。

排泥系统一般设置在 UASB 反应器底部，定期排放剩余厌氧污泥。

对于处理可生化性比较好的污水，UASB 反应器在不同温度条件下的进水容积负荷不同，COD 的去除率一般可达 80%～90%。但如果反应器内不能形成颗粒污泥，而主要是絮状污泥，这时 UASB 反应器的容积负荷不可能太高，因为过高的容积负荷将会使沉淀性能不好，絮状污泥大量流失，通常进水容积负荷（COD）一般不超过 5 kg/（m^3·d）。

UASB 反应器的主要特征：①厌氧颗粒污泥沉速大可使反应器内维持较高的污泥质量浓度，小试 UASB 反应器内的平均污泥（MLVSS）质量浓度可达 50 g/L 以上；②容积负荷高，水力停留时间相应较短，使得反应器容积小；③水力停留时间与污泥泥龄分离，UASB 反应器泥龄一般可达 30 d 以上；④UASB 反应器特别适合于处理高、中质量浓度的有机工业废水；⑤UASB 反应器集生物反应和三相分离于一体，结构紧凑，构造简单，操作运行方便；⑥进水悬浮物质量浓度应小于 5 000 mg/L。

5. 厌氧膨胀颗粒污泥床（Expanded Granular Sludge Bed，EGSB）反应器

厌氧膨胀颗粒污泥床是对 UASB 反应器的改进。EGSB 在运行中维持高的上升流速（5～10 m/h），大于 UASB 反应器所采用的 0.5～2.0 m/h 的上升流速，因此 EGSB 反应器中的颗粒污泥处于膨胀悬浮状态，从而保证了进水与污泥颗粒的充分接触，运行效果比 UASB 要好。

厌氧膨胀颗粒污泥床常采用较大的高径比和回流比，其中高径比可达 20 以上。厌氧膨胀颗粒污泥床类似于厌氧流化床，但内部不设置填料，上升速度也小于流化床反应器。厌氧反应器在低温条件下采用低负荷时，沼气产率低，气体产生的混合强度会很低，UASB 的应用就会受到限制，因而厌氧膨胀颗粒污泥床较适用于低温和浓度相对低的污水。厌氧膨胀颗粒污泥床反应器结构见图 3-65。

厌氧膨胀颗粒污泥床反应器的进水分配系统、气-液-固三相分离器的功能和 UASB 反应器相同；在结构上与 UASB 反应器的不同之处在于高径比和出水循环。出水循环是为了提高反应器内的液体表面上升流速，使颗粒污泥与污水充分接触，避免反应器内死角和短流的产生。

厌氧膨胀颗粒污泥床的主要特征：①厌氧膨胀颗粒污泥床反应器具有出水回流系统，对于超高浓度或含有难降解或有毒有机物的有机废水，出水回流可以稀释进水有机物浓

度，降低难降解有机物或有毒有机物对微生物的抑制；②厌氧膨胀颗粒污泥床反应器能够在高负荷条件下取得好的处理效果，尤其适合低温情况和低浓度的有机废水处理；③反应器内颗粒污泥粒径大，抗冲击负荷能力强；④混合程度高，可有效解决短流和反应死区的问题，传质效果好；⑤反应器采用塔形设计，具有较大的高径比，能够有效地减少占地面积；⑥反应器控制要求高。

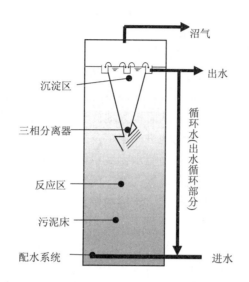

图 3-65　厌氧膨胀颗粒污泥床反应器结构示意图

6. 厌氧内循环（Internal Circulation，IC）反应器

厌氧内循环反应器的构造特点是具有很大的高径比，一般可达 4～8，反应器的高度达 16～25 m。从外观上看，反应器像一个反应塔。其结构示意图见图 3-66。

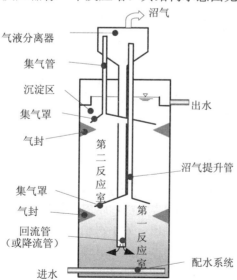

图 3-66　厌氧内循环反应器构造图

厌氧内循环反应器由第一反应室和第二反应室叠加而成，每个反应室的顶部各设一个

由集气罩和水封组成的三相分离器,如同两个 UASB 反应器的上下重叠串联。在第一反应室的集气罩顶设提升管(或称升流管)直通气液分离器,气-液分离器的底部设回流管(或称降流管)直通至反应器的底部。

进水由反应器底部进入第一反应室,与厌氧颗粒污泥均匀混合。大部分有机物在这里被转化成沼气,所产生的沼气被第一反应室的集气罩收集,进入升流管,使升流管内液体持气率增加,密度降低。在管内外液体形成的密度差作用下,第一反应室的混合液升至反应器顶的气液分离器,被分离出的沼气从气液分离器顶部的导管排走,分离出的泥水混合液同样在液体密度差作用下,沿着回流管返回到第一反应室的底部,并与底部的颗粒污泥和进水充分混合,实现了混合液的内部循环。内循环使第一反应室不仅有很高的生物量,很长的污泥龄,并具有很大的升流速度,使该室内的颗粒污泥完全达到流化状态,有很高的传质速率,使生化反应速率提高,从而极大地提高了第一反应室去除有机物的能力。经过第一反应室处理过的废水,会自动地进入第二反应室。废水中的剩余有机物可被第二反应室内的厌氧颗粒污泥进一步降解,使废水得到更好的净化;产生的沼气由第二反应室的集气罩收集,通过集气管进入气液分离器;第二厌氧反应室的泥水混合液在沉淀区进行固液分离,处理过的上清液由出水管排走,沉淀的颗粒污泥可自动返回第二反应室,完成处理的全过程。

厌氧内循环反应器的主要工艺特征:

a. 反应器具有很高的容积负荷率。厌氧内循环反应器由于存在内循环,传质效果好,生物量大,污泥龄长,其进水有机负荷率可为普通 UASB 反应器的 3 倍左右。

b. 节省基建投资和占地面积。由于厌氧内循环反应器比普通 UASB 反应器有高出 3 倍左右的容积负荷率,因此厌氧内循环反应器的体积为普通 UASB 反应器的 1/4~1/3,所以可降低反应器的基建投资。厌氧内循环反应器不仅体积小,而且有很大的高径比,所以占地面积省,非常适用于占地面积紧张的场合采用。

c. 抗冲击负荷能力强。由于反应器实现了内循环,循环流量可达进水流量的 10~20 倍。循环流量与进水在第一反应室充分混合,使原废水中的有害物质得到充分稀释,极大地降低了有害程度,从而提高了反应器的耐冲击负荷能力。

d. 出水的稳定性好。反应器相当于上下两个 UASB 反应器的串联运行,下面一个 UASB 反应器具有很高的有机负荷率,起预处理作用,上面一个 UASB 反应器的负荷较低,起进一步处理作用。反应器相当于两级 UASB 工艺处理。因此处理结果稳定性好,出水水质效果好。

7. 厌氧膨胀床和厌氧流化床

厌氧膨胀床和流化床与好氧反应器结构相似,都是填有比表面积很大的惰性载体颗粒,待处理水从反应器底部进入、向上流动,床内载体附着生长的微生物与进水混合进行厌氧生化反应,处理后的水由上部排出。为了保证填料的流化状态,厌氧膨胀床或厌氧流化床的一部分出水回流,以提高床内水流的上升速度,使载体颗粒在整个反应器内均匀分布,增强传质效果,但应保证载体颗粒不流失。

厌氧膨胀床或厌氧流化床常用的载体有石英砂、无烟煤、活性炭、陶粒、沸石等,粒径一般为 0.2~3.0 mm。

厌氧膨胀床床体内载体在运行中略有松动,载体间孔隙增加但仍保持互相接触;当床体内上升流速增大到可以使载体在床内自由运动时，即为流化床。为了定量描述厌氧膨胀床和流化床，常用膨胀率 N_V 来定义。当 N_V 等于 110%～120%时称为膨胀床；当 N_V 等于 120%～170%时称为流化床。N_V 的计算公式见式（3-86）：

$$N_V = \frac{h_f}{h_0} = \frac{(1-\varepsilon)}{(1-\varepsilon_f)} \times 100\% \tag{3-86}$$

式中：h_f ——膨胀后的载体厚度，m；

　　　h_0 ——未膨胀时的载体厚度，m；

　　　ε ——载体未膨胀固定时的孔隙率，%；

　　　ε_f ——载体膨胀时的孔隙率，%。

厌氧膨胀床和厌氧流化床的主要特点：① 载体为微生物生长提供了大的比表面积，使反应器中具有很高的微生物质量浓度，一般可大于 30 g/L，因此可以承受大的有机负荷，水力停留时间短。加之有回流，所以耐冲击负荷，运行稳定。② 颗粒载体处于流化状态，有利于消除反应死角和固定床（如滤池）中常产生的沟流、堵塞等问题。③ 不需要回流污泥，泥龄长，剩余污泥量少。④ 适用的处理对象广，既可以是高浓度的有机废水，也可以是中低浓度的有机废水。⑤ 通常需要外部提供流化的能量，因此系统能耗较高。⑥ 系统设计、运行管理要求高。

3.5.4　水解酸化—好氧生物处理工艺

1. 水解酸化—好氧处理工艺的原理

水解酸化—好氧生物处理工艺是一种厌氧—好氧组合生物处理工艺，针对厌氧产甲烷阶段对环境条件要求严格以及传统活性污泥法投资大、能耗高、运转费用高等问题而开发。该厌氧—好氧组合生物处理工艺中的好氧生物处理与此前介绍的好氧生物处理原理相同，因此，以下主要介绍水解酸化过程。

水解酸化过程是完整厌氧生物处理过程的一部分。水解酸化过程的结束点通常控制在厌氧过程第一阶段末或第二阶段的起始（图 3-60 厌氧分解过程的三阶段）。因此，水解酸化发酵是一种不彻底的有机物厌氧转化过程，其作用在于使结构复杂的不溶性或溶解性的高分子有机物经过水解和产酸，转化为简单的低分子有机物。根据水解酸化过程的特点，常将水解酸化作为污水好氧生物处理的预处理手段。

处理城市污水的水解酸化—好氧生物处理工艺的典型流程见图 3-67。

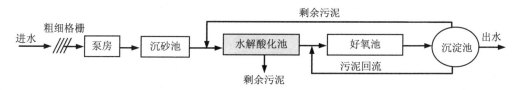

图 3-67　城市污水水解酸化—好氧生物处理典型流程

在水解酸化—好氧处理工艺中，好氧工艺可以采用目前各种类型好氧生物系统，如 SBR 系统、氧化沟、曝气生物滤池、好氧接触氧化池等。

水解酸化池前要有预处理措施,包括粗细格栅和沉砂池等,以防止堵塞水解酸化池布水系统。组合工艺中沉砂池一般不用曝气式沉砂池,宜选用旋流式沉砂池,以便为后续的水解酸化工艺创造比较好的环境条件。二沉池排出的剩余污泥进入水解酸化池,并定期从悬浮污泥层排放剩余污泥,经浓缩与机械脱水后外运。

2. 水解酸化—好氧处理工艺技术特征

(1) 水解酸化与完全厌氧工艺的比较

水解酸化与完全厌氧工艺的环境要求和其主要性能的比较见表 3-19。

表 3-19　水解酸化与完全厌氧工艺的比较

比较项目	氧化还原电位/mV	pH	温度	优势菌种	最终产物
水解酸化	<50	5.5～6.5	范围宽	兼性菌及部分厌氧菌	溶解性易降解的有机物
完全厌氧	<-300	6.8～7.2	控制严格	厌氧菌	CO_2、CH_4

(2) 水解酸化过程的技术特征

a. 污水经水解酸化过程处理后,BOD_5/COD_{Cr} 的比值有时会有所升高,尤其是污水中含有大量难降解有机物时。由于污水可生化性提高,使得后续好氧生物处理的难度减小,好氧的水力停留时间可以缩短。

b. 由于水解酸化池中的污泥浓度高,耐进水冲击负荷能力强,随进水负荷变化的缓冲作用为后续的好氧处理创造了较为稳定的进水条件。

c. 水解酸化过程可大幅度地去除城市污水中悬浮物或有机物,减轻后续好氧处理工艺负担。实践表明,水解酸化—好氧工艺处理城市污水的总容积不到传统好氧工艺的一半。在曝气区前设置水解酸化池,可降低曝气区的耗氧量。其耗氧量降低幅度与处理负荷 F/M(BOD/MLVSS)有关,当 F/M 为 0.2 时,降低 36%;当 F/M 为 0.8 时,降低 20%。

d. 水解酸化—好氧工艺的好氧处理所产生的剩余污泥,必要时可回流至水解酸化段,一方面可以增加水解酸化段的污泥浓度,另一方面降低整个工艺的产泥量和提高剩余污泥的稳定性。

e. 水解酸化设施在处理城市污水时,常用作初沉池,起到一池多用的功效。

f. 水解酸化阶段的微生物多为兼性菌,其种类多、生长快、对环境条件适应性强、要求的环境条件宽松、易于管理和控制。

3. 水解酸化池的结构、启动和运行

由于水解酸化—好氧处理工艺所具有的特点,它不仅适用于易生物降解的城市污水处理,同时也适合于含有难生物降解有机物的工业废水的城市污水的处理,以及一些有机工业废水处理。

(1) 池体

水解酸化池为一种升流式生物反应器,在整体结构上类似于不安装三相分离器的升流式污泥床反应器,有时在反应器内也设置载体起到固定生物膜、提高生物量的作用。水解酸化池一般为矩形或圆形。当设有两个或两个以上的水解池时,以及为便于与矩形好氧池共用池壁,宜采用矩形结构。

(2) 几何尺寸

水解酸化池的经济高度一般为 4～6 m。从布水的均匀性和经济性考虑,单个矩形池的长宽比为 2∶1 以下较合适，长宽比为 4∶1 时造价费用增加十分明显。工程实践表明，水解酸化池宽度小于 10 m 时应用效果较好。当采用渠道或管道布水时，水解酸化池长度没有太严格的要求。实际应用中，宜对水解酸化池进行分格，由于分格后，每一单元尺寸减小，可提高配水的均匀性，同时有利于维护和检修。

（3）配水系统

水解酸化池底部的配水系统应尽可能做到配水均匀，每个配水口的服务面积要结合水力停留时间等确定，对于城市污水，可采用 1~2 m^2/孔。配水系统兼有配水和水力搅拌作用。常用的配水方式有：一管一孔布水，即每个进水管仅仅服务于一个配水点；一管多孔配水方式，即几个配水点相对应的配水孔由一根进水管负担；分支式配水方式，即类似滤池中采用的小阻力配水系统。

（4）出水收集装置

水解酸化池采用与沉淀池相同的出水三角堰进行出水收集，出水堰设于池水表面，布置方式与沉淀池类似。

（5）排泥系统

当水解酸化池内污泥达到某一预定高度后需排泥，排泥高度的设定应考虑排出低活性的污泥，保留高活性的污泥。通常污泥的排放点设在污泥区中上部，可采用定时排泥方式，日排泥 1~2 次。为了确定排泥时间，可设置污泥液面检测仪。对于矩形池，可在池的纵向设多点排泥口。由于水解酸化池底部可能积累无机颗粒物，如沙砾等，应设置池底部排泥口。

（6）启动和运行

水解酸化池启动时，可以采用接种消化池污泥，投加污泥量为水解池体积的 1/10，经 10~15 d 运行，污泥基本培养成熟。当无接种污泥时，也可以利用原污水直接启动。培养成熟的水解污泥外观呈黑色，结构密实。

实践表明，只要适当控制水力停留时间，不论接种或不接种消化污泥，水解池的启动都可在短时间内完成。

稳定运行的水解酸化池内，污泥层高度为 2.5~3.5 m，其中污泥的平均浓度可达 15 g/L。

水解酸化池水力停留时间视污水水质而定。对城市污水，水力停留时间可取 2.5~5.0 h；对某些难生物降解的有机工业废水，水力停留时间可达 8~10 h。

3.6 污水二级处理工艺设计

污水处理工艺是指对污水处理所采用的一系列处理单元的有机组合形式。污水二级处理工艺的主要处理对象是污水中呈胶体和溶解状态的有机污染物，其核心是生物处理。在污水处理工程设计中，工艺流程的确定是非常重要的环节，会直接影响污水厂处理效果、操作管理、工程投资和运行费用。

工艺设计中，首先应该根据工程的基本条件，充分分析需要处理的污水水质并确定合理的规模，采用的各项设计参数必须可靠，以确保设计的处理工艺处理后污水符合出水水质要求，同时。工艺设计应力求做到经济合理、技术先进、运行可靠安全，结合近远期的要求，考虑环境保护、绿化和美观。

3.6.1 污水处理工艺流程选择的影响因素

1. 污水量和水质特征

污水的水量与水质特征是工艺流程选择的重要因素。对于城镇污水处理厂，去除对象主要为有机物和氮磷等污染物。对于含有大量工业废水进入的城镇污水处理厂，要求工业废水达到排入城市下水道相关水质标准后，才可进入城镇污水处理厂。进入城市污水厂的工业废水中含有的污染物的成分和特征要进行分析，判断可能会对污水处理工艺产生的影响。科学合理的污水处理工艺需要进行多方案的技术和经济分析比较，甚至通过一定规模的试验研究后，才可确定合理的工艺流程。除水质外，进水水量及变化幅度也是选择工艺流程时应考虑的问题，若水厂规模较小且水质水量变化大时，应考虑设置调节池，或选用耐冲击负荷能力较强的处理工艺。污水水质与水量的确定见 1.2 节。

2. 污水处理程度

（1）污水处理程度确定

a. 按受纳水体的水质标准确定，即根据地方政府或国家环保部门对受纳水体规定的水质标准进行确定。

b. 按城市污水处理厂处理工艺所能达到的处理程度确定，一般以二级处理技术能达到的处理程度作为依据。

c. 考虑受纳水体的稀释自净能力，在取得当地环保部门的同意后，在一定程度上降低对水处理程度的要求，但对此应采取审慎态度。

当处理水回用时，无论回用的用途如何，在进行深度处理之前，城市污水必须经过完整的二级处理。

（2）城市污水处理程度计算公式

城市污水处理程度可按式（3-87）计算：

$$\eta = \frac{(C_0 - C_e)}{C_0} \times 100\% \tag{3-87}$$

式中：η —— 污水需要处理程度，%；

C_0 —— 污水中某种物质的原始平均质量浓度，mg/L；

C_e —— 允许排入水体的处理水中该物质的平均质量浓度，mg/L。

3. 工程造价与运行费用

根据工程的基本条件，以处理水应达到的水质标准为前提，以处理系统最合理的造价和运行费为目标，选择技术可靠、经济合理的处理工艺流程。

4. 当地的其他条件

当地的地形、气候、地质等自然条件，也对污水处理工艺流程的选定具有一定的影响。寒冷地区应当采用适合于低温季节运行或在采取适当技术措施后能在低温季节运行的处理工艺；地下水位高、地质条件差的地方不宜选用深度大、施工难度高的处理构筑物。

总之，确定污水处理工艺流程是一项比较复杂的系统工程，必须对上述各因素进行综合考虑和经济技术比较，才可能选定技术先进、经济合理、安全可靠的污水处理工艺流程。

3.6.2 污水二级处理工艺流程选择

图 3-68 为城市污水处理厂的典型工艺流程。该流程的一级处理是由格栅、沉砂池和初次沉淀池组成。一级处理的作用主要是去除污水中的固体和悬浮污染物,同时可将污水中的 BOD_5 去除 20%~30%。

二级处理系统是城市污水处理工艺的核心部分,一般采用生物处理方法,主要作用是去除污水中呈胶体和溶解状态的有机污染物。通过二级处理,污水的 BOD_5 值可降至 20~30 mg/L。二级处理一般包括生物处理单元构筑物和二沉池等。

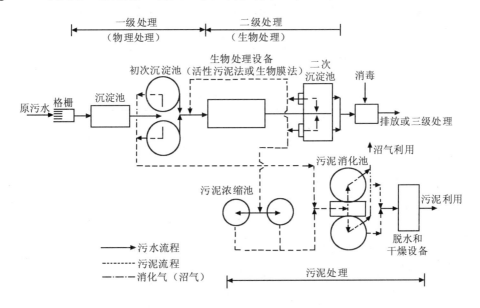

图 3-68 城市二级污水处理厂典型工艺流程

适合二级处理系统的处理工艺种类很多,一般来说,各类生物处理技术只要设计和运行合理,都能取得良好的处理效果。

为保护受纳水体,防止水体富营养化,新建和改建的城镇污水厂多采用了生物脱氮除磷技术,应用较多的有 A/O、A^2O、SBR 及其变形工艺、氧化沟系列工艺等。近年来 MBR 由于其优良稳定的出水水质得到了越来越多的应用。

各种处理工艺各有其适应性与特点,大规模污水厂宜选用传统活性污泥法及其改进型 A^2O 工艺。该工艺具有去除有机物和氮磷效率高、出水水质稳定的特点,且规模越大优势越明显。中小规模污水处理厂,宜选用氧化沟法、SBR 法及其改进型工艺。它们具有去除效率高、抗冲击负荷能力强、设施简单、基建投资省、管理方便等特点。对于中小城镇,其污水水量、水质变化大,经济水平有限,技术力量相对薄弱,采用 SBR、氧化沟及其改进型工艺以及生物滤池较为适宜。对于工业废水的处理,则应视其水质水量采用活性污泥法、生物膜法、厌氧法及其组合。

3.7 生物处理单元构筑物设计

3.7.1 活性污泥法处理单元设计

1. 传统活性污泥法处理单元的设计

（1）传统活性污泥法的工艺组成和基本工艺参数

传统活性污泥法亦称普通活性污泥法，其系统主要由曝气池、曝气系统、二沉池、污泥回流系统和剩余污泥排放系统组成。根据其不同的运行方式，在传统活性污泥法基础上形成了多种变化的方法，如吸附再生法、阶段曝气法、表面曝气法、延时曝气法。各种运行方式的工艺参数见表 3-20。

表 3-20　活性污泥法各运行方式的工艺参数

项　目	普通活性污泥法	阶段曝气法	吸附再生法	延时曝气法	表面曝气法
BOD_5 去除率/%	95	95	90	75~90	85~90
污泥负荷 L_s/ [kg BOD_5/(kg MLSS·d)]	0.2~0.4	0.2~0.4	0.2~0.4	0.03~0.25	0.2~0.4
容积负荷 L_v/ [kg BOD_5/(m^3·d)]	0.3~0.8	0.1~1.4	0.8~1.4	0.15~0.25	0.6~2.4
MLSS/(mg/L)	1 500~2 000	2 000~3 000	2 000~8 000	3 000~6 000	3 000~6 000
曝气时间/h	6~8	4~6	>5	16~24	2~3
气水（气/污水）比/(m^3/m^3)	3~7	3~7	>12	>15	5~8
污泥回流比/%	25~50	25~75	50~100	50~150	50~150
污泥龄/d	2~4	2~4	5~15	15~30	2~4

（2）传统活性污泥法的设计内容及基本计算公式

传统活性污泥法设计计算内容主要包括处理效率、曝气池容积及尺寸、污泥产量、曝气池需氧量等。

传统活性污泥法相关参数的符号和基本计算公式见表 3-21。

2. AB 法工艺处理单元的设计

（1）工艺特点

AB 法的 A 段为吸附段。该段曝气池具有很高的有机负荷，$F/M>2$ kg BOD_5/(kg MLSS·d)（一般为 2~6），在缺氧（兼性）环境下工作，A 段 BOD_5 去除率为 40%~70%，SS 去除率可达 60%~80%。

B 段为生物氧化段。B 段曝气池在低负荷率下工作，$F/M<0.15$ kg BOD_5/(kg MLSS·d)，二段的活性污泥各自回流。AB 两段的 BOD_5 去除率为 90%~95%，COD 去除率为 80%~90%，TP 去除率可达 50%~70%，TN 的去除率为 30%~40%，较常规活性污泥法脱氮除磷效率高，但不能达到防止水体富营养化的排放标准。因此，可以将 B 段设计为脱氮除磷工艺，比如 AAO 法等。

表 3-21 传统活性污泥法基本计算公式

项目	公式	符号说明
处理效率	$\eta = \dfrac{S_0 - S_e}{S_0} \times 100\%$	η——BOD_5 去除效率，%； S_0——进水 BOD_5 质量浓度，mg/L； S_e——出水 BOD_5 质量浓度，mg/L
曝气池容积	$V = \dfrac{QS_r}{1\,000 L_s X}$ $V = \dfrac{QY\theta_c S_r}{1\,000 X_v (1+K_d \theta_c)}$	S_r——去除 BOD_5 质量浓度，等于 S_0 与 S_e 之差，mg/L； V——曝气池容积，m^3； Q——污水设计流量，m^3/d； L_s——污泥负荷，kg BOD_5/（kg MLSS·d）； X——悬浮固体（MLSS）质量浓度，g/L
混合液污泥浓度	$X = \dfrac{R}{1+R} X_r$	X_r——回流污泥质量浓度，MLSS g/L； R——污泥回流比，%
水力停留时间	$HRT = \dfrac{V}{Q}$	HRT——水力停留时间，h
剩余污泥量	按污泥龄计算：$\Delta X = \dfrac{VX}{\theta_c}$ 按污泥产率系数、衰减系数及不可生物降解和惰性悬浮物计算： $\Delta X = YQS_r - K_d VX_v + fQ(SS_0 - SS_e)$	ΔX——剩余污泥量，kg MLSS/d； Y——污泥产率系数，kg MLVSS/kg BOD_5，一般为 0.4～0.8； K_d——污泥衰减系数，d^{-1}，一般为 0.04～0.08，但应当以当地的冬季和夏季的污水水温进行修正； X_v——挥发性悬浮固体质量浓度，g MLVSS/L； f——SS 的污泥转换率； SS_0——进水悬浮物质量浓度，kg/m^3； SS_e——出水悬浮物质量浓度，kg/m^3； θ_c——泥龄，生物固体平均停留时间，d
曝气池需氧量	$O_2 = 0.001aQS_r - c\Delta X_v + b[0.001Q(N_k - N_{ke}) - 0.12\Delta X_v] - 0.62b[0.001Q(N_t - N_{ke} - N_{oe}) - 0.12\Delta X_v]$	O_2——污水需氧量，kg/d； a——碳的氧当量，当含碳物以 BOD_5 计时，取 1.47； b——常数，氧化每千克氨氮所需氧量，kg O_2/kg N，取 4.57； c——常数，细菌细胞的氧当量，取 1.42； N_k——生物反应池进水总凯氏氮质量浓度，mg TKN/L； N_t——生物反应池进水总氮质量浓度，mg TN/L； N_{oe}——生物反应池出水硝态氮质量浓度，mg NO_3-N/L； N_{ke}——生物反应池出水总凯氏氮质量浓度，mg TKN/L； ΔX_v——排出生物反应池的生物量，kg MLVSS/d； $0.12\Delta X_v$——排出生物反应池系统的微生物的含氮量，kg TN/d

（2）AB 法设计要点及设计参数

1）设计要点

AB 法处理工艺在曝气池和沉淀池的计算方法上与传统活性污泥法相同，但设计参数选取上有别。此外，当 AB 工艺要求脱氮除磷时，B 段工艺应按 $A_N O$ 或 $A_P O$、$A^2 O$ 工艺进行设计。如果 B 段主要以脱氮为目的，则应考虑 C：N 的值，一般宜控制在 3 左右，否则会因碳源不足而影响硝化作用。AB 工艺的适宜水温与常规活性污泥法一致。

2）设计参数

如无工程前期试验资料，设计可按以下经验数据考虑，见表 3-22。

表 3-22 AB 工艺设计参数

项 目	A 段	B 段
污泥负荷 L_s/[kg BOD_5/(kg MLSS·d)]	3～4（2～6）	0.15～0.3
容积负荷 L_v/[kg BOD_5/(m³·d)]	6～10（4～12）	≤0.9
水力停留时间 HRT/h	0.5～0.75	2.0～6.0
混合液浓度 MLSS/(g/L)	2～3（1.5～2）	2～4（3～4）
污泥龄 θ_c/d	0.4～0.7（0.3～0.5）	15～20（10～25）
污泥回流率/%	<70（20～50）	50～100
污泥含水率/%	98～98.7	99.2～99.6
溶解氧 DO/(mg/L)	0.2～1.5（0.3～0.7）	1～2
气水比	3～4∶1	7～10∶1
污泥容积指数 SVI/(mL/g)	60～90	70～100
沉淀池沉淀时间/h	1～2	2～4
沉淀池表面负荷 q'/[m³/(m²·h)]	1～2	0.5～1.0
需氧量系数 a'/(kg O_2/kg BOD_5)	0.4～0.6	1.23
污泥产率系数 Y/(kg MLVSS/kg BOD_5)	0.3～0.5	0.5～0.65

注：A 段、B 段设计参数（）中的数为参考数据。

3. 间歇式活性污泥法（SBR）工艺处理单元的设计

（1）形式分类

按进水方式和有机物负荷的不同，SBR 有多种分类。

a. 按进水方式分类。按 SBR 进水的方式可分为间歇进水式和连续进水式，如图 3-69 所示。

间歇进水方式：出水效果好，在沉淀期和出水期内不进水，易获得澄清的出水。

连续进水方式：因在沉淀期和排水期连续进水，导致污泥上浮，影响出水水质。

b. 按有机负荷分类。SBR 法的负荷一般是根据其排出比和每日周期数来确定，因此组合的负荷条件见图 3-70。

高负荷运行方式：适用于处理中等规模以上的污水，处理规模约 2 000 m³/d。

低负荷运行方式：适用于小型污水处理厂，一般处理规模<2 000 m³/d，且需要脱氮的场合。

其他方式：通过曝气和不曝气的组合运行，可在反应池内按时间反复保持厌氧状态和好氧状态，进行生物脱氮和除磷。

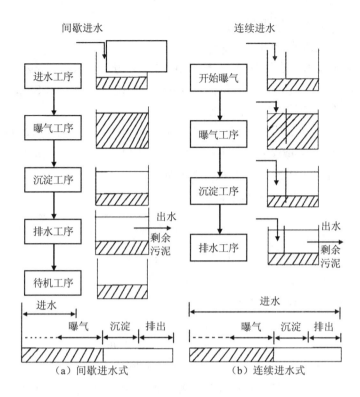

图 3-69 间歇进水式和连续进水式的比较

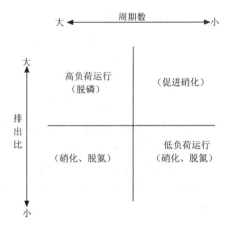

图 3-70 周期数与排出比的不同组合所获得的不同有机物负荷条件

(2) SBR 活性污泥法的设计要点与设计参数

a. SBR 反应池宜按平均日污水量设计；SBR 反应池前后的水泵、管道等输水设施应按最高日最高时污水量设计。

b. SBR 反应池的数量不宜少于 2 个。

c. SBR 反应池容积，可按式（3-88）计算：

$$V = \frac{24Q'S_0}{1000 X L_s t_R} \tag{3-88}$$

式中：Q'——每个周期的进水量，m^3；
S_0——反应池进水 BOD_5，mg/L；
X——反应池内混合液悬浮固体（MLSS）平均质量浓度，mg/L；
L_s——反应池五日生化需氧量污泥负荷，kg BOD_5/（kg MLSS·d）；
t_R——每个周期的反应时间，h。

d. 污泥负荷的取值，以脱氮为主要目标时，宜参照 $A_N O$ 工艺取值；以除磷为主要目标时，宜参照 $A_P O$ 工艺取值；同时脱氮除磷时，宜参照 $A^2 O$ 工艺取值。

e. SBR 工艺各工序的时间，宜按下列规定计算。

a）进水时间，可按式（3-89）计算：

$$t_F = \frac{t}{n} \qquad (3-89)$$

式中：t_F——每池每周期所需要的进水时间，h；
t——一个运行周期需要的时间，h；
n——每个系列反应池个数。

b）反应时间，可按式（3-90）计算：

$$t_R = \frac{24 S_0 m}{1\,000 L_s X} \qquad (3-90)$$

式中：m——充水比，仅需除磷时宜为 0.25～0.5，需脱氮时宜为 0.15～0.3；

c）沉淀时间 t_s 宜为 1.0 h。

d）排水时间 t_D 宜为 1.0～1.5 h。

e）一个周期所需时间可按式（3-91）计算。

$$t = t_R + t_s + t_D + t_b \qquad (3-91)$$

式中：t_b——闲置时间，h，其余符号同前。

f. 每天的周期数宜为正整数。

g. 连续进水时，反应池的进水处应设置导流装置。

H. 反应池宜采用矩形池，水深宜为 4.0～6.0 m。反应池长度与宽度之比：间歇进水时宜为 1∶1～2∶1，连续进水时宜为 2.5∶1～4∶10。

i. 反应池应设置固定式事故排水装置，可设在滗水结束时的水位处。

j. 反应池应采用有防止浮渣流出设施的滗水器；同时，宜有清除浮渣的装置。

4. 氧化沟工艺处理单元的设计

（1）工艺流程及工艺特点

氧化沟是活性污泥法的一种特殊形式。一般情况下，处理城市污水的氧化沟对 BOD_5 去除率可达 95%～99%，脱氮率达 90%左右，除磷效率达 50%左右。出水水质为：BOD_5=0～15 mg/L，SS=10～20 mg/L，NH_4^+-N=1～3 mg/L，P<1 mg/L。

氧化沟的水力停留时间较活性污泥法长，可达 10～30 h。污泥龄一般为 20～30 d，有机负荷（BOD_5/MLSS）很低 [0.05～0.15 kg/（kg·d）]，实质上相当于延时曝气活性污泥系统。

氧化沟的基建费用和运行费用比常规活性污泥法低 40%～60%和 30%～50%。具有出水水质好、耐冲击负荷、运行稳定的特点，并可脱氮除磷，适用于人口 360 万～1 000 万人口当量的污水处理。

（2）氧化沟的设计要点及设计参数

a. 氧化沟前可不设初次沉淀池，可设置厌氧池；可按两组或多组系列布置，并设置进水配水井；可与二次沉淀池分建或合建。

b. 氧化沟的设计计算方法参照表 3-21，相关参数取值宜根据水质等试验进行确定，若无试验资料时，可参照表 3-23：

表 3-23 氧化沟工艺设计参数

项 目	单位	参数值
BOD_5 去除率	%	>95
BOD-MLSS 负荷 L_s	kg BOD_5/（kg MLSS·d）	0.03～0.08
MLSS	mg/L	2 500～4 500
水力停留时间 HRT	h	≥16
需氧量	kg O_2/kg BOD_5	1.5～2.0
污泥回流比 R	%	75～150
污泥龄	d	>15
虚拟产率系数 Y	kg VSS/kg BOD_5	—

c. 进水和回流污泥点宜设在缺氧区首端，出水点宜设在充氧器后的好氧区。氧化沟的超高与选用的曝气设备类型有关，当采用转刷、转碟时，宜为 0.5 m；当采用竖轴表曝机时，宜为 0.6～0.8 m，其设备平台宜高出设计水面 0.8～1.2 m。

d. 氧化沟的有效水深与曝气、混合和推流设备的性能有关，宜采用 3.5～4.5 m。

e. 根据氧化沟渠宽度，弯道处可设置一道或多道导流墙；氧化沟的隔流墙和导流墙宜高出设计水位 0.2～0.3 m。

f. 曝气转刷、转碟宜安装在沟渠直线段的适当位置，曝气转碟也可安装在沟渠的弯道上，竖轴表曝机应安装在沟渠的端部。

j. 氧化沟内的平均流速宜大于 0.25 m/s。

3.7.2 生物膜法处理单元设计

1. 生物滤池工艺处理单元的设计

（1）普通生物滤池

1）设计要点与参数

a. 普通生物滤池的个数或分格数应不小于两个，应考虑同时工作；滤池有效容积（滤料体积）按平均日污水量计算。

b. 处理城镇污水时，正常气温下，滤池的表面负荷为 1～3 m^3/（m^2·d），滤料的 BOD_5 容积负荷为 150～300 g/（m^3·d）。

c. 低负荷滤池采用碎石类填料时，滤料工作层总厚度为 1.5～2.0 m。料径和层厚一般采用：

上层：层厚 1.3～1.8 m，粒径 30～50 mm。

下层：层厚 0.2 m，粒径 60～100 mm。

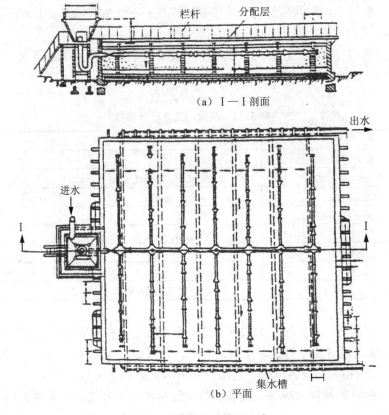

图 3-71 普通滤池构造示意

2）计算公式

按处理 1 m³ 污水所需滤料体积的计算公式（见表 3-24）。

表 3-24 按处理 1 m³ 污水所需滤料体积的计算公式

名 称	公 式	符 号 说 明
每天处理 1 m³ 污水所需滤料体积	$V_1 = (S_0 - S_e)/M$	V_1——每天处理 1 m³ 污水所需滤料体积，m³/(m³·d)； S_0——进入滤池的 BOD_5 质量浓度，g/m³； S_e——滤池出水 BOD_5 质量浓度，g/m³； M——滤料容积负荷，g(BOD_5)/(m³·d)； V——滤料总体积，m³； Q——平均日污水设计流量，m³/d； F——滤池有效面积，m²； H——滤料层总高度，m，$H=1.5\sim2.0$ m； q——滤池表面负荷，m³/(m²·d)，$q=1\sim3$ m³/(m²·d)； D_1——处理 1 m³ 污水所需空气量，m³/m³； 2.099——空气含氧量折算系数； S——氧的密度，在 101.325 kPa 大气压下，$S=1.429$ g/L； n——氧的利用率，一般为 7%～8%； D_0——每天每立方米滤料所需空气量，m³/(m³·d)； $21=2.099\times1.427\times7$
滤料总体积	$V = QV_1$	
滤池有效面积	$F = V/H$	
用表面负荷校核滤池面积	$F = Q/q$	
处理 1 m³ 污水所需空气量	$D_1 = \dfrac{S_0 - S_e}{2.099\, Sn}$	
每天 1 m³ 滤料所需空气量	$D_0 = M/21$	

3）固定式喷嘴布水系统设计要点

a. 喷嘴布置形式：喷嘴布置形式有多种，见图 3-72。一般采用图 3-72（c）交错布置形式，以充分利用滤池表面积。其中，R 为每个喷嘴的喷洒面积半径，喷嘴间距 $L_1=1.732R$，排距 $L_2=1.50R$。

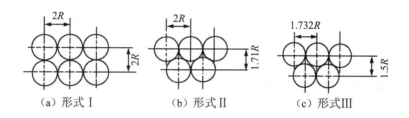

图 3-72 喷嘴布置形式

b. 喷水周期：喷洒时间和间歇时间之和称喷水周期。对大中型滤池，在污水最大设计流量时，一般为 5～8 min。对小型滤池，一般控制在 15 min 内，喷洒时间一般为 1～5 min。

c. 配水管自由水头：起端为 1.5 m，末端为 0.5 m。

固定式喷嘴布水系统计算公式参见相关设计手册。

（2）高负荷生物滤池

高负荷生物滤池的有机负荷是普通生物滤池的 6～8 倍，因此占地面积较少。BOD_5 去除率一般为 75%～90%。高负荷生物滤池的特点是：要求采用较高的表面负荷，及时冲走过厚和老化的生物膜，防止滤池堵塞，保证正常运行。

1）构造

高负荷生物滤池的滤料粒径较普通生物滤池的大，一般为 40～100 mm；滤料层厚为 2～4 m；一般采用旋转布水装置。高负荷生物滤池构造参见图 3-73。

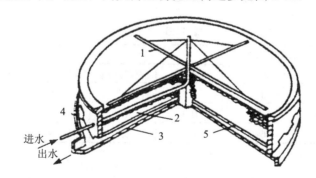

1—旋转布水器；2—滤料；3—集水沟；4—总排水沟；5—渗水装置

图 3-73 高负荷生物滤池构造示意

2）设计参数

a. 高负荷生物滤池按平均日污水量设计。

b. 进水 BOD_5 质量浓度应小于 200 mg/L。当污水的 BOD_5 质量浓度大于 200 mg/L 时，必须进行回流，其回流比应经计算求得。

c. 以碎石类为填料，处理城镇污水，正常气温下，以填料体积计，BOD_5 容积负荷不宜大于 1 800 g/（$m^3·d$）；BOD_5 滤池面积负荷一般为 1 100～2 000 g/（$m^2·d$）；表面负荷一般为 10～36 m^3/（$m^2·d$）。

d. 高负荷生物滤池宜采用碎石或塑料制品作填料，当采用碎石类填料时，上层填料厚 1.8 m，粒径 40～70 mm，下层填料厚 0.2 m，粒径 70～100 mm。

e. 当采用自然通风时，滤料层厚度一般不应大于 2 m。当滤料层厚度超过 2 m 时，一般应采取人工通风措施。

3）计算公式

高负荷生物滤池计算公式见表 3-25。

表 3-25　高负荷生物滤池计算公式

名　称	公　式	符　号　说　明
进水 BOD_5 浓度	$S_{ol}=KS_e$	S_{ol}——稀释后进水 BOD_5，mg/L；
回流稀释倍数	$n=\dfrac{S_o-S_{ol}}{S_{ol}-S_e}$	S_e——出水 BOD_5，mg/L； K——系数，见表 3-26；
滤池总面积	$F=\dfrac{Q(n+1)S_{ol}}{M}$	S_o——原污水 BOD_5，mg/L； F——滤池总面积，m^2
滤池滤料总体积	$V=HF$	Q——平均日污水量，m^3/d；
滤池表面负荷	$q=M/S_{ol}$	M——BOD_5 滤池面积负荷，g/（$m^2·d$）； V——滤池滤料总体积，m^3； H——滤料层厚度，m；
滤池直径	$D=\sqrt{\dfrac{4F_1}{\pi}}$	q——滤池表面负荷，m^3/（$m^2·d$），当 $q<10$ m^3/（$m^2·d$）时，则应加大回流稀释倍数，使 q 达到 10 m^3/（$m^2·d$）以上，否则减小滤料层厚度； D——滤池直径，m； F_1——每一个滤池的面积，m^2

表 3-26　K 值表

污水冬季平均温度/℃	年平均气温/℃	K 值				
		$H=2.0$ m	$H=2.5$ m	$H=3.0$ m	$H=3.5$ m	$H=4.0$ m
8～10	<3	2.5	3.3	4.4	5.7	7.5
10～14	3～6	3.3	4.4	5.7	7.5	9.6
>14	>6	4.4	5.7	7.5	9.6	12.0

注：H 为滤池滤料厚度（m）。

4）设计例题

[例题 3-1]　已知：某卫星镇设计人口 N=70 000 人，污水量标准 q=100 L/（人·d），BOD_5 含量 S'_o=20 g/（人·d）。镇内有一座化纤厂，污水量 Q_p=3 000 m^3/d，污水 BOD_5 浓度 S_o''=600 mg/L。混合污水冬季平均温度 14℃，总变化系数 K_z=1.58。年平均气温为 8℃。拟采用高负荷生物滤池处理，滤料层厚度 H=2 m，采用旋转布水器布水。处理后出水要求 BOD_5≤25 mg/L。试设计高负荷生物滤池。

解：
混合污水平均日流量：

$$Q = \frac{N \cdot q}{1\,000} + Q_p = \frac{70\,000 \times 100}{1\,000} + 3\,000 = 10\,000 \text{ (m}^3\text{)}$$

混合污水 BOD_5 浓度：

$$S_o = (NS'_o + Q_p S''_o)\frac{1}{Q}$$

$$= (70\,000 \times 20 + 600 \times 3\,000) \times \frac{1}{10\,000} = 320 \text{ (mg/L)}$$

$S_o > 200$ mg/L，必须进行稀释。
回流稀释后混合污水要求的 BOD_5 浓度：

$$S_{ol} = K S_e$$

当 $H=2$ m，混合污水冬季平均温度为 14℃，年平均气温为 8℃ 时，查表 3-26，得 $K=4.4$，

$$S_{ol} = K S_e = 4.4 \times 25 = 110 \text{ (mg/L)}$$

回流稀释倍数：

$$n = \frac{S_o - S_{ol}}{S_{ol} - S_e} = \frac{320 - 110}{110 - 25} = 2.5$$

滤池总面积：
当 $M=2\,000$ g（BOD_5）/（m²·d）时，

$$F = \frac{Q(n+1)S_{ol}}{M} = \frac{10\,000(2.5+1) \times 110}{2\,000} = 1\,925 \text{ (m}^2\text{)}$$

滤池滤料总体积：

$$V = FH = 1\,925 \times 2 = 3\,850 \text{ (m}^3\text{)}$$

每个滤池面积：采用 4 个滤池，每个滤池面积 F_1 为：

$$F_1 = F/4 = 1\,925/4 = 481 \text{ (m}^2\text{)}$$

滤池直径：

$$D = \sqrt{\frac{4F_1}{\pi}} = \sqrt{\frac{4 \times 481}{\pi}} = 24.7 \approx 25 \text{ (m)}$$

校核表面负荷：

$$q = M/S_{ol} = 2\,000/110 = 18.2 \text{ [m}^3\text{/（m}^2\text{·d）]}$$

$q > 10$ m³/（m²·d），满足要求。

(3) 塔式生物滤池
塔式生物滤池设计要点与参数：

a. 塔式生物滤池直径宜为 1～3.5 m，直径与高度之比宜为 1:6～1:8；填料层厚度宜根据试验资料确定，宜为 8～12 m。

b. 塔式生物滤油的填料应采用轻质材料。

c. 塔式生物滤池填料应分层，每层高度不宜大于 2 m，并应便于安装和养护。

d. 塔式生物滤池宜采用自然通风方式。

e. 塔式生物滤池进水的五日生化需氧量值应控制在 500 mg/L 以下，否则处理出水应回流。

f. 塔式生物滤池表面负荷和五日生化需氧量容积负荷应根据试验资料确定。无试验资料时，表面负荷宜为 80~200 $m^3/(m^2·d)$，五日生化需氧量容积负荷宜为 1.0~3.0 kg/($m^3·d$)。

（4）曝气生物滤池

曝气生物滤池设计要点与参数：

a. 曝气生物滤池的池体高度宜为 5~7 m。

b. 曝气生物滤池的滤料应具有强度大、不易磨损、孔隙率高、比表面积大、化学物理稳定性好、易挂膜、生物附着性强、比重小、耐冲洗和不易堵塞的性质，宜选用球形轻质多孔陶粒或塑料球形颗粒。

c. 曝气生物滤池的反冲洗宜采用气水联合反冲洗，通过长柄滤头实现。反冲洗空气强度宜为 10~15 L/($m^2·s$)，反冲洗水强度不应超过 8 L/($m^2·s$)。

d. 在碳氧化阶段，曝气生物滤池的污泥产率系数可为 0.75 kg VSS/kg BOD_5。

e. 曝气生物滤池的容积负荷宜根据试验资料确定，无试验资料时，曝气生物滤池的五日生化需氧量容积负荷宜为 3~6 kg/($m^3·d$)，硝化容积负荷（以 NH_3-N 计）宜为 0.3~0.8 kg/($m^3·d$)。反硝化容积负荷（以 NO_3-N 计）宜为 0.8~4.0 kg/($m^3·d$)。

2. 生物接触氧化法处理单元的设计

设计要点与相关参数：

a. 生物接触氧化池应根据进水水质和处理程度确定采用一段式或二段式。生物接触氧化池平面形状宜为矩形，有效水深宜为 3~5 m。生物接触氧化池不宜少于两个，每池可分为两室。

b. 宜根据生物接触氧化池填料的布置形式布置曝气装置。底部全池曝气时，气水比宜为 8∶1。

c. 生物接触氧化池的五日生化需氧量容积负荷，宜根据试验资料确定，无试验资料时，碳氧化宜为 2.0~5.0 kg/($m^3·d$)，碳氧化/硝化宜为 0.2~2.0 kg/($m^3·d$)。

3. 生物转盘法处理单元的设计

设计要点与相关参数：

a. 生物转盘的反应槽设计，应符合下列要求：

a）反应槽断面形状应呈半圆形。

b）盘片外缘与槽壁的净距不宜小于 150 mm。盘片净距：进水端宜为 25~35 mm，出水端宜为 10~20 mm。

c）盘片在槽内的浸没深度不应小于盘片直径的 35%，转轴中心高度应高出水位 150 mm 以上。

b. 生物转盘转速宜为 2.0~4.0 r/min，盘体外缘线速度宜为 15~19 m/min。

c. 生物转盘的设计负荷宜根据试验资料确定，无试验资料时，五日生化需氧量表面有机负荷，以盘片面积计，宜为 0.005~0.020 kg BOD_5/($m^2·d$)，首级转盘不宜超过 0.030~0.040 kg BOD_5/($m^2·d$)；表面负荷以盘片面积计，宜为 0.04~0.20 m^3/($m^2·d$)。

4. 生物流化床处理单元的设计

设计要点与相关参数：

a. 生物流化床一般不应少于两座。

b. 对于生活污水，容积负荷宜为 5～11 kg BOD_5/($m^2·d$)；表面负荷为 30 m^3/($m^2·d$) 左右；污泥负荷为 0.12～0.92 kg BOD_5/(kg VSS·d)。一般采用容积负荷进行设计。

c. 床内生物量最大为 40 g/L，一般以 6～20 g/L 为宜。

d. 污泥产率为 0.24～0.38 kg VSS/kg COD，污泥龄为 1.3～2.7 d。

e. 氧气利用率一般为 10%～20%，出水 DO＞2.0 mg/L。

3.7.3 生物脱氮除磷工艺处理单元的设计

1. 缺氧—好氧生物脱氮工艺（$A_N O$ 工艺）处理单元的设计

a. 生物反应池的容积，可参照活性污泥法的公式进行计算，其中反应池中缺氧区（池）的水力停留时间宜为 0.5～3 h。

b. 生物反应池的容积，采用硝化、反硝化动力学计算时，按下列规定计算：

a）缺氧区（池）容积，可按式（3-92）～式（3-94）计算：

$$V_n = \frac{0.001Q(N_k - N_{te}) - 0.12\Delta X_v}{K_{de}X} \tag{3-92}$$

$$K_{de(T)} = K_{de(20)}1.08^{(T-20)} \tag{3-93}$$

$$\Delta X_v = yY_t \frac{Q(S_0 - S_e)}{1000} \tag{3-94}$$

式中：V_n —— 缺氧区（池）容积，m^3；

N_k —— 生物反应池进水总凯氏氮浓度，mg/L；

N_{te} —— 生物反应池出水总氮浓度，mg/L；

ΔX_v —— 排出生物反应池系统的微生物量，kgMLVSS/d；

K_{de} —— 脱氮速率，kg(NO_3-N)/(kg MLSS·d)，宜根据试验资料确定。无试验资料时，20℃的 K_{de} 值可采用 0.03～0.06，并按式（3-93）进行温度修正；$K_{de(T)}$、$K_{de(20)}$ 分别为 T℃和 20℃时的脱氮速率；

Y_t —— 污泥总产率系数，kg MLSS/kg BOD_5，宜根据试验资料确定。无试验资料时，系统有初次沉淀池时取 0.3，无初次沉淀池时取 0.6～1.0；

y —— MLSS 中 MLVSS 所占比例。

b）好氧区（池）容积，可按式（3-95）～式（3-97）计算：

$$V_o = \frac{Q(S_0 - S_e)\theta_{co}Y_t}{1\,000X} \tag{3-95}$$

$$\theta_{co} = F\frac{1}{\mu} \tag{3-96}$$

$$\mu = 0.47 \frac{N_a}{K_n + N_a} e^{0.098(T-15)} \tag{3-97}$$

式中：V_0—— 好氧区（池）容积，m^3；
　　　θ_{co}—— 好氧区（池）设计污泥泥龄，d；
　　　F—— 安全系数，取 1.5～3.0；
　　　μ—— 硝化菌比生长速率，d^{-1}；
　　　N_a—— 生物反应池中氨氮浓度，mg/L；
　　　K_n—— 硝化作用中氮的半速率常数，mg/L；
　　　T—— 设计温度，℃；
　　　0.47——15℃时，硝化菌最大比生长速率，d^{-1}。

c）混合液回流量，可按式（3-98）计算：

$$Q_{Ri} = \frac{1\,000 V_n K_{de} X}{N_{te} - N_{ke}} - Q_R \tag{3-98}$$

式中：Q_{Ri}—— 混合液回流量，m^3/d，混合液回流比不宜大于 400%；
　　　Q_R—— 回流污泥量，m^3/d；
　　　N_{ke}—— 生物反应池出水总凯氏氮浓度，mg TKN/L；
　　　N_{te}—— 生物反应池出水总氮浓度，mg TN/L。

c. 缺氧—好氧法（A_NO 法）生物脱氮的主要设计参数据试验资料确定；无试验资料时，可采用经验数据或按表 3-27 取值。

表 3-27　缺氧—好氧法生物脱氮的主要工艺参数

项　目	单　位	参数值
BOD 污泥负荷 L_s	kg BOD_5/（kg MLSS·d）	0.05～0.15
总氮负荷率	kg TN /（kg MLSS·d）	≤0.05
污泥浓度 X	MLSS g/L	2.5～4.5
污泥龄 θ_c	d	11～23
污泥产率 Y	kg MLVSS/去除 kg BOD_5	0.3～0.6
需氧量 O_2	kg O_2/kg BOD_5	1.1～2.0
水力停留时间 HRT	h	8～16
		其中缺氧段 0.5～3.0
污泥回流比 R	%	50～100
混合液回流比 R_i	%	100～400
总处理效率	%	90～95（BOD_5）
	%	60～85（TN）

2. 厌氧—好氧生物除磷工艺（A_PO 工艺）处理单元的设计

a. 生物反应池的容积，可参照活性污泥法的公式进行计算，反应池中厌氧区（池）和好氧区（池）之比，宜为 1∶2～1∶3。

b. 生物反应池中厌氧区（池）的容积，可按式（3-99）计算。

$$V_P = \frac{t_P Q}{24} \tag{3-99}$$

式中：V_p—— 厌氧区（池）容积，m^3；
　　　t_p—— 厌氧区（池）水力停留时间，宜为 1～2 h。

c. 厌氧—好氧法生物除磷的主要设计参数据试验资料确定。无试验资料时，可采用经验数据或按表 3-28 取值：

表 3-28　厌氧—好氧法生物除磷的主要参数表

项　目	单　位	参数值
BOD_5 污泥负荷 L_s	kg BOD_5/（kg MLSS·d）	0.4～0.7
污泥浓度 X	g MLSS /L	2.0～4.0
污泥龄 θ_c	d	3.5～7
污泥产率 Y	kg MLVSS/去除 kg BOD_5	0.4～0.8
污泥含磷率	kg TP/kg MLSS	0.03～0.07
需氧量	kg O_2/kg BOD_5	0.7～1.1
水力停留时间 HRT	h	3～8
		其中厌氧段 1～2
		厌氧段：好氧段=1：2～1：3
污泥容积指数 SVI	mL/g	≤100
污泥回流比 R	%	40～100
总处理效率	%	80～90（BOD_5）
	%	75～85（TP）

3. 同时脱氮除磷工艺（AAO 法，又称 A^2O 法）处理单元的设计

a. 生物反应池的容积，可参照活性污泥法的公式进行计算，缺氧好氧池参照 A_NO、A_PO 设计。

b. A^2O 法生物脱氮除磷的主要设计参数根据试验资料确定。无试验资料时，可采用经验数据或按表 3-29 取值。

表 3-29　A^2O 法生物脱氮除磷的主要参数

项　目	单　位	参数值
BOD_5 污泥负荷 L_s	kg BOD_5/（kg MLSS·d）	0.1～0.2
污泥质量浓度 X	g MLSS /L	2.5～4.5
污泥龄 θ_c	d	10～20
污泥产率 Y	kg MLVSS /去除 kg BOD_5	0.3～0.6
需氧量	kg O_2/kg BOD_5	1.1～1.8
水力停留时间 HRT	h	7～14
		其中厌氧 1～2
		缺氧 0.5～3
污泥回流比 R	%	20～100
混合液回流比 R_i	%	≥200
总处理效率	%	85～95（BOD_5）
	%	50～75（TP）
	%	55～80（TN）

3.7.4 膜生物反应器的设计

1. 浸没式 MBR 设计

选定生物处理工艺流程后，按照相应的生物处理工艺，设计计算方法可参考活性污泥法。

（1）生物反应池容积

曝气池容积可按污泥负荷进行计算。

有脱氮要求的生化反应池容积计算参照 3.7.3 节，同时脱氮除磷的浸没式缺氧－膜生物污水处理系统，工艺参数应符合下列要求：

a. 厌氧池污泥浓度宜为 20～25 g/L；溶解氧浓度应不大于 0.2 mg/L。

b. 膜生物反应池污泥浓度宜为 6～12 g/L；膜箱内溶解氧浓度宜为 2.0 mg/L，膜箱外溶解氧浓度宜为 0.5 mg/L。

c. 污泥回流比为 100%～500%。

（2）膜面积计算

膜面积 A_m 可由式（3-100）计算：

$$A_m = \frac{1000 \cdot Q}{24 \cdot J_{net}} \tag{3-100}$$

式中：A_m——膜面积，m^2；

Q——膜生物反应池的设计流量，m^3/d；

J_{net}——膜平均净通量，$L/(m^2 \cdot h)$。

其中，平均净通量 J_{net} 的计算可由式 3-101 得到：

$$J_{net} = \frac{n(Jt_p - J_b\tau_p)}{t_c + \tau_c} \tag{3-101}$$

式中：t_p、t_c——物理清洗间隔周期、化学清洗间隔周期，h；

τ_p、τ_c——物理清洗持续时间、化学清洗持续时间，h；

J、J_b——运行时通量、反冲洗通量，$L/(m^2 \cdot h)$；

n——一个化学清洗周期内所包含的物理清洗次数。n 的确定根据膜组件及处理工艺不同差别较大，应根据设计要求及相似实际运行工况确定。

此外通量还与设计温度有关，关系见式（3-102）：

$$J = J_{20}1.025^{(T-20)} \tag{3-102}$$

式中：J——运行时通量，$L/(m^2 \cdot h)$；

T——温度，℃。

（3）曝气量计算

MBR 中的曝气量由两部分组成：生物反应所需要的曝气量和膜组件的曝气量。

生物反应所需要的曝气量可按照 3.1.7 节计算。

MBR 膜组件曝气的目的是将固体物质从膜表面冲刷下来，防止膜通量下降。浸没式 MBR 中，通常采用比曝气需求量（specific aeration demand，SAD）进行计算。最为常用的 SAD 计算方法为单位膜面积曝气量（SAD_m），即单位膜组件曝气量 G_m 与单位膜组件的膜面积 A 比值，计算方法见式（3-103）。

$$SAD_m = \frac{G_m}{A} \tag{3-103}$$

式中，SAD_m 的单位为 m^3 空气/（m^2-膜面积·h）。

膜组件曝气量可参照膜厂商提供的参数，或根据试验确定。

常采用的曝气方式包括大气泡曝气、微气泡曝气和射流曝气。在 MBR 中宜使用射流曝气和穿孔曝气相结合或者穿孔曝气与微孔曝气相结合的曝气方式。大气泡曝气可以提高湍流程度，产生较大的剪切力，有利于防止污泥在膜表面沉积。

国内代表性的 MBR 工程设计膜曝气量：中空纤维膜的 SAD_m 值为 0.20～0.60 m^3/（m^2·h）；板式膜为 0.40～0.80 m^3/（m^2·h）。

设计时，可根据厂商提供的 SAD 参数，结合膜面积算出 G_m，加上生物需氧量即为 MBR 所需的曝气量。以采用 SAD_m 为设计依据为例，总曝气量 = G_b + G_m，其中 G_b 为生物反应曝气量，$G_b = \frac{R_0}{0.28 \times E_A} \times 100$，$G_m = SAD_m \times A$。

2. 外置式 MBR 计算

外置式生物反应池容积、水力停留时间 HRT、污泥负荷与污泥浓度、曝气系统等设计参数可参照浸没式膜生物法工程设计，超高宜为 0.3～0.5 m。膜系统设计宜参照下列参数：

膜系统正常运行回收率为 10%～15%；膜面流速为 3～5 m/s；膜通量为 40～150 L/（m^2·h）；操作压力为 0.2～0.4 MPa；污泥浓度为 10～40 g/L。

3.7.5 厌氧生物处理反应器的设计

1. 厌氧接触法反应器

厌氧接触工艺设计的内容主要包括消化池、脱气池、沉淀池、污泥与甲烷产量等的设计计算。本小节主要介绍消化池容积的计算。消化池容积可以采用有机容积负荷或者动力学关系法进行设计计算。

（1）采用有机容积负荷法进行计算时，计算公式可参照活性污泥法设计的计算公式。厌氧接触法处理污水时，不同温度条件下采用的有机容积负荷值见表 3-30。

表 3-30　不同温度下厌氧接触法容积负荷

温　度	COD 容积负荷/[kg/（m^3·d）]
高温（50～60℃）	3～9
中温（30～35℃）	2～6
常温（15～25℃）	0.5～2

（2）采用动力学关系进行计算时，消化池容积采用式（3-104）～式（3-105）进行计算。

$$V = \frac{Q(S_0 - S_e)\theta_c Y}{X(1 + K_d \theta_c)} \tag{3-104}$$

$$S_e = \frac{(1+b\theta_c)K_s}{\theta_c(Yv_{max} - K_d) - 1} \tag{3-105}$$

式中：Q——污水流量，m^3/d；

S_0——进水 BOD_5 质量浓度，mg/L；

S_e——出水 BOD_5 质量浓度，mg/L；

θ_c——污泥龄，d；

Y——活性污泥微生物产率系数，kg 微生物/kg 被降解的有机物底物；

K_d——细菌内源呼吸系数，d^{-1}；

v_{max}——微生物最大的有机物利用速率；与温度有关，$v_{max}(T) = 6.67 \times 10^{-0.015(35-T)}$；

K_s——半速常数，即反应速率$=\frac{1}{2}v_{max}$ 时的有机底物浓度，mg/L。

Y、K_d 值一般参照城市污水厂污泥对应值，见表 3-31。

表 3-31 产甲烷阶段的 Y、K_d 值

参数	变化范围	低脂型废水或污泥平均值	高脂型废水或污泥平均值
Y/（mg/mg）	0.040~0.054	0.044	0.040
K_d/d^{-1}	0.010~0.040	0.019	0.015

（3）污泥龄的计算

正常运行的厌氧接触法污泥龄 θ_c 是临界污泥龄 θ_c^m 的 2~10 倍，临界污泥龄为出水有机物浓度等于进水有机物浓度的污泥龄。根据劳伦斯-麦卡蒂方程（3-106），

$$\frac{1}{\theta_c^m} = Y\frac{v_{max}S_0}{K_s + S_0} - K_d \tag{3-106}$$

由于 K_d 值很小常略去，因此：

$$\theta_c^m = \frac{K_s + S_0}{v_{max}S_0 Y} \tag{3-107}$$

式中：θ_c^m——临界污泥龄，d；

其余符号同前。

（4）其他相关参数

MLVSS 一般为 3~4 g/L，混合液 SVI 为 70~150 mL/g，水力停留时间为 0.5~5 d，若有回流则回流比一般为 2~4。

2. 厌氧生物滤池

a. 容积负荷：厌氧生物滤池的运行效果受温度影响大，表 3-32 为不同运行温度条件下厌氧生物滤池的容积负荷。

表 3-32 不同运行温度条件下的厌氧生物滤池容积负荷

温度	COD 容积负荷/[kg/（$m^3 \cdot d$）]
高温（50~60℃）	5~15
中温（30~35℃）	3~10
常温（15~25℃）	1~3

b. 水力停留时间：24～48 h。
c. 污泥负荷：0.23～3.6 kg COD/(kg VSS·d)。

3. 厌氧膨胀床和厌氧流化床

a. 容积负荷：受温度影响较大，不同消化温度下的容积负荷如表 3-33 所示。

表 3-33　不同运行温度条件下的厌氧膨胀床和流化床的容积负荷

温　度	COD 容积负荷/[kg/(m³·d)]	
	厌氧膨胀床	厌氧流化床
高温（50～55℃）	10～30	12～33
中温（30～35℃）	9～22	10～25
常温（15～25℃）	3～6	3～8

b. 其他工艺参数：典型工艺参数见表 3-34。

表 3-34　厌氧膨胀床和流化床的典型工艺参数

项　目	参数值
水力停留时间/h	6～16
COD 去除率/%	80～90
生物膜厚度/μm	厌氧膨胀床 20～170 厌氧流化床 50～200
生物膜质量浓度（MLVSS）/(kg/m³)	20～30
污泥产率（MLVSS/COD）/(kg/kg)	0.12～0.15
污泥负荷（COD/MLVSS）/[kg/(kg·d)]	0.26～4.3

4. 升流式厌氧污泥床 UASB

a. 容积负荷：不同消化温度下的容积负荷如表 3-35 所示。

表 3-35　不同温度条件下的升流式污泥床反应器容积负荷

温　度	COD 容积负荷/[kg/(m³·d)]
高温（50～55℃）	20～30
中温（30～35℃）	10～20
常温（20～25℃）	5～10
低温（10～15℃）	2～5

b. 上流速度与反应器高度：上流速度等于水力表面负荷，主要考虑颗粒污泥的沉降速率，与反应器高度有关。上升流速与反应器高度值如表 3-36 所示。

表 3-36　不同废水种类的 UASB 的上流速度与反应器高度

废水种类	上流速度/[m³/(m²·h)]	反应器高度/m
溶解性 COD 接近 100%	1.0～3.0	6～10
部分溶解性 COD	1.0～1.25	3～7
城市污水	0.8～1.0	3～5

需要指出的是，在城镇污水二级处理中，目前厌氧生物处理反应器使用不广泛。

5. 水解酸化—好氧处理工艺

（1）城市污水处理

1）水解酸化池的设计参数

设置预处理措施，避免堵塞水解池布水系统

水解池平均水力停留时间：2.5~4.0 h

水解池布水孔负荷：1~2 m²/孔

池体深度：4.0~6.0 m

出水堰负荷：1.5~3.0 L/（s·m）

污泥床高度：水面以下 1.0~1.5 m

排泥口设置：污泥层中上部位，即水面以下 2.0~2.5 m

水流最大上升流速：$v_m \leqslant 2.5$ m/h

COD 去除率为 30%~50%，SS 去除率>80%

2）好氧池工艺设计参数

以传统曝气池作为水解酸化池后续处理工艺时，其典型参数如下：

污泥负荷（BOD_5/MLSS）：0.15~0.3 kg/（kg·d）

平均水力停留时间：4.0~6.0 h

污泥回流比：50%~100%

池体深度：5.0~7.0 m

气水比：3∶1~5∶1

（2）部分工业废水水解酸化阶段的设计参数

部分工业废水水解酸化阶段的设计参数见表 3-37。

表 3-37 部分工业废水水解酸化阶段的设计参数

废水种类	COD 去除率/%	SS 去除率/%	BOD_5/COD	水力停留时间/h
造纸综合废水	30~50	>80	大为提高	4~6
印染废水	10~25	低	大为提高	6~10
焦化废水	10 左右	80	大为提高	4
啤酒废水	40~50	80~90	不变	2~4
屠宰废水	30~50	80~90	不变	2~4

例如，处理某企业的印染废水，处理水量为 6 000 m³/d，采用水解酸化—好氧处理工艺，主要设计参数如下：设计进水水质，COD_{Cr} 为 1 000 mg/L，BOD_5 为 300 mg/L，SS 为 850 mg/L。水解酸化池主要设计参数，水力停留时间为 8 h，容积负荷为（COD_{Cr}）2.9 kg/（m³·d）。设计出水水质，COD_{Cr} 为 750 mg/L，BOD_5 为 240 mg/L，SS 为 340 mg/L。

设计水解酸化池两座，每座 1 000 m³，有效水深 6.0 m，池内安装 2.5 m 高填料，用作附着生物载体。好氧处理工艺主要设计参数，曝气池容积负荷（COD_{Cr}）为 1.0 kg/（m³·d），水力停留时间为 12 h，污泥质量浓度为 4 000 mg/L，设计曝气池两座，每座 1 500 m³。

3.7.6 二沉池的设计

二沉池设计的主要内容：池型选择、沉淀池面积、有效水深和污泥区容积的计算。本书 2.2 节中有关沉淀池的叙述，一般也都适用于二沉池。设计要点如下：

a. 表面负荷分为水力表面负荷和固体表面负荷，前者考虑出水水质，后者能保证污泥的浓缩。

b. 沉淀池的设计计算一般都采用经验值，详见表 2-3 所列数值。

c. 当计算城市污水处理工艺中采用辐流式二沉池面积时，设计流量不包括回流污泥量，但校核固体负荷和计算污泥区高度时应含回流污泥量。

第4章 污水物理与化学处理工程基础

水中的污染物，按它们在水中的存在状态可分为悬浮物、胶体和溶解物三大类；按它们的化学特性可分为无机物和有机物。废水处理方法一般分为物理法、化学法和生物法，每种处理方法都有各自的特点和适用条件，根据不同的原水水质和处理后的水质要求，可单独应用，也可几种方法组合应用。

本章介绍水处理中常用的物理法和化学法，包括混凝、沉淀（包括澄清和浓缩）、沉砂、隔油、气浮、过滤、吸附、离子交换、膜分离、中和、化学沉淀、氧化还原、萃取、吹脱和汽提、消毒等。

4.1 混凝

通过投加混凝剂主要使水中难以自然沉淀的胶体物质以及细小的悬浮物聚集成较大的颗粒，使之能与水分离的过程称为混凝。

混凝是水处理的重要方法，能去除水中的浊度和色度，还能对水中无机和有机污染物有一定的去除效果。

4.1.1 胶体的基本性质

1. 胶体的双电层结构

胶体颗粒的中心是胶核。胶核表面的电位形成离子的静电作用把溶液中带有异性电荷的离子（称为反离子）吸引到胶核的周围，从而形成胶体双电层结构，如图4-1所示。

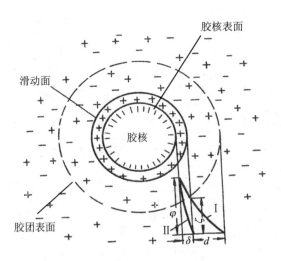

图 4-1　胶体双电层结构示意图

紧靠胶核表面一层的反离子被吸附得比较牢固，该层称为吸附层；吸附层内的反离子浓度大。吸附层外围为扩散层，随着与胶核表面距离的增加，扩散层内反离子的浓度逐渐降低，直到等于溶液中离子的平均浓度。吸附层和扩散层中反离子的总电荷等于胶核表面电位形成离子的电荷，使得整个胶团为电中性。由于胶核表面离子对扩散层中的反离子的吸引力较弱，所以由胶核和吸附层组成的微粒在溶液中做布朗运动时，扩散层中的大部分反离子未随胶体微粒一起运动，这就导致运动中的胶粒显示了电性。运动中的胶体微粒与溶液的界面称为滑动面。在胶体化学中常将吸附层表面当作滑动面。

胶核表面上的离子和反离子之间形成的电位称总电位，即 φ 电位；滑动面上的电位称为动电位，即 ζ 电位。总电位无法测试，也没有实用价值，而 ζ 电位可以测定且具有重要意义。

黏土、病毒、藻类和腐殖质等颗粒的 ζ 电位在 $-15 \sim -40$ mV，细菌的 ζ 电位一般在 $-30 \sim -70$ mV 范围内。氢氧化铁胶体溶液的 φ 电位为 $+56$ mV。由于污水成分复杂，存在条件不同，同一胶体在不同污水中所表现的 ζ 电位也往往有所不同。

凡在吸附层中离子直接与胶核接触，水分子不直接接触胶核的胶体称为憎水胶体。一般无机物的胶体颗粒，如氢氧化铝、氢氧化铁和二氧化硅等都属这一类。

胶体微粒能直接吸附水分子的称为亲水胶体。亲水胶体的颗粒绝大多数都是分子量很大的高分子化合物或高聚合物。

根据以上所述，憎水胶体具有双电层，亲水胶体则有一层水壳，双电层与水壳都有一定的厚度，这个厚度是决定胶体是否稳定的因素。

2. 胶体的表面电荷

胶体的表面电荷是产生双电层的根本原因。污水中胶体的表面电荷的主要来源为：

（1）胶体表面分子的电离

胶体颗粒表面分子或具有能电离的基团发生电离，使一部分离子进入溶液，而使其本身带电。

（2）胶体颗粒表面的溶解

胶体颗粒的表面物质和水分子起化学反应而产生新的化合物，这种化合物又电离出阳离子和阴离子，微粒吸附了其中的一种离子而带电。例如，二氧化硅颗粒的表面部分溶解，产生硅酸，硅酸部分离解成 H^+ 和 SiO_3^{2-}，其他部分的 SiO_2 粒子吸附了 SiO_3^{2-} 而带负电。

（3）胶体颗粒表面对溶液中离子的吸附

胶体颗粒表面能吸附水中电解质的某些离子而使其本身带电。这种吸附是有选择性的，如氢氧化铁胶体会优先吸附水中的含铁离子（FeO^+）而带正电。

3. 胶体的稳定性

胶体颗粒在水中长期保持分散悬浮状态的特性称为胶体的稳定性。胶体稳定性分为动力稳定性和聚集稳定性两种。微小胶体颗粒因布朗运动而长期悬浮于水中不沉降的特性，称为胶体动力稳定性。胶体颗粒因其表面同性电荷相斥或者由于水壳阻碍而使胶粒保持单个分散状态而不凝聚的特性称为胶体的聚集稳定性。在胶体颗粒两种稳定性中，聚集稳定性更重要。如果聚集稳定性被破坏，胶体就会相互聚集成大的颗粒，其动力稳定性也随之消失。

在水处理中，为使胶体颗粒能通过碰撞而彼此聚集，就需要消除或降低胶体颗粒的稳定因素,这一过程称为胶体的脱稳。

4.1.2 混凝动力学

胶体颗粒之间或者胶体与混凝剂之间发生絮凝的首要条件是颗粒的相互碰撞。碰撞速率和混凝速率问题属于混凝动力学研究范畴。水中颗粒碰撞的动力来自两方面:颗粒在水中的布朗运动和在水力或机械搅拌下所造成的流体运动。

1. 异向絮凝

细小颗粒在水分子无规则热运动的撞击下做布朗运动所造成的颗粒间碰撞聚集,称为异向絮凝。脱稳后的颗粒在相互碰撞时就可能发生聚集,使小颗粒变成大颗粒,虽然水中的固体颗粒总质量不变,但其数量浓度(单位体积中颗粒数目)减少。颗粒的凝聚速率取决于碰撞速率。

相关研究成果表明,布朗运动所导致的颗粒碰撞速率与水温成正比,与颗粒数量浓度的平方成正比,而与颗粒的尺寸无关。随着颗粒聚集过程的进行,水中颗粒的粒径增大,当颗粒粒径大于 1 μm 时,布朗运动对颗粒的聚集基本不起作用,因此要使较大颗粒进一步碰撞聚集,就要靠外界向流体输入能量,推动流体运动来促使颗粒相互碰撞,即进行同向絮凝。

2. 同向絮凝

由外力所造成的流体运动而产生的颗粒撞碰聚集,称为同向絮凝。外力推动流体运动的方式一般有两种:机械搅拌和水力搅拌。

对胶体颗粒的最终沉淀来说,同向絮凝很重要。一般所说的絮凝是指同向絮凝。同向絮凝反应过程的主要控制参数为搅拌强度和搅拌时间或水力停留时间。搅拌强度常用相邻两个水层中的两个颗粒的速度梯度 G 来表示:

$$G = \frac{du}{dz} \tag{4-1}$$

式中:G——速度梯度,s^{-1};

du——相邻两个水层中,颗粒随水流运动的速度差;

dz——垂直于水流方向的两个水层之间的距离。

假设 i 颗粒和 j 颗粒的粒径分别以 d_i 和 d_j 表示,当 $\Delta z \leqslant \frac{1}{2}(d_i + d_j)$ 时,正是由于速度差 du 的存在,才引起相邻水层的两个颗粒的碰撞。速度差越大,速度快的颗粒越易赶上速度慢的颗粒,而两水层的距离越小越易相碰。因此,G 值越大,单位时间内颗粒碰撞的机会(或次数)越多。

G 值计算公式的推导:

根据水力学原理,两层水流间的摩擦力 F 和水层接触面积 A 间有如下关系式:

$$F = \mu \cdot \frac{du}{dz} \cdot A \tag{4-2}$$

单位体积液体搅拌所需功率为:

$$p = F \cdot du \cdot \frac{1}{A \cdot dz} \tag{4-3}$$

由式（4-1）、式（4-2）和式（4-3）推导出

$$G = \sqrt{\frac{p}{\mu}} \tag{4-4}$$

式中：p——单位体积水体搅拌功率，W/m^3；
　　　μ——水的动力黏度，$Pa \cdot s$。

采用机械搅拌时，p 由机械设备提供。

采用水力搅拌时，则 p 为水流本身能量的消耗，即水头损失 h。

$$p = \frac{\rho g Q h}{V} = \frac{\rho g h}{T} \tag{4-5}$$

则

$$G = \sqrt{\frac{\rho g h}{T \mu}} \tag{4-6}$$

式中：Q——流量，m^3/s；
　　　ρ——水的密度，kg/m^3；
　　　h——池的水头损失，m；
　　　T——水在混合池中的停留时间，s（$T=V/Q$）；
　　　V——混合池有效容积，m^3。

3. 混凝控制指标

在水处理中，使胶体脱稳的过程称为"凝聚"，脱稳胶体相互聚集的过程称为"絮凝"，"混凝"是"凝聚"和"絮凝"的总称。

"凝聚"和"絮凝"两个过程对应的设备分别为混合设备和絮凝设备。混凝工艺过程的控制指标为速度梯度 G 值和水力停留时间 T，有时也可以二者的乘积的形式 GT 表示。

在混合阶段，要使药剂迅速均匀地分散到水中以利于药剂水解，并使颗粒脱稳及聚合，必须提供对水流的剧烈、快速的搅拌，即应采用较大的 G 值，较小的 T 值；而在絮凝阶段，絮体已经长大，易破碎，所以 G 值比前一阶段要减小，相应 T 值则需变大。

混凝过程的控制参数为：

混合池：$G = 500 \sim 1\,000\ s^{-1}$
　　　　$T = 10 \sim 60\ s$（若需要延长搅拌时间，但一般也均小于 2 min）
　　　　$GT = (1 \sim 3) \times 10^4$

絮凝池：$G = 20 \sim 70\ s^{-1}$
　　　　$T = 15 \sim 20\ min$
　　　　$GT = 10^4 \sim 10^5$

4.1.3 混凝工艺

在水处理中所用的混凝剂可分为两大类，一类是无机混凝剂，另一类是有机絮凝剂。无机混凝剂包括铁和铝两类金属盐以及聚合氯化铝等无机高分子混凝剂。有机絮凝剂主要是聚丙烯酰胺等有机高分子物质。

1. 混凝机理

水处理中,混凝的机理随着采用的混凝剂种类和投加量、胶体颗粒的性质、含量以及溶液的 pH 等环境因素的不同,一般可分为以下几种。

(1) 电性中和

分为压缩双电层和吸附电中和两种。

当向水中投加铝盐和铁盐混凝剂后,水中的离子浓度增加,由于浓差扩散和静电斥力,使扩散层的厚度减小,ζ 电位降低,双电层被压缩。扩散层厚度的减小或 ζ 电位的降低将使颗粒之间的斥力大为减小,就有可能使颗粒聚集。这种通过投加电解质压缩扩散层以导致胶粒间相互凝聚的作用机理称为压缩双电层作用机理。高价离子压缩双电层的能力优于低价离子,所以一般选作混凝剂的多为高价电解质,如 Fe^{3+}、Al^{3+}。

铝盐或铁盐混凝剂,当 pH 较低时,在水中水解产生带正电荷的氢氧化铝和氢氧化铁胶体可以与原水中带负电荷的胶体颗粒起电中和作用,将导致颗粒的相互吸引聚集。这种由于异性离子、异性胶粒或高分子带异性电荷部位与胶核表面的静电吸附,中和了胶体原来所带电荷,从而降低了胶体的 ζ 电位而使胶体脱稳的机理,称为吸附电中和作用机理。

(2) 吸附架桥

高分子絮凝剂具有松散的网状长链式结构,分子量高,分子颗粒粒径大。当向溶液投加高分子物质时,胶体微粒与高分子物质之间产生强烈的吸附作用,这种吸附主要由于各种物化过程,如氢键、共价键、范德华力等以及静电作用(异号基团、异号部位)共同产生,与高分子物质本身结构和胶体表面的化学性质特点有关。当其中某一高分子基团与胶粒表面某一部位互相吸附后,该高分子的其余部位则伸展在溶液中,可以与另一表面有空位的胶粒吸附,这样就形成了一个"胶粒-高分子-胶粒"的连接体,高分子起到了对胶粒进行架桥连接的作用。通过高分子链状结构吸附胶体,微粒可以构成一定形式的聚集物,从而破坏胶体系统的稳定性。高分子架桥示意图如图 4-2 所示。

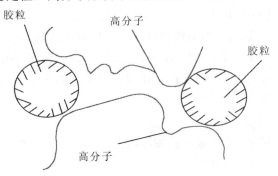

图 4-2 高分子架桥示意图

除了长链状有机高分子物质外,无机高分子物质及其胶体微粒,如铝盐、铁盐的水解产物等,也都可产生黏结架桥作用,如图 4-3 所示。

架桥作用主要利用高分子的长链结构来连接胶粒形成"胶粒-高分子-胶粒"的絮状体。如果高分子线性长度不够,不能起架桥作用,只能吸附单个胶体,起电性中和作用;如果是异性高分子则兼有电中和和架桥作用;同性或中性(非离子型)高分子只能起架桥作用。

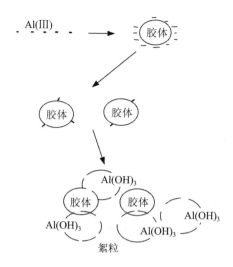

图 4-3 水解产物与胶体聚集示意图

高分子物质的过量投加或强烈搅拌都可能破坏黏结架桥作用，反而使溶液产生再稳，如图 4-4 所示。

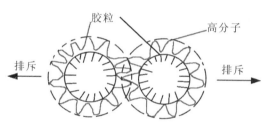

图 4-4 过量投加产生再稳

（3）沉淀物的卷扫（网捕）

以铝盐和铁盐为混凝剂时，所产生的氢氧化铝和氢氧化铁在沉淀过程中，能够以卷扫（网捕）形式使水中的胶体微粒随其一起下沉。

上述 3 种混凝机理在水处理过程中往往是同时存在的，只不过随不同的药剂、投加量和水质条件而发挥作用的程度不同，以某一种作用机理为主。

2. 影响混凝的主要因素

由于混凝剂的性能各不相同，同一影响因素对不同混凝剂的影响程度也存在差异；这也导致在不同污水或污泥组成等环境条件下，需要进行混凝剂的优选。

（1）水温

低水温对混凝效果有明显不良影响。在一定的低水温范围内，即使增加混凝剂的投加量，也难以取得良好的混凝效果。其主要原因：① 无机盐混凝剂水解需要吸热，低温时混凝剂水解困难，对于硫酸铝，水温每降低 10℃，水解速率常数降低 50%～75%。当水温在 5℃ 左右时，硫酸铝水解速度极其缓慢；② 低温下水的黏度大，水流剪切力也增大，使颗粒碰撞的机会减少并影响絮体的成长；③ 水温低时，胶体颗粒水化膜增厚，妨碍胶体凝聚并影响颗粒之间的黏附强度。

（2）pH

对于不同的混凝剂，水体 pH 对混凝效果的影响程度不同。铝盐和铁盐混凝剂，由于它们的水解产物直接受到水体 pH 的影响，所以影响程度较大，尤其是硫酸铝。对于聚合形态的混凝剂，如聚合氯化铝和其他高分子混凝剂，其混凝效果受水体 pH 的影响程度较小，因为它的分子结构在投入水中之前就已经形成。

对硫酸铝而言，用于去除浊度时，最佳的 pH 在 6.5～7.5；用于去除色度时，pH 在 4.5～5.5。对于三氯化铁等三价铁盐混凝剂，适用的 pH 范围较铝盐混凝剂系列要宽；用于去除浊度时，最佳的 pH 在 6.0～8.4；用于去除色度时，pH 在 3.5～5.0。

（3）碱度

铝盐和铁盐混凝剂的水解反应过程会不断产生 H^+，从而导致水的 pH 降低。要使 pH 保持在合适的范围内，水中应有足够的碱性物质与 H^+ 中和。原水中都含有一定的碱度，对 pH 有一定缓冲作用。当水中碱度不足或混凝剂投量大时，pH 下降较多，不仅超出了混凝剂的最佳作用范围，甚至影响混凝剂的继续水解或水解产物的电性而影响混凝效果。因此，水中碱度高低对混凝效果有重要的影响。

为了保证正常混凝过程所需的碱度，有时就需考虑投加碱性物质，最好投加 $NaHCO_3$。出于经济方面的考虑，一般投加石灰。石灰的最佳投加量一般通过试验确定，应防止投加过量而导致铝盐混凝效果恶化的现象发生。

（4）水中杂质的性质、组成和浓度

水中存在的高价正离子，对压缩胶体颗粒双电层有利。悬浮物含量很低时，会由于颗粒碰撞概率大大减小而影响混凝效果。杂质颗粒尺寸越单一、越小，越不利于混凝，大小不一的颗粒将有利于混凝。有机物则对憎水性胶体有保护作用。

3. 混凝剂的配制与投加

（1）混凝剂与助凝剂

在水处理过程中，凡是能起到凝聚或（和）絮凝作用的药剂，统称混凝剂。为了改善或强化混凝过程而投加的一些辅助药剂，称为助凝剂。常用的无机助凝剂有石灰、硅藻土和粉煤灰等。助凝剂对混凝过程的改善可以是物理方面的，如提高矾花强度；也可以是化学方面的，如氧化有机物等。从这个意义上说有时为了使絮体更大，而投加少量高分子絮凝剂（如聚丙烯酰胺，也可称为助凝剂），但作为助凝剂其投加量要少得多。

（2）混凝剂的配制与投加

混凝剂的投配方式可采用湿投法或干投法，一般多采用湿式投加。整个系统包括药剂溶解、配制、投加和混合等，如图 4-5 所示。当采用液体混凝剂时可不设溶解池，药剂储存于储液池后可直接进入溶液池。

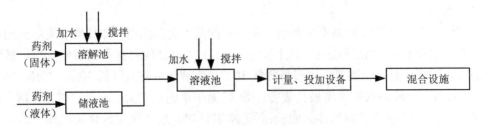

图 4-5 混凝剂投加系统示意图

a. 溶解池（储液池）。其作用是把固体药剂溶成浓缩液或储存液体药剂原液。一般需加水并适当搅拌，搅拌设备可根据药量、药剂性质采用水力、机械或压缩空气的方式。当冬季水温低或药剂难溶，有时需加热或用热水。一般为了便于投药，凝聚剂用量较大时，溶解池多设在地下（半地下），池顶高出地面 0.2 m 左右。混凝剂用量较小时，溶解池可兼作投药池。

溶解池（储液池）的容积 W_1 可按式（4-7）计算：

$$W_1 = (0.2 \sim 0.3) W_2 \tag{4-7}$$

式中：W_1——溶解池容积，m^3；

W_2——溶液池容积，m^3。

b. 溶液池（W_2）。经溶解池出来的浓药液送入溶液池加水稀释到所需浓度。一般设两个溶液池，交替使用。配制时有时也需适当加水搅拌。湿投混凝剂时，溶解次数应根据混凝剂用量和配制条件等因素确定，一般每日不宜超过 3 次。因药剂中有杂质，会沉积在池底，所以，出液管应高出池底 10 cm 左右。

溶液池容积：

$$W_2 = \frac{24 \times 100 \times a \times Q}{1\,000 \times 1\,000 \times b \times n} = \frac{aQ}{417bn} \tag{4-8}$$

式中：Q——处理水量，m^3/h；

a——药剂最大投量，mg/L；

b——溶液浓度，可采用 5%～20%（按固体重计算）；

n——每日投配次数，不宜超过 3 次/手工配制。

c. 计量设备。混凝剂的投量需准确计算，设备应便于控制，随时可以调节。应设瞬时指示的计量设备和稳定加注量的措施。常用计量设备有定量投药泵、转子流量计、电磁流量计和孔口计量设备等。

d. 药剂的投加。药剂的投加可以采用重力投加，也可采用压力投加，一般采用压力投加较多。

重力投加系统需设置高位溶液池，利用重力将药液投入水中。溶液池与投药点水体水位高差应满足克服输液管的水头损失并留有一定的余量。

压力投加可采用水射器和加药泵两种方法。利用水射器投加具有设备简单、使用方便、不受溶液池高程所限等优点，但效率较低，并需另外设置水射器压力水系统。

加药泵投加通常采用计量泵。计量泵同时具有压力输送药液和计量两种功能，与加药自控设备和水质监测仪表配合，可以组成全自动投药系统，达到自动调节药剂投加量的目的。目前常用的计量泵有隔膜泵和柱塞泵。

药剂投加点根据工艺流程选择确定。

e. 混凝剂投加的自动控制。混凝剂投加的自动控制是指从药剂配制、中间提升、计量投加整个过程均实现自动操作。目前，随着投加设备、检测仪表和自动控制水平的提高，已经能在设计和生产中实现自动投加。

4. 混合和絮凝的基本要求和方式

（1）混合

影响混合效果的因素很多，如药剂的品种、浓度、原水的温度、水中颗粒的性质和大小等,而所采用的混合方式是最主要的影响因素。

对于混合设施的基本要求是通过对水体的强烈搅动,使所投加的混凝剂在很短时间内均匀地扩散到整个水体,即称为快速混合方式。

混合设施与后续处理构筑物的距离越近越好,尽可能采用直接连接的方式,如采用管道连接时,管内流速可采用 0.8～1.0 m/s,管道内停留时间不宜超过 2 min。

混合方式还与混凝剂种类有关。当使用高分子絮凝剂时,由于其作用机理主要是絮凝,故只要求使药剂均匀地分散于水体,而不要求采用"快速"和"剧烈"的混合。

混合方式基本上可分为水力混合和机械搅拌混合两大类。水力混合虽设备简单,但当水量和水温等条件发生变化时混合效果会受影响;而机械混合可以适应水量和水温等的变化,但相应增加了机械设备。水力混合又可分为水泵混合、管式静态混合、扩散混合器混合、跌水混合和水跃混合等。具体采用何种形式应根据处理工艺布置、水质、水量、药剂品种、数量和维修条件等因素综合确定。以上混合方式的优缺点和适用条件参见《给水排水设计手册》第 3 册《城镇给水》的有关内容。

(2) 絮凝

为了达到完善的絮凝,必须具备两个主要条件,即具有充分絮凝能力的颗粒和保证颗粒获得适当的碰撞接触而又不致破碎的水力条件。

絮凝池形式,按输入能量方式的不同可分为机械絮凝池和水力絮凝池两类。

无论是机械絮凝还是水力絮凝均可布置成多种形式,还可以将不同形式加以组合,例如隔板絮凝与机械絮凝组合、穿孔旋流絮凝与隔板絮凝组合等。

絮凝池设计中,应用最普遍的参数为速度梯度 G、絮凝时间 T 及组合指标 GT 值,这些参数的选择请参见《给水排水设计手册》第 3 册《城镇给水》中的有关内容。

在城市污水三级处理中应用混凝单元时,应尽量不采用隔板混合池和隔板、折板及网格栅条絮凝池,以防止因板(条)上滋生生物膜后发生周期性脱落而影响出水水质。

4.2 沉淀、澄清及浓缩

4.2.1 沉淀原理和分类

1. 沉淀原理

利用某些悬浮颗粒的密度大于水的特性,依靠重力沉降将其从水中去除的过程称为沉淀。水中密度大于水的悬浮颗粒有的是原水中存在的,有的是水中胶体经混凝生成的矾花。

2. 沉淀分类

颗粒物在水中的沉淀,可根据其浓度和特性,分为以下 4 种基本类型:

(1) 自由沉淀

低浓度的离散颗粒在沉淀过程中,互不干扰,其形状、尺寸和质量均不变化,下沉速度不受干扰。

(2) 絮凝沉淀

絮凝性颗粒在沉淀过程中,由于颗粒之间相互碰撞而凝集,其尺寸和质量均随沉淀深度的增加而变大,沉速也逐渐增大。

（3）拥挤沉淀（分层沉淀）

颗粒在水中的浓度过大时，在下沉过程中颗粒间相互干扰，不同颗粒以相同的速度分层下沉，清水与浑水之间形成明显的交界面，该交界面逐渐下移。拥挤（分层）沉淀的末端是压缩沉淀。

（4）压缩沉淀

颗粒在水中浓度增高到颗粒相互接触并部分地受到压缩物支撑，在重力作用下被进一步挤压。

在城市污水处理流程中，在沉砂池中砂粒的沉淀以及低浓度悬浮物在初沉池中的沉淀为自由沉淀；活性污泥在二沉池上部和中部的沉淀为絮凝沉淀，污泥斗中的沉淀为拥挤沉淀（分层沉淀）；剩余污泥在污泥浓缩池中的浓缩过程以压缩沉淀为主。

3. 离散颗粒的沉速

低浓度的离散性颗粒，如砂粒、铁屑等在水中受到重力、浮力和水的阻力三个力的作用，它们的合力决定颗粒在水中的加速度和沉速。

假设离散颗粒为直径 d 的球形颗粒，在静水中所受的垂直向下的作用力 F_1 为它的重力与浮力的差，即：

$$F_1 = \frac{1}{6}\pi d^3 (\rho_s - \rho) g \tag{4-9}$$

式中：ρ_s、ρ ——颗粒及水的密度，g/cm³；

g ——重力加速度，9.81 cm/s²；

$\frac{1}{6}\pi d^3$ ——颗粒体积，cm³。

颗粒下沉时所受的水的阻力 F_2 与颗粒的糙度、大小、形状和沉淀速度 u 有关，也与水的密度和黏度有关，其关系式为：

$$F_2 = C_D \rho \frac{u^2}{2} \cdot \frac{\pi d^2}{4} \tag{4-10}$$

式中：C_D ——阻力系数，与雷诺数有关；

$\frac{\pi d^2}{4}$ ——球形颗粒在垂直方向上的投影面积；

u ——颗粒沉降速度，cm/s。

F_1 与 F_2 的合力使颗粒产生向下运动的加速度 $\frac{du}{dt}$。根据牛顿第二定律：

$$\frac{\pi}{6} d^3 \rho_p \frac{du}{dt} = \frac{\pi}{6} d^3 (\rho_s - \rho) g - C_D \rho \frac{u^2}{2} \cdot \frac{\pi d^2}{4} \tag{4-11}$$

式中：$\frac{\pi}{6} d^3 \rho_p$ ——颗粒的质量，g。

在颗粒下沉过程中，F_2 不断增加，在开始沉淀的短暂时间后，就与 F_1 平衡，加速度 $\frac{du}{dt}$ 变为零，颗粒开始匀速下沉。可由式（4-11）求得离散颗粒自由沉淀速度表达式：

$$u = \sqrt{\frac{4g(\rho_s - \rho)}{3C_D \rho}d} \tag{4-12}$$

阻力系数 C_D 与雷诺数有关，而雷诺数 Re 为：

$$Re = \frac{\rho u d}{\mu} \tag{4-13}$$

式中：μ——水的运动黏度，Pa·s。

根据实验得：

当 $Re<1$ 时，水流呈层流状态，$C_D=24/Re$。代入式（4-12）得到斯托克斯（Stokes）公式：

$$u = \frac{1}{18} \frac{\rho_s - \rho}{\mu} g d^2 \tag{4-14}$$

当 $1\,000<Re<25\,000$ 时，水流呈紊流状态，C_D 接近于常数 0.4，代入式（4-12），得到牛顿（Newton）公式：

$$u = 1.83 \sqrt{\frac{\rho_s - \rho}{\rho} g d} \tag{4-15}$$

当 $1<Re<1\,000$ 时，水流处于过渡区时，$C_D = 10/\sqrt{Re}$，代入式（4-12），得到阿兰（Allen）公式：

$$u = \left[\left(\frac{4}{225}\right) \cdot \frac{(\rho_s - \rho)^2 g^2}{\mu \rho}\right]^{\frac{1}{3}} d \tag{4-16}$$

4. 沉淀试验

式（4-14）、式（4-15）和式（4-16）揭示了诸多因素对沉速的影响，其中特别是颗粒粒径和沉速的对应关系，是颗粒在水中沉淀理论分析和沉淀池设计的基础。由于污水中悬浮颗粒往往是非球形的以及沉淀池内水力条件与公式应用条件不符，故一般都通过沉淀试验来获得水中悬浮颗粒的沉淀特性。

（1）自由沉淀试验

试验在直径大于 300 mm 的沉淀柱中进行（图 4-6）。沉淀柱的有效水深为 H，试验用水样须缓慢地搅拌均匀，水样中悬浮物的原始质量浓度为 C_0 mg/L。在时间为 t_1 时从水深为 H 的取样口取一水样，测出其悬浮物质量浓度为 C_1 mg/L，则沉速大于 u_1（H/t_1）的所有颗粒一定已通过取样点，而残余的颗粒必然具有小于 u_1 的沉速。这样，具有沉速小于 u_1 的颗粒与全部颗粒的比例为 $x_1=C_1/C_0$。在时间为 t_2，t_3，… 时重复上述过程，则具有沉速小于 u_2，u_3，… 的颗粒比例 x_2，x_3，… 也可求得。将这些数据整理可绘出如图 4-7 所示的曲线。

对于指定的沉淀时间 t_0 可求得颗粒沉速 u_0，沉速 $u \geq u_0$ 的颗粒在 t_0 时可全部去除，而沉速 $u<u_0$ 的颗粒则只有一部分去除，其去除的比例为 h/H，h 代表在 t_0 时刚好沉到底部的某种颗粒的沉降距离（图 4-8）。

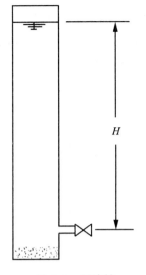

图 4-6 沉淀柱

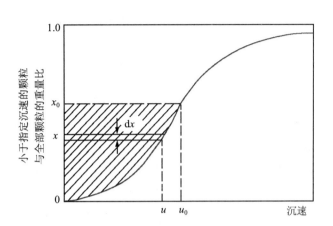

图 4-7 颗粒沉速累计频率分配曲线

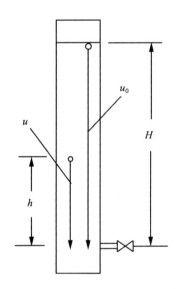

图 4-8 不同尺寸颗粒的静置沉降

设 x_0 代表沉速≤u_0 的颗粒所占的百分数,于是在悬浮颗粒总数中,去除的百分数可用 $(1-x_0)$ 表示。由于

$$\frac{h}{H} = \frac{ut_0}{u_0 t_0} = \frac{u}{u_0} \qquad (4-17)$$

所以沉速<u_0 的各种粒径的颗粒在 t_0 时间内按 u/u_0 的比例被去除。考虑到各种颗粒粒径时,总去除率为:

$$E = (1-x_0) + \frac{1}{u_0}\int_0^{x_0} u\,dx \qquad (4-18)$$

式中第二项可将沉淀分析曲线用图解积分法确定,如图 4-7 中的阴影部分。

（2）絮凝沉淀（干扰沉淀）试验

投加混凝剂后形成的矾花、生活污水中的有机性悬浮物或曝气池出水中的活性污泥等，在沉淀过程中，絮状体互相碰撞，使颗粒尺寸变大，因此沉速将随深度而增加，如图 4-9 所示。因此，悬浮物的去除率不仅取决于沉淀速度，而且与深度有关。所以试验用的沉淀柱的高度应当与拟采用的实际沉淀池的高度相同，而且要尽量避免矾花因剧烈搅动造成破碎，影响沉淀效果，这可由斯托克斯公式中 $u \propto d^2$ 看出。

絮凝沉淀试验在沉淀柱中静置状态下进行[图 4-10（a）]。在柱筒的不同深度设有取样口。在不同的沉淀时间，从不同的深度取出水样，测出悬浮物的浓度，并计算出悬浮物的去除百分率。将这些去除百分率点绘于相应的深度与时间的坐标上。在点出足够的数据后，绘出等浓度曲线，如图 4-10（b）所示，这些曲线代表相等的去除百分数，它们也表示在一絮凝悬浮液中对应于指定的去除率的颗粒沉淀路线的最高轨迹。对于某一指定时间的悬浮物总去除率可以采用与离散颗粒相似的计算方法求得。

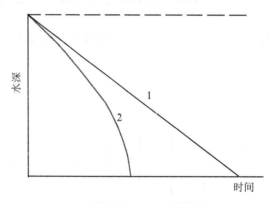

1—离散颗粒；2—絮凝颗粒

图 4-9　自由沉淀与絮凝沉淀的轨迹

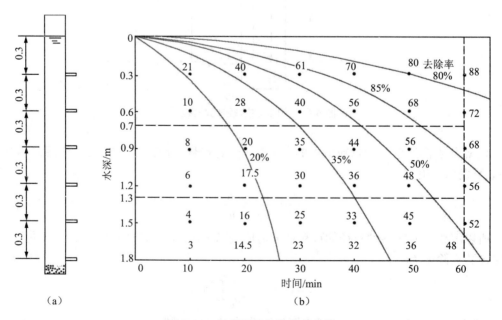

图 4-10　絮凝沉淀的等效率曲线

应当指出,在絮凝沉淀过程中,对于一定的颗粒,不同水深将有不同的沉淀效率,水深增大,沉淀效率也增高,这是因为絮凝后颗粒沉速加大。若水深 H 增加 1 倍,沉淀时间 t 并不需要增加 1 倍,因而某些沉速<u_0 的颗粒也可沉到底部,就是说可以去除更多的颗粒。这一点与自由沉降过程是不同的。

(3) 拥挤沉淀试验

当水中的悬浮物浓度高时,在沉降过程中,会产生颗粒彼此干扰的现象,称为拥挤沉淀。沉淀的颗粒可以是凝聚的矾花,或者是曝气池出水中的活性污泥。矾花浓度超过 2~3 g/L 时,或活性污泥的浓度超过 1 g/L 时,将产生拥挤沉淀的现象。其特点是,在沉淀过程中,会出现一个清水和浑水的交界面,沉淀过程也就是交界面的下沉过程,因此也称为分层沉淀(图 4-11)。

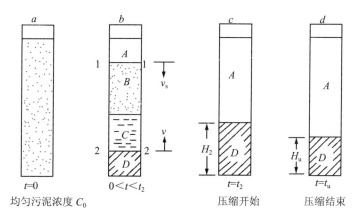

图 4-11 拥挤沉淀

污泥开始沉淀时,沉淀柱中污泥浓度是均匀一致的(图 4-11)。沉淀一段时间后,在下沉的污泥与上层澄清液之间出现明显的分界面(界面 1-1),位于澄清液层 A 下面的称为受阻沉降层 B,在此层中若取样分析,将发现污泥浓度是均匀一致的,并且具有一定的均匀沉降速度 v_s,即等于界面 1-1 的沉降速度。在形成界面 1-1 及受阻沉降层的同时,在沉淀柱底部悬浮固体开始压缩,出现一个压缩层 D,在此层中悬浮固体的浓度也是均匀的,该层与其邻层的分界面(界面 2-2)以一恒定的速度 v 上升。在受阻沉降层与压缩层之间有一过渡层 C,在此层中由于泥层逐渐变浓,界面的沉降速度逐渐减小。当沉淀时间继续增长,界面 1-1 以匀速下沉,界面 2-2 以匀速上升,到 $t=t_2$ 时,界面 1-1 与界面 2-2 相遇,B、C 两层消失了,只剩下 A 层和 D 层,此时污泥具有一均匀浓度 C_2,称之为临界浓度,接着压缩开始,D 层高度逐渐减少,但很缓慢,因为被顶换出来的水必须通过不断减小的颗粒间空隙流出,最后直到完全压实为止,污泥浓度为 C_u。图 4-12 表明界面位置随时间变化的情况。各层的沉降速度均可由沉降曲线上各点的切线斜率绘出,如达到临界浓度 C_2 时的界面沉速为 v_2,由图可知,$v_2 < v_s$。

H_0—H_1 及 H_2—H_u 都为直线,B 至 C 为过渡区,沉速逐渐减小。C 至 D 所需的压缩时间很长。缓慢地搅拌有利于压缩,使挤压出来的水较易顶换出来。

在连续流的沉淀池中,因为不断有新的污泥进入,不断由上部溢流澄清水及底部排出浓缩污泥,因此 A、B、C、D 各层均将保留着。

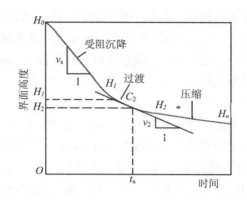

图 4-12 拥挤沉淀试验中界面 1—1 高度的变化

4.2.2 沉淀池

1. 沉淀池的分类

a. 按池内水流方向的不同，可分为平流式沉淀池、辐流式沉淀池和竖流式沉淀池。

b. 按在工艺流程中位置不同，可分为初次沉淀池和二次沉淀池。

c. 按截除颗粒沉降距离不同，可分为一般沉淀和浅层沉淀。斜管沉淀池和斜板沉淀池为典型的浅层沉淀。

2. 平流式沉淀池

平流式沉淀池的构造组成包括流入（进水）区、流出（出水）区、沉淀区、缓冲层、污泥区及排泥装置等，见图 4-13。

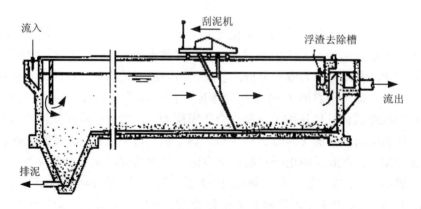

图 4-13 平流式沉淀池

a. 平流式沉淀池的工作原理——理想沉淀池：假定① 进出水均匀分布在整个横断面，沉淀池中各过水断面上各点的水平流速相同；② 悬浮物在沉降过程中以等速下沉；③ 悬浮物在沉淀过程中的水平分速度等于水平流速；④ 悬浮物沉到池底，就算已被去除。

上述沉淀池称为理想沉淀池。

在理想沉淀池中（图 4-14），每个颗粒一面沿水平方向向右流，一面下沉，其运动轨迹是向下倾斜的直线。沉速 $\geqslant u_0$ 的颗粒可全部被除去，沉速 $< u_0$ 的颗粒只能部分被除去。

例如，沉速＝u_1的颗粒被除去的比例为h/H，或u_1/u_2。因为$u_0 t_0 = H$，W（沉淀池容积，m³）$= H \cdot A = Q t_0$，所以：

$$u_0 = \frac{H}{t_0} = \frac{Q t_0}{A t_0} = \frac{Q}{A}$$

即：
$$u_0 = q_0 \tag{4-19}$$

式中：A——沉淀池表面积，m²；

Q——进水流量，m³/h；

q_0——过流率或称表面负荷，m³/(m²·h)。

根据静置沉淀试验，可以求得沉速和表面负荷。虽然沉速与表面负荷具有相同的数值，但是二者在物理意义上是完全不同的。

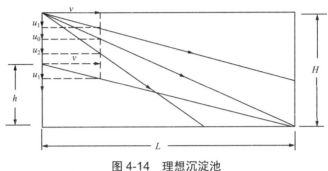

图 4-14 理想沉淀池

实际沉淀池中，断面上各点的流速分布并不均匀。图 4-14 中的 v 只是理论平均流速，水在池中的实际停留时间要比理论停留时间（W/Q）短。由于紊流的影响（池中水流的 Re 值一般大于 500），悬浮颗粒的实际沉速要比理想沉速小。另外，当进水悬浮物浓度较高，密度比池中水大时，进入池中后，会由于密度差而形成异重流，池中上层水基本上不流动；加上水温温差、风吹等因素的影响，在应用静置沉淀试验结果时，应当加以修正。修正范围与水的性质、悬浮物性质、水池尺寸比例等因素有关。一般可采取：

$$u_{设} = \frac{u_0}{1.25 \sim 1.75} \tag{4-20}$$

$$q_{设} = \frac{q_0}{1.25 \sim 1.75} \tag{4-21}$$

$$t_{设} = (1.5 \sim 2.0) t_0 \tag{4-22}$$

式中：$u_{设}$——设计颗粒沉降速度，cm/s；

u_0——理想的颗粒沉降速度，cm/s；

$q_{设}$——设计中实际选择的过流率或称表面负荷，m³/(m²·h)；

$t_{设}$——根据设计负荷获得的沉淀时间，h。

必须指出，式（4-20）中的u_0或式（4-21）中的q_0，在絮凝沉降过程中沉淀柱水深与设计水深一致时才成立，式（4-22）中理论停留时间t_0，不论是自由沉降，还是絮凝沉降，沉淀柱水深与设计水深一致才能采用。

如无静置沉淀试验数据，可按设计手册推荐的沉淀时间及表面负荷来计算沉淀池的长、宽、高。平流式沉淀池的长与宽之比应大于4，宽度宜参照排泥机械的定型尺寸选定。

污泥区的计算，应由污泥量及污泥储存时间决定。污泥区容积 W_N（m³）为：

$$W_N = \frac{Q(C_0 - C_1)100}{\gamma(100-p)} \cdot T \tag{4-23}$$

式中：Q——每日水量，m³/d；

p——污泥含水率，%；

C_0、C_1——进、出水中的悬浮物质量浓度，kg/m³；

γ——污泥容重，kg/m³，当污泥主要为有机物，且含水率很大时，可近似地取 1 000 kg/m³；

T——排泥间隔时间，d。

污泥区与澄清区之间应有一个缓冲水层。其深度可取 0.3～0.5 m，以减轻水流对存泥的搅动，也为存泥留有余地。

沉淀池的个数宜在两个以上。

b. 平流式沉淀池的进出水装置和排泥斗形式以及平流式沉淀池的设计技术参数选择见本书第 3 章。

c. 平流沉淀池的优缺点：主要优点是构造简单，造价较低，操作管理方便，平面布置紧凑，施工较简单，沉淀效果稳定，对原水适应性强，机械排泥设施的安装维修较方便，大、中、小型污水处理厂均可采用。主要缺点是占地面积较大。

3. 辐流式沉淀池

辐流式沉淀池呈圆形或正方形。辐流式沉淀池可用作初次沉淀池或二次沉淀池。

（1）构造

图 4-15 所示的为中心进水、周边出水、中心传动排泥的辐流式沉淀池。为了使布水均匀，进水设穿孔挡板导流筒，穿孔率为 10%～20%。出水堰采用锯齿堰，作初沉池用时，堰前一定设挡板，拦截浮渣；作二沉池用时，挡渣板可设可不设，根据二沉池内污泥的特性确定。

辐流式沉淀池的进出水方式包括中进周出、周进中出和周进周出三种，可参见《给水排水设计手册》。

（2）辐流式沉淀池的优缺点

优点是多为机械排泥、运行可靠、管理简单，排泥设备已定型，适用于大、中型污水处理厂。缺点是机械排泥设备复杂，对施工质量要求高。

（3）设计要求和参数选择

a. 表面水力负荷、沉淀时间和出水堰口负荷的要求均与平流式沉淀池相同。

b. 池径不宜小于 16 m。

c. 池子直径（或正方形的一边）与有效水深的比值宜为 6～12。

d. 池底坡度，一般采用 0.05。

e. 沉淀污泥的机械排出方式，有只刮不吸和边刮边吸之分，后者靠静水压或空气提升，将所刮沉淀汇入排泥管。

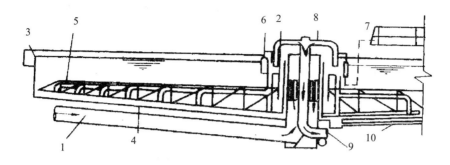

1—进口；2—挡板；3—出水堰；4—刮板；5—吸泥管；6—冲洗管的空气升液器；
7—压缩空气入口；8—排泥虹吸管；9—污泥出口；10—放空管

(a) 带有中央驱动装置的吸泥型辐流式沉淀池

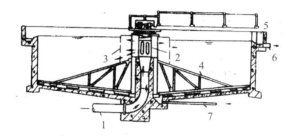

1—进水管；2—中心管；3—穿孔挡板；4—刮泥机；5—出水槽；6—出水管；7—排泥管

(b) 中心进水的辐流式沉淀池

图 4-15 辐流式沉淀池

4. 竖流式沉淀池

对于处理污水量小于 2 000 m³/d 的工业污水处理站，常采用竖流式沉淀池。竖流式沉淀池可以是圆形或正方形，污泥斗为截头倒锥体。图 4-16 为圆形竖流式沉淀池。

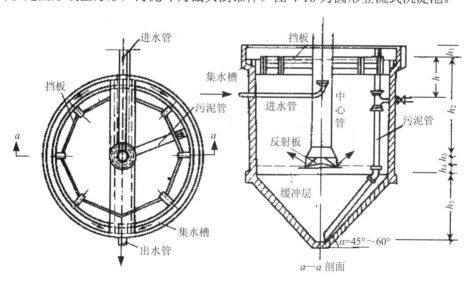

图 4-16 圆形竖流式沉淀池

污水从中心管自上而下流入，经反射板折向上升，澄清水由池四周的锯齿堰送入出水槽。

(1) 竖流式沉淀池的优缺点

优点是排泥方便，管理简单，占地面积小。

缺点是池深大，施工困难；对冲击负荷和温度变化适应能力较差；池直径过大时布水不均匀；只适用于小型污水处理厂。

(2) 设计要求和参数选择

a. 表面水力负荷、沉淀时间以及出水堰口负荷与平流式沉淀池相同。

b. 水池直径（或正方形的一边）与沉淀区深度之比不大于3。池直径不大于8 m，一般为4～7 m。

c. 中心管内流速不大于30 mm/s。

d. 中心管下口应设有喇叭口和反射板；喇叭口和反射板的设计要符合有关规定。

e. 污泥斗和排泥管均按有关要求设计。

5. 斜板（管）沉淀池

根据"浅层沉淀"理论，在斜板（管）沉淀池中设有斜板（管），以缩短水的停留时间、提高沉淀效果和节省占地面积。

(1) 分类

按水流方向与颗粒的沉淀方向之间的相对关系，可分为：

a. 侧向流斜板（管）沉淀池，水流方向与颗粒沉淀方向互相垂直，见图4-17（a）；

b. 同向流斜板（管）沉淀池，水流方向与颗粒沉淀方向相同，见图4-17（b）；

c. 异向流斜板（管）沉淀池，水流方向与颗粒沉淀方向相反，见图4-17（c）。

在城市污水处理厂中多采用异向流斜板（管）沉淀池。

(2) 应用条件

a. 受占地面积限制的小型污水处理站，作为初沉池使用。

b. 已建污水处理厂挖潜或扩大处理能力时采用。

c. 不宜作为二沉池使用，主要原因是活性污泥黏度大，易因污泥的黏附而影响沉淀效果，甚至发生堵塞斜板（管）的现象；若二沉池底部发生厌氧反应，产生的气体上升会干扰或破坏污泥的沉淀。

(3) 设计要求和参数选择

a. 异向流斜板（管）沉淀池的表面水力负荷一般为普通沉淀池的2倍。

b. 斜板垂直净距应为80～100 mm，斜管直径应为50～80 mm。

c. 斜板（管）长为1.0～1.2 m。

d. 斜板（管）的倾角为60°。

e. 斜板（管）底部缓冲层的厚度为0.5～1.0 m。

f. 斜板（管）上部水深为0.5～1.0 m。

g. 用作初沉池时池内水力停留时间不大于30 min。

h. 进（出）水方式及冲洗措施应符合要求。

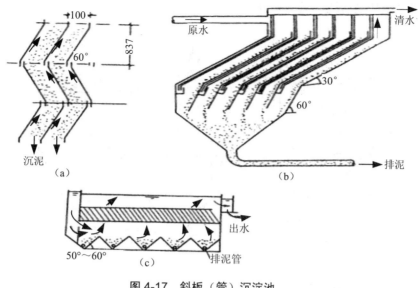

图 4-17 斜板（管）沉淀池

4.2.3 澄清池

1. 澄清池原理

澄清池的工艺是利用原水中的颗粒和池中积聚的沉淀泥渣相互碰撞接触、吸附、聚合，然后形成絮粒与水分离，使原水得到澄清的过程。澄清池有机地结合了混凝和固液分离作用，是一种在一个池内完成混合、絮凝、悬浮物分离等过程的净水构筑物。简化了工艺，节省了占地面积。

澄清池净水原理是利用高浓度的活性泥渣层的接触絮凝作用，将水中杂质阻留，使水得到澄清。

与沉淀池不同的是，沉淀池池底的沉泥均被排除而未被利用，而澄清池则充分利用了沉淀泥渣的絮凝作用，排除的是只经过反复絮凝的多余泥渣。其排泥量与新形成的泥渣量取得平衡，泥渣层始终处于新陈代谢状态中，因而泥渣层能始终保持着接触絮凝的性能。澄清池由于重复利用了有吸附能力的絮粒来澄清原水，因此可以充分发挥混凝剂的净水效能。

2. 澄清池的类型与特点

澄清池按池中水与泥渣的接触情况，分为循环（回流）泥渣型和悬浮泥渣（泥渣过滤）型两大类。

（1）循环（回流）泥渣型澄清池

循环泥渣型澄清池是利用机械或水力的作用，使部分沉淀泥渣循环回流以增加和水中杂质的接触碰撞和吸附机会，提高混凝的效果。一部分泥渣沉积到泥渣浓缩室，大部分泥渣又被送入絮凝室重新与原水中的杂质碰撞和吸附，如此不断循环。在循环泥渣型澄清池中，加注混凝剂后形成的新生微絮粒和反应室出口呈悬浮状态的高浓度原有大絮粒之间进行接触吸附，也就是新生微絮粒被吸附结合在原有粗大絮粒（即在池内循环的泥渣）之上而形成结实易沉的粗大絮粒。机械搅拌澄清池和水力循环澄清池就属于此种形式。

1）机械搅拌澄清池（见图 4-18）

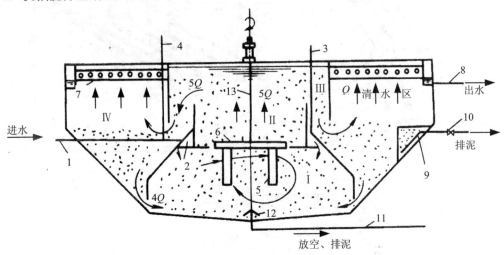

1—进水管；2—三角配水槽；3—透气管；4—投药管；5—搅拌桨；6—提升叶轮；7—集水槽；
8—出水管；9—泥渣浓缩室；10—排泥阀；11—放空管；12—排泥罩；13—搅拌轴；
Ⅰ—第一絮凝室；Ⅱ—第二絮凝室；Ⅲ—导流室；Ⅳ—分离室

图 4-18 机械搅拌澄清池

机械搅拌澄清池具有处理效率高、运行较稳定，并且对原水浊度、温度和处理水量的变化适应性较强等特点。

它的适用条件：无机械刮泥时，进水浊度一般不超过 500 度（NTU），短时间内不超过 1 000 度（NTU）；有机械刮泥时，一般为 500~3 000 度（NTU），短时间内不超过 5 000 度（NTU）；当超过 5 000 度（NTU）时，应加设预沉池。

机械搅拌澄清池的单位面积处理量较大，它的出水浊度可以不大于 10 度（NTU）。它与其他形式的澄清池比较，设备的日常管理和维修工作量较大。一般适用于较大的处理规模。

2）水力循环澄清池（见图 4-19）

水力循环澄清池由于絮凝不够充分，故对水质、水温适应能力较差，一般适用于浊度小于 500 度（NTU），短时间内允许到 2 000 度（NTU）。单池的生产能力一般不宜大于 7 500 m³/d。

虽然水力循环澄清池构造较简单、维修量小，但它要消耗较大的水头，目前在国内已较少应用。水力循环澄清池的单池处理量一般较小，故通常适用于中、小型处理规模。

（2）悬浮泥渣（泥渣过滤）型澄清池

悬浮泥渣型澄清池的工作原理是，使上升水流的流速等于絮粒在静水中靠重力沉降的速度，絮粒处于既不沉淀又不随水流上升的悬浮状态，当絮粒集结到一定厚度时，就构成泥渣悬浮层。原水通过时，水中杂质有充分机会与絮粒碰撞接触，并被悬浮泥渣层的絮粒吸附、过滤而截留下来。由于悬浮泥渣层处于悬浮状态，所以为了与循环泥渣的接触絮凝相区别，就把这种接触絮凝称作泥渣过滤。悬浮澄清池和脉冲澄清池属于此种类型。

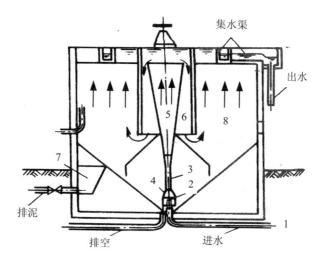

1—进水管；2—喷嘴；3—喉管；4—喇叭口；5—第一絮凝室；
6—第二絮凝室；7—泥渣浓缩室；8—分离室

图 4-19 水力循环澄清池

1）悬浮澄清池（见图 4-20）

悬浮澄清池的结构较简单、造价较低，可建成圆形或方形池子，适用于中、小型处理规模。当采用双层式加悬浮层底部开孔，也能处理悬浮物浓度很高的污水。

悬浮澄清池对进水水量、水温及加药量等的变化较为敏感。当澄清池进水量突然增加（每小时改变流量超过10%）及进水温度高于池内温度或温度每小时变化达±1℃时，悬浮泥渣层将变得不稳定，澄清效果明显下降。当某一时间停止加药时，出水水质会迅速恶化。

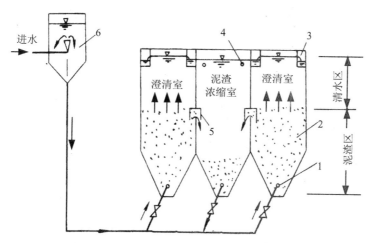

1—穿孔配水管；2—泥渣悬浮层；3—穿孔集水槽；
4—强制出水管；5—排泥窗口；6—气水分离器

图 4-20 悬浮澄清池

悬浮澄清池一般单层式适用于原水浊度长期低于 3 000 度（NTU）以下，双层式可适用于原水浊度超过 3 000 度（NTU）左右。当原水浊度过低或有机物含量较高时，处理效果较差。

悬浮澄清池单池面积不宜超过 150 m²。当为矩形时每格池宽不宜大于 3 m。

2）脉冲澄清池（见图 4-21）

脉冲澄清池的特点是澄清效率高，具有脉冲的快速混合、缓慢充分的絮凝、大阻力配水系统使得布水较均匀、水流垂直上升和池体利用较充分等优点。池型可做成圆形、方形、矩形，便于因地制宜布置，也适用于平流式沉淀池改建。由于水下集水装置、配水装置可采用硬聚氯乙烯制品，腐蚀影响小，维修保养较简单，适用于各种处理规模。

脉冲澄清池多用于处理浊度长期小于 3 000 度（NTU）的水，出水浊度可达 10 度（NTU）左右。当原水浊度大于 3 000 度（NTU）时需考虑采用预沉措施。

脉冲澄清池清水区的上升流速，应按相似条件下的运行经验确定，一般可采用 0.7～1.0 mm/s。

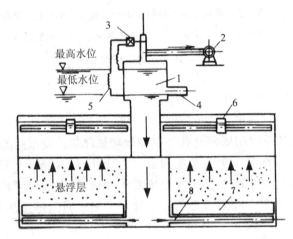

1—进水室；2—真空泵；3—进气阀；4—进水管；
5—水位电极；6—集水槽；7—稳流板；8—配水管

图 4-21 脉冲澄清池

脉冲澄清池对水量、水温适应能力较差，当选用真空式脉冲发生方式时需要一套真空设备，操作管理要求较高。当选用虹吸式脉冲发生方式时水头损失较大，脉冲周期也较难控制。一般脉冲澄清池的脉冲周期可采用 30～40 s，充放时间比为 3∶1～4∶1。虹吸式脉冲澄清池的配水总管应设排气装置。

4.2.4 浓缩

污泥浓缩工艺主要有重力浓缩、气浮浓缩和离心浓缩 3 种方式。国内目前应用较多的是重力浓缩。

1. 污泥水的分类及污泥浓缩的目的

污泥中所含水分大致分为 4 类：颗粒间的空隙水（间隙水或游离水），约占总水分的 70%；毛细水，即颗粒间毛细管内的水，约占 20%；污泥颗粒吸附水和污泥颗粒内部水，约占 10%。借助污泥固体的沉淀主要去除的是污泥颗粒间的间隙水。初次沉淀污泥含水率介于95%~97%，剩余活性污泥的含水率达99%以上，因此污泥的体积非常大，而浓缩的目的就在于减容。例如，污泥含水率从99%降至96%，污泥体积可减小3/4，含水率从97.5%降至95%，体积可减小1/2，这就为后续的污泥处理创造条件。如后续处理是厌氧消化，则消化池的容积、加热量、搅拌能耗都可大大降低；如后续处理为机械脱水，则调整污泥的混凝剂用量、机械脱水设备的容量可大大减小。

2. 重力浓缩池的分类

重力浓缩池按其运行方式可分为间歇式和连续式两种类型。

（1）间歇式

进泥、排泥不连续，为间歇式运行。污泥进入浓缩池后在重力作用下静止沉淀（HRT一般＞12 h），颗粒间隙水被挤到上面，浓缩泥沉下。运行时，先排上清液，腾出池容，再投泥。为此，在池深不同浓度上，设上清液排除管，见图4-22。

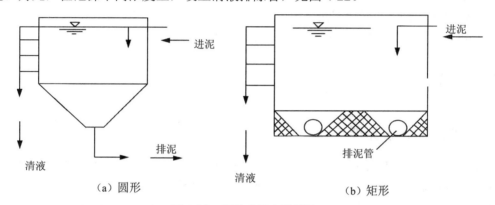

图 4-22 间歇式重力浓缩池

（2）连续式

连续式重力浓缩池构造如图 4-23 所示。待浓缩污泥经池中心进泥管和导流筒连续进入浓缩池，上清液由溢流堰排出，浓缩后的污泥被刮泥机缓缓刮进池中心底部的污泥斗再由排泥管排出，刮泥机上装有搅动栅。借助随刮机一起转动的栅条形成的微涡流可促进污泥颗粒絮凝，并造成空穴，以便污泥颗粒的空隙水与气泡溢出，增强浓缩效果。

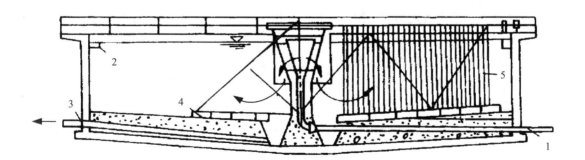

1—中心进泥管；2—上清液溢流堰；3—底流排出管；4—刮泥机；5—搅动栅

图 4-23 连续式重力浓缩池（带有刮泥机及栅条）

3. 重力浓缩池的设计

a. 连续流污泥浓缩池可采用沉淀池形式，一般为竖流式或辐流式。

b. 初沉污泥含水率一般为 95%～97%，污泥固体负荷采用 80～120 kg/（m²·d），浓缩后污泥含水率可到 90%～92%。活性污泥含水率一般为 99.2%～99.8%，污泥固体负荷采用 20～30 kg/（m²·d），浓缩后污泥含水率可达 97.5%左右。

c. 浓缩池的有效水深，一般采用 4 m。当采用竖流式浓缩池，水深按沉淀部分的上升流速≤0.1 mm/s 进行核算。浓缩池容积按停留时间 10～16 h 进行核算，不宜过长。

d. 连续式污泥浓缩池一般采用圆形竖流或辐流沉淀池的形式。污泥室容积应根据排泥方法和两次排泥间隔时间而定，当采用定期排泥时两次排泥间隔一般选用 8 h。浓缩池较小时可采用竖流式浓缩池，一般不设刮泥机，污泥室的截锥体斜壁与水平面所形成的角度应≥50°，中心管按污泥流量计算。当采用吸泥机时，辐流式污泥浓缩池的池底坡度可采用 0.003，当采用刮泥机时可采用 0.01。刮泥机的回转速度为 0.75～4 r/h，吸泥机的回转速度为 1 r/h。不设刮泥设备时池底一般设有泥斗，泥斗与水平面的倾角应≥50°。

4.3 沉砂

4.3.1 沉砂目的及原理

城市污水中砂粒的相对密度约为 2.65。某些工业废水中的金属粉粒、煤渣等比重较大的颗粒物应在泵站或初沉池前予以去除，其目的是减轻这些颗粒物对泵、管道的磨损以及减轻初沉池负荷，保证后续处理构筑物的正常运行。沉砂池所去除的颗粒物质在水中的沉淀属自由沉淀。通过沉砂池中的流速等参数控制，只希望砂粒以及比重与其相近的无机物沉淀下来，而不希望有机物沉淀。

4.3.2 沉砂池的类型及特点

沉砂池的形式，按池内水流方向的不同，可分为平流式、竖流式和旋流式三种；按池型可分为平流式沉砂池、竖流式沉砂池、曝气式沉砂池和旋流式沉砂池。

1. 平流式沉砂池

平流式沉砂池由进水装置、沉淀分离区、出水堰、沉砂斗和闸门组成。污水在沉淀区水平流动，无机颗粒在理论上为自由下沉，故该沉淀池具有截留无机颗粒的效果较好、工作稳定、构造简单、排砂较方便等优点（见图 4-24）。

平流式沉砂池的设计参数是按去除相对密度为 2.65、粒径大于 0.2 mm 的砂粒确定的。主要参数有设计流量、水平流速、水力停留时间、沉砂池有效水深、沉砂池分格数、每格池的宽度、沉砂量以及沉砂池超高等，请参阅本书第 3 章或给水排水设计手册。

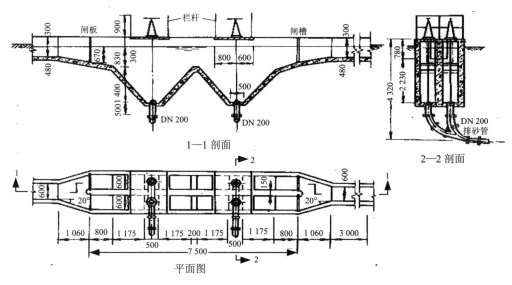

图 4-24 平流式沉砂池

2. 曝气式沉砂池

由于平流式沉砂池的沉砂中约夹杂有 15% 的有机物，不利于沉砂的后续处理处置和应用。为了克服平流式沉砂池的这个缺点，开发出了曝气式沉砂池。

曝气式沉砂池呈矩形，由于侧向鼓入空气作用使池内水流做旋流运动（图 4-25），增加了无机颗粒之间的互相碰撞、摩擦的机会和强度，导致颗粒表面附着的有机物脱落。此外，由于旋流离心力作用，比重较大的无机物颗粒被甩向池的外侧并下沉。而比重较轻的有机物旋至水流的中心部位随水流带走。这样，可使沉砂中的有机物含量低于 10%。采用机械刮砂、空气提升器或泵吸式排砂机将沉砂排出池外。曝气式沉砂池不仅可以获得清洁的沉砂，还可对废水起预曝气作用。这对于后续的传统好氧生物处理系统有利，但由于预曝气会去除原水中的部分有机物，降低水中的碳源，对于后续的生物脱氮除磷会产生不利影响。所以，有时应避免采用曝气式沉砂池。

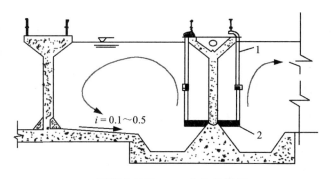

1—压缩空气管；2—空气扩散板

图 4-25 曝气式沉砂池剖面图

设计参数：最大旋流速度、水平前进流速、停留时间、有效水深、宽深比、长宽比和曝气量等，请参阅本书第3章或《给水排水设计手册》。

3. 旋流式沉砂池

旋流式沉砂池利用机械力控制沉砂池内水流流态与流速，加速砂粒的沉淀，使有机物被留在污水中。图4-26是旋流式沉砂池的一种形式。沉砂池由流入口、流出口、沉砂区、砂斗及带变速箱的电动机、传动齿轮、压缩空气输送管和砂提升管以及排砂管组成。污水由流入口切线方向流入沉砂区，利用电动机及传动装置带动转盘和斜坡式叶片，在离心力作用下，相对密度大的砂粒被甩向池壁，掉入砂斗，有机物留在污水中。调整转速，可达到最佳沉砂效果。沉砂用压缩空气经砂提升管、排砂管清洗后排除，清洗水回流至沉砂区，排砂达到清洁砂标准。

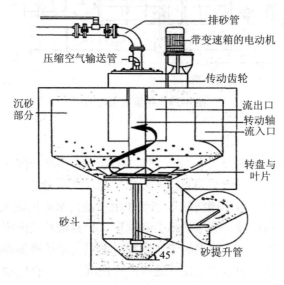

图4-26 旋流式沉砂池

根据设计污水流量的大小，有多种型号的旋流式沉砂池可供设计选用。

4.4 隔油

含油废水来源相当广泛，如石油化工、钢铁、焦化、煤气发生站、机械加工，以及毛纺、屠宰等行业都有含油废水排放。

4.4.1 油品在废水中的状态

油类在水中的状态可分为悬浮态油、乳化态油、溶解态油和重油。其中，悬浮态的油珠粒径较大，一般大于100 μm，易浮于水面。乳化态的油珠粒径小于10 μm，一般为0.1～2 μm，乳化态油类的形成多与水中含有表面活性剂有关。溶解态的油珠粒径比乳化油还小，有的可小到几纳米，是溶于水的油微粒。重油的相对密度大于1，可用沉淀法除去。

对于含油废水处理，一般采用重力分离法去除悬浮状态的油和重油，其构筑物为隔油池，而对于乳化状态的油一般采用破乳—混凝—气浮工艺进行处理。本节只介绍隔油池。

4.4.2 隔油原理

粒径较大的浮油在水中的上浮规律遵从 4.2 节介绍的斯托克斯（Stokes）公式。上浮速度 u 值可以根据修正的斯托克斯公式求定：

$$u = \frac{\beta g}{18\mu\varphi}(\rho_W - \rho_O)d^2 \qquad (4-24)$$

式中：ρ_W、ρ_O——水、油珠的密度，g/cm^3；

　　　d——可上浮最小油珠的粒径，cm；

　　　μ——水的绝对黏滞性系数，Pa·s；

　　　g——重力加速度，9.81 cm/s^2；

　　　β——考虑废水悬浮物引起的颗粒碰撞的阻力系数，β 值可取 0.95；

　　　u——静止水中，直径为 d 的油珠的上浮速度，cm/s；

　　　φ——废水油珠非圆形的修正系数，一般为 1.0。

4.4.3 隔油池构造和工作原理

1. 平流式隔油池

平流式隔油池构造与平流式沉淀池相似，废水从池的一端流入，从另一端流出。在隔油池内，比重小于 1.0 而粒径较大的油珠上浮到水面上，比重大于 1.0 的杂质沉于池底。上浮的油被链条式刮板刮到池的出水端，通过可自由转动的集油管排出。池进水端污泥斗中的沉渣通过排泥管适时排出。排泥管直径不小于 200 mm，管端可接压力水管进行冲洗。池底应有坡向污泥斗 0.01～0.02 的坡度，污泥斗倾角为 45°。图 4-27 为传统的平流式隔油池。

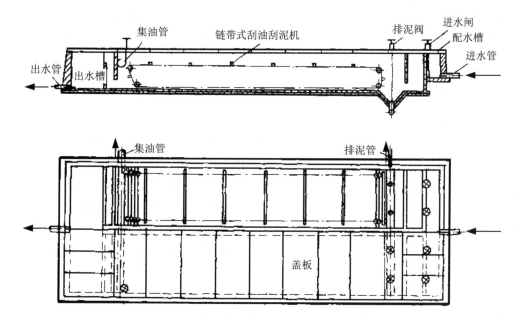

图 4-27 平流式隔油池

处理含有重油较多的平流式隔油池，由于重油黏度大，需在池底装设蒸汽盘管，重油经加热后用油泵排出池外。平流式隔油池常加盖板，以便冬季保温，维持油的流动性；对于寒冷地区，盖板下常设蒸汽管，以便必要时加温。这种隔油池的优点是构造简单，便于运行管理，除油效果稳定。缺点是池体大，占地面积多。

2. 斜板隔油池

斜板隔油池采用波纹形斜板，废水沿板面向下流动，从出水堰排出。水中油珠沿板的下表面向上流动，然后经集油管收集排出。水中悬浮物沉降到斜板上表面，滑下落入池底部经排泥管排出，如图 4-28 所示。

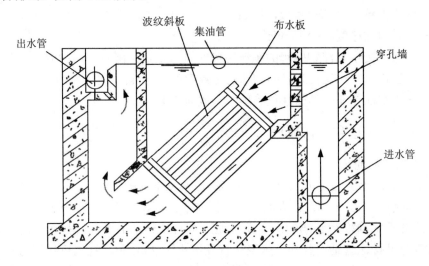

图 4-28　斜板隔油池

这种隔油池油水分离效率高，停留时间短，占地面积小，斜板隔油池的容积仅为普通隔油池的 1/4～1/2。此外，还有小型隔油池，用于处理小水量的含油废水，可用于公共食堂、汽车库及其他含有少量油脂的废水处理。

4.4.4　隔油池的设计参数

1. 平流式隔油池

平流式隔油池宜用于去除粒径不小于 150 μm 的油珠，设计应符合下列要求：① 污水在池内的停留时间应为 1.5～2 h；② 污水在池内的水平流速应为 2～5 mm/s；③ 单格池宽不应大于 6 m，长宽比不应小于 4；④ 有效水深不应大于 2 m，超高不应小于 0.4 m；⑤ 刮油刮泥机，刮板移动速度不大于 2 m/min；⑥ 排泥管直径不应小于 200 mm，管端可接压力水管冲洗排泥管；⑦ 集油管直径宜为 200～300 mm，当池宽在 4.5 m 以上时，集油管串联不应超过 4 条；⑧ 在寒冷地区，集油管及油层内宜设加热设施；⑨ 隔油池宜设非燃烧材料制成的盖板，并宜设置灭火设施。

2. 斜板式隔油池

斜板式隔油池宜用于去除粒径不小于 80 μm 的油珠，斜板式隔油池的设计应符合下列要求：①表面水力负荷宜为 0.6～0.8 m³/(m²·h)；②斜板净距宜采用 40 mm，倾角不应小于 45°；③池内应设收油、清洗斜板和排泥等设施；④斜板材料应耐腐蚀、不沾油和光洁度好。

4.5 气浮

4.5.1 气浮原理

气浮就是向水中通入空气,产生微细的气泡,有时根据需要同时加入混凝剂或浮选剂,使水中的细小悬浮物黏附在空气泡上,随气泡一起上浮到水面,形成浮渣,达到去除水中悬浮物、改善水质的目的。

气浮法可用于去除污水中密度小于水的悬浮物、油类和脂肪,也可用于活性污泥的浓缩。

1. 悬浮物与气泡黏附条件

水中的悬浮物能否与微细气泡黏附,取决于该物质的润湿性,即其被水润湿的程度。

在水、气、固三相混合体系中,不同相表面都存在表面张力,以 σ 表示。为了便于讨论,将水、气、固三相分别以 1、2、3 表示,如图 4-29 所示。水、固界面张力线(以 $\sigma_{1,3}$ 表示)和水、气界面张力线(以 $\sigma_{1,2}$ 表示)的夹角 θ 称为悬浮颗粒润湿接触角。

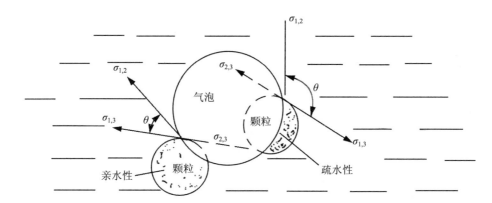

图 4-29 亲水性和疏水性物质的接触角

通常将 $\theta > 90°$ 的称为疏水性颗粒表面,易与气泡黏附;而 $\theta < 90°$ 的称为亲水性颗粒表面,不易与气泡黏附。

水、气、固三相接触系统中,三相界面张力之间存在如下关系:

$$\sigma_{1,3} = \sigma_{1,2} \times \cos(180°-\theta) + \sigma_{2,3} \tag{4-25}$$

颗粒与气泡黏附前,单位面积上的界面能之和为:

$$W_1 = \sigma_{1,3} + \sigma_{1,2} \tag{4-26}$$

当颗粒与气泡黏附后,黏附面上单位面积的界面能为:

$$W_2 = \sigma_{2,3} \tag{4-27}$$

界面能的减少值(ΔW)为:

$$\Delta W = W_1 - W_2 = \sigma_{1,3} + \sigma_{1,2} - \sigma_{2,3} \tag{4-28}$$

将式（4-25）代入式（4-28）得：

$$\Delta W = \sigma_{1,2}(1-\cos\theta) \tag{4-29}$$

由式（4-29）可知，当 $\theta \to 0°$ 时，$\cos\theta \to 1$，则 $(1-\cos\theta) \to 0$，悬浮颗粒不易与气泡黏附，不能用气浮法去除；当 $\theta \to 180°$ 时，$\cos\theta \to -1$，$(1-\cos\theta) \to 2$，悬浮颗粒易于用气浮法去除；当 $\sigma_{1,2}$ 很小时，ΔW 也很小，不利于悬浮颗粒与气泡黏附。

2. 气浮的影响因素及提高气浮效果的措施

a. 气泡直径越小，数量越多，气泡膜的牢度越大，气浮效果就越好。水中表面活性剂的含量会影响悬浮颗粒的疏水性能以及气泡的大小、数量和气泡膜的牢度。如果水中表面活性物质很少，则气泡膜表面由于缺少两亲分子吸附层的包裹，泡膜变薄，气泡浮升到水面以后，水分子很快蒸发，因而极易使气泡破灭，以致在水面上得不到稳定的气浮泡沫层，使已浮到水面的污染物又脱落回到水中，从而使气浮效果降低。水中的表面活性剂浓度适中时，可增强悬浮颗粒的疏水性能和气泡膜的牢度，从而提高气浮效果；但是若表面活性剂浓度过大，所起的作用则恰恰相反。因此，如何掌握好水中表面活性物质的最佳含量，成为气浮处理效果好坏的重要影响因素。

b. 如果水中含有或投加大量溶解性无机盐类，会大大降低气泡膜的牢度，增大气泡的尺寸，加速气泡的破裂和合并，降低气浮效果。

c. 由于废水中常含有悬浮的胶体物质，疏水性颗粒仍有部分表面被水润湿，以及表面活性剂的存在，使得水中悬浮颗粒表面存在双电层，处于分散稳定状态。在气浮之前，向水中投加混凝剂，压缩双电层，降低 ζ 电位，促进悬浮物凝聚，使其黏附于气泡而上浮。混凝剂的种类和投加量，应通过试验确定。

d. 废水中存在的亲水性悬浮颗粒，可通过投加由极性基团和非极性基团组成的两亲分子物质（通称为浮选剂）除去。浮选剂的极性基团能被亲水性颗粒吸附，非极性基团则朝向水，从而使亲水性颗粒的表面转化为疏水性物质而黏附于气泡上，随气泡上浮到水面。浮选剂的种类较多，如松香油、煤油、脂肪酸及其盐类等。

4.5.2 气浮法的分类和适用范围

1. 气浮法的分类

气浮法可分为电解气浮法、散气气浮法、溶气气浮法等。

（1）电解气浮法

电解气浮装置由不溶性阳极和阴极以及电解槽和直流电源组成。运行时通以 5~10V 直流电，借助电解作用，在两个电极区内不断产生 O_2、H_2 和 Cl_2 等微气泡，废水中悬浮颗粒黏附于气泡上一起上浮到水面而被去除。由于电化学的氧化还原作用，电解气浮还具有去除废水中有机物、脱色和杀菌的作用。电解气浮法工艺简单、设备小，但电耗大，如采用脉冲电源可降低电耗。目前还开发出一种以铁板为阳极的电解气浮絮凝废水处理装置。

（2）散气气浮法

散气气浮法是空气通过微细孔扩散装置或微孔管或叶轮后，以微小气泡的形式分布在污水中进行气浮处理的过程。该方法的优点是简单易行，缺点是气泡较大、气浮效果不好等。

（3）溶气气浮法

根据气泡析出时所处压力的不同，溶气气浮法又可分为加压溶气气浮和溶气真空气浮两种类型。前者,空气在加压条件下溶入水中,而在常压下析出;后者是空气在常压或加压条件下溶入水中,而在负压条件下析出。加压溶气气浮是国内外最常用的气浮法。

2. 气浮法的适用范围

a. 可分离含油废水中的悬浮油和乳化油。

b. 可代替活性污泥法的二沉池,对曝气池出流混合液进行固液分离,或者取代已建二沉池的活性污泥工艺中的污泥浓缩池。

c. 可分离回收工业废水中的有用物质,如造纸废水中的纸浆等。

d. 可分离分子或离子状态存在的物质,如金属离子、表面活性物质等。

4.5.3 加压溶气气浮法

1. 基本工艺流程

加压溶气气浮工艺由溶气系统、空气释放装置和气浮池组成。该工艺又分为三种流程,即全溶气流程、部分溶气流程和回流加压溶气流程。

(1) 全溶气流程

该流程是将全部待处理废水进行加压溶气,然后再经减压释放装置进入气浮池进行固液分离,具体流程如图 4-30 所示。

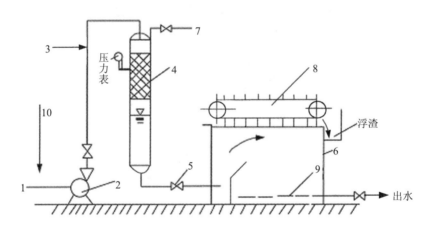

1—原水进入;2—加压泵;3—空气加入;4—压力溶气罐(含填料层);5—减压阀;
6—气浮池;7—放气阀;8—刮渣机;9—集水系统;10—化学药剂

图 4-30 全溶气加压溶气气浮流程

(2) 部分溶气流程

该流程是将部分待处理废水进行加压溶气,其余废水直接送入气浮池。因为只有部分废水加压溶气,故所需溶气罐的容积较小。但若想提供与全溶气方式同样的空气量,就必须加大溶气罐的操作压力,具体流程如图 4-31 所示。

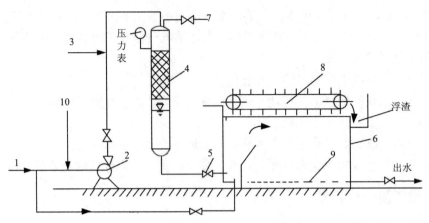

1—原水进入；2—加压泵；3—空气进入；4—压力溶气罐（含填料层）；5—减压阀；
6—气浮池；7—放气阀；8—刮渣机；9—集水系统；10—化学药剂

图 4-31 部分加压溶气气浮流程

（3）回流加压溶气流程

如图 4-32 所示，该流程是将部分经气浮处理后的出水进行回流加压溶气，而待处理的全部废水直接送入气浮池。该法一般用于含悬浮物浓度高的废水处理，此流程气浮池的容积比前两种流程都要大。

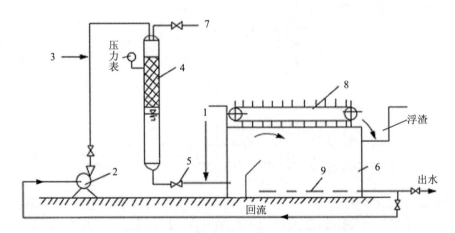

1—原水进入；2—加压泵；3—空气进入；4—压力溶气罐（含填料层）；5—减压阀；
6—气浮池；7—放气阀；8—刮渣机；9—集水管及回流清水管

图 4-32 回流加压溶气气浮流程

2. 溶气方式

加压溶气气浮的溶气方式主要有水泵吸水管吸气溶气方式、水泵压水管射流溶气方式和水泵-空气压缩机组合溶气方式。

3. 加压溶气气浮优点

与散气气浮法、电解气浮法相比，加压溶气气浮具有以下优点：① 在加压情况下，水中空气溶解度大，能提供足够的溶气量，以满足不同要求的气浮要求；② 突然减压释放产生的气泡直径小（20~100 μm），粒径均匀，微气泡上浮稳定，对液体扰动小，特别适用于松散絮体和细小颗粒的固液分离；③ 流程简单，维护管理方便。

4. 气浮池形式

目前生产实际中应用较为广泛的气浮池有平流式和竖流式两种。

（1）平流式气浮池

平流式气浮池由接触区、分离区、浮渣刮除和出水收集系统等几部分组成，见图 4-33。被处理的废水由池一端下部进入气浮池的接触区，在接触区内微气泡与废水均匀混合，使废水中的悬浮颗粒黏附于气泡上。废水经隔板进入气浮分离区进行分离后，水中污染物随上浮的气泡一起浮到水面，被刮渣设备刮入集渣槽后排出。处理后出水通过池下部的集水系统收集排出。平流式气浮池的优点是池身浅、造价低、构造简单、管理方便，缺点是分离区容积利用率不高。

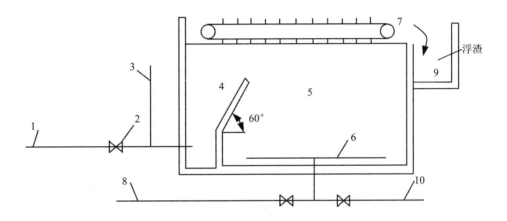

1—溶气水管；2—减压释放及混合设备；3—原水管；4—接触区；5—分离区；
6—集水管；7—刮渣设备；8—回流管；9—集渣槽；10—出水管

图 4-33 有回流的平流式气浮池

（2）竖流式气浮池

竖流式气浮池如图 4-34 所示。该形式气浮池的优点是接触区在池中央，水流向四周分散，水力条件比平流式好，它的缺点是构造比较复杂。

另外，根据废水处理工艺流程要求，气浮池可与其他处理单元组合运行，诸如反应—气浮、反应—气浮—沉淀和反应—气浮—过滤等组合处理工艺。

5. 平流式气浮池设计参数

以图 4-33 所示的气浮池为例。

a. 气浮池有效水深 h=2.0~2.5 m，L/B=1∶1~1∶1.5，气浮池表面负荷为 5~10 m³/(m²·h)，气浮池 HRT=10~20 min。

b. 接触区下端水流上升速度为 20 mm/s，上端水流上升速度为 5~10 mm/s，HRT≥2 min。隔板下端直段高 300~500 mm，隔板上端与水平夹角一般为 60°，隔板顶与水面的间距约 300 mm。

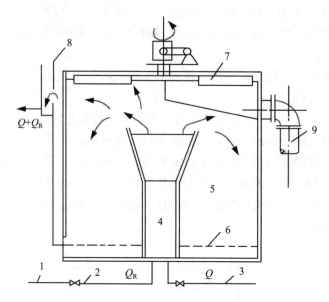

1—溶气水管；2—减压释放器；3—原水管；4—接触区；
5—分离区；6—集水管；7—刮渣机；8—水位调节器；9—排渣管

图 4-34　竖流式气浮池

c. 分离区水流向下的流速一般为 1～3 mm/s（包括溶气回流量）。

d. 集水管布置力求集水均匀。刮渣周期可由试验确定。

e. 气固比：$a = \dfrac{A}{S} = \dfrac{减压释放溶解空气总量}{原水带入的悬浮固体总量}$

参数 a 是加压溶气系统设计的一个重要参数。为达到理想的气浮分离效果并节省运行费用，应对所处理的废水进行气浮试验来确定气固比。无参考资料或无试验数据时，气固比 a 一般选用 0.005～0.006。废水悬浮固体含量高时，选用上限，低时可采用下限。剩余污泥气浮浓缩时气固比一般采用 0.03～0.04。

f. 气浮过程中空气的实际用量一般为处理水的 1%～5%（体积比）。

g. 回流比一般为 25%～50%。

h. 减压释放出的微气泡直径为 20～100 μm。

4.5.4　气浮法的优缺点

气浮法与沉淀法相比较，具有以下优缺点：

1. 气浮法的优点

a. 气浮过程增加了水中的溶解氧，浮渣含氧，则不易腐化，有利于后续处理。

b. 气浮池表面负荷高，水力停留时间短，池深浅，体积小。

c. 浮渣含水率低，一般低于 96%，排渣方便。

d. 投加絮凝剂处理废水时，气浮法需药量较少。

2. 气浮法的缺点

a. 耗电多，比沉淀法耗电多 0.02～0.04 kW·h/m³ 废水，运营费偏高。

b. 废水悬浮物浓度高时,减压释放器容易堵塞,管理复杂。

4.5.5 气浮法在废水处理中的应用

气浮处理技术已在石油化工、纺织、印染、机械化工、拆船和食品等行业废水处理中获得广泛应用,在淋浴废水和城市污水处理中的应用也逐步增多。

1. 含油废水处理

油轮洗舱水含有大量的洗涤剂和乳化油,平均含油质量浓度为 300 mg/L。某拆船废水采用图 4-35 所示的处理工艺对该废水进行处理,隔油和气浮处理后出水含油量已低于 10 mg/L。

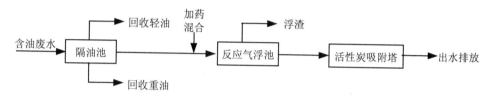

图 4-35 油轮洗舱废水处理工艺流程

2. 羽毛清洗废水处理

某体育用品厂对羽毛进行漂洗、脱脂和增白加工过程所产生的废水采用图 4-36 所示的工艺进行处理。气浮池的工艺参数为:溶气压力 0.4 MPa;回流比 30%;气浮池 HRT 60 min。工艺处理效果见表 4-1。

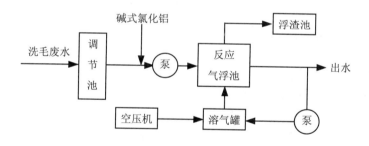

图 4-36 羽毛清洗废水处理工艺流程

表 4-1 气浮工艺处理效果

项目	COD/(mg/L)	BOD/(mg/L)	SS/(mg/L)	pH
原水	<600	<150	500~1 000	6~8
出水	<150	<60	<200	6~8

4.6 过滤

通过过滤介质的表面或滤层截留水体中悬浮固体和其他杂质的过程称为过滤。由本书 3.6 节所列的污水二级处理工艺可知,城市污水二级处理出水一般经混凝沉淀后再进入滤池,滤池出水有的经消毒后直接利用,有的还需经活性炭吸附、超滤和反渗透等工艺处理。过滤已成为水的再生与回用处理中不可缺少的过程。过滤有以下三方面作用:①去除二级处理出水中的生物絮体,进一步降低水中的悬浮物、有机物、磷、重金属和病原菌的浓度;②为后续处理创造有利条件,保证后续处理构筑物的稳定运行以及处理效率的提高;③由于过滤液悬浮物和其他干扰物质浓度的降低,可提高杀菌效率,节省消毒剂用量;④过滤还可作为废水混凝所产生的絮体的分离装置。

4.6.1 过滤原理

在粒状滤料过滤中存在悬浮颗粒从水流向滤料表面迁移、附着在滤料上和从滤料表面脱附三个过程。

1. 迁移

被水携带的颗粒在随水流运动的过程中,悬浮颗粒向滤料表面的迁移一般是在直接拦截、布朗运动、颗粒的惯性、重力沉淀、流体效应以及范德华力等诸因素共同作用下发生的。

a. 直接拦截:尺寸较大的颗粒,可被滤料直接拦截下来。

b. 扩散:微小颗粒,由于布朗运动,产生扩散迁移到滤料表面。

c. 颗粒的惯性:运动速度较快的颗粒在惯性力作用下脱离流线,被抛到滤料表面上。

d. 重力沉淀:滤料间孔隙中水流速度很小,颗粒可沉淀到滤料表面。

e. 水动力效应(流体效应):滤料表面水流的速度梯度使非球形颗粒产生转动而脱离流线与滤料表面相接触。

f. 引力作用:由于颗粒与滤料表面的范德华吸引力,可使颗粒到达滤料表面。

对某一颗粒来说,可能同时受几种作用,但起主要作用的只是一两种,取决于悬浮颗粒的尺寸、速度、密度、性质和形状等。

2. 附着

当悬浮颗粒因上述作用迁移到滤料表面时,如果滤料表面和悬浮颗粒的表面性质能满足附着条件,悬浮颗粒就被滤料捕获。

研究发现,加药混凝后,悬浮颗粒在滤料表面的附着有改善。混凝促使滤料与悬浮颗粒之间产生黏附的是范德华力、化学键和混凝吸附架桥等共同作用的结果。

3. 脱附

在整个过滤过程中,黏附与脱落共存,黏附力与水流冲刷力的综合作用决定了颗粒是被黏附还是脱附。

4.6.2 过滤周期及反冲洗

在滤池运行过程中,存在"过滤"和"反冲洗"两种状态,两者相互交替,周期循环。

1. 过滤周期

工程应用中,设计和运行都是以水头损失来控制过滤周期的,即当滤料的水头损失达到最大允许值时,就停止过滤,对滤池进行反冲洗。当然,所定的最大水头损失数值是保证在过滤状态达到该水头损失时,滤料层尚余一定的截污能力,不会发生滤层的穿透。

2. 滤池的反冲洗

反冲洗是恢复过滤功能的关键,一次冲洗不彻底,就会对其后的过滤和冲洗造成连环性的危害，严重时会需要提前更换滤料。由于废水深度处理流程中滤池进水中含有生物絮体、有机物和胶体物质，被滤层截留后黏度较大且易发生腐败，故对该种滤池的反冲洗要求高于给水处理中滤池的反冲洗。滤池反冲洗有以下几种方式：

（1）单独用水反冲洗

一般采用高速水冲洗，冲洗强度比较大，在冲洗过程中滤料膨胀率一般需达到40%～50%，颗粒在悬浮流化状态下相互碰撞，一般冲洗5～7 min就可获得预期的冲洗效果。

单独水冲洗的优点是只需一套反冲洗系统，缺点是冲洗耗水量大，当冲洗强度控制不当时，可能产生砾石承托层松动，冲洗后滤料因水力分级呈上细下粗的分层结构状态。

（2）气水联合反冲洗

气水联合反冲洗即采用空气和水流同时冲洗。气水反冲洗时，空气快速通过滤层，微小气泡加剧滤料颗粒之间的碰撞和摩擦，并对颗粒进行擦洗，有效地加速滤料表面污泥的脱落；反冲洗水则主要起漂洗作用，将已与滤料脱离的污泥带出滤层，因而，水洗强度小，冲洗过程中滤层基本不膨胀或微膨胀。

气水联合反冲洗的优点是冲洗效果好，耗水量小，冲洗过程中不需滤层流化，可选用较粗的滤料。其缺点是需增加空气系统，包括鼓风机、控制阀以及管路等，设备较单独水洗多。

（3）带表面辅助冲洗的水反冲洗

由于过滤过程中滤料表层截留污泥最多，泥球往往结在滤料的上层，因此在滤层表面设置高速水冲洗系统，利用高速水流对表层滤料加以搅动，增加滤料颗粒碰撞机会，同时利用高速水流的剪切作用来提高反冲洗效果。

4.6.3 滤池的基本构造

滤池主要由滤料层、承托层、配水系统、集水渠和反冲洗排水槽等部分构成。下向流普通快滤池的主要构造如图4-37所示。过滤时，浑水进入滤池，流经滤料层、承托层后，由配水系统汇集起来流往清水池。反冲洗时，冲洗水经配水系统水管上的孔眼流入，由下而上穿过承托层及滤料层，均匀地分布于整个滤池平面上。滤料层在由下而上均匀分布的水流中处于悬浮状态，滤料得到清洗。冲洗废水流入冲洗排水槽，最终进入下水道。

1. 滤料层

在废水处理中应用的滤料可分为颗粒滤料和多孔滤料两大类。由于废水组成复杂，选用滤料应由具体水质而定。

（1）颗粒滤料过滤

废水处理中多采用石英砂、无烟煤、陶粒、纤维球、聚氯乙烯球等作滤料。以石英砂为滤料时，砂粒径一般为0.5～2.0 mm，该值大于给水滤池的石英砂粒径（0.5 mm）；反冲洗强度可取18～20 L/($m^2 \cdot s$)，大于给水过滤时的12～15 L/($m^2 \cdot s$)。

当废水中悬浮物浓度高时，为了提高滤池的纳污量，延长过滤周期，可采用粗滤料、双层或三层滤料和上向流滤池。处理废水的上向流滤池为下部进水，上部出水，各层滤料截污力能完全发挥，水头损失上升缓慢。

例如，处理废水的某上向流滤池的滤料级配由上而下分别为：上部细砂层，砂粒径为1～2 mm，层厚1 500 mm；中部砂层，砂粒径2～3 mm，层厚300 mm；下部粗砂层，砂粒径10～16 mm，层厚250 mm；承托层，砾石粒径30～40 mm，层厚100 mm。

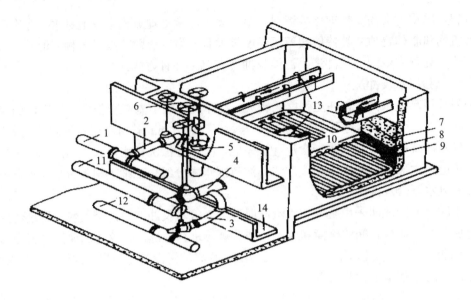

1—进水总管；2—进水支管；3—清水支管；4—冲洗水支管；5—排水阀；
6—浑水渠；7—滤料层；8—承托层；9—配水支管；10—配水干管；
11—冲洗水总管；12—清水总管；13—冲洗排水槽；14—废水渠

图 4-37　普通快滤池的构造剖视图

采用纤维球滤料时，滤速可达 30～70 m/h，污水二级处理出水的过滤常用此滤料。

（2）多孔滤料过滤

为了去除毛纺、化纤和造纸等行业废水中的悬浮细纤维而采用的筛网过滤属于多孔材料过滤。

2. 配水系统和承托层

在过滤时，滤后出水由配水系统收集；在反冲洗时，冲洗水由配水系统分布。相对而言，反冲洗对布水均匀性更敏感。如果反冲配水不均，在流量小的面积内，滤料得不到足够的清洗，残留的杂质会造成"泥球"或"泥饼"，恶化过滤出水水质；在流量大的那部分面积内，由于流速大，会冲动承托层，造成"跑砂"（或称"跑料"），滤料和承托层混杂。

滤池配水系统一般分为大阻力配水系统和小阻力配水系统两大类。

4.6.4　滤池的分类

按滤料组成可分为单层滤料、双层滤料、多层滤料以及混合滤料滤池。
按水流方向可分为下向流、上向流、双向流和辐向流滤池。
按滤速大小可分为慢滤池、快滤池和高速滤池。
按滤池的布置或构造可分为普通快滤池（四阀滤池）、双阀滤池、无阀滤池、虹吸滤池、移动冲洗罩滤池和 V 形滤池等。
按过滤驱动力可分为重力式滤池和压力式滤池。

4.6.5 城市污水三级处理中过滤单元的设计要点

《给水排水设计手册》第 5 册对三级处理中过滤单元设计特别强调了以下几点。

1. 滤池的反冲洗

滤池反冲洗要求高，建议采用气、水反冲洗与表面冲洗相结合的联合反冲洗方式。

2. 滤池池型

在滤池池型选择上避免选用虹吸滤池等反冲洗能力较差的池型，而应优先考虑选用移动罩滤池、V 形滤池和 T 形滤池等表面冲洗能力较强的池型。由于双阀滤池和四阀滤池具有技术成熟、运行稳定、操作可靠等优点，常被采用。

3. 滤池的设计参数

与给水处理中滤池的设计参数相比，在城市污水三级处理中过滤单元无论是单层滤料、双层滤料还是三层滤料，滤层的厚度和滤料粒径都较大，但滤速略小。在城市污水三级处理中，过滤单元的设计参数如下：

（1）滤层

a. 单层滤料：石英砂　　有效粒径　　　1.2～2.4 mm；
　　　　　　　　　　　滤层厚度　　　1 200～1 600 mm；
　　　　　　　　　　　不均匀系数　　1.2～1.8。

b. 双层滤料：石英砂　　有效粒径　　　0.6～1.2 mm；
　　　　　　　　　　　滤层厚度　　　600～800 mm；
　　　　　　　　　　　不均匀系数　　＜1.4。
　　　　　　无烟煤　　有效粒径　　　1.2～2.4 mm；
　　　　　　　　　　　滤层厚度　　　600～800 mm；
　　　　　　　　　　　不均匀系数　　＜1.8。

（2）滤速

滤速一般为 6～10 $m^3/(m^2·h)$

（3）反冲洗

气水联合冲洗：气 13～17 $L/(m^2·s)$，水 6～8 $L/(m^2·s)$，历时 4～8 min；水冲洗：6～8 $L/(m^2·s)$，历时 3～5 min；表面冲洗：0.5～2.0 $L/(m^2·s)$，历时 4～6 min。

（4）工作周期

工作周期≤12 h

其他设计参数和设计计算方法均参见《给水排水设计手册》第 3 册中的有关内容。

4.6.6 压力滤池和微孔筛滤机

1. 压力滤池

压力滤池是一个密闭的钢罐，里面装有和快滤池相似的配水系统和滤料等，在压力下操作运行。

压力滤池（罐）的构造见图 4-38。在此装置内以排水斗代替普通滤池的冲洗排水槽。滤料的粒径和厚度都比普通快滤池的大，粒径一般为 0.6～1.0 mm，滤料层厚度为 1.1～1.2 m。滤速为 8～10 m/h。多采用小阻力的缝隙式滤头配水。最大允许水头损失比普通快滤池的 2 m 大，一般可达 6~7 m。采用气水联合冲洗方法。

压力滤罐有立式和卧式两种。立式滤罐的直径一般不超过 3 m。卧式滤池的直径不超过 3 m，但长度可达 10 m。

在小规模的中水处理流程中过滤单元多采用压力滤罐。因为压力滤罐虽然投资大，但占地少、建设周期短，又有定型产品，且运行管理方便。

2. 微孔筛滤机

微孔筛滤机是利用微孔滤网进行固液分离的机械过滤装置。其过滤机理主要是机械筛滤作用。

如图 4-39 所示，常用的转鼓过滤机由一个绕水平轴旋转的转鼓和贴附于转鼓表面的不锈钢网组成。待处理的废水由转鼓的敞口端流入，通过筛网进行过滤。被截留住的固体留在筛网的内表面，随转鼓的旋转被带到转鼓内顶部时，被设置在此部位的喷嘴高压出水冲洗脱落，然后随排渣槽排出。

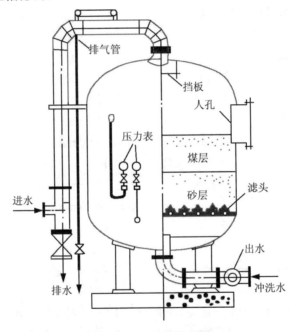

图 4-38 压力滤池构造

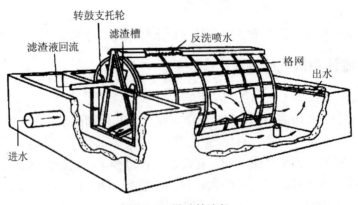

图 4-39 微孔筛滤机

不锈钢滤网孔径为 35~60 μm；

水力负荷为 0.1~0.4 m³/（m²·min）；

水头损失小于 0.3~0.5 m；

反冲洗水量占总滤水量的 1%~3%。

微孔筛滤机占地面积小，处理量大，操作管理方便，已在啤酒生产废水的预处理中获得较广泛应用。

4.7 吸附

溶液中的物质由一相向某种适宜的另一相的界面上积累（富集）的过程称为吸附。在废水处理中，应用吸附作用来去除废水中的污染物质，一般都是通过固液界面的吸附来实现的。具有吸附能力的多孔性固体物质称为吸附剂，而被吸附的物质则称为吸附质。

4.7.1 吸附原理

吸附是一种在两相界面发生的表面现象，它与物质表面张力和表面能的变化有关，吸附符合热力学第二定律。吸附与表面张力的关系可用著名的吉布斯（Gibbs）方程式表示：

$$a = -\frac{c}{RT} \cdot \frac{d\gamma}{dc} \qquad (4\text{-}30)$$

式中：c——溶质在溶液主体中的浓度；

a——溶质在吸附剂表面比溶液主体所超过的浓度；

γ——表面张力；

R——气体常数；

T——热力学温度。

由式（4-32）知，如某溶质能降低溶液的表面张力，即 $\dfrac{d\gamma}{dc}$ 为负值，a 为正值，产生正吸附；如果某溶质能增加溶液的表面张力，则 $\dfrac{d\gamma}{dc}$ 为正值，a 为负值，产生负吸附，或称为解吸。

4.7.2 吸附的类型

吸附力可分为分子间引力（范德华力）、化学键力和静电力，因此吸附可分为物理吸附、化学吸附以及离子交换 3 种类型。

1. 物理吸附

由分子间作用力引起的吸附称为物理吸附。物理吸附过程会放热，此过程低温时就能进行；物理吸附是可逆的，并基本无选择性，能够形成单分子吸附层或多分子吸附层。这是由于一种吸附剂可吸附多种吸附质所致，但由于吸附剂和吸附质的极性强弱不同，某一种吸附剂对各种吸附质的吸附量是不同的。

2. 化学吸附

由于化学键力发生化学作用而产生的吸附称为化学吸附。化学吸附的吸附热较大（一般为 83.7～418.7 kJ/mol），因此一般在较高温度下进行。一种吸附剂只能对某种或几种吸附质发生化学吸附，因此化学吸附具有选择性；由于化学吸附是靠吸附剂和吸附质之间的化学键进行的，所以化学吸附只能形成单分子吸附层；当化学键力大时，化学吸附是不可逆的。

3. 离子交换吸附

吸附剂表面的反离子被液相中同电性的吸附质离子取代而发生的吸附称为离子交换吸附。在水处理中，大部分的吸附往往是上述 3 种吸附综合作用的结果。由于吸附质、吸附剂及其他因素的影响，可能某种吸附是主要的。

4.7.3 吸附等温线

当吸附质在吸附剂表面达到动态平衡时，即吸附速率等于解吸附速率时，吸附质在溶液和吸附剂中的浓度都不再改变，此时吸附质在溶液中的浓度称为吸附平衡浓度。

1. 吸附等温线

当达到吸附平衡时，废水中剩余的吸附质质量浓度为 c（g/L），则吸附容量 q 可用下式计算：

$$q = \frac{V(c_0 - c)}{W} \quad (4-31)$$

式中：q——吸附容量，g（吸附质）/g（吸附剂）；

V——废水容积，L；

W——吸附剂投量，g；

c_0——原水吸附质质量浓度，g/L；

c——吸附平衡时水中剩余的吸附质质量浓度，g/L。

在温度一定的条件下，吸附容量随吸附质平衡浓度的增大而提高。吸附容量随平衡浓度而变化的曲线称为吸附等温线。

常见的吸附等温线有两种类型，如图 4-40 所示。

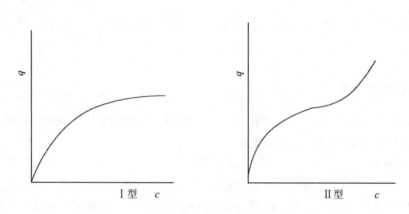

图 4-40 吸附等温线形式

2. 吸附等温式

Ⅰ型吸附等温线与朗格缪尔（Langmuir）或弗兰德利希（Freundlich）吸附等温式相对

应，Ⅱ型吸附等温线与 BET（Brunauer-Emmett-Teller）吸附等温式相对应。

（1）朗格缪尔吸附等温式（Langmuir）

朗格缪尔吸附等温式是从动力学观点出发，通过一些假设条件而推导出来的单分子层吸附公式。

$$q = \frac{abc}{1+ac} \tag{4-32}$$

式中：a，b——常数；

c——吸附质平衡质量浓度，g/L；

q——吸附容量，g/g。

为计算方便，可将上式改为倒数式，即

$$\frac{1}{q} = \frac{1}{ab} \cdot \frac{1}{c} + \frac{1}{b} \tag{4-33}$$

从式（4-33）可看出，$\frac{1}{q}$ 与 $\frac{1}{c}$ 呈直线关系，利用这种关系可求得 a、b 的值。

（2）弗兰德利希吸附等温式（Freundlich）

$$q = kc^{\frac{1}{n}} \tag{4-34}$$

式中：q——吸附容量，g/g；

c——吸附质平衡质量浓度，g/L；

k，n——常数。

将式（4-34）改写为对数式：

$$\lg q = \lg k + \frac{1}{n} \lg c \tag{4-35}$$

把 c 和与其对应的 q 点绘在双对数坐标纸上，可得到一条近似的直线。这条直线的截距为 k，斜率为 $1/n$。$1/n$ 越小，吸附性能越好。

（3）BET 吸附等温式

BET 吸附等温式是表示吸附剂上有多层溶质分子被吸附的吸附模式，其表达式为式（4-36），各层的吸附符合朗格缪尔单分子吸附公式。

$$q = \frac{Bcq_0}{(c_s - c)[1 + (B-1)c/c_s]} \tag{4-36}$$

式中：q_0——单分子吸附层的饱和吸附容量，g/g；

c_s——吸附质的饱和质量浓度，g/L；

B——常数。

为计算方便，可将上式改为倒数式，即：

$$\frac{c}{(c_s - c)q} = \frac{1}{Bq_0} + \frac{B-1}{Bq_0} c/c_s \tag{4-37}$$

从上式可看出，$\frac{c}{(c_s - c)q}$ 与 $\frac{c}{c_s}$ 呈直线关系，利用这个关系可求得 q_0 和 B 值。

4.7.4 吸附速率

吸附速率系指单位重量的吸附剂在单位时间内所吸附的吸附质质量。吸附速率越快，吸附质与吸附剂的接触时间就越短，所需的吸附设备容积也就越小。吸附速率取决于吸附质的传质过程，对于多孔吸附剂，该传质一般分为以下3步：① 吸附质从溶液主体扩散到吸附剂外表面，这是吸附质透过吸附剂表面液膜的传质，简称外扩散；② 吸附质由吸附剂颗粒的外表面，经颗粒内的细孔扩散到颗粒的内表面，简称内扩散；③ 吸附质在吸附剂的内表面上被吸附。一般第3步的速率很快，其传质阻力可忽略不计。传质速率主要决定于第1步和第2步。试验表明，颗粒外部扩散速率与溶液浓度、颗粒外表面积、颗粒粒径和搅动程度有关。颗粒内部扩散速率与吸附剂颗粒的粒径、内部细孔的大小以及构造有关。吸附剂颗粒的大小对外部扩散和内部扩散都有很大影响，颗粒越小，吸附速率就越快。

4.7.5 常用吸附剂及影响吸附的主要因素

1. 常用吸附剂

废水处理中常用的吸附剂有活性炭、磺化煤、活化煤、沸石、活性白土、硅藻土、腐殖质酸、焦炭、木炭、木屑、炉渣和粉煤灰等，应用较广的是活性炭。下面以活性炭为例，讨论一些在吸附工艺中具有普通意义的问题。

2. 活性炭的特性

（1）活性炭的比表面积和孔隙结构

活性炭具有巨大的比表面积和丰富的孔隙结构。活性炭的比表面积可达 500～1 700 m^2/g。活性炭的小孔容积一般为 0.15～0.90 mL/g，其表面积占比表面积的95%以上；过渡孔容积一般为 0.02～0.10 mL/g，其表面积占比表面积的5%以下；大孔容积一般为 0.2～0.5 mL/g，其表面积只有 0.5～2 m^2/g。

（2）活性炭的表面化学性质

吸附特性不仅与细孔构造和分布情况有关，而且还与活性炭的表面化学性质有关。活性炭表面具有一些极性，因为其表面有羟基、羧基等。

3. 影响活性炭吸附的主要因素

影响吸附的因素很多，主要包括活性炭的性质、吸附质的性质和吸附过程的操作条件等。

（1）活性炭吸附剂的性质

活性炭的比表面积越大，吸附能力就越强；活性炭是非极性分子，易于吸附非极性或极性很低的吸附质；活性炭吸附剂颗粒的大小，细孔的构造和分布情况以及表面化学性质等对吸附也有很大影响。

（2）吸附质的性质

a. 溶解度：一般吸附质的溶解度越低，越容易被吸附。

b. 表面自由能：能够使液体表面自由能降低得越多的吸附质，越容易被吸附。

c. 极性：吸附质和吸附剂的极性对吸附的影响存在"相似而易相吸附"的规律。

d. 吸附质分子的大小和不饱和度：活性炭易吸附分子直径较大的饱和化合物，对同族有机化合物的吸附能力随有机化合物的分子量的增大而增加，但当有机物分子量超过1 000

时，分子量过大会影响扩散速度，所以需进行预处理，将其分解为小分子量后再用活性炭进行处理。

e. 吸附质的浓度：浓度比较低时，由于吸附剂表面大部分是空的，因此提高吸附质浓度会增加吸附容量，但浓度提高到一定程度后，再行提高浓度时，吸附量虽然仍有增加，但吸附速率减慢。当全部吸附表面被吸附质占据时，吸附量就达到极限状态，以后吸附量就不再随吸附质浓度的提高而增加了。

（3）废水 pH

活性炭一般在酸性溶液中比在碱性溶液中有较高的吸附率，另外，pH 会对吸附质在水中存在的状态（分子、离子、络合物等）及溶解度等产生影响，从而影响吸附效果。

（4）共存物质

当共存多种吸附质时，活性炭对某吸附质的吸附能力比只含该吸附质时的吸附能力差。

（5）温度

由于水处理中温度变化幅度不大，所以温度对活性炭吸附影响较小，但因为物理吸附过程是放热过程，温度升高吸附量减少，反之吸附量增加。

（6）接触时间

在进行吸附时应保证活性炭与吸附质有一定的接触时间，使吸附接近平衡，充分利用吸附能力。吸附平衡所需时间取决于吸附速率。吸附速率越大，达到平衡所需的时间就越短。

4.7.6 吸附操作方式

在废水处理中，吸附操作分静态和动态两种。

1. 静态吸附

在废水不流动的情况下，进行的吸附操作称为静态吸附操作，有时亦称为间歇操作。该种操作方式只适用于处理水量小或吸附剂性质特殊的条件。

2. 动态吸附

废水在流动情况下进行的吸附称为动态吸附。动态吸附工艺可分为固定床、移动床和流化床 3 种。

（1）固定床

固定床是水处理工艺中常用的一种方式。根据水流方向又分为升流式和降流式两种。如图 4-41 所示。固定床的结构和运行方式与此前介绍的滤罐很相似，主要区别在于罐内填料和操作压力等。由于处理水量、原水水质和处理出水水质指标的不同，在工程应用中可采用单床、多床串联和多床并联 3 种操作方式，见图 4-42。

（2）移动床和流化床

因移动床和流化床在废水处理中较少使用，故不在此细述。

4.7.7 吸附床的设计

1. 吸附试验

（1）确定吸附容量试验

通过小试，确定式（4-32）中各参数关系并求得相应的吸附等温线。

(2) 确定吸附速率试验

重复(1)的试验,测定不同时间 t 的水样中溶质浓度,直到浓度不再变化为止,根据试验数据相关性,求得吸附速率。

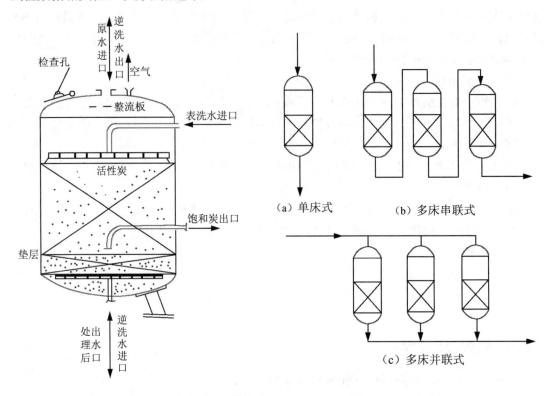

图 4-41　降流式固定床型吸附塔构造　　图 4-42　固定床吸附操作

(3) 装置试验

选用直径为 100~150 mm,高为 1.5~2.5 m 的吸附柱装置,吸附剂层厚度 1.0~1.5 m。可进行多床串联试验,根据试验绘制穿透曲线,并利用此曲线确定使吸附容量得以充分利用的吸附操作方式。

2. 主要设计参数

采用活性炭固定床吸附设备时,其大小和操作条件,建议采用下列数据:

吸附塔直径　　　1.0~3.5 m;

充填层厚度　　　3~5 m;

充填层与塔径之比　　1:1~4:1;

活性炭粒径　　　0.5~2.0 mm;

接触时间　　　10~50 min;

容积线速度(即单位容积吸附剂在单位时间内通过处理水的容积) 2 m^3/(h·m^3);

过滤线速度:

　　升流式　9~25 m/h;

　　降流式　7~12 m/h;

　　反冲洗线速度　28~32 m/h;

反冲洗时间　　　3～8 min；
反冲洗周期　　　8～72 h；
反冲洗膨胀率　　30%～50%。

4.7.8　吸附法在废水处理中的应用

1. 城市污水处理

城市污水深度处理吸附单元所用的吸附剂多为活性炭，利用活性炭吸附可去除一般物化和生化处理单元难以去除的污染物质，如色素、杀虫剂和一些重金属离子。

2. 工业废水处理

由于工业废水种类很多，组成复杂，吸附在工业废水中的应用形式也多种多样。

a. 利用炉渣、粉煤灰等物质作吸附剂，是以废治废的途径，一般作为某些工业废水的预处理。例如，粉煤灰吸附作用对采油废水中石油类和COD_{Cr}的去除率分别为80%和20%。

b. 以活性炭作吸附剂时，由于活性炭价格高，运营费用大，因此活性炭吸附主要用于工业废水的深度处理和某些其他方法难以去除的污染物的处理，以及用于废水中某些污染物的浓缩回收。

4.8　离子交换

离子交换法在水的软化和除盐中早已获得广泛的应用，随着离子交换树脂的生产和使用技术的发展，该方法在回收和处理工业废水中有毒物质方面，也成为一种选择。

4.8.1　离子交换的基本原理

可与水中离子发生离子交换反应的物质叫作离子交换剂。离子交换剂的种类很多，但在水处理中采用的主要是离子交换树脂和磺化煤两类。离子交换树脂的种类也很多，按其结构特征，可分为凝胶型、大孔型和等孔型；按树脂母体种类，可分为苯乙烯系、酚醛系和丙烯酸系等；按其交换基团性质，可分为强酸型、弱酸型、强碱型和弱碱型，前两种带有酸性交换基团，称为阳离子交换树脂，后两种带有碱性交换基团，称为阴离子交换树脂。磺化煤为兼有强酸型和弱酸型交换基团的阳离子交换剂。下面主要讨论离子树脂的构造和性能。

1. 离子交换树脂的构造

离子交换树脂外观上是一些有颜色的小球，里面有四通八达的孔隙，在孔隙内有可提供交换离子的交换基团。也就是说，离子交换树脂由母体（也称骨架）和交换基团两部分组成。

2. 离子交换树脂的性能

（1）外观

有透明（凝胶型）、半透明或不透明（大孔型）的。颜色有乳白、淡黄、咖啡色；粒径一般为 0.3～1.2 mm 的球体。

（2）交联度

交联剂占树脂原料总重量的百分数称为交联度。交联度对树脂的许多性能具有决定性影响，如交换容量、含水率、溶胀性、机械强度等。一般水处理用树脂交联度在 7%～10%。

(3) 含水率

每克湿树脂（树脂充分膨胀下）所含水分的百分率，称为树脂的含水率，一般为 50%。含水率可以反映树脂网架中的孔隙率。交联度越大，孔隙越小，含水率越少。

(4) 溶胀性

干树脂用水浸泡而体积变大的现象称为树脂的溶胀性。这种溶胀又称为绝对溶胀；而将湿树脂转型时所产生的体积变化称为树脂的相对溶胀。树脂的溶胀程度常用溶胀率表示。

一般来说，树脂的交联度越小，活性基团越易电离，可交换离子的水合离子半径越大，则溶胀度越大；树脂周围溶液电解质浓度越高，树脂溶胀率就越小。

由于树脂具有溶胀性，多次溶胀会使树脂颗粒破裂，所以生产中应尽量保证离子交换器有长的工作周期，减少再生次数，以延长树脂的使用寿命。

(5) 密度

树脂的密度分为树脂的干真密度、湿真密度和湿视密度 3 种。

a. 树脂的干真密度是树脂的干燥质量与干燥树脂的真体积之比，单位为 g/mL，干真密度只用于树脂性能研究，工程实用意义不大。

b. 树脂的湿真密度指在水中充分膨胀后的湿树脂质量与湿树脂颗粒体积之比。这里湿树脂质量包括树脂颗粒微观孔隙中的溶胀水的质量，湿树脂体积也包括树脂颗粒微观孔隙及其所溶胀水的体积，但不包括树脂颗粒间的间隙体积。湿真密度一般为 1.04～1.3 g/mL。该指标具有重要实用性，如反冲强度的确定、混床树脂选择等。

c. 树脂的湿视密度是指在水中充分膨胀后的湿树脂质量与树脂堆积体积之比，一般为 0.6～0.85 g/mL，堆积体积包括树脂颗粒之间的间隙体积。此指标可用来计算交换装置所需装填的湿树脂数量。

(6) 交换容量

交换容量是树脂最重要的性能，可定量表示树脂交换能力的大小。又分为：

a. 全交换容量：单位体积或重量的树脂所具有的活性基团或可交换离子的总重量。单位为 mmol/g（干树脂）或 mmol/L（湿树脂）。该数值由树脂生产厂在产品出厂指标中标出。

b. 工作交换容量：单位体积或重量树脂在给定工作条件下实际上可利用的交换能力。单位为 mmol/L（湿树脂）。

树脂工作交换容量与实际运行条件有关，如原水含盐量及其组成、树脂层密度、水流速度、再生方式和再生剂用量等。在工程应用中，树脂工作交换容量可通过模拟试验确定，或参考有关数据选用，一般可取其全交换容量的 60%～70%。

(7) 有效 pH 范围

由于树脂的交换基团分为强酸强碱和弱酸弱碱，所以水的 pH 对其电离会产生影响，即影响其工作交换容量。但不同树脂受影响程度或有效 pH 范围不同。

强酸强碱电离基本不受 pH 影响（有效范围宽）；弱碱和弱酸性树脂在使用时受溶液 pH 影响大，弱碱只能在酸性溶液中才有较高交换能力，弱酸只能在碱性溶液中才有较高交换能力。

(8) 离子交换树脂的选择性

离子交换树脂对水中某种离子能优先交换的性能称为离子交换树脂的选择性。它和水中离子的种类、树脂交换基团的性能有很大关系，同时也受水中离子的浓度和温度影响。在常温和低浓度时，各种树脂对离子的选择性顺序如下。

a. 强酸阳离子树脂：

$$Fe^{3+} > Cr^{3+} > Al^{3+} > Ca^{2+} > Mg^{2+} > K^+ = NH_4^+ > Na^+ > H^+ > Li^+$$

b. 弱酸阳离子树脂：

$$H^+ > Fe^{3+} > Cr^{3+} > Al^{3+} > Ca^{2+} > Mg^{2+} > K^+ = NH_4^+ > Na^+ > Li^+$$

c. 强碱阴离子树脂：

$$SO_4^{2-} > NO_3^- > Cl^- > OH^- > F^- > HCO_3^- > HSiO_3^-$$

d. 弱碱阴离子树脂：

$$OH^- > SO_4^{2-} > NO_3^- > Cl^- > F^- > HCO_3^- > HSiO_3^-$$

简言之，水中离子的原子价越高，越易与离子交换树脂发生离子交换反应；同价离子（碱金属和碱土金属）中，原子序数越大，其离子水合半径越小，越易与离子交换树脂进行交换。

e. 螯合树脂的选择性顺序与树脂的种类有关。

螯合树脂在化学性质方面与弱酸阳树脂相似，但比弱酸阳树脂对重金属的选择性高。螯合树脂通常为 Na 型，树脂内金属离子与树脂的活性基团相螯合。典型的螯合树脂为亚氨基醋酸型。亚氨基醋酸型螯合树脂的选择性顺序为：

$$Hg > Cu > Ni > Mn > Ca > Mg \gg Na$$

位于顺序前列的离子可以取代位于顺序后列的离子。

离子交换选择性的上述几条基本规律只适用于常温下离子浓度低的溶液。在高温高浓度时，处于顺序后列的离子可以取代位于顺序前列的离子，这是树脂再生的依据之一。

(9) 离子交换平衡

离子交换反应是一种可逆的化学反应，它服从当量定律和质量作用定律。

例如，RH 与水中 Na^+ 的交换反应式为：

$$RH + Na^+ \rightleftharpoons RNa + H^+ \tag{4-38}$$

平衡常数 K_H^{Na} 为：

$$K_H^{Na} = \frac{[RNa][H^+]}{[RH][Na^+]} \tag{4-39}$$

式中：[RH]、[RNa]——反应平衡时，树脂中 H^+、Na^+ 的浓度，mmol/g（干树脂）；

[H^+]、[Na^+]——反应平衡时，水中 H^+、Na^+ 的浓度，mmol/L。

平衡常数 K 也称为离子交换树脂的选择性系数。

(10) 离子交换速率

离子交换平衡是在某种具体条件下离子交换能达到的极限状态，它需要较长的交换时间。但在实际应用中，水与树脂的接触时间是有限的，不可能达到离子交换平衡状态，因此，离子交换速率更具有实用价值。

离子交换速率受离子交换过程中离子扩散过程的影响。

离子交换过程分为 5 个步骤：① 溶液中待交换离子向树脂颗粒表面扩散，并通过树脂表面液膜；② 待交换离子扩散进入树脂孔道内，到达有效交换位置；③ 待交换离子与树脂上的活性基团（可交换离子）进行交换；④ 被交换下来的离子在孔道内向外迁移；⑤ 被交换下来的离子通过液膜后进入树脂外部溶液。

以上 5 个步骤中，①和⑤属于外扩散；②和④属于内扩散；③属于离子间的反应，可瞬间完成；因此离子交换速率由①、②、④和⑤步骤的一个或几个所制约；而内扩散和外扩散受溶液离子浓度、水温、流速、树脂粒径、交换基团和交联度等因素影响。

（11）其他性能

a. 溶解性：离子交换树脂在理论上不溶，但开始使用时会微溶。

b. 机械强度：用树脂的年损耗百分数表示，一般要求小于（3%～7%）/a。

c. 耐冷热性：温度对树脂机械强度和交换能力有影响。温度低则树脂的机械强度下降，低于零度会冻胀裂；阳离子比阴离子耐热好，盐型比酸碱型耐热好。

4.8.2 离子交换装置运行方式

按运行方式不同，离子交换装置可分为固定床和连续床两大类。固定床又分为单层床、双层床和混合床；连续床又分为移动床和流动床。

1. 固定床

固定床的构造和压力滤罐相似，如图 4-43 所示。要求圆形钢罐耐压 0.4～0.6 MPa，其内离子交换树脂层为 1.5～2.0 m。为保证在反洗时树脂层有足够的膨胀高度，树脂层上表面到上部配水系统的高度为树脂层厚度的 40%～80%。在树脂层工作过程中，离子交换工作区高度、饱和曲线形状、饱和区下移和保护层高度如图 4-44 所示。

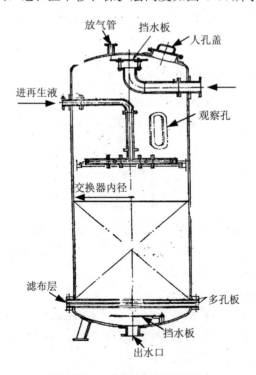

图 4-43 固定床构造示意图

当树脂工作层下端和整个树脂层下端重合时，交换器就应进行再生。固定床再生有顺流和逆流两种方式，由于逆流再生可以弥补顺流再生的缺点，而其本身的缺点不是很明显，故目前多采用逆流再生，逆流再生法操作过程见图4-45。

尽管固定床有出水水质好和适应性强等优点，但固定床离子交换器存在以下3个缺陷：①树脂交换容量利用率低，交换器容积未得以充分利用；②在同设备中进行产水和再生工序，生产不连续；③树脂中的树脂交换能力使用不均匀，上层的饱和程度高，下层的低。

为克服固定床存在的缺陷，又开发出了连续式离子交换设备。连续式离子交换设备包括移动床和流动床。

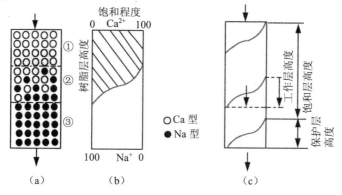

图 4-44 树脂层工作过程示意图

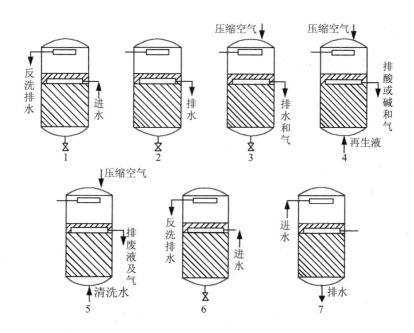

图 4-45 逆流再生操作示意图

2. 移动床

移动床等连续式设备的特点是树脂颗粒不是固定在交换器内，而是处于一种连续的循环运动过程中，树脂用量可减 1/3～1/2，设备单位容积的处理水量还可得到提高。双塔移动床系统和三塔移动床系统分别见图 4-46 和图 4-47。

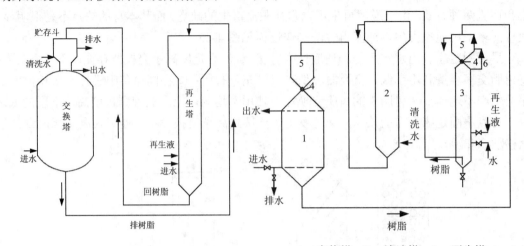

1—交换塔；2—清洗塔；3—再生塔；
4—浮球阀；5—贮存斗；6—连通管

图 4-46　双塔式移动床系统　　　　图 4-47　三塔移动床系统

3. 流动床

移动床离子交换运行存在起床和落床过程，其工作过程并非完全连续，流动床才是完全连续的离子交换系统，但其操作管理复杂，废水处理中较少应用。

4.8.3　离子交换工艺的设计

1. 离子交换器的进水预处理

由于废水组成复杂，在设计和运行处理废水的离子交换器时应对其进水进行必要的预处理。预处理的目的是保障反应器中离子树脂交换容量充分得以发挥，并有效延长其使用寿命。

预处理的对象包括离子交换器进水的水温、pH、悬浮物、油类、有机物、引起树脂中毒的高价离子和氧化剂等。

2. 离子交换树脂的选用

（1）交换容量

树脂的交换容量越大，单位体积树脂处理的水量就越大。不同类型树脂的交换容量有差异，同一种树脂的交换容量还受所处理废水的悬浮物、油类、同类性质的离子、高价金属离子、氧化剂和高分子有机物含量的影响。

（2）进水水质

对于只需去除进水中吸附交换能力较强的阳离子，可选用弱酸型树脂；若需去除的阳离子的吸附交换能力较弱，只能选用强酸型阳离子树脂。若进水含较多的有机物时，应选用抗氧化性好，并具有较高机械强度的大孔型树脂。

（3）离子交换器的运行方式

移动床和流动床要选用耐磨、机械强度大的树脂。对于混床，要选用湿真密度相差较大的阴、阳树脂。

3. 离子交换树脂工艺设计参数

设计参数可参阅华东建筑设计研究院有限公司主编的《给水排水设计手册》(第四册,工业给水处理),中国建筑工业出版社,第二版,2002,77~78。

4.8.4 离子交换法在废水处理中的应用

离子交换法日趋广泛地应用于回收工业废水中的有用物质和去除有毒物质。

1. 含铬废水的处理

含铬废水中主要含有以 CrO_4^{2-} 和 $Cr_2O_7^{2-}$ 形态存在的六价铬以及少量的三价铬。这种废水经采用合适工艺预处理后,可用阳树脂去除三价铬和其他阳离子,用阴树脂去除六价铬,并可回收铬酸,实现废水在生产中的循环使用。其交换反应如下:

三价铬的交换:

$$6RH+Cr_2O_3 \rightleftharpoons 2R_3Cr+3H_2O \quad (4\text{-}40)$$

六价铬的交换:

$$2ROH+CrO_4^{2-} \rightleftharpoons R_2CrO_4+2OH^- \quad (4\text{-}41)$$

$$2ROH+Cr_2O_7^{2-} \rightleftharpoons R_2Cr_2O_7+2OH^- \quad (4\text{-}42)$$

树脂失效后,阳树脂可用一定浓度的 HCl 或 H_2SO_4 再生,阴树脂可用一定浓度的 NaOH 再生,反应为:

$$R_3Cr+3HCl \rightleftharpoons 3RH+CrCl_3 \quad (4\text{-}43)$$

$$R_2CrO_4+2NaOH \rightleftharpoons 2ROH+Na_2CrO_4 \quad (4\text{-}44)$$

$$R_2Cr_2O_7+4NaOH \rightleftharpoons 2ROH+2Na_2CrO_4+H_2O \quad (4\text{-}45)$$

阴树脂的洗脱液再经一级 H 型阳离子交换进行脱钠,即得铬酸:

$$4RH+2Na_2CrO_4 \rightleftharpoons 4RNa+H_2Cr_2O_7+H_2O \quad (4\text{-}46)$$

2. 含锌废水的处理

化纤厂纺丝车间的酸性废水主要含有 $ZnSO_4$、H_2SO_4 和 Na_2SO_4 等,用 Na 型阳树脂交换其中的 Zn^{2+},用硫酸钠再生失效的树脂,即可得到 $ZnSO_4$ 的浓缩液。其交换及再生反应为:

$$2RSO_3Na+ZnSO_4 \xrightleftharpoons{\text{交换}} (RSO_3)_2Zn+Na_2SO_4 \quad (4\text{-}47)$$

$$(RSO_3)_2Zn+Na_2SO_4 \xrightleftharpoons{\text{再生}} 2RSO_3Na+ZnSO_4 \quad (4\text{-}48)$$

3. 电镀含氰废水的处理

氰化电镀废水中的氰化物有"游离氰"（即钠、钾的氰化物）和"络合氰"（即氰与铜、镉、铁、锌等金属离子的络合物）两种存在形态，其中大部分为"络合氰"。由于阴树脂对络合离子的结合力很大，所以利用阴离子交换既能消除氰化物及重金属离子的污染，还能将废水中的氰化物和重金属回收利用。如某厂的氰化镀镉废水经大孔型弱碱性阴树脂处理后，水质可达到国家排放标准，树脂的再生洗脱液用化学法回收氧化镉，纯度大于98.5%，只是其有工艺较复杂和再生剂用量较大等缺点，有待进一步改进。

又如某厂的氰化镀铜锡合金废水经强碱阴树脂处理后，含"游离氰"小于0.5 mg/L，铜小于1 mg/L，均符合排放标准，而且回收的氰化钠和铜氰化钠可直接回用于氰化镀铜锡合金镀槽。

4. 有机废水的处理

离子交换法也可用于处理有机废水，如洗涤烟草过程中产生的含有烟碱（$C_{10}H_{14}O_2$）的废水，可以用阳树脂回收后做杀虫剂，树脂失效后用醇胺再生。

4.9 膜分离

4.9.1 膜分离类型及分离特性

膜分离技术自20世纪50年代以来获得快速发展，并在海水及苦咸水淡化、纯水制备、废水处理及其资源化和一些化工分离过程中得到越来越广泛应用。膜分离类型及分离特性见图4-48。

4.9.2 膜分离法的原理及分类

能够把流体相分隔为互不相通的两部分，两者之间能够进行物质分离的薄的物质称为"膜"。

"膜"可以是固体或液体。但都具备两个特征：①无论厚度多少都必须有两个界面，两个界面分别与两侧流体相接触；②"膜"具有选择透过性，可允许一侧流体中的一种或几种物质通过，而不允许其他物质通过。

利用膜的选择透过性能将离子或分子或某些微粒从水中分离出来的过程称为膜分离过程。用膜分离溶液时，使溶质通过膜的方法称为渗析，使溶剂通过膜的方法称为渗透。

膜分离过程特点有：一般可在室温和无相变条件下进行，能耗低，具有广泛的适用性；规模可大可小，易于自控；不需外加物质，节约原材料；利用膜孔大小分离物质，不会破坏物质结构和属性；分离和浓缩同时进行，可回收资源。

依溶质或溶剂透过膜的推动力和膜种类不同，水处理中常用的膜分离法可分为以下四类，见表4-2。

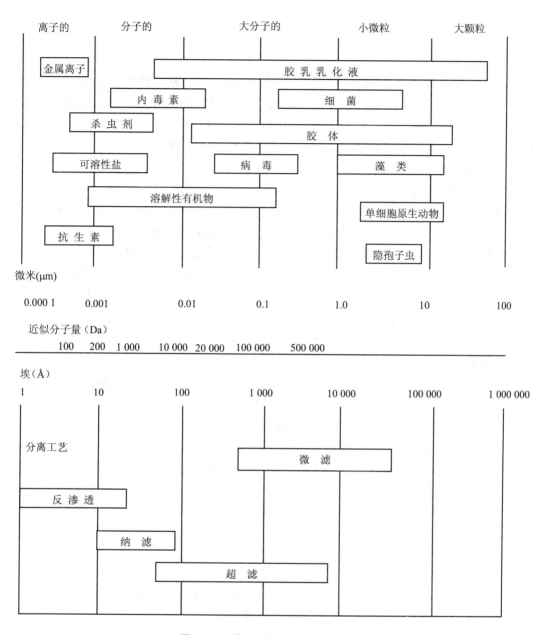

图 4-48 膜分离类型及分离特性

表 4-2 水处理中常用膜分离法分类

膜分离法分类	推动力	膜种类	分离对象
电渗析（ED）	电位差	离子交换膜	离子
反渗透（RO）	压力差	非对称膜或复合膜	离子、小分子
超滤（UF）	压力差	非对称膜	大分子、微粒
微滤（MF）	压力差	对称膜	微粒

4.9.3 微滤

1. 微滤原理

微孔滤膜过滤（简称"微滤"）和反渗透、超滤一样，是一种以压力为推动力、膜的截留作用为机理的过滤技术。它可以阻止水中的悬浮物、微粒和细菌等大于膜孔径的杂质。

微孔滤膜如同筛网，因而它的分离作用属于筛分过程，膜的孔径范围为 $0.1 \sim 70~\mu m$，操作压力一般小于 0.3 MPa，常用的工作压力为 $0.05 \sim 0.1$ MPa。

2. 微滤膜和微滤装置

（1）微孔过滤膜

微孔滤膜有多种分类方法。按膜表面的化学特征分为疏水膜和亲水膜两大类；按结构可分为对称膜和非对称膜；按材料可分为有机高分子膜和无机膜。

根据膜孔的结构，微孔滤膜可分为两大类，一类是具有毛细管状孔结构的筛网型微孔滤膜，它具有理想的圆柱形孔结构，对于大于其孔径的微粒具有绝对的过滤作用；另一类是具有曲孔的深度型微孔滤膜，其膜表面粗糙，分布着孔径小于其名义过滤精度的孔，即深度过滤型微孔滤膜不具有绝对过滤的作用，它可以去除小于其孔径的微粒。

与硅藻土、石英砂、无纺布等深层过滤介质相比，微孔滤膜具有以下特点：① 微滤主要以筛分机理截留粒子，所有比膜孔径大的粒子全部截留，而其他深层过滤介质达不到绝对截留的要求；② 微孔滤膜多用纤维素、工程塑料或无机氧化物制成，膜内孔径分布较为均匀，孔隙率占总体积的 70%～80%，过滤精度高，可靠性强；③ 由于微孔滤膜孔隙率较高，因此在同等过滤精度下，流体的过滤速度比常规介质高几倍甚至几十倍；④ 微孔滤膜是均一的连续多孔体，过滤无介质脱落，不易产生二次污染；⑤ 微孔滤膜近似于一种多层叠置的筛网，易被与孔径近似的微粒堵塞，使用时需设预处理装置，以延长膜寿命，充分发挥效力。

微孔滤膜的通量随着膜两侧压力差的增大而增加，但不同材质或者不同孔径膜的变化规律不尽相同。另外，微孔滤膜的通量与膜孔径的大小成正比。

（2）微孔滤膜过滤器

1）平板式微孔膜过滤器

包括单层板式膜过滤器和多层板式膜过滤器。多层板式膜过滤器类似于压滤机。通常用于中等液量的过滤，以去除微粒和细菌等杂质。

2）折叠式膜过滤器

主要由滤芯（俗称膜芯）和与之相配的压力容器构成。滤芯主要由微孔滤膜、聚丙烯多孔芯管、聚丙烯网布、聚丙烯保护网和 O 形密封圈等组成。滤芯的直径均为 70 mm，长度有 250 mm、500 mm、750 mm、1 000 mm 4 种。压力容器可用不锈钢或者硬质工程塑料制成。目前中大型的膜滤器多用不锈钢制造，每个容器内装入的膜滤芯数量根据实际需要而定。折叠式膜过滤器由于体积小、过滤面积大，适合中、大型水处理工程使用。

3. 微滤的应用

微滤主要用于工业废水、生活污水中的膜生物反应器，可以有效截留微生物，获得反应器内较高的微生物浓度，并保证出水中较低的微生物和颗粒物水平。

微滤可以在纯水制备、海水淡化时作为反渗透或电渗析的前置过滤器,用以去除细小的悬浮物,或者作为离子交换柱的最后一级终端过滤装置,滤除树脂碎片或细菌等杂质。

4. 微滤法的特性

a. 孔径较均匀,过滤精度高:微孔滤膜的孔径分布范围较窄,能够把孔径大的微粒、细菌等杂质截留于膜表面。微孔滤膜典型的孔径分布曲线如图 4-49 所示。

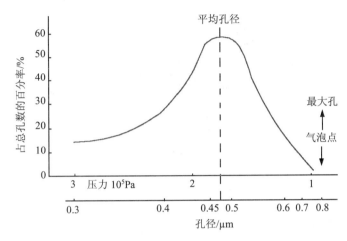

图 4-49 微孔滤膜典型的孔径分布曲线

b. 孔隙率高,过滤速度快:微孔滤膜的孔隙率(即小孔的体积所占膜体积的百分比率)可达 70%~80%,孔的数目约为 1×10^7 个/cm^2。同时膜很薄,流道短,对流体的阻力小,因而过滤速度很快。

c. 膜很薄,吸附容量小:微孔滤膜的厚度一般为 0.10~0.20 mm,如此薄的膜,纳物量极少,因而可用于微量溶液及贵重物料的过滤,损失量少。

d. 无介质脱落,保证滤液洁净:常用的微孔滤膜多为高分子聚合物制成的均匀连续体,无碎屑、纤维等杂质脱落,这是其他深层过滤介质很难做到的。

e. 微孔滤膜品种多,应用面广:微孔滤膜有纤维素和非纤维素两大类,共计十几种。这些膜都可用于过滤水溶液,有一些膜(如聚丙烯膜)还可过滤有机溶剂,还有一些膜(如聚偏氟乙烯、聚四氟乙烯膜)则可用来过滤酸或碱溶液。另外,每一种材质的滤膜孔径可根据使用要求系列化处理。

f. 微孔膜过滤过程无浓缩水排放:微孔膜过滤类似于机械过滤,水中的微粒和细菌等杂质几乎全部被截留,仅有少量杂质渗入到膜孔,大量的杂质堆积于膜表面。因而,膜孔易被堵塞,导致透水量下降。所以,必须进行预处理,以延长膜的使用寿命。

4.9.4 超滤

1. 超滤原理

超滤、反渗透(前已述及)和微滤(后将述及)都是在静压差推动力作用下进行水和其中的溶质分离的膜过程。三者去除微粒的粒径范围也有一定的相互重叠。反渗透所分离的溶质的分子量小于 500 Da,操作压力为 2~10 MPa,膜的透水率为 0.1~2.5 $m^3/(m^2 \cdot d)$。超滤所分离的溶质组分为分子量大于 500 Da 的大分子和胶体,操作压力较低,一般为 0.1~

0.5 MPa，膜透水率为 0.5～5.0 m³/（m²·d）。

超滤对溶质的分离方式为：① 膜表面及微孔内表面对溶质的一次吸附；② 滞留在膜孔内而被从水中分离（阻滞）；③ 在膜表面的机械截留（筛分）。

超滤的机理是由膜表面机械筛分、膜孔阻滞和膜表面及膜孔吸附的综合效应，以筛滤为主。超滤工作原理如图 4-50 所示。

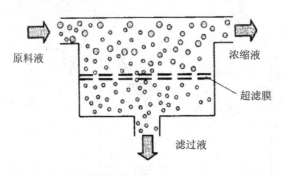

图 4-50　超滤原理示意图

2. 超滤膜与超滤装置

（1）超滤膜的种类

超滤膜与反渗透膜相似，具有不对称多孔结构。只是致密层的孔径比反渗透膜要大，一般为 5～100 nm，而反渗透膜为 0.8～1 nm。超滤与反渗透相似之处是水都沿膜面流动，部分水透过膜面被收集，其余水携带截留在膜面上的物质一起流出装置。常用的超滤膜种类有醋酸纤维素膜（CA）、聚砜膜（PS）（结构中的苯环提高了其机械强度，而砜基团有抗氧化性和稳定性）、聚酰胺膜（对氯离子抵抗力差，要求 Cl^-＜5～10 mg/L）。

（2）超滤装置

超滤装置同反渗透装置相类似，主要膜组件有板框式、管式、卷式和中空纤维式等。

1）板框式超滤装置

板框式超滤装置类似于化工常用的板框压滤机，其构造由数十张膜与膜支撑板一层一层相间叠加而成，其顶部和底部各有一张封板，并用长螺栓夹紧固定。为了防止发生泄漏现象，在各层板之间设有 O 形密封圈。膜支撑板可由工程塑料制成，它的作用首先是支撑膜，防止膜被压破，其次是输出透过水。

板框式结构优点：①装置牢固，适合在广泛的压力范围内工作；②流道间隙大小可以调节，还可设计成为具有促进湍流的结构，改善水的流动状态，提高膜的传质效果，同时，原水流道不易被杂物堵塞；③具有可拆性，清洗较方便；④通过增减膜及膜支撑板的数量可实现不同处理水量的系列化装置。

缺点：①装置比较笨重；②单位体积内的有效膜面积较小；③膜的强度要求较高，为增强膜的机械性能，通常是将膜做在织物（或无纺布）上。

2）管式超滤装置

管式超滤装置由圆管形的膜及多孔性的支撑管构成。按圆管的直径大小不同分为粗管和细管。按膜的工作面（即致密层）在圆管的内壁或外壁分为内压式和外压式。按圆管的构型分为直管式和螺旋管式。按圆管的组合方式又分为单管式和列管式。另外还可分为套管式和管束式等。

管式超滤装置优点：①原液流道截留面积比较大，不易被堵塞，因而对进水预处理要求不是十分严格；②膜面的清洗比较容易，既能化学清洗，也可用海绵球之类软物进行机械擦洗；③为改进水在膜表面的流动状态，管内宜设湍流促进器，以改进传质效果。缺点：①单位体积内膜的充填密度较低，占地面积大；②膜管的弯头及连接件多，设备安装劳工费时。

3) 卷式超滤装置

卷式超滤装置的膜组件是由膜元件（俗称膜芯）和与之相配合的压力容器构成。卷式膜元件由中心集水管、膜支撑体、膜和原水导流网等构成。将片状多孔支撑体夹在两张膜中间（膜的致密层向外），三个边用黏结剂密封，成为袋状，敞口一边连接到带有许多小孔的中心管上，每一个袋状膜称为一页，一个或数个这样的袋状膜，连同附在袋外的原水导流网一起卷绕在中心集水管上，成为圆筒状膜卷。

卷式结构优点：①单位体积内有效膜面积较大（即膜的填充密度大）；②水在膜表面流动状态较好；③结构紧凑，占地面积较小。缺点：①对进水预处理要求较严格（但不像中空纤维式反渗透装置那样严格），以防堵塞导流网；②对所用膜强度要求较高，要耐折叠，耐水力冲击，因此须用织物（或无纺布）增强的超滤膜；③使用过程中，一旦发现膜破损或有泄漏现象将需更换新的膜元件。

4) 中空纤维式超滤装置

中空纤维式超滤膜是一种很细的空心纤维管，类似于中空纤维反渗透膜，但超滤膜的纤维管比较粗。外压式纤维管的外径为 0.4~0.5 mm，内压式为 0.8~1.2 mm。外径与内径之比为 2:1 左右。

若工作面是纤维管的内壁，则为内压式；反之则为外压式。

内压式中空纤维超滤组件是将数千根甚至数万根空心纤维平行地装入耐压容器中，两端用环氧树脂密封（纤维的空心不能被堵塞），原水从容器的一端进入，并沿纤维的空心流动，浓缩水从容器的另一端排出。透过水透过膜后汇集于压力容器并引出。

外压式中空纤维超滤组件类似于中空纤维反渗透组件，进水由具有许多小孔的中心管均匀地向空心纤维布水，浓缩水从压力容器出水口排出，透过水则进入纤维的空腔并被引出。

中空纤维超滤装置的优缺点：①单位体积内有效膜面积最大，工作效率最高，占地面积最小；②中空纤维膜无须支撑物，不会因选择支撑材料不当而影响出水水质；③外压式的空心纤维很细，透过水在引出过程中阻力损失比较大；④膜的清洗比较困难，只能用水力冲洗或化学清洗，不能采用机械清洗；⑤中空纤维膜损坏后要更换整个组件。

3. 超滤工艺参数

超滤工艺的主要设计参数为膜通量、膜清洗周期、温度、压力、滤速等。

在操作压力为 0.11~0.6 MPa，温度小于 60℃时，超滤膜的膜通量以 1~500 L/(m²·h) 为宜。影响膜通量的因素有进水流速、操作压力、温度、进水浓度和原水预处理等。

膜必须定期清洗，以保持适宜的膜通量，并能延长膜的寿命。正常使用的超滤膜的寿命为 12~18 个月。

4. 超滤在废水处理中的应用

超滤已被用于汽车制造行业喷漆废水、金属加工废水和食品工业废水的处理和有用物质的回收。在某些废水"双膜"深度处理流程中，超滤可作为反渗透的预处理单元。

5. 超滤分离的特性

a. 分离过程不发生相变化，能耗低。

b. 分离过程可以在常温下进行。

c. 一般用于分离渗透压较小、浓度适中的物质，操作压力低，设备及工艺流程简单，易于操作、管理及维修。

d. 应用范围广，采用系列化不同截留分子量的膜，对溶质进行分级分离。

4.9.5 反渗透

1. 反渗透的原理

用膜法分离溶液时，使溶剂通过膜的方法称为渗透。水通过膜由稀溶液进入浓溶液的过程称为自然渗透。在浓溶液一侧施加压力，使浓溶液中的水通过膜进入稀溶液的过程称为反渗透。

目前流行的反渗透膜的传质机理有如下几种。

（1）溶解扩散理论

该理论假定反渗透膜是无缺陷的致密无孔膜，溶剂与溶质都能在膜中溶解，然后在浓度或压力造成的化学位差推动下，水从膜一侧向另一侧进行扩散，直到透过膜。溶质和溶剂在膜中的溶解扩散过程服从菲克定律。

（2）优先吸附——毛细孔流理论

该理论假定膜有微孔，膜层有优先吸附水而排斥盐的化学特性，使膜表面及膜孔内形成一几乎为纯水的溶剂层，该层优先吸附的水在压力作用下，连续通过膜。

（3）氢键理论

该理论认为，作为反渗透的膜材料必须是亲水性的，并能与水形成氢键。水在膜中的迁移主要是扩散。

2. 反渗透膜及反渗透装置

（1）反渗透膜

反渗透膜是一种只允许水分子通过的半透膜（选择透过性膜）。反渗透膜的厚度一般为 $100 \sim 200$ nm，且具有不对称的断面结构。表层致密层，孔径为 $8 \sim 10$ Å，厚度为 $1 \sim 10$ μm，脱盐主要在这一层；结构疏松的多孔支撑层，孔径为 $1\,000 \sim 4\,000$ Å；两者之间为中间过渡层，孔径约 200 Å。

反渗透分离的关键是要求反渗透膜具有较高的透水速度和脱盐性能。一般反渗透膜应具有下列性能：单位膜面积的透水速度快，脱盐率高；机械强度好；化学稳定性好，耐酸碱、耐高温和微生物侵蚀，耐污染；使用寿命长，性能衰降小；原料充沛，价格低廉，制膜工艺较简单。

反渗透膜按材料分类主要有纤维素膜和非纤维素膜两大类。按结构分类主要有不对称膜和复合膜两大类；按外形分主要有膜片和中空纤维两大类。水处理常用的膜材料有醋酸纤维素膜（CA 膜）、聚酰胺膜（PA 膜）和复合膜（TFC 膜）。

1）醋酸纤维素膜（CA 膜）

透水速度快、脱盐率高，价格便宜，应用广。膜的总厚度约为 100 μm，其表皮层的厚度约为 0.25 μm，表皮层中布满微孔，孔径为 0.5～1.0 nm，而多孔支撑层中的孔径较大。

醋酸纤维素膜（CA 膜）有两个主要缺点：①易受微生物侵蚀而降解，从而使膜脱盐率降低；②在酸性、碱性条件下易水解，生成纤维素和醋酸。随着水温升高，溶液 pH 低于或高于最佳 pH（5～6）时，水解速度加快。因而，通常需加酸维持溶液 pH 在最佳范围内，以延长醋酸纤维素膜（CA 膜）的使用寿命。

2）芳香聚酰胺复合膜

它的明显特点是：操作压力低，水通量大；对二价和一价离子的脱除率均很高，对有机物和二氧化硅也有相当高的脱除率；机械性能和耐菌类污染性能好；有良好的化学性能，pH 稳定范围大，通常可在 pH=4～11 范围内运行；有一定的耐热性。

但该膜如受到氯或其他氧化剂侵蚀，则易降解。最高运行温度为 40℃。该材料用于制作中空纤维，如杜邦公司生产的 B-9 型芳香族聚酰胺膜。

3）复合膜

它是一种新近研制的膜，于 20 世纪 80 年代得到应用。该膜与醋酸纤维素膜（CA 膜）比较，不易水解，可在 pH=4～11 运行，抗生物侵蚀能力强，且能抗压密。该膜的最大优点是可在较低压力下运行[1.6 MPa，而醋酸纤维素膜（CA 膜）为 2.8 MPa]，既节能又不易水解，透盐量能维持稳定，不像醋酸纤维素膜（CA 膜），其透盐量随时间增长而增加。

（2）反渗透装置

反渗透装置主要有板框式、管式、卷式和中空纤维式四大类，近年来国外又开发出盘式或碟式装置。

1）板框式反渗透器

板框式反渗透器由几块或几十块承压板组成。承压板两侧覆盖微孔支撑板和反渗透膜，将这些贴有膜的板几块或几十块的一层一层间隔叠合，用长螺栓固定后，形成密闭的耐压容器，在高压下将含盐水以湍流状态通过反渗透膜表面，淡化水由承压板中流出。

优点：装置牢固，能承受高压。缺点：液流状态差，易形成浓差极化，设备费用大，占地面积亦大。采用复合膜的薄型板框式反渗透器是其改进形式。

2）管式反渗透器

管式反渗透器有内压和外压两种形式。在管式反渗透器中，膜形是管状的。管状膜衬在耐压微孔管套中，水在压力的推动下，从管内透过膜并由套管的微孔壁渗出管外，这种装配形式称为内压式。如果将膜涂刮在耐压微孔管外壁，水在压力推动下从管外透过膜并由套管的微孔壁渗入管内，这种装配形式称为外压式。由于外压式反渗透器的进水流动状态较差，故多数采用内压装置。

内压管束式的优点：进水流动状态好，易安装，易清洗，易拆换。缺点：单位体积中装填的膜表面积很小，所以设备总体占地面积很大。

3）卷式（螺旋卷式）反渗透器

卷式反渗透膜元件的卷制是在二层反渗透膜中间夹入一层过水导流网布，用胶黏剂密封两层膜的三个边形成膜袋，开放的第四边与接受淡水的穿孔管密封连接，再在膜的下面铺设一层进料液隔网，然后沿着钻有孔眼的中心管卷绕这一依次叠好的多层材料（膜/过水导流网布/膜/进料液隔网）就成卷式膜元件。

优点：单位体积内的膜装载面积大、进水流动状态好、结构紧凑。缺点：进水预处理要求严格，污染指数要求≤5，否则容易堵塞。

卷式膜元件是目前最广泛采用的膜组件形式。元件直径多为10.16 cm和20.32 cm、长为101.6 cm或152.4 cm。

4）中空纤维式反渗透器

中空纤维式膜是一种很细的中空纤维管。管的外径一般为70～100 μm，管的外径与内径之比约为2∶1。将几十万根这种中空纤维弯成U形装入耐压容器中，纤维开口端用环氧树脂黏合，形成管板，以O形环密封，成为中空纤维式反渗透器。

中空纤维式的优点：在单位体积内的膜装载面积大，无须承压材料，结构紧凑。缺点：容易堵塞，清洗困难，因此对进水的预处理要求最严，污染指数要求≤3。

由于中空纤维结构特点，原设计结构中每个容器内仅能放一支膜组件，近些年来，进一步改进进水和产水收集结构，在一个压力容器内可放多支膜组件。

反渗透装置根据原水水质、产水水质和水回用率等因素可有多级串联式、多段组合式和带有中间升压泵的三段组合式等形式的组合形式。

3. 反渗透处理的工艺参数

a. 原液状态参数包括总含盐量、各组分含量、pH、温度、悬浮物、黏度和微生物量等。

b. 膜性能参数包括膜的脱盐性能、机械强度、pH稳定范围和耐热性等。

c. 工程参数包括产水量、产水水质、操作压力、原液流速、膜清洗、膜更换和能耗等。

4. 反渗透在废水处理中的应用

反渗透已被用来处理电镀废水（镀镍、镀铬废水）、食品加工废水、制糖废水、水产品加工废水以及某些污水的深度处理等。

反渗透法对高价重金属离子有良好的脱除效果，不仅可以回收废液中几乎全部的重金属，而且还可将水回收利用。反渗透法对电镀工业废液中的锌、镍、镉、铜和铬等重金属离子的脱除效果如表4-3所示。

表4-3 反渗透法处理电镀废液效果（操作压力：6.2 MPa）

重金属盐	浓度/（mg/L）		去除率/%	透水率/ $m^3/(m^2 \cdot d)$
	原水	淡水		
$ZnSO_4$	553	48	91.3	0.48
$Pb(CH_3COO)_2$	504	32	93.7	0.83
$CuSO_4$	500	8	98.4	0.78
$NiCl_2$	500	14	97.2	0.78
CrO_3	512	22	95.7	0.88
$SnCl_3$	500	49	90.2	0.85
$AgNO_3$	500	135	73.0	0.92
$Fe(SO_4)_2(NH_4)_2$	525	19	94.4	0.82
$Ni(SO_4)_2(NH_4)_2$	515	22	95.7	0.85
$Cr_2(SO_4)_3$	500	9	98.2	0.90
$HAuCl_4$	500	109	78.2	0.78

5. 反渗透法处理废水的工艺特点

反渗透法具有分离过程不需加热,无相变,耗能较少,设备体积小,操作简单,适应性强等优点。但此工艺需要在高压下运行,需配备高压泵和耐高压的管路;反渗透膜分离装置对进水指标有较高要求,易产生膜污染,为延长膜寿命和提高分离效果,需定期进行清洗。

4.9.6 电渗析

1. 电渗析的原理

在外加直流电场作用下,水中的阴、阳离子作定向迁移,利用离子交换膜的选择透过性(即阳膜只允许阳离子透过,阴膜只允许阴离子透过),从而使水中的离子与水分离的物理化学过程称为电渗析。

下面以电渗析处理含镍废水为例介绍电渗析的原理,见图 4-51。

在直流电场作用下,废水中的 SO_4^{2-} 离子向正极迁移,由于离子交换膜具有选择透过性,淡水室的 SO_4^{2-} 透过阴膜进入浓水室,但浓水室内的 SO_4^{2-} 不能透过阳膜而留在浓水室内;Ni^{2+} 向负极迁移,并通过阳膜进入浓水室,浓水室中 Ni^{2+} 不能透过阴膜而留在浓水室中。这样浓水室因 SO_4^{2-}、Ni^{2+} 不断进入而使这两种离子的浓度不断增高;淡水室由于这两种离子不断向外迁移,浓度降低。离子迁移的结果是把电渗析器的两个电极之间的隔室变成了溶液浓度不同的浓室和淡室。浓水系统是一个溶液浓缩系统,而淡水系统是一个净化系统。用电渗析法回收镍时,以硫酸钠溶液作为电极液,硫酸钠可减轻铅电极的腐蚀;浓水回用于镀槽,淡水用于清洗镀件。

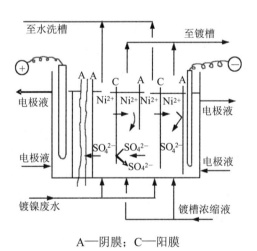

A—阴膜;C—阳膜

图 4-51 处理含镍废水电渗析原理图

2. 离子交换膜和电渗析装置

(1) 离子交换膜

离子交换膜是电渗析的关键部件,其性能直接影响电渗析器的离子迁移效率、能耗、抗污染能力和使用期限等。离子交换膜的主要性能指标有:① 离子选择透过性高,实用离子交换膜要求离子迁移数在 90% 以上;② 膜电阻低、导电性能好;③ 具有较高的交换容量，一般为 1.0～2.5 mol/kg（干）；④ 尺寸稳定，膨胀和收缩性应尽量地减小而且均匀；⑤ 有足够的机械强度，一般要求膜的爆破强度大于 0.3 MPa；⑥ 有良好的化学稳定性，耐酸、碱及抗氧化的能力强；⑦ 离子的反扩散和水的渗透量要小。

（2）电渗析离子交换膜分类

　　a. 按膜的结构形式分为异相膜、均相膜和半均相膜；
　　b. 按膜上活性基团不同分为阳膜、阴膜和特种膜；
　　c. 按膜材料不同分为有机膜和无机膜。

（3）电渗析装置

电渗析过程最基本的工作单元称为膜对，其组成及排列顺序为：单张阳膜—单层隔板—单张阴膜—单层隔板。隔板的功能是分隔阳膜和阴膜，同时作为水流通道，因其内部的溶液离子浓度不同，又分为脱盐室和浓缩室。用夹紧板紧固在一起的膜对和电极称为电渗析器。根据用途不同，实际的电渗析器可由一个、几个、几十或数百个膜对组成。电渗析器的辅助设备还包括水泵、整流器等。电渗析器及其辅助设备总称为电渗析装置。

3. 电渗析器运行的工艺参数

（1）电流效率

电渗析器运行时实际除盐量与理论除盐量之比被称为电渗析器的电流效率（η）。电流效率是针对一个淡室而言的，与膜对数无关。实际运行中应将电渗析的"电流效率"与其"电能效率"相区分。

$$电能效率 = \frac{理论耗电量}{实际耗电量} \times 100\%$$

（2）电流密度

电渗析器工作时，单位膜面积上通过的电流称为电流密度 J。运行电渗析器时，当电流密度达到一定值时，界面层离子迁移速度远低于膜内离子迁移速度，迫使膜界面处水分子发生电离，依靠氢离子和氢氧根离子来传递电流，这种膜界面现象称为浓差极化。此时的电流密度称为极限电流密度。

（3）极化

电渗析器运行中会发生极化（包括前已述及的浓差极化和电极极化）。电极极化是由电极表面的电化学反应引起的。极化现象的发生将会导致膜面结垢或电极腐蚀，进而造成膜电阻增大、膜的有效面积和电流效率降低，并造成水流通道被堵塞等不良后果。一般来说，电渗析运行电流密度低于极限电流时不易发生浓差极化，而高于极限电流运行就很易发生。由实验得出的极限电流密度简化公式如下：

$$J_{\lim} = E / M_r (k\, c_P v^n) \tag{4-49}$$

式中：$J_{\lim}$——极限电流密度，mA/cm^2；

　　　　v——淡水室中的水流平均速度，cm/s；

　　　　c_P——淡水室中的离子浓度的对数平均值，mol/L；

　　　　k——电渗析器的水力特性系数，与膜性能、隔板厚度、隔网形式、水的离子组成和水温等因素有关；

　　　　n——流速指数，一般为 0.5～0.9；

E——物质的化学当量;

M_r——物质的相对分子质量。

在给定条件下，k、n 可通过实验确定。

4. 处理废水的电渗析器的特点

电渗析在海水或苦咸水淡化和某些工业用水的精制等应用中都已有大型装置投入生产性运行，而在废水处理中的应用还相对较少。应用电渗析处理废水应注意以下几点。

a. 在给水处理中应用的电渗析器，只回收淡水和只关注淡水水质，水的回收率一般为 50%～70%；而应用电渗析处理废水时，有时淡水和浓水均可回收利用，水的回收率高；有时浓水的利用价值高于淡水。

b. 应用电渗析器在给水处理中其用膜只有阳膜和阴膜，并以膜对形式存在；而在废水处理中，电渗析器用膜的种类较多，有阳膜、阴膜、中性膜和复合膜等。根据处理对象组成和处理目的不同而采用不同的单膜或组合膜电渗析器。

c. 在给水处理中，关注电渗析电极反应多半是为了防止电极反应的负面影响，而在废水处理中，有时是利用电极反应来达到处理废水和回收有用物质的目的。

图 4-52 为单阴膜电渗析回收酸和铁。酸洗废液（含有 H_2SO_4 和 $FeSO_4$）进入阴极室中，阳极室通入稀 H_2SO_4。在直流电场作用下，SO_4^{2-} 阴离子通过阴膜进入阳极室，与阳极室电解水所产生的 H^+ 结合成 H_2SO_4；而 Fe^{2+} 在阴极得电子被还原为铁沉淀在阴极板上。

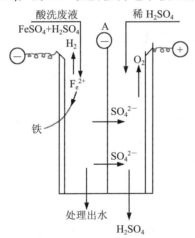

图 4-52 单膜电渗析回收装置

在阴极室： $$Fe^{2} + 2e^- \rightarrow Fe\downarrow \quad (4\text{-}50)$$

在阳极室： $$H_2O \rightarrow H^+ + OH^- \quad (4\text{-}51)$$

$$2H^+ + SO_4^{2-} \rightarrow H_2SO_4 \quad (4\text{-}52)$$

5. 电渗析在废水处理中的应用

电镀废水中含有铜、锌、镍、铬和镉等重金属和氰化物，可以采用电渗析进行处理。目前已有许多电镀车间应用电渗析处理电镀废水取得了较好的效果。有的车间既回收了重金属，又使水的重复利用率得到较大提高。

4.10 中和

4.10.1 酸碱中和及 pH 调节的基本原理

1. 酸性和碱性废水的来源及性质

酸性和碱性工业废水的来源广泛，如化工、化纤、制药、印染、造纸和金属加工等企业都有酸性或碱性废水排出。有的废水含无机酸（或碱），有的含有机酸（或碱），有的同时含有机酸（或碱）和无机酸（或碱）；有的酸（或碱）的浓度可以高达 10%，有的还含有重金属离子、悬浮物和其他杂质。对于高浓度（如大于 3%）的酸（碱）废水的处理，应首先考虑回收其中的酸（碱）和综合利用途径，只有当废水无回收（或综合利用）价值时，才采用中和法处理。

用化学法使废水 pH 达到适宜范围的过程称为中和。

2. 酸（碱）废水的处理要求

a. 工业企业对其排水进行混凝沉淀等物化法处理时，需调整废水 pH，以实现最好的处理效果。

b. 经工业企业预处理的废水欲排入城市排水管网，为防止腐蚀管道，应对企业排水 pH 值进行调整。

c. 工业企业的废水处理站或接纳生活和工业废水的城市污水处理厂，采用生化处理工艺时，要将进水 pH 调至符合微生物生存要求。

d. pH 不符合国家排放标准的废水，应调节 pH 为 6~9，方可排入接纳水体。

3. 中和方法的分类

酸性废水的中和方法可分为：① 与碱性废水互相中和；② 药剂中和；③ 过滤中和。碱性废水的中和方法可分为：① 与酸性废水互相中和；② 药剂中和。

酸性废水中和处理采用的中和剂有石灰、石灰石、白云石、小苏打、苛性钠等。碱性废水中和处理则通常采用盐酸和硫酸等。

4. 中和方法的选择

选择中和方法时应考虑下列因素：① 酸（碱）废水所含污染物的性质、浓度、水量变化规律以及中和后水质要求；② 当地酸性或碱性废料来源；③ 当地中和药剂和滤料的性质及供应情况。

4.10.2 酸碱废水中和法

1. 中和能力的计算

酸碱完全中和时，消耗的 H^+ 和 OH^- 的物质的量一定相等，即：

$$Q_1 C_1 = Q_2 C_2 \tag{4-53}$$

式中：Q_1——酸性废水流量，L/h；

C_1——酸性废水 H^+ 的浓度，mol/L；

Q_2——碱性废水流量，L/h；

C_2——碱性废水 OH^- 的浓度，mol/L。

废水中酸、碱性质以及中和生成的盐是否水解或水解度的大小对中和反应终点混合液 pH 有一定的影响。

2. 中和设备

根据酸碱废水的水质特征、排放规律和处理出水 pH 要求的程度，中和设备分为连续式和间歇式两大类；连续式的构筑物又可分为简易连续混合反应构造物（如集水井、管道和混合槽）和监控条件比较齐全的连续中和池。与连续式中和设备相比，间歇式中和池的适应性强，其缺点是构筑物（至少设两座或两格）操作管理工作量大。

4.10.3 药剂中和法

1. 酸性废水的药剂中和法

向酸性废水中投加碱性药剂，使废水 pH 升高的方法称为酸性废水药剂中和法。

（1）中和剂

酸性废水中和剂常用石灰、石灰石、大理石、白云石、碳酸钠、苛性钠、氧化镁等。投加石灰乳时，氢氧化钙对废水中杂质有凝聚作用，因此适用于处理杂质多浓度高的酸性废水；在选择中和剂时，还应尽可能使用一些工业废渣，如电石渣等。

（2）酸性废水的中和反应

石灰价廉易得，常被用来中和不同浓度的多种酸性废水。但石灰与硫酸或磷酸反应的生成物特性应予以注意，采取相应措施，以保证中和设施稳定运行。

$$H_2SO_4 + Ca(OH)_2 = CaSO_4\downarrow + 2H_2O \tag{4-54}$$

$$H_2SO_4 + CaCO_3 = CaSO_4\downarrow + H_2O + CO_2 \tag{4-55}$$

$$2H_3PO_4 + 3Ca(OH)_2 = Ca_3(PO_4)_2\downarrow + 6H_2O \tag{4-56}$$

例如，中和后生成的水合硫酸钙（$CaSO_4 \cdot 2H_2O$）在水中的溶解度很小，可以形成沉淀，但是当硫酸浓度很高时，在中和药剂如石灰石、白垩或白云石表面会产生硫酸钙的覆盖层，影响和阻止中和反应的继续进行，因此，要求此类中和药剂颗粒应在 0.5 mm 以下；又如用石灰中和磷酸时，在 pH 大于 10 的局部区域，会生成羟磷灰石沉淀，应加强反应池搅拌，防止局部 pH 上升过高。

2. 碱性废水的药剂中和法

向碱性废水投加酸性药剂，使废水 pH 降低的方法称为碱性废水的药剂中和法。

（1）中和剂

碱性废水中和剂有硫酸、盐酸、硝酸以及锅炉烟道气等；在选择中和剂时，还应尽可能使用一些工业废酸。

（2）碱性废水的中和反应

某制药厂乙炔车间每天排放电石渣废水 250 m³，该厂利用溶剂车间排放的含硫酸废水进行中和处理，投资较少，就可解决碱性废水的污染问题。

3. 中和剂实际用量

由于药剂中常含有不参与中和反应的惰性杂质，而废水中常含有影响中和反应的杂质及中和反应混合不均匀等，因此中和剂的实际耗量均比理论耗量高，应通过试验确定。

4.10.4 过滤中和法

酸性废水流过碱性滤料时与滤料进行中和反应的方法称为过滤中和法。过滤中和法仅用于酸性废水的中和处理。碱性滤料主要有石灰石、大理石、白云石等。中和滤池分普通中和滤池、升流式膨胀中和滤池、过滤中和滚筒三类。

过滤中和法的优点是操作简单，出水 pH 比较稳定，沉渣量少（与石灰法比较）；其缺点是废水的酸浓度不能太高，因中和过程中生成的钙盐沉淀在水中溶解度很小，易在滤料表面形成覆盖层，阻碍滤料和酸的接触反应，需定期倒床，劳动强度较高。另外，中和过程反应快慢也是一个限制因素，如白云石等反应缓慢，选用时应予以注意。

4.11 化学沉淀

4.11.1 化学沉淀的基本原理

向工业废水中投加某种化学物质，使其和废水中溶解性物质发生反应，并生成难溶盐沉淀，从而将该溶解性物质从废水中去除的方法称为化学沉淀法。该法一般用以处理含金属离子和某些阴离子（如 SO_4^{2-} 和 S^{2-}）的工业废水。氢氧化物、硫化物和碳酸盐等常被作为沉淀剂使用。

4.11.2 氢氧化物沉淀法

由于实际废水组分复杂，故应通过试验确定相关操作参数，同时还应注意有些金属（如 Zn、Pb、Cr、Sn、Al）等的氢氧化物为两性化合物，如果 pH 过高，它们会重新溶解。因此，用氢氧化物法分离废水中的重金属时，废水的 pH 是操作的一个重要条件，pH 不在适宜范围，即低于或高于适宜范围都会使处理效果变差。氢氧化物法的最经济的化学药剂是石灰，一般适用于不准备回收金属的低浓度废水处理。

4.11.3 硫化物沉淀法

硫化物沉淀法常用的沉淀剂有硫化氢、硫化钠、硫化钾等。

许多金属能形成硫化物沉淀。大多数金属硫化物的溶解度一般比其氢氧化物的要小很多，采用硫化物作沉淀剂可使废水中的金属得到更完全地去除。但是，由于硫化物沉淀法处理费用较高，硫化物固液分离困难，常需要投加混凝剂。因此，该方法的应用并不广泛，有时作为氢氧化物沉淀法的补充法。

4.11.4 碳酸盐沉淀法

锌和铅等金属离子的碳酸盐的溶度积也很小，可投加碳酸钠从高浓度的含锌或铅废水中回收重金属。反应式如下：

$$Zn^{2+}+CO_3^{2-} \rightarrow ZnCO_3 \downarrow \tag{4-57}$$

$$Pb^{2+}+CO_3^{2-} \rightarrow PbCO_3 \downarrow \tag{4-58}$$

4.12 氧化还原

4.12.1 氧化还原法的原理

通过氧化还原反应将废水中溶解性的污染物质去除的方法称为废水氧化还原法处理。在化学反应中，失去电子的过程叫作氧化，得到电子的过程叫作还原。失去电子的物质称还原剂，在反应中被氧化；得到电子的物质称氧化剂，在反应中被还原。氧化作用和还原作用总是同时发生的。每个物质都有各自的氧化态和还原态，其氧化还原电位的高低决定了该物质的氧化还原能力。

根据废水污染物质在氧化还原反应中被氧化或被还原的差异，废水的氧化还原处理法又可分为氧化法和还原法两大类。

4.12.2 氧化法

向废水中投加氧化剂，使废水中有毒害作用的物质转化为无毒无害或毒害作用小的新物质的方法称为药剂氧化法。

在废水处理中常用的氧化剂有：空气中的氧、纯氧、臭氧、氯气、漂白粉、次氯酸钠、二氧化氯、三氯化铁、过氧化氢和电解槽的阳极等。

1. 氯氧化法

（1）氯氧化法原理

次氯酸钠、漂白粉、液氯等含氯物质统称为氯系氧化剂。氯氧化法主要用于去除废水中的氰化物、硫化物、酚、醇、醛、油类以及对废水进行脱色、脱臭、杀菌、防腐等处理。

氯系氧化剂与水反应都能生成具有强氧化作用的次氯酸根（ClO^-），这是氯氧化法的本质。

（2）氯氧化法处理含氰废水

氰以游离氰和络合离子氰两种形态存在于电镀含氰废水中。一般游离 CN^- 毒性大，络合离子形态毒性小。氯氧化氰化物是分阶段进行的（如第一阶段处理和第二阶段处理）。此外尚有局部氧化法和完全氧化法。

在碱性条件下氰化物被氯氧化成氰酸盐：

$$CN^- + ClO^- + H_2O \rightarrow CNCl + 2OH^- \tag{4-59}$$

生成的 CNCl 属挥发性物质，毒性和 HCN 差不多。但在 pH=10~11 时，只需 10~15 min，就可将 CNCl 转化为毒性小的氰酸根（CNO^-）。

$$CNCl + 2OH^- \rightarrow CNO^- + Cl^- + H_2O \tag{4-60}$$

虽然 CNO^- 的毒性只有 HCl 的千分之一，为保证水体安全,应进一步投加氯氧化剂（氯或漂白粉），破坏碳-氮键，使其转化为 CO_2 和 N_2，即进行完全氧化反应：

$$2CNO^- + 3OCl^- \rightarrow CO_2 + N_2 + 3Cl^- + CO_3^{2-} \tag{4-61}$$

式（4-57）反应在 pH=8.0～8.5 时，有利于形成 CO_2 并逸出，因此完全氧化只需 30 min 左右就可完成。

2. 臭氧氧化法

（1）臭氧（O_3）特性

a. 臭氧氧化能力仅次于氟，比氧、氯和高锰酸盐等常用氧化剂都高，因此在水处理中被广泛应用。

b. 臭氧是氧气的同素异形体，在水中的溶解度是氧气的 10 倍。臭氧很不稳定，在常温下就可逐渐自行分解为氧：

$$O_3 \rightarrow \frac{3}{2}O_2 + 144.45 \text{ kJ} \tag{4-62}$$

臭氧在纯水中分解速度比在空气中快得多。水中臭氧浓度为 3 mg/L 时，在常温常压下，其半衰期仅 5～30 min。由于臭氧不易储存，故多采用无声放电装置现场制备。

c. 臭氧是有毒气体。一般使用臭氧的环境，应控制其浓度小于 0.1 mg/L。

d. 臭氧具有强的氧化能力，因而对多种材料具有腐蚀作用。

（2）臭氧氧化的接触反应装置

废水的臭氧处理是在接触反应器内进行的，为了使臭氧与水中杂质充分反应，应尽可能使臭氧化空气在水中形成微细气泡，并采用气液两相逆流操作，以强化传质过程。常用的臭氧化空气投加设备有多孔扩散器、乳化搅拌器、射流器和螺旋混合器等。臭氧与废水的接触反应时间取决于所处理废水的组分及特性。

（3）臭氧处理工艺设计

设计内容主要有两个：①臭氧发生器型号和台数的确定，确定的依据是臭氧投加量、臭氧化空气中臭氧的浓度和臭氧发生器工作的压力；②臭氧布气装置和接触反应池容积的确定，确定的依据是布气装置性能和接触反应时间，一般为 5～10 min。

（4）臭氧氧化法在废水中的应用

臭氧可氧化无机氰化物和多种有机物，还可用于除臭、脱色、杀菌、除铁等。

（5）臭氧氧化法的优缺点

臭氧氧化法的优点是氧化能力强，反应迅速，氧化分解效果显著；尾气处理彻底时无二次污染；制备臭氧只用空气和电能，操作管理方便；它的缺点是投资大；运营费用高。

3. 过氧化氢氧化法

由于过氧化氢价格很高，以及单独使用时其氧化反应过程过于缓慢。目前多利用投加催化剂的方法以促进氧化过程。最常用的催化剂为 $FeSO_4$、络合 Fe（Fe-EDTA）、Cu、Mn 或天然酶等，或直接用 Fenton 试剂（由 H_2O_2 和 Fe^{2+} 复合而成的一种强氧化剂）。H_2O_2 和 Fe^{2+} 作用，产生羟基自由基（·OH），其氧化能力仅次于氟，能使许多难生物降解及一般化学氧化法难以氧化的有机物氧化分解。

4. 光氧化法

自然界中物质的分解有三种形式：光分解、化学分解和生物分解。由光分解和化学分解组合成的光催化氧化法已成为废水处理领域的一项重要技术。

常用光源为紫外光（UV）；常用氧化剂有臭氧和过氧化氢等。

UV-O_3 氧化法是光催化氧化法中比较成功的一种。实践表明，UV-O_3 法能有效地去除水中卤代烃、苯、醇类、酚类、醛类、羧类、氯苯、硝基苯、苯胺、农药和腐殖酸等有机物以及细菌和病毒。并且在处理过程中不会产生二次污染。已有 UV-O_3 法处理地下水和垃圾填埋场渗沥液的生产性工程。

UV-O_3 法的主要原理是由紫外光光解臭氧，从而产生羟基自由基（·OH），而羟基自由基（·OH）是一种极强的氧化剂。

$$O_3 \xrightarrow{UV} [O] + O_2 \quad (4\text{-}63)$$

$$O_2 + H_2O \xrightarrow{UV} H_2O_2 \quad (4\text{-}64)$$

$$H_2O_2 \xrightarrow{UV} 2\,(\cdot OH) \quad (4\text{-}65)$$

5. 湿式氧化法

在高温（150～350℃）和高压（0.5～20 MPa）的操作条件下，以氧气或空气作为氧化剂，将废水中有机物转化为二氧化碳和水的过程称为湿式氧化法。

（1）湿式氧化法原理

在高温、高压下，水及氧气的物理性质都发生了变化。从室温到 100℃ 范围内，氧的溶解度随温度升高而降低，但当温度大于 150℃ 时，氧的溶解度随温度升高反而增大，且其溶解度大于室温状态下的溶解度。氧在水中的传质系数也随温度升高而增大。

湿式氧化过程比较复杂，一般认为有两个主要步骤：① 空气中的氧从气相到液相的传质过程；② 溶解氧与基质之间的化学反应。

湿式氧化去除有机物所发生的氧化反应主要属于自由基反应，共经历诱导期、增殖期、退化期以及结束期四个阶段。氧化反应的速度受制于自由基的浓度。初始自由基形成的速率及浓度决定了氧化反应"启动"进行的速度。在湿式氧化条件下，加入少量 H_2O_2 或过渡金属化合物，则可加速氧化反应的进行。

湿式氧化反应中，尽管氧化反应是主要的，但在高温高压体系下，水解、热解、脱水、聚合等反应也同时发生。

（2）湿式氧化法的应用及特点

目前，湿式氧化法的应用主要为两大方面：一是进行高浓度难降解有机废水生化处理的预处理，以提高可生化性；二是用于处理有毒有害的工业废水。该方法未能广泛应用的原因是其系统设备复杂、投资大、操作管理难和运行费高等。

6. 电解法

（1）电解法原理

在直流电场的作用下，电解质溶液发生的电化学反应过程称为电解。废水中的污染物质在电解槽的阳极和阴极分别进行氧化和还原反应，达到降低该污染物浓度的方法称为废水的电解处理。

能使电解正常进行所需的最小外加电压称为分解电压。在电解过程中应采取适当措施防止出现严重的极化现象，以便电解槽正常运行。

（2）法拉第电解定律

电流通过电解质溶液时，在电极上发生化学反应的物质的量与通过的电量成正比，在电极上析出或溶解 1 mol 的任何物质时,都需要 96 500 C(库仑)的电量,这一定律称为法拉第电解定律,可用下式表示:

$$G = \frac{1}{F}EQ = \frac{1}{F}EIt \tag{4-66}$$

式中：G——电解过程中析出的物质质量,g;

E——物质的化学当量;

Q——通过的电量,C;

I——电流强度,A;

t——电解时间,s;

F——法拉第常数,96 500 C/mol。

(3) 电解法在废水处理中的应用

某电镀车间排出含铬废水 15 m^3/h,Cr^{6+} 质量浓度小于 50 mg/L,pH=4.5～6.0,以铁板作电解槽的阳极,电流密度为 0.4～0.5 A/dm^2。

阳极反应:

$$Fe^2 - 2e^- \rightarrow Fe^{2+}$$

$$Cr_2O_7^{2-} + 6Fe^{2+} + 14H^+ \rightarrow 2Cr^{3+} + 6Fe^{3+} + 7H_2O$$

$$CrO_4^{2-} + 3Fe^{2+} + 8H^+ \rightarrow Cr^{3+} + 4H_2O + 3Fe^{3+}$$

当电解电压达到一定数值后,阳极析出 O_2,阴极析出 H_2。

阴极反应:

$$2H^+ + 2e^- \rightarrow H_2 \uparrow$$

$$Cr_2O_7^{2-} + 6e^- + 14H^+ \rightarrow 2Cr^{3+} + 7H_2O$$

$$CrO_4^{2-} + 3e^- + 8H^+ \rightarrow Cr^{3+} + 4H_2O$$

随着反应的进行,废水中的氢离子浓度逐渐降低,废水碱性增加,三价铬和三价铁以氢氧化物的形式形成沉淀:

$$Cr^{3+} + 3OH^- \rightarrow Cr(OH)_3 \downarrow$$

$$Fe^{3+} + 3OH^- \rightarrow Fe(OH)_3 \downarrow$$

出水 pH 值必须大于 7.0,否则 Cr^{3+} 沉淀不完全。反应生成的 Cr(OH)$_3$ 和 Fe(OH)$_3$ 通过沉淀与水分离。出水 Cr^{6+} 一般为 0.01 mg/L。

(4) 电解槽的结构形式及极板

电解槽的形式多采用矩形。槽内水流为折流式,有两种布置形式:水流在水平(横向)方向折流的称为回流式;水流在上下(纵向)方向折流的称为翻腾式。回流式水流程长,容积利用率高,但施工和检修困难。翻腾式的极板为悬挂式,可减少漏电现象发生,极板间距一般为 30～40 mm。

极板和电源的连接方式如图 4-53 所示。双极性连接方式仅两端极板与电源相连,其余各极板靠电磁感应产生电场,极板腐蚀较均匀,即使碰撞也不会短路,可缩小极距,电能利用率高,运行费用省,故多被采用。

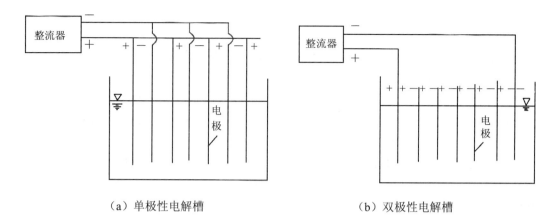

（a）单极性电解槽　　　　　　　　　（b）双极性电解槽

图 4-53　电解槽的极板

下面介绍倒换电极和脉冲电解。

1）倒换电极

在工程应用中，应定期倒换电极，其目的是减少电极钝化，保证电解反应正常进行。电极倒换时间与废水性质有关，一般由试验确定。

2）脉冲电解

连续运行的脉冲电解槽可以克服普通直流电源耐水质冲击负荷能力差等缺点，在有些电解法处理废水工程的实践中表明，脉冲电解法还可降低浓差极化，使电流效率提高约25%，电解时间缩短约35%，电能消耗降低约35%。

（5）微电解

目前在废水处理中得到使用的微电解（亦称内电解）和以上介绍的电解（亦称外电解）的最主要区别是内电解工艺不需要外接电源。目前常用的铁碳微电解的原理是：铁和碳在废水中形成无数个微电池，铁是阳极，碳是阴极，在酸性条件下发生下列电化学反应：

阳极：
$$Fe - 2e^- \rightarrow Fe^{2+}$$

阴极：
$$2H^+ + 2e^- \rightarrow 2[H] \rightarrow H_2$$

在有氧时，阴极反应还有：

$$O_2 + 4H^+ + 4e^- \rightarrow 2H_2O \tag{4-67}$$

$$O_2 + 2H_2O + 4e^- \rightarrow 4OH^- \tag{4-68}$$

电极反应生成的新生态[H]可使某些有机物断链，或有的官能团发生变化，提高废水的可生化性并去除部分 COD。随着电化学反应的进行，pH 升高，反应池内发生以下反应：

$$4Fe^{2+} + 8OH^- + O_2 + 2H_2O = 4Fe(OH)_3 \tag{4-69}$$

$Fe(OH)_3$ 絮状物可吸附凝聚去除废水中的悬浮物和胶体污染物。

4.12.3 还原法

通过投加还原剂或利用电解槽阴极作用，使废水中有毒害作用的物质转化为无毒无害或毒害作用小的新物质的方法称为还原法。

由上一节电解法的应用可知，Cr^{6+} 被还原为 Cr^{3+}，而使镀铬废水的毒害作用大大降低。常用还原剂有硫酸亚铁、亚硫酸钠、亚硫酸氢钠、氯化亚铁、焦亚硫酸钠、铁屑、铁粉、二氧化硫、硼氢化钠等。

用药剂还原法处理含六价铬废水的工况条件和操作程序：在酸性条件下（一般 pH<3），用还原剂将 Cr^{6+} 还原为 Cr^{3+}，再用碱性药剂将溶液 pH 调至 7～9，在碱性条件下，形成 $Cr(OH)_3$ 沉淀。

4.13 萃取、吹脱和汽提

4.13.1 萃取法

1. 基本原理

萃取的实质是溶质在水中和在某种有机溶剂中有不同的溶解度，而水与该种有机溶剂是不互溶的，最终达到平衡状态时，其关系如下：

$$\frac{C_{\text{有机溶剂}}}{C_{\text{水}}} = K \tag{4-70}$$

式中：$C_{\text{有机溶剂}}$——溶质在有机溶剂中的平衡浓度；
　　　$C_{\text{水}}$——溶质在水中的平衡浓度；
　　　K——分配常数。

上式称为分配定律。该定律是在溶质为低浓度状态，并且它在水和有机溶剂内的存在形态相同的条件下得出的。但实际上，浓度常不可能很低，且由于缔合、离解、络合等原因，溶质在水和有机溶剂中的形态也不可能完全相同，因此被萃取组分在水和有机溶剂中的平衡分配浓度的比值，不可能保持为一个常数，而是随溶质浓度的变化而变化。为此，引入了"分配系数"这一概念，来表征被萃取组分在水和有机溶剂中的实际平衡分配关系。分配系数（或称分配比）D 就是溶质在有机相中的总浓度 y 和在水相中总浓度 x 的比值，即 $D=y/x$。从分配系数的定义可知，D 值越大，即表示被萃取组分在有机相中的浓度越大，即越容易被萃取。溶质从水中转移到有机溶剂中的推动力是溶质在水中的实际浓度与平衡浓度的差值。

2. 萃取剂的选择

萃取剂选择的依据主要是萃取剂对混合液中两个组分的溶解能力的大小。选取萃取剂应考虑以下几方面的性能。

（1）萃取剂的选择性

萃取剂的选择性好坏，是指萃取剂 S 对被萃取组分 A 与对其他组分的溶解能力之间的差异。差异越大越好。

萃取剂 S 与水的互溶度愈小，愈有利于萃取。

(2) 萃取剂的物理性质

a. 密度：萃取剂和萃余相之间应有一定的密度差，以利于两液相在充分接触以后能较快地分层，从而可以提高设备的处理能力。

b. 界面张力：界面张力较大时，细小的液滴比较容易聚结，有利于两相的分层，但界面张力过大，液体不易分散。界面张力小，易产生乳化现象，使两相较难分离。因此，界面张力应适中。一般来说不宜选用界面张力过小的萃取剂。

c. 黏度：溶剂的黏度低，有利于两相的混合与分层，也有利于流动与传质，因而黏度小对萃取有利。萃取剂的黏度较大时，有时需要加入其他溶质来调节黏度。

(3) 萃取剂的化学性质

萃取剂应具有良好的化学稳定性、热稳定性以及抗氧化稳定性，对设备的腐蚀性也应较小。

(4) 萃取剂回收的难易

萃取相和萃余相中的萃取剂通常需回收重复使用，以减少溶剂的消耗量。回收费用取决于萃取剂回收的难易程度。一般常用的回收方法是蒸馏，其他方法还有反萃取、结晶分离等。

(5) 其他指标

如萃取剂的价格、毒性，以及是否易燃、易爆等，均是选择萃取剂需要考虑的问题。

3. 温度对萃取过程的影响

温度对萃取过程有重要影响。一般来说，温度升高，溶质在废水及萃取剂中的溶解度都要增大，但往往后者要大于前者，这对萃取有利；并且温度升高，液体黏度降低，也有利于萃取剂与水的分离。不过温度升高，会导致萃取剂在废水中的溶解度增大，萃取剂的损失增多，这对萃取工艺是不利的。因此要根据废水的性质以及所选萃取剂，通过试验确定萃取和再生时的操作温度。例如，以重苯萃取含酚废水时，要求废水的温度为 50~60℃，重苯进萃取塔及碱洗塔的温度控制在 45~50℃，这样可获得较好的萃取效果。

4.13.2 吹脱法

1. 基本原理

将空气通入废水中，使所含溶解性气体和易挥发性溶质由液相转入气相，从而达到废水处理的过程称为吹脱。被吹脱物质在液相和气相中的浓度差是由液相转入气相的推动力。

2. 吹脱法处理废水的工艺组成

(1) 预处理

废水预处理，如调整废水水温和 pH；去除悬浮物和油类等污染物。

(2) 回收解吸气体

吹脱过程中的解吸气体的处理处置原则是：符合排放标准时，向大气排放；对中等浓度的有害气体，可以导入炉内燃烧；对高浓度的有害气体，应考虑回收利用。回收解吸气体的基本方法是吸收和吸附。

用 NaOH 溶液吸收氰化氢或硫化氢，可生成 NaCN 和 Na_2S，然后再将饱和溶液蒸发结晶。可以采用固体吸附剂吸附有害气体,吸附设备为固定床过滤装置。当吸附达饱和后,用溶液浸泡吸附剂,溶解气体,并使吸附剂再生。例如,在用活性炭吸附 H_2S 时,当达到吸附饱和后用亚氨基硫化物浸洗活性炭 1 h 后进行解吸,反复浸洗数次后,再用蒸汽清洗活性炭,使其恢复吸附能力。溶剂经蒸发可回收其中的硫。运行资料表明,当废水中 H_2S 的质量浓度大于 500 mg/L 时,用本法回收硫,可达到收支平衡。

(3) 设备

吹脱设备有吹脱池和吹脱塔(内装填料或筛板)。吸收设备除填料塔和板式塔外,还可以采用表面接触式吸收罐,喷淋式吸收塔以及鼓泡式吸收器和湍球塔等。吸收设备一般采用逆流方式。常用多塔串联吸收。例如,吹脱法脱除有机氰,填料采用 15 mm×15 mm×2 mm 的瓷环,高 1 350 mm,喷淋水负荷为 5.1 m³/(m²·h),气液比为 163:1,废水温度为 80℃,丙烯腈的脱除效率为 96%,乙腈为 60%,氰化氢为 80%。

3. 吹脱法处理废水的应用

焦化和化肥等企业的生产废水中含有高浓度的氨氮,吹脱除氮是该类废水处理工艺的组成之一。

(1) 吹脱除氮原理

水中的氨氮,以氨离子(NH_4^+)和游离氨(NH_3)的状态存在,两者平衡关系如下:

$$NH_3 + H_2O \rightleftharpoons NH_4^+ + OH^-$$

NH_4^+ 和 NH_3 的平衡关系受 pH 的影响。当 pH 为 7 时,氨氮多以 NH_4^+ 存在,而当 pH 为 11 左右时,NH_3 大致在 90%以上。因此,在高的 pH 下,可获得较好的吹脱除氨效果。

(2) 影响因素

pH:吹脱效果随 pH 上升而提高,但 pH 提高到 10.5 以上,去除率提高缓慢;

水温:氨吹脱率随操作温度的升高而提高;

布水负荷率:水以滴状下落,当填料高 6 m 以上时,布水负荷率≥180 m³/(m²·d);

气液比:当填料高 6 m 以上时,气液比小于 2 200~2 300 为宜。

4.13.3 汽提法

1. 基本原理

向废水中通入蒸汽,使所含易挥发组分由液相转入气相,从而得到处理的过程称为汽提。

2. 分类

汽提法一般可分为简单蒸馏和蒸汽蒸馏。

(1) 简单蒸馏

对于与水互溶的挥发性物质,利用其在气液两相平衡条件下,在气相中的浓度大于在液相中浓度这一特性,将废水加热至其沸点,溶液汽化,经冷凝得到的蒸出液中易挥发组分的浓度高于原废水。简单蒸馏为间歇、非定态操作,在操作过程中系统的温度和浓度均随时间而变。

(2) 蒸汽蒸馏

对于与水不互溶或几乎不互溶的挥发性污染物质，利用混合液的沸点低于两组分沸点这一特性，可使高沸点挥发物在较低温度下汽化而被分离除去。例如，废水中的松节油、苯胺、酚、硝基苯等物质，在低于 100℃ 的条件下，应用蒸汽蒸馏法可将其有效脱除。

3. 汽提塔

汽提通常都在封闭的塔内进行。汽提塔有两类，即填料塔和板式塔。板式塔是一种传质效率比填料塔更高的设备。根据塔板结构的不同，又可分为泡罩塔、浮阀塔、筛板塔、舌形塔和浮动喷射塔等，其中前三种应用较广。筛板塔的优点是结构简单，制造方便，成本低，造价约为泡罩塔的 60%，为浮阀塔的 80% 左右。此外，压降小，处理量比泡罩塔大 20% 左右，板效率高 15% 左右。主要缺点是操作范围窄，即耐冲击负荷能力弱，筛孔易阻塞。

4.14 消毒

城市污水二级处理后出水经相应的深度处理工艺后可作为工业回用水、农业灌溉水、市政用水和地下（地表）补充水进行再利用。消毒是城市污水再生利用水质安全保障技术之一，另外对于医院污水也需经严格消毒后才可排入接纳水体。消毒主要是杀死对人体健康有害的病原微生物。在水处理中，常用的方法有氯消毒、次氯酸钠消毒、二氧化氯消毒、臭氧消毒和紫外线消毒等。

4.14.1 消毒机理

主要介绍加氯消毒机理。

氯消毒在水中不含氨的情况下，向水中加入氯后立即发生下列反应：

$$\begin{aligned} Cl_2 + H_2O &\rightleftharpoons HClO + HCl \\ HClO &\rightleftharpoons ClO^- + H^+ \end{aligned} \quad (4-71)$$

一般 HClO 与 ClO^- 在水中同时存在，相对比例取决于 pH 与温度，它们的总和则保持一定值。

HClO 为很小的中性分子，可扩散到带负电的细菌表面，并渗入细菌体内通过氧化作用破坏菌体内酶系统而使细菌死亡。因 ClO^- 其本身带负电，难以接近带负电的细菌，很难起到直接的消毒作用。故在较低的 pH 条件下，HClO 所占比例较大，消毒效果较好。虽然 ClO^- 难以直接消毒，但当水中 HClO 被消耗后，ClO^- 会不断转化为 HClO。因此，HClO 和 ClO^- 二者所含氯量均为消毒剂的有效氯含量。

氯消毒的效果与水温、pH、接触时间、混合程度、污水浊度及所含干扰物质、有效氯浓度有关。

4.14.2 消毒方法与应用

1. 主要消毒方法的特点

主要消毒方法的优缺点及选择适用条件见表 4-4。

表 4-4　主要消毒方法的优缺点及适用条件

名称	优点	缺点	适用条件
液氯	效果可靠，投配设备简单，投量准确，价格便宜，有持续消毒作用	余氯及某些含氯化合物对水生物有毒害，污水中有机物氯化可能生成致癌物质	适用于大、中型污水处理厂
臭氧	消毒效率高并能有效地降解污水中残留的有机物、色、味等，不产生氯代有机物	基建投资大、消毒成本高，设备复杂，运行管理难，无持续消毒作用	适用于出厂水质较好，排入水体的卫生条件要求高的消毒单元
二氧化氯	消毒效果好，并能有效地控制水的色度、嗅和味，不产生有机氯化物，有持续消毒作用	需现场制备，设备复杂，成本高，需控制无机副产物产生	适用于中、小型污水处理厂，以及医院等污水处理设施
次氯酸钠	用海水或浓盐水为原料，在污水厂现场生产并直接投配，使用方便，投量易控，有持续消毒作用	需现场制取，单台发生器产量小	适用于中、小型污水处理厂
紫外线	消毒效率高，设备简单，操作方便，无有机副产物生成	紫外线照射灯更换频率高，电耗较多，无持续消毒作用	适用于各种规模污水厂

消毒方法的选择要求能高效快速灭活多种致病微生物，又要具有较好的适应性、经济性、安全性、无二次污染、操作方便和耗材便于运输储存等特点。

2. 主要的消毒方法

（1）液氯消毒

液氯是氯气在常压下-33.6℃或常温下加压至 600~800 kPa 条件液化而成的，装在特制的钢瓶内贮存和运输，在使用点由专用的加氯机投加。由于氯气有毒，故对于液氯的贮存、运输和投加必须严格按有关规定执行。液氯消毒的工艺流程见图 4-54。

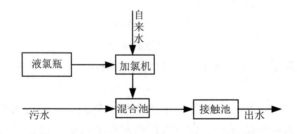

图 4-54　液氯消毒的工艺流程

由于氯是强氧化剂，污水中所有具有还原性的物质均要消耗 Cl_2，因此污水消毒的加氯量应由试验确定。对于城市污水，可参用下列数值：一级处理水排放时，投氯量为 20~30 mg/L；二级处理水排放时，投氯量为 5~10 mg/L。

在混合池内混合反应时间为 5~15 s，当用鼓风混合，鼓风强度为 0.2 m^3/(m^3·min)。当用隔板式混合池时，池内平均流速不应小于 0.6 m/s。

接触池的计算同竖流式沉淀池。接触时间为 30 min，沉淀速度采用 1~1.3 mm/s。保证余氯量不小于 0.5 mg/L。

(2) 次氯酸钠消毒

次氯酸钠目前多用次氯酸钠发生器电解食盐水进行现场制备，反应式如下：

$$NaCl+H_2O \rightarrow NaClO+H_2\uparrow \qquad (4-72)$$

将次氯酸钠加入污水后发生如下反应：

$$NaClO+H_2O = HClO+NaOH \qquad (4-73)$$

次氯酸钠的消毒效果不如氯强。

(3) 二氧化氯消毒

1) 二氧化氯（ClO_2）消毒原理

ClO_2溶于水，不与水发生化学反应。ClO_2杀菌主要是吸附和渗透作用，大量ClO_2分子聚集在细胞周围，通过封锁作用，抑制其呼吸系统，进而渗透到细胞内部，破坏含硫基的酶，从而快速抑制微生物蛋白质的合成。ClO_2对细菌和病菌均有很强的灭活功能。

2) 二氧化氯的制备

依据化学原理，ClO_2的制备可分为还原法、氧化法和电化学法（电解法）。

a. 还原法。还原法主要用于工业化二氧化氯生产。在酸性介质中，加入还原剂将氯酸钠还原生产二氧化氯。根据不同的还原剂可分为硫酸法、甲醇法和R系列法。

b. 氧化法。氧化法以亚氯酸钠和液氯为原料生产二氧化氯。其反应为：

$$Cl_2+2NaClO_2 = 2ClO_2+2NaCl \qquad (4-74)$$

生成率约为95%。

c. 隔膜电解法。隔膜电解法以食盐为原料，以不锈钢为阴极，在石墨表面涂敷一层氧化物为阳极，阴极室与阳极室用离子膜隔开。在直流电场作用下，阳极室可得到含氯、过氧化氢以及臭氧的混合二氧化氯消毒剂。

3) 二氧化氯消毒系统的运行

在适当的温度范围内，温度越高，二氧化氯的杀菌效力越大。二氧化氯杀菌作用持续时间长，适用pH范围宽（6~10）。

二氧化氯易挥发，气体和液态的二氧化氯均易爆炸，因此，二氧化氯装置的安放场所、操作程序均应符合有关安全规定。

4) 二氧化氯消毒的特点

a. 二氧化氯不仅可将水体中的微生物氧化除去，而且可将水中引起臭味的物质如硫化氢、硫醇等氧化分解为无毒无味的硫酸或磺酸，能将氰类、酚类有毒物质氧化降解为氨根离子和简单的有机物；

b. 因为ClO_2不与水发生化学反应，故其消毒作用受水的pH影响极小。在较高pH时ClO_2消毒能力比氯强；

c. 二氧化氯杀灭对象多，杀菌效果好，用量少，作用快，杀菌持续时间长，不仅能杀死细菌，而且能分解残留的细胞结构，并具有杀孢子和杀病毒的作用。因此，在医院污水等可能含有较多病原微生物的污水处理场合可以有较多应用。

(4) 臭氧消毒

1) 臭氧消毒原理

臭氧极不稳定，分解时产生初态氧。

$$O_3 = O_2+[O] \qquad (4-75)$$

[O]具有极强的氧化能力,对具有顽强抵抗力的微生物如病毒、芽孢等都有强大的杀伤力。此外,还具有很强的渗入细胞壁的能力,从而破坏细菌有机体链状结构导致细菌的死亡。

2) 臭氧消毒系统及控制

臭氧消毒的工艺流程见图4-55。

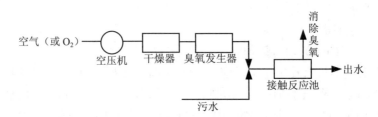

图 4-55 臭氧消毒系统

现场用空气或氧气为原料制备的臭氧气体中臭氧的浓度为 2%～10%。

臭氧具有高腐蚀性能。通常橡胶、大多数塑料、普通的钢铁、铜以及铝等材料都不能用于臭氧系统。可用的材料主要包括 316 和 305 不锈钢、玻璃、氯磺烯化聚乙烯合成橡胶、聚四氟乙烯以及混凝土。

臭氧在水中的溶解度仅为 10 mg/L,为了提高臭氧的利用率,接触反应池最好建成水深为 5～6 m 的深水池,或建成封闭的几格串联的接触池,用微孔扩散器布气。臭氧消毒迅速,接触时间约为 15 min,剩余臭氧量为 0.4 mg/L。接触池有剩余臭氧排出,需作消除处理。

3) 臭氧消毒的特点

a. 由于臭氧比氯有较高的氧化电位,比氯消毒具有更强的杀菌作用,对细菌的作用也比氯快,消耗量明显较小。例如,在 0.45 mg/L 臭氧作用下,经过 2 min,脊髓灰质炎病毒即死亡;如用氯消毒,则剂量为 2 mg/L 时需经过 3 h;

b. 在很大程度上不受 pH 的影响;

c. 不会产生如氯酚那样的臭味;

d. 不会产生三卤甲烷等氯消毒的副产物;

e. 在某些特定的用水中,如食品加工、饮料生产以及微电子工业等,臭氧消毒不需要从已净化的水中除去过剩杀菌剂的附加工序,如用氯消毒时的脱氯工序。

(5) 紫外线消毒

1) 紫外线消毒原理

紫外线消毒属于物理消毒法中的一种。紫外线的波长范围为 200～390 nm,波长为 260 nm 左右的紫外线杀菌能力最强。因为细菌 DNA 对紫外线的吸收峰在 260 nm 处,DNA 吸收紫外线后分子结构被破坏,引起菌体内蛋白质和酶的合成发生障碍,最终导致细菌死亡。

2) 影响紫外线消毒的主要因素

a. 微生物的类型。紫外线对细菌、病毒、真菌、芽孢等均有杀灭作用,但不同类型的微生物对紫外线照射的敏感性不同。为达到相同的杀菌效果,对紫外线不敏感、耐受力强的微生物，应采用较大的照射剂量。

b. 微生物数量。微生物数量越多，需要的紫外线照射剂量越大。微生物所接受的紫外线剂量大小，取决于紫外灯的功率、灯和微生物的距离及照射时间。

c. 照射时间与水层厚度。水层越薄，紫外线的穿透率越大，照射时间可缩短，但必须提高照射强度，电耗也相应增加。

d. 水的色度和其他杂质。水的色度、浊度、有机物和铁盐等杂质含量均会降低紫外线的消毒效果。

e. 消毒环境。一般在 27～40℃时紫外灯输出强度最大，周围温度过高、过低都会使灯输出强度降低。

3）紫外线消毒工艺

紫外线光源有浸水式和水面式两种布置形式。浸水式是把紫外灯管置于水中。该法的优点是紫外线利用率较高，杀毒效能好；缺点是结构较复杂。水面式的优点是构造简单；缺点是反光罩吸收紫外光线以及光线散射，导致紫外线有效利用率低而影响杀菌效果。紫外线消毒的照射强度为 0.19～0.25 $W \cdot s/cm^2$，污水层深度为 0.65～1.0 m。

4）紫外线消毒的特点

与氯系消毒剂相比，紫外线消毒的优点是无须化学药品，不会产生 THMs 类消毒副产物；杀菌作用快；无臭味，无噪声；操作容易，管理简单，运行和维修费用低。缺点是消毒效果受浊度和悬浮物影响较大；无持续消毒作用。

3. 其他消毒方法

漂白粉和氯片也可作污水消毒剂使用，它们的优缺点、适用条件、消毒液配制和投加方法见《给水排水设计手册》第 5 册"城镇排水"的第 345 页和第 346 页的有关内容。

第5章 污水再生利用工程

5.1 污水再生利用的意义与基本原则

5.1.1 污水再生利用的意义

地球上的总水量大约为 13.86 亿 km^3，其中只有 2.5%是淡水，而其中约 70%以永久性冰或雪的形式封存于南北极，29.04%深埋在地下，可供人类直接利用的淡水仅为总淡水量的 0.96%，仅为地球上总水量的 0.024%。我国是一个水资源相对贫乏的国家，多年平均水资源总量为 28 100 亿 m^3，人均水资源总量为 2 200 m^3，排在世界第 88 位，人均水资源仅为世界人均水平的 1/4。我国水资源时空分布不均，南方多北方少，北方大部分地区人均水资源量较低，如海河流域的人均水资源量只有全国平均量的 1/9。在北方干旱半干旱地区，全年的降水量主要集中在 7、8、9 三个月，这使得可以利用的水资源尤其显得不足。

随着经济的发展和城市化进程的加快，我国城市缺水问题尤为突出。据统计，全国 669 个城市中，400 个城市常年供水不足，其中有 10 个城市严重缺水，日缺水量达 1 600 万 m^3，年缺水量近 60 亿 m^3。

在我国，很多城市一方面缺水十分严重，另一方面大量的城市污水经处理后直接排放。与城市供水量几乎相等的城市污水中，只有 0.1%的污染物质，而且城市污水就近可得，易于收集，再生处理成本较低。因此，城市污水可以作为城市可靠的第二水源，这已成为世界各国解决缺水问题的共识。城镇污水的再生利用，可以充分利用污水资源，促进水的循环利用，缓解区域水资源短缺，推动城镇节水减排，提升我国城镇水资源综合利用效率和水平，推动资源节约型和环境友好型社会的建设。

根据"十二五"全国城镇污水处理及再生利用设施建设规划，政府将继续积极推动再生水利用，"十二五"期间，全国规划建设污水再生利用设施规模 2 676 万 m^3/d，全部建成后，我国城镇污水再生利用设施总规模将接近 4 000 万 m^3/d，到 2015 年，城镇污水处理设施再生水利用率达到 15%以上。

5.1.2 城镇污水再生利用的基本原则

集中型城镇污水再生利用应遵循以下基本原则：

a. 城镇污水再生利用规划应以系统调研和现状分析为基础，包括污水水源、城镇污水排放和处理情况、城镇再生水生产与使用现状等，并对制约城镇污水再生利用的各种因素进行分析，明确需要重点解决的问题。

b. 城镇污水再生利用规模与布局应根据城镇的自身特点和客观需求确定。资源型缺水城镇应以增加水源为主要目标，水质型缺水城镇应以削减水污染负荷、提高城镇水环境质量和改善人居环境为主要目标。

c. 再生水应优先用于需水量大、水质要求相对较低、综合成本低、经济和社会效益显著的用水途径。选择处理工艺时应考虑不同再生水利用途径水质需求的差异，以及从常规处理到深度处理和后续消毒工艺流程的整体性，同时需兼顾远期发展的需要。

5.2 污水再生利用的途径与水质要求

5.2.1 城镇污水再生利用的主要途径

城镇污水再生利用的主要途径包括工业回用、景观环境利用、绿地灌溉、农田灌溉、城市杂用、地下水回灌等。国家标准《城市污水再生利用 分类》（GB/T 18919—2002）对城市污水再生利用的途径进行了分类，如表5-1所示。

表5-1 城市污水再生利用类别

序号	分类	范围	示例
1	农、林、牧、渔业用水	农田灌溉	种子与育种、粮食与饲料作物、经济作物
		造林育苗	种子、苗木、苗圃、观赏植物
		畜牧养殖	畜牧、家畜、家禽
		水产养殖	淡水养殖
2	城市杂用水	城市绿化	公共绿地、住宅小区绿化
		冲厕	厕所便器冲洗
		道路清扫	城市道路的冲洗及喷洒
		车辆冲洗	各种车辆冲洗
		建筑施工	施工场地清扫、浇洒、灰尘抑制、混凝土制备与养护、施工中的混凝土构件和建筑物冲洗
		消防	消火栓、消防水炮
3	工业用水	冷却用水	直流式、循环式
		洗涤用水	冲渣、冲灰、消烟除尘、清洗
		锅炉用水	中压、低压锅炉
		工艺用水	溶料、水浴、蒸煮、漂洗、水力开采、水力输送、增湿、稀释、搅拌、选矿、油田回注
		产品用水	浆料、化工制剂、涂料
4	环境用水	娱乐性景观环境用水	娱乐性景观河道、景观湖泊及水景
		观赏性景观环境用水	观赏性景观河道、景观湖泊及水景
		湿地环境用水	恢复自然湿地、营造人工湿地
5	补充水源水	补充地表水	河流、湖泊
		补充地下水	水源补给、防止海水入侵、防止地面沉降

5.2.2 再生水的水质要求

1. 工业用水

工业用水要优先考虑循环利用生产过程中的废水。例如：造纸厂排出的白水受污染较轻，可作为洗涤水回用；煤气发生站排出的含酚废水，虽有少量污染，但如果适当处理可供闭路循环使用。各种设备的冷却水都可以循环使用，因此应充分加以利用并减少补充水量。在某些情况下，根据工艺对供水水质的需求关系，作一水多用的适当安排，顺序使用废水，可以大量减少废水排出。例如：锅炉水力冲灰系统可利用某些车间排出的无异味、不含挥发性物质的工艺废水；用设备冷却水补充钢厂的烟气洗涤水；酸性废水作洗煤水使用等，某些工业的酸性和碱性废水常可重复使用，也可供酸碱中和之需。

城市污水经深度处理后生产的再生水可以作为工业用水的重要来源。再生水可以作为冷却用水、洗涤用水、锅炉用水、工艺用水和产品用水等在工业生产中加以利用。国家标准《城市污水再生利用 工业用水水质》（GB/T 19923—2005）对各种应用类型的水质的基本控制项目及指标限值做出了规定，详见表 5-2。对于以城市污水为水源的再生水，除应满足表 5-2 的各项指标外，其化学毒理学指标还应符合《城镇污水处理厂污染物排放标准》（GB 18918—2002）中"一类污染物"和"选择控制项目"各项指标限值的规定。

表 5-2 再生水用作工业用水水源的水质标准

序号	控制项目	冷却用水		洗涤用水	锅炉补给水	工艺与产品用水
		直流冷却水	敞开式循环冷却水系统补充水			
1	pH	6.5～9.0	6.5～8.5	6.5～9.0	6.5～8.5	6.5～8.5
2	悬浮物（SS）/（mg/L）	≤30	—	≤30	—	—
3	浊度/NTU	—	≤5	—	≤5	≤5
4	色度/度	≤30	≤30	≤30	≤30	≤30
5	生化需氧量（BOD_5）/（mg/L）	≤30	≤10	≤30	≤10	≤10
6	化学需氧量（COD_{Cr}）/（mg/L）	—	≤60	—	≤60	≤60
7	铁/（mg/L）	—	≤0.3	≤0.3	≤0.3	≤0.3
8	锰/（mg/L）	—	≤0.1	≤0.1	≤0.1	≤0.1
9	氯离子/（mg/L）	≤250	≤250	≤250	≤250	≤250
10	二氧化硅/（mg/L）	≤50	≤50	—	≤30	≤30
11	总硬度（以$CaCO_3$计）/（mg/L）	≤450	≤450	≤450	≤450	≤450
12	总碱度（以$CaCO_3$计）/（mg/L）	≤350	≤350	≤350	≤350	≤350
13	硫酸盐/（mg/L）	≤600	≤250	≤250	≤250	≤250
14	氨氮（以N计）/（mg/L）	—	≤10[①]	—	≤10	≤10
15	总磷（以P计）/（mg/L）	—	≤1	—	≤1	≤1
16	溶解性总固体/（mg/L）	≤1 000	≤1 000	≤1 000	≤1 000	≤1 000
17	石油类/（mg/L）	—	≤1	—	≤1	≤1
18	阴离子表面活性剂/（mg/L）	—	≤0.5	—	≤0.5	≤0.5
19	余氯[②]/（mg/L）	≥0.05	≥0.05	≥0.05	≥0.05	≥0.05
20	粪大肠菌群/（个/L）	≤2 000	≤2 000	≤2 000	≤2 000	≤2 000

注：①当敞开式循环冷却水系统换热器为铜质时，循环冷却系统中循环水的氨氮指标应小于 1 mg/L；
②加氯消毒时管末梢值。

工业冷却和洗涤用水水量较大，水质要求较低，适合使用再生水。再生水用作工业冷却水时需要关注结垢、腐蚀和生物堵塞等问题。例如：再生水总硬度过高，钙镁离子形成难溶的盐类或碱类导致结垢；再生水中氯化物和氨引起管道、设备腐蚀，尤其是氨对热水交换系统中铜合金的腐蚀性较大；再生水中营养物质（如氮和磷）在好氧条件下有利于微生物的生长，导致生物堵塞和腐蚀，进而降低系统的热效率和机械效率。

再生水用作锅炉补给水水源时，在达到表 5-2 中所列的控制指标后，还应根据锅炉工况，对其进行软化、除盐等处理，直至满足相应工况的锅炉水质标准。对于低压锅炉，水质应达到《工业锅炉水质》（GB 1576—2008）的要求；对于中压锅炉，水质应达到《火力发电机组及蒸汽动力设备水汽质量标准》（GB 12145—2008）的要求；对于热水热力网和热采锅炉，水质应达到相关行业标准。

再生水用作工艺与产品用水水源时，达到表 5-2 中所列的控制指标后，根据不同生产工艺或不同产品的具体情况，通过再生利用试验或者相似经验证明可行时，工业用户可以直接使用；当表 5-2 中所列水质不能满足供水水质指标要求，而又无再生利用经验可借鉴时，则需要对再生水作补充处理试验，直至达到相关工艺与产品的供水水质指标要求。

2. 景观环境

随着城市用水量的逐步增大，原有的城市河流和湖泊常常出现缺水、断流现象，严重影响城市景观及居民生活。污水再生利用于景观水体可弥补水源的不足。景观环境水体包括两种类型：人体非全身接触的娱乐性景观环境用水和人体非直接接触的观赏性景观环境用水。国家标准《城市污水再生利用 环境景观用水水质》（GB/T 18921—2002）对再生水作为景观环境用水时各种水质指标限值做出了规定，如表 5-3 所示。对于以城市污水为水源的再生水，除应满足表 5-3 的各项指标外，其化学毒理学指标还应符合表 5-4 中的要求。

表 5-3 景观环境用水的再生水水质指标

序号	项目	观赏性景观环境用水			娱乐性景观环境用水		
		河道类	湖泊类	水景类	河道类	湖泊类	水景类
1	基本要求	无漂浮物，无令人不愉快的嗅和味					
2	pH	6～9					
3	五日生化需氧量（BOD_5）/（mg/L）	≤10	≤6		≤6		
4	悬浮物（SS）/（mg/L）	≤20	≤10		—		
5	浊度/NTU	—			≤5.0		
6	溶解氧（DO）/（mg/L）	≥1.5			≥2.0		
7	总磷（以 P 计）/（mg/L）	≤1.0	≤0.5		≤1.0	≤0.5	
8	总氮（以 N 计）/（mg/L）	≤15					
9	氨氮（以 N 计）/（mg/L）	≤5					
10	粪大肠菌群/（个/L）	≤10 000	≤2 000		≤500		不得检出
11	余氯[①]/（mg/L）	≥0.05					
12	色度/度	≤30					
13	石油类/（mg/L）	≤1.0					
14	阴离子表面活性剂/（mg/L）	≤0.5					

注：① 氯接触时间不应低于 30 min 的余氯，对于非加氯消毒方式无此项要求。

表 5-4 选择控制项目最高允许排放浓度（以日均值计）　　　　单位：mg/L

序号	选择控制项目	标准值	序号	选择控制项目	标准值
1	总汞	0.01	26	甲基对硫磷	0.2
2	烷基汞	不得检出	27	五氯酚	0.5
3	总镉	0.05	28	三氯甲烷	0.3
4	总铬	1.5	29	四氯化碳	0.03
5	六价铬	0.5	30	三氯乙烯	0.3
6	总砷	0.5	31	四氯乙烯	0.1
7	总铅	0.5	32	苯	0.1
8	总镍	0.5	33	甲苯	0.1
9	总铍	0.001	34	邻-二甲苯	0.4
10	总银	0.1	35	对-二甲苯	0.4
11	总铜	1.0	36	间-二甲苯	0.4
12	总锌	2.0	37	乙苯	0.1
13	总锰	2.0	38	氯苯	0.3
14	总硒	0.1	39	对-二氯苯	0.4
15	苯并[a]芘	0.000 03	40	邻-二氯苯	1.0
16	挥发酚	0.1	41	对硝基氯苯	0.5
17	总氰化物	0.5	42	2,4-二硝基氯苯	0.5
18	硫化物	1.0	43	苯酚	0.3
19	甲醛	1.0	44	间-甲酚	0.1
20	苯胺类	0.5	45	2,4-二氯酚	0.6
21	硝基苯类	2.0	46	2,4,6-三氯酚	0.6
22	有机磷农药（以 P 计）	0.5	47	邻苯二甲酸二丁酯	0.1
23	马拉硫磷	1.0	48	邻苯二甲酸二辛酯	0.1
24	乐果	0.5	49	丙烯腈	2.0
25	对硫磷	0.05	50	可吸附有机卤化物（以 Cl 计）	1.0

再生水用于景观环境时需要重点关注的水质指标有氮、磷、阴离子表面活性剂和细菌等，主要目的是避免水体发生富营养化、产生泡沫或卫生学方面的问题等。在氮、磷含量较高时，应通过控制水体的停留时间和投加化学药剂保证其景观功能的实现。同时应关注再生水中的病原微生物和持久性有机污染物对人体健康和生态环境的危害。

再生水的水源宜优先选用生活污水或不包含重污染工业废水在内的城市污水。

完全使用再生水作为景观环境用水时，需要控制水体的停留时间：景观河道类水体的水力停留时间宜在 5 天以内；景观湖泊类水体，在水温超过 25℃时，停留时间不宜超过 3 天，水温不超过 25℃时，可适当延长停留时间，冬季可延长至一个月左右；当加设表面曝气类装置时，河道类水体的水力停留时间和湖泊类水体的停留时间均可酌情延长。

由再生水组成的景观水体中的水生动植物仅可观赏，不得食用；不应在含有再生水的景观水体中游泳和洗浴；不应将含有再生水的景观环境水用于饮用和生活洗涤。

3. 绿地灌溉用水

再生水用于城市绿地灌溉是污水回用的有效途径之一。按照是否限制公众进入，城市绿地分为非限制性绿地和限制性绿地，前者如公园、居民区和校园绿地等，后者如高速公路绿化隔离带绿地等。再生水用于绿地灌溉时需要关注：①对植物的生存和生长的影响；②对土壤和地下水的影响；③对工作人员和附近活动人群感官和健康的影响；④对灌溉系统管道设备的腐蚀、堵塞等的影响。一般而言，需要重点关注的水质指标包括含盐量、pH、氯化物、氨氮、LAS、余氯等。国家标准《城市污水再生利用 绿地灌溉水质》（GB/T 25499—2010）对再生水作为绿地灌溉用水时各水质指标限值做出了规定，其中基本的控制项目和限值如表5-5所示。但应特别注意，不得利用再生水灌溉古树名木；谨慎使用再生水灌溉特种花卉和新引进的植物。

表5-5 绿地灌溉用水的再生水基本水质指标

序号	控制项目	绿地类型	
		非限制性绿地	限制性绿地
1	浊度/NTU	≤5	≤10
2	嗅	无不快感	
3	色度/度	≤30	
4	pH	6.0~9.0	
5	溶解性总固体/（mg/L）	≤1 000	
6	五日生化需氧量（BOD_5）/（mg/L）	≤20	
7	余氯/（mg/L）	0.2≤管网末端≤0.5	
8	氯化物/（mg/L）	≤250	
9	阴离子表面活性剂/（mg/L）	≤1.0	
10	氨氮（以N计）/（mg/L）	≤20	
11	粪大肠菌群/（个/L）	≤200	≤1 000
12	蛔虫卵数/（个/L）	≤1	≤2

4. 农田灌溉

污水再生利用于农业灌溉已在世界范围内被广泛应用。目前世界上约有1/10的人口食用利用污水（或再生水）灌溉的农产品。美国建有200多个污水再生利用工程，其利用率已达70%，其中约2/3用于灌溉，灌溉用再生水水量占总灌溉水量的1/5。突尼斯2000年再生水灌溉量达1.25亿 m^3。约旦大多数城市处理后污水再生利用于农业，灌溉面积近1.07万 hm^2。

我国目前的污水再生回用于农业灌溉面积已超过2 000万亩（133.3万 hm^2）。污水中含有大量氮、磷等营养物，再生水灌溉农田可充分利用这些营养物。据推算，全国每年排放的污水中含有的氮、磷相当于24亿 kg 硫铵和8亿 kg 过磷酸钙。根据中科院林业土壤所等的调查，再生水灌溉后土壤中的腐殖质和全氮量增加，氨化细菌、硫细菌总数均有所增加，土壤中的酶活性也有提高；尤其是活性胡敏酸含量增高，这是土壤肥力提高的重要标志。合理的再生水灌溉比清水灌溉一般能增产15%。

再生水用于农业灌溉需要确保公众健康安全和农作物产量及质量。国家标准《城市污水再生利用 农田灌溉用水水质》（GB 20922—2007）对再生水作为农业灌溉用水时各水质指标限值做出了规定，其中基本的控制项目和限值如表5-6所示。

表 5-6 农业灌溉用水的再生水水质基本指标

序号	控制项目	灌溉作物类型			
		纤维作物	旱地谷物 油料作物	水田谷物	露地蔬菜
1	生化需氧量（BOD$_5$）/（mg/L）	≤100	≤80	≤60	≤40
2	化学需氧量（COD$_{Cr}$）/（mg/L）	≤200	≤180	≤150	≤100
3	悬浮物（SS）/（mg/L）	≤100	≤90	≤80	≤60
4	溶解氧（DO）/（mg/L）	≥0.5			
5	pH	5.5～8.5			
6	溶解性总固体/（mg/L）	非盐碱地地区≤1 000，盐碱地地区≤2 000			≤1 000
7	氯化物/（mg/L）	≤350			
8	硫化物/（mg/L）	≤1.0			
9	余氯/（mg/L）	≥1.5		≥1.0	
10	石油类/（mg/L）	≤10		≤5.0	≤1.0
11	挥发酚/（mg/L）	≤1.0			
12	阴离子表面活性剂/（mg/L）	≤8.0		≤5.0	
13	汞/（mg/L）	≤0.001			
14	镉/（mg/L）	≤0.01			
15	砷/（mg/L）	≤0.1		≤0.05	
16	六价铬/（mg/L）	≤0.1			
17	铅/（mg/L）	≤0.2			
18	粪大肠菌群/（个/L）	≤40 000			≤20 000
19	蛔虫卵数/（个/L）	≤2			

5. 城市杂用

城市杂用水是指用于冲厕、道路清扫、消防、城市绿化、车辆冲洗、建筑施工等的非饮用水。由于使用过程中人体接触再生水的频率较高，因此必须进行严格消毒，保证余氯含量，控制微生物数量和致病菌滋生。不同的原水特性、不同的使用目的对处理工艺提出了不同的要求。城市污水处理厂的二级出水作为再生水水源时，只要经过较为简单的混凝、沉淀、过滤、消毒就能达到绝大多数城市杂用水的要求。但是当水源为建筑物排水或生活小区排水，尤其是含有粪便的污水时，必须考虑生物处理，还应注意消毒工艺的选择。国家标准《城市污水再生利用 城市杂用水水质》（GB 18920—2002）对再生水作为城市杂用水时各水质指标限值做出了规定，其中基本的控制项目和限值如表 5-7 所示。

表 5-7 城市杂用水水质标准

序号	控制项目	冲厕	道路清扫、消防	城市绿化	车辆冲洗	建筑施工
1	pH	6.0～9.0				
2	色度/度	≤30				
3	嗅	无不快感				
4	浊度/NTU	≤5	≤10	≤10	≤5	≤20
5	溶解性总固体/（mg/L）	≤1 500	≤1 500	≤1 000	≤1 000	—
6	生化需氧量（BOD$_5$）/（mg/L）	≤10	≤15	≤20	≤10	≤15

序号	控制项目	冲厕	道路清扫、消防	城市绿化	车辆冲洗	建筑施工
7	氨氮（以 N 计）/（mg/L）	≤10	≤10	≤20	≤10	≤20
8	阴离子表面活性剂/（mg/L）	≤1.0	≤1.0	≤1.0	≤0.5	≤1.0
9	铁/（mg/L）	≤0.3	—	—	≤0.3	—
10	锰/（mg/L）	≤0.1	—	—	≤0.1	—
11	溶解氧/（mg/L）	≥1.0				
12	余氯/（mg/L）	接触 30 min 后≥1.0，管网末端≥0.2				
13	粪大肠菌群/（个/L）	≤3				

6. 地下水回灌

再生水经过土壤的渗滤作用回注至地下含水层称为地下回灌。其主要目的是补充地下水，防止海水入侵，防止因过量开采地下水造成的地面沉降。污水再生利用于地下回灌后可重新提取再利用。补充地下水的操作方式分为地表回灌和井灌两种，回注含水层的功能分为饮用含水层和非饮用含水层。根据不同的补充方式和再生利用目的，需要执行相应的水质标准。对于回注补充饮用含水层的情况，再生水至少应该达到地下水饮用水水源水质标准。国家标准《城市污水再生利用 地下水回灌水质》（GB/T 19772—2005）对以城市污水再生水为水源，在各级地下水饮用水水源保护区外，以非饮用为目的，采用地表回灌和井灌的方式进行地下水回灌的再生水水质进行了规定，其中的基本控制项目如表 5-8 所示。

表 5-8 城市污水再生水地下水回灌基本控制项目及限值

序号	控制项目	回灌类型	
		地表回灌[①]	井灌
1	色度/度	30	15
2	浊度/NTU	10	5
3	pH	6.5~8.5	6.5~8.5
4	总硬度（以 $CaCO_3$ 计）/（mg/L）	450	450
5	溶解性总固体/（mg/L）	1 000	1 000
6	硫酸盐/（mg/L）	250	250
7	氯化物/（mg/L）	250	250
8	挥发酚类（以苯酚计）/（mg/L）	0.5	0.002
9	阴离子表面活性剂/（mg/L）	0.3	0.3
10	化学需氧量（COD_{Cr}）/（mg/L）	40	15
11	五日生化需氧量（BOD_5）/（mg/L）	10	4
12	硝酸盐（以 N 计）/（mg/L）	15	15
13	亚硝酸盐（以 N 计）/（mg/L）	0.02	0.02
14	氨氮（以 N 计）/（mg/L）	1.0	0.2
15	总磷（以 P 计）/（mg/L）	1.0	1.0
16	动植物油/（mg/L）	0.5	0.05
17	石油类/（mg/L）	0.5	0.05
18	氰化物/（mg/L）	0.05	0.05
19	硫化物/（mg/L）	0.2	0.2
20	氟化物/（mg/L）	1.0	1.0
21	粪大肠菌群/（个/L）	1 000	3

注：①表层黏性土厚度不宜小于 1 m，若小于 1 m 按井灌要求执行。

回灌水在被抽取利用前,应在地下停留足够长的时间,以进一步净化和稳定水质及杀灭病原微生物,保证卫生安全。采用地表回灌的方式进行回灌时,回灌水在被抽取利用前,应在地下停留 6 个月以上;采用井灌的方式进行回灌时,回灌水在被抽取利用前,应在地下停留 12 个月以上。

7. 饮用水水源

污水经再生处理后作为饮用水水源,包括直接补给地表水源和地下水源以及直接进入饮用水供水管网。为保证饮用水安全,再生水的水质必须达到或优于原水源水质。首先需要明确,尽管再生水在一些国家和地区已经有长期运行的工程案例,但大多数专家认为,再生水直接作为饮用水水源尚有许多不确定因素,常规的处理工艺不足以保证其安全性,而且再生水中微量化学物质对人体健康的长期和潜在危害尚需进一步研究,因此不提倡将再生水作为饮用水水源。

在西南非纳米比亚的首都温得和克（Windhoek）建有世界上第一座将污水再生利用于饮用水水源的水厂。该厂 1968 年投产,处理能力 4 500 m^3/d,后增至 6 200 m^3/d。城市污水经普通二级生物处理后进入精制塘（Polishing pond）,停留 14 d 以继续改善水质,之后通过投加石灰、氨吹脱、二氧化碳中和、活性炭吸附、加氯后送至水库。经过严格的水质检测,证明水质符合世界卫生组织（WHO）和美国国家环保局（USEPA）的饮用水标准。实践证明当地居民的疾病在通水前后无明显变化。

美国弗吉尼亚州的 UOSA 水厂（Upper Occoquan Sewage Authority）始建于 1971 年,该厂对水源保护的最大作用是为 Occoquan 水库提供安全稳定的补充水,旱季时的 UOSA 水厂占水库补水量的 90%以上。容积为 41.6×10^6 m^3 的 Occoquan 水库是北弗吉尼亚和华盛顿地区 100 万人口的主要饮用水源。UOSA 水厂处理量为 120 000 m^3/d,远期规模 320 000 m^3/d。该厂的处理工艺与温得和克水厂非常相似,但没有精制塘和氨吹脱工艺,加氯后用 SO_2 将余氯降至 0。该厂的出水水质标准见表 5-9。

表 5-9　UOSA 水厂出水水质标准

序号	控制项目	限值
1	化学需氧量（COD_{Cr}）/（mg/L）	10
2	悬浮物（SS）/（mg/L）	1.0
3	凯氏氮（以 N 计）/（mg/L）	1.0
4	总磷（以 P 计）/（mg/L）	0.1
5	浊度/NTU	0.5
6	细菌总数/（个/100 mL）	2

新加坡于 1998 年开始新生水（Newater）项目的研究,其目的是将污水再生利用作饮用水水源。2002 年年底 Bedok 新生水厂调试完成,该厂采用超滤+反渗透+紫外消毒复合工艺,一期处理量为 32 000 m^3/d,二期处理量为 88 000 m^3/d。2002 年 6 月专家组按照美国国家环保局和世界卫生组织的饮用水标准,进行了 190 种有关物理学、化学及微生物学的参数分析,得出如下结论:①根据美国国家环保局和世界卫生组织的饮用水标准,新生水可以作为饮用水;②必须采用间接饮用的方法,将新生水与水库水相混合,补充在反渗透工艺中去除的微量矿物,以保证更高的安全性。

8. 不同利用途径需要重点关注的水质指标

综合国家标准对不同利用途径的再生水水质要求，可以总结出不同利用途径应重点关注的再生水水质指标，如表 5-10 所示。

表 5-10　不同利用途径应重点关注的再生水水质指标

主要用途		应重点关注的水质指标
工业	冷却和洗涤用水	氨氮、氯离子、溶解性总固体（TDS）、总硬度、悬浮物（SS）、色度等指标
	锅炉补给水	TDS、化学需氧量（COD）、总硬度、SS 等指标
	工艺与产品用水	COD、SS、色度、嗅味等指标
景观环境	观赏性景观环境用水	营养盐及色度、嗅味等指标
	娱乐性景观环境用水	营养盐、病原微生物、有毒有害有机物、色度、嗅味等指标
绿地灌溉	非限制性绿地	病原微生物、浊度、有毒有害有机物及色度、嗅味等指标
	限制性绿地	浊度、嗅味等感官指标
农田灌溉	直接食用作物	重金属、病原微生物、有毒有害有机物、色度、嗅味、TDS 等指标
	间接食用作物	重金属、病原微生物、有毒有害有机物、TDS 等指标
	非食用作物	病原微生物、TDS 等指标
城市杂用		病原微生物、有毒有害有机物、浊度、色度、嗅味等指标
地下水回灌	地表回灌	重金属、TDS、病原微生物、SS 等指标
	井灌	重金属、TDS、病原微生物、有毒有害有机物、SS 等指标

5.3　再生水水源及水质特征

5.3.1　再生水水源的选择原则

再生水水源包括城市污水（不包括含有重污染工业废水的城市污水）、二级处理出水、小区生活污水、独立排水区域污水等。选择再生水水源需要遵循以下原则：

a. 再生水水源应符合《污水排入城市下水道水质标准》（CJ 343—2010）、《生物处理构筑物进水中有害物质允许浓度》（GB 50014—2006（2014 版）条文说明表 6）、《污水综合排放标准》（GB 8978—1996）和《城镇污水处理厂污染物排放标准》（GB 18918—2002）等的要求。

b. 再生水水源应以城市生活污水和二级处理出水为主。与生活污水类似的工业废水也可作为再生水水源，前提是排污单位对其进行预处理，达到相关标准后方可排入市政下水道。重金属、有毒有害物质超标的污水不得排入城市污水收集系统，不得作为再生水水源。

c. 严禁将放射性废水作为再生水水源。

5.3.2　城市污水二级出水的水质特征

在运行正常情况下，采用二级处理或二级强化处理的城市污水处理厂的出水水质可以达到表 5-11 中的限值。

表 5-11　二级处理及二级强化处理的出水水质　　　　　　　　　　　单位：mg/L

处理工艺	COD_{Cr}	BOD_5	SS	NH_3-N	TN	TP
二级处理	<60	<20	<20	<15	<20	<1.5
二级强化处理	<50	<10	<20	<5	<15	<1

二级出水中的污染物可分为以下几类：

1. 溶解性有机物

二级处理过程能够有效去除城市污水中可生物降解的有机物，以 COD_{Cr} 和 BOD_5 为代表的有机污染物指标去除率均可保证在 90% 以上。但非降解性有机物在二级处理过程中一般不能被除去，可能导致出水有异味、受纳水体产生泡沫或颜色，影响再生利用。

2. 溶解性无机物

氮和磷是藻类增殖所需的两种主要营养元素，但在普通二级处理中的去除率通常受限。在受纳水体中，藻类的大量增殖可能破坏其景观娱乐功能。

在水的使用过程中，可能会导致其中多种无机元素的增加，如：Ca^{2+}、Mg^{2+}、Na^+、K^+、Cl^-、SO_4^{2-}、PO_4^{3-} 等，因此，二级出水中的溶解性总固体含量会有所增加。其中钙和镁含量的增加会提高水的硬度。

3. 颗粒状固体

《城镇污水处理厂污染物排放标准》（GB/T 18918—2002）对二级处理厂的一级 A 标准规定的悬浮物浓度限值是 10 mg/L，但有时这一水平仍不能满足城市杂用水的水质要求。《城市污水再生利用　城市杂用水水质》（GB/T 18920—2002）规定了冲厕用水的浊度为 5 NTU。考虑到污水处理厂有时运行不正常，污水再生利用时必须对颗粒状固体进行更严格的控制。

4. 病原微生物

病原微生物包括细菌、病毒、原生动物、蠕虫等几类。病原微生物的特点是数量多、分布广、存活时间长、繁殖速度快、随水流传播疾病。污水经二级处理后细菌和病毒的浓度大为降低，但仍存在致病风险。污水再生利用过程必须高度重视病原微生物的去除，特别是在传染病流行时期。

5.4　污水深度处理单元技术

污水深度处理的目的是进一步去除二级（强化）处理未能完全去除的有机污染物、SS、色度、嗅味、矿化物和病原微生物等。比较成熟的深度处理单元技术包括混凝沉淀、生物滤池、介质过滤、膜处理、氧化处理和消毒等。

5.4.1　污水深度处理主要单元技术的功能和特点

污水深度处理主要单元技术的功能和特点见表 5-12，具体的设计方法见本节其他部分的详细介绍。

表 5-12 污水深度处理主要单元技术的功能和特点

单元技术		主要功能及特点
混凝沉淀		强化 SS、胶体颗粒、有机物、色度和总磷（TP）的去除，保障后续过滤单元处理效果
生物滤池	曝气生物滤池	进一步去除氨氮和有机污染物
	反硝化滤池	进一步去除总氮，一般需要外加碳源
介质过滤	砂滤	进一步去除 SS、TP，稳定、可靠，占地和水头损失较大
	滤布滤池	进一步去除 SS、TP，占地和水头损失较小
膜处理	膜生物反应器	传统生物处理工艺与膜分离相结合以提高出水水质，占地小，成本较高
	微滤/超滤系统	高效去除 SS 和胶体物质，占地小，成本较高
	反渗透	高效去除各种溶解性无机盐类和有机物，出水水质好，但对进水水质要求高，能耗较高
氧化	臭氧	氧化去除色度、嗅味和部分有毒有害有机物
	臭氧—过氧化氢	比臭氧具有更强的氧化能力，对水中色度、嗅味及有毒有害有机物进行氧化去除
	紫外—过氧化氢	比单独臭氧具有更强的氧化能力，对水中色度、嗅味及有毒有害有机物进行氧化去除
消毒	氯	有效灭活细菌、病毒，具有持续杀菌作用；技术成熟，成本低，剂量控制灵活；易产生卤代消毒副产物
	二氧化氯	现场制备，有效灭活细菌、病毒，具有一定的持续杀菌作用；产生亚氯酸盐等消毒副产物
	紫外线	现场制备，有效灭活细菌、病毒和原虫；消毒效果受浊度的影响较大，无持续消毒效果
	臭氧	现场制备，有效灭活细菌、病毒和原虫，同时兼有去除色度、嗅味和部分有毒有害有机物的作用；无持续消毒效果

5.4.2 混凝

1. 处理对象和基本原理

混凝是通过双电层压缩、吸附—电中和、吸附架桥等一系列反应使水中胶体脱稳，再使小颗粒悬浮固体凝聚成较大颗粒的絮凝体。在污水深度处理中，混凝之后的后续工艺可以是沉淀、澄清或气浮等。但近年来，也有水厂直接采用微絮凝—过滤技术。混凝工艺的处理对象可以分为两类：

第一类：原水中的固体和胶体物质，在混凝剂作用下凝聚形成大的絮体，在后续重力分离单元或过滤单元加以去除，通过混凝作用可以降低原水的 SS、浊度、色度、细菌数等指标；

第二类：原水中呈溶解态的离子，如磷酸盐、钙镁离子、氟化物、某些重金属等，通过投加药剂形成沉淀物，再通过混凝作用形成较大絮体后加以去除。

常用的混凝剂主要有石灰、铁盐和铝盐。

（1）石灰

石灰具有混凝和除磷的双重作用，能同时去除水中的多种污染物。

1)除磷

石灰中的 Ca^{2+} 与污水中的 PO_4^{3-} 可形成羟基磷灰石[$Ca_5OH(PO_4)_3$]沉淀,反应方程式如下:

$$5Ca^{2+} + 4OH^- + 3HPO_4^{2-} \rightarrow Ca_5OH(PO_4)_3 \downarrow + 3H_2O \qquad (5-1)$$

$$5Ca(OH)_2 + 3PO_4^{3-} \rightarrow Ca_5OH(PO_4)_3 \downarrow + 9OH^- \qquad (5-2)$$

羟基磷灰石的溶解度随 pH 增加而迅速降低,因此 pH 的增高将促进磷酸盐的去除。实践结果表明,要保持较高的除磷率,需要将 pH 提高到 9.5 以上。要将磷酸盐去除达到目标浓度,所需的石灰投加量主要取决于污水的碱度,而与水中的含磷浓度关系不大。石灰投加量与磷含量的关系参见图 5-1。

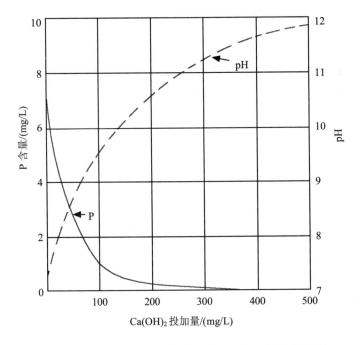

图 5-1 Ca(OH)$_2$ 投加量与污水 pH 和 P 浓度的关系

2)改善水体的感官指标

投加石灰可在一定程度上去除水中的色度和臭味,提高水体的澄清度。

3)杀菌

由于投加石灰后水中的 pH 往往高达 10.5 以上,对大肠杆菌等有很强的杀灭效果。

4)去除有机物

石灰具有混凝作用,其与水反应生成的 Ca(OH)$_2$ 与水中的 HCO_3^- 结合生成的 $CaCO_3$ 也具有絮凝作用,能够将水中的有机物通过混凝或絮凝予以去除,降低水中的 BOD_5、COD 等指标。

5)去除氟化物

$$Ca^{2+} + 2F^- \rightarrow CaF_2 \downarrow \qquad (5-3)$$

6)去除某些金属及非金属离子

包括 Cu^{2+}、Zn^{2+}、Ni^{2+}、Mn^{2+}、Al^{3+}、Ag^+、CrO_4^-、Pb^{2+}、MoO_4^{2-}、$B_4O_7^{2-}$ 等。

$$Ni^{2+}+2OH^{-}\rightarrow Ni(OH)_2 \tag{5-4}$$

$$Ca^{2+}+MoO_4^{2-}\rightarrow CaMoO_4 \tag{5-5}$$

$Ca_5OH(PO_4)_3$ 在 AsO_4^{3-} 存在的条件下可转化为 $Ca_4(OH)_2(AsO_4)_2$、$Ca_5(AsO_4)_3OH$ 和 $Ca_3(AsO_4)_2$。

（2）铝盐、铁盐

投加铝盐除磷，其反应式为：

$$Al^{3+}+PO_4^{3-}\rightarrow AlPO_4 \tag{5-6}$$

投加铁盐除磷时，氯化铁、氯化亚铁、硫酸亚铁、硫酸铁均可使用，投加氯化铁的反应式为：

$$Fe^{3+}+PO_4^{3-}\rightarrow FePO_4 \tag{5-7}$$

2. 设计参数

（1）混凝剂投加方式

混凝单元的设计应根据三级处理流程的竖向水力衔接条件选择工艺形式。当三级处理之前设置提升泵站时，可采用水泵混合、静态混合等方式。当水力衔接的水头较小时，应考虑采用桨板式机械混合装置，而避免采用隔板混合池。在反应单元的设计中，同样应选用机械絮凝池和水力旋流絮凝池，而避免采用隔板式絮凝池、折板絮凝池以及网格栅条絮凝池。

（2）混凝剂选择与投加量

宜选择铝盐和铁盐为主的混凝剂，必要时可以投加有机高分子助凝剂。混凝剂投量与进出水水质、混凝剂种类有关，一般情况下宜为 2～10 mg/L（以铁或铝计）；采用铁盐和铝盐进行化学除磷时，应按理论投加量的 2～3 倍投加混凝剂，具体投加量应通过试验确定。采用石灰进行化学除磷时，宜投加铁盐作为助凝剂，石灰用量与铁盐用量宜通过试验确定。

（3）絮凝时间

由于城市污水二级出水中有微生物微粒存在，因此其絮凝时间较天然水短，一般宜为 10～15 min。

3. 混凝单元构筑物（设备）基本形式

混合反应设备、投药系统和构筑物的设计与给水处理工程基本相同，可直接参照《给水排水设计手册》第 3 册 "城镇给水" 中相关章节进行设计。

5.4.3 沉淀、澄清和气浮

沉淀、澄清和气浮属于重力分离单元，利用混凝（或与气体作用）形成的絮体与水之间的密度差，在重力作用下实现分离。然而二级处理出水中的悬浮物主要是活性污泥絮体，因此应针对这一特点，选择合适的处理单元和设计参数。此外，在温度较高时，应注意防止有机污泥腐败情况的发生。下面针对污水深度处理过程中的特点说明固液分离单元设计要点。

1. 沉淀

（1）技术特点

混凝沉淀技术对 SS、浊度、磷酸盐和表观色度均有较好的去除效果。以二级处理出水为水源，混凝沉淀出水浊度可达 1～5NTU；COD_{Cr} 去除率为 10%～30%；总磷去除率为 40%～80%。

混凝沉淀技术适用于城镇污水二级处理和二级强化处理出水的深度处理，具有经济、简便、适用范围广等优点。同时也可作为预处理技术保障后续深度处理工艺的稳定运行。

（2）设计参数

采用平流式沉淀池时，沉淀时间宜为 2～4 h，水平流速可采用 4.0～10.0 mm/s。

（3）基本形式

污水深度处理中采用沉淀池的形式与给水处理工程基本相同，可直接参见本书第 4 章的相关内容。但城市污水二级处理出水絮凝后形成的絮体较轻，与天然水中形成的絮体相比，沉淀性较差。通常需要投加混凝剂改善絮体沉淀效果后，才进入沉淀池，一般应避免选择斜管和斜板类沉淀池，以防止在填料上附着、滋生生物膜后发生周期性脱落而影响出水水质。

2. 澄清

（1）技术特点

澄清池利用污泥悬浮层以提高絮凝和固液分离效果，一般适用于高浊度水的处理。当污泥中有机质含量较高时，可能会产生污泥厌氧产气上浮等问题，影响运行效果。澄清池适用于设有预投加粉末活性炭的工艺系统，通过悬浮泥层的接触，有助于提高活性炭的吸附率，增强处理效果；也适用于再生水进行石灰软化处理的情况。

（2）设计参数

澄清池的上升流速宜为 0.4～0.6 mm/s。

（3）基本形式

澄清池池型的选择和构筑物形式可直接参照《给水排水设计手册》第 3 册"城镇给水"中相关内容。

3. 气浮

（1）技术特点

城镇污水二级处理出水中的微生物微粒较难通过沉淀去除，而气浮工艺的效果较好。其溶气过程还有利于提高水中的溶解氧，因此在国内外都得到了广泛的应用。

（2）设计参数

a. 溶气水回流比为 10%～20%。

b. 气浮池表面负荷为 3.6～5.4 m³/(m²·h)，上升流速为 1.0～1.5 mm/s。停留时间为 20～40 min，聚合氯化铝投药量为 20～30 mg/L。

（3）基本形式

深度处理中气浮设备和池型的选择可参见本书第 4 章的相关内容。

5.4.4 生物滤池

1. 基本原理

当采用生物滤池对二级出水进行深度处理时，主要利用滤料及其表面附着的生物膜，进一步去除水中的氮、有机污染物和悬浮物。适用于城镇污水二级处理/二级强化处理出水的深度处理，也可用于臭氧氧化预处理后的后处理。分为曝气生物滤池和反硝化滤池，前者主要用于对水中氨氮的去除,后者用于对水中硝态氮的去除。

(1) 曝气生物滤池工艺原理与处理效果

在滤池中装填颗粒滤料,微生物附着生长于滤料表面,底部设置曝气系统。污水流经滤料层时,水中的有机物、氨氮等在微生物作用下被降解或转化,悬浮物在滤料和生物膜的截留、吸附等的作用下被去除。随着滤料层内截留的悬浮物的增加和生物膜的不断生长,滤池的水头损失增加到一定程度后,就需要进行反冲洗。

以二级处理出水为进水时,曝气生物滤池对氨氮的去除率可达90%以上,COD_{Cr}的去除率可达10%~30%,出水SS一般≤15 mg/L;以臭氧氧化出水为进水时,可有效去除所生成的小分子有机物如酚类等。

(2) 反硝化生物滤池工艺原理与处理效果

反硝化生物滤池的滤料表面生长着由具有反硝化功能的微生物为主构成的生物膜。原水流经滤料层时,水中的硝态氮在微生物作用下转化为氮气得以去除。当以城市污水二级处理出水作为水源,利用反硝化滤池作为深度处理单元进行脱氮处理时,原水中的有机物通常不足以支持生物反硝化过程,往往需要外加碳源进行补充,常用的碳源为甲醇、乙酸钠等易于生物利用的物质。

反硝化滤池对硝态氮的去除率主要取决于所投加的碳源量,一般为50%~90%。

2. 设计方法与参数

中国工程建设标准化协会推荐标准《曝气生物滤池工程技术规程》(CECS 265—2009)对生物滤池的设计做出了说明。

(1) 有效容积的设计

生物滤池有效容积宜按照容积负荷计算,按照水力停留时间校核。应用于深度处理的曝气生物滤池和后置反硝化滤池的功能、设计参数和推荐取值如表5-13所示。

表5-13 深度处理生物滤池的设计参数与取值

滤池类型	处理功能	设计参数	单位	推荐取值
曝气生物滤池	对二级出水进行深度处理,进一步去除有机物和硝化氨态氮	硝化容积负荷	kg NH_3-N/(m^3滤料·d)	0.3~0.6
		空塔水力停留时间	min	35~45
		表面水力负荷(滤速)	m^3/(m^2·h)	3.0~5.0①
		供气量	m^3/kg NH_3-N	70
反硝化生物滤池	利用外加碳源对硝态氮进行反硝化	反硝化容积负荷	kg NO_3^--N/(m^3滤料·d)	1.5~3.0
		空塔水力停留时间	min	15~25
		表面水力负荷(滤速)	m^3/(m^2·h)	8~12
		碳源投加比	kg COD_{Cr}/kgNO_3^--N	5~6

注:①当处理臭氧氧化出水时,滤速宜为4~10 m/h。

(2) 滤池总高度的设计

生物滤池总高度按照下式计算:

$$H=H_0+h_0+h_1+h_2+h_3+h_4 \tag{5-8}$$

式中：H——生物滤池总高度，m；
　　　H_0——滤料层高度，m；
　　　h_0——承托层高度，m，轻质滤料滤池不含此项；
　　　h_1——缓冲配水区高度，m，轻质滤料滤池为配水排泥区；
　　　h_2——清水区高度，m；
　　　h_3——超高，m；
　　　h_4——滤板厚度，m；

各部分高度的设计推荐值如表 5-14 所示。

表 5-14　滤池各部分高度推荐值　　　　　　　　　单位：m

高度	陶粒滤料	轻质滤料
滤料层高度	2.5～4.5	2.0～4.0
承托层高度	0.3～0.4	—
缓冲配水区高度	1.35～1.5	2.0～2.5
清水区高度	1.0～1.5	0.6～1.0
超高	0.3～0.5	

（3）反冲洗设计

生物滤池宜采用气-水联合反冲洗，依次按气洗、气-水联合洗、清水漂洗进行。气洗时间宜为 3～5 min；气水联合冲洗时间宜为 4～6 min；单独水漂洗时间宜为 8～10 min。空气冲洗强度宜为 12～16 L/（m²·s），水冲洗强度宜为 4～6 L/（(m²·s）。

生物滤池反冲洗排水宜先进入缓冲池，缓冲池有效容积不宜小于 1.5 倍的单格滤池反冲洗总水量。

（4）其他设计要点

滤池不宜少于两格，单格滤池面积不宜大于 100 m²。当单格滤池反冲洗时，其他格滤池应能通过全部流量。

曝气生物滤池出水溶解氧宜为 3～4 mg/L。

需要注意的是，曝气生物滤池在水温低时，其硝化效率会下降；反硝化滤池对碳源投加的控制要求高，供应不足时会产生亚硝酸盐积累，过量时会导致出水有机物含量升高，而且应注意因生物生长而导致的滤床堵塞问题；原则上氮的去除应优先在二级强化处理单元完成。

3. 污水深度处理中生物滤池构筑物的基本形式

按照填料的类型，生物滤池总体上可以分为陶粒滤料滤池和轻质滤料滤池。其结构形式分别如图 5-2 和图 5-3 所示。

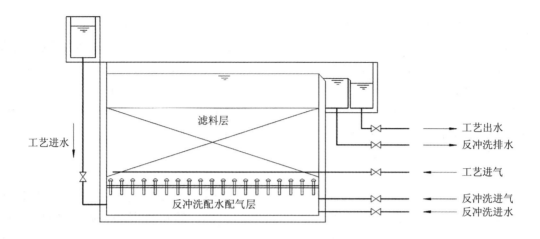

图片来源：北京碧水源科技股份有限公司。

图 5-2　陶粒（火山岩）滤料生物滤池

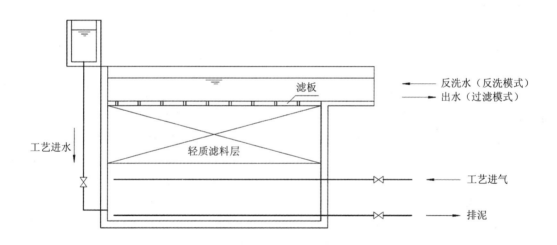

图片来源：北京碧水源科技股份有限公司。

图 5-3　轻质滤料生物滤池

5.4.5　介质过滤

1. 处理对象、效果和基本原理

介质过滤去除的对象为原水中的悬浮固体。与混凝剂结合，还可以实现化学除磷的功能。通常情况下，介质过滤既能作为去除 SS 的核心单元，又能作为水质把关单元保证后续工序的正常运转。介质过滤包括深床过滤和表面过滤两类。

(1) 深床过滤

深床过滤是利用颗粒状滤料组成的滤料层对液体中悬浮固体进行去除的处理技术。该工艺可以分为两种机理：①慢速过滤时，滤速低于 0.4 m/h，利用在滤料层表面自然形成的滤膜去除水中杂质；②快速过滤时，滤速为 4.8～20 m/h，利用滤料层内部对水中悬浮物进行截留。当深床过滤作为深度处理单元时，以城市污水二级处理出水为原水，水中的悬浮固体粒径主要分布在 0.8～1.2 μm 和 5～100 μm 两个范围内。实践证明，以粒径为 0.8 mm 的滤料构成滤料层，其孔隙尺寸大于 100 μm。因此，污水深度处理中采用深床过滤单元时，悬浮物主要在滤床内部被截留去除。

(2) 表面过滤

表面过滤是利用一层过滤表面的机械筛滤作用对液体中颗粒物质进行去除的处理技术。过滤材料有金属织物、纤维织物等，孔径为 10 μm～30 μm。比较成熟的表面过滤技术有转盘过滤和滤布滤池。表面过滤节省能耗，一般是常规气水反冲滤池能耗的 1/3；过滤水头小；占地面积小，维护使用简便。

以城市污水二级处理出水为进水时，介质过滤处理后的出水浊度小于 2 NTU，SS 去除率在 50%以上，微絮凝—过滤进行化学除磷时，除磷效果与进水浓度和混凝剂投加量有关，一般去除率为 20%～50%。

2. 深床过滤单元的设计要点和参数

由于原水水质特性的差异，深床过滤单元在污水深度处理与给水处理中的应用具有一定的差异。主要体现在滤料、滤池类型和反冲洗的各方面。

(1) 进水污染负荷

过滤单元适用于原水悬浮物浓度较低的情况，如二级生物处理出水、混凝—沉淀/澄清/气浮出水等。当过滤单元用于水中细小悬浮物、脱稳胶体等物质的分离去除时，通常保证进水浊度≤10 NTU，SS≤20 mg/L 为宜；当过滤单元用于活性炭吸附、膜技术、离子交换等的预处理时，则通常要求以进水 SS≤10 mg/L 为宜；采用微絮凝接触过滤技术的处理单元时，进水 SS 可适当放宽至 SS＜60 mg/L，但需要增大滤料粒径。

(2) 滤池类型选择

污水处理中常用的过滤形式有：普通快滤池及其衍变形式（双阀滤池、翻板滤池和双层滤料滤池）、V 形滤池、重力式无阀滤池、压力滤池、转盘滤池等。各种滤池的工艺特点及适用条件见表 5-15。

表 5-15 污水处理常见滤池工艺特点及适用条件

序号	滤池形式	特点	适用条件
1	普通快滤池	有成熟的运行经验；采用砂滤料，材料便宜易得；采用大阻力配水系统，单池面积较大，池深较浅；可采用减速过滤，水质较好；但阀门较多，且必须设有全套冲洗装备	适用于各种水量的污水处理；产水率较高；单池面积不宜超过 50 m^2，可与沉淀池组合使用；水冲洗效果较差，有条件时宜采用表面冲洗或空气助洗设备
2	双阀滤池	减少了阀门，相应降低了造价和检修工作量；但须设置全套冲洗设备，增加了形成虹吸的设备；其他特点同普通快滤池	与普通快滤池相同

序号	滤池形式	特点	适用条件
3	翻板滤池	滤料、滤料层选择多样；滤料流失率低，滤料反冲洗后洁净度高，水头损失小；反冲洗系统布水、布气均匀；过滤周期长、截污量大，出水水质好；设备较多，一次性投资较大，而且运行电耗较高	适用于污水悬浮物含量较大的大、中水量污水处理；根据污水性质可选择不同滤料及级配
4	双层滤料滤池	滤料含污能力大，可采用较高的滤速；减速过滤，水质较好；可利用现有普通快滤池改建；滤料选择要求高，滤料易流失；冲洗困难，易积泥球	适用于大、中水量污水处理，允许进水悬浮物浓度高；单池面积一般不宜太大；宜采用大阻力配水系统和辅助冲洗设备
5	V形滤池	运行稳定可靠；采用砂滤料，滤床含污量大、周期长、滤速高、水质好、材料易得；滤料均匀级配，可适应不同悬浮物浓度的水质，自动化程度高；单池面积大，产水率高；具有气水反冲洗和水表面扫洗，冲洗效果好；但配套设备多，土建较复杂，池深较普通快滤池深	适用于大、中水量污水处理；要求进水 SS<15 mg/L；要求配置自控系统
6	重力式无阀滤池	不需设置阀门，自动冲洗，管理方便；可成套定型制作；但运行过程看不到滤料层情况，清砂不便；单池面积较小；冲洗效果差，反洗时浪费一部分水量；变水位等速过滤，水质不如减速过滤	适用于小水量的污水处理；需要有可利用的高程，常与斜管沉淀池、加速澄清池配合使用
7	压力滤池	钢制设备，可成套定型制作，采用大阻力配水系统，反冲洗均匀；可直接利用余压出水变水头等速过滤，水质不如减速过滤；单池面积小，只能用于小水量	适用于无高程利用的小水量污水处理，出水可直接回用或排放；单池面积应小于 10 m²
8	转盘滤池	耐冲击负荷，过滤效率高；错流过滤，水头损失小，滤速快；全自动连续运行，反冲洗水量少，运行费用低；单位池容过滤总面积大，占地省；滤布具有疏油特性，表面杂质不易黏附，滤布易清洗，系统功能恢复快，自动化程度高，可整机设备化	适用于各种水量污水处理；可适应不同悬浮物浓度的水质

滤池形式的选择应根据污水处理水量、进出水水质、运行管理水平、处理构筑物高程布置等因素，通过技术经济比较确定。快滤池（含普通快滤池、双阀滤池、翻板滤池、V形滤池等）适用于大、中型污水处理厂（站），无阀滤池、压力滤池适用于小型污水处理厂（站），转盘滤池可用于不同规模的城镇污水及工业废水处理厂（站）。

由于滤池的反冲洗要求较高，故在池型选择上应避免选用虹吸滤池这类反冲能力较差的池型，而应优先考虑选用移动罩滤池、V形滤池、T形滤池等类表面反冲能力较强的池型。此外，对滤池运行的稳定性、可靠性也应给予足够的重视，因而双阀滤池、四阀滤池等运行稳定、操作可靠、技术成熟的池型常被采用。在小规模的三级处理中使用最为广泛的是压力滤罐。

（3）滤料与设计滤速

滤池的设计滤速与选择滤料有密切关系。滤池的滤料组成和设计滤速如表5-16所示。

表 5-16 滤池滤料组成、滤料层厚度和设计滤速

滤料种类	滤料组成			正常滤速/（m/h）	强制滤速/（m/h）
	粒径/mm	不均匀系数 K_{80}	厚度/mm		
单层粗砂滤料	石英砂 d_{10}=0.8	<2.0	700	8～10	10～12
双层滤料	无烟煤 d_{10}=1.0	<2.0	300～400	9～12	12～16
	石英砂 d_{10}=0.8	<2.0	400		
均匀级配粗砂滤料	石英砂 d_{10}=1.0～1.3	<1.4	1 200～1 500	8～10	10～12

（4）反冲洗

因砂滤过程所截除的主要是含有大量细菌、微生物等有机污染物的絮凝体，滤床截污后黏度较大，且极易发生腐败。故在三级处理系统中对滤池的反冲洗要求较高。气、水联合反冲洗方式具有较强的清洗能力，非常适用于三级处理流程。

　　a. 气水同时：气 13～17 L/（m²·s），水 6～8 L/（m²·s），历时 4～8 min。

　　b. 水冲洗：水 6～8 L/（m²·s），历时 3～5 min。

　　c. 表面冲洗：0.5～2.0 L/（m²·s），历时 4～6 min。

3. 滤布滤池设计参数

　　a. 进水水质 SS 宜小于 30 mg/L，瞬时 SS 不大于 80 mg/L，出水 SS 小于 5 mg/L。

　　b. 滤布的平均滤速宜选用 7～10 m/h，短期可达 12 m/h。

　　c. 峰值流量系数 1.1～1.4。

　　d. 水流通过滤布水头损失 0.25～0.3 m。

　　e. 反冲洗强度 300～350 L/（m²·s），反冲洗时间一般为 1～2 min。

　　f. 滤盘直径一般为 0.9～3.0 m。

　　g. 滤盘反洗转速一般为 0.5～1.0 r/min。

4. 介质过滤单元的构筑物（设备）的基本形式

深度处理中介质过滤设备和滤池的构造形式可以参见本书第 4 章的相关内容。

5.4.6 活性炭吸附

活性炭吸附能够去除废水中多种污染物质，如嗅味物质、色度、放射性物质以及多种类型的有机物等。通过活性炭吸附，可以去除一般的生化和物化处理单元难以去除的微量污染物。在三级处理中的活性炭吸附单元基本上是由给水处理工程借鉴而来，所采用的设计方法及材料设备均与给水处理系统相同。

1. 活性炭的类型

活性炭产品一般有粉状、粒状和块状三种，以粉状活性炭（PAC）和粒状活性炭（GAC）最为常见。但粉状炭与粒状炭的使用方法及吸附装置完全不同，粉状活性炭常与混凝剂联合使用，投加于絮凝单元中，粒状活性炭则往往作为滤料使用。

2. 吸附装置

悬浮吸附装置：使用粉状活性炭常采用悬浮吸附方法，将 PAC 投加到原水中，经过混合、搅拌，使活性炭表面与介质充分接触，实现吸附去除污染物的目标。其反应池大致可分为两种类型：一种是搅拌混合型，设于沉淀单元之前，其工作方式相似于絮凝反应池，采用搅拌器在整个池内进行快速搅拌，保持活性炭与原水充分接触。另一种是泥浆接触型，类似于澄清池，采用这种池型，一方面可以延长活性炭在池内的停留时间，使活性炭接近达到吸附平衡，提高去除效率；另一方面还可以增强反应器的缓冲能力，在原水浓度和流量发生变化时，无须频繁调整活性炭投加量就能得到稳定的处理效果。通常这类泥浆接触型吸附池多采用澄清池，将吸附单元与固液分离单元结合起来。

活性炭吸附装置中，使用最多的就是滤床类吸附装置，可分为固定床、移动床和流动床等。固定床的构造、工作方式、反冲洗方式等都与普通快滤池相似，只是把砂滤层换成了粒状活性炭。移动床和流动床的工作方式则类似于水质软化的离子交换装置。

3. 吸附试验

活性炭对水中有机物质的吸附效果受多种因素影响，如活性炭颗粒大小、溶质浓度、水温等，因此需通过吸附容量试验来测定单位重量活性炭能吸附的溶质重量。

吸附试验的目的在于比较活性炭的吸附性能，确定处理效果并取得有关的设计参数。因此，通常吸附试验应比较两种以上的活性炭产品；对于滤床设计，还应比较三种以上的滤速。

4. 设计要点

采用滤床吸附装置可参考选用以下参数：

（1）接触时间

通常可根据活性炭的柱容来计算接触时间。对于三级处理，当出水要求的 COD 为 10～20 mg/L 时，接触时间可采用 20～30 min；要求出水的 COD 为 5～10 mg/L 时，则接触时间为 30～50 min。

（2）吸附滤速

活性炭床的吸附滤速与砂滤池相似，滤速一般为 6～15 $m^3/(m^2 \cdot h)$。

（3）操作压力

操作压力通常为每 30 cm 炭层厚不大于 7.1 kPa，相当于采用 3 m 高的炭柱时，操作压力不超过 71 kPa。

（4）炭层厚度

炭层的厚度通常选用 4～12 m，常用厚度为 4～8 m。炭层应考虑有超高，炭床膨胀率按 20%～50%考虑。单柱炭床的炭层厚度一般为 1.2～2.4 m，炭床多为串联工作，运行时依顺序冲洗、再生，一组串联床数通常不多于 4 个。并联组数不应少于两组，以便活性炭再生或维修时不致停产而影响水质。

（5）反冲洗

活性炭滤床的反冲洗与快滤池十分相似。工作周期不大于 12 h，反冲时间一般为 5～10 min，反冲强度为 30 $m^3/(m^2 \cdot h)$。采用粉末活性炭吸附时，炭浆浓度可控制在 20%～30%，接触时间以 1.0～1.5 h 为宜。

（6）预处理及其他

在活性炭吸附处理之前，应对原水进行必要的预处理，以提高活性炭的吸附能力，延长活性炭的使用寿命。

5.4.7 膜处理

膜分离中的反渗透和超滤技术在当今的水处理领域中是最具发展潜力的技术门类。在三级处理中，采用膜分离技术去除的主要污染物是难降解、难分离的高分子有机污染物以及重金属离子等。目前常用的技术类型主要为微滤、超滤和反渗透。在三级处理中所常见的膜分离类型与分离特性见图5-4。

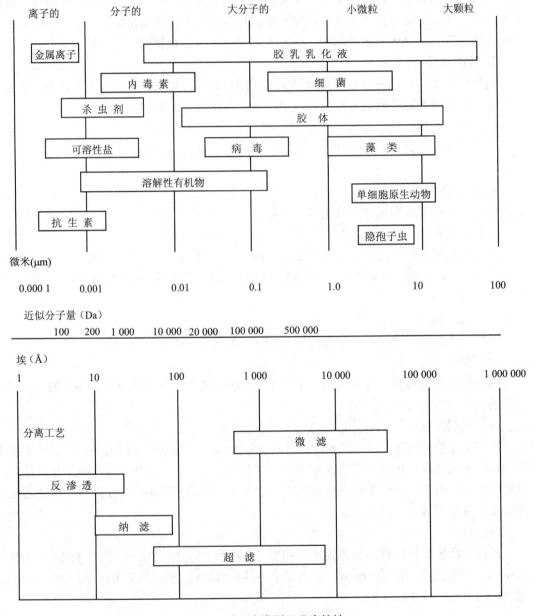

图5-4 膜分离类型及分离特性

1. 设计方法与基本原理

在三级处理中,膜处理单元的工艺设计任务主要是根据水质处理目标来确定合理的工艺流程,选择适宜的膜装置类型;然后再按照选定的工艺流程和膜组件的技术条件与设计参数来配置辅助设备,进行管路连接。由于膜技术和膜产品的多元化,不同类型的膜产品有着不同的标定方法与计算公式。如膜产品的去除率是反映产品截污能力重要指标之一,其标定、测试和计算方法对于不同类型膜产品差异很大。

在膜处理单元设计中,下述基本关系与设计参数是可以通用的:

(1) 流量平衡

在膜组件运行中,进出组件的溶液流量是连续的,其表达方式为:

$$Q_f = Q_p + Q_r \tag{5-9}$$

式中:Q_f—— 料液流量,L/s;
Q_p—— 淡液流量,L/s;
Q_r—— 浓缩液流量,L/s。

(2) 物料平衡

在膜处理过程中,膜分离前后的溶质质量是守恒的,其表达方式为:

$$Q_f C_f = Q_p C_p + Q_r C_r \tag{5-10}$$

式中:C_f—— 料液质量浓度,mg/L;
C_p—— 淡液质量浓度,mg/L;
C_r—— 浓缩液质量浓度,mg/L。

(3) 淡液回收率 Y

淡液回收率对于确定供水能力和处理规模有着重要的意义。淡液回收率以百分数表示:

$$Y = \frac{Q_p}{Q_f} \times 100 = \frac{Q_p}{Q_p + Q_r} \times 100 (\%) \tag{5-11}$$

(4) 浓缩倍数 CF

$$CF = \frac{C_r}{C_f} = \frac{Q_f}{Q_r} = \frac{100}{100 - Y} \tag{5-12}$$

(5) 膜进料侧的溶质平均质量浓度 C_{ave}

$$C_{ave} = \frac{Q_f C_f + Q_r C_r}{Q_f + Q_r} \tag{5-13}$$

(6) 污染指数

淤泥密度指数(SDI)是用以衡量反渗透膜处理单元的进水中胶体物质对反渗透膜影响程度的指标。其定义及测量方法如下:用有效直径为 42.7 mm,孔径为 0.45 μm 的微孔膜,在操作压力为 0.21 MPa 的条件下,测定最初 500 mL 的进料液滤过时间(t_1),在加压 15 min 后,再次测定 500 mL 进料液滤过时间(t_2),定义及计算阻塞系数(PI),

进一步计算得到 SDI 值如式（5-14）所示：

$$PI = \left(1 - \frac{t_1}{t_2}\right) \times 100\% \qquad \text{SDI} = \frac{PI}{15} \qquad (5\text{-}14)$$

不同的膜组件要求进水有不同的 SDI 值。如在反渗透膜中：对进入中空纤维膜组件的水质要求 SDI 值为 3 左右；卷式膜组件 SDI 值为 5 左右；管式膜组件 SDI 值为 15 左右。再根据不同的进水水质和用途来确定进入膜组件的水质指标。从上面给出的 SDI 值来看：管式膜组件对水质的耐受能力最强，中空纤维组件对水质的要求最严。而对于超滤膜的预处理要求则大大低于反渗透膜的要求。

（7）膜处理工艺组合方式

膜处理工艺可采用多种组合方式。膜组件的组合方式有一级和多级两种，在各个级别中又分为一段和多段。一级是指泵一次加压的过程，二级是指进料必须经过两次加压的过程。膜处理工艺流程的基本类型有：一级一段直流式、一级一段循环式；一级多段直流式、多级多段式等。

膜处理（反渗透）工艺流程设计中，常采用增加段数的方式来增大处理能力和提高淡液回收率。一级多段直流式实际上就是通过增加段数增加浓缩液的膜分离次数，将第一段的浓缩液作为第二段的料液，再将第二段的浓缩液作为下一段的料液，如此延续、逐段分离就形成了多段流程。通过浓缩液的多次分离，使淡液的回收率和浓缩液倍数都得到了进一步提高。为防止因流量逐段递减而造成浓差极化，使膜组件中的分离液保持一定的滤速，在流程设计中常采用逐段缩减组件个数的布置方法。由于浓缩液按多段串联进行分离，所以压力损失较高，在各段之间应考虑设置增压设施。

2. 设计参数

（1）微滤/超滤技术

微滤/超滤技术对 COD_{Cr} 去除率为 5%～30%，出水浊度＜0.2 NTU，水回收率≥90%。其设计运行参数如表 5-17 所示。

表 5-17 微滤/超滤技术运行参数

操作类型	操作压力/（MPa）	膜通量/[L/（m²·h）]	反冲洗周期/min
外置式	≤0.2	40～70	30～60
浸没式	≤0.05	30～50	30～60

（2）反渗透技术

反渗透进水污染指数 SDI_{15}＜3，运行压力≤2.0 MPa。

一级两段反渗透工艺的产水率可大于 70%，一级反渗透系统的脱盐率可大于 95%，二级反渗透的脱盐率可大于 97%。

（3）注意事项

浸没式微滤/超滤膜采用负压抽吸方式出水，运行成本较外置式低 20%～50%；外置式具有产水量大、同样处理规模使用膜面积少、投资节省等优点，需定期进行在线和离线化学清洗，膜组件更换周期为 3～5 年。

反渗透对预处理要求高，一般要求有超滤或微滤作为预处理，并使用一次性的保安过滤器（一般采用 5 μm 滤元）；反渗透出水 pH 偏低，需根据水质需求进行调整；有大量浓水产生，浓水中无机盐和有机质含量高，其处理处置需要给予充分考虑；反渗透膜用于污水再生处理容易产生膜污染问题，每年需进行 2~6 次膜的化学清洗，3~5 年需更换膜组件。

3. 膜元件、膜组件构造及膜处理系统示意图

（1）微滤/超滤膜组件

浸没式微滤/超滤膜组件和膜组器的形式如图 5-5 所示。外压式微滤/超滤膜装置的形式如图 5-6 所示。

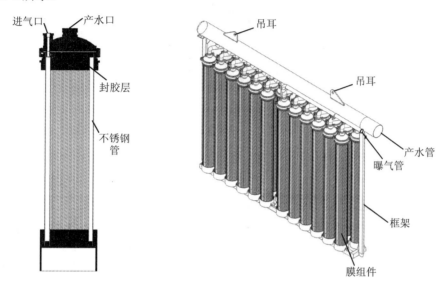

（a）浸没式中空纤维膜组件　　（b）浸没式中空纤维膜组器

图片来源：北京碧水源科技股份有限公司。

图 5-5　浸没式中空纤维膜装置构造示意

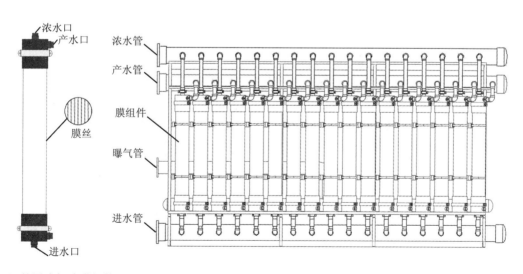

（a）外置式超滤膜组件　　（b）外压式柱式膜组器示意

图片来源：北京碧水源科技股份有限公司。

图 5-6　外压式超滤膜装置示意

（2）反渗透装置

反渗透装置内部构造如图 5-7 所示。

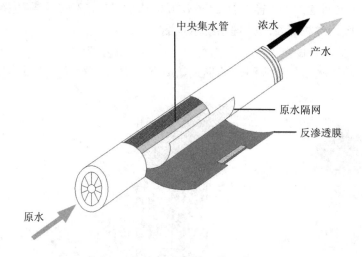

（a）RO 膜元件示意

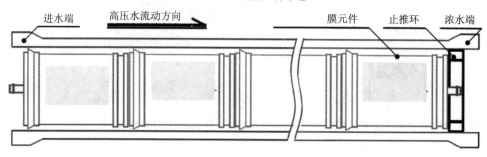

（b）RO 膜组件

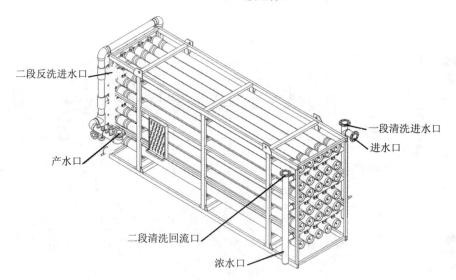

（c）RO 膜系统示意

图片来源：北京碧水源科技股份有限公司。

图 5-7　反渗透装置内部构造示意

4. 膜处理单元的运行与维护

（1）膜清洗

膜清洗工艺分为物理法和化学法两大类。物理法包括水力清洗、水气混合冲洗、逆流清洗和海绵球清洗。水力清洗主要采用减压后高流速的水力冲洗以去除膜面污染物。水气混合冲洗是借助气液与膜面发生剪切作用而消除浓差极化层。逆流清洗是在卷式或中空纤维式组件中，将反向压力施加于支撑层，引起膜透过液的反向流动，以松动和去除膜进料侧的表面污染物。海绵球清洗是依靠水力冲击使直径稍大于管径的海绵球流经膜面，以去除膜表面的污染物，但此法仅限于在内压管式组件中使用。

化学清洗法采用清洗液对膜面进行清洗。柠檬酸铵水溶液用盐酸将 pH 调至 4～5 可去除无机污垢，去除膜面的氢氧化铁污染多采用 1%～2%的柠檬酸铵水溶液。加酶洗剂对蛋白质、多糖类及胶体污染有较好的清洗效果。机加工企业的含油废水、羊毛加工企业的洗毛废水多采用表面活性剂和碱性水溶液进行清洗。溶剂清洗法主要利用有机溶剂对膜表面污染物的溶解作用，如乳胶污染常采用低分子量醇类及丁酮。

化学清洗中必须考虑以下两点：① 清洗剂必须对污染物有很好的溶解或分解能力；② 清洗剂必须不污染和不损伤膜面。

因此，根据不同的污染物性质确定清洗工艺时，要考虑膜所允许使用的 pH 范围、工作温度及膜对清洗剂的化学稳定性等因素。

（2）预处理

预处理的目的在于改善水质，防止膜污染，延长膜的使用寿命。造成膜污染的因素主要来自悬浮物（包括胶体）、溶解性的无机物、溶解性的有机物以及微生物等。针对不同的污染对象需采用不同的预处理方法。

1）去除悬浮固体

悬浮固体中的胶体和微粒对膜面会造成严重污染。采用一般的过滤方法很难去除 1 μm 左右的悬浮微粒和胶体，故应在预处理中考虑混凝的方法。先利用混凝剂对胶体脱稳，再用气浮、澄清、过滤等手段进行固液分离，达到去除胶体和微粒的目的。

2）控制或去除硬度

水的硬度过高可能使水中的钙、镁离子与某些阴离子结合产生沉淀而导致膜污染。为防止这种现象的产生，除应对水的回收率加以控制外，还应根据对造成结垢的具体物质采取相应措施。将进水 pH 控制在 4～6.5 时，就能控制碳酸钙的生成；为防止硫酸钙沉积，则可在水中投加六偏磷酸钠。

3）去除铁、锰等离子

铁、锰离子的水合氧化物同样会造成膜污染，减少膜的透水量，可采用投加氧化剂或采用曝气、接触氧化等方法进行去除。

4）控制微生物

由微生物在膜表面或膜孔中繁殖生长所造成的膜污染，可用加氯处理来预防。但连续投加大量的氯，使膜经常处于高浓度余氯中，会给膜的物理强度、溶质的透过特性带来不利影响。加氯量一般应根据余氯控制，在消毒时的余氯量以小于 2 mg/L 为宜。对氯敏感的膜可考虑采用臭氧或紫外线进行消毒。

5) 去除有机物

在反渗透单元中,对料液的有机物浓度要有一定控制,可采用臭氧氧化、活性炭吸附等方法进行预处理。超滤既可以作为去除有机物的单元单独使用,也可以作为预处理单元与反渗透联合使用。

5.4.8 臭氧氧化

臭氧既是一种强氧化剂,也是一种有效的消毒剂。通过臭氧氧化可以去除水中的臭、味,提高和改善水的感官性状;降低高锰酸盐指数,使难降解的高分子有机物得到氧化、降解;通过诱导微粒脱稳作用,诱导水中的胶体脱稳;杀灭水中的病毒、细菌与致病微生物。臭氧与活性炭去除有机污染物的机理不同,两者去除的有机污染物组分也有所差异。活性炭主要侧重于吸附溶解性有机物,而臭氧则主要偏重于氧化难降解的高分子有机物。

1. 臭氧的制备

制备臭氧有多种方法,臭氧的制取原料主要为空气和氧气。通常采用高压无声放电法用空气生产低浓度的臭氧化空气。采用氧气为原料制取臭氧时,生产的是臭氧化氧气,且臭氧的浓度、产量、产率均可成倍提高,相应的单位能耗低于空气源制备臭氧的方法。

2. 臭氧接触装置

臭氧接触装置是保证臭氧氧化效果的关键,为保证接触装置的设计合理、可靠,应通过模拟试验取得设计参数。由于在三级处理中使用臭氧更侧重于对有机污染物的氧化功能,且介质中的有机物浓度和细菌总数也都高于一般的地面水水源,因此在设计中应按三级处理的水质条件来确定臭氧投加量和接触时间,并根据这一特点来选择适宜的接触装置。

3. 设计要点

三级处理的臭氧氧化单元可参考下述经验参数设计:

(1) 降解 COD

a. 臭氧消耗量:降解 1 mg/L COD 消耗 4 mg/L O_3(臭氧化气)。

b. 接触时间:10~15 min。

(2) 消毒

a. 臭氧投加量:在水中投加臭氧 5~15 mg。

b. 接触时间:10~15 min。

4. 尾气处置与利用

臭氧氧化接触后排出的尾气含有低浓度臭氧。即使是一个设计良好的接触系统,臭氧的吸收率达到 90%以上,尾气中的臭氧仍会影响环境和危及人畜安全,难以达到排放要求,因而必须对尾气作进一步处理。

从尾气处理与利用的角度来看三级处理与给水处理有着很大的差异。其原因在于:在三级处理中,当采用氧气来制取臭氧时,利用经过分解的臭氧氧化尾气,不仅可以为生化二级处理单元直接提供高质量的氧气气源,提高曝气系统的动力效率,而且还可以使二级生化处理系统的停留时间和池容缩小,使整个处理流程都得到优化。这就使得在三级处理中臭氧氧化单元的综合经济效益大幅度提高,整个污水处理系统的技术经济指标都会发生根本性的变化。正是基于上述原因,臭氧氧化与高纯氧活性污泥法的联合应用成为污水处理领域中具有发展前景的应用技术之一。

5.5 城镇污水深度处理组合工艺

5.5.1 典型工艺、适用范围及其特点

在污水再生处理工程中单独使用某项单元技术很难满足用户对水质的要求，应针对不同的进水水质和再生用途的要求采用相应的组合工艺进行处理。再生处理组合工艺的设计原则包括：① 废水中的污染物特性；② 处理后废水的用途；③ 单元处理工艺的先进性与相互之间的兼容性；④ 经济可行性。

1. 简单消毒

基本工艺流程：

适用范围：二级处理出水经过消毒处理达到目标用途再生水的细菌数量和余氯指标要求后即直接进行回用。本工艺适用于采用膜生物反应器工艺的二级处理出水为再生水水源，或目标用途对再生水的水质要求不高的情况，如工业中作为直流冷却和一般洗涤用水、河道类观赏性景观用水、限制性绿地灌溉、间接食用和非食用作物灌溉等。

特点：仅对水中的细菌数量进行控制，投资和运行成本低，维护管理简便。

2. 以介质过滤为核心的深度处理工艺

基本工艺流程：

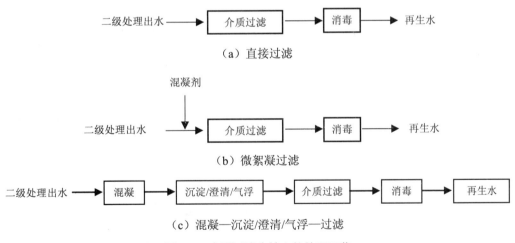

图 5-8 介质过滤为核心的处理工艺

适用范围：以介质过滤为核心单元对二级处理出水进行处理，去除再生水水源中的悬浮物，结合混凝剂还可以实现化学除磷的功能。针对不同的水源水质和处理目标，可以有三种基本的工艺流程，如图 5-8 所示。当二级出水水质较好，一般能够保证进入滤池的浊度小于 10 NTU 时，可以采用直接过滤、消毒处理后回用；当需要控制二级出水中 TP 浓度时，可以采用微絮凝过滤工艺进行化学除磷，同时去除水中的 TP 和 SS；当二级出水中悬浮物浓度较高或投加絮凝剂后会产生大量沉淀物时，可以在介质过滤单元前增设沉淀、

澄清或者气浮单元。本工艺适用于对 SS 浓度和浊度限值有较高要求的再生用途（一般 SS ≤10 mg/L 或浊度≤5 NTU），如敞开式循环冷却水补给水、锅炉补给水、部分工艺与产品用水、湖泊和水景类的观赏性景观用水、娱乐性景观用水、非限制性绿地、城市杂用和地下水回灌等用途。

特点：重点去除 SS 和 TP 等，投资运行成本较直接消毒后回用有所增加，是主要的再生水处理工艺类型。传统的介质过滤单元在运行操作中需要进行反冲洗。

3. 以膜分离为核心的深度处理工艺

基本工艺流程如图 5-9 所示。

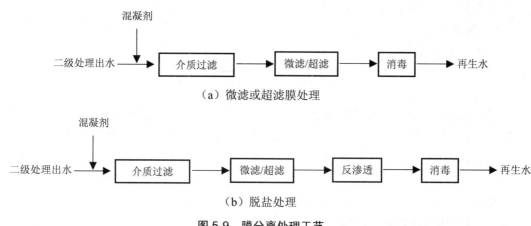

图 5-9 膜分离处理工艺

适用范围：以膜分离为核心处理单元对介质过滤出水作进一步处理，可以获得高品质的再生水。采用微滤或超滤膜对介质过滤出水进行处理，出水的 SS 和浊度更低，适用于对水质要求严格的再生用途。采用反渗透处理可以获得脱盐水，适用于生产特殊用途的再生水，如锅炉补给水和特殊产品的工艺水。当二级处理出水中含盐量较高，经一般工艺处理后总溶解固体无法满足再生水水质要求时，需要采用反渗透脱盐处理。

特点：处理效果较好，污染物去除相对彻底，投资运行成本较高，运行中需要关注膜污染和膜寿命。

4. 以臭氧氧化为核心的深度处理工艺

基本工艺流程：

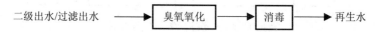

适用范围：臭氧可以有效去除水中的色度、嗅味，破坏难降解的有机物，进而部分去除有毒有害有机物，并强化病原微生物的去除。根据水源水质特征和再生水水质要求，可以对二级处理出水、MBR 工艺出水在消毒前进行臭氧氧化；或者在深度处理的过滤单元后设置臭氧接触设施，对滤后出水进行氧化处理，进一步提高再生水的水质，以达到相应的要求。本工艺适用于目标用途的再生水对色度、嗅味有较高要求，或过滤处理后 COD_{Cr} 难以达到再生水要求的情况。

特点：脱色、除嗅效果较好。需要投资建设臭氧发生系统和接触氧化设施，导致投资运行成本增加，操作运行和维护相对复杂。

5. 以活性炭吸附为核心的深度处理工艺

基本工艺流程如图 5-10 所示。

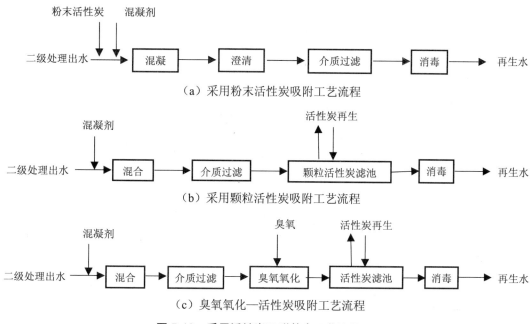

图 5-10 采用活性炭吸附基本工艺流程

适用范围：利用活性炭的吸附性能有效去除色度、嗅味、氨氮、重金属和难以通过生物法和氧化法去除的微量污染物。根据所利用的活性炭形式的差异，可采用的相适应的基本工艺流程有三种，如图 5-10 所示。当采用粉末活性炭作为吸附剂时，通常采用图 5-10 (a) 所示的流程。活性炭与污水在混凝池充分接触后，再经澄清池固液分离，实现污染物的吸附去除后，再进入介质过滤单元进行处理；当采用颗粒活性炭作为吸附剂时，通常采用图 5-10 (b) 所示的流程。污水首先经过介质过滤后，再进入后续的活性炭滤池，微量污染物在此单元被吸附和截留去除。吸附饱和的活性炭通过再生再循环至活性炭滤池继续使用。当再生水水源中的微量有机物难以通过氧化直接去除时，还可以采用图 5-10 (c) 所示的臭氧氧化和活性炭吸附联合工艺进行处理。大分子的有机物经过臭氧氧化转化为小分子，某些官能团发生变化，再通过后续的活性炭吸附进行去除。本工艺适用于目标用途对再生水水质要求严格，同时再生水水源中存在难以采用常规技术去除的污染物的情况。

特点：出水效果较好，投资运行成本较高，工艺流程相对复杂。采用活性炭滤池时，系统水力损失较大，还需要建设活性炭再生设施。

6. 以生物过滤为核心的深度处理工艺

基本工艺流程如图 5-11 所示。

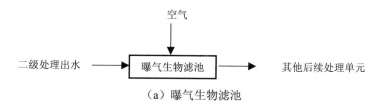

(a) 曝气生物滤池

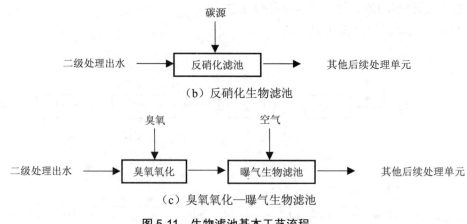

（b）反硝化生物滤池

（c）臭氧氧化—曝气生物滤池

图 5-11 生物滤池基本工艺流程

适用范围：生物滤池工艺可以去除水源中可生物降解的有机物、转化氮素污染物和截留 SS。根据生物反应类型的不同，生物滤池可以分为曝气生物滤池和反硝化生物滤池两类。采用生物滤池进行深度处理的基本工艺流程有图 5-11 所示的三种类型。

当再生水水源中存在可生物降解的有机物或有待进一步去除的氨氮时，可以选择图 5-11（a）所示工艺。二级处理出水直接进入曝气生物滤池，利用生物过程去除水中的有机物，将氨氮转化为硝态氮，同时截留一定量的 SS 后，再使出水进入后续处理单元。本工艺适用于二级处理出水的水质标准较低，以及对氨氮指标控制要求较高的情况，如采用铜质换热器的敞开式循环冷却水系统补充水、景观环境用水、地下水回灌用水等。

当需要控制目标用途的再生水中的 TN 浓度时，可以选择图 5-11（b）所示工艺。硝化效果较好的二级出水首先进入反硝化生物滤池，同时投加碳源物质，利用反硝化细菌将水中硝态氮转化为氮气。若二级出水硝化效果较差，需要在反硝化滤池前设置曝气生物滤池实现氨氮的硝化，再进入反硝化滤池脱氮，脱氮后的水再进入后续处理单元进行深度处理。本工艺适用于对硝态氮和 TN 有严格控制要求的再生用途，如景观环境用水、地下水回灌用水等。

当水源中待处理的有机物难以生物利用时，可以选择臭氧氧化工艺，但臭氧对有机物的氧化具有选择性，对于某些有机物的去除效率较低。从技术性和经济性两方面考虑，可以选择图 5-11（c）所示的臭氧氧化—曝气生物滤池组合工艺对有机物进行去除。大分子有机物在臭氧氧化作用下转化为易于生物降解的小分子，再利用曝气生物滤池加以去除。此外，研究表明臭氧氧化还可能产生一些有害的副产物，后续的曝气生物滤池可以有效削减和控制这些副产物的影响。组合工艺可以减少臭氧的投加量和接触时间，提高去除效果，降低投资和运行成本。本工艺适用于水源中有机物难以降解去除，同时目标用途对 COD_{Cr} 要求严格的再生用途。

特点：生物滤池是去除有机物和氮素污染物的有效手段。与物理法和化学法相比，生物滤池工艺的投资和运行成本较低。当目标用途再生水对有机物和氮素污染物指标有严格要求时，优先选择生物法去除水中的有机物和氮素污染物。

7. 以慢滤与土地渗滤为核心的深度处理工艺

基本工艺流程如图 5-12 所示。

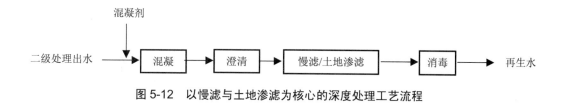

图 5-12　以慢滤与土地渗滤为核心的深度处理工艺流程

适用范围：利用土壤的天然净化功能，对二级出水中有机物、氨氮、总磷、悬浮固体、金属离子和病原微生物进行去除。适用于有较多的可利用土地的情况。

特点：处理效果较好，投资运行成本低，占地面积大。

5.5.2　各类用途再生水的深度处理工艺设计的注意事项

1. 工业用水

a. 循环冷却水还需要关注盐度和硬度的控制，防止生物滋生。可根据需要在以上处理基础上增加软化、阻垢、抑菌（藻）、脱盐等处理措施。

b. 用于锅炉补给水的水质与锅炉压力有关，锅炉蒸汽压力越高对水质要求越高，可根据需要采取进一步的脱盐和软化处理措施。

2. 景观环境用水

a. 景观环境用水在保证消毒效果的同时应避免过度消毒，防止余氯及消毒副产物对水生生物的影响。推荐优先采用臭氧或紫外消毒技术。

b. 对有毒有害有机物、色度和嗅味的去除，建议采用臭氧氧化或臭氧氧化—生物过滤组合技术。

3. 绿地灌溉用水

再生水水源溶解性固体较高时，应注意再生水的使用量和使用频次，或增加脱盐措施。

4. 农业灌溉用水

a. 用于灌溉直接食用作物时，应确保再生水的卫生安全。

b. 应严格控制水源水中重金属及有害化学物质含量，防止重金属及有害化学物质在土壤中富集，并进入食物链。

c. 再生水水源溶解性固体较高时，应注意再生水的使用量和使用频次，或增加脱盐措施。

5. 城市杂用

a. 建议采用臭氧或紫外与氯的复合消毒工艺，以保证消毒效果。

b. 建议采用臭氧氧化技术去除有毒有害有机物、色度和嗅味。

c. 再生水水源溶解性固体较高时，应注意再生水的使用量和使用频次，或增加脱盐措施。

6. 地下回灌用水

宜采用紫外或臭氧技术进行消毒处理。

第6章 工业废水处理工程

6.1 我国工业废水分类、来源及特征

6.1.1 工业废水的分类、来源

工业废水主要来自工业生产过程的工艺排水、原料或产品洗涤水、设备场地冲洗水、冷却水和跑冒滴漏废水等,废水中的污染物包含有生产原料、中间产物、产品及杂质等。本章所指工业废水还包括医疗机构污水、大型养殖企业的畜禽养殖废水等。工业废水按工业类别,可分为冶金工业废水、化工工业废水、轻工业废水和纺织工业废水等;按污染物种类,可分为重金属废水、含油污水、含酚废水、含氰废水、放射性废水等;按污染物浓度特性,可分为高浓度有机废水、有毒有害废水和难降解有机废水等。

6.1.2 各类工业废水污染物与水质特征

主要工业废水的污染物及水质特征如表6-1所示。

表6-1 主要工业废水的污染物及水质特征

工业部门	工业种类	主要污染物	废水特征
电力工业	火力发电、核电站	热污染、SS、酸、碱、放射性	悬浮物高、热污染、放射性
冶金工业	采矿、选矿、烧结、冶炼、电解、精炼、淬火	酚、氰、硫化物、氟、多环芳烃、焦油、酸、碱、重金属、放射性等	水量大、COD高、氨氮高、水质复杂
化学工业	化肥、化纤、橡胶、染料、塑料、农药、油漆、涂料、医药	酸、碱、盐、氰、酚、苯、醇、醛、酮、氯仿、氯苯、氯乙烯、农药、洗涤剂、硝基化合物、氨基化合物、重金属等	水量大、水质复杂、毒性大、难降解
石油化工	炼油、蒸馏、裂解、催化、合成	石油类、氰、酚、硫、吡啶、芳烃、酮类	水量大、水质复杂、毒性大
纺织、染整工业	棉毛加工、纺织印染	染料、固体悬浮物、硫化物、浆料、羊毛脂	COD和色度高、有机物难降解
制革工业	脱毛、鞣制、加工	酸碱、盐、油脂、硫化物、铬	含盐量高、SS、COD高
食品工业	屠宰、肉类加工、油品加工、乳品、罐头、饮料	有机物、油脂、SS	高浓度有机废水
造纸工业	制浆、造纸	碱、木质素、悬浮物、硫化物、有机物、BOD、可吸收有机卤化物(AOX)	难降解有机废水

工业部门	工业种类	主要污染物	废水特征
机械制造工业	铸、锻、机械加工、热处理、电镀、喷漆、造船	酸、CN、石油类、苯、碱、重金属（Cr、Cd、Ni、Cu、Pb、Zn）	含油废水、酸碱废水、电镀废水
石油天然气开发	海洋、陆地石油、天然气开发	石油类、悬浮物、硫化物、有机物	含盐、含油、难降解有机废水
制药工业	化学制药、生物制药、中草药、片剂	悬浮物、硫化物、有机物、苯、Hg、As	难降解有机废水
酿造工业	味精、酒精、白酒	悬浮物、有机物	高浓度有机废水
电子工业	电子元器件、电信器材、仪器仪表	酸、氟化物、Cr、Cd、Ni、Cu、Hg	含氟废水、重金属废水
建材工业	玻璃、耐火材料、化学建材、窑业、石棉	悬浮物、石油类、酚	高悬浮物废水
航天工业	火箭发射	二甲胺、偏二甲肼	特种废水
兵器工业	火炸药、装药	硝基化合物、汞	特种废水
医疗机构	医疗、病房、检验	致病菌、BOD_5、SS、放射性	医疗污水、生物性污染

6.1.3 各类工业废水污染物排放标准

根据《中华人民共和国环境保护法》和《中华人民共和国水污染防治法》，国家环境保护主管部门制定和发布了国家污染物排放标准和由省、市、自治区地方人民政府结合本地区环境保护要求发布的地方污染物排放标准，国家和地方排放标准是各类水污染源治理的标准依据。

根据我国环境标准体系和分类，国家排放标准分为综合排放标准和行业排放标准两类。

1. 标准制定和实施的基本原则

a. 国家综合排放标准和国家行业排放标准都是国家标准。综合排放标准和行业排放标准不交叉执行，即凡是已有发布的行业标准的工业污染物排放，一律执行行业排放标准，没有行业标准的执行综合排放标准。

b. 地方排放标准必须严于国家排放标准。有地方排放标准，执行地方排放标准，地方标准中没有的污染物和行业，执行相应的国家标准。

c. 国家排放标准和地方排放标准都是强制性标准，是工程建设环境影响评价、设计、建设、验收和管理的标准依据。

d. 综合排放标准和行业排放标准根据技术发展和环境保护要求适时进行修订。

2. 现行国家排放标准

表6-2 现行国家水污染物排放标准

序号	标准名称	标准号	开始实施日期
1	制浆造纸工业水污染物排放标准	GB 3544—2008	2008年8月1日
2	船舶污染物排放标准	GB 3552—83	1983年10月1日
3	船舶工业污染物排放标准	GB 4286—84	1985年3月1日

序号	标准名称	标准号	开始实施日期
4	纺织染整工业水污染物排放标准	GB 4287—2012	2013年1月1日
	纺织染整工业水污染物排放标准—修改单		2015年3月31日
5	海洋石油开发工业含油污水排放标准	GB 4914—85	1985年8月1日
6	污水综合排放标准	GB 8978—1996	1998年1月1日
7	钢铁工业水污染物排放标准	GB 13456—2012	2012年10月1日
8	肉类加工工业水污染物排放标准	GB 13457—92	1992年7月1日
9	合成氨工业水污染物排放标准	GB 13458—2013	2013年7月1日
10	航天推进剂水污染物排放与分析方法标准	GB 14374—93	1993年12月1日
11	兵器工业水污染物排放标准 火炸药	GB 14470.1—2002	2003年7月1日
12	兵器工业水污染物排放标准 火工药剂	GB 14470.2—2002	2003年7月1日
13	弹药装药行业水污染物排放标准	GB 14470.3—2011	2012年1月1日
14	磷肥工业水污染物排放标准	GB 15580—2011	2011年10月1日
15	烧碱、聚氯乙烯工业水污染物排放标准	GB 15581—1995	1996年7月1日
16	炼焦化学工业污染物排放标准	GB 16171—2012	2012年10月1日
17	生活垃圾填埋场污染控制标准	GB 16889—2008	2008年7月1日
18	医疗机构水污染物排放标准	GB 18466—2005	2006年1月1日
19	污水海洋处置工程污染控制标准	GB 18486—2001	2002年1月1日
20	畜禽养殖业污染物排放标准	GB 18596—2001	2003年1月1日
21	城镇污水处理厂污染物排放标准	GB 18918—2002	2003年7月1日
	城镇污水处理厂污染物排放标准—修改单		2006年5月8日
22	柠檬酸工业水污染物排放标准	GB 19430—2013	2013年7月1日
23	味精工业污染物排放标准	GB 19431—2004	2004年4月1日
24	啤酒工业污染物排放标准	GB 19821—2005	2006年1月1日
25	皂素工业水污染物排放标准	GB 20425—2006	2007年1月1日
26	煤炭工业污染物排放标准	GB 20426—2006	2006年10月1日
27	杂环类农药工业水污染物排放标准	GB 21523—2008	2008年7月1日
28	电镀污染物排放标准	GB 21900—2008	2008年8月1日
29	羽绒工业水污染物排放标准	GB 21901—2008	2008年8月1日
30	发酵类制药工业水污染物排放标准	GB 21903—2008	2008年8月1日
31	化学合成类制药工业水污染物排放标准	GB 21904—2008	2008年8月1日
32	提取类制药工业水污染物排放标准	GB 21905—2008	2008年8月1日
33	中药类制药工业水污染物排放标准	GB 21906—2008	2008年8月1日
34	生物工程类制药工业水污染物排放标准	GB 21907—2008	2008年8月1日
35	混装制剂类制药工业水污染物排放标准	GB 21908—2008	2008年8月1日
36	制糖工业水污染物排放标准	GB 21909—2008	2008年8月1日
37	淀粉工业水污染物排放标准	GB 25461—2010	2010年10月1日
38	酵母工业水污染物排放标准	GB 25462—2010	2010年10月1日
39	油墨工业水污染物排放标准	GB 25463—2010	2010年10月1日
40	陶瓷工业污染物排放标准	GB 25464—2010	2010年10月1日
	陶瓷工业污染物排放标准—修改单		2014年12月12日
41	铝工业污染物排放标准	GB 25465—2010	2010年10月1日
42	铅、锌工业污染物排放标准	GB 25466—2010	2010年10月1日
43	铜、镍、钴工业污染物排放标准	GB 25467—2010	2010年10月1日

序号	标准名称	标准号	开始实施日期
44	镁、钛工业污染物排放标准	GB 25468—2010	2010年10月1日
45	硝酸工业污染物排放标准	GB 26131—2010	2011年3月1日
46	硫酸工业污染物排放标准	GB 26132—2010	2011年3月1日
47	稀土工业污染物排放标准	GB 26451—2011	2011年10月1日
48	钒工业污染物排放标准	GB 26452—2011	2011年10月1日
49	汽车维修业水污染物排放标准	GB 26877—2011	2012年1月1日
50	发酵酒精和白酒工业水污染物排放标准	GB 27631—2011	2012年1月1日
51	橡胶制品工业污染物排放标准	GB 27632—2011	2012年1月1日
52	铁矿采选工业污染物排放标准	GB 28661—2012	2012年10月1日
53	铁合金工业污染物排放标准	GB 28666—2012	2012年10月1日
54	缫丝工业水污染物排放标准	GB 28936—2012	2013年1月1日
55	毛纺工业水污染物排放标准	GB 28937—2012	2013年1月1日
56	麻纺工业水污染物排放标准	GB 28938—2012	2013年1月1日
57	电池工业污染物排放标准	GB 30484—2013	2014年3月1日
58	制革及毛皮加工工业水污染物排放标准	GB 30486—2013	2014年3月1日
59	无机化学工业污染物排放标准	GB 31573—2015	2015年7月1日
60	再生铜、铝、铅、锌工业污染物排放标准	GB 31574—2015	2015年7月1日
61	石油炼制工业污染物排放标准	GB 31570—2015	2015年7月1日
62	合成树脂工业污染物排放标准	GB 31572—2015	2015年7月1日

6.1.4 我国工业废水处理与排放现状

根据全国第一次污染源调查的结果，我国工业废水年产生量为738.33亿t，排放量为236.73亿t，废水年处理量达458.52亿t。排放量占全国污水排放总量的11.3%。

工业废水中所含有的主要污染物：化学需氧量3 145.35万t、氨氮201.67万t、石油类54.15万t、挥发酚12.38万t、重金属2.43万t。经城镇污水处理厂及工业废水集中处理设施的削减后，实际排入环境水体的污染物量：化学需氧量564.36万t、氨氮20.76万t、石油类5.54万t、挥发酚0.70万t、重金属0.09万t。其中化学需氧量、氨氮占全国排放总量的18.6%和12.0%，全国废水排放的重金属几乎全部来自工业废水的排放。

可见，工业废水量和所含有的污染物量均十分巨大，需要经过完善的处理后才能排入自然水体，以减轻对自然环境的破坏。

以污染物排放量对各生产行业进行评价，按化学需氧量的排放量从大到小排序为造纸及纸制品业、纺织业、农副食品加工业、化学原料及化学制品制造业、饮料制造业、食品制造业、医药制造业，上述7个行业化学需氧量排放量合计占工业废水厂区排放口化学需氧量排放量的81.1%；按氨氮排放量排序为化学原料及化学制品制造业、有色金属冶炼及压延加工业、石油加工炼焦及核燃料加工业、农副食品加工业、纺织业、皮革毛皮羽毛（绒）及其制品业、饮料制造业、食品制造业，上述8个行业氨氮排放量合计占工业废水厂区排放口氨氮排放量的85.9%。

本章针对以上主要的重污染行业的污水处理工艺及设计进行介绍说明。

6.2 工业废水处理设计的基本方法

6.2.1 工业废水处理设计基本原则

a. 坚持执行"三同时"原则，对新、改、扩建项目的水污染控制及处理设施必须同时设计、同时施工、同时投入生产。

b. 老污染源的改造要做好规划、调整布局、采用清洁生产工艺，减少污染物排放。

c. 鼓励和组织相邻企业协作，贯彻循环经济科学发展观，充分挖掘可利用资源，减少污染物排放。

d. 对排入城镇下水道的企业废水，应做好厂内预处理，达到排入下水道的预处理标准后，再在城市污水厂集中进行处理。对《污水综合排放标准》规定的一类污染物应在车间排出口处理并达到排放标准。

e. 工业企业应清污分流、合理用水、一水多用、重复利用、节约用水、减少排污。

f. 污水处理工艺及设备选择应以排放标准为依据，选择工艺设备要求先进可靠、效率高、能耗低、操作维修简单方便，自动化程度高。

g. 污水处理工艺应考虑污泥处置、废气排放等问题，防止污染物转移。

h. 污水处理站设计应根据要求，设置自动采样和在线监测系统，实时监测水质、水量和运行参数。

i. 合理布置处理设施，充分利用地形，减少提升次数。

6.2.2 工业废水水量和水质的确定方法

a. 现有企业综合废水排放总量宜在工厂废水排放总管进行实际测量确定，综合废水的水质宜在总管取水样监测；各生产工序排放的工艺废水宜逐一进行废水排放量的测量，并取水样监测确定水质。

b. 尚未投入生产的企业废水水量和水质可类比现有同等生产规模、同类原料及产品、相近生产工艺企业的排放数据确定。

c. 可依据生产过程中的用水水量和污水排放系数估计废水水量；依据生产过程中使用的原料，利用物料平衡的方法估计废水水质。

d. 没有实测及类比数据时，可根据各行业中单位产品（产值）的污水排放和污染物排放量指标进行确定。

e. 在条件允许的情况下，设计水量和水质的取值可以在污染负荷原数值上增加设计余量。

6.2.3 工业废水处理的单元技术概述

工业废水处理方法包括各种单元技术设备和以不同单元技术组成的工艺。各种主要单元技术和处理工艺分别列于表 6-3。

表 6-3　工业废水处理单元技术

序号	单元技术或设备	主要作用	原理	应用范围
1	格栅	去除粗大物质	筛除作用	各种废水预处理
2	筛网	去除较小颗粒物	筛除作用	各种废水预处理
3	微滤机	去除细微颗粒物	筛除作用	除藻、SS
4	沉砂池	去除颗粒物	重力沉降	预处理
5	调节池	调节水质水量	调节均合作用	预处理
6	隔油池	去除浮油	重力分离	含油废水
7	沉淀池	固液分离，去除 SS	重力分离	去除悬浮固体
8	气浮池（浮选）	固液分离，去除 SS	气体上浮、重力分离	去除悬浮固体
9	絮凝	胶体脱稳、破乳、凝聚	脱稳、架桥	去除胶体和悬浮物
10	旋流分离器	固液分离，去除 SS	离心分离	预处理，去除较重颗粒
11	泡沫分离	去除颗粒物、表面活性物质	气泡表面吸附作用	去除表面活性物质、重金属
12	中和	酸碱中和	中和反应	酸碱废水处理
13	化学沉淀	去除重金属等	化学反应、形成沉淀物	有害物质、重金属
14	氧化还原	氧化剂、还原剂的氧化还原作用	氧化还原反应，降解或沉淀反应	去除有机物、酚氰、重金属等
15	汽提、吹脱	挥发、汽化	汽化挥发	去除挥发物质、氨、酚等
16	湿式氧化	难降解有机物、氰氧化分解	氧化反应	去除难降解有机物、氰化物
17	焚烧	去除难降解有毒物质	高温氧化	农药、染料等的处理
18	吹脱	去除溶解气体	传质过程	除氨、除氰、挥发性有机物
19	萃取	化学物质分离	采用萃取剂溶解度及分配系数的不同，萃取和反萃取	重金属、染料中间体去除
20	吸附	活性炭等多孔物质表面吸附	表面吸附作用	有机物、重金属去除
21	离子交换	溶解性阴阳离子的去除或回收	离子交换剂的选择性吸附交换作用	重金属处理回收、除盐
22	电渗析	离子膜分离过程	电场作用下的膜分离过程	重金属处理，脱盐、离子浓缩回收
23	超滤	大分子、胶体物质分离，固液分离	膜分离过程	固液分离、胶体大分子分离，反渗透预处理
24	反渗透	去除离子、小分子	膜分离作用	浓缩、脱盐、小分子去除
25	电解	电极反应、氧化还原、絮凝	电极氧化还原反应、电絮凝	去除酚氰、脱色、重金属等
26	化学氧化还原	氧化剂的化学氧化作用和还原剂的还原作用	氧化还原反应	降解有机物、无机物、脱色、除臭
27	臭氧氧化	强氧化剂	氧化、消毒	降解有机物、无机物、脱色、除臭、消毒
28	磁分离	磁化和磁分离	磁力分离作用	重金属分离
29	蒸发	蒸发浓缩作用	水蒸发汽化	浓缩、回收
30	活性污泥法	生物处理	好氧生物代谢氧化作用	有机废水处理，去除 BOD_5、COD、酚氰等有机物

序号	单元技术或设备	主要作用	原理	应用范围
31	氧化沟	活性污泥法	生物碳化、硝化和反硝化	有机废水处理,去除 BOD_5、COD、酚氰等有机物、脱氮
32	A_NO	前置缺氧好氧活性污泥法	好氧、缺氧作用	去除 BOD_5、COD、酚氰等有机物、脱氮
33	AAO,又称 A^2O	厌氧、缺氧、好氧活性污泥法	厌氧、缺氧、好氧作用	去除 BOD_5、COD、酚氰等有机物、脱氮、除磷
34	SBR 及其改进工艺	序批式生物反应器	厌氧、缺氧、好氧作用	去除 BOD_5、COD、酚氰等有机物、脱氮、除磷
35	深井曝气	生物处理、活性污泥法	好氧生物处理	制药废水处理等
36	接触氧化法	生物膜法	好氧处理	小规模废水处理
37	高负荷生物滤池	生物膜法	好氧处理	小规模废水处理
38	塔式生物滤池	生物膜法	好氧处理	小规模废水处理
39	生物转盘	生物膜法	好氧处理	小规模废水处理
40	曝气生物滤池	生物膜法	好氧处理	小规模废水处理
41	膜生物反应器(MBR)	膜分离与生物反应器结合	好氧(或厌氧、好氧)	除 COD、BOD_5、SS、氨氮
42	稳定塘	自然和人工生物处理	生物、物理处理	除 COD、BOD_5、SS、氨氮、磷
43	土地处理	自然和人工生物处理	生物、物理处理	除 COD、BOD_5、SS、氨氮、磷
44	人工湿地	自然和人工生物处理	生物、物理处理	除 COD、BOD_5、SS、氨氮、磷

6.2.4 工业废水处理工艺的设计方法

工业废水中污染物成分复杂,包括有机物、营养盐、重金属、油类等多种物质。单一的技术单元通常难以满足废水处理达标排放的要求,需要构建一整套组合工艺流程对废水进行处理。一般包括"预处理+生物处理+深度处理"三个阶段。常见的废水类型、主要来源行业和采用的技术手段如表 6-4 所示。

表 6-4 主要工业废水污染物及其适用的处理工艺

废水类别	主要行业	处理工艺
含汞废水	氯碱工业、汞催化剂、纸浆与造纸、杀菌剂、采矿、冶炼、医药、电子灯管、电池、仪表、医院	化学沉淀、离子交换、吸附、过滤
含铬废水	电镀工业、铬盐生产、制革、化工、钢铁、铁合金	氧化还原、沉淀、电解、离子交换、铁氧体、铁粉过滤
含镉废水	采矿、冶金、化工、电镀、含镉农药	化学沉淀、离子交换
含铅废水	铅冶炼、化工、农药、油漆、搪瓷	化学沉淀
含砷废水	采矿、农药、硫酸工业、化工	氧化还原、化学沉淀
含镍废水	电镀、冶炼、钢铁、化工	化学沉淀、离子交换、电渗析、反渗透
含铜废水	采矿、冶炼、电镀、化工	铁屑过滤、电解、化学沉淀
含锌废水	采矿、冶炼、电镀、化工、制药、化纤	化学沉淀、离子交换

废水类别	主要行业	处理工艺
含酚废水	焦化、炼油、煤气、化工、人造革	吸附、化学氧化、生物处理
含氰废水	焦化、炼油、煤气、化工、电镀、冶金	化学氧化、离子交换、生物处理
酸碱废水	冶金、化工、硫酸工业、造纸、染料、酸洗	中和、自然渗析、蒸发浓缩
含油废水	化工、石油开采、石油炼制、机械制造、食品工业、制革	隔油、气浮、过滤、生物处理
含氟废水	冶金、化工、玻璃、建材、电子工业、磷肥工业	石灰沉淀、磷酸盐沉淀、活性氧化铝过滤
含氮废水	化肥、火炸药、焦化、制药、畜禽养殖	生物处理、吹脱、离子交换、化学氧化
含磷废水	农药、磷肥、洗涤剂	化学沉淀、生物处理
含硫废水	石油炼制、制革、农药	空气氧化
难降解有机废水	化工、制药、造纸、制革、焦化、染料、农药	絮凝沉淀、生物处理、吸附、化学氧化、焚烧
高浓度有机废水	酿造、生物制药、味精、酒精、食品	厌氧、好氧、固液分离、膜生物反应器
含致病菌废水	医疗机构、生物制品、屠宰、养殖、兽医院、皮革加工	氯化消毒、臭氧、紫外线、巴氏消毒、化学消毒

6.3 纺织染整工业废水处理工艺

6.3.1 废水排放环节

纺织染整过程中产生的废水包括退浆废水、煮练废水、漂白废水、增白废水、丝光废水、染色废水和印花废水等。纺织染整废水的主要污染物及来源见表6-5。

表6-5 纺织染整废水的主要污染物及来源

工序		污染源	主要污染物
前处理	退浆	织物浆料、天然杂质、烧碱	COD、聚乙烯醇（PVA）、碱度、SS
	煮练	织物天然杂质、残余浆料、烧碱、助剂等	COD、碱度、SS、TP
	漂白	漂白剂、织物残余杂质	COD、SS
	增白	荧光增白剂	COD、增白剂
	丝光	丝光剂（烧碱）	COD、碱度
	碱减量	烧碱、对苯二甲酸（或对苯二甲酸钠）、乙二醇	COD、BOD_5、碱度
染色		染料、助剂、表面活性剂	色度、COD、重金属、硫化物、总氮
印花		染料、助剂、浆料	色度、COD、BOD_5、重金属、硫化物、总氮
后处理		柔软剂、阻燃剂、防水剂、抗静电剂、抗紫外线剂等	色度、COD、SS

6.3.2 废水的水量与水质

1. 废水水量

a. 以纤维产量估算时,应根据纤维特点、织物阔幅、厚度进行。不同织物、不同生产工艺单位产量产生的废水水量参见表6-6。

表6-6 不同织物的废水量

产品名称	机织棉及棉混纺织物/ (m^3/100 m)	针织棉及棉混纺织物/ (m^3/t)	毛纺织物/ (m^3/t)	丝绸织物/ (m^3/t)
废水量	2.5~3.5	150~200	200~350	250~350

注:①织物标幅91.4 cm;
②不同阔幅、厚度产品采用吨纤维产生量计算染整废水量时,可参照相关规定,根据织物阔幅和厚度进行折算。

b. 以全厂用水量估算时,废水量宜取全厂用水量的85%。

2. 废水水质

不同产品和生产工艺排放的废水水质具有一定差异,当缺乏现场监测资料或同类企业废水资料时,可以按照表6-7中所列数值进行估计。麻脱胶废水水质按照表6-8进行估计。几种废水混合处理时,其水质按照混合比例确定。

染整废水氮、磷含量较低,处理工艺中一般不考虑脱氮除磷。蜡染和部分使用尿素的工艺废水含氮量较高,应采用脱氮工艺或加强生化污泥回流比;个别采用磷酸钠为助剂的工艺,则宜清污分流,在浓废水中加氢氧化钙溶液,沉淀去除磷酸盐。

好氧生物处理以BOD_5进行设计计算,COD_{Cr}作参考;除丝绸废水外,一般BOD/COD为0.2左右,且水解酸化部分可使部分难降解有机物转化为可生化降解的BOD_5,设计时应予以考虑。

表6-7 不同类型产品的废水水质

废水类型		pH	色度/倍	BOD_5/(mg/L)	COD_{Cr}/(mg/L)	SS/(mg/L)
机织棉及棉混纺织物染整废水	纯棉染色、印花产品	9~10	200~500	300~500	1 000~2 500	200~400
	棉混纺染色、印花产品	8.5~10	200~500	300~500	1 200~2 500	200~400
	纯棉漂染产品	10~11	150~250	150~300	400~1 000	200~300
	棉混纺漂染产品	9~11	125~250	200~300	700~1 000	100~300
针织棉及棉混纺织物染整废水	纯棉衣衫	9~10.5	100~500	200~350	500~850	150~300
	涤棉衣衫	7.5~10.5	100~500	200~450	500~1 000	150~300
	棉为主,少量腈纶	9~11	100~400	150~300	400~850	150~300
	弹力袜	6~7.5	100~200	100~200	400~700	100~300
毛染整废水	洗毛	9~10	—	6 000~12 000	15 000~30 000	8 000~12 000
	炭化后中和	5~6	—	80~150	300~400	1250~4 800
	毛粗纺染色	6~7	100~200	150~300	450~850	200~500
	毛精纺染色	6~7	50~80	60~180	250~400	80~300
	绒线染色	6~7	100~200	50~100	200~350	100~300

废水类型		pH	色度/倍	BOD$_5$/(mg/L)	COD$_{Cr}$/(mg/L)	SS/(mg/L)
缫丝废水	煮茧①	9	—	700~1 000	1500~2 000	150~300
	缫丝	7~8.5	—	70~80	150~200	80~110
丝绸染整废水	真丝绸染色	7.5~8	100~200	200~300	500~800	100~150
	真丝绸印花	6~7.5	50~250	150~250	400~600	100~150
	混纺丝绸印花	6.5~7.5	200~500	100~200	500~700	100~150
	混纺染丝	7~8.5	300~400	90~140	500~650	100~150
	真丝绸精练	7.5~8	—	200~300	500~800	100~180
绢纺精练废水	高浓度废水	9~11	—	2 400~3 000	4 000~5 000	—
	低浓度废水②	7~8	—	150~300	400~700	600~800
化学纤维染整废水	涤纶（含碱减量）	10~13	100~200	350~750	1 200~2 500	100~300
	涤纶	8~10	100~200	100~150	500~800	50~100
	腈纶③	5~6	—	240~260	1000~1200	—
蜡染废水④		7~9	—	100~300	500~1 500	100~200

注：① 煮茧废水 NH$_3$-N 浓度按 6~27 mg/L 估计。
② 低质量浓度绢纺精练废水 NH$_3$-N 浓度按 15~20 mg/L 估计。
③ 腈纶废水 TN 浓度按 140~160 mg/L 估计。
④ 蜡染废水 NH$_3$-N 浓度按 100~150 mg/L 估计，经一般生化处理（无脱氮工艺）后，由于尿素的分解，NH$_3$-N 浓度可以升高到 200~300 mg/L。

表 6-8 麻脱胶废水水质

工序	煮练	浸酸	水洗	拷麻、漂白、酸洗、水洗
COD$_{Cr}$/(mg/L)	11 000~14 000	4 000~5 000	800~2 000	<100

6.3.3 污染物排放标准

国家标准《纺织染整工业水污染物排放标准》（GB 4287—2012）及其修改单（2015年3月）规定了纺织染整工业企业或生产设施水污染物排放限值、监测和监控要求。标准规定：该标准实施日（2013年1月1日）之后建设的企业执行表6-9中污染物浓度排放的一般限值，实施日之前建设的企业自2015年1月1日起也需要达到表6-9的污染物浓度排放的一般限值。

根据环境保护工作的要求，在国土开发密度已经较高、环境承载能力减弱，或环境容量较小、生态环境脆弱，容易发生严重环境污染问题而需要采取特别保护措施的地区，应严格控制企业的污染物排放行为。国务院环境保护行政主管部门或省级人民政府根据环境保护工作的要求在上述地区的企业执行表6-9规定的水污染物特别排放限值。

表 6-9 纺织印染企业水污染物排放浓度限值

单位：mg/L（pH、色度除外）

序号	污染物	一般限值		特别限值		污染物排放监控位置
		直接排放	间接排放[②]	直接排放	间接排放[②]	
1	pH	6~9	6~9	6~9	6~9	企业废水总排放口
2	COD_{Cr}	80	500[③]/200[④]	60	80	
3	BOD_5	20	150[③]/50[④]	15	20	
4	SS	50	100	20	50	
5	色度	50	80	30	50	
6	NH_3-N	10/15[①]	20/30[①]	8	10	
7	TN	15/25[①]	30/50[①]	12	15	
8	TP	0.5	1.5	0.5	0.5	
9	二氧化氯	0.5	0.5	0.5	0.5	
10	可吸附有机卤素	12	12	8	8	
11	硫化物	0.5	0.5	不得检出	不得检出	
12	苯胺类	不得检出	不得检出	不得检出	不得检出	
13	总锑	0.10	0.10	0.10	0.10	
14	六价铬	不得检出		不得检出		车间或生产设施废水排放口

注：①蜡染行业执行该标准。
②废水进入城镇污水处理厂或经由城镇污水管线排放，应达到直接排放限值。
③适用于园区（包括工业园区、开发区、工业聚集地等）企业向能够对纺织染整废水进行专门收集和集中预处理（不与其他废水混合）的园区污水处理厂排放的情形，集中预处理的出水应满足④所要求的排放限值。
④适用于除②和③以外的其他间接排放情形。

6.3.4 废水处理组合工艺设计

纺织染整企业应优先采用清洁生产技术，提高资源能源利用率，减少污染物的产生和排放。生产工艺的排水宜清浊分流、分质处理、分质回用。纺织染整工业园区或企业集中地区，应鼓励多个企业染整废水集中处理，或企业预处理后排入城镇污水处理厂集中处理。鼓励染整废水经处理后实现资源化，提高回用率。

纺织染整企业综合废水处理总体上分为预处理、生物处理和深度处理三段。纺织染整废水经适当预处理后，采用以生物处理技术为主、物理化学处理技术为辅的综合处理技术。预处理技术采用格栅、中和、水质水量调节和气浮等；生物处理采用水解与好氧结合的处理工艺，好氧处理技术采用活性污泥法、生物接触氧化技术、生物活性炭（PACT）和曝气生物滤池（BAF）技术等；深度处理采用混凝沉淀、砂滤技术和膜分离技术等。

根据纺织染整纤维种类、纺织材料形态、产品要求等具体生产工艺的废水水质，采用不同的组合处理工艺。当要求执行特别排放限值时，应进行深度处理。

1. 棉及棉混纺染整废水处理工艺

a. 混合废水的主流处理工艺为：格栅—pH调整—调节池—水解酸化—好氧生物处理—深度处理。

b. 废水分质处理工艺为：煮练、退浆等高浓度废水经厌氧或水解酸化后再与其他废水混合处理；碱减量的废碱液应经碱回收利用后，再与其他废水混合处理。

2. 毛染整废水处理工艺

毛染整废水宜采用的处理工艺为：格栅—调节池—水解酸化—好氧生物处理。

洗毛废水应先回收羊毛脂后再采用厌氧生物处理+好氧生物处理，然后混入染整废水合并处理或进入城镇污水处理厂。

3. 丝绸染整废水处理工艺

丝绸染整废水宜采用的处理工艺为：格栅—调节池—水解酸化—好氧生物处理；

绢纺精练废水宜采用的处理工艺为：格栅—凉水池（可回收热量）—调节池—厌氧生物处理—好氧生物处理；

缫丝废水应先回收丝胶等有价值物质再进行处理，处理工艺为：格栅、栅网—调节池—好氧生物处理—沉淀或气浮。

4. 麻染整废水处理工艺

根据生物脱胶废水、化学脱胶废水、洗麻废水的水质水量以及与染整废水混合后的实际水质，宜采用的处理工艺为：格栅—沉沙池—pH调整—厌氧生物处理—水解酸化—好氧生物处理—物化处理—生物滤池。

若麻脱胶废水比例较高，则应单独进行厌氧生物处理或者物化处理后再与染整废水混合处理。

5. 涤纶为主的化纤染整废水处理工艺

a. 含碱减量的涤纶染整废水处理工艺为：格栅—pH调整—调节池—物化处理—好氧生物处理。其中，碱减量废水应先回收对苯二甲酸后再混入染整废水。

b. 涤纶染色废水处理工艺为：格栅—pH调整—调节池—好氧生物处理—物化处理。

6. 蜡染废水处理工艺

蜡染工艺过程中应减少尿素用量。由于废水中污染物浓度较高，且含氮量也较高，通常采用的处理工艺为：水解酸化—具有脱氮功能的兼氧、好氧生物处理工艺，具体参数应通过试验确定。

7. 采用磷酸盐助剂的染整废水处理工艺

采用磷酸盐助剂时，工艺过程中产生的废水应单独进行化学除磷，如加入氢氧化钙（石灰水）进行沉淀等。

6.3.5 主要工艺单元技术要求

纺织染整工业废水处理工艺中应用的物理、化学和生物处理单元技术的基本原理与设计方法已经在本书第2、3和4章进行了详细的介绍，此处仅对纺织染整工业废水处理过程中需要关注的问题和适宜的技术参数进行说明。

1. 格栅、格网

a. 格栅栅距应按最大小时废水量设计，粗、细格栅至少各一道。粗格栅栅条间隙宜为16～25 mm，细格栅栅条间隙宜为1.5～10 mm。

b. 棉毛短绒、纤维、纤维凝絮物较多时，应采用具有清洗功能的滤网设备。

c. 废水中纤维物很多时，应在车间排水口就地去除。

d. 处理含细粉和短纤维的牛仔服染整、水洗废水时,应先通过沉砂池和滤网设备进行沉砂和过滤处理。

2. pH 调整

a. 为满足后续生物处理要求,当废水pH小于6或大于9时应采取pH调整措施。

b. pH调节可在调节池中进行,也可单独设置pH调整设施。水力停留时间宜为20～30 min,可采用水力搅拌、机械搅拌或空气搅拌等措施。

3. 调节池

a. 调节池的有效容积宜按平均小时流量的6～12 h水量设计。

b. 调节池宜设计为敞开式,若为封闭式应有通排风设施。

c. 调节池内应设置搅拌措施。采用空气搅拌时,每100 m³有效池容的气量宜按1.0～1.5 m³/min设计;当采用射流搅拌时,功率应不小于10 W/m³;当采用液下(潜水)搅拌器时,设计流速宜采用0.15～0.35 m/s。

4. 气浮

a. 水力停留时间为20～30 min。

b. 药剂宜选择硫酸铁、聚合氯化铝等,药剂投加量一般为50～100 mg/L,实际加药量需根据水质情况实验确定。

c. 水质pH宜为7～9。

5. 厌氧生物处理

a. 对生物降解性良好的高浓度洗毛废水、绢丝精练废水、麻纺脱胶废水等应采用厌氧生物处理;

b. 厌氧生物处理通常可选用升流式厌氧污泥床(UASB)或厌氧生物滤池(AF)。有关参数应通过试验确定。

6. 水解酸化

a. 升流式和复合式水解酸化池的容积负荷宜按0.7～1.5 kg COD_{Cr}/(m³·d)设计。根据主要污染物浓度和成分确定水解酸化容积负荷时,停留时间应根据难降解污染物性质和浓度确定,对于牛仔水洗废水,停留时间不小于6 h;对于丝绸、毛、针织废水,停留时间不小于8 h;对于较高浓度的棉及涤纶染色废水,停留时间不小于12 h。

b. 升流式和复合式水解酸化池的有效水深宜为4～6 m,上升流速宜为0.5～2.0 m/h。

c. 升流式和复合式水解酸化池宜采用多点布水装置,每个点布水面积不宜小于2 m²,根据需要可选用一管多孔式布水,一管一孔式布水、枝状布水以及脉冲式布水等。一管多孔式布水孔口流速应大于2 m/s,穿孔管直径应大于100 mm;一管一孔式布水宜用布水器布水,管道顶部垂直段流速应小于0.2～0.3 m/s;枝状布水出水支管孔径应为15～25 mm;脉冲式布水应根据设计流量和脉冲布水周期两个参数来确定布水器各部分的尺寸,池深应在6.5 m以上,以防脉冲过程中污泥流失过多。

d. 升流式和复合式水解酸化池出水宜设置堰式收集装置,出水堰口负荷不大于2.9 L/(s·m)。

e. 采用完全混合式水解酸化池时,水力停留时间按式(6-1)确定:

$$HRT = \frac{C}{X} \tag{6-1}$$

式中：X——水解反应器中平均污泥浓度，一般取 4～8 g/L；

C——常数，取值 60～150 h·g/L。

f. 完全混合式水解反应器宜设置机械搅拌器，搅拌器的搅拌功率不低于 3 W/m³，不宜采用曝气方式进行搅拌。

7. 好氧生物处理

纺织染整废水处理工艺中好氧生物处理单元可以选择普通活性污泥、生物接触氧化、生物活性炭和曝气生物滤池等以去除有机物为主要功能的处理工艺，当废水中氮含量较高时，可以采用缺氧/好氧（A/O）活性污泥处理工艺。各类工艺的设计运行参数按照表 6-10 确定。

表 6-10 纺织染整废水好氧生物处理单元工艺参数

序号	工艺类型	工艺参数
1	普通活性污泥法	停留时间宜为 8～24 h，污泥浓度宜为 2～4 g/L，污泥回流比宜为 50%～100%，污泥负荷宜为 0.10～0.25 kgBOD$_5$/（kg MLSS·d），溶解氧浓度宜≥2 mg/L
2	A/O 工艺	A 池停留时间宜为 2～4 h，O 池停留时间宜为 8～24 h，污泥浓度宜为 2.0～4.5 g MLSS/L，污泥回流比宜为 50%～100%，污泥负荷宜为 0.05～0.15 kgBOD$_5$/（kg MLSS·d），溶解氧浓度宜≥2 mg/L
3	生物接触氧化	停留时间宜为 2～6 h，填料容积负荷宜为 0.4～0.8 kgBOD$_5$/（m³ 填料·d），填料填充率宜为 50%～80%，溶解氧浓度宜≥2 mg/L
4	生物活性炭	活性炭使用量宜为 25～200 mg/L，COD 容积负荷量为 0.008～1.5 kg COD$_{Cr}$/（m³·d），污泥浓度宜为 4～6 g/L；气水比宜为 15:1～30:1
5	曝气生物滤池	水力负荷宜为 1.5～3.5 m³/（m²·h），气水比宜为 2:1，反洗空气强度宜为 12～25 L/（m²·s），反洗水强度宜为 8～16 L/（m²·s）

8. 二沉池

二沉池宜按表面负荷 0.7 m³/（m²·h）、上升流速 0.20～0.25 m/s、停留时间不小于 4 h 设计。

9. 混凝沉淀

混凝剂和助凝剂的选择和加药量应参照同类已建工程的运行情况确定。当末端治理工艺采用化学投药时，宜选用铝盐类混凝剂。加药量宜为 50～250 mg/L，混凝反应时间宜为 15～30 min，沉淀时间宜为 2～4.5 h。

废水中难生物降解物质或不溶性悬浮物质（染料、助剂等）含量较高时，应根据实验和经济评估，在生物处理之前进行化学投药等物化处理以改善水质，但应满足后续生物处理的进水要求。

10. 化学脱色

常用的脱色剂有次氯酸钠或合成的化学脱色剂等，宜首选不含氯脱色剂。

11. 砂滤

根据水质确定，滤速为 4～10 m/h。

12. 膜处理

废水经过处理回用至生产工艺时，可采用膜处理技术。超滤与纳滤或反渗透联合使用，超滤膜过滤膜通量为 30～40 L/(m^2·h)，纳滤或反渗透处理单元的水回收率为 60%～75%。

6.4 制浆造纸工业废水处理工艺

制浆造纸废水指以植物或废纸等为原料生产纸浆及以纸浆为原料生产纸张、纸板等产品过程中产生的各种废水的统称，其中以植物或废纸等为原料生产纸浆过程中产生的废水称为制浆废水，以纸浆为原料生产纸张、纸板等产品过程中产生的废水称为造纸废水。

6.4.1 废水排放环节

按照制浆材料的差异，制浆造纸废水分为木材制浆废水、非木材制浆废水和废纸制浆废水。

1. 木材制浆废水来源与特征

根据制浆方式的不同，木材制浆通常分为化学法制浆和化学机械法制浆，其中化学法制浆主要为硫酸盐法制浆，化学机械法制浆主要包括漂白化学热磨机械制浆（BCTMP）、碱性过氧化氢机械制浆（APMP）和盘磨化学预处理碱性过氧化氢机械制浆（P-RC APMP）。

硫酸盐法制浆产生的废水主要包括备料废水、蒸煮及黑液蒸发产生的污冷凝水、粗浆洗涤筛选废水、漂白废水、各工段临时排放的废水。废水中主要污染物为碳水化合物的降解产物、低分子量的木素降解产物、有机氯化物及水溶性抽出物等。

化学机械法制浆产生的废水主要来自木片洗涤和制浆过程中溶出的有机化合物和细小纤维。废水中的污染物主要为细小纤维为主的SS，以低分子量的木素降解产物、碳水化合物降解产物和水溶性抽出物等为主的溶解物。

2. 非木材制浆废水来源与特征

以麦草、芦苇、蔗渣等非木材为主要原料的制浆工艺主要采用化学法，化学法制浆工艺主要包括烧碱法制浆、硫酸盐法制浆及亚硫酸盐法制浆。

非木材制浆工艺水污染排放主要来源于：备料工段产生的备料废水（干湿法、湿法）、洗涤工段提取的蒸煮废液、洗选漂后的废水以及污冷凝水等。

备料废水的主要污染物为有机污染物、固体悬浮物等。

蒸煮废液是非木材制浆工艺的主要污染源，产生的污染物量约为制浆全过程污染物总量的90%以上。蒸煮废液中大部分污染物经过洗涤工段被提取出来，其中碱法制浆洗涤提取的制浆废液称为黑液，主要污染物为高浓度有机污染物、固体悬浮物等。

洗选漂后的废水通常也称为中段废水，主要污染物为有机污染物、固体悬浮物等，含氯漂白工艺还会产生一定量的含二噁英在内的可吸附有机卤化物（AOX）。

污冷凝水主要来自制浆废液的蒸发系统、蒸煮废气热回收系统以及碱回收系统等。其中，碱回收系统的二次蒸汽污冷凝水中含有甲醇、硫化物，有时还含有少量黑液。蒸煮系统及热回收系统产生的污冷凝水的成分与蒸煮工艺有关。烧碱法蒸煮过程中产生的污冷凝水主要含有萜烯化合物、甲醇、乙醇、丙酮、丁酮及糠醛等污染物；硫酸盐法制浆过程中产生的污冷凝水除含上述成分外，还含有硫化氢及有机硫化物。亚硫酸盐法制浆废液蒸发产生的污冷凝水,主要成分是乙酸、甲醇和糠醛等。

3. 废纸制浆废水来源与特征

废纸制浆是指以废纸为原料,经过碎浆处理,必要时进行脱墨、漂白等工序制成纸浆的生产过程。废纸制浆生产主要由碎浆、筛选及净化、洗涤和浓缩、漂白四部分组成。根据原料、生产工艺和产品特性的不同,废纸制浆生产工艺主要分为非脱墨废纸制浆和脱墨废纸制浆。

废纸制浆产生的废水主要来自废纸的碎浆、疏解,废纸浆的洗涤、筛选、净化、脱墨及漂白过程。通常无脱墨工艺的废纸浆比有脱墨工艺的废纸浆的废水排放量及有机物浓度均低很多。

废水中含有的污染物主要包括:

总固体悬浮物:包括纤维、细小纤维、粉状纤维、矿物填料、无机填料、涂料、油墨微粒及微量的胶体和塑料等。

可生物降解的有机污染物(BOD_5):主要由纤维素或半纤维素的降解物,或淀粉等碳水化合物构成。

其他有机污染物(COD_{Cr}):由木素的衍生物及一些有机物组分包括蛋白质、胶黏剂、涂布胶黏剂等形成。

色度:由油墨、染料、木素的衍生物,及一些有机物组分包括蛋白质、胶黏剂、涂布胶黏剂等组成。

可吸附有机卤化物(AOX):采用氯漂白的造纸漂白废水中会含有可吸附的有机卤化物。

污染物主要控制指标为SS、BOD_5、COD_{Cr}、色度、pH等。

6.4.2 废水的水量与水质

1. 废水水量

废水水量可按式(6-2)和式(6-3)计算:

$$Q = Q_i + Q_j \tag{6-2}$$

$$Q_i = \sum q_i \cdot m_i \tag{6-3}$$

式中:Q——综合废水量,m^3/d;

Q_i——生产废水量,m^3/d;

Q_j——其他废水量,m^3/d,包括地面冲洗水和生活污水等;

q_i——单位产品生产废水量,m^3/t,可参照表6-11确定;

m_i——各类制浆造纸产品生产量,t/d,应根据企业生产规模和产品方案确定。

最大日最大时废水量等于最大日平均时(生产设计负荷)废水量与变化系数的乘积,变化系数应根据企业生产和废水排放情况确定,无相关资料时,可取1.1~1.4。

表 6-11 典型制浆造纸企业单位产品生产废水量[1][2]　　　　　　单位：m³/t

制浆方法类别	制浆			造纸
	木浆	非木浆	废纸	
化学浆	20～60	50～160	—	—
化学机械浆	10～30	15～40	—	—
机械浆	5～20	10～30	—	—
其他	—	—	5～30	8～40

注：[1]纸浆量以绝干量计；
[2]单位产品废水量：制浆企业以自产浆为依据，造纸企业以外购商品浆为依据，制浆造纸联合企业以自产浆和外购商品浆的和为依据。

2. 废水水质

（1）按照单位产品生产废水污染物负荷估计

废水水质可按式（6-4）和式（6-5）计算：

$$C = \frac{W_i + W_j}{Q} \times 1000 \tag{6-4}$$

$$W_i = \sum w_i \cdot m_i \tag{6-5}$$

式中：C——制浆造纸废水污染物浓度，mg/L；

W_i——生产废水污染物负荷，kg/d；

W_j——其他废水污染物负荷，kg/d；

w_i——单位产品生产废水污染物负荷，kg/t，制浆废水污染物产生量可参照表 6-12 确定，造纸废水参照表 6-13 确定。

表 6-12 典型制浆废水单位产品污染物产生量[1]　　　　　　单位：kg/t 浆

制浆方法类别		污染物产生量			
		COD_{Cr}	BOD_5	SS	AOX
化学浆[2]		45～210	15～75	9～120	0.3～7.5
化学机械浆[3]		65～160	15～35	30～50	0～0.2
机械浆		20～100	12～35	15～40	—
其他	非脱墨	15～30	5～12	8～15	—
	脱墨	25～65	8～20	10～25	0～0.2

注：[1]污染物产生量指标木浆取中低值，非木浆取高值；
[2]化学浆指标为经化学品或资源回收后的污染物产生量指标；
[3]化学机械浆指标为高浓度制浆废水未进行蒸发燃烧处理的污染物产生量指标。

表 6-13 典型造纸废水单位产品污染物产生量　　　　　　单位：kg/t 纸

造纸类型	污染物产生量			
	COD_{Cr}	BOD_5	SS	AOX
未涂布印刷/书写纸	7～15	4～8	12～25	0～0.1
涂布印刷/书写纸	12～30	5～9	15～30	0～0.1
纸板	5～15	3～7	2～8	0～0.1
新闻纸	8～20	5～10	10～25	0～0.1

（2）按照制浆造纸废水类型估计

典型制浆造纸废水水质可参照表6-14进行估计。

表6-14 典型制浆造纸废水水质

废水类型	水质指标							
	pH值	SS/(mg/L)	COD_{Cr}/(mg/L)	BOD_5/(mg/L)	AOX/(mg/L)	TN[③]/(mg/L)	NH_3-N[③]/(mg/L)	TP/(mg/L)
化学浆[①④]废水	5~10	250~1 500	1 200~2 500	350~800	2~26	4~20	2~5	0.5~2
化学机械浆[①⑤]废水	6~9	1 800~3 800	6 000~16 000	1 800~4 000	0~3	5~10	3~5	1~3
机械浆[①]废水	6~9	850~2 000	3 200~8 000	1 200~2 800	0~1	4~8	2~5	0.5~1.5
废纸浆[②]	6~9	800~1 800	1 500~5 000	550~1 500	0~1	5~20	4~15	0.5~1
脱墨废纸浆[②]	6~9	450~3 000	1 200~6 500	350~2 000	0~1	3~10	2~6	0.5~1.5
造纸废水[②]	6~9	250~1 300	500~1 800	180~800	0~1	2~4	1~3	0.5~1

注：①除pH，木浆取中低值，非木浆取高值；
②除pH，国产小型纸机取中低值，进口纸机取高值；
③氨法化学浆废水氨氮和总氮指标分别为55~150 mg/L和60~160 mg/L；
④化学浆废水水质指标为制浆废液经化学品或资源回收后的指标；
⑤化学机械浆废水水质指标为高浓度制浆废水未进行蒸发燃烧处理的指标。

6.4.3 污染物排放标准

国家标准《制浆造纸工业水污染物排放标准》（GB 3544—2008）规定了制浆造纸工业企业水污染物排放限值、监测和监控要求。标准规定：该标准实施日（2008年8月1日）之后建设的企业执行表6-15中污染物排放浓度的一般限值，实施日之前建设的企业自2011年7月1日起也需要达到表6-15的污染物排放浓度的一般限值。

根据环境保护工作的要求，在国土开发密度已经较高、环境承载能力开始减弱，或环境容量较小、生态环境脆弱，容易发生严重环境污染问题而需要采取特别保护措施的地区，应严格控制企业的污染物排放行为。国务院环境保护行政主管部门或省级人民政府根据环境保护工作的要求在上述地区的企业执行表6-15规定的水污染物特别排放限值。

表6-15 制浆造纸企业水污染物排放浓度限值

序号	污染物项目	一般限值			特别限值			污染物排放监控位置
		制浆企业	制浆和造纸联合生产企业	造纸企业	制浆企业	制浆和造纸联合生产企业	造纸企业	
1	pH	6~9	6~9	6~9	6~9	6~9	6~9	企业废水总排放口
2	色度/倍	50	50	50	50	50	50	
3	SS/(mg/L)	50	30	30	20	10	10	
4	BOD_5/(mg/L)	20	20	20	10	10	10	
5	COD_{Cr}/(mg/L)	100	90	80	80	60	50	
6	NH_3-N/(mg/L)	12	8	8	5	5	5	企业废水总排放口
7	TN/(mg/L)	15	12	12	10	10	10	
8	TP/(mg/L)	0.8	0.8	0.8	0.5	0.5	0.5	
9	AOX[①]/(mg/L)	12	12	12	8	8	8	车间或生产设施废水排放口
10	二噁英[①]/(pgTEQ/L)	30	30	30	30	30	30	

注：①适用于含氯漂白工艺的情况。

该标准适用于制浆造纸企业向环境水体的排放行为。当企业向设置污水处理厂的城镇排水系统排放废水时，有毒污染物可吸附有机卤素（AOX）、二噁英在该标准规定的监控位置执行相应的排放限值；其他污染物的排放控制要求由企业与城镇污水处理厂根据其污水处理能力商定或执行相关标准；城镇污水处理厂应保证排放污染物达到相关排放标准要求。

6.4.4 废水处理组合工艺设计

制浆造纸综合废水处理工艺流程如图6-1所示。

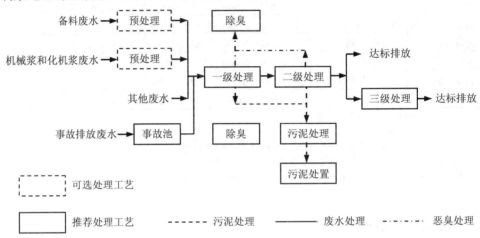

图6-1 制浆造纸综合废水处理工艺流程

1. 预处理工艺

宜根据企业排水情况选用预处理技术降低综合废水处理工程的处理负荷：

a. 宜将备料工段排出的废水预处理后回用于备料，剩余部分排入综合废水处理工程与其他废水混合处理。备料工段排出的废水应先进行格栅和筛网过滤，去除废水中大颗粒杂质，再采用沉淀或混凝沉淀技术进行处理，以蔗渣为制浆原料的备料废水也可采用厌氧处理技术进行处理。

b. 当综合废水处理工程未设厌氧处理单元时，宜将机械浆和化机浆废水预处理后再与其他废水混合进行好氧和深度处理；当综合废水处理工程设置厌氧处理单元时，可将机械浆和化学机械浆废水直接与其他废水混合处理。机械浆和化学机械浆预处理应采用厌氧为主体的处理工艺，主要工艺流程包括格栅、提升泵房、纤维回收、初沉池、调节池、水温调节和厌氧处理单元。

2. 主体处理工艺

应根据现行的国家和地方排放标准、污染物的来源、性质及排水去向确定综合废水处理工程的处理深度，选择相应的处理工艺。

执行《制浆造纸工业水污染物排放标准》（GB 3544—2008）一般排放限值的制浆和制浆造纸企业可选择一级+二级或一级+二级+三级处理工艺；执行特别排放限值的企业应选择一级+二级+三级处理工艺；造纸企业宜选择一级+二级处理工艺。

3. 废水处理工艺对污染物的去除率

废水处理效率应通过试验或类比数据获取，当无相关资料时，可参照表6-16。

表 6-16 典型制浆造纸废水处理工艺的处理效率 单位：%

处理级别	处理工艺	主要工艺	处理效率			
			COD_{Cr}	BOD_5	SS	AOX
一级	沉淀	格栅、滤筛、初沉池	15~50	5~30	40~75	0~5
	混凝—沉淀/气浮	格栅、滤筛、混凝沉淀（气浮）	50~70	25~40	80~90	25~70
二级①	好氧生化	好氧生物反应池、二沉池	60~80	80~95	70~90	35~60
	厌氧—好氧生化	厌氧池（中沉池）、好氧生物反应池、二沉池	65~85	85~95	75~90	40~60
三级	混凝沉淀（气浮）②③	混凝沉淀（气浮）、（过滤）	50~80	40~55	70~90	20~50
	Fenton 氧化	高级氧化、混凝沉淀	80~90	80~90	70~90	80~90

注：①制浆废水二级处理效率取中低值，造纸废水二级处理效率取高值；
②一级处理采用混凝工艺时，三级处理混凝处理效率取低值，一级处理采用沉淀工艺时，三级处理混凝处理效率取中高值；
③采用常规混凝沉淀时混凝处理效率取中低值，采用强化混凝沉淀时，混凝处理效率取高值。

6.4.5 主要工艺单元技术要求

1. 一级处理

一级处理主要包括格栅渠、提升泵房、纤维回收间、初沉池（混凝沉淀池或气浮池）和调节池等。

（1）格栅

应设置粗格栅。当不设置纤维回收间或为提高回收纤维质量时，应设置细格栅，工艺参数应满足以下要求：

a. 粗格栅宜采用机械清污格栅，格栅间隙应为 10~20 mm，过栅流速宜为 0.6~1.0 m/s；采用人工清除时格栅间隙宜为 15~25 mm；

b. 细格栅宜选用具有自清能力的机械格栅，格栅间隙应为 2~5 mm。

（2）筛网

当废水中纤维含量较高时，应设置纤维回收间，安装滤筛装置，分离并回收纤维，其工艺要求如下：

a. 采用无动力弧型细格栅时，栅缝应为 0.2~0.25 mm；

b. 采用重力自流式过滤筛网时，筛网间隙应为 60~100 目，过水能力宜为 10~15 m³/(m²·h)；

c. 采用旋转过滤机、反切单向流旋转过滤机、机械转鼓细格栅等设备时，栅缝应为 0.2 mm 左右。

该技术对 SS 的去除率为 20%~40%，COD_{Cr} 的去除率为 15%~30%，BOD_5 的去除率为 5%~10%。

（3）重力沉降技术

当废水中 SS 浓度大于 2 000 mg/L 时，可以采用重力沉降式的初沉池。

初沉池表面负荷应为 0.8~1.2 m³/(m²·h)，水力停留时间应为 2.5~4.0 h，可将二沉池剩余污泥回流至初沉池，提高初沉池的污染物去除率。

该技术对 SS 的去除率为 40%~70%，COD_{Cr} 的去除率为 15%~50%，BOD_5 的去除率

为5%～30%。

（4）气浮技术

采用普通气浮时，气水接触时间为30～100 s，表面负荷为5～8 m³/(m²·h)，水力停留时间为20～35 min。采用浅层气浮时，宜采用有效水深500～700 mm，池内水力停留时间为3～5 min，表面负荷为5～8 m³/(m²·h)。

该技术对SS的去除率为70%～85%，对COD_{Cr}的去除率为50%～70%以上，对BOD_5的去除率为25%～40%。

（5）混凝沉淀技术

混凝沉淀池混合区G值可采用300～600 s⁻¹，混合时间30～120 s，反应区G值30～60 s⁻¹，反应时间5～20 min，分离区液面负荷1.0～1.5 m³/(m²·h)，水力停留时间2.0～3.5 h。

该技术对SS的去除率为80%～90%，对COD_{Cr}的去除率为55%～75%，对BOD_5的去除率为25%～40%。

（6）调节池

调节池容积应满足以下要求：

a. 按最大日平均时废水量计算，调节池的有效容积应大于4 m³；

b. 调节池内应设置混合设施，当设置潜水推进器时，混合功率密度宜采用4～8W/m³，当采用曝气设备（曝气管或曝气器）时，曝气量不宜小于4 m³/(m²·h)；

c. 宜在废水进入调节池前设置营养盐和酸、碱投加设施。

2. 二级处理

当一级处理后废水COD_{Cr}浓度大于2 000 mg/L时，宜采用厌氧+好氧处理组合工艺；当一级处理后废水COD_{Cr}浓度小于1 200 mg/L时，宜采用好氧处理工艺；当废水中COD_{Cr}浓度高于1 200 mg/L且小于2 000 mg/L时，可采用水解酸化+好氧处理工艺。

应投加氮（N）磷（P）营养盐，使进入厌氧系统的废水中BOD_5：N：P达到200：5：1，进入好氧系统的废水中BOD_5：N：P达到100：5：1。

当进入生化系统前的废水温度不利于生化反应时，宜设置温度调节设施（如冷却塔等），控制厌氧生化反应器内的水温在25～38℃范围内，好氧生化反应池内的水温在15～35℃范围内。

（1）厌氧处理技术

厌氧单元可采用升流式厌氧污泥床（UASB）、内循环（IC）厌氧反应器和完全混合式厌氧反应器（CSTR）等工艺，其技术要求如下：

a. 进入升流式厌氧污泥床和内循环厌氧反应器的进水悬浮物浓度宜控制在500 mg/L以下；

b. 宜控制进入厌氧反应器废水的SO_4^{2-}和COD_{Cr}浓度的比值在0.1以下，SO_4^{2-}浓度在450 mg/L以下，当浓度较高时，宜设置预酸化池等措施降低厌氧反应内废水中的H_2S浓度；

c. 预酸化池的pH应为6.5左右，水力停留时间宜为2 h左右，预酸化产生的H_2S气体宜收集后回收利用或净化后排放；

d. 厌氧处理系统的主要工艺参数应根据试验和类比资料确定，缺乏相关资料时可参考表6-17；

表 6-17 厌氧生化处理单元主要设计参数

厌氧单元类型	反应温度/℃	污泥浓度/(g/L)	容积负荷/[kg COD$_{Cr}$/(m^3·d)]	水力停留时间/h	污泥回流比/%	表面负荷/(m/h)	沼气产率/(m^3/kgCOD$_{Cr}$)
UASB	32~35	10~20	5~8	12~20	—	0.5~1.5	0.4~0.5
IC	32~35	20~40	10~25	6~12	—	3~8	0.4~0.6
CSTR	30~38	5~8	3~6	18~28	100~150	—	0.4~0.5

e. UASB 和内循环厌氧反应器应设置均匀布水装置和三相分离器，反应器分离区出水采用溢流堰出水方式，堰前宜设置浮渣挡板；

f. 可采用外循环方式提高 UASB 和内循环厌氧反应器内的上升流速，循环量宜根据设定的反应器表面负荷及沼气产量自动调整；

g. UASB 的有效高度一般为 5~7 m，不宜超过 10 m，单座体积不宜超过 2000 m^3，内循环升流式厌氧反应器高度不宜超过 25 m，单座体积不宜超过 1500 m^3；

h. 完全混合式厌氧反应器后应设置沉淀池，沉淀池表面负荷宜为 0.6~0.8 m^3/(m^2·h)，沉淀时间宜为 4.0~6.0 h，采用斜板沉淀池时，其表面负荷可适当提高。

（2）水解酸化技术

升流式和复合式水解酸化池的水力停留时间按 4~10 h 设计，完全混合式水解酸化反应器常数 C 按 60~150 (h·g)/L 设计。

（3）好氧处理技术

a. 好氧处理单元宜选用有机负荷低、抗冲击能力强的延时曝气活性污泥处理工艺，如氧化沟、带选择区的完全混合曝气、序批式活性污泥（SBR）和两段好氧生化处理工艺等，当处理亚硫酸铵制浆废水时，应采用具有脱氮功能的缺氧/好氧法（A/O）等工艺，其技术要求如表 6-18 所示。

b. 当处理亚硫酸铵制浆废水时，生物反应池缺氧区和好氧区的容积宜采用硝化、反硝化负荷进行校核；

c. 采用氧化沟时，应保持池内泥、水的充分混合，控制沟内平均流速大于 0.3 m/s，采用机械混合方式时，混合功率密度取 4~8 W/m^3，同时应满足需氧量的要求；

表 6-18 好氧生化单元主要工艺参数

好氧处理工艺	污泥浓度/(g/L)	污泥负荷/[kg COD$_{Cr}$/(kgMLSS·d)]	容积负荷[1]/[kg COD$_{Cr}$/(m^3·d)]	水力停留时间/h	污泥回流比/%	污泥沉降比/%	泥龄/d
氧化沟	3.0~6.0	0.1~0.3	0.4~1.2	18~32	60~120	50~80	18~25
完全混合曝气[2]	2.5~6.0	0.15~0.4	0.5~1.5	15~30	100~150	30~80	12~20
A/O	2.5~6.0	0.15~0.3	0.5~1.2	15~32	80~150	30~80	15~25

注：[1]当处理以商品浆和废纸浆为主的制浆造纸废水时，容积负荷取中高值，处理以化学浆和化机浆为主的制浆造纸废水或经厌氧处理后的废水时，容积负荷取低值；
[2]带选择区的完全混合曝气和两段生化处理的后段，其容积负荷按完全混合曝气池工艺选取。

d. 采用带选择区的完全混合曝气池时，选择区水力停留时间应为 30~50 min，区内应设混合设施，采用机械混合方式时，混合功率密度宜大于 6 W/m^3，采用曝气混合方式时，曝气量应大于 3 m^3/（m^2·h）；

e. 采用两段好氧生化处理工艺时，前段水力停留时间为 1~2.5 h，COD$_{Cr}$污泥负荷宜大于 5 kg COD$_{Cr}$/（kgMLSS·d）；污泥浓度应为 5 000~8 000 mg/L，污泥回流 50%~100%，必要时池内可设置部分填料；

f. 好氧生化反应池（SBR 反应池除外）后应设置二沉池，宜选用辐流式沉淀池，当生化池采用活性污泥工艺时，二沉池表面负荷应为 0.5~0.7 m^3/（m^2·h），固体负荷宜为 60~150 kg SS（m^2·d）；当生化池采用接触氧化工艺时，二沉池表面负荷应为 0.8~1.2 m^3/（m^2·h）。

3. 三级处理

三级处理宜采用混凝沉淀（气浮）处理技术，技术要求如下：

a. 混凝剂和助凝剂的种类和投加量应通过实验确定，常用的混凝剂有铁盐、石灰、铝盐及其高分子混凝剂，常用的助凝剂是 PAM；

b. 应充分考虑混凝反应过程中 pH 对药剂投加量和处理效果的影响；

c. 混凝工艺的混合区宜采用 G 值 300~600 s^{-1}，混合时间 30~120 s，反应区宜采用 G 值 30~60 s^{-1}，反应时间 5~20 min；

d. 沉淀区表面负荷宜为 0.8~1.5 m^3/（m^2·h），水力停留时间宜为 2.5~4 h，采用斜板（管）沉淀池时，其表面负荷可按比普通沉淀池的设计表面负荷提高 1~2 倍考虑；

e. 采用普通气浮工艺时，宜采用气水接触时间 30~100 s，表面负荷为 6~9 m^3/（m^2·h），水力停留时间 20~30 min；采用浅层气浮时，宜采用有效水深 500~700 mm，池内水力停留时间 3~5 min；

当 SS 指标要求较严时，混凝沉淀或气浮后的废水宜进行过滤处理，过滤的进水悬浮物宜小于 30 mg/L。

混凝沉淀或气浮处理出水达不到水质目标时，可采用高级氧化处理，其工艺要求如下：

a. 可采用硫酸亚铁—双氧水催化氧化（Fenton 氧化）法处理经生化处理后的废水，Fenton 氧化包括反应、中和、混凝沉淀（气浮）单元，各单元所采用的设备和材料应具有耐酸碱和抗氧化、抗腐蚀能力；

b. Fenton 氧化法试剂投加量应通过实验确定，氧化反应时间宜为 30~40 min，反应 pH 应为 3~4；

c. 氧化反应后的废水应加碱中和，可采用 NaOH 或 Ca(OH)$_2$ 作为中和剂，中和反应时间宜大于 10 min，综合后的 pH 应控制在 6~7；

d. 反应后的废水应通过沉淀分离出废水中的含铁悬浮物，宜投加 PAM 强化混凝效果；

e. 可采用 Fenton 流化床或回流混凝沉淀污泥的方式降低硫酸亚铁的投加量；

f. 为降低铁离子和 SS 的含量，可在 Fenton 氧化法后串联过滤等处理单元技术。

6.5 屠宰与肉类加工工业废水处理工艺

6.5.1 废水排放环节

屠宰与肉类加工过程均产生废水。屠宰过程中进行圈栏冲洗、宰前淋洗、宰后烫毛或剥皮、开膛、劈半、解体、内脏洗涤及车间冲洗等过程产生废水，主要含有血污、油脂、碎肉、畜毛、未消化的食物及粪便、尿液等。肉类加工过程中产生的废水，主要含有碎肉、脂肪、血液、蛋白质、油脂等。

屠宰与肉类加工废水中含有的主要污染物包括COD_{Cr}、BOD_5、SS、NH_3-N及动物油等。

6.5.2 废水的水量与水质

1. 废水水量

屠宰废水量可根据屠宰动物总量和单位屠宰动物废水产生量进行估计。单位屠宰动物废水产生量可根据表6-19进行取值。

表6-19 单位屠宰动物废水产生量

屠宰动物种类	畜类/（m³/头）			禽类/（L/只）		
	牛	猪	羊	鸡	鸭	鹅
单位屠宰动物废水产生量	1.0～1.5	0.5～0.7	0.2～0.5	1.0～1.5	2.0～3.0	2.0～3.0

肉类加工的废水量与加工规模、种类及工艺有关。单独的肉类加工厂废水量应根据实际情况具体确定，一般不应超过5.8 m³/t（原料肉），有分割肉、化制等工序的企业每加工1 t原料肉可增加排水量 2 m³；肉类加工厂与屠宰场合建时，其废水量可按同规模的屠宰场及肉类加工厂分别取值计算。

按全厂用水量估算总废水排放量时，废水量宜取全厂用水量的80%～90%。

2. 废水水质

废水水质的确定应以实际监测数据为准。

无监测数据时，屠宰和肉类加工废水水质取值可参照表6-20。

表6-20 屠宰和肉类加工废水水质设计取值　　　单位：mg/L（pH除外）

废水类型	COD_{Cr}	BOD_5	SS	NH_3-N	动植物油	pH
屠宰废水	1 500～2 000	750～1 000	750～1 000	50～150	50～200	6.5～7.5
肉类加工废水	800～2 000	500～1 000	500～1 000	25～70	30～100	6.5～7.5

6.5.3 污染物排放标准

国家标准《肉类加工工业水污染物排放标准》（GB 13457—92）规定了屠宰和肉类加

工企业水污染物排放限值、监测和监控要求。

按照排入水域的类别划分标准级别。其中排入 III 类水域（水体保护区除外），二类海域的废水，执行一级标准；排入 VI 类、V 类水域，三类海域的废水，执行二级标准；排入设置二级污水处理厂的城镇下水道的废水，执行三级标准。各类污染物的排放限值如表 6-21 所示。

表 6-21 屠宰和肉类加工工业水污染物排放标准

序号	污染物项目		畜类屠宰加工	肉制品加工	禽类屠宰加工
1	SS/(mg/L)	一级	60	60	60
		二级	120	100	100
		三级	400	350	300
2	BOD_5/(mg/L)	一级	30	25	25
		二级	60	50	40
		三级	300	300	250
3	COD_{Cr}/(mg/L)	一级	80	80	70
		二级	120	120	100
		三级	500	500	500
4	动植物油/(mg/L)	一级	15	15	15
		二级	20	20	20
		三级	60	60	50
5	NH_3-N/(mg/L)	一级	15	15	15
		二级	25	20	20
		三级	—	—	—
6	pH	一级～三级	6.0～8.5	6.0～8.5	6.0～8.5
7	大肠菌群数/(个/L)	一级	5 000	5 000	5 000
		二级	10 000	10 000	10 000
		三级	—	—	—

6.5.4 废水处理组合工艺设计

屠宰与肉类加工废水处理应采用生化处理为主、物化处理为辅的组合处理工艺，并应包含消毒及除臭单元；且应按照国家相关政策要求，因地制宜地考虑废水深度处理及再用。

屠宰与肉类加工废水治理工程典型工艺流程如图 6-2 所示。

6.5.5 主要工艺单元技术要求

1. 预处理

屠宰与肉类加工废水的预处理设备主要包括粗（细）格栅、沉砂池、隔油池、集水池、调节池和初沉池等。

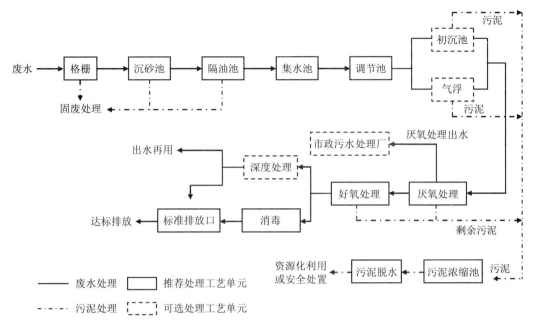

图 6-2 屠宰与肉类加工废水的典型工艺流程

(1) 格栅

a. 调节池前应设置粗格栅和细格栅，并按最大时废水量设计。

b. 应特别注意禽类与畜类屠宰加工废水处理的细格栅设备选型差异，废水中含有较多羽毛等漂浮物时必须设置专用的细格栅、水力筛或筛网等。

(2) 沉砂池

a. 沉砂池设在格栅之后，隔油池之前，可与隔油池合建。

b. 采用平流式沉砂池时，最大流速应为 0.3 m/s，最小流速为 0.15 m/s，水力停留时间宜为 30~60 s。

c. 采用旋流式沉砂池时，旋流速度应为 0.6~0.9 m/s，表面负荷约为 200 $m^3/(m^2·h)$，水力停留时间宜为 20~30 s。

(3) 隔油池

a. 隔油池设置在调节池之前，沉砂池之后，对于大中型规模的废水治理工程，隔油池应设有撇油刮渣设施。

b. 平流式隔油池停留时间一般为 1.5~2.0 h，斜板隔油池停留时间一般不大于 0.5 h。

c. 含油脂较低的肉类加工厂废水可根据实际情况不单独设置隔油池。

(4) 调节池

a. 调节池有效容积宜按照生产排水规律确定，没有相关资料时有效容积宜按水力停留时间 10~24 h 设计，并适当考虑事故应急需要。

b. 调节池内应设置搅拌装置，一般可采用液下（潜水）搅拌或空气搅拌。采用液下搅拌时，具体搅拌功率应结合池体大小进行确定，一般可按 5~10 W/m^3；采用空气搅拌时，所需空气量（标态）为 0.6~0.9 $m^3/(m^3·h)$。

c. 为减少臭气影响，调节池宜加盖，并设置通风、排风及除臭设施。

（5）初沉池

a. 调节池后宜设置初沉池，可采用竖流式沉淀池。对于规模大于 3 000 t/d 的项目可采用辐流式沉淀池。

b. 采用竖流式沉淀池时宽（直径）深比一般不大于 3，池体直径（或正方形一边）不宜大于 8 m。不设置反射板时的中心流速不应大于 30 mm/s，设置反射板时的中心流速可取 100 mm/s。

c. 沉淀池的水力停留时间应大于 1 h，但不宜大于 3 h。

（6）气浮工艺

对于含有较多油脂和绒毛的肉类加工废水，在调节池后宜采用气浮工艺去除废水中粒径较小的分散油、乳化油、绒毛、细小悬浮颗粒，以保证后续厌氧等处理单元的稳定运行与处理效果。

2. 生化处理

生化处理是屠宰与肉类加工废水治理工程的核心，主要去除废水中可降解有机污染物及氨氮等营养型污染物。生化处理部分主要包括厌氧处理和好氧处理。

（1）UASB

a. UASB 尤其适用于中高有机负荷、水量水质较稳定、悬浮物浓度较低时的废水处理。

b. UASB 应按容积负荷设计，并按水力停留时间校核，水力停留时间宜取 16～24 h。常温条件下（15～30℃）容积负荷率为 2～5 kgCOD$_{Cr}$/（m^3·d）；中温条件下（30～35℃）容积负荷率为 5～10 kgCOD$_{Cr}$/（m^3·d）。

（2）水解酸化技术

a. 水解酸化技术适用于较高容积负荷、水质水量波动变化较大时的废水处理。

b. 宜采用常温水解酸化。通常按水力停留时间设计、有机容积负荷校核，水力停留时间一般为 4～10 h，容积负荷为 4.8～12.0 kgCOD$_{Cr}$/（m^3·d）。

c. 水解酸化池一般采用上向流式，最大上升流速应小于 2.0 m/h。

d. 设计水解酸化池温度应控制在 15℃以上，以 20～30℃为宜。

e. 水解酸化池可根据实际需要悬挂一定生物填料，填料高度一般应以水解酸化池的有效池深的 1/2～2/3 为宜。

（3）SBR 工艺

a. SBR 工艺尤其适合废水间歇排放、流量变化大的废水处理。

b. 采用 SBR 工艺处理屠宰场与肉类加工厂废水时，污泥负荷宜取 0.1～0.4 kg BOD$_5$/（kg MLVSS·d）；总运行周期为 6～12 h，其中五个过程的水力停留时间可分别设计为进水期 1～2 h、反应期 4～8 h、沉淀期 1～2 h、排水期 0.5～1.5 h、闲置期 1～2 h。

c. 需按最低废水水温（结合氨氮出水标准）计算硝化反应速率、校核反应器容积。

（4）接触氧化工艺

a. 接触氧化工艺广泛适用于不同规模的屠宰场与肉类加工厂废水治理工程，尤其适用于场地面积小、水量小、有机负荷波动大的情况。

b. 生物接触氧化工艺的水力停留时间一般取 8～12 h，填料容积负荷率应为 1.0～1.5 kg BOD_5/（m^3·d）。

c. 屠宰场和肉类加工厂废水处理工程常采用竖流式沉淀池作为二沉池。竖流式沉淀池表面负荷一般取值为 0.6～0.8 m^3/（m^2·h），斜管沉淀池表面负荷一般取值为 1.0～1.5 m^3/（m^2·h），沉淀池的水力停留时间应大于 1 h，但不宜大于 3 h。对于规模大于 3000 t/d 的项目，可采用辐流式沉淀池。

（5）MBR 工艺

a. MBR 工艺适用于占地面积小且出水水质要求高的废水处理。

b. 膜通量等参数以实验数据或膜组件供应商数据为准。中空纤维膜组件的膜通量一般可设计为 8～15 L/（m^2·h），平板膜的膜通量一般可设计为 14～20 L/（m^2·h）。

c. MBR 反应器主要工艺参数：水力停留时间一般为 8～16 h。MBR 其他主要设计运行参数见表 6-22。

表 6-22　MBR 的工艺参数

项目	内置式 MBR	外置式 MBR
污泥浓度/（mg/L）	8 000～12 000	10 000～15 000
污泥负荷/[kg COD_{Cr}/（kg MLVSS·d）]	0.10～0.30	0.30～0.50
剩余污泥产泥系数/（kg MLVSS/kg COD_{Cr}）	0.10～0.30	0.10～0.30

（6）A/O 工艺

a. A/O 工艺广泛应用于不同规模的屠宰场与肉类加工厂废水治理工程。

b. 污泥负荷宜取 0.1～0.4 kg BOD_5/（kg MLVSS·d）；缺氧池可参照《室外排水设计规范》（GB 50014—2006）中的相关要求进行设计。

3. 消毒

a. 屠宰场与肉类加工厂废水必须进行消毒处理。

b. 一般采用二氧化氯或次氯酸钠进行消毒，消毒接触时间不应小于 30 min，二氧化氯或次氯酸钠有效浓度不应小于 50 mg/L。

c. 可兼顾考虑废水脱色处理与消毒。

6.6　酿造工业废水处理工艺

6.6.1　废水排放环节

酿造工业是指食品工业中从事啤酒、白酒、黄酒、葡萄酒、酒精等酒类和醋、酱、酱油等调味品制造的工业行业。酿造过程中特定生产工艺的某一生产工序排放的尚未与其他废水混合的废水称为酿造工艺废水。酿造产品生产过程中排放的各类废水的混合废水称为酿造综合废水。酿造废水根据酿造产品的不同，可分为啤酒废水、白酒废水、黄酒废水、葡萄酒废水、酒精废水等，以及制醋废水、制酱废水和酱油废水等。

酿造废水应遵循"清污分流、浓淡分家"的原则，根据污染物浓度进行分类收集。不同生产环节产生的酿造废水及其收集要求见表6-23。

表6-23 酿造废水分类收集要求

产品种类	需单独收集并进行回收处理或预处理的高浓度工艺废水	可混合收集并进行集中处理的中低浓度工艺废水
啤酒	麦糟滤液，废酵母滤液，容器管路一次洗涤废水	浸麦、容器管路洗涤废水、冷却等废水
白酒	锅底水、黄水、一次洗锅水	原料浸泡废水，容器管路洗涤废水、冷凝水
黄酒	米浆水（包括浸米水）、一次冲米水、酒糟滤液、洗带糟坛水等	滤布水、（洗棉、硅藻土）过滤水、洗米水、杀菌水、容器管路洗涤废水
葡萄酒	糟渣滤液、蒸馏残液，一次洗罐水	容器管路洗涤废水等
酒精	废醪液、酒精糟滤液、一次洗罐水	原料浸泡水、酒精糟蒸馏水、酒精蒸馏及DDGS蒸发冷凝水、容器管路洗涤废水等
酱油等	发酵滤液，一次洗罐水	原料浸泡水，洗罐和包装容器管路洗涤废水

注：高浓度工艺废水也包括酒糟渣液经固液分离综合利用后排出的滤液。综合利用或预处理后，其处理出水可混入综合废水。

6.6.2 废水的水量与水质

当缺乏实际测量数据以及可供参考的同等生产规模和相同生产工艺酿造工厂的排放数据时，可以按照表6-24推荐的单位产品污染负荷估计废水的水量与水质情况。

6.6.3 污染物排放标准

针对不同酿造产品，国家共颁布了4项工业水污染物排放标准，其中已经执行的有《啤酒工业污染物排放标准》（GB 19821—2005）和《发酵酒精和白酒工业水污染物排放标准》（GB 27631—2011），另有《葡萄酒、黄酒工业水污染物排放标准》和《酿造调味品工业水污染物排放标准》处于征求意见阶段。

1. 啤酒废水

排入建有并投入运行的二级污水处理厂的城镇排水系统的啤酒工业废水，执行表6-25所示预处理标准，处理后排入自然水体的啤酒工业废水，执行排放限值。

表 6-24 各类酿造废水的污染负荷

产品种类	废水种类	单位产品废水产生量/(m³/t)	pH	废水中各类污染物的浓度					备注
				COD$_{Cr}$/(mg/L)	BOD$_5$/(mg/L)	NH$_3$-N/(mg/L)	TN/(mg/L)	TP/(mg/L)	
啤酒	高浓度废水	0.2~0.6	4.0~5.0	20 000~40 000	9 000~26 000	—	280~385	5~7	
	综合废水	4~12	5.0~6.0	1 500~2 500	900~1 500	90~170	125~250	5~8	
白酒	高浓度废水	3~6	3.5~4.5	10 000~100 000	6 000~70 000	—	230~1 000	160~700	
	综合废水	48~63	4.0~6.0	4 300~6 500	2 500~4 000	30~45	80~150	20~120	
黄酒	高浓度废水	0.2~0.8	3.5~7.0	9 000~60 000	8 000~40 000	30~35	—	—	
	综合废水	4~14	5.0~7.5	1 500~5 000	1 000~3 500	—	—	—	
葡萄酒	高浓度废水	0.2~0.4	6.0~6.5	3 000~5 000	2 000~3 500	10~25	—	—	白兰地与其他果酒
	综合废水	4~10	6.5~7.5	1 700~2 200	1 000~1 500	—	—	—	
酒精	高浓度废水	7~12	3.0~4.5	70 000~150 000	30 000~65 000	80~250	1 000~10 000	—	糖蜜为原料
	高浓度废水	2~5	3.5~5.0	30 000~65 000	20 000~40 000	—	2 800~3 200	200~500	玉米与薯类为原料
	综合废水	18~35	5.0~7.0	14 000~28 500	8 000~17 000	20~36	—	—	
酱油、酱、醋	高浓度废水	0.3~1.0	6.0~7.5	3 000~6 000	1 400~2 500	—	300~1 500	60~350	盐 1%~5%，色度 80~300
	综合废水	1.8~2.8	7.0~8.0	250~550	120~300	—	30~150	15~30	

注：①高浓度废水指本表列举的各类高浓度工艺废水的混合废水。
②综合废水指本表列举的各类中、低浓度工艺废水的混合废水，以及高浓度工艺废水经厌氧预处理后排出的消化液和生产厂家自身排放的生活污水等。

表 6-25 啤酒生产企业水污染物排放最高允许限值

污染物项目	工业类别			
	啤酒企业		麦芽企业	
	预处理标准	排放标准	预处理标准	排放标准
COD_{Cr}/（mg/L）	500	80	500	80
BOD_5/（mg/L）	300	20	300	20
SS/（mg/L）	400	70	400	70
NH_3-N/（mg/L）	—	15	—	15
TP/（mg/L）	—	3	—	3
pH	6~9	6~9	6~9	6~9

2. 发酵酒精和白酒工业废水

《发酵酒精和白酒工业水污染物排放标准》（GB 27631—2011）实施日（2012年1月1日）之后建设的企业执行表 6-26 中污染物排放浓度的一般限值，实施日之前建设的企业自 2014 年 1 月 1 日起也需要达到表 6-26 的污染物排放浓度的一般限值。

表 6-26 发酵酒精和白酒工业水污染物排放标准

单位：mg/L（pH 和色度除外）

序号	污染物项目	一般限值		特别限值	
		直接排放	间接排放	直接排放	间接排放
1	pH	6~9	6~9	6~9	6~9
2	色度/倍	40	80	20	40
3	SS	50	140	20	50
4	BOD_5	30	80	20	30
5	COD_{Cr}	100	400	50	100
6	NH_3-N	10	30	5	10
7	TN	20	50	15	20
8	TP	1.0	3.0	0.5	1.0

根据环境保护工作的要求，在国土开发密度已经较高、环境承载能力开始减弱，或环境容量较小、生态环境脆弱，容易发生严重环境污染问题而需要采取特别保护措施的地区，应严格控制企业的污染物排放行为。国务院环境保护行政主管部门或省级人民政府根据环境保护工作的要求在上述地区的企业执行表 6-26 规定的水污染物特别排放限值。

以上污染物排放监控位置为企业废水总排放口。

6.6.4 废水处理组合工艺设计

1. 技术路线与选用原则

a. 采取削减有机污染负荷的工艺废水单独收集、处理措施，控制综合废水处理系统的进水水质。

a) 含有大量固体物质（糟渣、酵母）的固态、半固态污染物应单独收集并回收处理；

b）浓度较高且具有资源回收价值的工艺废水应单独收集并优先进行回收处理；

c）浓度较高但没有资源回收价值且超出综合废水集中处理系统进水要求的工艺废水应分别收集，在混入综合废水之前应进行污染负荷削减的处理；

d）回收处理产生的尾水如污染物浓度仍较高，宜经过预处理后再混入综合废水进行集中处理；

e）符合综合废水集中处理系统进水要求的工艺废水，应直接混入综合废水进行集中处理；

f）酸性、碱性洗水应优先用于综合废水的pH调整，或经过中和处理后混入综合废水进行集中处理；

g）数量少、非间歇排放，或不易分别收集的高浓度工艺废水（如啤酒行业的麦糟滤液、废酵母滤液、一次洗涤水等），在不影响综合废水处理系统进水水质要求的前提下，宜直接混入综合废水集中处理。

b. 酿造废水总体上应采取"资源回收—厌氧生物处理—生物脱氮除磷处理—回用或排放"的分散与集中相结合的综合治理技术路线，其各部分的技术选用原则如下：

a）资源回收一般采用固液分离、干燥等处理技术；

b）厌氧生物处理宜采用两级厌氧处理技术，其中，一级厌氧发酵处理针对高浓度有机废水和废渣水；二级厌氧消化处理针对酿造综合废水；

c）生物脱氮除磷一般采用"厌氧—缺氧—好氧"的活性污泥处理技术；

d）废水回用的深度处理宜采用混凝—沉淀、过滤、膜分离等物化处理技术；

e）污染负荷较低的啤酒等行业的酿造综合废水，宜采用一级厌氧生物处理；当两级厌氧生物处理不能满足酿造综合废水的处理要求时，应组合不同厌氧处理技术形成"多级厌氧"的厌氧组合工艺；

f）资源回收产生的滤液、生物处理产生的剩余污泥、厌氧处理产生的沼气、沼液和沼渣，均应妥善处置和利用。

2. 酿造废水污染治理工艺流程组合

各类酿造制品产生的工艺废水的水质差异较大，应结合生产实际，根据废水水质、污染性质和污染物浓度，决定资源回收的需要，选择厌氧生物处理的级数，优化酿造综合废水污染治理工艺流程和适宜的废水处理单元技术。酿造废水污染治理工艺流程组合如图6-3所示，针对某一特定酿造废水进行工艺设计时，应进行有取舍的专门设计。

3. 高浓度工艺废水的一级厌氧消化处理

（1）一级厌氧消化处理的设置

污染物浓度超过综合废水集中处理系统进水要求的各类高浓度工艺废水和回收固形物产生的各种滤液（酒糟压榨清液或废醪液的滤液），应单独收集并进行削减污染负荷的一级厌氧处理，符合综合废水处理系统的进水要求后方可混入综合废水。

（2）高浓度工艺废水一级厌氧消化处理工艺流程

高浓度工艺废水一级厌氧消化处理工艺流程如图6-4所示。

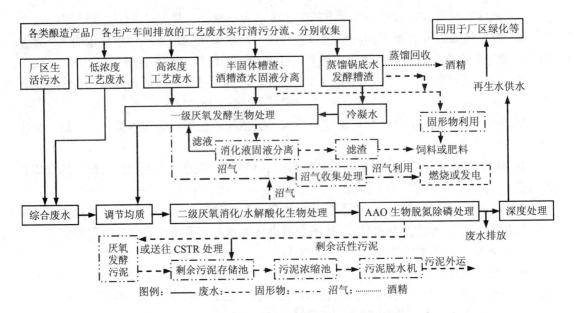

图 6-3 酿造废水治理工艺流程组合总框架图

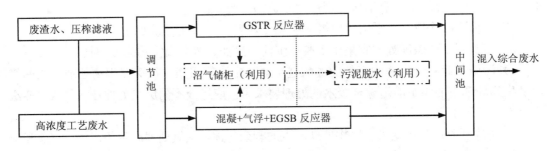

图 6-4 高浓度工艺废水一级厌氧消化处理工艺流程

(3) 一级厌氧消化处理反应器形式的选择

作为一级厌氧消化处理,可供选择的厌氧反应器包括完全混合式厌氧反应器(CSTR)、升流式厌氧污泥床(UASB)、厌氧颗粒污泥膨胀床(EGSB)、内循环厌氧反应器(IC)等。厌氧生物处理宜根据污水悬浮物的浓度、自然气候条件和污水特性,以及与后续综合废水处理使用的相关厌氧工艺的匹配性,确定适宜的厌氧反应器。

薯类酒精和糖蜜酒精的废醪液、黄酒的浸米水和洗米水、白酒的锅底水和黄水、葡萄酒渣水,以及上述酒类生产设备的一次洗水和酒糟等固形物回收的压榨滤液等高浓度有机物、高浓度悬浮物的工艺废水,应优先选用完全混合式厌氧反应器。玉米、小麦酒精、啤酒、酱、酱油、醋等行业的高浓度工艺废水,可以选用厌氧颗粒污泥膨胀床等类型的厌氧反应器,或者选用"混凝+气浮/沉淀+厌氧"的"物化+生化"的组合处理技术。

(4) 预处理

各类高浓度工艺废水进入一级厌氧发酵处理系统前,应对进水水质进行必要的调整,使水温、pH、SS、SO_4^{2-}等指标满足厌氧生化反应的要求。

4. 综合废水的集中处理

酿造综合废水集中处理应根据进水水质和排放要求，采用"前处理+厌氧消化+生物脱氮除磷+深度处理"的单元组合工艺流程。

（1）前处理

前处理包括中和、匀质（调节）、拦污、混凝、气浮/沉淀等处理单元。其中，匀质（调节）处理单元是必选的前处理单元技术，其他前处理单元技术的取舍应根据综合废水的水质特性和设施建设要求确定。典型的酿造综合废水前处理工艺流程如图 6-5 所示。

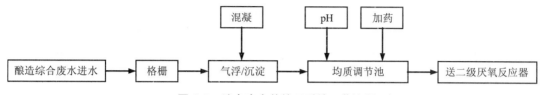

图 6-5 综合废水前处理系统工艺流程

酿造废水的 pH 调节应尽可能依靠各类工艺废水与酸、碱废水混合后的自然中和，混合后废水的 pH 仍不符合进水要求的，可以利用废碱液进行中和。

（2）二级厌氧消化

相对于高浓度工艺废水厌氧预处理，酿造综合废水处理的厌氧系统是二级厌氧消化处理。二级厌氧消化处理适用于处理高浓度工艺废水的一级厌氧处理出水，也适于直接处理啤酒、葡萄酒、酱、酱油、醋等酿造制品的酿造综合废水。

（3）生物脱氮除磷

酿造综合废水生物脱氮除磷处理可选择缺氧/好氧法（A/O）、厌氧/缺氧/好氧法（A/A/O）、序批式活性污泥法（SBR）、氧化沟法、膜生物反应器法（MBR）等活性污泥法污水处理技术，也可选用接触氧化法、曝气生物滤池法（BAF）和好氧流化床法等生物膜法污水处理技术。

（4）深度处理

深度处理可采用完全物化工艺，如"混凝+沉淀"、"混凝+气浮+吸附"、"高级氧化"或"膜分离"工艺；也可采用"生化+物化"的单元组合工艺，如"膜生物反应器（MBR）"或"曝气生物滤池（BAF）+过滤"等。

对水质要求不高的生产工艺用水或绿化用水等一般性回用处理可选择混凝沉淀、混凝气浮和高效过滤等单元技术或单元技术组合流程；涉及酿造工艺控制用水的回用水处理应采用吸附处理、高级氧化处理、膜分离处理等单元技术或单元技术组合流程。

6.6.5 主要工艺单元技术要求与设计参数

1. 前处理

（1）格栅

调节池前应分别设置粗、细格栅或水力筛、旋转筛网。粗、细格栅的栅条间隙宜分别为 3.0~10.0 mm 和 0.5~3.0 mm。中、小型酿造综合废水处理设施的格栅渠可与调节池合并设计。

（2）调节池

酿造综合废水处理设施应设置调节池，且该调节池应具备均质、均量、防止沉淀、调节 pH、补加碱度等功能。水力停留时间（HRT）宜为 6~12 h，中、小型综合废水处理设施设置的调节池的有效容积不宜低于日排水量的 50%。调节池宜采用预曝气或机械搅拌的方式实现水质均质功能，曝气量宜采用 0.6~0.9 $m^3/(m^2 \cdot h)$。机械搅拌功率宜根据水质波动程度采用 4~8 W/m^3。

（3）混凝—沉淀/气浮

进水悬浮物浓度高时，应另设置"混凝—沉淀/气浮"处理单元，并增设自动投药装置。混凝剂选择与药剂投加量由工艺试验确定。混凝搅拌池的水力停留时间≥0.5 h，沉降/气浮的水力停留时间≥1.0 h。混凝单元的 COD_{Cr} 去除率宜控制在 20%~50%，SS 去除率≥95%。

（4）脱硫处理

当综合废水中的 SO_4^{2-} 浓度超过 4 500 mg/L 时，宜对废水进行脱硫处理。

2. 厌氧生物处理

（1）厌氧反应器形式的选择

1）一级厌氧反应器

当工艺废水的 COD_{Cr} 浓度＜100 000 mg/L、悬浮物浓度（SS）＜50 000 mg/L 时，宜选用完全混合式厌氧发酵反应器；当工艺废水的 COD_{Cr} 浓度＜30 000 mg/L、悬浮物浓度＜500 mg/L 时，宜选用厌氧颗粒污泥膨胀床反应器。

2）二级厌氧反应器

当综合废水的 COD_{Cr} 浓度＜3 000 mg/L、悬浮物浓度＜500 mg/L 时，宜选用升流式厌氧污泥床反应器；当综合废水的 COD_{Cr} 浓度＜1 000 mg/L 时，宜选用水解酸化厌氧反应器。

（2）厌氧生物处理单元的污染物（COD）去除率设计

一级厌氧处理选用 CSTR 时，COD_{Cr} 去除率应＞80%；选用 EGSB 时，COD_{Cr} 去除率应＞85%。二级厌氧处理选用 UASB 时，COD_{Cr} 去除率应＞90%；二级厌氧处理选用水解酸化工艺时，COD_{Cr} 去除率应＞35%。

（3）厌氧反应器的设计参数

应根据工艺试验结果确定各类厌氧反应器的设计运行参数。当缺少试验资料时可参考表 6-27 的数据进行工程设计。

表 6-27　厌氧反应器的设计运行参数

厌氧工艺方法	容积负荷/[kgCOD/($m^3 \cdot d$)]	反应温度/℃	污泥产率/(kgMLSS/kgCOD)	沼气产率/(m^3/kgCOD)	有效水深/m	上升流速/(m/h)
一级厌氧处理（CSTR）	6~10	55±2	—	0.45~0.55	—	—
一级厌氧处理（EGSB）	15~40	55±2	0.05~0.10	0.35~0.45	14~18	5~15
二级厌氧处理（UASB）	5~7	35±2	0.05~0.10	0.35~0.45	4~8	0.5~1.0
二级厌氧处理（水解）	2.3~4.5	25±2	—	—	4~6	1.5~3.0

厌氧反应器后宜设置缓冲池，水力停留时间宜为 1.0~1.5 h。厌氧反应器应根据设计进水流量，设置两个或两个以上的反应器。单体厌氧反应器的容积不宜大于 2 000 m³。完全混合式厌氧消化反应器的高径比宜为（1.5~2）∶1；宜采用连续搅拌，搅拌功率宜为 0.001~0.005 W/m³。反应器处理高浓度酿造废水时，其水力停留时间宜按 4~10 d 设计，或污泥浓度宜按 4~10 g/L 控制。

3. 生物脱氮除磷处理

a. 生物脱氮除磷处理系统的进水应符合以下要求：

a）进水 COD_{Cr} 浓度宜≤1 000 mg/L；

b）水温宜为 12~37℃、pH 宜为 6.5~9.5、营养组合比（碳∶氮∶磷）宜为 100∶5∶1；

c）进水 BOD_5/COD_{Cr} 宜>0.3；

d）去除 NH_3-N 时，进水总碱度（以 $CaCO_3$ 计）与 NH_3-N 的比值宜>7.14；

e）去除 TN 时，BOD_5/TKN 宜>4，总碱度（以 $CaCO_3$ 计）与 NH_3-N 的比值宜>3.6；

f）去除 TP 时，BOD_5/TP 宜>17；

g）好氧池（区）的剩余碱度宜>70 mg/L。

b. 生物脱氮除磷处理系统的污染物去除率应符合以下要求：

a）生物脱氮除磷处理系统的 COD_{Cr} 去除率应>90%；

b）BOD_5 去除率应>95%；

c）NH_3-N 去除率应>80%；

d）TP 去除率应>80%。

c. 应根据工艺试验结果确定各类设计运行参数，当缺少试验资料时可参考表 6-28 的数据设计。

表 6-28 好氧处理单元的设计运行参数

工艺方法	污泥负荷/ [kgBOD₅/ (kgMLVSS·d)]	需氧量/ (kgO₂/kgBOD₅)	污泥浓度/ (kgMLSS/m³)	污泥产率系数/ (kgVSS/kgBOD₅)	有效 水深/ m	HRT/ h
厌氧、缺氧、好氧活性污泥法	0.05~0.20	1.1~2.0	2.0~4.0	0.4~0.8	4~6	A: 1~3 O: 7~15
序批式活性污泥法（SBR）	0.05~0.10	1.5~2.0	2.0~4.0	0.3~0.6	4~6	20~30
氧化沟活性污泥法	0.05~0.15	1.1~2.0	2.0~6.0	0.2~0.6	4~8	A: 1~3 O: 9~23
膜生物反应器法（MBR）	0.10~0.40	1.5~2.0	6.0~12.0 10~40（外置）	0.47~1.0	4~6	4~12
接触氧化法	0.6~1.0 kgBOD₅/ (m³填料·d)	1.2~1.4	0.5~4.0	0.35~0.40	3~5	8~20

6.7 制糖废水处理工艺

6.7.1 废水排放环节

制糖生产一般以甘蔗和甜菜为原料。制糖废水包括制糖生产各工序产生的冷凝水、冷却水、洗滤布水、洗罐废水、锅炉排灰水、甜菜流送洗涤水、压粕水、冲滤泥水以及生产区域的地面冲洗水等。

6.7.2 废水的水量与水质

在缺乏实测数据的情况下,设计水量和水质可参照表6-29确定,甜菜流送洗涤水、洗滤布水、压粕水、冲滤泥水的设计水量和悬浮物浓度参照表6-30确定。

表6-29 制糖工业废水设计水量和水质

序号	项目	甘蔗制糖企业	甜菜制糖企业
1	设计水量/(m^3/t 原料)	1.6~4.0	3.7~7.5
2	pH	6.5~8.0	6.5~8.0
3	COD_{Cr}/(mg/L)	500~1 050	2 500~5 000
4	BOD_5/(mg/L)	180~370	1 200~2 500
5	SS/(mg/L)	150~480	2 000~4 000
6	TN/(mg/L)	—	35~70
7	TP/(mg/L)	—	6~12

表6-30 甜菜流送洗涤水、洗滤布水、压粕水、冲滤泥水的设计水量和悬浮物浓度

项目	甜菜流送洗涤水	洗滤布水	压粕水	冲滤泥水
设计水量/(m^3/t 菜)	1.0~3.0	0.1~0.3	0.1~0.3	0.1~0.3
SS/(mg/L)	700~2 000	4 000~7 000	1 500~2 500	8 000~11 000

6.7.3 污染物排放标准

国家标准《制糖工业水污染物排放标准》(GB 21909—2008)规定了制糖工业企业或生产设施水污染物排放限值、监测和监控要求。标准规定,该标准实施日(2008年8月1日)之后建设的企业执行表6-31中污染物排放浓度的一般限值,实施日之前建设的企业自2010年7月1日起也需要达到表6-31的污染物排放浓度的一般限值。

根据环境保护工作的要求,在国土开发密度已经较高、环境承载能力开始减弱,或环境容量较小、生态环境脆弱,容易发生严重环境污染问题而需要采取特别保护措施的地区,应严格控制企业的污染物排放行为。国务院环境保护行政主管部门或省级人民政府根据环境保护工作的要求在上述地区的企业执行表6-31规定的水污染物特别排放限值。

污染物排放监控位置为企业废水总排放口。

表 6-31 制糖企业水污染物排放浓度限值

序号	污染物项目	一般限值		特别限值	
		甘蔗制糖	甜菜制糖	甘蔗制糖	甜菜制糖
1	pH	6~9	6~9	6~9	6~9
2	SS/(mg/L)	70	70	10	10
3	BOD_5/(mg/L)	20	20	10	10
4	COD_{Cr}/(mg/L)	100	100	50	50
5	NH_3-N/(mg/L)	10	10	5	5
6	TN/(mg/L)	15	15	8	8
7	TP/(mg/L)	0.5	0.5	0.5	0.5

6.7.4 废水处理组合工艺设计

制糖废水应采用以生化处理为主、物化处理为辅的工艺技术，并应配备能在每年制糖生产开始前进行培菌启动的设施。

甘蔗制糖废水处理通常宜采用图 6-6 所示的工艺流程，但当废水 COD_{Cr} > 1 500 mg/L 时，宜采用图 6-7 所示的工艺流程。甜菜制糖废水处理宜采用图 6-7 所示的工艺流程。

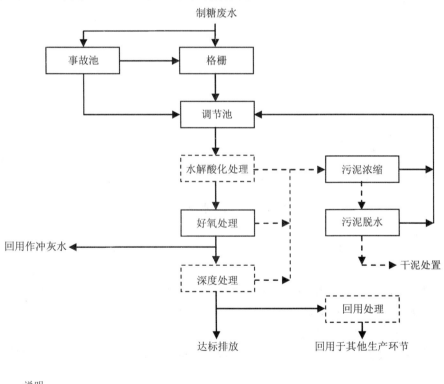

图 6-6 甘蔗制糖废水处理工艺流程

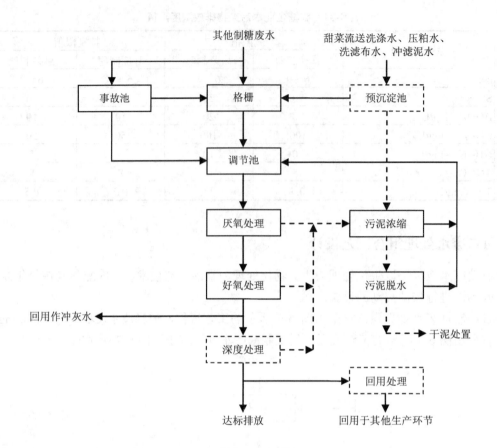

图 6-7 甜菜制糖废水处理工艺流程

当甘蔗制糖废水 COD_{Cr} 不大于 500 mg/L，且废水排放执行表 6-33 中一般限值时，可取消水解酸化处理单元。

当甜菜流送洗涤水、压粕水、洗滤布水、冲滤泥水在生产环节中已经过沉淀处理，其 SS 不大于 500 mg/L 时，可取消预沉淀池。

深度处理系统主要用于下述情况：

a. 当废水排放执行表 6-33 中的特别排放限值时，或其他对排放水悬浮物指标要求较严的场合。

b. 当废水总磷浓度较高，好氧处理的生物除磷无法满足要求时。

c. 当废水污染物浓度远高于常规制糖废水水质范围时。

6.7.5 主要工艺单元技术要求与设计参数

1. 格栅

调节池前应设置格栅。机械格栅栅条间隙宽度宜为 3～10 mm，人工格栅栅条间隙宽度宜为 10～20 mm。

2. 沉淀池

沉淀池可采用竖流式、平流式、辐流式或斜管（板）沉淀池等类型，废水量较大时宜采用辐流式沉淀池。活性污泥法后的二沉池不宜采用斜管（板）沉淀池。

预沉淀池应按最大小时预沉淀废水量设计；二沉池应按调节池提升泵的最大组合流量设计。预沉淀池对 SS 的去除率为 40%～70%，对 COD_{Cr}、BOD_5、TN、TP 的去除率为 10%～25%。预沉淀池和二沉池的设计参数如表 6-32 所示。

表 6-32 预沉淀池和二沉池的主要设计参数

项目	预沉池		二沉池	
	竖流式、平流式、辐流式沉淀池	斜管（板）沉淀池	活性污泥法后	生物接触氧化法后
表面水力负荷/[m³/(m²·h)]	1.5～3.0	2.5～5.0	0.7～1.2	0.7～1.2
沉淀时间/h	1.0～3.0	—	2.0～4.0	2.0～4.0
固体负荷/[kg/(m²·d)]	—	—	≤150	—

3. 调节池

调节池的有效容积应按照废水排放规律确定，无相关资料时宜按最大日平均时流量的 8～12 h 废水量设计。

当废水 SS 大于 500 mg/L 时，调节池内宜设置搅拌装置。当搅拌装置为推流式潜水搅拌机时，混合功率不宜小于 3 W/m³；当搅拌装置为曝气管或曝气器时，曝气量不宜小于 3 m³/(m²·h)。

4. 水解酸化池

水解酸化池内宜设置生物填料。悬挂式生物填料的总量不宜小于池容的 70%；悬浮式生物填料的总量不宜小于池容的 40%。水解酸化池的主要设计参数宜根据试验资料确定；无试验资料时，可按表 6-33 的规定取值。

表 6-33 水解酸化池的主要设计参数

设计参数	填料区容积负荷/[kgCOD$_{Cr}$/(m³·d)]	填料区 HRT/h	污泥产率系数/(kg/kgCOD$_{Cr}$)	COD$_{Cr}$ 去除率/%	BOD$_5$ 去除率/%
数值	3～6	3～6	0.1～0.2	20～40	20～40

5. 厌氧处理单元

厌氧处理池可采用升流式厌氧污泥床（UASB）或厌氧生物滤池（AF）等池型。厌氧处理池的主要设计参数宜根据试验资料确定；无试验资料时，UASB 和 AF 的主要设计参数可按表 6-34 的规定取值。

表 6-34　UASB 和 AF 的主要设计参数

处理方法	温度/℃	容积负荷/[kgCOD$_{Cr}$/(m^3·d)]	填料区容积负荷/[kgCOD$_{Cr}$/(m^3·d)]	污泥产率系数/(kg/kgCOD$_{Cr}$)	COD$_{Cr}$去除率/%	BOD$_5$去除率/%
UASB	35~38	3~9	—	0.05~0.1	70~90	75~95
AF	35~38	—	2~6	0.05~0.1	70~90	75~95

6. 好氧处理单元

好氧处理可采用活性污泥法中的普通曝气法、氧化沟活性污泥法、序批式活性污泥法等，或采用生物接触氧化法等。好氧处理单元对 COD$_{Cr}$ 的去除率为 65%~85%，对 BOD$_5$ 的去除率为 80%~95%。甜菜制糖废水处理不宜采用生物滤池、生物转盘等暴露式生物膜技术。好氧处理池的主要设计参数宜根据试验资料确定；无试验资料时，可按表 6-35 的规定取值。

表 6-35　好氧处理池的主要设计参数

处理方法	污泥浓度/(gMLSS/L)	污泥负荷/[kgBOD$_5$/(kgMLSS·d)]	填料区污泥负荷/[kgBOD$_5$/(m^3·d)]	HRT/h	填料区 HRT/h	污泥产率系数/(kg/kgCOD$_{Cr}$)
活性污泥法	2.0~4.0	0.1~0.2	—	6~20	—	0.3~0.6
生物接触氧化法	—	—	0.7~2.0	—	4~12	0.3~0.6

6.8　食品工业废水处理工艺

6.8.1　废水类型、来源和特征

广义的食品工业是指以农、牧、渔、林业产品为主要原料进行加工的工业。按照国家工业污染防治最佳可行技术导则体系对行业的划分，其中的食品工业与农副食品加工、饮料制造区别列项，包括液体乳及乳制品工业、罐头工业、氨基酸（味精、赖氨酸等）工业、有机酸（柠檬酸、乳酸等）工业、淀粉糖（结晶葡萄糖、麦芽糖等）工业和淀粉工业。因此，本节讨论的食品工业重点关注淀粉工业、乳制品工业、柠檬酸生产工业和味精生产工业的废水处理。

1. 淀粉工业废水

淀粉工业是从玉米、小麦、薯类等含淀粉的原料中提取淀粉以及以淀粉为原料生产变性淀粉、淀粉糖和淀粉制品的工业。废水的来源与特征如表 6-36 所示。

表 6-36 淀粉工业废水来源与特征

原料	产品	废水来源	特征
玉米	淀粉	玉米浸泡、胚芽分离与洗涤、纤维洗涤、浮选浓缩、蛋白压滤等工段蛋白回收后的排水,以及玉米浸泡水资源回收时产生的蒸发冷凝水	固形物含量较高的高浓度有机废水,主要成分是蛋白质、糖、脂肪等
薯类	淀粉	脱汁、分离、脱水工段蛋白回收后的排水,以及原料输送清洗废水	分离水属高浓度有机废水,输送水COD_{Cr}和BOD_5值不高,但SS含量高
小麦	淀粉	沉降池里的上清液和离心后产生的黄浆水	溶解性淀粉、少量蛋白质、有机酸、尘土、矿物质及少量的油脂
淀粉	淀粉糖	离子交换柱冲洗水、各种设备的冲洗水和洗涤水、液化糖化工艺的冷却水	主要含糖类和有机酸、无机盐等

2. 乳制品工业废水

乳制品包括奶粉、鲜奶、发酵酸奶、干酪素、奶油、乳糖等。虽然种类繁多,但废水性质接近,均属于高蛋白质含量的废水,易于被生物利用。废水一般包括三部分来源:①容器、管道、设备加工面的清洗产生的高浓度废水;②生产车间、场地的清洗产生的低浓度废水;③生活污水。乳制品废水主要污染成分为乳蛋白、乳糖、乳脂以及含于原乳中的各种矿物质,用于设备、管道、容器清洗的酸、碱等,废水pH一般为6.5~7.0。乳制品废水特征为:

a. 水质、水量变化大:废水的排放量及浓度随清洗的项目和时间波动,早晚排放量及浓度较大,同时废水酸碱呈不均衡状,pH波动较大。

b. 有机物含量高:乳蛋白、乳脂、乳糖类等在废水中以溶解态、乳化态和悬浮态中的一种或多种形式存在,使得废水COD_{Cr}很高。

c. 可生化性好:乳制品废水中溶解的有机物易被微生物分解,多数乳制品废水能够达到$BOD_5/COD_{Cr}>0.5$,具有很好的可生化性。

3. 柠檬酸生产工业废水

柠檬酸生产工业废水主要来自各生产工序(原料处理、发酵、提取、精制等)的废液以及地面冲洗水和设备管道等的清洗消毒废水。

柠檬酸生产工业废水有机污染负荷极高,处理难度大,废水主要污染成分为柠檬酸生产过程的发酵中间产物(主要为各种有机酸)及生产菌体所分泌的酶、发酵残留物、葡萄糖、氨氮、蛋白质、脂肪及无机盐、有机酸盐等。

4. 味精生产工业废水

味精以淀粉质或糖质原料通过发酵生产。废水主要来源于提取味精后的发酵废液、浓缩结晶遗弃的结晶母液,以及各种洗涤、消毒废水。

发酵废液的浓度非常高。成分包括菌体及蛋白质等固形物、多种无机盐、消泡剂、色素、尿素、各种有机酸、氨基酸、残糖、味精和核苷酸降解产物。

6.8.2 废水的水量与水质

现有的食品工业废水排放特征可采用现场测量的方法确定,新建企业类比同等规模和生产工艺的企业确定。无可供参考的资料时,可以参考本节的数据。

1. 淀粉废水

（1）废水水量

典型淀粉废水水量如表 6-37 所示。

表 6-37 典型淀粉工业单位产品废水产生量

淀粉类型		玉米淀粉	马铃薯淀粉	木薯淀粉	小麦淀粉	淀粉糖废水
废水产生量/(m^3/t 淀粉)	先进	≤3	≤4	≤4	≤3	≤2.5
	平均	≤4	≤8	≤8	≤4	≤3
	一般	≤5	≤12	≤12	≤5	≤3.5

废水水量变化系数等于时变化系数和日变化系数的乘积，时变化系数为 1.3~1.6，日变化系数为 1.1~1.3。

（2）废水水质

典型淀粉废水水质如表 6-38 所示。

表 6-38 典型淀粉废水水质

原料	COD_{Cr}/(mg/L)	BOD_5/(mg/L)	SS/(mg/L)	TN/(mg/L)	NH_3-N/(mg/L)	TP/(mg/L)	pH
玉米	6 000~15 000	2 400~6 000	1 000~5 000	300~400	70~150	10~80	3~5
马铃薯	10 000~25 000	1 500~6 000	10 000~55 000	400~600	200~300	<5	3~5
木薯	8 000~10 000	5 000~6 000	3 000~5 000	100~200	50~80	<5	3~5
小麦	7 000~11 000	2 500~6 000	1 500~2 500	150~300	50~100	30~100	3~5
淀粉糖	3 000~8 000	1 500~5 000	500~1 000	40~70	15~30	<5	3~10

2. 乳制品废水

典型乳制品废水水量和水质如表 6-39 所示。

表 6-39 典型乳制品废水水量和水质

序号	废水类型	废水产生量/(m^3/t 原料)	COD_{Cr}/(mg/L)	pH
1	清洗消毒水（高浓度废水）	1~1.5	15 000~20 000	6.5~7.0
2	车间洗涤、生活用水（低浓度废水）	5~5.5	1 000	

3. 柠檬酸废水

典型柠檬酸废水水量和水质如表 6-40 所示。

表 6-40 典型柠檬酸废水水量和水质

废水类型	废水产生量/(m^3/t 原料)	COD_{Cr}/(mg/L)	BOD_5/(mg/L)	TN/(mg/L)	pH	水温/℃
柠檬酸废水	7.5~15	15 000~30 000	11 000~20 000	500~520	3.8~4.8	40~50

4. 味精废水

（1）废水水量

综合废水量为生产废水量和其他废水量之和。其中生产废水量可按表6-41所列的单位产品废水量进行估算。

表6-41 典型味精企业单位产品生产废水量

产品	原料	单位产品废水产生量/（m³/t）
谷氨酸	玉米、小麦、大米	20～50
	淀粉、糖蜜	20～35
味精	玉米、小麦、大米	20～50
	淀粉、糖蜜	20～35
	谷氨酸	6～10

注：①1 t谷氨酸可生产1.23～1.26 t味精；
②采用等电离交工艺取高值，浓缩等电工艺取中低值。

（2）废水水质

典型味精生产废水水质如表6-42所示。

表6-42 典型味精生产废水水质　　　单位：mg/L（pH除外）

废水类型	pH①	COD_{Cr}	BOD_5	NH_3-N	TN	SS	TP
淀粉废水	3.5～6	9 000～15 000	5 000～8 000	60～230	300～500	800～1 500	—
谷氨酸废水	3～7.5	5 000～9 000	3 000～6 000	400～1 700	500～2 000	800～1 500	—
精制废水	8～11	700～1 200	300～700	80～150	100～200	200～600	—
污冷凝水	4.5～7.0	1 200～1 600	600～800	70～250	70～250	②	—
综合废水	4.3～7.5	750～2 000	400～1200	150～400	150～500	200～800	10～50

注：①采用等电离交工艺的谷氨酸废水和综合废水，pH取中低值，其他水质指标取中高值；采用浓缩等电工艺的谷氨酸废水和综合废水，pH取中高值，其他水质指标取中低值。
②数值较低，一般不作为监测指标。

6.8.3 污染物排放标准

国家标准《淀粉工业水污染物排放标准》（GB 25461—2010）、《柠檬酸工业水污染物排放标准》（GB 19430—2013）、《味精工业污染物排放标准》（GB 19431—2004）规定了淀粉、味精和柠檬酸工业企业水污染物排放限值、监测和监控要求。根据环境保护工作的要求，在国土开发密度已经较高、环境承载能力开始减弱，或环境容量较小、生态环境脆弱，容易发生严重环境污染问题而需要采取特别保护措施的地区，应严格控制企业的污染物排放行为。国务院环境保护行政主管部门或省级人民政府根据环境保护工作的要求在上述地区的企业执行水污染物特别排放限值。

污染物排放监控位置为企业废水总排放口。

1. 淀粉废水

淀粉工业企业水污染物排放浓度限值如表6-43所示。

表 6-43 淀粉工业企业水污染物排放浓度限值

单位：mg/L（pH 除外）

序号	污染物项目	一般排放限值		特别排放限值	
		直接排放	间接排放	直接排放	间接排放
1	pH	6~9	6~9	6~9	6~9
2	SS	30	70	10	30
3	BOD_5	20	70	10	20
4	COD_{Cr}	100	300	50	100
5	NH_3-N	15	35	5	15
6	TN	30	55	10	30
7	TP	1	5	0.5	1.0
8	总氰化物（以木薯为原料）	0.5	0.5	0.1	0.1

2. 柠檬酸废水

柠檬酸工业企业水污染物排放浓度限值如表 6-44 所示。

表 6-44 柠檬酸工业企业水污染物排放浓度限值

单位：mg/L（pH 和色度除外）

序号	污染物项目	一般排放限值		特别排放限值	
		直接排放	间接排放	直接排放	间接排放
1	pH	6~9	6~9	6~9	6~9
2	色度（稀释倍数）	40	100	30	50
3	SS	50	160	10	50
4	BOD_5	20	80	10	50
5	COD_{Cr}	100	300	50	100
6	NH_3-N	10	30	8	10
7	TN	20	80	15	50
8	TP	1.0	4.0	1.0	2.0

3. 味精废水

味精工业企业水污染物排放浓度限值如表 6-45 所示。

表 6-45 味精工业企业水污染物排放浓度限值

单位：mg/L（pH 和色度除外）

	COD_{Cr}	BOD_5	SS	NH_3-N	pH
标准限值	200	80	100	50	6~9

6.8.4 废水处理组合工艺设计

1. 淀粉废水

淀粉废水处理总体上宜采用"预处理+厌氧生物处理+好氧生物处理+深度处理"的污

染处理工艺，工艺流程如图 6-8 所示。淀粉工业企业可依据淀粉生产的原料种类、产品种类、废水性质选择合适的废水处理工艺路线和单元技术。

预处理工序中，淀粉生产废水应通过格栅、沉淀、气浮等工艺去除悬浮物后进入调节池，进行水量调节；马铃薯淀粉生产废水应在沉淀池前设置消泡设施；薯类淀粉废水中的原料输送清洗废水应通过沉砂等工艺去除污水中的沙粒后进入调节池。

厌氧生物处理可选用升流式厌氧污泥床反应器、厌氧颗粒污泥膨胀床反应器、内循环厌氧反应器等工艺；废水在进入厌氧反应器前应先进行 pH 调节和温度调节；淀粉糖及变形淀粉生产废水需投加营养盐调节碳氮比后再进行废水生物反应。

好氧生物处理可选用序批式活性污泥法、缺氧—好氧+二沉池、氧化沟+二沉池等工艺。

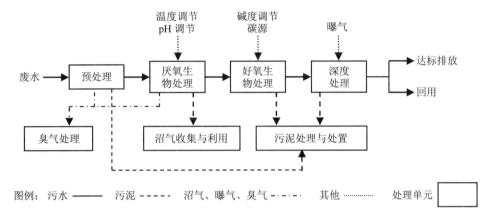

图 6-8　淀粉废水处理组合工艺流程

深度处理可选用混凝沉淀、砂滤、膜生物反应器等工艺；根据用水需求可通过纳滤、反渗透处理后回用。根据回用目的的不同，回用时可选择超滤、超滤+反渗透（RO）、超滤+RO+混合离子交换床等工艺。

可采用 MBR 代替好氧生物处理（脱氮除磷）+深度处理，也可将 MBR 作为深度处理工艺。

组合工艺流程中各处理单元的处理效率可参照表 6-46 确定。

表 6-46　淀粉废水处理组合工艺单元处理效率　　　　　　　　　　　单位：%

处理工序	单元技术	处理效率			
		COD_{Cr}	BOD_5	SS	NH_3-N
预处理	格栅、沉淀、调节	8～10	6～8	40～55	—
	格栅、板框压滤机、调节	10～15	8～10	45～60	—
厌氧生物处理	EGSB	80～92	90～95	30～50	—
	UASB	80～92	90～95	30～50	—
好氧生物处理	SBR	75～90	85～95	80～90	85～90
	A/O+二沉池	75～90	85～95	80～90	91～96
	CASS	75～90	85～95	80～90	85～90
	生物接触氧化	75～90	85～95	80～90	91～96

处理工序	单元技术	处理效率			
		COD_{Cr}	BOD_5	SS	NH_3-N
深度处理	MBR	50~85	30~60	80~95	80~90
	砂滤池、曝气生物滤池	10~20	—	50~60	—
	混凝沉淀（澄清、气浮）	15~30	—	50~70	—
	活性炭吸附	>20	—	>80	—

2. 乳制品废水

乳制品废水处理工艺流程的选择取决于废水水质特点和出水排放要求，处理工艺以生物处理为主，按污染物去除负荷的主要承担单元，可分为好氧处理系统和"厌氧+好氧"处理系统。一般情况下，当乳制品废水的 COD_{Cr}<1 500 mg/L 时，考虑选择好氧处理系统；当 COD_{Cr}>1 500 mg/L 时，考虑选择"厌氧+好氧"处理系统。

以好氧处理为主的工艺流程适合于水量较小、污染物浓度较低的废水。典型的工艺流程包括：气浮+水解酸化+单级好氧处理；多级好氧+混凝沉淀；气浮+单级好氧处理+气浮。

"厌氧+好氧"处理系统适合于产品复杂、废水量较大的乳制品加工厂。典型的工艺流程包括：气浮+厌氧+多级好氧；水解酸化+气浮+厌氧+单级好氧；水解酸化+厌氧+单级好氧。

当需要达到较为严格的排放标准时，应该设置三级处理单元。

含油脂较多的乳制品废水，易气浮分离，涡凹气浮即可满足使用要求，与溶气气浮系统相比，涡凹气浮设备简单、费用少、占地面积小。但溶气气浮气泡更细小，更适于处理悬浮物少、乳化程度高的乳制品废水。

由于乳制品废水有机物浓度较高，氮磷相对缺乏，采用传统活性污泥法处理工艺时，易因营养物缺乏而发生污泥膨胀现象，造成污泥流失、水质恶化，影响出水水质，严重时甚至会导致工艺无法正常运行，因此应选择可有效防止污泥膨胀的工艺。常用于乳制品废水处理的好氧工艺有带选择器的活性污泥法、CASS 工艺、生物接触氧化法、氧化沟等。

3. 柠檬酸废水

柠檬酸废水属于易于生物降解的高浓度有机废水，可以采用"厌氧+好氧"的生物处理工艺进行处理，当需要达到较为严格的排放标准时，应该设置三级处理单元。

针对柠檬酸生产废水首先采用厌氧消化处理技术对 COD_{Cr} 在 5 000~50 000 mg/L 的高浓度废水进行处理，处理后的废水与低浓度废水混合再进入生物接触氧化池，最后再由物化单元深度处理，尽可能降低水中污染物和色度使出水达标排放。整个工艺流程如图 6-9 所示。

图 6-9 柠檬酸废水处理组合工艺流程

4. 味精废水

水污染治理技术主要针对味精生产过程及尾液综合利用过程产生的废水。由于从原料（玉米或小麦）生产淀粉水解糖过程产生的废水 COD_{Cr} 浓度高、可生化性好，一般先进行预处理，通常采用以厌氧生物处理为主体的处理工艺回收沼气并降低废水 COD_{Cr} 浓度，经预处理后的出水再和其他废水一起进入一级处理及二级处理系统，若达不到排放指标则需要进行三级处理，最终实现达标排放。味精工业废水处理工艺流程如图6-10所示。其中，二级处理工艺应采用具有脱氮功能的生物处理工艺，并考虑其生物除磷功能。各处理工序的污染物去除效率应通过试验确定，无资料时可参照表6-47。

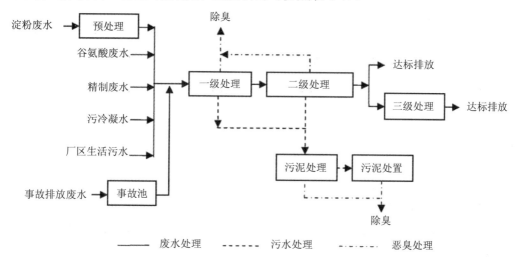

图 6-10　味精生产废水处理工艺流程

表 6-47　典型味精废水处理工艺单元的处理效率　　　　　　单位：%

处理工序	单元技术	处理效率			
		COD_{Cr}	BOD_5	SS	NH_3-N
预处理	IC、UASB	80～90	90～95	—	30～50
一级	格栅、调节池、pH调整	—	—	—	—
二级	A/O工艺，ASND工艺	75～90	85～95	>90	80～90
三级	混凝沉淀	40～50	—	—	70～90
	过滤	40～50	—	—	80～90

6.8.5　主要工艺单元技术要求

1. 淀粉废水

（1）格栅

废水处理站前，应设置细格栅，是否需在细格栅前增设粗格栅可根据排水系统情况确定。粗格栅采用机械清除时，格栅间隙为5～10 mm，采用人工清除时为10～15 mm；细格栅宜选用具有自清能力的旋转机械格栅，格栅间隙为1～4 mm。

（2）调节池

玉米、小麦淀粉生产废水调节池停留时间不应小于 8 h，薯类淀粉生产废水停留时间不应小于 12 h。当调节池兼作事故排放池时，其容积计算应考虑事故排放的容量，增加一个生产周期的废水产生量。

当调节池采用机械搅拌器时，设计边界水流速度宜为 0.15～0.35 m/s；当采用空气搅拌时，每 100 m³ 有效池容的气量按 1.0～1.5 m³/min 设计；当调节池兼有预生化或（催化）氧化等功能时，其曝气量还应满足工艺需氧量的要求；当采用射流搅拌时，功率应不小于 10 W/m³。

（3）厌氧生物处理

对淀粉生产过程中排出的生物降解性能良好的高浓度有机废水可首先进入厌氧生物处理。厌氧去除率或厌氧出水 COD_{Cr} 的选择设计应满足后续生物脱氮 $BOD_5/TN>4$、生物脱磷 $BOD_5/TP>10$ 的要求。

厌氧生物处理可选用 EGSB、UASB 或普通厌氧生化池。当选用 UASB 时，COD_{Cr} 容积负荷宜为 5～10 $kgCOD_{Cr}$/（m³·d），当选用 EGSB 时，COD_{Cr} 容积负荷宜为 15～30 $kgCOD_{Cr}$/（m³·d）。

厌氧生物反应器进水 pH 宜为 6.5～7.8，悬浮物的含量宜小于 1 500 mg/L，氨氮浓度应小于 600 mg/L，进水 COD_{Cr} 浓度与硫酸盐浓度比值应大于 10∶1。当污染物浓度高于以上参考值时，需降低厌氧反应器容积负荷或增设预处理设施。

对于季节性生产的马铃薯淀粉生产废水处理厂（站），应设置厌氧菌种贮存设施。

（4）好氧生物处理

好氧生物处理宜采用有机负荷低、抗冲击负荷能力强、具有脱氮功能的活性污泥处理方法，可选择氧化沟、A/O 反应池和 SBR 反应池等。

采用活性污泥处理工艺时，污泥负荷按照 0.1～0.4 $kgBOD_5$/（kgMLSS·d）设计，20℃时的反硝化速率宜按 0.075～0.115 $kgNO_3^--N$/（kgMLSS·d）设计，污泥龄宜取 10～20 d，污泥回流比一般为 50%～100%，混合液悬浮固体浓度宜为 3～5 g/L。采用前置反硝化生物脱氮时，混合液回流比宜为 200%～400%。

采用生物接触氧化法时，容积负荷宜按 0.4～0.8 $kgBOD_5$/（m³填料·d）进行设计。

2. 乳制品废水

（1）隔油水解酸化

HRT 一般不超过 6 h。水解酸化对 COD_{Cr}、SS 去除率按 10%～20%设计。

（2）调节池

HRT 宜为 6～12 h。

（3）气浮池

对于 SS 较高的冰淇淋废水而言，去除 SS 同时也会去除 COD_{Cr}，气浮系统对 COD_{Cr} 和 BOD_5 的去除率超过 50%。对于 SS 较低的液态奶废水，气浮系统对 COD_{Cr} 和 BOD_5 的去除率一般为 35%左右。

（4）厌氧生物处理

由于乳制品废水易生物降解，采用常温厌氧消化的 UASB 工艺既能达到较好的去除效果，又能节省蒸汽费用，降低运行成本。水温 20℃以上，容积负荷可取 3.0～4.0 $kgCOD_{Cr}$/

($m^3 \cdot d$)，去除效率为 80%~90%。

(5) 好氧生物处理

设计参数可参考淀粉废水处理的好氧生物处理单元。

微生物生长对 N、P 有一定的需求，而乳制品废水中的 N、P 含量差异较大，因而乳制品废水处理时是否需要考虑脱氮除磷要看废水中的 N、P 是不够还是过多。如冰淇淋废水，BOD_5 浓度高，N、P 往往不够，需补充 N、P。而有机物浓度相对较低的液态奶废水，N、P 如不处理则有可能超标。N 的去除可以采用生物脱氮工艺，P 的去除一般采用化学除磷。

3. 柠檬酸废水

柠檬酸废水属于易于生物降解的高浓度有机废水，主体采用"厌氧+好氧"的处理工艺，处理单元的设计可参照淀粉废水处理单元的相应设计参数。

4. 味精废水

(1) 厌氧生物预处理

厌氧生物处理单元可采用 IC、UASB 等工艺，其技术要求如下：

a. 当选用 IC 时，容积负荷宜为 10~25 $kgCOD_{Cr}$/($m^3 \cdot d$)，污泥浓度宜为 20~40 g/L，水力停留时间宜为 6~12 h；当选用 UASB 时，容积负荷宜为 5~10 $kgCOD_{Cr}$/($m^3 \cdot d$)，污泥浓度宜为 10~20 g/L，水力停留时间宜为 12~20 h。

b. IC 反应器高度不宜超过 25 m，单座体积不宜超过 1 500 m^3；UASB 有效高度一般为 5~7 m，不宜超过 10 m，单座体积不宜超过 2 000 m^3；

c. 其他设计参数参照淀粉废水处理中厌氧生物处理单元内容确定。

(2) 格栅

参照淀粉废水处理格栅单元的设计参数。

(3) 调节池

HRT 宜按平均小时流量的 16~30 h 水量设计。其他参照淀粉废水处理调节池的设计参数。

(4) 好氧生物处理单元

采用活性污泥法时，需要考虑硝化、反硝化所需要的反应时间来计算有效池容。BOD_5 污泥负荷按照 0.05~0.20 BOD_5/(kgMLSS·d) 设计，并按 NH_3-N 负荷 0.01~0.025 $kgNH_3$-N/(kgMLSS·d) 校核。污泥回流比宜为 60%~100%，MLSS 宜为 3 000~5 000 mg/L。A/O 工艺混合液回流比应大于 400%。

采用生物接触氧化法时，容积负荷宜按 0.3~0.6 $kgBOD_5$/(m^3 填料·d) 进行设计。

采用 SBR 工艺时，运行周期宜为 6~12 h，充水比宜为 0.15~0.3。

6.9 制药废水处理工艺

6.9.1 废水来源和特征

1. 发酵类制药废水

发酵类制药废水大部分属高浓度废水，酸碱性和温度变化大、碳氮比低、绝大部分发酵类制药废水含氮量高、硫酸盐浓度高、色度较高，有的发酵母液中还含有抗生素分子及其他特征污染物，为废水处理带来了一定难度。此外，生物发酵过程需要大量冷却水和去离子水，冷却水排污和制水过程排水占总排水量的30%以上。发酵类制药废水主要污染物有COD_{Cr}、BOD_5、SS、pH、色度和$NH_3\text{-}N$等。发酵类制药废水来源及水质特征见表6-48。

表6-48　发酵类制药废水来源及水质特征

废水来源	水质特征	一般水质指标
主生产过程排水	包括废滤液（从菌体中提取药物）、废发酵母液（从过滤液中提取药物）、其他废母液等；此类废水浓度高、硫酸盐及氨氮含量高，酸碱性和温度变化大，一般含药物残留，水量相对较小	产品不同，指标差异也较大；$COD_{Cr}>10\,000$ mg/L；BOD_5/COD_{Cr}为0.3～0.5；SS为$1\,000\sim6\,000$ mg/L
辅助过程排水	包括工艺冷却水（如发酵罐、消毒设备冷却水等）、动力设备冷却水（如空压机冷却水、制冷剂冷却水等）、循环冷却水系统排污、水环真空设备排水、去离子水制备过程排水、蒸馏（加热）设备冷凝水等；此类废水污染物浓度低，但水量大、季节性强、企业间差异大	$COD_{Cr}\leq100$ mg/L
冲洗水	包括容器设备冲洗水（如发酵罐冲洗水等）、过滤设备冲洗水（如板框压滤机、转鼓过滤机等过滤设备冲洗水）、树脂柱（罐）冲洗水、地面冲洗水等；其污染物浓度高、酸碱性变化大，水环真空设备排水与此类水浓度相近	COD_{Cr}为$1\,000\sim10\,000$ mg/L
生活污水	与企业的人数、生活习惯、管理状态相关，但不是主要废水	同一般生活污水

2. 化学合成类制药废水

化学合成类制药废水大部分为高浓度有机废水，含盐量高，pH变化大，部分原料或产物具有生物毒性或难被生物降解，如酚类化合物、苯胺类化合物、重金属、苯系物、卤代烃等。水污染物包括常规污染物和特征污染物，即TOC、COD_{Cr}、BOD_5、SS、pH、$NH_3\text{-}N$、TN、TP、色度、急性毒性、挥发酚、硫化物、硝基苯类、苯胺类、二氯甲烷、总锌、总铜、总氰化物和总汞、总镉、烷基汞、六价铬、总砷、总铅、总镍等污染物。化学合成类制药废水来源及水质特征见表6-49。

表6-49　化学合成类制药废水来源及水质特征

废水来源	水质特点	一般水质指标
母液类	包括各种结晶母液、转相母液、吸附残液等；污染物浓度高，含盐量高，废水中残余的反应物、生成物等浓度高，有一定生物毒性，难降解	COD_{Cr}浓度一般在数万毫克每升，最高可达几十万毫克每升；BOD_5/COD_{Cr}一般在0.3 mg/L以下；含盐量一般在数千毫克每升以上，最高可达数万或几十万毫克每升
冲洗废水	包括过滤机械、反应容器、催化剂载体、树脂、吸附剂等设备及材料的洗涤水；其污染物浓度高、酸碱性变化大	COD_{Cr}为$4\,000\sim10\,000$ mg/L；BOD_5为$1\,000\sim3\,000$ mg/L
辅助过程排水	包括循环冷却水系统排污、水环真空设备排水、去离子水制备过程排水、蒸馏（加热）设备冷凝水等	$COD_{Cr}\leq100$ mg/L
生活污水	与企业的人数、生活习惯、管理状态相关，但不是主要废水	同一般生活污水

3. 制剂类制药废水

制剂类制药废水属中低浓度有机废水，水污染物主要有 pH、COD_{Cr}、BOD_5、SS 等。制剂类制药废水来源及水质特征见表 6-50。

表 6-50 制剂类制药废水来源及水质特征

废水来源	水质特征	一般水质指标
纯化水、注射用水、制水设备排水	主要为酸碱废水	pH：1～12
包装容器清洗废水	污染物浓度很低，但水量较大	COD_{Cr}<100 mg/L；SS<50 mg/L
工艺设备清洗废水	该类废水 COD_{Cr} 较高，但水量较小	COD_{Cr}<1 500 mg/L；SS<150 mg/L；BOD_5/COD_{Cr} 一般为 0～0.5 mg/L
地面清洗废水	污染物浓度低	COD_{Cr}<400 mg/L；SS<200 mg/L
生活污水	与企业的人数、生活习惯、管理状态相关	COD_{Cr}≤300 mg/L；BOD_5≤200 mg/L；SS≤250 mg/L；NH_3-N≤40 mg/L

6.9.2 废水的水量与水质

1. 废水水量

综合废水排放总量宜在工厂废水排放总口进行实际测量确定，各生产工序排放的各种工艺废水宜逐一进行废水排放量测量。废水水量还可类比现有同等生产规模、同类原料及产品、相近生产工艺企业的排放数据确定。

2. 废水水质

废水水质宜对各生产工序废水进行逐一监测后确定，也可类比现有同等生产规模、同类原料及产品、相近工艺企业的排放数据确定。

6.9.3 污染物排放标准

国家共颁布 6 项水污染物排放标准规定制药企业水污染物排放限值、监测和监控要求，包括《发酵类制药工业水污染物排放标准》（GB 21903—2008）、《化学合成类制药工业水污染物排放标准》（GB 21904—2008）、《提取类制药工业水污染物排放标准》（GB 21905—2008）、《中药类制药工业水污染物排放标准》（GB 21906—2008）、《生物工程类制药工业水污染物排放标准》（GB 21907—2008）、《混装制剂类制药工业水污染物排放标准》（GB 21908—2008）。

发酵类制药工业企业废水的一般排放限值和特别排放限值如表 6-51 所示，其污染物监控位置为企业废水总排放口。

表 6-51 发酵类制药工业企业水污染物排放标准

单位：mg/L（pH 和色度除外）

序号	污染项目	一般排放限值	特别排放限值
1	pH	6～9	6～9
2	色度（稀释倍数）	60	30

序号	污染项目	一般排放限值	特别排放限值
3	SS	60	10
4	BOD_5	40（30）	10
5	COD_{Cr}	120（100）	50
6	NH_3-N	35（25）	5
7	TN	70（50）	15
8	TP	1.0	0.5
9	TOC	40（30）	15
10	急性毒性（$HgCl_2$ 毒性当量）	0.07	0.07
11	总锌	3.0	0.5
12	总氰化物	0.5	不得检出

注：括号内的排放限值适用于同时生产发酵类原料药和混装制剂的联合生产企业。

化学合成类制药工业企业废水的一般排放限值和特别排放限值如表 6-52 所示。

表 6-52 化学合成类制药企业水污染物排放标准

单位：mg/L（pH 和色度除外）

序号	污染物项目	一般排放限值	特别排放限值	污染物排放监控位置
1	pH	6～9	6～9	企业废水总排放口
2	色度（稀释倍数）	50	30	
3	SS	50	10	
4	BOD_5	25（20）	10	
5	COD_{Cr}	120（100）	50	
6	NH_3-N	25（20）	5	
7	TN	35（30）	15	
8	TP	1.0	0.5	
9	TOC	35（30）	15	
10	急性毒性（$HgCl_2$ 毒性当量）	0.07	0.07	
11	总铜	0.5	0.5	
12	总锌	0.5	0.5	
13	总氰化物	0.5	不得检出[②]	
14	挥发酚	0.5	0.5	
15	硫化物	1.0	1.0	
16	硝基苯类	2.0	2.0	
17	苯胺类	2.0	1.0	
18	二氯甲烷	0.3	0.2	
19	总汞	0.05	0.05	车间或生产设施废水排放口
20	烷基汞	不得检出[①]	不得检出[①]	
21	总镉	0.1	0.1	
22	六价铬	0.5	0.3	
23	总砷	0.5	0.3	
24	总铅	1.0	1.0	
25	总镍	1.0	1.0	

注：①烷基汞检出限 10 ng/L。
②总氰化物检出限 0.25 mg/L。
③括号内排放限值适用于同时生产化学合成类原料药和混装制剂的联合生产企业。

制剂类制药工业企业废水的一般排放限值和特别排放限值如表 6-53 所示,其污染物监控位置为企业废水总排放口。

表 6-53 制剂类制药企业水污染物排放标准

单位：mg/L（pH 和色度除外）

序号	污染项目	一般排放限值	特别排放限值
1	pH	6～9	6～9
2	SS	30	10
3	BOD_5	15	10
4	COD_{Cr}	60	50
5	NH_3-N	10	5
6	TN	20	15
7	TP	0.5	0.5
8	TOC	20	15
9	急性毒性（$HgCl_2$ 毒性当量）	0.07	0.07

6.9.4 废水处理组合工艺设计

制药废水的特点是有机物含量高、成分复杂多变且多含杂环类等难降解或对微生物有抑制性物质,色度一般较深,含盐量多数较高,生化性很差,且间歇排放,属难处理的工业废水,制药废水宜采用"分类收集、分质处理"的基本处理原则。

a. 废水宜分类收集、分质处理；高浓度废水、含有药物活性成分的废水应进行预处理。企业向工业园区的公共污水处理厂或城镇排水系统排放废水时,应按法律规定达到国家或地方规定的排放标准。

b. 烷基汞、总镉、六价铬、总铅、总镍、总汞、总砷等水污染物应在车间处理达标后,再进入污水处理系统。

c. 高含盐废水宜进行除盐处理后,再进入污水处理系统。

d. 可生化降解的高浓度废水应进行常规预处理,难生化降解的高浓度废水应进行强化预处理,以提高可生化处理性。

e. 毒性大、难降解废水应单独收集、单独处理以消除生物毒性或改善可生化性,之后再与其他废水混合处理。

f. 含氨氮高的废水宜进行物化预处理,回收氨氮后再进行生物处理。

1. 发酵类制药废水

发酵类制药废水属高浓度废水,水质复杂,图 6-11 所示发酵类制药水污染物排放控制可行技术工艺流程为推荐的工艺路线组合。工程实践中,可根据废水的水质特征、处理后水的去向、排放标准进行技术经济比较后确定可行技术工艺路线,或通过实验等方式确定其他可行的技术。发酵类制药工业水污染物排放控制可行技术及排放水平见表 6-54。

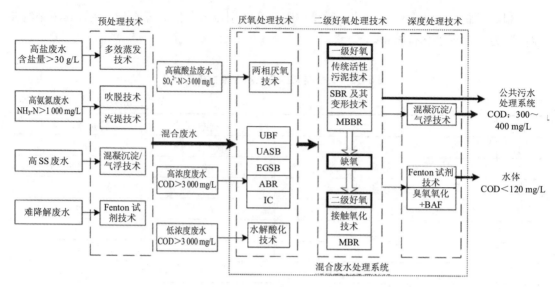

图 6-11 发酵类制药企业废水处理工艺流程

表 6-54 发酵类制药工业水污染物排放控制可行技术及排放水平

序号	名称	适用情况（混合废水污染物浓度）	可行控制技术	排放水平
1	高硫酸盐废水污染控制可行技术	含盐量：>30 g/L	多效蒸发预处理后，冷凝液进入混合废水处理系统	盐去除率>95%
		SO_4^{2-}>3 000 mg/L	两相厌氧	SO_4^{2-}去除率>70%
2	高氨氮废水污染控制可行技术	NH_3-N>1 000 mg/L	吹脱或汽提预处理后，进入混合废水处理系统	NH_3-N 去除率 60%~90%
3	难降解废水污染控制可行技术	可生化性差，BOD_5/COD_{Cr}<0.3	Fenton 试剂等高级氧化技术预处理后，进入混合废水处理系统	预处理后废水 BOD_5/COD_{Cr}>0.3
4	高 SS 废水污染控制可行技术	SS>500 mg/L	混凝沉淀/气浮预处理后，进入混合废水处理系统	SS 去除率>90%
5	混合废水污染控制可行技术	高浓度废水 COD_{Cr}>3 000 mg/L	厌氧+二级好氧+混凝沉淀/气浮技术	COD_{Cr}：300~400 mg/L
			厌氧+二级好氧+Fenton 试剂技术（臭氧氧化+BAF 技术）	COD_{Cr}<120 mg/L
		低浓度废水 COD_{Cr}<3 000 mg/L	水解酸化+二级好氧生化处理+混凝沉淀/气浮技术	COD_{Cr}：300~400 mg/L
			水解酸化+二级好氧生化处理+Fenton 试剂技术（臭氧氧化+BAF 技术）	COD_{Cr}<120 mg/L

2. 化学合成类制药废水

化学合成类制药废水大部分为高浓度有机废水，部分原料或产物具有生物毒性或难以被生物降解。图 6-12 所示化学合成类水污染物排放控制可行技术工艺流程为推荐的工艺路线组合。工程实践中，可根据废水的水质特征、处理后水的去向、排放标准进行技术经济比较后确定可行技术工艺路线,或通过实验等方式确定其他可行的技术。化学合成类制药工业水污染物排放可行技术及排放水平见表6-55。

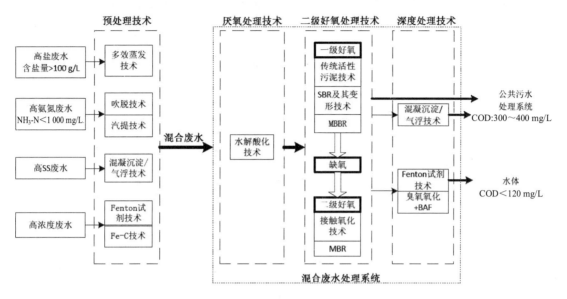

图 6-12 化学合成类制药企业废水处理工艺流程

表 6-55 化学合成类制药工业水污染物排放控制可行技术及排放水平

序号	废水类型	适用情况（混合废水污染物浓度）	控制可行技术	排放水平
1	高含盐废水	含盐量>100 g/L	多效蒸发预处理后,进入混合废水处理系统	盐去除率>95%
2	高氨氮废水	NH_3-N>1 000 mg/L	吹脱或汽提预处理后,进入混合废水处理系统	NH_3-N 去除率 60%~90%
3	高 SS 废水	SS>500 mg/L	混凝沉淀/气浮预处理后,进入混合废水处理系统	SS 去除率>90%
4	高浓度废水	可生化性差,BOD_5/COD_{Cr}<0.3	Fe-C 技术预处理后,进入混合废水处理系统	预处理 COD_{Cr} 去除率 20%~50%,BOD_5/COD_{Cr}>0.3
			Fenton 试剂等高级氧化技术预处理后,进入混合废水处理系统	预处理 BOD_5/COD_{Cr}>0.3
5	混合废水	—	水解酸化+二级好氧生化处理+混凝沉淀/气浮技术	COD_{Cr}: 200~500 mg/L
			水解酸化+二级好氧生化处理+Fenton 试剂技术（臭氧氧化+BAF 技术）	COD_{Cr}<120 mg/L

3. 制剂类制药废水

图 6-13 所示制剂类制药水污染物排放控制可行技术工艺流程为推荐的工艺路线组合。

工程实践中,可根据废水的水质特征、处理后水的去向、排放标准进行技术经济比较后确定可行技术工艺路线,或通过实验等方式确定其他可行的技术。对于季节性生产,间歇性产生废水时也可选用完备的物化处理工艺组合。制剂类制药工业水污染物排放可行技术及排放水平见表6-56。

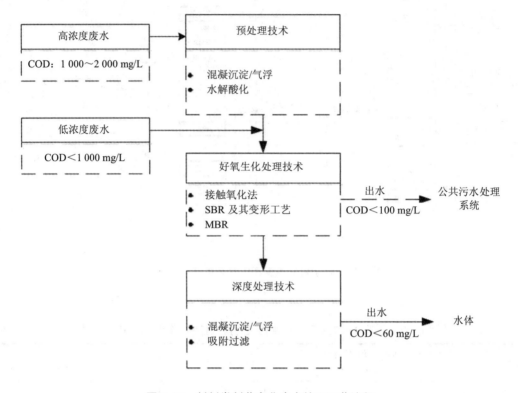

图6-13 制剂类制药企业废水处理工艺流程

表6-56 制剂类制药工业水污染物排放控制可行技术及排放水平

控制可行技术	适用情况(混合废水污染物浓度)/(mg/L)	排放水平/(mg/L)
好氧技术	$COD_{Cr}<1\ 000$	$COD_{Cr}<120$
好氧技术+深度处理技术	$COD_{Cr}<1\ 000$	$COD_{Cr}<60$
预处理技术+好氧技术	$1\ 000<COD_{Cr}<2\ 000$	$COD_{Cr}<120$
预处理技术+好氧技术+深度处理技术	$1\ 000<COD_{Cr}<2\ 000$	$COD_{Cr}<60$

6.9.5 主要工艺单元技术要求

1. 混凝沉淀/气浮法处理技术

(1)污染物削减率

悬浮物的去除率在90%以上。

(2)工艺参数

a. 药剂投加量:PAC投加量为1‰~25‰,PAM投加量为2~10 mg/L;

b. 混凝沉淀法混凝时间：15～30 min；沉淀时间：25～55 min；

c. 气浮法反应时间：5～10 min；气浮时间：10～25 min。

（3）技术适用性

适用于悬浮物浓度较高的废水或后续生物处理对悬浮物要求较严格的废水。

2. 吸附过滤法处理技术

（1）污染物削减率

悬浮物的去除率90%以上。

（2）工艺参数

常用无烟煤和石英砂双层滤料，滤层厚度一般为1.1～1.2 m，滤速为8～10 m/s。为提高反洗效果，常辅以表面冲洗或压缩空气冲洗。

（3）技术适用性

适用于悬浮物浓度较低的废水，如经生化处理后的制剂类制药废水的深度处理。

3. 臭氧氧化处理技术

（1）污染物削减率

COD_{Cr}去除率可达50%；可生化性可提高到$BOD_5/COD_{Cr}>0.3$。

（2）工艺参数

臭氧投加量为20～30 mg/L，接触时间为1～2 h。

（3）技术适用性

可作为预处理和深度处理技术。

4. 多效蒸发处理技术

（1）污染物削减

盐的去除率达95%以上。

（2）工艺参数

根据蒸发的效数不同，蒸汽用量不同。

（3）技术适用性

适用于盐含量＞30 g/L 的废水。

5. 微电解（Fe-C）法处理技术

（1）污染物削减

COD_{Cr}去除率可达20%～50%；可生化性可提高到$BOD_5/COD_{Cr}>0.3$。

（2）工艺参数

停留时间为120～240 min。铁碳比为（1～5）：1，为防止铁碳结块，可曝气。

（3）技术适用性

适用于合成制药废水生化处理前的预处理，提高废水的可生化性。

6. Feton 试剂氧化法处理技术

（1）污染物削减

COD_{Cr}去除率可达60%以上。

（2）工艺参数

摩尔浓度 $Fe^{2+}:H_2O_2=1:3$，pH 为 2～4，停留时间为 2～5 h。

（3）技术适用性

适用于发酵类及化学合成类制药废水生化处理前的预处理和生化后的深度处理，是达到排放水体标准的有效方法。

7. 吹脱法处理技术

（1）污染物削减

NH_3-N 去除率 60%～90%。

（2）工艺参数

停留时间为 0.5～1.5 h，pH 为 8～11，塔高 6 m 时，气液比为 2 200～2 300，布水负荷率≤180 $m^3/(m^2·d)$。

（3）技术适用性

适用于 NH_3-N 浓度高于 5 000 mg/L 的废水。吹脱效果随 pH 上升而提高，水温低时吹脱效果低。该技术也适用于两相厌氧工艺中产酸相出水中硫化氢的脱除。

8. 汽提法处理技术

（1）污染物削减

NH_3-N≤15 mg/L。

（2）工艺参数

蒸汽用量为 200～300 kg/t 废水。

（3）技术适用性

适用于 NH_3-N＞5 000 mg/L 以上的废水。

9. 水解酸化处理技术

（1）污染物削减

COD_{Cr} 去除率可达 60%以上，可提高废水可生化性。

（2）工艺参数

COD_{Cr} 容积负荷高于 2 $kgCOD_{Cr}/(m^3·d)$，HRT 一般大于 12 h；池内可填装填料，推荐采用弹性立体填料，填装率为 30%～50%；可适量曝气，但应保证 DO＜0.5 mg/L。

（3）技术适用性

适用于难降解有机废水的预处理。

10. 升流式厌氧污泥床处理技术

（1）污染物削减

COD_{Cr} 去除率为 50%～90%。

（2）工艺参数

中温（35～40℃）条件下，COD_{Cr} 容积负荷为 5～10 $kgCOD_{Cr}/(m^3·d)$。

常温条件下，COD_{Cr} 容积负荷为 3～5 $kgCOD_{Cr}/(m^3·d)$。

（3）技术适用性

UASB 通常要求进水中 SS 含量＜1 000 mg/L，适用于高浓度制药废水。

11. 厌氧颗粒污泥膨胀床处理技术

（1）污染物削减

COD_{Cr} 去除率为 50%～90%。

（2）工艺参数

常温条件下（20~30℃），反应器的容积负荷为 3~8 kgCOD$_{Cr}$/（m³·d）。

中温条件下（35~40℃），反应器的容积负荷为 5~12 kgCOD$_{Cr}$/（m³·d）。

进水 pH 6.5 以上；COD$_{Cr}$∶N∶P = 100~500∶5∶1；SS<2 000 mg/L；SO$_4^{2-}$<2 000 mg/L；COD$_{Cr}$=3 000~30 000 mg/L；严格控制重金属、氰化物、酚类等物质进入反应器。

（3）技术适用性

适用于容积负荷高，需较强抗冲击负荷能力的情况。

12. 折流板反应器处理技术

（1）污染物削减

COD$_{Cr}$ 去除率为 60%~80%。

（2）工艺参数

中温条件下，COD$_{Cr}$ 容积负荷为 5~30 kgCOD$_{Cr}$/（m³·d）。

（3）技术适用性

可用于处理高浓度制药废水，也可作为水解酸化池或两相厌氧反应的产酸段。

13. 厌氧内循环反应器（IC）处理技术

（1）污染物削减

COD$_{Cr}$ 去除率为 50%~80%。

（2）工艺参数

中温条件下，COD$_{Cr}$ 容积负荷一般在 10 kgCOD$_{Cr}$/（m³·d）以上。

（3）技术适用性

可用于处理污染物以碳氢化合物为主的高浓度制药废水，也适合需较强抗冲击负荷能力的情况。

14. 两相厌氧反应器处理技术

（1）污染物削减

产酸段经气体吹脱后对硫酸盐的去除率在 70%以上。两相厌氧工艺 COD$_{Cr}$ 去除率为 90%以上。

（2）工艺参数

产酸及硫酸盐还原厌氧反应器：中温条件，COD$_{Cr}$ 容积负荷可达 4 kgCOD$_{Cr}$/（m³·d）以上，SO$_4^{2-}$ 容积负荷可达 2 kg/（m³·d）以上。

出水采用沼气吹脱：气水比大于 5，吹脱反应时间为 30~40 min。

产甲烷厌氧反应器：COD$_{Cr}$ 容积负荷为 3~4 kgCOD$_{Cr}$/（m³·d）。

（3）技术适用性

两相厌氧反应器除了适用于高浓度制药废水外，尤其适用于高硫酸盐废水。

15. 复合式厌氧流化床（UBF）处理技术

（1）污染物削减

COD$_{Cr}$ 去除率为 50%~90%。

（2）工艺参数

中温条件下，COD$_{Cr}$ 容积负荷为 5~10 kgCOD$_{Cr}$/（m³·d）。

（3）技术适用性

适用于高浓度废水处理。

16. 接触氧化法处理技术

（1）污染物削减

COD_{Cr} 去除率为 60%～90%。

（2）工艺参数

COD_{Cr} 容积负荷一般为 1 $kgCOD_{Cr}/(m^3·d)$ 以下，出水溶解氧为 2～3 mg/L。推荐采用组合填料，填料装填率为 50%～70%。

（3）技术适用性

适用于 COD_{Cr} 浓度在 2 000 mg/L 以下的废水。

17. 间歇曝气活性污泥法（SBR）及其变形工艺（CASS、ICEAS、UNITANK）处理技术

（1）污染物削减

COD_{Cr} 去除率为 50%～80%。

（2）工艺参数

COD_{Cr} 容积负荷为 1～2 $kgCOD_{Cr}/(m^3·d)$，出水溶解氧控制在 2 mg/L 左右。

（3）技术适用性

适用于 COD_{Cr} 浓度在 3 000 mg/L 以下的废水。

18. 膜生物反应器（MBR）处理技术

（1）污染物削减

COD_{Cr} 去除率为 50%～90%。

（2）工艺参数

污泥浓度一般为 6～10 g/L，污泥负荷为 0.1～0.2 $kgCOD_{Cr}/(kgVSS·d)$。

（3）技术适用性

适用于出水要求较高的好氧生物处理工艺。

19. 移动床膜生物反应器 MBBR 处理技术

（1）污染物削减

COD_{Cr} 去除率在 50%～90%。NH_3-N 去除率在 50%以上。

（2）工艺参数

COD_{Cr} 容积负荷为 1.5～2 $kgCOD_{Cr}/(m^3·d)$，DO 浓度为 2～3 mg/L，硝化速率为 0.02～0.03 $kgNH_3$-N/（kg 干污泥·d）。

（3）技术适用性

适用于作为中低浓度废水的一级好氧技术。

20. 曝气生物滤池（BAF）处理技术

（1）污染物削减

COD_{Cr} 去除率为 30%～50%。

（2）工艺参数

气水比为 15∶1，停留时间在 4 h 以上，反冲洗周期一般为 15～30 d。

（3）技术适用性

适用于处理悬浮物浓度较低的废水，多用于废水深度处理。

6.10 石油化工工业废水处理工艺

6.10.1 废水来源与特征

石油化工以石油产品、石油化工中间产品及化工产品为原料生产石油化工原材料。生产过程中所用的原料品种繁多，分气态、液态、固态或者水溶液；反应过程有溶解、萃取、氧化、聚合、精馏、洗涤、分离、吸收、干燥等。这些作业均与水有接触，从而使水受到污染，构成石油化工废水的主要来源。其次中心化验室、动力站等生产辅助设施及食堂、办公楼等生活设施也排放污水。

石油化工废水水质成分复杂，除含油、硫、酚、氰外，还含有苯、醇、醚、醛、酮、有机磷、金属盐类、废催化剂、废添加剂、反应残液、废弃物料等，且有机物浓度高、多为有害、有毒物质。废水水量、酸碱度波动很大，经常形成冲击性负荷。石油化工废水按水质可分为含油废水、有机废水、氯碱废水、含酸废水、生产废水和生活污水。其水质主要污染物浓度及特征与所使用的原料、工艺路线、加工过程不同而相差很大。

6.10.2 废水排放的生产环节

1. 废水水量

a. 设计水量应包括生产废水量、生活污水量、污染雨水量和未预见水量。各种废水量应按照下列规定确定：

a）生产废水量应按各装置（单元）连续排水量与间断排水量综合确定；

b）生活污水量应按《室外排水设计规范》（GB 50014）有关规定确定；

c）污染雨水储存设施的容积可按式（6-6）计算：

$$V = \frac{F \cdot h}{1\,000} \tag{6-6}$$

式中：V——污染雨水储存容积，m^3；

　　　h——降雨深度，宜取 15～30 mm；

　　　F——污染区面积，m^2。

d）污染雨水量应按一次降雨污染雨水储存容积和污染雨水折算成连续流量的时间计算确定，可按式（6-7）计算：

$$Q_r = \frac{V}{t_r} \tag{6-7}$$

式中：Q_r——污染雨水量，m^3/h；

　　　t_r——污染雨水折算成连续流量的时间，h，可按 48～96 h 选取；

e）未预见污水量应按各工艺装置（单元）连续排水量的 10%～20% 选取。

b. 污水处理厂的设计水量应按式（6-8）计算：

$$Q = \alpha \Sigma Q_i + \frac{\Sigma(Q_j \cdot t_j)}{t} \tag{6-8}$$

式中：Q——设计水量，m^3/h；

　　　Q_i——各装置（单元）连续污水量，m^3/h；

　　　Q_j——调节时间内间断污水量，m^3/h；

　　　t_j——间断水量的处理时间，h，可取调节时间的 2～3 倍；

　　　t——调节时间内出现的间断污水量的连续排水时间，h；

　　　α——不可预见系数，取 1.1～1.2。

c. 一级提升泵站设计水量应按流入提升泵站的连续小时污水量的 1.1～1.2 倍与同时出现的最大间断小时污水量之和确定。

2. 废水水质

a. 石化废水处理厂进水中污染物的限值。

装置（单元）排出的污水水质和进入污水处理厂的水质，应符合国家现行标准《石油化工给水排水水质标准》（SH 3099—2000）。

a）装置（单元）的特殊污水宜进行预处理，预处理后排水的主要污染物控制指标宜符合表 6-57 中的规定。

表 6-57　特殊石化废水经预处理后排水中主要污染物限值

特殊污水名称	受控污染物及其控制指标
含硫污水	硫化物≤50 mg/L；NH_3-N≤100 mg/L
环氧丙烷污水	SS≤200 mg/L
PTA 污水	COD_{Cr}≤800 mg/L
丙烯腈、腈纶污水	COD_{Cr}≤800 mg/L；NH_3-N≤60 mg/L

b）装置（单元）的生产污水排入生产污水管网（下游有除油设施）时，其主要污染物浓度宜符合：pH 为 6～9；石油类≤500 mg/L；水温≤40℃。

c）全厂性污水处理厂总进水水质宜符合：pH 为 6.5～8.5；石油类≤500 mg/L（当厂内无除油设施时，石油类≤20 mg/L）；COD_{Cr}≤800 mg/L；硫化物≤10 mg/L；水温≤40℃。

b. 污水处理厂的设计进水水质，应根据装置（单元）的小时排水量和水质采用小时加权平均的方法计算确定，也可按同类企业实际运行数据确定；炼油污水无水质资料时，其水质可按照表 6-58 确定。

表 6-58　炼油污水处理厂进水水质

项目	pH	COD_{Cr}/(mg/L)	BOD_5/(mg/L)	NH_3-N/(mg/L)	石油类/(mg/L)	硫化物/(mg/L)	酚/(mg/L)	SS/(mg/L)
数值	6～9	600～800	240～320	50～80	≤500	≤20	≤40	≤200

6.10.3　污染物排放标准

国家标准《石油炼制工业污染物排放标准》（GB 31570—2015）规定了石油炼制工业企业及其生产设施的水污染物排放限值、监测和监控要求。标准规定：该标准实施日（2015 年 7 月 1 日）之后建设的企业执行表 6-59 中污染物浓度排放的一般限值，实施日之前建设的企业自 2017 年 7 月 1 日起也需要达到表 6-59 的污染物浓度排放的一般限值。

根据环境保护工作的要求，在国土开发密度已经较高、环境承载能力开始减弱，或环境容量较小、生态环境脆弱，容易发生严重环境污染问题而需要采取特别保护措施的地区，应严格控制企业的污染物排放行为。国务院环境保护行政主管部门或省级人民政府根据环境保护工作的要求在上述地区的企业执行表 6-59 规定的水污染物特别排放限值。

污染物排放监控位置为企业废水总排放口。

表 6-59 石油化工企业水污染排放限值

单位：mg/L（pH 除外）

序号	污染物项目	一般限值		特别限值		污染物排放监控位置
		直接排放	间接排放[①]	直接排放	间接排放[①]	
1	pH	6~9	—	6~9	—	企业污水总排放口
2	SS	70	—	50	—	
3	COD_{Cr}	60	—	50	—	
4	BOD_5	20	—	10	—	
5	NH_3-N	8.0	—	5.0	—	
6	TN	40	—	30	—	
7	TP	1.0	—	0.5	—	
8	TOC	20	—	15	—	
9	石油类	5.0	20	3.0	15	
10	硫化物	1.0	1.0	0.5	1.0	
11	挥发酚	0.5	0.5	0.3	0.5	
12	总钒	1.0	1.0	1.0	1.0	
13	苯	0.1	0.2	0.1	0.1	
14	甲苯	0.1	0.2	0.1	0.1	
15	邻二甲苯	0.4	0.6	0.2	0.4	
16	间二甲苯	0.4	0.6	0.2	0.4	
17	对二甲苯	0.4	0.6	0.2	0.4	
18	乙苯	0.4	0.6	0.2	0.4	
19	总氰化物	0.5	0.5	0.3	0.5	
20	苯并[a]芘	0.000 03		0.000 03		车间或生产设施废水排放口
21	总铅	1.0		1.0		
22	总砷	0.5		0.5		
23	总镍	1.0		1.0		
24	总汞	0.05		0.05		
25	烷基汞	不得检出		不得检出		

注：① 废水进入城镇污水处理厂或经由城镇污水管线排放，应达到直接排放限值；废水进入园区（包括各类工业园区、开发区、工业聚集地等）污水处理厂执行间接排放限值，未规定限值的污染物项目由企业与园区污水处理厂根据其污水处理能力商定相关标准，并报当地环境保护主管部门备案。

6.10.4 污水预处理和局部处理要求

进入石化污水处理厂的污水，需要满足相关要求，否则需要进行预处理或局部处理：

a. 第一类污染物浓度超标的污水应在装置（单元）内进行达标处理。

b. 直接进入污水处理厂会影响运行的下列污水应进行预处理：
a）含有较高浓度不易生物降解有机物的污水；
b）含有较高浓度生物毒性物质的污水；
c）高温污水；
d）酸、碱污水。

c. 含有易挥发的有毒、有害物质的污水应进行预处理；影响管道输送的污水应进行预处理。

d. 经简单物化处理可以达到排放标准的污水宜局部处理。

6.10.5 主要工艺单元技术要求

1. 格栅

石油化工企业的污水处理厂应设置机械格栅，格栅栅条间隙宜为 5～20 mm。

2. 调节与均质

污水处理厂应设置调节、均质设施及独立的应急储存设施。调剂设施容积宜根据污水水质、水量变化规律，采用图解法计算；特殊污水宜按实际需要确定；当无污水水质、水量变化资料时，炼油污水可按 16～24 h 的设计水量确定，化工污水可按 24～48 h 的设计水量确定。

均质设施的容积应根据正常情况下生产装置的污水排放规律和变化周期确定，当无实际运行数据时，可按 8～12 h 的设计水量确定。

污水处理厂应急储存设施的容积，炼油污水可按 8～12 h 的设计水量确定，化工污水可按实际需要确定。

含油污水调节设施宜设置在隔油处理前。

3. 中和

酸碱废水应进行中和处理。中和方式可采用间歇式或连续式，间歇式中和池容积可按污水中和操作周期计算；连续式中和池容积宜按污水停留时间 10～30 min 确定。

中和设施可采用机械搅拌或者空气搅拌，含有易挥发性物质或经中和后有可能产生有毒气体的污水不应采用空气搅拌。

4. 隔油

油水分离设施可采用平流式隔油池、斜板隔油池和聚结油水分离器等。

隔油池（罐）排水管与干管交汇处，应设置水封井，水封深度不应小于 250 mm。

平流隔油池、隔油罐去除油珠最小粒径宜按 150 μm 设计；斜板隔油池、油水分离器去除油珠最小粒径宜按 60 μm 设计。

污水在进入隔油设施前需提升时，宜采用容积式泵或低转速离心泵。

（1）平流隔油池设计参数

水力停留时间宜为 1.5～2 h；水平流速宜采用 2～5 mm/s；单格池宽不应大于 6 m，长宽比不应小于 4，有效水深不应大于 2 m，超高不应小于 0.4 m；池内宜设置链板式刮油刮泥机，刮板移动速度不应大于 1 m/min。

（2）斜板隔油池设计参数

表面水力负荷宜为 0.6～0.8 m³/(m²·h)。斜板板间净距宜采用 40 mm，斜板与水平面的倾角不应小于 45°。

（3）聚结油水分离器

聚结油水分离器表面水力负荷宜为 15～35 m³/(m²·h)，水力停留时间不宜小于 20 min。

5. 混凝

a. 混合可采用管道混合、机械混合、空气混合或水泵混合等，混合时间应小于 2 min。

b. 絮凝宜采用机械絮凝方式，设计要点如下：

a）絮凝时间应根据试验数据或水质相似条件下的运行经验数据确定；当无数据时可采用 10～20 min；

b）机械絮凝可采用单级梯形或多级矩形框式搅拌机；

c）絮凝设施宜为两级，第一级进水处桨板边缘线速度宜为 0.5 m/s，第二级出水处桨板边缘线速度宜为 0.2 m/s。

6. 气浮

气浮法适用于去除分散油和乳化油，宜采用溶气气浮、散气气浮的形式。

（1）溶气气浮

a. 宜采用部分污水回流加压溶气气浮，其回流比宜为 30%～50%；

b. 进入溶气罐的污水温度不应大于 40℃；

c. 溶气罐的工作压力宜采用 0.3～0.5 MPa（表压）；

d. 溶气量可按回流污水量 5%～10%的体积比计算；

e. 污水在溶气罐内的停留时间宜采用 1～3 min；

f. 释放器应安装在水面下不小于 1.5 m 处；

g. 絮凝段出口流速宜控制在 0.2 m/s；

h. 单格池有效宽度不宜大于 4.5 m，长宽比宜为 3～4；

i. 有效水深宜为 1.5～2.0 m，超高不应小于 0.4 m；

j. 污水在气浮池分离段停留时间宜为 30～45 min；

k. 污水在分离段水平流速不应大于 6 mm/s；

l. 池内应设置刮渣机，刮渣机宜选用链板式，刮板的移动速度宜为 1～2 m/min。

（2）散气气浮

a. 宜采用叶轮散气气浮；

b. 停留时间不宜大于 20 min，气体释放区停留时间宜为 1～3 s；

c. 产生的气泡直径应小于 500 μm；

d. 有效水深不宜大于 2.0 m，长宽比不宜小于 4。

7. 活性污泥法

生物反应池进水的石油类含量不应大于 30 mg/L，硫化物含量不应大于 20 mg/L。生物反应缺氧池溶解氧不应大于 0.5 mg/L，生物反应好氧池溶解氧不应小于 2.0 mg/L。生物反应池池宽宜为 5～10 m，超高不应小于 0.5 m，有效水深宜为 4～6 m。廊道式生物反应池的池宽与有效水深之比宜为（1～2）:1。

生物反应池的主要设计参数应根据试验或相似污水的实际运行数据确定，当无数据时，炼油污水生物反应池主要设计参数可按表 6-60 取值。

表 6-60　炼油污水生物反应池主要设计参数

项目	普通曝气	延时曝气（氧化沟）	A/O 工艺	序批式活性污泥法
BOD_5 污泥负荷/[$kgBOD_5$/(kgMLSS·d)]	0.20～0.30	0.08～0.10	0.08～0.10	0.08～0.15
NH_3-N 污泥负荷/[$kgNH_3$-N/(kgMLSS·d)]	—	0.02～0.04	0.02～0.04	0.03～0.05
MLSS/(g/L)	2.5～3.0	2.5～3.0	2.5～3.0	2.5～3.0
BOD_5 容积负荷/[$kgBOD_5$/(m^3·d)]	0.40～0.60	0.15～0.25	0.15～0.25	0.20～0.60
NH_3-N 容积负荷/[$kgNH_3$-N/(m^3·d)]	—	0.08～0.10	0.08～0.10	—
污泥回流比/%	50～100	50～100	50～100	—
BOD_5 总处理效率/%	80～90	85～90	85～90	85～90

8. 生物膜法

生物膜法可采用生物接触氧化法、曝气生物滤池、塔式生物滤池等。生物膜法进水石油类含量不应大于 20 mg/L。生物膜反应池主要设计参数应根据试验或相似污水的实际运行数据确定。当无数据时，炼油污水生物膜法反应池主要设计参数可按表 6-61 的规定取值。

表 6-61　炼油污水生物膜法反应池主要设计参数

类别	COD_{Cr} 容积负荷/[$kgCOD_{Cr}$/(m^3·d)]	NH_3-N 容积负荷/[$kgNH_3$-N/(m^3·d)]	处理效率/%
生物接触氧化池（脱碳并硝化）	0.40～0.60	0.05～0.12	85～95
生物接触氧化池（脱碳）	0.60～1.00	—	85～95
曝气生物滤池	1.00～2.00	0.20～0.80	70～80

9. 沉淀

沉淀宜采用辐流式沉淀池，也可采用斜板沉淀池。沉淀池设计参数可按表 6-62 的规定取值。

表 6-62　沉淀池设计参数

沉淀池类型		沉淀时间/h	表面水力负荷/[m^3/(m^2·h)]	污泥含水率/%
二沉池	生物膜法后	2～4	0.50～1.00	96～98
	活性污泥法后	2～4	0.50～0.75	99.2～99.6
混凝沉淀池	生物膜法后	1～2	0.75～1.00	96～98
	活性污泥法后	1～2	0.50～1.00	99.2～99.6

6.11 电子工业废水处理工艺

6.11.1 废水类型与特征

电子工业是生产各种电子元器件、仪器仪表、通信设备、计算机等产品的行业。电子工业废水主要集中在印刷电路板（PCB）的生产过程，本节重点介绍印刷电路板废水的处理工艺。

印刷电路板生产废水主要来源于线路板制作中的刷磨、显影、蚀刻、剥膜、成型等工序。废水类型包括工艺漂洗废水、废酸液、废碱液、化学镀铜废水、显影废水等。按照生产废水中污染物的种类及其形态可分为不含络合剂的重金属废水、含络合剂的重金属废水、含氟废水、有机废水和酸碱废水。印刷电路板废水的污染物组成与电镀废水类似，但有机物和氟离子的含量更高。印刷电路板废水类型、来源与特征见表 6-63。

表 6-63 印刷电路板废水类型、来源与特征

废水类型	来源	污染物组成特征
酸性废水	酸洗、电镀等工序	硫酸、盐酸、Cu^{2+}
碱性废水	化学镀铜工序	pH 为 12 左右，含有络合铜离子，水量较小
含铜废水	镀铜工序、蚀刻工序	含有络合铜离子、有机物、EDTA、氨等
漂洗废水	清洗过程	水量较大，污染物浓度低，Cu^{2+} 浓度为 10~20 mg/L，COD_{Cr} 浓度为 100~150 mg/L，pH 为 5~8
有机废水	去膜、显影工序	水量较大，含有机物，碱性，COD_{Cr} 浓度为 15 000~18 000 mg/L

6.11.2 废水水质与水量

1. 废水水量

无实测资料和同类企业数据时，废水水量可按用水量的 95%确定。不同类型 PCB 产品的单位耗水量参考表 6-64 确定。

表 6-64 不同 PCB 产品的用水量

PCB 类型	单面板	双面板	4~6 层板	HDI 板	单/双面 FPC 板
用水量（m^3/m^2）	0.6~1.0	1.2~1.8	2.0~3.2	3.0~5.0	1.0~2.2

2. 废水水质

印刷线路板的废水水质因产品类型、配方不同而差异很大，宜通过现场实测和同类企业数据确定。表 6-65 为某印刷线路板生产企业的废水水质，仅供参考。

表 6-65 某印刷线路板生产企业废水类型及其水质

序号	废水类型	COD_{Cr}/（mg/L）	Cu/（mg/L）	pH
1	一般清洗废水	30~60	30	2~5

序号	废水类型	COD$_{Cr}$/（mg/L）	Cu/（mg/L）	pH
2	废酸液	2 000	1 000	≤2
3	废碱液	1 000	—	≥12
4	油墨废水	5 000~15 000	—	9~11
5	络合铜废水	12 500	2 400	≥12
6	络合铜水洗水	700	—	—

6.11.3 污染物排放要求

印刷线路板废水处理排放的要求应遵照环境管理部门的相关规定执行。

6.11.4 废水处理组合工艺

印刷线路板废水中的主要污染物是 COD$_{Cr}$ 和重金属离子，来源于不同工序，浓度差别较大。因此应该优先采取分类收集、分质处理的原则。

1. 重金属

重金属主要采用物理化学方法加以去除，处理方法与电镀废水类似，技术原理、工艺流程详见本书"6.14 有色金属冶炼工业废水处理工艺"和"6.15 机械加工工业废水处理工艺"两部分中关于重金属废水处理的内容。需要注意的是，印刷线路板生产过程中部分废水的重金属以络合物的形式存在，常规的化学沉淀法难以有效去除重金属，因此需要在单独采用破络处理后再进行重金属的沉淀。

2. COD$_{Cr}$

高浓度有机废水采用"水解酸化+活性污泥/生物接触氧化"的生化法进行处理。低浓度有机废水可采用生化法或高级氧化法去除 COD$_{Cr}$。

6.12 化学工业废水处理工艺

6.12.1 废水类型与特征

本章讨论的化学工业废水包括基础化工、有机化工、肥料、农药、合成药物、涂料、颜料、精细化工等各类化工产品生产过程中排放的废水。

化学工业产品繁多，使用的物料多种多样，废水组成复杂。一般而言，化工废水具有有机物浓度高、有毒有害物质多、难以生物降解、酸碱波动大等特征。

6.12.2 废水的水量与水质

1. 废水水量

污水处理厂处理污水量包括生产废水、生活污水、初期污染雨水和未预见污水量。

（1）最高时污水量计算

污水处理工程设计的最高时污水量应按生产废水量、生活污水量、初期污染雨水量和未预见污水量之和确定，其中：

a. 生产废水量应按各装置（单元）最大连续小试废水量与同时出现最大间断小时废水量之和确定。

b. 生活污水量应按《室外排水设计规范》(GB 50014)有关规定确定。

c. 初期污染雨水量宜按一次降雨初期污染雨水总量和调蓄设施的排空时间计算确定，宜采用式（6-9）计算：

$$q_s = \frac{F_s \cdot H_s}{t_s \cdot 1000} \tag{6-9}$$

式中：q_s——初期污染雨水量，m^3/h；

F_s——污染区面积，m^2；

H_s——降雨深度，mm，宜取 10～30 mm；

t_s——初期污染雨水调蓄池排空时间，h，宜小于 120 h。

d. 未预见污水量宜按各装置（单元）平均时生产污水量的 5%～15%计算。

（2）污水处理设施、构筑物设计流量的确定

a. 调节设施前处理构筑物的设计流量应按最高时污水量设计，当采用泵提升时，构筑物、配水管（渠）尚应按工作泵最大组合流量复核过水能力；

b. 调节设施后处理构筑物的设计流量宜按平均时污水量设计。

2. 废水水质

当设计资料齐全时，污水处理厂设计水质应按各装置平均时污水量和水质加权平均计算确定；当设计资料不全时，可按同类企业运行水质确定。

6.12.3 污染物排放标准

化工行业产品众多，废水类型复杂。国家现行标准中，已制定行业水污染物排放标准的主要包括：

《无机化学工业污染物排放标准》(GB 31573—2015)

《合成树脂工业污染物排放标准》(GB 31572—2015)

《合成氨工业水污染物排放标准》(GB 13458—2013)

《磷肥工业水污染物排放标准》(GB 15580—2011)

《烧碱、聚氯乙烯工业水污染物排放标准》(GB 15581—1995)

《皂素工业水污染物排放标准》(GB 20425—2006)

《杂环类农药工业水污染物排放标准》(GB 21523—2008)

《油墨工业水污染物排放标准》(GB 25463—2010)

《硝酸工业污染物排放标准》(GB 26131—2010)

《硫酸工业污染物排放标准》(GB 26132—2010)

《橡胶制品工业污染物排放标准》(GB 27632—2010)

未颁布行业标准的化工行业执行《污水综合排放标准》(GB8978—1996)中相关规定。

6.12.4 污水收集与预处理要求

1. 收集

a. 厂区生活污水宜单独收集；

b. 对突发性重大事故时受到污染的消防水应妥善收集、处置。

2. 预处理

a. 第一类污染物浓度超过最高允许排放浓度的污水,应在装置区(车间)进行预处理;

b. 含有较高浓度易挥发有毒化合物的污水应进行预处理;

c. 与其他污水混合易产生沉淀、聚合或生成难降解物的污水及含较高悬浮物的污水,应进行预处理;

d. 含有较高浓度难生物降解物质、生物毒性物质或高温的污水,直接进入污水处理厂不利于生物处理,应进行预处理。

6.12.5 主要工艺单元技术要求

1. 格栅

污水处理厂的污水进口应设格栅,并宜采用机械格栅。

2. 调节与均质

污水处理厂应设调节、均质设施,可合并建设,不应少于两格,每格可单独运行。

无详细设计资料时,调节设施容积可按 12~24 h 平均时流量设计;均质设施容积可按 8~12 h 平均时流量设计。

污水处理厂宜设非正常情况下超过进水指标的事故污水储存池,储存池容积可按 8~12 h 平均时流量设计。

3. 物理化学处理单元

隔油、气浮、混凝沉淀等处理单元的设计参数与技术要求,可参照 6.10 节相关内容。

4. 厌氧生物处理

厌氧生物处理宜通过实验或按相似水质运行经验确定处理工艺和预处理措施。化工废水的厌氧生物处理宜采用中温厌氧消化(30~37℃)。

有毒性、难生物降解的有机废水的厌氧生物处理,宜设置污泥储存池及向反应器内投加污泥的设施。

(1)水解酸化反应器

水解酸化反应器宜用于难降解有机物的预处理,反应器的有效容积宜根据水力停留时间计算。水力停留时间宜通过试验或按相似水质运行经验确定,无试验资料时,水力停留时间宜取 6~12 h。

(2)UASB 反应器

UASB 反应器用于化工废水处理时,进水 COD 浓度不宜大于 30 000 mg/L。无试验资料时,中温消化的 UASB 反应器的设计参数如表 6-66 所示。

(3)厌氧生物滤池

厌氧生物滤池的滤料容积宜按容积负荷法计算,无试验资料时,容积负荷宜取 2~10 kgCOD$_{Cr}$/(m^3·d)。

厌氧生物滤池的进水 SS 不宜大于 200 mg/L;当进水 COD$_{Cr}$ 浓度大于 8 000 mg/L 时,厌氧生物滤池的出水应回流。

填料装填高度不宜低于滤池高度的 2/3,且不宜低于 2 m。

表 6-66 化工废水处理中 UASB 反应器的设计参数

序号	设计参数		单位	数值
1	反应区容积负荷		kgCOD$_{Cr}$/(m³·d)	3~8
2	水力停留时间		h	>24
3	反应区表面水力负荷		m³/(m²·h)	0.5~1.0
4	三相分离器设计参数	沉淀区表面水力负荷	m³/(m²·h)	<1.0
		水力停留时间	h	1.5~2.0
		沉淀区开缝处进水流速	m/h	<3
		沉淀斜面与水平面夹角	(°)	45~60
		气液分离界面气体负荷	m³/(m²·h)	>1
		导流体（导流板）与集气室斜面重叠宽度	mm	100~200

5. 好氧生物处理

化工废水的好氧单元可以选择活性污泥或生物膜法。活性污泥法包括传统活性污泥法、A/O、A/A/O、纯氧曝气工艺、氧化沟、SBR 工艺、MBR 工艺等，生物膜法可采用接触氧化和曝气生物滤池等工艺。

（1）进水要求

处理化工废水时，进入好氧生物处理单元的废水要保证不对微生物造成抑制与毒害。活性污泥法进水的石油类含量不应大于 30 mg/L，硫化物不宜大于 20 mg/L，其他有毒害和抑制性物质在活性污泥系统混合液中的允许浓度，宜通过试验或按有关技术资料确定。生物膜法进水含油量不宜大于 20 mg/L。

（2）活性污泥工艺设计参数

活性污泥工艺处理化工废水的设计参数可参照表 6-67 选取。

表 6-67 活性污泥工艺处理化工废水的设计参数

项目	传统活性污泥工艺	缺氧/好氧工艺	厌氧/缺氧/好氧工艺	纯氧曝气工艺	氧化沟工艺	一体式MBR工艺
BOD$_5$污泥负荷/[kgBOD$_5$/(kgMLSS·d)]	0.20~0.30	0.05~0.15	0.1~0.2	0.3~0.5	0.05~0.10	—
混合液污泥浓度/(g/L)	2.0~4.0	2.5~4.5	2.5~4.5	4~8	2.5~4.5	5~12
污泥泥龄/d	5~15	11~23	10~20	—	>15	15~60
污泥产率/(kgVSS/kgBOD$_5$)	0.4~0.6	0.3~0.6	0.3~0.6	0.3~0.45	0.3~0.6	—
污泥回流比/%	50~100	50~100	20~100	30~60	50~150	—

其他技术要点：

a. 采用缺氧/好氧工艺、厌氧/缺氧/好氧工艺及氧化沟工艺等进行脱氮处理时，TN 污泥负荷不宜大于 0.05 kgTN/(kgMLSS·d)，混合液回流比为 200%~400%。

b. 采用厌氧/缺氧/好氧工艺脱氮除磷时，厌氧池的容积可按水力停留时间计算，水力停留时间宜为 1~2 h。

　　c. 纯氧曝气工艺中，回流污泥浓度不宜低于 12 g/L，反应池混合液溶解氧浓度宜为 4~10 mg/L，尾气中溶解氧浓度宜为 40%~50%，尾气排放量宜为进氧量的 10%~20%，氧气利用率不宜小于 90%。

　　d. 氧化沟内平均水平流速不应小于 0.25 m/s，当流速不能满足要求时，宜设潜水推进器。采用转刷曝气机时，有效水深不宜大于 3.5 m；采用转碟曝气机时，有效水深不宜大于 4.0 m；采用竖轴表面曝气机时，有效水深不宜大于 5.0 m；采用鼓风曝气时，有效水深宜为 4~6 m。

　　e. SBR 工艺主要设计参数可根据去除碳源有机物、脱氮、除磷的不同需求参照传统活性污泥、缺氧/好氧工艺或厌氧/缺氧/好氧工艺确定。

　　f. 处理化工废水的膜生物反应器宜选择孔径分布均匀、非对称、耐污染和易清洗的改性聚乙烯、聚砜膜，其具有稳定的亲水性，而亲水性的膜组件抗污染能力远远超出疏水性的膜组件。对于含油废水，宜选择聚偏氟乙烯膜，其对 pH 耐受范围可达 1~13，抗氧化能力突出，可以经受苛刻的氧化清洗，同时耐绝大多数化学溶剂。

　　g. 分置式膜生物反应器宜选用管式超滤膜组件，一体式膜生物反应器宜选用膜孔径为 0.1~0.4 μm 的外压式微滤膜组件，膜工作水通量宜大于 10 L/($m^3 \cdot h$)。确定膜生物反应器的设计参数时，除参考表 6-67 所列数值外，还应参照膜生产厂商提供的设计说明书，膜通量、水力停留时间、有机负荷等。

（3）生物膜法

接触氧化池宜按填料容积负荷法计算。用于碳氧化和硝化时，应同时满足按 BOD_5 容积负荷和硝化容积负荷分别计算的结果。无资料时，可按下列数据选取：

　　a. 用于碳氧化时，BOD_5 容积负荷宜为 1.0~3.0 $kgBOD_5$/($m^3 \cdot d$)；

　　b. 用于碳氧化和硝化时，BOD_5 容积负荷宜为 0.2~1.0 $kgBOD_5$/($m^3 \cdot d$)，硝化（氨氮）容积负荷宜为 0.1~0.4 $kgNH_3\text{-}N$/($m^3 \cdot d$)；

　　c. 接触氧化池的污泥产率可取 0.2~0.4 $kgVSS/kgBOD_5$。

无试验资料时，曝气生物滤池滤料的设计参数可采用下列数据：

　　a. 用于碳氧化时，BOD_5 容积负荷宜为 2.0~4.0 $kgBOD_5$/($m^3 \cdot d$)；

　　b. 用于硝化时，进水 BOD_5 浓度不宜大于 30 mg/L，硝化容积负荷宜为 0.3~0.8 $kgNH_3\text{-}N$/($m^3 \cdot d$)；

　　c. 反硝化容积负荷宜为 0.8~4 $kgNO_3^-\text{-}N$/($m^3 \cdot d$)；

　　d. 废水通过滤料层高度的空塔停留时间不宜小于 45 min；

　　e. 污泥产率可取 0.18~0.75 $kgVSS/kgBOD_5$；

　　f. 进水悬浮固体浓度不宜大于 60 mg/L；

　　g. 滤料层高度宜为 2.5~4.5 m；

　　h. 曝气生物滤池的反冲洗宜采用气水联合反冲洗。反冲洗空气强度宜为 10~15 L/($m^2 \cdot s$)；反冲洗水强度宜为 5~8 L/($m^2 \cdot s$)。冲洗时间宜为 8~12 min。

6.12.6 化工特种污染物处理技术要求

1. 一般规定

a. 含有特种污染物废水的处理宜通过试验或按同类废水处理的运行经验确定处理方法。

b. 化工生产过程中产生的高浓度特种污染物,宜在工艺装置内进行预处理、回收、回用。

c. 化工装置非正常排出的高浓度物料应设储槽收集暂存,并应在装置正常运行后再返回工艺过程,不得作为废水排放。

d. 采用化学沉淀法处理第一类污染物产生的沉淀物,应按危险废物进行回收或填埋。

2. 氨氮废水

a. 高浓度氨氮废水应经预处理后再进行生物处理。

b. 含氨氮的废水宜与其他有机废水、生活污水混合后采用生物法处理。

c. 生物处理系统进水中氨氮的浓度不宜大于 200 mg/L。

d. 含氨氮废水的生物处理宜采用具有脱氮功能的硝化、反硝化工艺。

3. 有机磷废水

a. 有机磷废水宜采用物化处理和生物处理相结合的处理方法,生物处理后出水中的磷不能满足排放标准时,宜增加化学除磷设施。

b. 含有高浓度酚的有机磷废水,宜先回收废水中的酚。

c. 高浓度有机磷废水的预处理宜采用低压酸性水解法。

4. 含氟废水

a. 含氟化物废水宜采用化学沉淀法处理。高浓度含氟废水宜采用多级沉淀处理,宜先采用石灰沉淀法进行二级处理,再用铝盐(或镁盐)进行后续处理;低浓度含氟污水宜采用石灰—铝盐(或镁盐)沉淀法处理。

b. 采用硫酸铝作为混凝剂时,宜加入适量聚丙烯酰胺作为助凝剂。

5. 硫化物废水

a. 高浓度硫化物废水宜回收其中的硫,不易回收硫的废水,宜采用化学絮凝沉淀法处理。

b. 当采用石灰—硫酸亚铁沉淀法处理时,废水处理终点的 pH 宜为 8~9,并宜适量添加聚丙烯酰胺作为助凝剂。

c. 当废水中硫化物的浓度小于 10 mg/L 时,可采用臭氧、氯或芬顿试剂氧化法处理。

d. 硫化物废水不得采用直接加酸法调节 pH。

e. 化学沉淀法产生的污泥可以采用卧式离心脱水机或板框压滤机进行脱水处理。

6. 含汞废水

a. 含汞浓度高的废水宜采用硫化物与铁盐、铝盐混凝剂进行共沉预处理。

b. 低浓度含汞废水、经化学沉淀法处理后的含汞废水以及含有机汞的废水,宜采用活性炭吸附法或离子交换法处理。

c. 含汞污泥应按危险废物进行处置,活性炭和离子交换树脂再生液中的汞应由专业单位进行回收。

7. 含铬废水

a. 废水中的三价铬可采用石灰或氢氧化钠进行中和沉淀处理，pH 宜控制在 8~9。

b. 含六价铬的废水宜采用还原剂将六价铬还原为三价铬，再用中和沉淀法处理，还原反应的 pH 宜为 2~3。

c. 当用离子交换法处理含铬废水时，三价铬宜采用阳离子树脂，六价铬宜采用阴离子树脂。用阴离子交换树脂处理六价铬时，pH 宜控制在 4~5。

d. 对于有回收价格的高浓度铬酸盐和铬酸废水可采用蒸发法进行回收处理。

e. 含铬污泥应按危险废物进行处置。

8. 含铜废水

a. 含有铜离子的废水宜采用氢氧化钠沉淀法处理，沉淀物经浓缩脱水后应回收，不能回收的，应按危险废物进行处置。

b. 废水中的铜离子以络合物状态存在时，可根据下列情况解络后再进行化学沉淀处理：

a）对于铜与碳酸根形成的络合物，可将 pH 调至 6~7，再用空气吹脱产生的二氧化碳进行解络；

b）对于铜与氰化物形成的络合物，可用次氯酸钠作为解络剂；

c）对于铜与氨形成的络合物，可用硫化物进行沉淀处理。

c. 浓度较高的含铜废水可采用电解法处理，并应回收其中的铜。

9. 含氰废水

a. 高浓度含氰废水可采用加压水解法处理；低浓度含氰废水可采用化学氧化法或生物法处理。

b. 当采用加压水解法时，水解反应器的温度宜控制在 60~80℃，废水停留时间宜为 6~8 h；当采用氯氧化法时，宜将废水的 pH 调节到 8.5~9.0，氧化停留时间宜为 1 h，加氯量宜过量 10%~30%。

c. 当采用生物滤塔处理造气含氰废水时，应选择不易堵塞的填料和喷头，并应适当添加营养元素。

6.13 钢铁工业废水处理工艺

6.13.1 废水来源与特征

钢铁工业废水是指钢铁生产过程中各生产工序，包括原料、烧结、炼铁、炼钢、轧钢等过程（不包括焦化单元）产生的废水。

钢铁工业废水来源于生产工艺过程用水、设备与产品冷却水、设备与场地清洗水等。废水含有随水流失的生产用原料、中间产物和产品，以及生产过程中产生的污染物。废水来源与主要污染物见表 6-68。

表 6-68 钢铁工业废水来源与主要污染物

生产单元	废水类型	排放源	主要污染物及负荷
原料	原料场废水	卸料除尘、冲洗地坪	SS
烧结	冲洗胶带、地坪废水	冲洗混合料胶带、冲洗地坪	SS 浓度一般为 5 000 mg/L
烧结	湿式除尘器废水	湿式除尘器	主要为 SS，浓度一般为 5 000~10 000 mg/L，其中总铁占 40%~45%
烧结	脱硫废液	烧结机烟气脱硫	pH 4~6，SS、Cl⁻ 高，汞、铅、砷、锌等重金属离子
炼铁	高炉煤气洗涤废水	高炉煤气洗涤净化系统、管道水封	SS、COD_{Cr} 等，含少量酚、氰、Zn、Pb、硫化物和热污染；其中 SS 浓度为 1 000~5 000 mg/L，氰化物 0.1~10 mg/L，酚为 0.05~3 mg/L
炼铁	炉渣粒化废水	渣处理系统	主要为 SS，浓度 600~1 500 mg/L，氰化物为 0.002~1 mg/L，酚 0.01~0.08 mg/L
炼铁	铸铁机喷淋冷却废水	铸铁机	主要为 SS，浓度 300~3 500 mg/L
炼钢	转炉烟气湿法除尘废水	湿式除尘器	未燃法废水 SS 以 FeO 为主，燃烧法废水 SS 以 Fe_2O_3 为主，SS 浓度一般为 3 000~20 000 mg/L
炼钢	精炼装置抽气冷凝废水	精炼装置	主要为 SS，浓度为 150~1 000 mg/L
炼钢	连铸生产废水	二冷喷淋冷却、火焰切割机、铸坯钢渣粒化	主要 SS、氧化铁皮、油脂，SS 浓度为 200~2 000 mg/L，油 20~50 mg/L
炼钢	火焰清理机废水	火焰清理机、煤气清洗	主要 SS、氧化铁皮、油脂，SS 浓度为 400~1 500 mg/L
轧钢（热轧）	热轧生产废水	轧机支撑辊、卷取机、除鳞、辊道等冷却和冲铁皮	主要为氧化铁皮、油脂，SS 浓度为 200~4 000 mg/L，油 20~50 mg/L
轧钢（冷轧）	冷轧酸碱废水	酸洗线、轧线	酸、碱
轧钢（冷轧）	冷轧含油和乳化液废水	冷轧机组、磨辊间、带钢脱脂机组及油库	润滑油和液压油
轧钢（冷轧）	冷轧含铬废水	热镀锌机组、电镀锌、电镀锡等机组	铬、锌、铅等重金属离子
自备电厂	高含盐废水	除盐站反洗水或软化站再生排水	酸、碱

6.13.2 废水的水量与水质

1. 废水水量

钢铁生产单元废水产生量应按下列方法确定：

a. 新建钢铁企业应按各生产单元的水量水质平衡计算，并通过类比验证确定；

b. 改、扩建钢铁企业应按各生产单元给排水系统中设置的计量仪表实测数据确定；

c. 当无计量仪表时，可根据类似产品品种、生产工艺、生产规模、工作制度和管理水平的企业类比确定。

钢铁工业综合废水的水量应按各排水干管排水量之和计算。

2. 废水水质

钢铁生产单元废水的污染负荷可按相应生产单元的废水排放量及污染物浓度进行估算；综合废水的污染负荷可根据现场连续取样测定或根据排水系统的水量水质进行估算。

6.13.3 污染物排放标准

国家标准《钢铁工业水污染物排放标准》（GB 13456—2012）规定了钢铁工业企业或生产设施水污染物排放限值、监测和监控要求。标准规定：该标准实施日（2012 年 10 月 1 日）之后建设的企业执行表 6-69 中污染物排放浓度的一般限值，实施日之前建设的企业自 2015 年 1 月 1 日起也需要达到表 6-69 的污染物排放浓度的一般限值。

表 6-69 钢铁工业企业水污染物一般排放限值

单位：mg/L（pH、色度除外）

序号	污染物项目	直接排放限值						间接排放限值	污染物排放监控位置
		钢铁联合企业	钢铁非联合企业						
			烧结（球团）	炼铁	炼钢	轧钢			
						冷轧	热轧		
1	pH	6～9	6～9	6～9	6～9	6～9	6～9	6～9	企业污水总排放口
2	SS	30	30	30	30	30	30	100	
3	COD$_{Cr}$	50	50	50	50	70	50	200	
4	NH$_3$-N	5	—	5	5	5	—	15	
5	TN	15	—	15	15	15	—	35	
6	TP	0.5	—	—	—	0.5	—	2.0	
7	石油类	3	3	3	3	3	3	10	
8	挥发酚	0.5	—	0.5	—	—	—	1.0	
9	总氰化物	0.5	—	0.5	—	0.5	—	0.5	
10	氟化物	10	—	—	10	10	—	20	
11	总铁[①]	10	—	—	—	10	—	10	
12	总锌	2.0	—	2.0	—	2.0	—	4.0	
13	总铜	0.5	—	—	—	0.5	—	1.0	
14	总砷	0.5	0.5	—	—	0.5	—	0.5	
15	六价铬	0.5	—	—	—	0.5	—	0.5	
16	总铬	1.5	—	—	—	1.5	—	1.5	车间或生产设施废水排放口
17	总铅	1.0	1.0	1.0	—	—	—	1.0	
18	总镍	1.0	—	—	—	1.0	—	1.0	
19	总镉	0.1	—	—	—	0.1	—	0.1	
20	总汞	0.05	—	—	—	0.05	—	0.05	

注：①排放废水 pH 小于 7 时执行该限值。

根据环境保护工作的要求，在国土开发密度已经较高、环境承载能力开始减弱，或环境容量较小、生态环境脆弱，容易发生严重环境污染问题而需要采取特别保护措施的地区，应严格控制企业的污染物排放行为。国务院环境保护行政主管部门或省级人民政府根据环境保护工作的要求在上述地区的企业执行表6-70规定的水污染物特别排放限值。

表6-70 钢铁工业企业水污染物特别排放限值

单位：mg/L（pH、色度除外）

序号	污染物项目	排放限值						污染物排放监控位置
		直接排放限值					间接排放限值	
		钢铁联合企业	钢铁非联合企业					
			烧结（球团）	炼铁	炼钢	轧钢		
1	pH	6～9	6～9	6～9	6～9	6～9	6～9	企业污水总排放口
2	SS	20	20	20	20	20	30	
3	COD$_{Cr}$	30	30	30	30	30	200	
4	NH$_3$-N	5	—	5	5	5	8	
5	TN	15	—	15	15	15	20	
6	TP	0.5	—	—	—	0.5	0.5	
7	石油类	1	1	1	1	1	3	
8	挥发酚	0.5	—	0.5	—	—	0.5	
9	总氰化物	0.5	—	0.5	—	0.5	0.5	
10	氟化物	10	—	—	10	10	10	
11	总铁①	2.0	—	—	—	2.0	10	
12	总锌	1.0	—	1.0	—	1.0	2.0	
13	总铜	0.3	—	—	—	0.3	0.5	
14	总砷	0.1	0.1	—	—	0.1	0.1	
15	六价铬	0.05	—	—	—	0.05	0.05	车间或生产设施废水排放口
16	总铬	0.1	—	—	—	0.1	0.1	
17	总铅	0.1	0.1	0.1	—	—	0.1	
18	总镍	0.05	—	—	—	0.05	0.05	
19	总镉	0.01	—	—	—	0.01	0.01	
20	总汞	0.01	—	—	—	0.01	0.01	

注：①排放废水pH小于7时执行该限值。

6.13.4 综合废水处理组合工艺设计

钢铁生产单元废水应遵循一水多用和综合利用的原则，优先在单元内进行处理回用。各生产单元外排废水应由厂区排水系统收集并输送至综合废水处理设施处理。本节重点介绍综合废水的处理工艺。

综合废水处理宜采用物化处理工艺，采用图6-14所示工艺处理后回用。

综合废水处理设施的主体工艺一般由预处理单元、主体单元及辅助单元设施组成。

常用的预处理单元包括格栅、除油、调节、沉淀等，应根据废水来水水量、水质及处理后出水要求进行选择。

综合废水处理的主体单元通常包括混凝、沉淀、澄清、过滤及除盐。

辅助单元设施主要包括药剂系统和泥浆处理系统。

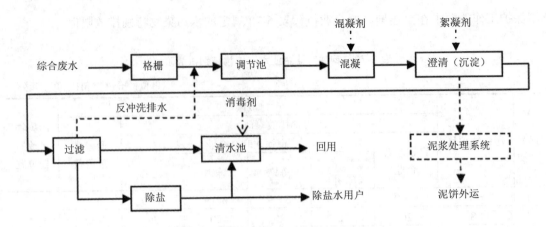

图 6-14 钢铁工业综合废水处理工艺流程

6.13.5 主要工艺单元技术要求

1. 格栅

综合废水处理设施入口处或废水提升泵前应设置格栅，粗、细格栅的栅条间隙宜分别为 20～30 mm、5～15 mm。

2. 调节池

综合废水处理系统宜设置调节池。调节池的水力停留时间宜为 1.0～2.0 h。池内应有防止泥沙沉淀的措施，并设置除油设施。

3. 混凝

混合宜采用机械混合方式，混合时间宜为 1～3 min，速度梯度应大于 250 s^{-1}。

4. 沉淀/澄清

a. 沉淀池宜采用辐流沉淀池，表面负荷宜为 1.5～2.5 $m^3/(m^2·h)$。

b. 澄清池宜采用机械搅拌澄清池和一体化澄清池，并宜采用机械化或自动化排泥装置。机械搅拌澄清池清水区的表面负荷宜为 1.4～2.1 $m^3/(m^2·h)$；一体化澄清池斜管顶部清水区的表面负荷宜为 10～18 $m^3/(m^2·h)$。

5. 过滤

滤池或过滤器的滤料粒径宜为 0.8～1.3 mm，其余设计参数参照本书相关章节确定。滤池或过滤器的冲洗方式应具有气、水反冲洗功能。

6. 消毒

综合废水处理后水应经消毒后回用。消毒剂宜采用氯消毒、二氧化氯消毒和次氯酸钠消毒。

6.14 有色金属冶炼工业废水处理工艺

6.14.1 废水分类和特征

有色金属是除铁、铬锰以外的其他金属。有色金属工业生产可分为矿山开采、重有色金属冶炼、轻有色金属冶炼、稀有金属冶炼和黄金冶炼等。其中，重有色金属是指密度大于 4.5 g/cm³ 的有色金属材料，而轻有色金属密度小于 4.5 g/cm³。有色金属的分类如图 6-15 所示。

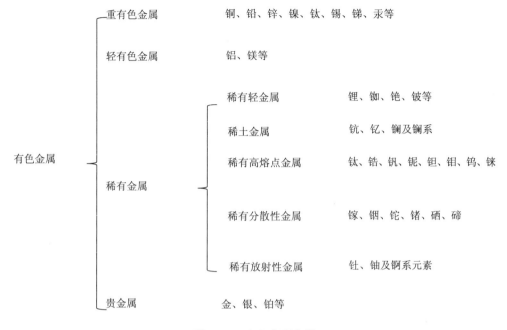

图 6-15 有色金属分类

有色金属冶炼废水按照金属种类的不同，可分为重有色金属冶炼废水、轻有色金属冶炼废水、稀有金属冶炼废水、贵金属冶炼废水；按照冶炼废水中所含主要污染物特性的不同，可分为酸性废水、碱性废水、重金属废水、含氰废水、含油废水和含放射性废水。

有色金属冶炼废水中主要污染物为 SS、COD_{Cr}、重金属、石油类、酸碱。其中，重金属离子成分复杂，由于有色金属矿石一般包含伴生元素，所以废水中通常含有汞、镉、砷、铅、铜、氟和氰等。

有色金属冶炼废水的来源包括设备冷却水、冲渣水、烟气净化系统排水及湿法冶金过程排水。其中冷却水基本未受污染，冲渣水仅轻度污染，烟气净化废水和湿法冶金过程排水污染物含量较多，是重点处理对象。

1. 重有色金属冶炼废水

重有色金属冶炼废水主要来自炉套、设备冷却、水力冲渣、烟气洗涤净化及湿法、制酸生产工艺排水。重有色金属冶炼废水污染源因金属品种、矿石成分、冶炼方法而异。镍、汞、锡、锑等其他重有色金属的冶炼方法与铜、铅、锌的冶炼方法类似，废水来源与特征也类似。

（1）铅冶炼

铅冶炼过程中产生的废水包括炉窑设备冷却水、冲渣废水、高盐水、冲洗废水、烟气净化废水等。铅冶炼主要水污染物及来源见表 6-71。

表 6-71 铅冶炼主要水污染物及来源

工序	产污节点	主要污染物
熔炼—还原	炉窑汽化水套或水冷水套、余热锅炉	盐类
烟化	炉窑汽化水套或水冷水套、余热锅炉	盐类
	冲渣	SS、重金属（Pb、Zn、As）
烟气制酸	制酸系统烟气净化装置	酸、重金属（Pb、Zn、As、Cd、Hg）、SS
浮渣处理	炉窑汽化水套或水冷水套、余热锅炉	盐类
电解精炼	阴极板冲洗水、地面冲洗水	酸、重金属（Pb、Zn、As）、SS
软化水处理	软化水处理后产生的高盐水	钙、镁等离子
初期雨水	熔炼区、电解区初期雨水	酸、重金属（Pb、Zn、As、Cd、Hg）、SS
废气湿式除尘	湿式除尘器	SS、重金属（Pb、Zn、As、Cd、Hg）

（2）铜冶炼

铜冶炼过程中产生的废水主要来源于二氧化硫烟气净化排出的废酸，湿法冶炼中的阳极泥工段、中心化验室排出的含酸废水，车间地面冲洗水，工业冷却循环水的排污水，余热锅炉排污水，锅炉化学水处理车间排出的酸碱废水和硫酸场地的初期雨水。其中烟气净化排出的废酸中含重金属离子等有毒有害物质，对环境的污染最严重。铜冶炼过程中产生的主要水污染物及来源见表 6-72。

表 6-72 铜冶炼主要水污染物及来源

废水类型	产污节点	主要污染物
冶金炉水套排污水	工业炉窑汽化水套或水冷水套	热污染
余热锅炉排污水	余热锅炉房	热污染
化学水处理站排污水	化学水处理站	热污染
金属铸锭或产品熔铸冷却水排水	圆盘浇铸机、直线浇铸机等	热污染
冲渣水和直接冷却水	水淬装置等	固体颗粒物以及少量重金属污染物
湿式除尘循环水系统	精矿干燥烟气湿式除尘废水	SS、热污染
酸性废水	制酸系统烟气净化装置、泵类设备泄漏	重金属离子、废酸、酸泥
电解、净液、阳极泥处理车间排水	电解槽、阴极板清洗水	Cu^{2+}、硫酸、Ni、As、Bi、Sb、Ag
	含氯尾气吸收后的废水	Cl^-、Na^+
	硒吸收塔溶液、洗涤粗硒的洗液	Se
	银粉洗涤水	Pb、As、Bi、Sb、Ag、Cu
	车间地面冲洗水、压滤机滤布清洗水	重金属离子

（3）锌冶炼

锌冶炼的方法有火法和湿法两种，火法冶锌的水污染物主要来自烟气净化过程，含有 Zn、Cd、Pb 等重金属污染物和 As、F 等污染物；湿法冶锌的废水主要包括渗出液、净化液、废电解液及清洗水，废水呈酸性，含有 Zn、Pb 等重金属污染物。

2. 轻有色金属冶炼废水

铝和镁是典型的轻有色金属。

（1）铝冶炼

以铝矾土为原料，采用碱法生产氧化铝；再以氧化铝为原料，采用电解法生产金属铝。铝冶炼废水的来源和特征见表6-73。

表6-73 铝冶炼废水来源与特征

废水类别	废水来源	废水特征
碱法生产氧化铝废水	各类设备的冷却水、石灰炉排气洗涤水，各类设备、贮槽及地面的清洗水	含有碳酸钠、NaOH、铝酸钠、氢氧化铝及含有氧化铝的粉尘、物料等
电解铝废水	设备冷却水、产品洗涤水以及湿法烟气净化废水	主要污染物为氟化物，还有沥青悬浮物等杂质

（2）镁冶炼

镁冶炼以菱镁矿为原料，采用氯化电解法生产金属镁。废水主要来自设备间接冷却、氯化炉尾气洗涤、排气烟道与风机洗涤、氯气导管冲洗以及镁锭生产等工序。镁冶炼废水的来源和特征见表6-74。

表6-74 镁冶炼废水来源与特征

废水类别	废水来源	废水特征
间接冷却水	镁厂整流所、空压站等	未受污染，水温较高
洗涤水	氯化炉尾气洗涤、排气烟道与风机洗涤、氯气导管冲洗	呈酸性，含盐酸、氯盐
电解气洗涤水	电解阴极气体洗涤	含大量氯盐
酸洗水	镁锭酸洗镀膜	含重铬酸钾、硝酸和氯化铵等

3. 稀有金属废水

稀有金属种类繁多，原料复杂，金属及化合物性质不同，冶炼方法较多，废水的来源和特征各异。稀有金属废水主要来自工艺生产，其次为设备冲洗水和尾气淋洗水等。稀土金属冶炼废水含有放射性物质，半导体材料冶炼废水含有砷、氟等有害物质，铍冶炼废水含有铍、硒、铊、碲，高纯金属生产排水中含有硒、铊、碲等稀有金属。此外，由于有色金属矿石原料中有伴生元素存在，废水中有可能含有毒性元素。

4. 黄金冶炼废水

黄金冶炼废水主要来自冶炼过程，主要污染特征是含有氰化物和重金属离子。

6.14.2 废水的水量与水质

有色金属冶炼工业产生的废水水量和水质与金属种类、矿石特性、冶炼工艺和水循环利用率有密切的关系。处理设施的设计宜以现场监测数据或同类型生产企业的资料数据为依据。本书对此部分内容不做详细介绍。

6.14.3 污染物排放标准

国家现行污染物排放标准体系中对有色金属冶炼工业企业的水污染物排放颁布的行

业标准包括:《铝工业污染物排放标准》(GB 25465—2010)、《铅、锌工业污染物排放标准》(GB 25466—2010)、《铜、镍、钴工业污染物排放标准》(GB 25467—2010)、《镁、钛工业污染物排放标准》(GB 25468—2010)、《稀土工业污染物排放标准》(GB 26451—2011)、《钒工业污染物排放标准》(GB 26452—2011)。铜镍钴工业、铅锌工业和铝工业水污染物一般排放限值和特别排放限值分别见表 6-75、表 6-76 和表 6-77。其他行业的水污染物排放限值查询相关标准,本书不再做详细介绍。

表 6-75 铜、镍、钴冶炼企业水污染物排放浓度限值

单位:mg/L(pH 除外)

序号	污染物项目	一般排放限值		特别排放限值		污染物排放监控位置
		直接排放	间接排放	直接排放	间接排放	
1	pH	6~9	6~9	6~9	6~9	企业废水总排放口
2	SS	80(采选) 30(其他)	200(采选) 140(其他)	30(采选) 10(其他)	80(采选) 30(其他)	
3	COD_{Cr}	100(湿法冶炼) 60(其他)	300(湿法冶炼) 200(其他)	50	60	
4	氟化物	5	15	2	5	
5	TN	15	40	10	15	
6	TP	1.0	2.0	0.5	1.0	
7	NH_3-N	8	20	5	8	
8	总锌	1.5	4.0	1.0	1.5	
9	石油类	3.0	15	1.0	3.0	
10	总铜	0.5	1.0	0.2	0.5	
11	硫化物	1.0	1.0	0.5	1.0	
12	总铅	0.5		0.2		生产车间或设施废水排放口
13	总镉	0.1		0.02		
14	总镍	0.5		0.5		
15	总砷	0.5		0.1		
16	总汞	0.05		0.01		
17	总钴	1.0		1.0		

表 6-76 铅、锌冶炼企业水污染物排放浓度限值

单位:mg/L(pH 除外)

序号	污染物项目	一般排放限值		特别排放限值		污染物排放监控位置
		直接排放	间接排放	直接排放	间接排放	
1	pH	6~9	6~9	6~9	6~9	企业废水总排放口
2	COD_{Cr}	60	200	50	60	
3	SS	50	70	10	50	
4	NH_3-N	8	25	5	8	
5	TP	1.0	2.0	0.5	1.0	
6	TN	15	30	10	15	
7	总锌	1.5	1.5	1.0	1.0	

序号	污染物项目	一般排放限值		特别排放限值		污染物排放监控位置
		直接排放	间接排放	直接排放	间接排放	
8	总铜	0.5	0.5	0.2	0.2	企业废水总排放口
9	硫化物	1.0	1.0	1.0	1.0	
10	氟化物	8	8	5	5	
11	总铅	0.5		0.2		生产车间或设施废水排放口
12	总镉	0.05		0.02		
13	总汞	0.03		0.01		
14	总砷	0.3		0.1		
15	总镍	0.5		0.5		
16	总铬	1.5		1.5		

表6-77 铝冶炼企业水污染物排放浓度限值

单位：mg/L（pH除外）

序号	污染物项目	一般排放限值		特别排放限值		污染物排放监控位置
		直接排放	间接排放	直接排放	间接排放	
1	pH	6～9	6～9	6～9	6～9	企业废水总排放口
2	SS	30	70	10	30	
3	COD_{Cr}	60	200	50	60	
4	氟化物	5.0	5.0	2.0	2.0	
5	NH_3-N	8.0	25	5.0	8.0	
6	TN	15	30	10	15	
7	TP	1.0	2.0	0.5	1.0	
8	石油类	3.0	3.0	1.0	1.0	
9	总氰化物[①]	0.5	0.5	02	0.2	
10	硫化物[①]	1.0	1.0	0.5	0.5	
11	挥发酚[①]	0.5	0.5	0.3	0.3	

注：①设有煤气生产系统企业增加的控制项目。

6.14.4 废水处理组合工艺设计

1. 重有色金属冶炼废水处理工艺流程

重有色金属冶炼废水的处理常采用石灰中和法、硫化物沉淀法、氧化还原法、铁氧体法、电解法、吸附法、离子交换法和膜分离法等。根据废水中含有的污染物种类和排水要求，单独或组合使用以上处理技术，形成重有色金属冶炼的废水处理工艺流程。

（1）石灰中和沉淀法

向含有重有色金属离子的废水中投加石灰，使重金属离子与氢氧根反应生成难溶的金属氢氧化物沉淀析出。本技术可采用一次中和沉淀和分步沉淀两种方式。一次沉淀是指一次投加碱，提高pH值，同时使废水中多种金属离子共同沉淀析出；分步沉淀是指分段投加碱，利用不同金属氢氧化物在不同pH值下沉淀析出的特性，依次沉淀回收各种金属氢氧化物。一次沉淀和分步沉淀的工艺流程如图6-16所示。

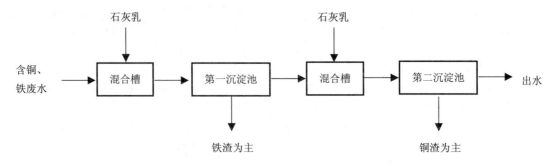

(a) 分步沉淀工艺流程（以含铜、铁废水为例）

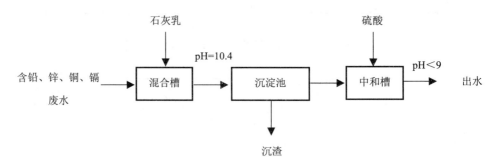

(b) 一次沉淀工艺流程（以含铅、锌、铜、镉废水为例）

图 6-16 石灰中和沉淀工艺流程

本技术可有效中和废酸及酸性废水，同时对除汞以外的重金属离子也有较好的去除效果，重金属去除率大于 98%，对氟离子去除率为 80%~90%。本技术对水质有较强的适应性，工艺流程短，设备简单，原料石灰来源广泛，废水处理费用低；但出水硬度高，难以回用；沉渣过滤脱水性能差，成分复杂，含重金属品位低，不易处置，易造成二次污染。

(2) 硫化物沉淀法

向含重金属离子的废水中投加硫化钠或硫化氢等硫化剂，使金属离子与硫离子反应，生成难溶的金属硫化物，再予以分离除去。硫化物沉淀法处理铜冶炼污酸的工艺流程如图 6-17 所示。

硫化物沉淀法对铜和砷的去除率为 96%~98%。主要去除镉、砷、锑、铜、锌、汞、银、镍等，可用于含砷、汞、铜离子浓度较高的废水。通过硫化物沉淀法把溶液中不同金属离子分步沉淀，所得泥渣中金属品位高，便于回收利用；渣量少、易脱水；此外，硫化法还具有适应 pH 范围大的优点，甚至可以在酸性条件下把许多重金属离子和砷沉淀去除。但硫化钠价格高，处理过程产生的硫化氢气体易造成二级污染，处理后的水中硫离子含量超过排放标准，还需进一步处理；另外，生成的细小金属硫化物离子不易沉降。

(3) 石灰—铁盐（铝盐）法

石灰—铁盐法是向废水中加石灰乳（$Ca(OH)_2$），并投加铁盐，如废水中含有氟时，需投加铝盐。将 pH 调整至 9~11，去除污水中的 As、F、Cu、Fe 等。铁盐通常采用硫酸亚铁、三氯化铁和聚铁，铝盐通常采用硫酸铝、氯化铝。石灰—铁盐（铝盐）法处理废水工艺流程见图 6-18。

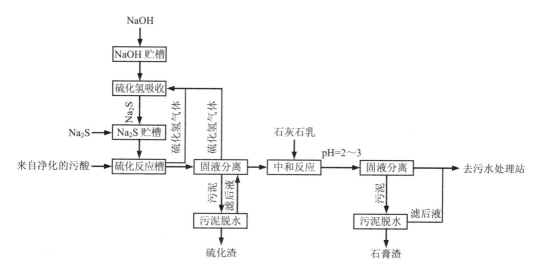

图 6-17 硫化物法+石灰中和法处理污酸工艺流程

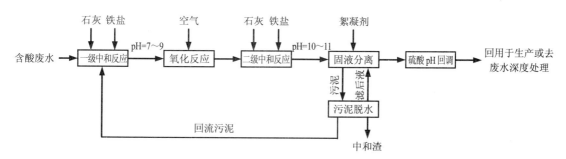

图 6-18 石灰-铁盐（铝盐）法处理废水工艺流程

本工艺对铜、砷和其他重金属的去除率可超过98%，对氟的去除率达到80%~99%。此法的优点是除砷效果好，工艺流程简单，设备少，操作方便。缺点是砷渣过滤困难。该方法适用于去除钒、铬、锰、铁、钴、镍、铜、锌、镉、锡、汞、铅、铋等。一般适用于含砷、含氟废水，可以使除汞之外的所有重金属离子共沉。

（4）铁氧体法

往废水中添加亚铁盐，再加入氢氧化钠溶液，调整pH至9~10，加热至60~70℃，并吹入空气，进行氧化，即可形成铁氧体晶体并使其他金属离子进入铁氧体晶格中。由于铁氧体晶体密度较大，又具有磁性，因此无论采用沉降过滤法、气浮分离法还是采用磁力分离器，都能获得较好的分离效果。铁氧体法可以去除铜、锌、镍、钴、砷、银、锡、铅、锰、铬、铁等多种金属离子。铁氧体法处理工艺流程如图6-19所示。

铁氧体法处理重金属废水效果好，投资省，设备简单，沉渣量少，且化学性质比较稳定。在自然条件下，一般不易造成二次污染。但上清液中硫酸钠含量较高，沉渣需加温曝气，运行费较高。

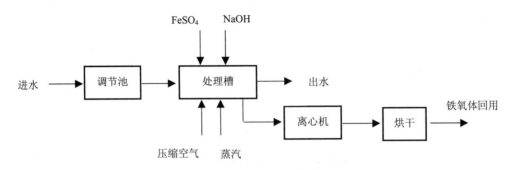

图 6-19 铁氧体法处理工艺流程

(5) 还原法

向废水中投加还原剂，将金属离子还原为金属或还原成价数较低的金属离子，再加石灰使其成为金属氢氧化物沉淀。还原法常用于含铬废水的处理，也可用于铜、汞等金属离子的回收。常用的还原剂有铁屑、铜屑、锌粒、硫酸亚铁等。

含铬废水中的总铬一般以六价铬的酸根离子形式存在，投加亚铁盐将其还原为微毒的三价铬后，投加石灰，生成氢氧化铬沉淀分离除去。硫酸亚铁法的处理反应如式（6-10）、式（6-11）所示，处理工艺流程如图 6-20 所示。

$$6FeSO_4 + H_2Cr_2O_7 + 6H_2SO_4 \rightarrow 3Fe_2(SO_4)_3 + Cr_2(SO_4)_3 + 7H_2O \quad (6-10)$$

$$Cr_2(SO_4)_3 + 3Ca(OH)_2 \rightarrow 2Cr(OH)_3 \downarrow + 3CaSO_4 \quad (6-11)$$

废水在还原槽中先用硫酸调 pH 至 2~3，再投加硫酸亚铁溶液，使六价铬还原为三价铬；然后至中和槽投加石灰乳，调节 pH 至 8.5~9.0，进入沉淀池分离，上清液达到排放标准后排放。

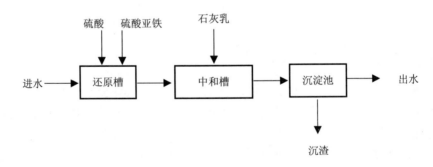

图 6-20 还原法处理含铬废水

含铜废水的处理可以采用铁屑过滤法，铜离子被还原成为金属铜沉积于铁屑表面加以回收。含汞废水可采用钢、铁等金属屑的滤床还原，置换出的汞与水分离。

(6) 电解法

电解法适于处理含铬废水。以铁板作为电极，在直流电作用下，金属铁在阳极失去电

子形成 Fe^{2+}，Cr^{6+} 被 Fe^{2+} 还原转化为 Cr^{3+}。氢离子在阴极转化为氢气析出，废水中产生 OH^-，pH 上升，酸性含铬废水 pH 由 4.0～6.5 提高至 7～8，Cr^{3+} 和 Fe^{3+} 形成氢氧化物沉淀析出。阴极与阳极发生的反应如式（6-12）至式（6-16）所示。

阳极：

$$Fe \rightarrow Fe^{2+} + 2e^- \tag{6-12}$$

$$Cr_2O_7^{2-} + 6Fe^{2+} + 14H^+ \rightarrow 2Cr^{3+} + 6Fe^{3+} + 7H_2O \tag{6-13}$$

$$CrO_4^{2-} + 3Fe^{2+} + 8H^+ \rightarrow Cr^{3+} + 3Fe^{3+} + 4H_2O \tag{6-14}$$

阴极：

$$Cr^{3+} 3OH^- \rightarrow Cr(OH)_3 \downarrow \tag{6-15}$$

$$Fe^{3+} 3OH^- \rightarrow Fe(OH)_3 \downarrow \tag{6-16}$$

废水中的其他金属离子如 Ag^+、Cu^{2+}、Ni^{2+} 等，可在阴极放电沉积予以回收。

向电解槽中投加一定量的食盐，可提高电导率，防止电极钝化，降低槽电压及电能消耗。通入压缩空气，可防止沉淀物在槽内沉淀，并能加速电解反应速率。有时，在进水中加酸，以提高电流效率，改善沉淀效果。

电解法运行可靠，操作简单，劳动条件较好。但在一定的酸性介质中，氢氧化铬有被重新溶解、引起二次污染的可能。出水中的氯离子含量高，对土壤和水体会造成一定程度的危害。此外，还需定期更换极板，消耗大量钢材。

（7）离子交换法

离子交换法适用于含铬废水的处理，处理流程如图 6-21 所示。

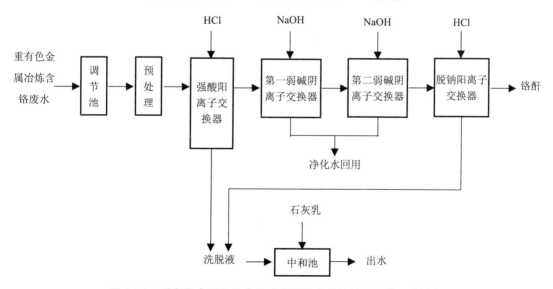

图 6-21 重有色金属冶炼含铬废水离子交换法处理回收工艺流程

含铬废水先经过强酸阳离子交换器，去除废水中的 Cr^{3+} 和其他金属离子。pH 随之下降,至 2~3 时,水中的六价铬主要以 $Cr_2O_7^{2-}$ 的形式存在。出水进入后续的第一和第二弱碱阴离子交换器,吸附 $Cr_2O_7^{2-}$。分别采用 HCl 和 NaOH 对阳离子交换器和阴离子交换器进行再生。阴离子再生洗液经脱钠阳离子交换器处理,获得铬酐,并回收利用。

本技术处理出水水质较好,但所需设备较多,操作管理要求比较严格。

2. 轻有色金属冶炼废水处理工艺流程

铝冶炼过程产生的废水为浓度较低、无回收价值的含氟废水。

含氟废水处理方法有混凝沉淀法、吸附法、离子交换法、电渗析法及电凝聚法等。其中,以混凝法(石灰法、石灰—铝盐法、石灰—镁盐法等)应用较为普遍。而吸附法则较多应用于深度处理。

(1) 石灰法

石灰法除氟的原理如式(6-17)所示,即通过投加石灰乳,使得钙离子与氟离子形成氟化钙沉淀。石灰法除氟后出水含氟量一般为 10~30 mg/L。

$$Ca^{2+} + 2F^- \rightarrow CaF_2 \downarrow \qquad (6\text{-}17)$$

(2) 石灰—铝盐法

向废水中投加石灰乳,调节 pH 至 6~7.5,然后投加硫酸铝或聚合氯化铝,生成氢氧化铝絮体,吸附水中的氟化钙结晶及氟离子,而后沉淀去除。

(3) 石灰—镁盐法

向废水汇总投加石灰乳,调节 pH 至 10~11,然后投加镁盐(硫酸镁、氯化镁、灼烧白云石)生成氢氧化镁絮体,吸附水中氟化钙和氟化镁,沉淀去除。

(4) 石灰—磷酸盐法

向废水中投加磷酸盐(磷酸二氢钠、六偏磷酸钠等),生成难溶的氟磷灰石沉淀,予以去除,反应机理如式(6-18)所示。

$$3H_2PO_4^- + 5Ca^{2+} + 6OH^- + F^- \rightleftharpoons Ca_5F(PO_4)_3 \downarrow + 6H_2O \qquad (6\text{-}18)$$

3. 稀有色金属和贵金属冶炼废水处理工艺流程

稀有金属冶炼废水一般采用清浊分流。对生产工艺过程中产生的有害物质含量高的母液,一般采用蒸发浓缩法,回收其中有价值的物质,如从钨母液中回收氟化钙,从钼母液中回收氯化铵。对于必须排放的少量废水,根据废水中所含污染物及排放的要求,一般采用化学法进行处理,工艺选择的原则、方法与重金属冶炼有许多相似之处,此处不再重复介绍。

4. 黄金冶炼废水处理工艺流程

黄金冶炼过程中会产生含金废水和含氰废水。

(1) 含金废水

金是一种贵金属,一般需要从废液中提取金,常用的回收处理方法包括电沉积法、离子交换法。基本原理与重金属废水处理相似。

当金以亚硫酸络合阴离子形式存在时,还可以采用双氧水法处理,基本原理是利用双氧水对亚硫酸根的氧化作用,破坏金的络合结构,其反应如式(6-19)所示。

$$Na_2Au(SO_3)_2 + H_2O_2 \rightarrow Au\downarrow + Na_2SO_4 + H_2SO_4 \qquad (6\text{-}19)$$

（2）含氰废水

氰化物是黄金冶炼过程中的特征污染物，采用的主要处理方法包括碱性氯化法、活性炭催化分解法、自然净化法和酸化回收法，其中碱性氯化法是最常用的处理方法。

向废水中投加氯系氧化剂，与氰化物发生反应，使之转化为无毒或低毒物质加以去除。该反应过程分两阶段：第一步是氰化物被氧化为氰酸盐，该过程称为局部氧化或不完全氧化，反应过程如式（6-20）所示。

$$CN^- + ClO^- + H_2O \rightarrow CNCl + 2OH^- \rightarrow CNO^- + Cl^- + H_2O \qquad (6\text{-}20)$$

当加氯量增加时，发生第二步反应，氰酸盐又被氧化为无毒的氮气和碳酸盐，称为氰化物的完全氧化，该反应是在局部氧化的基础上完成的，反应如式（6-21）所示：

$$2CNO^- + 3ClO^- + H_2O \rightarrow 2HCO_3^- + N_2 + 3Cl^- \qquad (6\text{-}21)$$

完全的碱性氯化法处理黄金冶炼含氰废水的工艺流程如图 6-22 所示，第一阶段加碱在 pH＞10 的条件下加氯氧化，第二阶段加酸，在 pH 降至 7.5～8 时，继续加氯氧化。通过调节反应 pH 至 9～11，使废水中氰化物浓度降低到 0.5 mg/L，把反应控制在氰化物不完全氧化阶段，称之为碱性氯化法一级处理工艺。

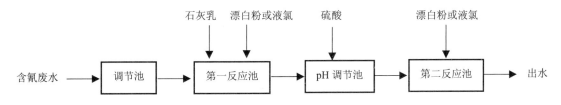

图 6-22 碱性氯化法处理含氰废水工艺流程

6.14.5 主要工艺单元技术要求

1. 石灰法

废水投加石灰后要求达到的 pH 可根据重金属氢氧化物的溶度积和处理后的水质要求计算确定。对某些两性重金属废水的 pH 控制还要考虑羟基络合离子的影响。常温下处理单一重金属废水要求的 pH 可参照表 6-78。如采用沉渣回流技术则加石灰后的废水 pH 可小于表 6-78。

表 6-78 处理单一重金属废水要求的 pH

金属离子	Cd^{2+}	Co^{2+}	Cr^{3+}	Cu^{2+}	Fe^{2+}	Fe^{3+}	Zn^{2+}
pH	11～12	9～12	7～8.5	7～12	9～13	＞4	9～10

污水中的某些阴离子会影响石灰法的处理效果，应进行前处理：

a. CN^-影响Ag^+、Cd^{2+}、Ni^{2+}、Fe^{2+}、Fe^{3+}、Zn^{2+}等的去除，应先用氧化剂使CN^-分解。

b. Cl^-影响Ag^+、Cd^{2+}、Pb^{2+}的去除，不宜采用氯化物作共沉剂。

c. NH_3影响Cd^{2+}、Co^{2+}、Cu^{2+}、Ni^{2+}、Zn^{2+}等的去除，宜采用加温或其他方法先去除NH_3。

d. 草酸、醋酸、酒石酸、乙二胺四乙酸、乙二胺等，宜先使之氧化分解。

石灰法处理重金属废水宜采用沉渣回流技术。最佳回流比根据试验资料经技术经济比较后确定，无试验资料时，沉渣回流比可采用3~4。

2. 硫化法

硫化物投加量宜为理论量的1~1.4倍，加药量可通过氧化还原电位控制。

3. 石灰—铁盐（铝盐）法

采用石灰—铁盐法处理铜冶炼废水时，中和反应pH控制在9~11；处理铅冶炼含砷酸性废水时，一级反应pH控制在6~7，铁砷比为2.5~3，除砷效率为85%~90%，二级反应pH控制在9~11，铁砷比为20~30。

6.15 机械加工工业废水处理工艺

6.15.1 废水类型与特征

机械制造包括铸造、锻造、冲压、热处理、表面处理、焊接和冷加工等工艺过程。产生冷却液、清洗液、喷漆废水、电火花工作液、切削液、电镀废水等各种类型的废水。几种典型加工工艺废水的来源、类型和特征污染物如表6-79所示。

表6-79　典型机械加工工艺废水的来源、类型和特征污染物

废水类型	来源	特征污染物
酸碱废水	铸造、锻造、冲压、表面处理等加工工艺中零件的清洗、酸洗、脱脂等过程	酸碱、SS
重金属废水	清洗、热处理浸金属、电镀等加工过程	氰化物、硫化物、氟化物、锌、铅、钒、锰、钡、铬等
含油废水	清洗水、车间冲洗、冷加工切削液等	石油类

机械加工过程中同类污染物的去除方法类似，为避免重复，本节通过电镀废水和含油废水的处理对机械加工中各类污染物去除工艺进行介绍。

6.15.2 废水水量与水质

1. 电镀废水的水量与水质

（1）废水水量

参考实测水量数据时，设计水量可按实测值的110%~120%进行；没有实测条件的，可采用类比调查数据；无类比数据时，也可按电镀车间（生产线）总用水量的85%~95%估算废水量。

（2）废水水质

无实测水质数据时，可参考表 6-80 确定主要污染物的浓度。进入治理设施的废水进水浓度，应满足设计进水要求，达不到要求的应进行预处理。

表 6-80　电镀废水的来源、主要成分和浓度范围

废水种类	废水来源	废水主要成分	主要污染物浓度范围
酸碱废水	镀前处理、冲洗地坪	各种酸类和碱类等	酸、碱废水混合后，一般呈酸性，pH 为 3～6
含氰废水	氰化镀工序	氰络合金属离子、游离氰等	pH 为 8～11，总氰根离子 10～50 mg/L
含铬废水	粗化、镀铬、钝化、化学镀铬、阳极化处理	六价铬、铜等金属离子	pH 为 4～6，六价铬离子 10～200 mg/L
含镉废水	无氰镀镉、氰化镀镉	镉离子、游离氰离子	pH 为 8～11，镉离子≤50mg/L，游离氰离子 10～50 mg/L
含镍废水	镀镍、化学镀镍	镀镍：硫酸镍、氯化镍、硼酸、添加剂 化学镍：硫酸镍、络合剂、还原剂	镀镍：pH 为 6 左右，镍离子≤100 mg/L 化学镍：pH 取决于溶液类型，镍离子≤50 mg/L
含铜废水	酸性镀铜、焦磷酸盐镀铜、氰化镀铜、镀铜锡合金、镀铜锌合金	酸性镀铜废水：硫酸铜、硫酸 焦磷酸盐镀铜：焦磷酸铜、焦磷酸钾、柠檬酸钾、氨三乙酸以及添加剂	酸性铜：pH 为 2～3，铜离子≤100 mg/L 焦磷酸铜：pH 为 7 左右，铜离子≤50 mg/L
含锌废水	碱性锌酸盐镀锌	锌离子、氢氧化钠和部分添加剂等	pH 为>9，锌离子≤50 mg/L
含锌废水	钾盐镀锌	锌离子、氯化钾、硼酸和部分光亮剂	pH 为 6 左右，锌离子≤50 mg/L
含锌废水	硫酸锌镀锌	硫酸锌、部分光亮剂	pH 为 6～8，锌离子≤50 mg/L
含锌废水	铵盐镀锌	氯化锌、氯化铵、锌的络合物和添加剂	pH 为 6～9，锌离子≤50 mg/L
含铅废水	氟硼酸盐镀铅、镀铅锡铜合金	氟硼酸铅、氟硼酸根、氟离子	pH 为 3 左右，铅离子 150 mg/L 左右，氟离子 60 mg/L 左右
含银废水	氰化镀银、硫代硫酸盐镀银	银离子、游离氰离子	pH 为 8～11，银离子≤50 mg/L，游离氰离子 10～50 mg/L
含氟废水	冷封闭	镍离子、氟离子	pH 为 6 左右，镍离子≤20 mg/L，氟离子≤20 mg/L
混合废水	电镀前处理和清洗	铜、锌、镍、三价铬等重金属离子	pH 为 4～6，铜、锌、镍、三价铬等重金属离子均≤100 mg/L

2. 机械加工含油废水的水量与水质

（1）废水水量

设计水量应按照单位产品产生废水量进行确定，并考虑变化系数。

（2）废水水质

机械加工工业产生的含油废水，其污染物有油脂、表面活性剂及悬浮杂质。设计水质应根据现场调查资料确定或参照类似工业水质。

6.15.3 污染物的排放要求

1. 电镀工业水污染物排放要求

国家标准《电镀污染物排放标准》(GB 21900—2008) 规定了电镀工业企业水污染物排放限值、监测和监控要求。标准规定,该标准实施日 (2008 年 8 月 1 日) 之后建设的企业执行表 6-81 中污染物浓度排放的一般限值,实施日之前建设的企业自 2010 年 7 月 1 日起也需要达到表 6-81 的污染物浓度排放的一般限值。

根据环境保护工作的要求,在国土开发密度已经较高、环境承载能力开始减弱,或环境容量较小、生态环境脆弱,容易发生严重环境污染问题而需要采取特别保护措施的地区,应严格控制企业的污染物排放行为。国务院环境保护行政主管部门或省级人民政府根据环境保护工作的要求在上述地区的企业执行表 6-81 规定的水污染物特别排放限值。

表 6-81 电镀企业水污染物排放浓度限值 单位:mg/L

序号	污染物项目	一般排放限值	特别排放限值	污染物排放监控位置
1	总铬	1.0	0.5	车间或生产设施废水排放口
2	六价铬	0.2	0.1	
3	总镍	0.5	0.1	
4	总镉	0.05	0.01	
5	总银	0.3	0.1	
6	总铅	0.2	0.1	
7	总汞	0.01	0.005	
8	总铜	0.5	0.3	企业废水总排放口
9	总锌	1.5	1.0	
10	总铁	3.0	2.0	
11	总铝	3.0	2.0	
12	pH	6~9	6~9	
13	SS	50	30	
14	COD_{Cr}	80	50	
15	NH_3-N	15	8	
16	TN	20	15	
17	TP	1.0	0.5	
18	石油类	3.0	2.0	
19	氟化物	10	10	
20	总氰化物(以 CN^- 计)	0.3	0.2	

2. 含油废水处理排放要求

含油废水最终的处理效果需要满足国家或地方的污水排放标准的要求。国家标准《污水综合排放标准》(GB 8978—1996) 中规定一级、二级、三级石油类排放的最高限值分别为 5 mg/L、10 mg/L、20 mg/L。《城镇污水处理厂污染物排放标准》(GB 18918—2002) 中一级 A、B 排放标准规定石油类排放的最高限值分别为 1 mg/L、3 mg/L。

城镇污水处理厂一般设有专门的除油单元，因此机械加工企业宜对含油污水进行单独的除油处理，以保证城市污水处理系统或后续污水处理工艺过程的正常运行。含油废水深度处理分为一级除油处理、二级除油处理和三级除油处理。一级除油处理出水含油量应控制在 30 mg/L 以下。

6.15.4 机械加工企业含油废水处理工艺设计

含油废水中的油分一般认为以浮油、分散油、乳化油、溶解油四种形态在废水中存在。

a. 浮油：铺展在废水表面形成油膜或油层，这种油的油滴粒径较大，一般大于 100 μm。

b. 分散油：以油粒形状分散在废水中，不稳定，经静止一段时间后往往变成浮油，这种油的粒径为 10~100 μm。

c. 乳化油：在废水中呈乳浊状，细小的油珠外包着一层水化膜且具有一定量的负电荷，水中含有一定量的表面活性剂，使乳化物呈稳定状态，油粒径一般为 0.1~10 μm，油粒之间难以合并，长期保持稳定，难以分离。

d. 溶解油：油以化学方式溶解于水中，油粒直径在 0.1 μm 以下，甚至可小到几纳米，极难分离。

常规方法一般以去除浮油、分散油和乳化油为主，溶解油的去除通常采用生化法。典型的除油工艺如图 6-23 所示。

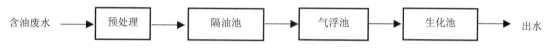

图 6-23 机械加工企业含油废水的处理工艺流程

浮油和分散油在隔油单元去除；乳化油经过破乳作用后在气浮单元去除。在排放要求不严格的情况下，经过隔油—气浮处理，可以达到相关排放标准。需要进一步去除溶解油时，应采用生化单元。

6.15.5 机械加工企业含油废水处理单元技术要求与设计参数

1. 平流式隔油池

a. 平流式隔油池宜用于去除粒径大于等于 150 μm 的油珠。

b. 进水配水段：应设置为垂直折流式，二室配置，第一室降流，第二室升流，中间隔墙底部悬空 0.5 m，第二室与隔油段采用配水墙间隔。配水孔设置于水面下 0.5 m、池底上 0.8 m，配水孔孔口流速应为 20~50 mm/s。

c. 隔油段：水平流速应为 2~5 mm/s；单格宽应不超过 6 m，隔油段长宽比应不小于 4；隔油段有效水深应不超过 2 m，超高不超过 0.4 m。

d. 出水段：出水间为单室，出水间与隔油段以出水配水墙间隔，以隔油段出水堰保持隔油段液面。隔油段之后接集水槽和出水管；出水配水墙配水孔应设置于水面下 0.8 m、池底上 0.5 m 处。配水孔孔口流速应为 20~50 mm/s。

e. 隔油段应设刮油刮泥机，刮板移动速度应小于 2 m/min。

2. 斜板隔油池

a. 斜板隔油池宜用于去除粒径大于 80 μm 的油珠。

b. 上浮段表面水力负荷宜为 0.6~0.8 m³/(m²·h)。

c. 斜板净距离宜采用 40 mm，倾角应小于等于 45°，板间流速宜为 3~7 mm/s。板间水力条件为：雷诺数 Re 小于 500；弗劳德数 Fr 大于 10。

d. 池内刮油泥速度宜不大于 15 mm/s。

3. 溶气气浮

a. 溶气气浮除油宜用于含油量和表面活性物质低的含油废水，用来去除废水中比重接近于 1 的微细悬浮物和粒径大于 0.05 μm 油污。进水 pH 为 6.5~8.5，含油量小于 100 mg/L。

b. 溶气气浮可采用全溶气气浮、部分加压溶气气浮和部分回流溶气气浮等几种操作形式。

c. 气浮池：

a) 矩形气浮池每格池宽应不大于 4.5 m，长宽比宜为 3~4；

b) 矩形气浮池有效水深宜为 2.0~2.5 m，超高应不小于 0.4 m；

c) 废水在气浮池分离段停留时间宜不大于 1 h；

d) 废水在矩形气浮池内的水平流速宜不大于 10 mm/s；

e) 气浮池顶部应设置刮泡沫机，刮泡沫机的移动速度宜为 1~5 m/min。

d. 溶气系统：

a) 一间气浮池对应一套溶气系统；

b) 溶气罐工作压力宜采用 0.3~0.5 MPa；

c) 空气体积按污水量 5%~10% 计算，并应按 25% 过量设计；

d) 废水在溶气罐内停留时间一般宜为 1~4 min，并应采取促气水充分混合措施；

e) 混凝剂在含油废水进入溶气反应段之前投加，并可适量投加助凝剂；

f) 全溶气气浮和部分加压溶气气浮药剂投加宜采用管道混合方式，药剂种类和数量根据试验确定，一般聚合铝 25~35 mg/L、硫酸铝 60~80 mg/L、聚合铁 15~30 mg/L、有机高分子凝聚剂 1~10 mg/L；

g) 部分回流溶气气浮混凝反应：管道混合，阻力损失不大于 0.3 m；机械混合，搅拌桨叶速度宜为 0.5 m/s 左右，混合时间宜为 30 s。机械反应室（一级机械搅拌）、平流反应室、旋流反应室或涡流反应室水流线速度从 0.5~1.0 m/s 降至 0.3~0.5 m/s，反应时间 3~10 min。药剂种类和数量根据试验确定，一般为聚合铝 15~25 mg/L、硫酸铝 40~60 mg/L、聚合铁 10~20 mg/L、有机高分子凝聚剂 1~8 mg/L。回流比宜为进水的 25%~50%。但当水质较差，且水量不大时，可适当加大回流比。

4. 粗粒化

a. 粗粒化技术适用于预处理分散油和乳化油。粗粒化法可将水中 5~10 μm 的油珠完全分离，对 1~2 μm 的油珠有最佳的分离效果。

b. 粗粒化聚结器通常设在重力除油工艺之前，它利用粗粒化材料的聚结性能，使细小的油粒在其表面聚结成较大的油粒或油膜，使其更有利于用重力法去除。

c. 聚结材料宜采用相对密度大于 1、粒径 3~5 mm、亲油疏水性强、比表面积大、强度高且容易再生的材料；应根据可聚结性实验确定。

5. 过滤

a. 滤池单池面积不宜超过 50 m²，进水含油量宜小于 30 mg/L。

b. 滤池高度根据滤层厚度、承托层高度、反冲洗滤料膨胀系数（40%～50%）以及超高等因素确定，高度一般为 3.5～4.5 m。

c. 滤料宜选择亲水、疏油型材料，同时应具有一定的机械强度和抗蚀性能。

d. 砂滤滤速宜取 8～10 m/h，反冲洗强度为 12～17 L/（m²·s），反冲洗时间宜为 15 min。

e. 纤维类滤料滤速最高可取 25 m/h，反冲洗强度可小于 5 L/（m²·s），反冲洗时间宜控制在 15～20 min。

6. 混凝

a. 混凝工艺在控制 pH 的条件下对乳化液具有良好的破乳效果，可保障良好的油水分离效果。

b. 含油污水处理中常用的混凝剂有无机混凝剂、有机混凝剂及复合混凝剂，应针对不同的水质选用合适的絮凝剂及助凝剂。

c. 混合。

a）药剂混合时间一般为 10～30 s，不宜强烈搅拌及长时间混合。

b）混合设备与后续处理设备中间管道不宜超过 120 m。

c）混合方式分为水力混合和机械混合。

d. 反应。

a）反应池形式的选择和絮凝时间，应根据水质和相似条件下的运行经验或通过试验确定。

b）药剂在反应池内应有充分的反应时间，一般为 10～30 min，控制反应时的速度梯度 G 一般为 30～60 s^{-1}，GT 为 10^4～10^5。

7. 生物处理

a. 含油废水经除油处理后，应根据再生水利用和出水排放对水质的要求作进一步处理。

b. 进入生化处理系统的含油废水的油含量不得超过 30 mg/L。

c. 用于处理以油污染为主的含油废水的活性污泥法、序批式活性污泥法、接触氧化法、膜生物反应器法的主要工艺设计参数可参考相应的工程技术规范。

6.15.6　电镀废水处理组合工艺设计

按照废水中主要污染物的组成，电镀废水可分为酸碱废水、含氰废水、含铬废水、重金属废水和混合电镀废水。

1. 酸碱废水

酸碱废水的处理应首先利用酸碱废水本身的自然中和或利用酸、碱废液、废渣等相互中和处理。处理酸性废水，可采用碱性药剂中和或过滤中和。当废水中含有多种金属离子时，宜采用药剂中和。当中和沉渣量较少时，可采用竖流式沉淀池和连续排渣；当沉渣量大、重力排泥困难时，可采用平流式沉淀池，沉渣用吸泥机排出。

2. 含氰废水

（1）一般规定

a. 含氰废水应单独处理。在处理前，不得与其他废水混合。

b. 废水中氰离子浓度小于 50 mg/L 时，宜采用碱性氯化法处理；废水中氰离子浓度大于 50 mg/L 时，宜采用电解处理技术。臭氧处理含氰废水，对进水氰离子浓度没有限制，但含有络合氰根离子的废水，不宜采用臭氧处理。

c. 含氰废水处理应避免铁离子、镍离子混入。

d. 含氰废水经过处理，游离氰达到控制要求后可进入混合废水处理系统，去除重金属离子。

（2）碱性氯化处理工艺

技术原理、工艺流程详见 6.14.4 节中"4.黄金冶炼废水处理工艺流程"部分关于含氰废水的处理内容，此处不再重复介绍。

（3）臭氧氧化处理工艺

臭氧氧化处理含氰废水的工艺流程如图 6-24 所示。

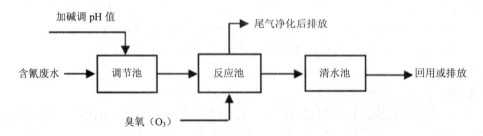

图 6-24 臭氧氧化处理含氰废水工艺流程

（4）电解处理工艺

电解处理含氰废水的工艺流程如图 6-25 所示。

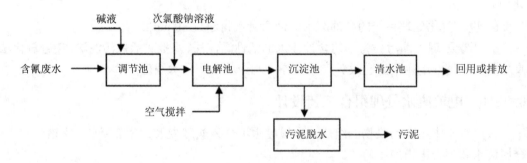

图 6-25 电解处理含氰废水工艺流程

3. 含铬废水

（1）一般规定

含铬废水应单独收集处理，不得将其他废水混入。将六价铬还原为三价铬后，可与其他重金属废水混合处理。

用离子交换处理镀铬清洗废水，六价铬离子浓度不宜大于 200 mg/L；镀黑铬和镀含氟铬的清洗废水不宜采用离子交换法处理。

（2）还原法处理

采用还原法处理含铬废水的技术原理、工艺流程详见 6.14.4 节中"1.重有色金属冶炼废水处理工艺流程"部分关于还原法处理重金属废水的内容，此处不再重复介绍。

处理含铬废水时，一般采用的还原剂为亚硫酸盐和硫酸亚铁。

（3）微电解法处理

采用微电解法处理含铬废水时，宜采用图 6-26 所示的基本工艺流程。

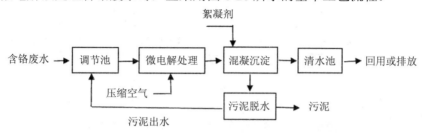

图 6-26 微电解法处理含铬废水基本工艺流程

（4）离子交换法处理

采用离子交换法处理含铬废水的技术原理、工艺流程详见 6.14.4 节中"1.重有色金属冶炼废水处理工艺流程"部分关于离子交换法处理重金属废水的内容，此处不再重复介绍。

4. 重金属废水

电镀生产过程产生的重金属废水处理方法的技术原理、工艺流程详见 6.14.4 节中"1.重有色金属冶炼废水处理工艺流程"，此处不再重复介绍。

当废水中含有氰化物时，应先去除氰化物；若废水中含六价铬离子，应将六价铬还原为三价铬，再处理废水中的重金属离子。离子交换处理某类重金属废水时，不得将其他镀种废水、冲刷地坪废水等混入。离子浓度不宜大于 200 mg/L。

5. 混合废水

混合废水中的特征污染物铬、镉、铅、镍、银、铜、锌、铁、铝等金属离子和氰化物应在车间排水口处理；COD、BOD、总磷、总氮、氨氮、色度、石油类、悬浮物、氟化物等污染物宜在总排放口处理。

（1）微电解—膜分离联合处理技术

微电解—膜分离联合处理电镀混合废水时，宜采用图 6-27 所示的基本工艺流程。

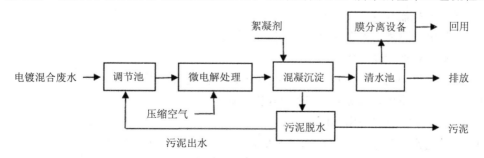

图 6-27 微电解—膜分离联合处理电镀混合废水基本工艺流程

(2) 生物处理技术

电镀废水中的 COD、石油类、总磷、氨氮与总氮等污染物，应采用生物法处理达标后排放。生物处理电镀混合废水，宜采用图 6-28 所示的基本工艺流程。

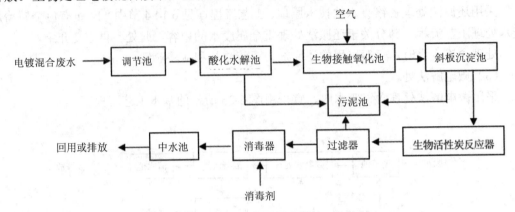

图 6-28 生物法处理电镀混合废水基本工艺流程

6.15.7 电镀废水处理单元技术要求与工艺参数

1. 碱性氯化法处理含氰废水

a. 氧化剂的投入量应通过试验确定。当无条件试验时，其投入量宜按氰离子与活性氯的重量比计算确定。一级氧化处理重量比宜为 1：(3~4)；二级氧化处理重量比宜为 1：(7~8)。一级氧化和二级氧化所需氧化剂应分阶段投加，投加比为 1：1。

b. pH 控制和反应时间：一级氧化的 pH 应控制在 10~11，反应时间宜为 10~15 min；二级氧化的 pH 应控制在 6.5~7.0，反应时间宜为 10~15 min。

c. 有效氯的投加量可用氧化还原电位（ORP）自动控制。一级处理，ORP 达到 300 mV 时反应基本完成；二级处理，ORP 需达到 650 mV。

d. 废水温度宜控制在 15~50℃。反应后废水中余氯量应为 2~5 mg/L。

2. 臭氧氧化法处理含氰废水

a. 臭氧投量：一级氧化反应理论投量质量比为 $CN^-：O_3=1：1.85$；二级氧化反应理论投量质量比为 $CN^-：O_3=1：4.61$。实际投药比要比理论值大，应根据实验确定。

b. 对游离氰根，去除率达 97% 时，接触时间不宜少于 15 min；去除率达 99% 时，接触时间不宜少于 20 min。反应池尾气应收集并经碱液吸收后排放。

c. pH 值应控制在 9~11。

d. 如采用亚铜离子为催化剂，可缩短反应时间。

3. 电解法处理含氰废水

a. 废水的 pH 宜控制在 9~10，可用 NaOH 溶液进行调节。

b. NaCl 投加量可按氰浓度的 30~60 倍估算。

c. 电解槽净极距宜采用 20~30 cm。

d. 阳极电流密度宜控制在 0.3~0.5 A/dm^2，槽电压宜为 6~8.5 V。

e. 采用空气搅拌，用气量为 0.1~0.5 $m^3/(m^3·min)$，空气压力为 50~100 kPa。

f. 产生的沉淀物沉淀困难时,可投加混凝剂。

4. 还原法处理含铬废水

a. 亚硫酸盐还原法处理含铬废水,应满足以下技术条件和要求:

a)可采用间歇式及连续式处理。间歇处理时,调节池容积按平均每小时废水流量的 4~8 h 计算;连续处理时,可适当减小调节池容量,并设置自动检测与投药装置。

b)亚硫酸盐宜选用亚硫酸氢钠、亚硫酸钠、焦亚硫酸钠等。

c)进水 pH 宜控制在 2.5~3.0;ORP 宜控制在 230~270 mV;反应时间宜控制在 20~30 min。

d)亚硫酸盐的投加量应通过试验确定,也可按表 6-82 给出的参考值选择。

e)废水经还原反应后,宜加碱调节废水 pH 至 7~8,使三价铬沉淀。反应时间应大于 20 min,反应后的沉淀时间宜为 1.0~1.5 h。

f)沉淀剂宜为氢氧化钠、氢氧化钙、碳酸钙等。通常根据价格、沉淀速率、污泥生成量、脱水效果和污泥是否回收等进行选择。

g)亚硫酸盐还原的反应池应满足处理一次的周期时间。反应池内宜采用机械搅拌,不宜采用空气搅拌。

表 6-82 亚硫酸盐与六价铬的投量比(质量比)

项目	理论值投加比	实际投量比
六价铬:亚硫酸氢钠	1:3	1:(4~5)
六价铬:亚硫酸钠	1:3.6	1:(4~5)
六价铬:焦亚硫酸钠	1:2.74	1:(3.5~4)

b. 采用硫酸亚铁—石灰处理含铬废水时,应满足以下技术条件和要求:

a)运行条件应符合表 6-83 的基本要求。

b)连续处理时,反应时间应大于 30 min;间歇处理时,反应时间宜为 2~4 h。

c)反应时宜采用空气搅拌或机械搅拌。

d)石灰的投加量(质量比)宜控制为 Cr^{6+}:$Ca(OH)_2$=1:(8~15)。

表 6-83 硫酸亚铁处理含铬废水的运行条件

六价铬浓度/(mg/L)	加药前 pH	投加量(质量比)六价铬:硫酸亚铁	反应后 pH	搅拌时间/min
<25	2~3	1:(40~50)	7.5~8.5	搅拌均匀即可
25~50		1:(35~40)		5~10
50~100		1:(30~35)		10~20
>100		1:30		20

5. 微电解法处理含铬废水

采用微电解法处理含铬废水时,应满足以下技术条件和要求:

a. 处理废水量大于或等于 5 m^3/h 时,可采用连续式处理;小于 5 m^3/h 时,宜采用间歇式处理。

b. 进水 pH 宜控制在 2~4，微电解装置的出水应加碱调 pH 至 8~9。
　　c. 铁屑在填装设备前，应进行除杂、除油和除锈处理。在运行过程中，为防止铁屑结块，应定时对其进行气水联合反冲，反冲洗水应进入污泥沉淀池。

6. 离子交换法处理含铬废水
离子交换法处理含铬废水应满足以下技术条件和要求：
　　a. 进水六价铬离子浓度不宜大于 200 mg/L。
　　b. 进入阴柱废水的 pH 应控制在 5 以下。
　　c. 阴柱再生剂宜选用工业用氢氧化钠，再生液用除盐水配制；阴柱的清洗水宜用除盐水；清洗终点 pH 应控制在 8~10。
　　d. 阳柱的再生剂宜用工业用盐酸；阳柱的清洗水可用自来水。清洗终点 pH 为 2~3。

7. 氢氧化物沉淀法处理含镉废水
　　a. 废水中镉离子浓度不宜大于 50 mg/L。
　　b. 可采用聚合硫酸铁为絮凝剂、聚丙烯酰胺或硫化铁为助凝剂。絮凝剂的投加量宜为 40 mg/L。
　　c. 反应池宜设搅拌。混合反应时，废水 pH 宜控制在 9 左右；反应时间宜为 10~15 min。
　　d. 沉淀时间应大于 30 min。

8. 硫化物沉淀法处理含镉废水
　　a. 硫化钠投加量宜为 100 mg/L 左右。
　　b. 聚合硫酸铁或其他铁盐投加量为 30~40 mg/L。
　　c. 反应 pH 范围为 7~9。
　　d. 反应搅拌时间为 10 min；沉淀时间为 30 min。

9. 离子交换法处理含镉废水
　　a. 进水中镉离子浓度不宜大于 100 mg/L。
　　b. 废水中的镉以 Cd^{2+} 形式存在时，宜用酸性阳离子交换树脂处理；废水中的镉以各种络合阴离子形式存在时，宜选用阴离子交换树脂处理。
　　c. 吸附饱和后的阴离子交换树脂，宜选用 NH_4NO_3 和氨水混合液作为再生剂进行再生，每小时用量为 4 倍于树脂体积，再生速度用 1~2 倍每小时树脂体积。
　　d. 阳离子树脂交换柱应与阴离子树脂交换柱同步再生。再生剂为 2 mol/L 的盐酸，再生流速为 0.5 m/h，再生剂用量为 2 倍于树脂体积。阳离子树脂交换柱洗脱液进入中和池处理。

10. 反渗透法处理含镉清洗水
　　a. 对单纯的硫酸镉废水，宜采用醋酸纤维膜进行反渗透分离。
　　b. 对氰化镀镉漂洗废水，宜选用稳定性、抗氧化性、抗酸性和抗碱性良好的反渗透膜。
　　c. 废水进入反渗透器前，需采用 H_2O_2 进行破氰和镉沉淀，废水经反应沉淀后，上清液再通过反渗透浓缩分离。
　　d. 投加 H_2O_2 时，应不断搅拌。H_2O_2 的投量为理论值的 1.3~1.5 倍。

11. 化学沉淀法处理含镍废水
　　a. 在废水中投加氢氧化钠，反应 pH 应大于 9。
　　b. 反应时间不宜少于 20 min，并采用机械搅拌。

c. 为加快悬浮物沉淀，可投加铁盐混凝剂。

12. 离子交换法处理含镍废水

a. 进水镍离子浓度不宜大于 200 mg/L。

b. 阳离子交换剂宜采用凝胶型强酸阳离子交换树脂、大孔型弱酸阳离子交换树脂或凝胶型弱酸阳离子交换树脂，且均应以 Na 型投入运行。

c. 强酸阳离子交换树脂在交换、再生等过程中胀缩率较小，而弱酸阳离子交换树脂的胀缩率很大，当树脂由 Na 型转化为 Ni 型或 H 型时，其体积比（Ni 型/Na 型或 H 型/Na 型）达 0.5～0.6，因此，在设计交换柱时，树脂层上部应留有足够的空间。

d. 当进水中悬浮物浓度超过 10 mg/L 时，应设置过滤柱。

e. 离子交换处理含镍废水回收的硫酸镍溶液，宜作为镀镍槽的蒸发损失的补充液或作为调整镀镍槽槽液 pH 的调整液使用。其中，镀光亮镍生产工艺的清洗水经处理后回收的硫酸镍溶液，应返回镀光亮镍镀槽，不可回用于半光亮镍镀槽。

f. 当回收的硫酸镍溶液中含有的硫酸钙、硫酸镁、硫酸钠等杂质超过镀镍槽液允许限值时，应进行净化后才能回用。

13. 反渗透法处理镀镍清洗水

a. 采用反渗透膜分离处理镀镍清洗水时，镀件的清洗必须采用二级、三级或多级逆流漂洗，以减少反渗透装置的容量。

b. 在反渗透装置上方应设一个高位水箱，当高压泵停止工作时，水就自动从高压水箱流经管膜内，使膜保持湿润；高压水管路上应装有安全阀门，并设旁通管路。一旦压力超过工作压力，安全阀自动降压，原液经旁通管路流回原液槽。

c. 为防止反渗透膜的化学损伤，进水中余氯含量应小于 0.1 mg/L。去除氧化剂的方法可采用颗粒活性炭吸附，也可投加还原剂（如亚硫酸氢钠），并通过 ORP 进行监控。

d. 采用反渗透装置处理后的淡水可用于镀件漂洗，浓液可直接返回镀镍槽使用。

14. 电解法处理含铜废水

a. 电解槽的阳极材料宜采用不溶性材质，阴极材料宜采用不锈钢板或铜板，并宜设置两套。

b. 当废水含铜浓度大于 700 mg/L 时，阴极电流密度宜采用 0.5～1.0 A/dm^2；当废水含铜浓度小于 700 mg/L 时，阴极电流密度宜采用 0.1～0.5 A/dm^2。硫酸铜废水的电流密度可略高于氰化镀铜废水。

15. 化学沉淀法处理碱性锌酸盐镀锌清洗水

a. 废水中锌离子含量不宜大于 50 mg/L。

b. 废水进水的 pH 宜控制在 9～12。

c. 反应时间宜采用 5～10 min。

d. 絮凝剂宜采用碱式氯化铝，其投加量宜为 15 mg/L（以铝离子计）。

e. 经处理后的清洗水可循环利用，但每天应补充 10%～15%的新鲜水量。

f. 含锌污泥（含水率 99.7%）的体积宜按处理废水体积的 4%～8%确定。

16. 化学沉淀法处理铵盐镀锌废水

a. 采用石灰处理铵盐镀锌废水时，石灰宜先调制成石灰乳后投加；氧化钙投加量（质量比）宜为 $Ca^{2+}:Zn^{2+}=$（3～4）:1。

b. 处理时可用石灰（按计算量）和氢氧化钠调节废水 pH 至 11～12，pH 不能超过 13，搅拌 10～20 min。

c. 如废水中含有六价铬离子，宜投加硫酸亚铁，将六价铬还原为三价铬。硫酸亚铁的投加量根据六价铬离子浓度及废水中存在的亚铁离子总量确定，助凝剂宜采用阴离子型或非离子型的聚丙烯酰胺，投加量为 5～10 mg/L。

17. 离子交换法处理钾盐镀锌废水

a. 过滤柱滤料采用活性炭时，宜用 3.0 mol/L HCl 活性炭体积量的两倍用量再生，再生时间为 50 min，再生后用自来水清洗到出水 pH 为 7 左右即可投入运行。

b. 交换柱再生洗脱液含有较高浓度的锌离子，可直接回镀槽作为补充液使用。若洗脱液中带有过多铁离子时，可用氢氧化钠调节 pH 至 3 以上，使氢氧化铁沉淀后再回用。

18. 化学沉淀法处理含铅废水

a. 沉淀剂宜采用磷酸钠；磷酸钠的投加量应根据试验确定。

b. 反应时可投加助凝剂，助凝剂宜选用聚丙烯酰胺（PAM），其投加量宜控制在 5 mg/L。

c. 磷酸钠和 PAM 不宜同时加入，应先加磷酸钠，0.5 min 后再加入 PAM。

d. 沉淀后的沉渣经烘干脱水后，可用作塑料稳定剂。

19. 电解法处理含银废水

用电解法回收银时，一级回收槽内废水中银离子浓度宜为 200～600 mg/L。

采用旋流电解法处理含银废水并回收银时，应满足以下技术条件和要求：

a. 阴、阳极间距宜控制在 5～10 mm。

b. 旋流电解法提取白银的最佳工艺条件为：槽电压 1.8～2.2 V、电流密度 0.17～0.6 A/dm^3、电流效率 70%～80%、旋流量 400～600 L/h、阴离子起始浓度 0.5～5 g/L。

c. 电解破氰的最佳工艺条件为：槽电压 3～4 V、电流密度 10～13 A/dm^3、氯化钠浓度 3%～5%、氰酸根去除率大于 99%。

d. 镀银漂洗水或老化液经回收白银，完成破氰后，若氰离子浓度仍不符合排放标准，可使用化学法破氰。

20. 微电解—膜分离联合处理电镀混合废水

a. 微电解法处理设备的材质宜选用不锈钢或碳钢，内壁应做防腐处理。

b. 铸铁屑粒径宜大于 5 mm；装填高度不宜小于 1.5 m。

c. 进水 pH 宜控制在 2～5；废水与铁屑填料的接触时间不宜少于 20 min。

d. 处理系统在运行期间，应定时向微电解设备自动通入压缩空气。空气通入量为 0.1～0.13 m^3/（m^2·min）；压力为 0.3～0.7 MPa；通气时间为 1～3 min；脉冲频率宜为 2～5 s；周期宜为 1～2 h。如采用溶气水，溶气水与原水的比例可为 30%～50%，或视溶气水对反应器填料层冲击强度确定。溶气罐的水力停留时间宜设置为 3 min 左右。

e. 微电解设备出水应用碱（或石灰乳）调 pH 至 8～11 进行固液分离，为加快污泥沉淀，可适当投加助凝剂。

f. 当采用连续式处理时，宜设水质自动检测和投药自动控制装置；间歇循环式处理废水，内电解设备内的流速不宜低于 20 m/h，填料的装填高度不宜低于 1.5 m。间歇循环处理以六价铬达标为终点，调节循环池内废水 pH 至 8～11 进行固液分离。

g. 微电解设备在检修或不运行期间，应保持设备内的水位始终浸没铁屑填料。如设备维修需将废水排空时,其设备维修和注满水的时间间隔应不超过 4 h。

h. 微电解与膜分离联合处理电镀混合废水时,应根据回用水水质、水量要求,选择膜分离工艺形式。膜分离产生的浓水宜进入有机废水生化处理系统,经处理达标后排放。

21. 凝聚沉淀法处理电镀混合废水

a. 电镀混合废水中含有三价铬、铜、镍、锌、铁以及少量的铅时,宜采用硫酸亚铁作为还原剂,每种重金属离子浓度不宜超过 30～40 mg/L。废水中的悬浮物总量不宜超过 600 mg/L。

b. 电镀混合废水中含有铬、铜、镍、锌时,处理过程中 pH 宜控制在 8～9;当有镉离子时,废水 pH 应大于或等于 10.5,同时应防止混合废水中两性金属的再溶解。

c. 处理过程中,可根据需要投加絮凝剂和助凝剂,其品种和投加量应通过实验确定。

d. 处理后出水一般可用作镀前预处理用水,可作为冲洗地坪或冲洗厕所卫生设备等用水。

22. 生物法处理电镀混合废水

a. 由于铬、铅、镉、铜、锌、铁等重金属对微生物均有毒害作用,所以,进入生物处理系统的重金属离子应经过预处理。

b. 生物接触氧化池宜按一级、二级两格串联布置,水力停留时间不小于 4 h(一级 2.6 h、二级 1.4 h)。池中应设有立体弹性填料,框架为碳钢结构,内外涂防腐涂料,池底应设有微孔曝气软管布气,气水比宜按(10～15):1 考虑。

c. 生物活性炭的主要设计和运行参数宜满足以下要求:活性炭粒径 0.9～1.2 mm;床高 2～4 m;空床停留时间 20～30 min;容积负荷 0.25～0.75 kgBOD$_5$/(m^3·d);水力负荷 8～10 m^3/(m^2·h)。

6.16 生活垃圾填埋场渗滤液处理工艺

6.16.1 渗滤液的来源与特征

1. 垃圾渗滤液的来源

垃圾渗滤液是垃圾在堆放和填埋过程中由于压实、发酵等物理、生物、化学作用,同时在降水和其他外部来水的渗流作用下产生的,主要来自以下五个方面:

a. 自然降水的渗入。降雨和降雪的淋溶是渗滤液的主要来源。

b. 地表水的流入。包括地表径流和地表灌溉。

c. 地下水的渗入。当场外地下水水位高于场内渗滤液水位,且填埋场未设置防渗措施或防渗层损坏时,地下水可能渗入场内形成渗滤液。

d. 垃圾自身所含水分。

e. 垃圾中有机组分被微生物厌氧分解后产生的水。

2. 垃圾渗滤液的特性

a. 有机物种类繁多,水质复杂。垃圾渗滤液中含有大量有机物,包括烃类及其衍生物、酸酯类、醇酚类、酮醛类和酰胺类。

b. 污染物浓度高、变化范围大。

c. 水质水量变化大。渗滤液产生量随季节变化大，雨季明显大于旱季；污染物组成及其浓度随季节、填埋时间变化。

d. 金属含量高。

e. 氨氮含量高。氨氮浓度随填埋时间增加而增加，可高达 1 700 mg/L。

f. 营养元素比例失调。BOD_5/P 通常超过 300。

g. 难降解有机物多，经过一般生化处理后 COD 浓度仍在 500~2 000 mg/L。

6.16.2 渗滤液的水质与水量

1. 废水水量

生活垃圾填埋场渗滤液处理规模宜按垃圾填埋场平均日渗滤液产生量计算。计算生活垃圾填埋场渗滤液产生量时应充分考虑当地降雨量、蒸发量、地面水损失、其他外部来水渗入、垃圾的特性、表面覆土和防渗系统下层排水设施的排水能力等因素。

渗滤液产生量宜采用式（6-22）的经验公式（浸出系数法）计算：

$$Q = \frac{I \times (C_1 A_1 + C_2 A_2 + C_3 A_3)}{1\,000} \tag{6-22}$$

式中：Q——渗滤液产生量，m^3/d；

I——多年平均日降雨量，mm/d；

A_1——作业单元汇水面积，m^2；

C_1——作业单元渗出系数，一般宜取 0.5~0.8；

A_2——中间覆盖单元汇水面积，m^2；

C_2——中间覆盖单元渗出系数，宜取（0.4~0.6）C_1；

A_3——终场覆盖单元汇水面积，m^2；

C_3——终场覆盖单元渗出系数，一般取 0.1~0.2。

2. 废水水质

根据生活垃圾填埋场的垃圾填埋年限及渗滤液的化学需氧量和氨氮浓度，生活垃圾填埋场渗滤液可分为初期渗滤液、中后期渗滤液和封场后渗滤液。

生活垃圾填埋场渗滤液水质的确定，宜以实测数据为基准，并考虑未来水质变化趋势。在无法取得实测数据时，宜参考表 6-84 及同类地区同类型填埋场实测数据合理选取。

表 6-84 国内生活垃圾填埋场（调节池）渗滤液典型水质

污染物项目	初期渗滤液	中后期渗滤液	封场后渗滤液
$BOD_5/$（mg/L）	4 000~20 000	2 000~4 000	300~2 000
$COD_{Cr}/$（mg/L）	10 000~30 000	5 000~10 000	1 000~5 000
$NH_3\text{-}N/$（mg/L）	200~2 000	500~3 000	1 000~3 000
SS/（mg/L）	500~2 000	200~1 500	200~1 000
pH	5~8	6~8	6~9

6.16.3 污染物排放标准

国家标准《生活垃圾填埋场污染控制标准》（GB 16889—2008）规定了垃圾渗滤液水污染物排放限值、监测和监控要求。各类污染物项目的一般排放限值如表6-85所示。

表6-85 生活垃圾填埋场水污染物排放浓度限值

序号	污染物项目	一般排放限值	特别排放限值
1	色度（稀释倍数）	40	30
2	COD_{Cr}/（mg/L）	100	60
3	BOD_5/（mg/L）	30	20
4	SS/（mg/L）	30	30
5	TN/（mg/L）	40	20
6	NH_3-N/（mg/L）	25	8
7	TP/（mg/L）	3	1.5
8	粪大肠菌群数/（个/L）	10 000	1 000
9	总汞/（mg/L）	0.001	0.001
10	总镉/（mg/L）	0.01	0.01
11	总铬/（mg/L）	0.1	0.1
12	六价铬/（mg/L）	0.05	0.05
13	总砷/（mg/L）	0.1	0.1
14	总铅/（mg/L）	0.1	0.1

根据环境保护工作的要求，在国土开发密度已经较高、环境承载能力开始减弱，或环境容量较小、生态环境脆弱，容易发生严重环境污染问题而需要采取特别保护措施的地区，应严格控制企业的污染物排放行为。国务院环境保护行政主管部门或省级人民政府根据环境保护工作的要求在上述地区的生活垃圾填埋场执行表6-85规定的水污染物特别排放限值。

污染物排放监控位置为常规污水处理设施排放口。

6.16.4 废水处理组合工艺设计

生活垃圾填埋场渗滤液处理工艺可分为预处理、生物处理和深度处理三种。应根据渗滤液的进水水质、水量及排放要求综合选取适宜的工艺组合方式，推荐选用"预处理+生物处理+深度处理"组合工艺（工艺流程见图6-29），如"吹脱—复合生物反应器—催化氧化—反渗透"、"UASB—MBR—NF"等；也可采用如下工艺组合：

a. 预处理+深度处理，适用于可生化性较差的中后期渗滤液，如"调节池—两级碟管式反渗透（DTRO）"、"水解酸化—两级碟管式反渗透（DTRO）"等；

b. 生物处理+深度处理，适用于水质悬浮物较少或生化性较好的渗滤液，如"MBR—NF/RO"等。

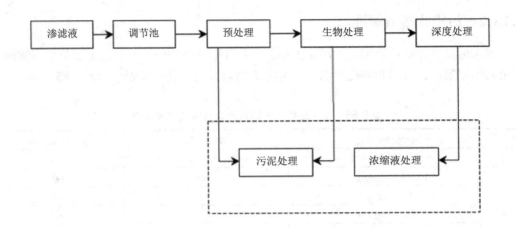

图 6-29　生活垃圾填埋渗滤液处理组合工艺流程

预处理工艺可采用生物法、物理法和化学法，目的主要是去除氨氮或无机杂质，或改善渗滤液的可生化性。

生物处理工艺可采用厌氧生物处理法和好氧生物处理法，处理对象主要是渗滤液中的有机污染物和氮、磷等。

深度处理工艺可采用纳滤、反渗透、吸附过滤等方法，处理对象主要是渗滤液中的悬浮物、溶解物和胶体等。深度处理宜以纳滤和反渗透为主，并根据处理要求合理选择。

纳滤和反渗透产生的浓缩液应进行处理，可采用蒸发、焚烧等方法。

6.16.5　主要工艺单元技术要求

1. 调节池

在填埋区与渗滤液处理设施间必须设置渗滤液调节池。调节池的容积应与填埋工艺、停留时间、渗滤液产生量及配套污水处理设施规模等相匹配，宜按照能容纳 3 个月的渗滤液产生量进行确定。以保证实现生物处理设施在冬天停止运行时，其产生的渗滤液进入调节池。待温度高于 5℃时再次运行生物处理设施。

2. 预处理工艺参数

（1）选择水解酸化技术作为预处理工艺

①水力停留时间宜为 2.5～5.0 h；②pH 宜为 6.5～7.5。

（2）采用混凝技术作为预处理工艺

应根据渗滤液混凝沉淀的工艺情况、实验结果和药剂的质量等因素综合确定药剂的种类、投加量和投加方式。常用的药剂有硫酸铝、聚合氯化铝、硫酸亚铁、三氯化铁和聚丙烯酰胺（PAM）等。

3. 厌氧生物处理工艺参数

厌氧生物处理工艺可采用升流式厌氧污泥床法（UASB）及其变形、改良工艺。采用升流式厌氧污泥床法时：

a. 常温范围宜为 20～30℃，中温范围宜为 30～38℃；

b. 容积负荷宜为 5～15 kgCOD_{Cr}/（$m^3 \cdot d$）；

c. pH 宜为 6.5~7.8;

d. 应设置生物气体利用或安全燃烧装置。

4. 好氧生物处理工艺参数

好氧生物处理工艺可采用活性污泥法或生物膜法。活性污泥法宜选择膜生物反应器法、氧化沟活性污泥法和纯氧曝气法等；生物膜法宜选择接触氧化法、生物转盘。

（1）膜生物反应器

a. 膜生物反应器分为内置式和外置式两种，内置式宜选用板式微滤膜组件、板式超滤膜组件、中空纤维微滤膜组件或中空纤维超滤膜组件，外置膜宜选用管式超滤膜组件；

b. 温度宜为 20~35℃；

c. 进水化学需氧量宜为 1 000~20 000 mg/L；

d. 设计运行参数见表 6-86。

表 6-86 膜生物反应器的工艺参数

项目	内置式膜生物反应器	外置式膜生物反应器
污泥浓度/（mg/L）	8 000~10 000	10 000~15 000
BOD_5 污泥负荷/[kgBOD_5/(kgMLSS·d)]	0.08~0.30	0.20~0.60
NO_3^--N 污泥负荷/[kgNO_3^--N/(kgMLSS·d)]	0.05~0.25	0.05~0.30
剩余污泥产泥系数/(kgMLSS/kgCOD_{Cr})	0.10~0.30	0.10~0.30

（2）氧化沟

a. 氧化沟进水 COD_{Cr} 宜为 2 000~5 000 mg/L；

b. 污泥负荷（BOD_5/MLSS）宜为 0.05~0.20 kgBOD_5/kgMLSS；

c. 混合液污泥浓度宜为 3 000~5 500 mg/L；

d. 污泥龄宜为 15~30 d；

e. 氧化沟池深宜为 3.50~5.00 m。

（3）纯氧曝气法

a. 氧气浓度不宜低于 90%；

b. 溶解氧宜为 10~20 mg/L；

c. MLSS 宜为 10 000~20 000 mg/L；

d. 进水 COD_{Cr} 浓度宜为 1 000~6 000 mg/L；

e. 水力停留时间宜为 12~24 h。

（4）二沉池

a. 沉淀时间宜为 1.50~2.50 h；

b. 表面水力负荷不宜大于 0.8 m³/(m²·h)；

c. 出水堰最大负荷不宜大于 1.7 L/(s·m)。

5. 深度处理工艺参数

（1）纳滤

a. 进水指标：悬浮物不宜大于 100 mg/L；进水电导率（20℃）不宜大于 40 000 μS/cm。

b. 温度宜为 8~30℃；

c. pH 宜为 5.0～7.0；

d. 纳滤膜通量宜为 15～20 L/(m²·h)；

e. 水回收率不得低于 80%。

(2) 反渗透

a. 进水指标：悬浮物不宜大于 50 mg/L；进水电导率（20℃）不宜大于 25 000 μS/cm。

b. 温度宜为 8～30℃；

c. pH 宜为 5.0～7.0；

d. 反渗透膜通量宜为 10～15 L/(m²·h)；

e. 水回收率不得低于 70%。

(3) 吸附过滤

应根据前段处理出水水质、排放要求、吸附剂来源等多种因素综合选择吸附剂种类，宜优先选择活性炭作为吸附剂。当选用粒状活性炭吸附处理工艺时，宜进行静态选炭及炭柱动态试验，确定用炭量、接触时间、水力负荷与再生周期等。

6.17 工业园区废水处理工艺

6.17.1 工业园区的分类

工业园区是在政府划定的特定区域内，聚集建设具有近似类型或有着相同发展目标的企业群体，实现资金、人力、技术、信息、基础设施等资源的聚集效应，形成产品、产业、行业关联的集中经济区域。

将企业按照产品、产业或行业的关联进行规划聚集的工业园区属于行业型工业园区，如纺织工业园区、制药工业园区、电镀工业园区、化工工业园区、食品工业园区等；将多种行业的企业聚集在特定区域内的工业园区属于综合性工业园区。

6.17.2 工业园区废水水量和水质

工业园区废水的来源复杂，包括数量众多、类型各异的企业生产废水，园区内办公、居住区等的生活污水以及初期雨水等。工业园区废水排放不确定性突出，一方面工业园区建设初期，进驻企业不确定；另一方面，已进驻企业废水排放随生产情况受市场的影响较大。

1. 废水水量

工业园区废水水量的确定方法有面积类比法、污水排放系数法和规划指标法。

a. 当有已建同类工业园的废水数据资料可供参考时，可以参照其单位面积废水排放量与工业园区规划面积进行计算。

b. 当有工业园区的规划用水量数据时，可以根据园区行业特征，依据排污系数确定废水水量。需要注意的是，工业园区循环冷却水用量多、蒸发损失量大，因此其污水排放系数与城市排水工程推荐值（一般为 0.7～0.9）不同，例如，化工工业园区的建议废水排放系数为 0.15～0.35。

c. 规划指标法是依据工业园区内企业的产能或工业总产值的规划数据进行废水水量预测。其中，单位产品产排污系数的选择可参考 2008 年国家发布的《第一次全国污染源普查工业污染源产排污系数手册》；行业单位工业总产值废水排放系数的选择可参考各年国家统计年鉴中行业单位工业总产值废水排放量平均值。

2. 废水水质来源与特征

工业园区废水由生产废水、生活污水和其他废水组成。行业型工业园区废水与相应的工业废水处理相似，生活污水所占比例一般较少。工业园区废水的特点主要表现在：

（1）水质水量波动较大

工业园区废水与产品有关，受市场规律的影响，排水量与水质会有较大的变化。

（2）成分复杂

工业园区废水源自不同企业，比单一工业企业废水成分复杂。

（3）有毒有害

部分行业的废水中含有染料、重金属等有毒有害物质，均对污水处理中的微生物生长有一定影响，会影响生化效果。

（4）油类污染

部分行业的废水中含有较多的油类污染物。

（5）废水中有机物难降解

部分行业废水中有机物属于难生物降解类型，给园区污水厂的处理带来困难。此外，经过生产企业厂内预处理的排水，易于生物降解的有机物已经在预处理过程中加以去除，残余在排水中的有机物属于难以生物降解的物质。

6.17.3 废水排放要求

常规的工业废水排放要求是根据工业门类和排放条件确定的，工业园区废水排放要求由排放条件决定。一般分为以下几种情况：

a. 视当地排放条件，可以经预处理后纳入市政污水系统一并处理，在这种情况下，工业园区废水排放要求按《污水综合排放标准》（GB 8978—1996）的三级标准确定。

b. 出水直接排放到水体的工业园区污水厂，执行工业行业水污染物排放标准或者《污水综合排放标准》（GB 8978—1996）的一级或二级标准。

c. 位于环境敏感区或者环境承载能力脆弱的地区，则可能按当地排放条件执行《城镇污水处理厂污染物排放标准》（GB 18918—2002）的一级 A 标准，或者执行相关工业行业排放标准规定的水污染物排放特别限值标准。

6.17.4 分质收集和预处理

工业园区内企业的生产废水如果具有高浓度、重金属、有毒有害和酸碱等特性，则需要进行分质收集和预处理后再排入园区污水处理厂。避免对园区污水处理厂带来冲击和负面影响。

6.17.5 工业园区污水处理厂的工艺

由于工业园区废水具有有机物浓度高、可生化性差、水质复杂、有时含有毒有害物质的特征，选择处理工艺时，不能按照城镇污水处理厂的设计思路，要充分考虑与行业废水处理的差异。一般而言，工业园区污水处理厂采用包括"预处理+生物处理+深度处理"的组合工艺。

1. 预处理

工业园区污水处理厂除需要设置常规的机械预处理措施外，还应视进污水类型和特征设置混凝沉淀/气浮，以去除部分污染物，减少进入主体生物处理单元的负荷。

当工业园区废水进水 SS 超过 400 mg/L 时，宜设置初沉池。

当原水有机物浓度较高、可生化性差、BOD_5/COD_{Cr} 在 0.3 以下时，应采用厌氧水解酸化单元预处理，以改善废水的生物降解性能。

2. 生物处理

好氧阶段通常采用活性污泥法，以适应水质的多变性和耐冲击性，亦有采用生物接触氧化，或者活性污泥—生物接触氧化相结合的方法（"泥—膜法"）。当进水中 N、P 含量较高，需要去除时，需要采用生物脱氮除磷的工艺。

3. 深度处理

与常规的城镇污水处理厂类似，当工业园区废水需要执行比较严格的排放标准时，应设置深度处理单元，以满足更高的排放要求。由于工业废水的特殊性，需要关注工业园区废水生活处理后排水的色度、COD_{Cr}、微生物卫生指标等。必要时需要在深度处理段增加脱色、氧化、混凝沉淀、膜过滤等物理化学措施。工业园区废水处理出水需要进行消毒。

4. 事故池

由于工业园区废水处理厂主要接纳园区内各企业排出的生产废水，为了避免或减轻因企业设备维修、生产操作等原因而造成的高浓度废水冲击，有必要在企业内部或园区废水处理厂内设置事故应急池。当有需要时先将企业排出的超常规高浓度废水在事故池中储存，待高负荷高峰过后再按均匀、少量的方法将事故废水纳入园区污水处理系统。

5. 调节池

工业园区废水水量往往随园区内企业的生产计划安排和产品的变更而变化，水量不均匀系数大，一般为 1.3～1.5，而废水水质具有多样性和复杂性。为了适应水量负荷和污染负荷的多变性，工业园区污水处理厂应设置足够容量的调节池。

6.17.6 主要单元技术要求与工艺参数

工业园区污水处理组合工艺中各处理单元的技术要求与工艺参数与本书所介绍的其他类型废水情况类似，此处不再重复说明。

第7章 污泥处理工程

在工业废水和生活污水的处理过程中截留了相当数量的悬浮物质，这些物质统称为污泥固体。形成污泥固体的悬浮物质可以是废水中原已存在的，也可以是废水处理过程中逐渐形成的。前者如各种自然沉淀池中截留的悬浮物质；后者如生物处理和化学处理过程中，由原来的溶解性物质和胶体物质转化而来的悬浮物质。此外，还包括在进行化学处理时，投加化学药剂带来的各种固体物质。污泥固体与水的混合体统称为污泥，但有时把含有机物为主的叫污泥，而把含无机物为主的叫泥渣。污泥处理的目的是降低有机物含量和含水量，减小体积，提高稳定性，以便于运输和处置。

7.1 污泥的分类及特性

7.1.1 污泥的种类和性质

1. 污泥的分类

污泥的组成、性质和数量主要取决于废水的来源，同时还和废水处理工艺有密切关系。按废水处理工艺的不同，污泥可分为以下几类。

（1）初沉污泥

来自初沉淀池的污泥，其性质随废水的成分而异。正常情况下为棕褐色，含固量为2%~4%，有机物含量在55%~70%。

（2）腐殖污泥与剩余活性污泥

来自生物膜法与活性污泥法后的二级沉淀池。前者称为腐殖污泥，后者称为剩余活性污泥，简称剩余污泥。剩余活性污泥为黄褐色，有土腥味，含固量一般为0.5%~0.8%。我国剩余污泥的有机物含量较低，常在50%~75%。污泥的有机物含量受工艺类型与运行参数影响较大，如污泥龄较长的氧化沟工艺的剩余污泥的有机物含量偏低。

（3）消化污泥

初沉污泥、腐殖污泥、剩余污泥经厌氧或好氧消化处理后的污泥均称为消化污泥。由于厌氧消化过程产生的硫化物与铁、锰等离子生成黑色沉淀，厌氧消化污泥一般为黑色。

（4）化学污泥

用混凝、化学沉淀等化学法处理废水所产生的污泥称为化学污泥。多数情况下化学污泥气味较小，易于脱水。

2. 污泥的基本特性

（1）污泥固体

污泥中的总固体包括溶解物质和不溶解物质两部分。前者叫溶解固体，后者叫悬浮固体。总固体、溶解固体和悬浮固体，又各分为稳定固体和挥发固体。挥发固体是指污泥中的有机物含量，即在 600℃下能被氧化，并以气体产物逸出的那部分固体。污泥固体浓度常用 mg/L 表示，也可用质量分数表示。

（2）含水率

污泥中水的百分含量叫含水率。固体百分含量和含水率的关系：

$$固体（\%）+水量（\%）=100（\%）$$

例如，固体浓度为 7%，则含水率为 93%。由于多数污泥都由亲水固体组成，因此含水率一般都很高。不同污泥含水率差异很大，这对污泥特性有重要影响。

（3）污泥相对密度

污泥相对密度指污泥的重量与同体积水重量的比值。污泥比重主要取决于含水率和固体的相对密度。固体相对密度越大，含水率越低，则污泥的相对密度就越大。生活污泥及类似的工业污泥的相对密度一般大于 1。工业污泥的相对密度往往很大，如铁皮沉渣为 5～6。污泥相对密度 S 可按下式计算：

$$S = \frac{1}{\sum_{i=1}^{n}\left(\frac{W_i}{S_i}\right)} \tag{7-1}$$

式中：W_i——污泥中第 i 项组分的百分含量；

S_i——污泥中第 i 项组分的相对密度。

若污泥仅含有一种固体成分（或者近似一种成分），且含水率为 P（%）则上式可简化如下：

$$S = \frac{100 S_1 S_2}{PS_1 + (100-P)S_2} \tag{7-2}$$

式中：S_1——固体相对密度；

S_2——水的相对密度。

城市污泥的 $S_1 \approx 2.5$，若含水率为 99%，则 $S=1.006$。

（4）污泥体积与含水率的关系

含水率为 P_0 的污泥，其体积为 V_0，若含水率变为 P，则其体积公式可按下式计算：

$$V = V_0 \frac{[100 S_2 + P(S_1 - S_2)](100 - P_0)}{[100 S_2 + P_0(S_1 - S_2)](100 - P)} \tag{7-3}$$

当 S_1 与 S_2 及 P 与 P_0 接近时，可简化为：

$$V = V_0 \frac{100 - P_0}{100 - P} \quad 或 \quad V(100-P) = V_0(100-P_0)$$

当城市污泥含水率大于 80%时，可按此简化公式计算其污泥体积。由上式可知，含水率由 99%降到 98%，由 97%降到 94%，或由 95%降到 90%，其污泥体积均能减少 50%。由此可见，含水率越高，降低污泥的含水率对减少其体积越明显。

7.1.2 污泥的产量

废水处理中产生的污泥量因废水水质和处理工艺而异，如当沉淀时间为 1.5 h，含水率为 95%时，每人产生的初次沉淀污泥量为 0.4～0.5 L/d。每人产生的二次沉淀污泥量为：生物滤池后为 0.11 L/d（含水率为 95%，沉淀时间为 0.75 h）；高负荷生物滤池后为 0.4 L/d（含水率为 96%,沉淀时间为 1.5 h);曝气池后为 2.2 L/d(含水率为 99.2%,沉淀时间为 1.5 h)。

活性污泥法的污泥产量可用式(7-4)计算:

$$Q_S = YQL_r - K_d V N_{WV} = \frac{YQL_r}{1 + K_d \theta_c} \tag{7-4}$$

$$y = YF_W - K_d \quad x = \frac{YK_d}{F_W}$$

式中:Q_S——活性污泥系统每日产泥量,kg/d;

Y——污泥产泥系数,kg VSS/(kg BOD$_5$·d),20℃时为 0.4~0.8;

Q——设计进水流量,m^3/d;

L_r——去除的 BOD$_5$ 质量浓度,kg/m^3;

K_d——衰减系数,kg VSS/(kg VSS·d)或(d^{-1}),20℃时为 0.075~0.04;

V——曝气池容积,m^3;

N_{WV}——混合液挥发性悬浮物质量浓度,kg MLVSS/m^3;

θ_c——污泥龄,亦称污泥停留时间,即 SRT;

y——每千克活性污泥的日产泥量,kg VSS/(kg VSS·d)或(d^{-1});

F_W——污泥负荷,kg BOD$_5$/(kg MLVSS·d);

x——每去除 1 kg BOD$_5$ 的产泥量,kg VSS/(kg BOD$_5$·d)或(d^{-1})。

各种污泥量也可根据有关处理工艺流程进行泥料平衡推算,最好是对类似处理厂进行实际测定。

7.2 污泥处理技术和方法

污泥含水率高,体积庞大,常含有高浓度有机物,易在微生物作用下腐败发臭,并常常含有病原微生物、寄生虫卵及重金属等有害物质,必须进行相应处理。

污泥处理的主要内容包括稳定处理(生物稳定、化学稳定)和脱水处理(浓缩、脱水)。《城镇污水处理厂污染物排放标准》(GB 18918—2002)明确提出,城镇污水处理厂的污泥应进行稳定化处理,并提出稳定的指标(表 7-1)。污泥稳定技术主要包括厌氧消化、好氧消化、好氧堆肥等,而焚烧、石灰法也能实现污泥稳定。污泥处理的工艺往往包括预处理+稳定+后处理。污泥厌氧消化在欧美广泛使用,以它作为稳定工艺的技术路线往往是浓缩+厌氧消化+脱水、浓缩+厌氧消化+脱水+干化,或者,浓缩+厌氧消化+脱水+干化焚烧,有时在浓缩后还会增加热处理单元来促进污泥厌氧消化。污泥处理工艺往往是根据污泥处置方式决定的,而处理方式则由各地的经济状况、人口因素和地理环境等因素决定。污泥处理与污水处理相比,设备复杂、管理复杂、费用昂贵。

7.2.1 污泥浓缩

污泥含水率高、体积庞大,输送、处理和处置都很不方便。浓缩是初步降低污泥含水率、减少污泥体积的有效方法,可将污泥体积明显减小。污泥所含的水分可以分为空隙水、毛细水、吸附水和结合水,其中空隙水占总水量的 65%~85%。污泥浓缩主要去除大部分空隙水。经浓缩后,污泥仍具有流动性。

表 7-1 污泥稳定化控制指标

稳定化方法	控制项目	控制指标
厌氧消化	有机物降解率/%	>40
好氧消化	有机物降解率/%	>40
好氧堆肥	含水率/%	<65
好氧堆肥	有机物降解率/%	>50
好氧堆肥	蠕虫卵死亡率/%	>95
好氧堆肥	粪大肠菌群菌值/（g/个）	>0.01

污泥浓缩主要有重力浓缩、气浮浓缩和离心浓缩三种方式。以剩余污泥为例，重力浓缩后含固率可以达到 3%，气浮浓缩可以达到 5%，而离心浓缩可以达到 5%～6%。在国外还有可以达到 10% 的离心浓缩设备。其中重力浓缩是目前我国的常用方式，而离心浓缩和气浮浓缩的使用正不断增加。浓缩方法的选择，主要是从污泥的性质、来源、整个污泥处理流程及最终处置方式、投资和占地等考虑。

7.2.2 污泥脱水

污泥脱水是进一步降低污泥含水率的方法，主要是去除污泥所含的吸附水和毛细水。脱水后，污泥的含水率可以降至 60%～85%。污泥脱水的常见方式有自然干化和机械脱水。机械脱水又分为真空过滤、带式压滤、板框压滤和离心脱水。机械脱水尤其是带式压滤、板框压滤和离心脱水是目前最常用的污泥脱水方式。

污泥脱水方式主要是由污泥最终处置方式、投资、占地和运行管理等方面决定的。

7.2.3 污泥厌氧消化

污泥厌氧消化是指污泥在无氧条件下，由兼性菌和厌氧菌将污泥中的可生物降解的有机物分解成二氧化碳、甲烷和水等的过程，是污泥减量化、稳定化、能源化、资源化、无害化的常用处理工艺之一，已经在欧洲各国和美国大规模使用。

根据搅拌方式，常见的污泥厌氧消化法分为传统消化法和高速消化法，前者不搅拌，后者要求搅拌。传统消化池的优点是结构简单；缺点是，由于分层现象明显，细菌和营养物得不到充分接触，因而负荷小、产气量低，兼之形成浮渣层占去有效容积，造成操作困难。高速消化池污泥处于完全混匀状态，克服了前者的缺点，负荷和产气量都较高。根据反应温度，污泥厌氧消化分为常温、中温和高温厌氧消化，其中中温消化是最主要的方式。根据污泥的含固率，污泥厌氧消化分为低固（1%～5%）厌氧消化和高固（8%～15%）厌氧消化。污泥高固厌氧消化在不延长固体停留时间的情况下，有机物去除率与低固厌氧消化接近，因此具有反应器容积小、加热能耗低的突出优点。

污泥厌氧消化的主要优点是可以实现污泥减量化、稳定化和能源化；沼渣、沼液富含营养，可作农肥，故厌氧消化也是污泥资源化的重要技术之一；和干化、焚烧组合后，可以缩小干化、焚烧的规模和运行成本；应用历史比较长，积累了大规模应用的工程经验。缺点是污泥停留时间较长，所需的反应器容积较大，投资较高；系统比较复杂，运行管理有一定难度。

7.2.4 污泥好氧消化

污泥好氧消化是对二级处理的剩余污泥或一、二级处理的混合污泥进行持续曝气，促使生物细胞（包括一部分构成 BOD 的有机物）分解，从而降低挥发性悬浮固体的含量的方法。在好氧消化过程中，有机污泥经氧化转化成 CO_2、NH_3、H_2 等气体产物，其氧化作用可以用下式表示：

$$C_5H_7NO_2 + 5O_2 \longrightarrow 5CO_2 + NH_3 + 2H_2O \tag{7-5}$$

污泥好氧消化的主要目的是实现污泥减量化、稳定化和无害化。好氧消化包含有完全的生物链和复杂的生物菌群，比厌氧消化反应速率快，在 15℃条件下，一般只需 15~20 天即可减少挥发物 40%~50%，而厌氧消化却需 30~40 天。同时，好氧消化的处理效果比较稳定。

好氧消化过程分为普通好氧消化和自热高温好氧消化两类。后者与前者的区别是能利用微生物氧化有机物时所释放的热量对污泥加热，可以使污泥达到自热高温消化的目的。根据运行条件的不同，污泥温度可达 40~70℃。该法与普通好氧消化相比，具有反应速度快、停留时间短、基建费用低、污泥脱水性能好，病原体杀灭率高等优点。自热高温好氧消化池需要加盖和保温，以便将系统的热损失减到最小。

好氧消化的主要优点是：污泥好氧消化过程微生物处于内源呼吸阶段进行自身氧化，因此微生物体的可生物降解部分（约占 MLVSS 的 80%）可被氧化去除，消化程度高，剩余污泥量少。同时，污泥的肥分高，易被植物吸收，上清液 BOD 浓度低。好氧消化过程对有毒物质不敏感，控制较容易。污泥易脱水，处置方便。运行管理简单，无甲烷爆炸危险。

好氧消化的主要缺点是：能耗大、卫生条件差、长时间曝气会使污泥指数增大而难以浓缩，不能回收污泥中有机物所蕴含的能量。因好氧消化不加热，所以污泥有机物分解程度受温度的影响大。另外，污泥好氧消化对致病微生物与寄生虫的去除效果较差，污泥处理量也不能太大。

7.2.5 污泥堆肥

污泥中含有丰富的植物营养物质。城市污泥含氮 2%~7%，磷 1%~5%，钾 0.1%~0.8%。消化污泥除钾含量较少外，氮、磷含量与厩肥差不多。活性污泥的氮磷含量比厩肥高 4~5 倍。此外，污泥中还含有硫、铁、钙、钠、镁、锌、铜、钼等微量元素和丰富的有机物与腐殖质。污泥用作农肥，既有良好肥效，又能使土壤形成团粒结构，起到改良土壤的作用。

污泥堆肥技术是利用污泥中的好氧微生物菌对污泥进行好氧发酵的处理过程。借混合微生物群落，对多种有机物进行氧化分解，使有机物转化为植物容易吸收的类腐殖质。其优点为利用生物能，节约能源，肥效好；其缺点是占地面积较大，周期长，易产生臭气等。

污泥高温好氧堆肥技术是将含水率 50%~55%的污泥进行好氧堆肥发酵，使污泥持续维持在 60℃以上的高温，可有效地降低污泥的含水率，去除病原体、寄生虫卵和杂草种子。

采用污泥预干化技术可使污泥含水率由 80%降至 60%，再与部分菌种进行混合，使污泥含水率调整到 55%，经 10~15 天的高温好氧堆肥发酵后含水率降至 25%左右，堆肥发酵后的物料一部分作为菌种回填循环利用，另一部分可作为营养土，直接用于园林绿化、植被恢复、回填土等。

含水率为80%的污泥在阳光大棚中经过晾晒翻堆后，其含水率由80%快速降至60%，再与好氧发酵菌种、部分添加剂（粉煤灰）等回填物充分混合后，通过布料传输设备均匀送到发酵仓内，在发酵仓内强制通风使物料充分好氧发酵，同时通过翻堆机搅拌使其均匀发酵并且推动物料向前运动。经10天发酵后物料的含水率可降至25%。干燥后的物料一部分作为回填物循环利用，一部分根据市场需要加入营养元素制成符合标准的成品肥。

7.2.6 污泥干化

污泥干化是将脱水污泥通过处理，使污泥中的毛细水和吸附水大部分或全部去除的方法。污泥干化后含水率可从60%~80%降低至10%~30%。

污泥干化常用的设施为回转式圆筒干燥炉。干燥炉系统的主体部分是回转炉，炉体为略带倾斜的回转圆筒。脱水污泥经粉碎后，与旋流分离返送回来的细粉混合，由高端进入回转圆筒。高温气体从转筒中流过，使污泥干燥。转筒旋转时可使污泥团块升起或落下，不断地被搅拌和粉碎，促使其与热风充分接触。干燥好的污泥从转筒低端进入泄料室，通过格栅送到贮存池。干燥炉的排气经旋流分离器分离细粉后，通过除臭燃烧器排入大气。

污泥干化处理的成本高，只有在干燥污泥具有回收价值（如作肥料）或者有特殊要求时才考虑采用。

7.2.7 石灰稳定

当污泥量较小时，可以考虑采用石灰稳定的方法。该法利用生石灰与水相遇会释放大量热量的特点，形成高温（100 ℃左右）环境，来去除污泥的部分水分、易降解的有机物和杀灭病菌等，可以获得含水率40%甚至更低的污泥。1 kg 生石灰可以去除 0.82 kg 水。石灰稳定一般分两个阶段：第一个阶段，污泥和石灰混合，石灰放热，污泥含水率可以在较短时间内，降至40%左右；第二个阶段，堆置，污泥含水率可以降至5%左右。第二个阶段需要数天。这种方法的优点是简便，处理后污泥的含水率也比较低，缺点是石灰加入量较大，处理后污泥体积没有明显减少。稳定后的污泥可以作为酸性土壤的调节剂。

7.3 污泥的最终处置与利用方法

根据《城市污水处理厂污泥处置分类》（CJT 239—2007），污泥最终处置与利用包括土地利用、填埋、焚烧及建筑材料利用等。

7.3.1 污泥的综合利用

污泥综合利用的方法视其性质而异。

1. 土地利用

污泥的土地利用又分为农用、园林绿化和土地改良。农用是指污泥用于农田，可以作为农肥或者农田土壤改良材料。园林绿化主要是指污泥用作造林、育苗和园林绿化的基质或肥料。土地改良主要指污泥用于盐碱地、沙化地和废弃矿场等的土壤改良材料。土地利用方式不同,对污泥泥质以及使用量的要求也不同,具体可以参考《城镇污水处理厂污泥处置园林绿化用泥质》(GB/T 23486—2009)、《城镇污水处理厂污泥处置农用泥质》(CJ/T 30—2009)等相应标准。

2. 建筑材料利用

污泥的无机组分主要为硅铝质无机物,与建筑材料中常用的黏土组分相近,故污泥也可以用来制作建筑材料,包括水泥添加料、制砖、制轻质骨料和制其他建筑材料。可以建材化的污泥包括脱水污泥、干化污泥和焚烧飞灰。污泥建筑材料利用应符合国家和地方的相关标准和规范要求,并严格防范在生产和使用中造成二次污染。

7.3.2 污泥的最终处置

1. 卫生填埋

污泥卫生填埋(填垫、堆置、与城市生活垃圾一起填埋)前,必须先将其含水率降低至60%以下。露天填埋的最大缺点是占地大,气味问题严重,蚊蝇大量滋生。污泥受雨水冲刷,渗滤液会引起地下水的污染。

2. 焚烧

城市污水厂污泥的热值为煤炭的30%~55%,属低值燃料。污泥焚烧是一种常用的处置方法,即借助辅助燃料引火,使焚烧炉内温度升至燃点以上,令其自燃,所产生的废气(CO_2、SO_2等)和炉灰,再分别进行处理。

影响污泥焚烧的基本条件包括温度、时间、氧气量、挥发物含量以及泥气混合比等因素。温度超过800℃有机物才能燃烧,1 000℃时可消除气味。焚烧时间愈长愈彻底。焚烧时必须有氧气助燃。氧气通常由空气供应,空气量不足燃烧不充分,空气量过多,加热空气要消耗过多的热量,一般以50%~100%的过量空气为宜。挥发物含量高,含水率低,有可能维持自燃,否则尚需添加燃料。

目前的焚烧方式分为单独焚烧、与垃圾混合焚烧、利用工业锅炉焚烧和送火力发电厂焚烧等方式。

7.4 污泥的浓缩原理及应用

7.4.1 重力浓缩法

1. 重力浓缩的原理及重力浓缩池的分类

重力浓缩的原理及重力浓缩池的分类见第4章的4.2.4节。

2. 重力浓缩池设计要点

a. 连续流污泥浓缩池可采用沉淀池形式,一般为竖流式或辐流式。

b. 初沉污泥含水率一般为95%~97%,污泥固体负荷采用80~120 kg/(m²·d),浓缩后污泥含水率可达90%~92%。活性污泥含水率一般为99.2%~99.8%,污泥固体负荷采用20~30 kg/(m²·d),浓缩后污泥含水率可达97.5%左右。

c. 浓缩池的有效水深,一般采用4 m。当采用竖流式浓缩池,水深按沉淀部分的上升流速≤0.1 mm/s进行核算。浓缩池容积按停留时间10~16 h进行核算,不宜过长。

d. 连续式污泥浓缩池一般采用圆形竖流或辐流沉淀池。污泥室容积应根据排泥方法和两次排泥间隔时间而定，当采用定期排泥时两次排泥间隔一般选用 8 h。浓缩池较小时可采用竖流式浓缩池，一般不设刮泥机，污泥室的截锥体斜壁与水平面所形成的角度应不小于 50°，中心管按污泥流量计算。当采用吸泥机时，辐流式污泥浓缩池的池底坡度可采用 0.003，不宜小于 0.01。刮泥机的回转速度为 0.75～4 r/h，吸泥机的回转速度为 1 r/h。不设刮泥设备时池底一般设有泥斗，泥斗与水平面的倾角应不小于 50°。

7.4.2 气浮浓缩法

重力浓缩法适用于重质污泥（如初沉污泥），对于比重接近于 1 的轻质污泥，如活性污泥或发生膨胀的污泥则效果不佳，在此情况下可采用气浮浓缩法。气浮浓缩是依靠微小气泡与污泥颗粒产生黏附作用，使污泥颗粒的密度小于水而上浮得到浓缩。

气浮浓缩的工艺流程（见图 4-33），澄清水从池底引出，一部分排走，另一部分用水泵回流。通过射流器或空压机将空气引入，然后在溶气罐内溶入水中。溶气水经减压阀进入混合池，与流入该池的新污泥混合。减压析出的空气泡携带固体上浮，形成浮渣层，用刮板刮出便得到分离。采用回流充气的优点是节省新水、管理方便，缺点是增加回流系统电耗。

气固比是气浮浓缩系统中最主要的参数，可按式（7-6）计算：

$$\frac{A}{B} = \frac{(QS_a + QRfS_a p) - (R+1)QS_a}{QC_0} = \frac{RS_a(fp-1)}{C_0} \quad (7-6)$$

式中：A —— 气浮池释放出的气体量，kg/h，A 等于进、出池溶解气体之差值；
　　　B —— 流入的污泥固体量，kg/h；
　　　Q —— 流入的污泥量，m³/h；
　　　C_0 —— 污泥质量浓度，kg/m³；
　　　R —— 回流比，一般采用 $R \geqslant 1$；
　　　S_a —— 常压下空气在回流中的饱和质量浓度，kg/m³；20℃时，S_a=24 mg/L；
　　　p —— 溶气罐压力（绝对压力），一般采用 0.3 MPa；
　　　f —— 空气在回流水中的饱和质量浓度，一般气浮系统中 f=0.5～0.8，H-R 型系统（一种在溶气罐中能使游离空气与污水进行循环混合的气浮设备）中，f 可达 0.95。

上式分子中的第一项 QS_a 为新污泥所携带的空气量，若为活性污泥或好氧消化污泥，可近似认为处于饱和状态；若为初次沉淀污泥，则 QS_a=0。

气浮效果随气固比的增高而提高，一般以 0.03～0.1 为宜。在溶气罐内的停留时间为 1～3 min。气浮池的工艺参数如下：固体负荷为 2.5～25 kg/(m²·h)；水力负荷为 0.22～0.9 m³/(m²·h)；停留时间为 30～120 min。当投加聚合电解质时，获得的固体浓度平均为 5.8%，固体回收率达 98%；如不投加混凝剂时分别为 4.6%和 90%。气浮池的污泥负荷可参考表 7-2。

表 7-2　气浮池污泥负荷

污泥种类	负荷/[kg/(m²·d)]
空气曝气的活性污泥	25～75
空气曝气的活性污泥经沉淀后	50～100
纯氧曝气的活性污泥经沉淀后	60～150
50%初沉污泥＋50%活性污泥经沉淀后	100～200
初沉污泥	≤260

注：本表内参数为不投加混凝剂时取值。

7.4.3　机械浓缩法

机械浓缩实际上是采用机械方式来浓缩污泥，在处理轻质污泥时能获得良好的效果。浓缩机能将含固率为 0.5%的活性污泥浓缩到 5%～6%，甚至更高，其特点是效率高、时间短、占地少、卫生条件好。机械浓缩还有一个比较突出的优点，由于需要的时间短，可以防止污泥中的磷释放。

浓缩机械的选择需要综合考虑。机械浓缩的主要类型有螺旋式浓缩机、离心式浓缩机、转鼓式浓缩机、带式浓缩机等。离心浓缩机的用药量最低但能耗较高；螺旋式浓缩机和转鼓式浓缩机的用药量较高但能耗较低；带式浓缩机则用药量和能耗都处于中等水平，性价比较高。

7.4.4　不同浓缩方法的比较

不同浓缩方法的比较见表 7-3。剩余污泥浓缩常采用重力浓缩或机械浓缩。在实际应用中，需要根据具体条件来选择。

表 7-3　不同浓缩方法的比较

方法	优点	缺点
重力浓缩	贮存污泥能力强,操作要求低,运行费用少,尤其是电耗低	占地面积大,气味问题严重,剩余污泥浓缩效果差
气浮浓缩	浓缩后污泥含水率较低,比重力浓缩占地少,气味问题少。浓缩污泥中不含沙砾,能去除油脂	运行费用较高,比离心浓缩占地大,污泥贮存能力低,操作要求高
机械浓缩	出泥的含固率较高。占地少,无气味问题,可以减少磷释放以及污泥膨胀对浓缩的负面影响	电耗高

7.5　污泥厌氧消化原理及应用

污泥厌氧消化在欧美广泛应用，起到了污泥稳定、减量的目的，同时回收了沼气。厌氧消化还可以一定程度上降低污泥的卫生风险，也起到了部分无害化的作用。

污泥厌氧消化传统上常与污泥土地利用联系到一起，但近年来，在国外污泥厌氧消化和干化/焚烧的组合越来越多，除了回收能量为后续工艺使用外，还有以下主要原因：

（1）污泥厌氧消化后，污泥减量化明显，可以降低后续处理工艺的规模。

（2）污泥厌氧消化后，脱水更容易，脱水药剂费降低。

（3）污泥厌氧消化后，脱水可以脱到含水率更低，进一步减小后续工艺的规模。

（4）污泥厌氧消化后，污泥性质更稳定，有利于后续工艺的运行，后续工艺可以减少甚至不设备用设施。

7.5.1 原理

厌氧消化是利用兼性菌和厌氧菌在没有分子态氧和化合态氧的情况下，分解有机物质产生甲烷和二氧化碳的过程，具体见 3.5.1 节。

污泥的厌氧消化过程中，水解比较缓慢，是速控步骤。

7.5.2 污泥厌氧消化工艺

目前污泥消化多为中温厌氧消化，采用一级消化或两级消化工艺。一级消化工艺的优点是反应器少，管理简便，而两级消化的优点是有机物的去除效率优于一级消化工艺，但投资和运行管理的复杂程度都高于后者。

污泥厌氧消化池多为完全混合式反应器，分为传统消化池（图 7-1）和高速消化池（图 7-2），前者不搅拌，后者要求搅拌。前者的优点是结构和管理简单，但消化的效果不好；后者的有机物去除率和沼气产率都更高一些。目前广泛使用的是高速消化池，但在采用两级污泥消化工艺中，第二级往往是传统消化池，污泥可以在这里沉淀、分离并排出上清液。两级消化的固体停留时间的比值可采用 1∶1～4∶1。

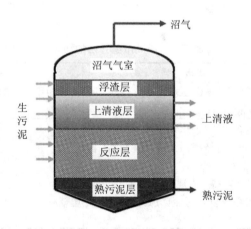

图 7-1 传统消化池

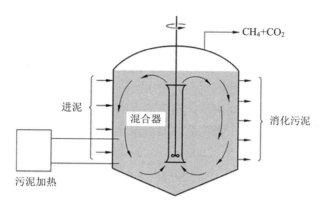

图 7-2 高速消化池

传统消化池和高速消化池的比较见表 7-4。

表 7-4 传统消化池和高速消化池的比较

项　目	传统消化池	高速消化池
加热情况	加热或不加热	加热
停留时间/d	>40	10～15
负荷/[kg VS/($m^3 \cdot d$)]	0.48～0.8	1.6～3.2
加料、排料方式	间断	间断或连续
搅　拌	不要求	要　求
均衡配料	不要求	不要求
脱　气	不要求	不要求
排泥回流利用	不要求	不要求

经过多年发展，从外观上，高速消化池有平底圆柱形、圆锥形和卵形池等多种形式。平底圆柱形消化池的优点是结构简单，成本较低；缺点是搅拌很难均匀，死区较大，粗砂易沉积，需要定期清理，易形成浮渣层。圆锥形消化池的池顶和池底均做成圆锥形，中部为圆柱形。它的优点是混合好，热量损失小；缺点是反应器的底部易出现粗砂沉积，也需要定期清理，圆锥与圆柱结合处易渗漏。蛋形消化池结构上无死角，解决了砂沉积和浮渣的问题，热量损失小；缺点是施工难度大，单位投资高。

7.5.3 影响因素

1. 温度

污泥厌氧消化受温度影响很大。有两个较优的温度段：中温段为 33～35℃，高温段为 50～55℃，相应的消化分别叫中温厌氧消化和高温厌氧消化。温度不同，优势菌种不同，反应速率和产气速率都不同。高温消化反应速度快，产气率高，杀灭病原微生物效果好，但维持反应温度的能耗大。产甲烷菌可以生存的温度范围大致在 10～60℃。当温度低于 10℃时，产甲烷菌虽然能存活，但代谢基本停止。产甲烷菌对温度的变化比较敏感，在实际工程中，应尽量避免大的温度波动。

2. 负荷

厌氧消化池的负荷在实际运行中必须保持适宜。如果负荷过高，超过系统的消化能力，消化效果不理想。如果负荷过低，虽然能保证消化效果，但会造成系统投资和能耗都较高。

有两个指标可反映厌氧消化池的负荷。最大允许有机负荷 F_V 是指达到要求的消化效果时，单位消化池容积在单位时间内所能消化的最大有机物量。最短允许消化时间 T_m 是指达到要求的消化效果时，污泥在消化池内的最短允许水力停留时间。根据《城镇污水处理厂污染物排放标准》（GB 18918—2002）对污泥厌氧消化的要求，有机物降解率需大于40%，系统的 T_m 应大于 20 d，F_V 应小于 3.0 kg/（m³·d）。运行控制中可按式（7-7）计算最佳投泥量：

$$Q_i = \frac{V \cdot F_V}{C_i \cdot f_V} \tag{7-7}$$

式中：Q_i —— 投泥量，kg/d；
  V —— 消化池有效容积，m³；
  F_V —— 最大允许有机负荷，kg/（m³·d）；
  C_i —— 进泥的污泥浓度，kg/m³；
  f_V —— 进泥干污泥中所含有机成分百分数，%。

按上式计算所得投泥量还应核算消化时间：

$$T = \frac{V}{Q_i} \geq T_m \tag{7-8}$$

式中：T —— 污泥消化时间，d；
  T_m —— 最短允许消化时间，d；
  其余同上式。

3. pH 和碱度

厌氧消化过程对 pH 很敏感。pH 和碱度的影响见 3.5.2 节。

4. 搅拌

污泥厌氧消化池的搅拌方式有三种：机械搅拌、污泥泵循环抽送、沼气搅拌。机械搅拌最为常见，但机械传动部分易磨损，轴承的气密性问题较难解决。污泥泵循环抽送可与污泥加热联合进行，但搅拌不易均匀且能耗较大。沼气搅拌效果好，能耗省，但鼓风机必须特制，要保证决不漏气，以免吸入空气引起爆炸。处理有机废水的厌氧反应装置亦应注意装置进水的布水均匀和装置内的混合状态。

5. 进泥的含固率

目前污泥消化的进泥含固率多为 1%～5%，但含固率 8%～12% 的工程越来越多。含固率的提高可以显著缩小消化池的容积和能耗，具有明显的工程优势。含固率增加后，有机物降解率和沼气产率都略低于低含固率的情况，但扣除加热的能耗后，系统的净产能可能反而升高。

6. 有毒物质

有毒物质的抑制见 3.5.2 节。

7.5.4 设计要点

1. 反应温度

采用中温厌氧消化时,反应温度控制在(35 ± 1)℃为宜;采用高温消化时,温度控制在(55 ± 1)℃为宜。过大的温度波动,会造成消化运行效果不理想的情形。

2. 进泥含固率

进泥含固率一般为3%~5%,但也可以采用进泥浓度为8%~12%。

3. 投配率和消化时间

一般地,消化时间长,有机物降解率高。当采用中温厌氧消化时,投配率一般取3.5%~5%,相应的消化时间为20~30 d。如果采用两级消化,一级消化和两级消化的停留时间之比可采用1:1~4:1。当采用高温消化时,投配率可适当提高,相应的消化时间可以缩短到15~20 d。如果进泥的含固率较高,可能出现有机物降解率较低的情况,可适当延长消化时间。

4. 消化池的数目和容积

为了检修方便,消化池的数目至少应有2座。消化池的有效容积(m^3)按污泥投配率计算:

$$消化池有效容积 = V'/P \times 100 \tag{7-9}$$

式中:V'——进泥量,m^3/d;

P——投配率,%。

7.6 污泥脱水原理及应用

将污泥含水率降到85%以下的操作叫脱水。脱水后的污泥具有固体特性,呈泥块状,能装车运输,便于最终处置利用。常用的污泥脱水设施或设备有自然干化场和机械脱水设备两大类。

7.6.1 自然干化场

干化场也叫干化床或晒泥场,是一种自然脱水设施。干化场的脱水作用包括上部蒸发、底部渗透、中部放水。蒸发受自然条件的影响很大,气温高、干燥、风速大、日晒多的地区效果好,寒冷多雨地区效果差。渗透作用主要与渗水层的结构有关。根据自然条件和渗水层特征,干化期由数周至数月,干化污泥的含水率可降至65%~75%。

干化场设计的主要内容为:计算污泥量、确定围堤高度、设计输配泥及排水设施。干化场的有效面积A(m^2)按下式计算:

$$A = \frac{V}{h}T \tag{7-10}$$

式中:V——污泥量,m^3/d;

h——干化场每次放泥高度,一般采用0.3~0.5 m;

V/h——每天污泥需要的存放面积,最好等于每块干化场面积的整数倍;

T——污泥干化周期,即某区段两次放泥相隔的天数,取决于气候条件及土壤条件。

考虑到围堤等所占面积,干化场实际需要的面积应比 A 大 20%~40%。

围堤高度在最低处一般取 0.5~0.7 m,最高处根据渠道坡度推算。冰冻期长的地区,应适当增高围堤。若污泥最终用作肥料,也可将冻结污泥运走以节省场地。

干化场的特点是简单易行、污泥含水率低,缺点是占地面积大、卫生条件差、铲运干污泥的劳动强度大。

7.6.2 过滤机

过滤机是应用最广泛的污泥机械脱水设备。过滤脱水时,在外力作用下,污泥中的水分透过滤布与固体分离。分离的污泥水送回废水处理设备,截留的固体剥落后运走。

1. 过滤原理

污泥过滤性能主要取决于滤饼的阻力。过滤机的脱水能力可用下式表示:

$$\frac{dV}{dt} = \frac{pA^2}{\mu(rCV + RA)} \tag{7-11}$$

式中:V——滤过水的体积,cm³;

t——过滤时间,s;

p——推动力(压差),当采用真空过滤时,即为真空值,gf/cm²,1 gf/cm²=98 Pa ≈100 Pa;

A——有效过滤面积,cm²;

μ——过滤水的黏度,P,1 泊(P)=0.1 Pa·s;

R——单位面积滤布的过滤阻力,N/cm²;

r——单位重量干滤饼的过滤阻力,称为比阻,s²/g;

C——单位体积过滤水所产生的滤饼重,g/cm³。

由上式可知,在过滤压力、面积、滤布材料已定的条件下,单位时间滤过的水量与滤液的黏性和滤饼的阻力成反比,滤液的黏性和滤饼的比阻决定了污泥的过滤性能。一般而言,污泥颗粒小,粒径不均匀,有机颗粒和有机溶质多时,黏性和比阻就大,过滤性能差;反之,过滤性能好。

将上式积分,得:

$$\frac{t}{V} = \frac{\mu rC}{2pA^2}V + \frac{\mu R}{pA} = bV + A \tag{7-12}$$

这样,可通过过滤实验测定不同时间 t 的滤过水体积 V,将 t/V 与 V 值绘成一直线,则 b 为斜率,a 为截距,由此得:

$$r = \frac{2bpA^2}{\mu C} \tag{7-13}$$

$$R = \frac{apA}{\mu C} \tag{7-14}$$

显然，污泥的比阻还与滤饼的可压缩性有直接关系。滤饼本身松散，受压时易变得致密，比阻自然就大；反之，滤饼颗粒有较强硬的空间结构，受压时不易变形，比阻自然就小。比阻与压力的关系可用下式表示：

$$r = r'p^s \tag{7-15}$$

式中：r —— 比阻，s^2/g；

r' —— 当压力 $P = 1.0 \times 10^5 \, N/m^2$ 时的比阻，s^2/g；

p —— 压力，N/m^2；

s —— 压缩系数，量纲为 1。

压缩系数表示滤饼的可压缩程度。对于难压缩的污泥，如砂等，其 $s=0$，则比阻与压力无关。增加过滤压力并不会同时增加比阻，因此增压对提高过滤机的生产能力有一定意义。但活性污泥属易压缩的污泥，增大压力，比阻也随之增加，对提高生产能力并无显著效果。

为了改善污泥的过滤性能，即降低比阻和黏性，减小压缩系数，通常采用调理措施。调理的作用在于通过物理、水力或化学措施，改变污泥的物理结构，使之有利于过滤操作的进行。调理分为物理调理、水力调理和化学调理 3 种。化学调理使用较为普遍，其实质是向污泥中投加各种絮凝剂，使污泥形成颗粒大、孔隙多和结构强的滤饼。水力调理也叫淘洗，先利用处理过的废水与污泥混合，然后再澄清分离，以此冲洗和稀释原污泥中的高碱度，带走细小固体。物理调理有加热、冷冻、添加惰性助滤剂等方法。

2. 过滤方法

两种主要的过滤方法是真空过滤和压力过滤。真空过滤机有转筒式、绕绳式、转盘式 3 种。压力过滤机有板框压滤机和带式压滤机两种。

（1）真空过滤机

真空过滤机的特点是适应性强、连续运行、操作平稳、全过程机械化。它的缺点是多数污泥需经调理才能过滤，且工序多、费用高。

（2）板框压滤机

板框压滤机的特点是作用压力要比真空抽力大，滤饼含水率低（最低达 50%）。它的缺点是间断运行、拆装频繁、滤布易坏、管理麻烦。目前可借助计算机进行自动化操作、管理。

（3）带式压滤机

这种设备的特点是把压力直接施加在滤布上，用滤布的压力或张力使污泥脱水，而不需要真空或加压设备，因此消耗动力小，并可连续运行。

（4）离心脱水机

离心机的优点是设备小、时间短、脱水污泥的含水率低、药剂用量少、分离能力强、卫生条件好（密封、无气味）、操作简单、自动化程度高；缺点是制造工艺要求高、设备易磨损、对污泥的预处理要求高、动力费用较高。

7.6.3 设计要点

污泥脱水的常用设计参数参见表 7-5、表 7-6 和表 7-7。

表 7-5 污泥带式压滤脱水性能参数

污泥种类		进泥含固率/%	进泥固体负荷/[kg/(m³·h)]	PAM 加药量/(kg/t)	泥饼含固率/%
生污泥	初沉污泥	3~10	360~680	1~5	28~44
	活性污泥	0.5~4	45~230	1~10	20~35
	混合污泥	3~6	180~590	1~10	30~35
厌氧污泥	初沉污泥	3~10	360~590	1~5	25~36
	活性污泥	3~4	40~135	2~10	12~22
	混合污泥	3~9	180~680	2~8	18~44
好氧污泥	混合污泥	1~3	90~230	2~8	12~20

表 7-6 污泥真空过滤脱水性能参数

污泥种类		进泥固体负荷/[kg/(m³·h)]
生污泥	初沉污泥	30~50
	初沉污泥+生物滤池污泥	30~40
	初沉污泥+活性污泥	15~25
	活性污泥	10~15
消化污泥	初沉污泥	25~40
	初沉污泥+生物滤池污泥	20~35
	初沉污泥+活性污泥	15~25

表 7-7 污泥离心脱水性能参数

污泥种类		泥饼含固率/%	固体回收率/%	干污泥加药量/(kg/t)
生污泥	初沉污泥	28~34	90~95	2~3
	活性污泥	14~18	90~95	6~10
	混合污泥	18~25	90~95	3~7
厌氧消化污泥	初沉污泥	26~34	90~95	2~3
	活性污泥	14~18	90~95	6~10
	混合污泥	17~24	90~95	3~8

7.7 污泥干化原理及应用

7.7.1 干化原理

污泥干化是通过蒸发将污泥含水率降到30%以内，进一步减小污泥体积。污泥干化的作用主要包括减小污泥体积、稳定污泥、消除污泥的卫生风险，便于后续利用。

根据传热方式，污泥干化可以分为对流式（也称直接加热）、传导式（间接加热）和热辐射。用于加热的热媒通常为热气、蒸汽或导热油等。对流式干化机的优点是热媒与污泥直接接触，可以将污泥的含水率从80%降至5%~15%，效率高；缺点是热媒会被污染，需要进行净化处理。主要设备有转鼓和流化床等。传导式干化设备包括螺旋干化机、圆盘干化机、薄层干化机、碟片干化机、浆式干化机等，主要优点是通过热交换进行加热，热媒不会被污染，但热效率有所降低。热辐射式干化设备有带式、螺旋式等。工程中多采用对流式、传导式或者两者相结合的干化方式。

在含水率为40%~60%时，污泥非常黏稠，表面结块后，内部水分的蒸发很慢，因此干化要避免这个阶段。常用的方法是干料返混，将湿污泥的含水率降至30%~40%，然后再进入干化机。湿污泥直接进料，容易形成粉尘，可能发生自燃自爆，并有污泥黏结的问题，设备磨损比较严重。

在干化过程中，二氧化碳、氨气、NO_x和有机酸等有机和无机污染物会从污泥进入气相，因此系统排出的尾气需要净化和处理。

7.7.2 干化工艺

1. 对流式
（1）转鼓干化

在干化前，干污泥返混后与污泥按比例混合，将含水率降至30%~40%，然后进入干燥器中。在干燥器中，与700℃左右的热气接触。干燥后，污泥的含水率可以降至8%以下。较细小的污泥回到干化器前，与湿泥混合，较大的污泥排出。产生的湿热气体的热可以回收。这部分气体需要净化才能排放。

优点：在无氧密闭的环境中进行，不产生灰尘；干化污泥是颗粒状的，粒径可以控制；采用气体循环，可减少尾气的排放和处理成本。缺点：大量尾气需要处理。

（2）离心干化

即脱水干化一体机。稀污泥进入设备后，先经离心机脱水。脱水后的污泥从离心机卸料口高速排出，呈细粉状。高热气进入到设备后，直接将细粉状的脱水污泥干化到含水率20%左右。湿废气进入洗涤塔处理。整个系统可以迅速地启动和关闭，干化可以在几秒钟内完成。燃料废气和干燥废气需要连续不断地排出。

优点：干化快；流程简单，节省了从脱水机到干化机之间的存储、输送、运输等装置。缺点：干化污泥的含水率在20%左右，含水率的控制不够灵活，大量尾气需要处理。

2. 传导式
（1）转鼓干化

间接加热的转鼓干化机由转鼓和翼片螺杆组成。转鼓和翼片螺杆同向或反向旋转，转鼓沿长度方向有温度分别为370℃、340℃和85℃三个温度区域。湿污泥直接进料，污泥从高温区逐渐进入低温区，进行连续干化。干化污泥为粉末状。转鼓为负压，车间没有水汽和尘埃的问题。污泥蒸发出的水汽被抽送到冷凝和净化系统。

优点是流程简单，污泥的含水率可以控制。缺点是热效率较低。

（2）多盘干化（珍珠工艺）

在欧洲和北美广泛利用。脱水污泥先与返混的干污泥颗粒混合，形成以干污泥颗粒为核，外敷湿污泥的颗粒，然后进入多盘干燥器。污泥颗粒在上层圆盘上做圆周运动，并在重力作用下，逐渐转移到底部圆盘。在这个过程中，颗粒直接与加热表面接触，被干化。干化过程由导热油供热，温度在260~230℃。间接式多盘干燥器也叫造粒机。干燥和造粒过程氧气浓度<2%，避免了着火和爆炸的危险性。

优点是无粉尘，安全性好，颗粒圆形、强度好、大小均匀。缺点是热效率较低。

3. 热辐射式的带式干化

采用带式干化机干化污泥时，将脱水污泥均匀平铺在传输带上，由传输带缓慢将其带入干化机内不同区段，逐渐干化。在干化过程中，由鼓风机将高温气体送入和循环，促进污泥快速干化，同时带走水分。烘干气体被抽吸送到焚烧炉中焚烧。带式干化可以分为低温和中温两种类型，温度范围分别为环境温度至65℃和110~130℃。

优点：污泥不需翻动，产生粉尘少；干化污泥的含固率可以控制；装置结构简单，使用维护简单；干燥速率高、蒸发强度高，可以大规模使用；整个环境是负压的，安全性较好。缺点：效率不如流化床好，且大量尾气需要处理。

4. 对流式和传导式结合的流化床干化

流化床由风箱、流化床和抽吸罩组成，由对流热风和导热油供热。将湿污泥加入流化床床体，从下方风箱通入预热气体，使流化床内的污泥颗粒被吹起，在流化状态下进行干燥。从流化床上部抽吸罩将干化污泥和气体分离，就可以得到干化污泥。流化床热效率高、处理能力大，干化污泥的含水率可以降至5%。

优点：结构简单，无返料系统；效率高、处理能力大；本身无动力部件，无须维修。缺点：干化污泥的粒径控制比较困难。

5. 比较

对常规污泥干化工艺进行了比较，结果如表7-8所示。

表7-8 常见污泥干化工艺比较

项目	对流式	传导式	热辐射式	对流式和传导式结合
典型工艺	转鼓干化	多盘干化	带式干化	流化床
干化污泥	全干化	半干化/全干化	半干化/全干化	全干化
粉尘含量	较高	低	低	很高
热耗/（kJ/kg）	3 350	2 750	3 330	2 750
电耗/（kW·h/kg）	70	50	120	150

7.7.3 工艺选择

污泥干化的选择主要从以下要点考虑：

a. 首先考虑安全性。污泥干化过程中存在的主要安全风险是干化污泥自燃和粉尘爆炸。

b. 最终处置不同，干化的要求也不同。半干化和全干化涉及的工艺就不完全相同。

c. 能耗是运行费用的主要因素，是干化的最重要的技术指标。

d. 系统的投资是工艺选择的重要因素，但同时要考虑运行费用。

e. 要考虑是否存在二次污染。如果存在，需进一步考虑消除的投资和由此增加的运行成本。

f. 系统能够胜任污泥较宽的含水率的波动，以运行稳定为好。

g. 系统的复杂性会涉及运行操作和维护。以结构简单、维护少的工艺为好。

h. 污泥的性质以及含砂量也是决定干化工艺的重要因素。含砂量高，在某些工艺中会对设备造成较大的磨损。

i. 占地面积。

7.7.4 设计要点

污泥干化设施的设计主要考虑以下要点：

（1）安全性

从安全性的角度来看，不同的工艺可能略有差异，但大多都必须控制：氧气含量<12%、粉尘浓度<60 g/m³、颗粒温度<110℃、干化污泥的温度<40℃。

（2）规模计算

一般的干化机都有参数。可以根据脱水污泥的含水率和干化污泥的含水率以及脱水污泥量来确定干化设施的规模，再根据厂家提供的单台干化机的处理能力，确定干化机的台数。设计时，要考虑备用的干化机。根据德国经验，消化污泥的干化可以少设置甚至不设置备用干化机。

（3）能耗计算

污泥干化的实质是通过蒸发的方法去掉污泥中的水分，因此能耗是最重要的技术参数。一般来讲，污泥干化的单位蒸发电耗为 0.05~0.15 kW·h/kg，单位水蒸发量热耗为 2 750~3 350 kJ/kg。可以通过计算要去除的水量来计算所需能耗。

参考文献

[1] 杨小文，杜英豪. 国外污泥干化技术进展. 给水排水，2002，8（2）：35-36.

[2] 郭淑琴，孙孝然. 几种国外城市污水处理厂污泥干化技术及设备介绍. 给水排水. 2004, 30（6）：34-37.

[3] 岳宝，张耀峰. "二段法"干化工艺在中国城市污泥处置中的应用和实践. 环境工程.2015, 2：88-91.

[4] 武军，李尔，邹惠君，等. 污泥全干化处理工艺在武昌南污泥处理厂工程中的应用. 给水排水，2010，36（10）：19-23.

[5] 王兴润，金宜英，聂永丰. 国内外污泥热干燥工艺的应用进展及技术要点. 中国给水排水，2007，23（8）：5-8.

[6] GB 18918－2002：城镇污水处理厂污染物排放标准.

第8章 污水污泥处理过程的常用设备、药剂及仪表

污水处理厂的稳定运行依赖工艺运行、设备维护、仪表检测等多方面的工作。了解常用设备的原理、结构和性能,是正确使用和有效维护设备运行的基础,也是设计和施工过程中设备选型的依据。有时候,污水和污泥处理过程需要使用药剂强化处理过程。药剂消耗也是成本的重要组成部分,因此需要了解常用药剂的种类和适用性,以达到稳定运行和节约成本的效果。最后,仪表和监控设备是工艺运行人员的重要辅助工具,了解和掌握相关的基础知识,有助于观测和调整处理工艺的运行状态,达到稳定和优化运行的目的。

8.1 污水污泥处理过程的常用设备

8.1.1 污水处理过程常用设备的类型与性能

1. 格栅除污机

城市污水中不可避免有各种各样的垃圾及漂浮物,为保护其他机械设备和后续工序的顺利进行,在污水处理流程的前端必须设置格栅及格栅除污设备。利用格栅去除水中这些漂浮物和垃圾,是污水处理的第一道工序。

格栅除污机是用机械的方法将污水中尺寸较大的栅渣(垃圾和漂浮物)拦截并将其耙捞出水面的设备。目前此类设备种类繁多,工作方式各不相同,对不同的水量与水质,实践中可有不同的组合。按不同的方法可将格栅除污机分类,如表8-1所示。

表8-1 格栅除污机分类

分类标准	设备种类
按安装形式分类	固定式格栅除污机
	移动式格栅除污机
按格栅有效间距分类	粗格栅除污机
	中格栅除污机
	细格栅除污机
	筛网除污机
按格栅角度分类	倾斜安装格栅除污机
	垂直安装格栅除污机
	弧形格栅除污机
按运动部件分类	臂式格栅除污机
	链式格栅除污机
	针齿条式格栅除污机
	旋转式格栅除污机

分类标准	设备种类
按运动部件分类	台阶式格栅除污机
	螺旋输送式格栅除污机
	液压式格栅除污机
	钢绳式格栅除污机
	背耙式格栅除污机
	耙齿链式格栅除污机
	转鼓式格栅除污机
	回转式格栅除污机

一般设计中采用粗、细两级格栅，分别去除较大和较小的栅渣。在预处理要求较高的场合，如 MBR 工艺，还会增加超细格栅。如果仅采用一级格栅时，一般选用较小的栅条间距，参数选择见表 8-2。

常见的四种典型格栅除污机的适用性和优缺点见表 8-3。

表 8-2 使用一级格栅时栅条间距的选择条件

污水泵口径/mm	栅条间距/mm	污水泵口径/mm	栅条间距/mm
<200	15~20	500~900	40~50
200~450	20~40	1 000~3 500	50~75

表 8-3 格栅除污机的适用性和优缺点比较

类型	适用范围	优点	缺点
臂式格栅除污机	中等深度的宽大格栅	不清污时设备全部在水面上，维护检修方便，钢绳在水面上运行，寿命长	需多套电动机、减速器，构造较复杂，移动式在工作中耙齿与栅条间隙的对位较难
链式格栅除污机	深度不大的中小型格栅	构造简单，制造方便，占地面积小	杂物可能会卡住链条和链轮
钢绳式格栅除污机	固定式适用于中小型格栅，适用深度范围大；移动式适于宽大格栅	适用范围广泛，无水下固定部件的设备检修方便	需考虑钢绳的防腐，有水下固定部件的设备检修时需停水
回转式格栅除污机	深度较小的中小型格栅	构造简单，制造方便，动作可靠，检修容易	配套的圆弧形格栅制造较难，由于结构原因占地面积较大

为了更直接地说明格栅的结构和操作，本书采用表 8-1 的分类，对几类典型格栅除污机的运行方式进行简要说明。按运动部件分类的格栅较多，但概念上也可属于其他分类，请读者注意。

（1）移动式格栅除污机

按安装形式分类。移动式格栅除污机又称行走式格栅除污机，一般用于粗格栅除渣，少数用于较粗的中格栅。因这些格栅渣量少，只需定时或者根据实际情况除渣即可满足要求，数面格栅只需安置一台除渣机。除渣机有多种形式。

1）悬吊式

悬吊式除渣机是利用电动绞车及两根钢绳使除渣用的齿耙上下移动，完成入水及提升，利用内螺旋装置使齿耙大臂前后移动来完成耙齿在水下的"吃入"动作。当确认耙齿已吃入栅条，即可开动绞车，将齿耙沿栅条方向提起，把栅渣捞出水面。其行走装置可以采用电动和手动两种驱动方式。这种除渣机的缺点是齿耙运动时抖动较大，钢绳要经常浸入水中易生锈。如两根钢绳协调不好，齿耙容易歪斜。

2）伸缩臂式

伸缩臂式除渣机的齿耙安装在一条箱式可伸缩臂的前部，根据污水厂格栅井的深度配置除污机伸缩臂的长度和节数。其特点是除污深度大，最深可达 8～10 m，耙可捞出深层下水道内格栅上的污物，还可在污水泵站、雨水泵站等地使用。与悬吊式相同，它的伸缩臂也是由钢丝绳牵引。但由于此种机型是单根钢绳牵引，不易出现双根钢丝绳牵不平衡造成的歪耙现象。"吃入"动作是靠一只液压油缸控制大臂的倾斜角度实现的。由于单臂工作和单钢丝绳牵引，因此齿耙宽度较小，一般为 500～800 mm。

3）全液压式

全液压式除渣机伸缩臂角度的调整及"吃入"动作、齿耙的卸污动作等全部由液压油缸完成，操作过程全由操作人员用液压阀门完成。它的动作平稳、准确，操作轻松便捷。齿耙的"吃入"过程易于控制，基本避免了因"吃入"不准引起的卡死现象。

（2）弧形格栅除污机

按格栅角度分类。弧形格栅除污机用于细格栅或者较细的中格栅。其结构特点是：齿耙臂的转动轴固定，齿耙以 1.5～3 r/min 的速度绕定轴转动，条形格栅也依齿耙运动的轨迹制成弧形。齿耙的每一个旋转周期清除一次栅渣，每旋转到格栅的顶端便触动一个小耙，小耙将栅渣刮到皮带输送机上。为了防止小耙回程时的冲击，小耙的耙臂上装有一个阻尼式缓冲器。有效间距在 15 mm 以上的中格栅的栅条一般用普通钢板制造，细格栅可使用不锈钢材料。用于中格栅的齿耙用金属制造，细格栅的齿耙头部镶有尼龙刷。弧形格栅除污机的驱动装置一般使用电机加行星摆线针轮减速机，用摩擦式联轴器或者三角皮带与主轴连接。发生卡死等故障时联轴器或三角皮带发生打滑，可保护整个设备的安全。

弧形格栅除污机结构简单紧凑，动作简单，但对栅渣的提升高度有限，不适于在较深的格栅井使用。这种格栅在中小型污水处理厂使用较多，一般将其装到计量槽前后的渠道上。

（3）针齿条式格栅除污机

按运动部件分类。针齿条式格栅除污机是固定式格栅除污机的一种，主要用于中格栅及细格栅的除渣。它的主要结构特点是：在格栅的前上方的两侧各安装一根与格栅平行的针齿条，电机带动与针齿条啮合的针齿轮，使针齿轮沿着环绕针齿条的导轨绕针齿条上下运动，并带动齿耙臂上下运动，完成入水、"吃入"、提升、卸料等动作。

在针齿条式除渣机的减速装置上有两个弹簧支撑，传感器装在弹簧支撑上，根据弹簧的形变感受载荷的变化。如发生卡死或者超载，传感器便发出信号使整机停止并发出报警。

针齿条式格栅除污机有如下优点：① 没有水中的链轮，没有检查不到的部位，不会发生因浸水引起的链轮锈蚀，检修方便；② 不需要链导轨，通水面积较大；③ 不需要链条及张紧装置，因此结构简单。其缺点是电机随针齿轮上下运动，易发生电缆缠绕等事故。

(4)高链式自动格栅除污机

按运动部件分类。早期使用的链式自动除污机的主链下部浸没在水中,下部的链轮与轴也长期浸于水中。这些在水下工作的构件严重影响了格栅的通水面积,链及链轮都易挂上水中的污物,而且水下部分难以维修保养。为了克服上述缺点,在20世纪70年代日本首先研制了高链式自动格栅除污机。它的链条及链轮全部在水面以上工作,故又称干链式除污机。

(5)钢绳式格栅除污机

按运动部件分类。钢绳式格栅除污机是国内最早生产的一种类型,也是常见的格栅除污机。在污水处理厂主要用于中格栅与细格栅。钢绳式格栅除污机可倾斜安装,也可垂直安装。

其工作原理如下:除污机抓斗(齿耙)呈半圆形,沿侧壁轨道上、下运行。三条钢丝绳中的两条用于提升和下降,一条用于抓斗的"吃入"与抬起。抓斗可在旋转轴承的驱动下以任意的角度运转,在自动运行中清污动作连续且重复。在限位开关、传感器和驱动装置的操纵下,开合卷筒和升降卷筒可协调运转,使抓斗上下运行,可在任何高度上"吃入"与脱开,完成一次次的工作循环。

钢绳式格栅除污机的操作与高链式相似,由于抓斗的耙齿是靠自重"吃入"格栅,所以在运行中经常会遇到的问题是耙齿"吃入"不深,特别是在栅渣杂物较多时耙齿插不进去。另一个常见问题是抓斗的歪斜。牵引钢丝绳在安装时必须准确校正长短,在运行一段时间后也需要调整,否则会因为钢丝绳的长短不一,造成抓斗的歪斜,增加牵引负荷。经常调整钢丝绳的长度与行程开关的工作状态非常重要。

(6)背耙式格栅除污机

按运动部件分类。针齿条式、高链式、钢绳式格栅除污机有共同的缺点:在栅渣较多时齿耙不易"吃入"或者提升时栅渣易脱落。而背耙式格栅除污机由于耙齿较长,且由逆水流方向插入格栅,就能克服这些缺点。背耙式格栅除污机齿耙的驱动方式既有链条驱动,也有液压驱动。当栅渣被捞出水面到达渣斗(或者输送带)的上方时,齿耙转动角度将栅渣卸下,再进入一个新的工作循环。

背耙式格栅除污机要求栅条之间不得有固定的横筋,因此对格栅片的材质有较严格的要求。首先要求它有较好的强度和刚度,不易变形,同时对长度也有一定限制,因此就限制了其使用深度。这种格栅除污机多用于小型污水处理厂的中格栅和细格栅。

(7)台阶式格栅除污机

按运动部件分类。台阶式格栅除污机的格栅片呈台阶形,分成动静两组,静组与边框形成一个整体,动组与曲柄连杆机构形成一个整体,由驱动装置带动。动组做上下的运动,动作的幅度为一个台阶的高度。静组与动组之间的间隙为格栅的有效间距。利用动组的运动,栅渣在静组的台阶上一级一级向上移动。当栅渣到达静组的最上端时,上面安装的清污转刷将栅渣送入渣斗或者皮带输送机上。整个动作连续而协调。

台阶式格栅除污机是集格栅与除污机为一体的设备。其有效间隙为1~6 mm,属细格栅或超细格栅,不适用于含砂量大的废水处理,因为砂粒会夹在动组与静组栅片之间造成较大的磨损。台阶式格栅除污机的结构和工作原理见图8-1、图8-2。

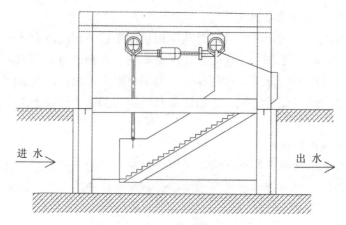

图 8-1　台阶式格栅除污机的结构

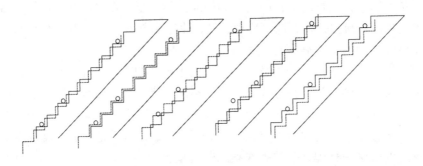

图 8-2　台阶式格栅除污机工作原理

(8) 转鼓式格栅除污机

按运动部件分类。转鼓式格栅除污机是一种大流量的除污装置。其结构特点是条栅装在一个直径为 3~8 m 的大型转动鼓上。水从转鼓中心流入，从两侧流出，拦截的栅渣由转鼓带到其上部。转鼓上部有一根冲洗水管，用高压水将栅渣反冲到穿过格栅的输送带上。格栅鼓的转动速度为 1~3 r/min。转鼓的转动动力传输设备为电机、减速机、齿轮和安装在转鼓上的大齿圈。转鼓下的几个滚筒支撑着转鼓的重量并维持转鼓的转动。这种格栅除污机的优点是单机流量大、可靠性高、管理简单，缺点是占地面积大、价格高。转鼓式格栅除污机的结构和工作原理见图 8-3。

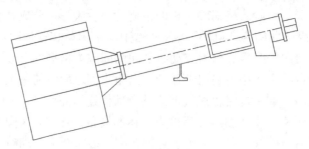

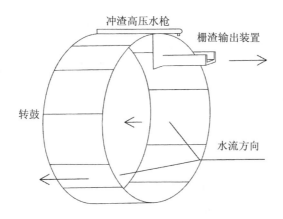

图 8-3 转鼓式格栅除污机的结构和工作原理

（9）回转式格栅除污机

1）耙齿链回转格栅除污机

按运动部件分类。耙齿链回转式格栅除污机具有结构简单、除污能力强、成本低、噪声低等优点。该设备由驱动装置、机架、耙齿链、清洗刷、链轮及电控机构组成。耙齿链覆盖了整个迎水面，在链轮的驱动下，以 2 m/min 左右的线速度进行回转运动。耙齿链的下部浸没在水中，运动时无数链节上的小耙齿在迎水面将水中的杂物分离开来钩出水面。携带杂物的耙齿运转到格栅除污机的上部时，由于链轮及弯轨的导向作用，每组耙齿之间会产生相对运动，钩尖也转向下，大部分固体栅渣靠自重落在皮带输送机上，另一部分黏在耙齿上的杂物依靠橡胶刷的反向运动被洗刷干净。

2）链条回转格栅除污机

按运动部件分类。链条式除污机的结构特点是在格栅的两侧有两条环形链条，在链条上每隔一段间距安装一个齿耙（或尼龙刷）。链条在驱动装置的带动下转动速度为 1～3 m/min，齿耙依次将拦截的栅渣刮到最上端的卸料处，由卸料小耙将栅渣刮到输送机上。其结构见图 8-4。

回转式格栅除污机结构紧凑、工作可靠、不易出现齿耙"吃入"不准的情况，因此在国内外污水厂有广泛的应用，同时也是国内污水厂最重要的机型之一。缺点是水中链轮不易养护，水中链条易被腐蚀，并且水中链轮与链条会减小过流面积。

2. 沉砂池设备

去除水中的无机砂粒是污水处理的一道重要工序。设置沉砂池是为了减少污泥中所含砂粒对污泥泵、管道破碎机、污泥阀门及脱水机的磨损，最大限度地减少砂粒特别是较粗砂粒在渠道、管道、处理构筑物（如曝气池）及消化池中的沉积。

以目前流行的旋流沉砂池为例。旋流沉砂池是一种圆形、结构紧凑的沉砂池，设计中使进水管道与进水方向成切线位置。旋流沉砂池的斜坡式叶片设计提供了理想条件，使沉砂效果大大提高，并能将体积较大、重量较轻的固体送回污水中。沉砂池的进水分两部分，进水口前部提供了一个静止环境并使砂及较轻固体通过上斜的入口通道进入池中。斜坡式叶片在适当转速条件下产生离心力使较重的砂掉进底部漏斗，通过调节叶片转速可以控制 0.2 mm 以上砂粒的去除粒径。旋流沉砂池及其附属设备如图 8-5 所示。

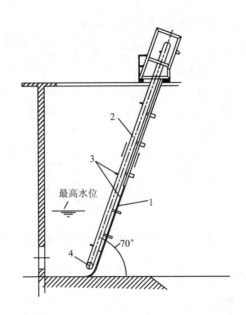

1—细格栅；2—链条；3—齿耙；4—水中链轮

图 8-4 回转式格栅除污机的结构

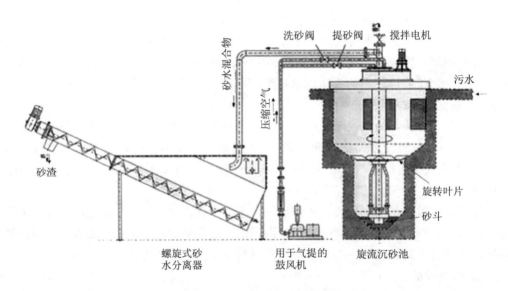

图 8-5 旋流式沉砂池的结构

沉砂池的运行过程包括集砂和洗砂两个步骤。集砂设备主要有刮砂型和吸砂型两种。在 20 世纪 80 年代以前，国内外大多数污水处理厂采用刮砂型，利用抓斗、链斗和链条刮板（又称刮砂机）从池底集砂沟中收集沉砂，并通过抓斗将收集的沉砂装车运走。之后多采用泵吸式，即用安装在往复行走的桥车上的泵，抽出池底的砂水混合物。再用旋流式砂水分离器或者水力旋流器加螺旋洗砂机将砂与水分开，完成除砂、砂水分离、装车等工序。

(1) 吸砂/刮砂设备

桥车泵吸式除砂机是最常见的除砂设备之一，主要由以下几部分组成。

a. 结构部分：即支撑整机安装所有设备的桥架，两端的鞍梁（端梁）。

b. 驱动、行走部分：除砂机的往复行走速度为 1~2.5 m/min，驱动装置由电机与减速机构成。

c. 工作部分：每台除砂机安装 1~2 台离心式砂泵，用以从池底将沉积在集砂沟中的砂浆一起抽出。有些除砂机将砂浆抽到池边的砂渠，通过砂渠流到集砂井。有些则直接将砂水混合物抽送到砂水分离器中。

d. 电气控制部分：安装在桁车上的控制柜及各部位安装的传感器、保护开关等组成除砂机的电控部分。

e. 电缆鼓：这是连接往复行走的桁车与外界的动力电源与监控信号的通道。

其他形式的除砂机还有桁车式刮砂机和链条式刮砂机。桁车式刮砂机的特点是桁车在曝气式沉砂池上往复行走，可升降的刮砂板将砂刮到池子一端的砂斗中，然后用其他方式将砂提出池外。链条式刮砂机是一种带刮板的双链输送机，安装在曝气式沉砂池的砂沟中，两根主链上每隔一段装一只刮板，链条运转时刮板将沉砂刮到池子的一端，再沿斜坡将砂刮出水面，直到池外的输送机上。

（2）砂水分离设备

除砂机从池底抽出的混合物，其含水率达 97%~99%，还混有一定量的有机污泥。为便于运输和处理，需要通过砂水分离及洗砂工序，将无机砂粒从洗砂水和有机污泥中分开，无机砂粒收集后填埋，洗砂水送入生物段处理。常用的砂水分离设备有水力旋流洗砂器、螺旋洗砂机及振动筛。

1) 水力旋流洗砂器

水力旋流洗砂器又称旋流式砂水分离器，结构简单，操作容易。上部是一个有顶盖的圆筒，下部是一个尖向下的锥体。入流管在圆筒上部从切线方向进入圆筒，溢流管从顶盖中心引出，锥体的下尖部连有排砂管。为了减轻砂粒的磨损与腐蚀，水力旋流器的内部有一层耐腐蚀耐油的橡胶衬里。

砂泵将砂水混合物以 5~10 m/s 的高速从水力旋流器的入流管沿切线送入圆筒，砂浆顺着筒壁向下作螺旋运动，由于砂粒比重大，所受离心力也大，故甩向筒壁，并在下旋水流推动下沿外壁向下滑动在锥顶附近浓缩，之后由排砂口排出；水中的小颗粒及悬浮物随内层澄清水向下旋转到一定程度后改变方向，形成二次涡流，在旋流器中心作向上的螺旋运动，经溢流管排出。在二次涡流的中心，即整个水力旋流器的中心，沿轴线形成空气柱。图 8-6 为水力旋流洗砂器的工作原理。

从水力旋流洗砂器排砂口流出的砂浆尽管已被大大浓缩，但仍含有 80%以上的水及少量有机污泥，无法装车运输，还需要经过螺旋洗砂机进一步处理。

2) 螺旋洗砂机

螺旋洗砂机又称螺旋砂水分离器，有两个作用：一是进一步完成砂水分离及砂与有机污泥的分离，二是将分离的干砂装上运输车。螺旋洗砂机由砂斗、溢流管、溢流堰、散水板、空心式螺旋输送器及其驱动装置构成。

整个除砂设备的工作过程如下：将桁车泵吸式除砂机打开后，两个砂泵相继开始运转吸砂。随后桁车开始行走，抽出的混合砂浆沿曝气式沉砂池边的砂渠流入集砂井。集砂井内有三个液位传感器，当液位到达第二个液位传感器时，井内砂泵开始运转，将砂浆抽入水力旋流器，同时螺旋洗砂机开始运行。如果液位超过最高的液位传感器时，除砂机将暂停运行，如低于最低的液位传感器时，井内砂泵及螺旋洗砂机也将暂停运行，这样就可以避免砂浆溢出砂井或因砂井内液位过低而造成砂泵空转。

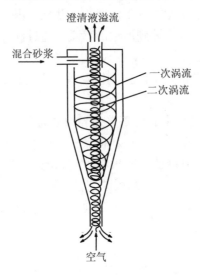

图 8-6　水力旋流洗砂器工作原理

有些污水处理厂在设计砂水分离设备时不设置水力旋流器，而用螺旋洗砂机单独完成洗砂、砂水分离及装车的工作。由于不需要产生旋流的高速水流，无水力旋流器的螺旋洗砂机不必设置集砂井与井内砂泵，而是直接使用管道从砂渠中引来混合砂浆从上部进入砂斗。经散水板阻挡后，水流的冲击大大减弱，但由于水量较大在砂斗中仍可形成涡流，加之螺旋的搅拌，砂浆中的有机物随水从溢流堰、溢流管再流回曝气式沉砂池，沉于斗下的砂粒被空心螺旋从水中分离出来装车。这种设备较为简单，成本低，管理容易，并且不存在对砂井、砂泵及水力旋流器的堵塞，对含污泥量较大的砂浆有较强的分离能力。

3）振动筛式砂水分离器

振动筛式砂水分离器是一种电动振动筛。整个容器悬浮在多个弹簧上，由电机带动偏心块运转，使容器发生振动，混合砂浆中的大块有机物及石子从最上部的出口排出，直径为 0.1～0.2 mm 的砂粒从中间的出口排出，含有机污泥的水从最下部的出口排出。其上层筛网最大通径为 2 mm，下层筛网最大通径为 0.1 mm。图 8-7 所示为振动筛式砂水分离器。

3. 表面曝气设备

表面曝气是指通过机械搅动将废水抛向空中，形成大量水滴和片状水幕，从而使水与空气充分接触，氧气迅速溶解进入水体的过程。表面曝气设备不仅能实现充氧的效果，同时还能依靠机械作用形成水体的推流和混合。

（1）转刷曝气机

转刷曝气机是氧化沟工艺中普遍采用的一种卧轴式表面曝气设备，能够向沟内的活性污泥混合液进行强制曝气充氧，以满足好氧微生物的需要；并推动混合液在沟内保持连续循环流动，以使污水与活性污泥保持充分混合接触，并始终处于悬浮状态。

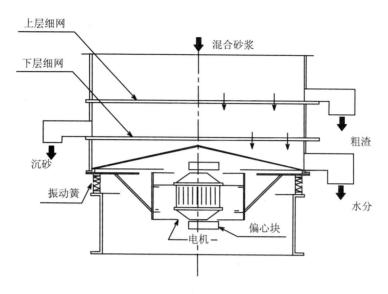

图 8-7 振动筛式砂水分离器

转刷曝气机主要由转刷、驱动装置、电气控制装置和混凝土桥 4 部分组成。转刷由一根直径 200~400 mm 的空心轴和安装在轴上的刷片构成。转刷的长度由氧化沟的宽度确定,但由于结构的限制,长度一般为 3~12 m。若长度超过 6 m,一般在氧化沟中心设置支墩。转刷的直径通常为 1 m,转刷的转速一般为 70~75 r/min,充氧能力为 7~9 kgO$_2$/(m·h)。

普遍采用三相异步电机作为转刷曝气机的驱动电机,同步转速为 1 500 r/min,电机的功率由转刷的大小决定,一般直径 1 m 的转刷需 5 kW/m 长度。如果一个转刷长度为 6 m 的表面曝气机,则约需 30 kW 的电机。电机多采用立式安装,主要原因是立式安装的电机易于防雨和防止转刷激起的水沫的影响。

(2) 转盘(碟)曝气机

转盘(碟)曝气机也是常见的表面曝气设备,适用于各种类型的氧化沟。转盘的转速一般为 50 r/min,转盘标准浸深 500 mm,单个盘片的充氧能力为 0.9~1.75 kg O$_2$/h。转盘(碟)曝气机的适用工作水深≤5.2 m。为进一步提高充氧能力,增加沟底流速,可在机组下游 1.5~2.5 m 处设倾斜 60°的导流板。图 8-8 为转盘(碟)曝气机立式机组安装方式。

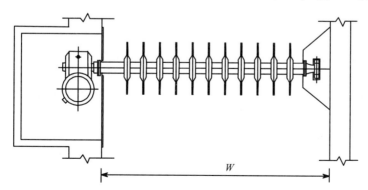

图 8-8 转盘(碟)曝气机立式机组安装方式

(3) 立式表面曝气机

立式表面曝气机有固定式与浮筒式两种。浮筒式的整机安装在浮筒上，用钢绳固定于水中，用防水电缆与之连接。它可根据需要在一定范围内移动，多用于曝气氧化塘和曝气湖。本节主要介绍固定安装的立式叶轮表面曝气机，国内以泵（E）型及倒伞型叶轮为主。

立式表面曝气机的充氧方式有以下三种：① 水在转动的叶轮叶片的作用下，不断从叶轮周边呈水幕状甩向水面，形成水跃，并使水面产生波动，从而裹进大量空气，使氧迅速溶入水中；② 叶轮的喷吸作用，使污水上下循环进行液面更新，接触空气；③ 负压吸氧，叶轮的一些部位（如水锥顶、叶片后侧等）因水流作用形成的负压，使大量空气被吸入叶轮与水混合。

泵（E）型叶轮曝气机是我国自行研制的高效表面曝气机构，整机由电机、减速机、机架、联轴器、传动轴和叶轮组成（详见《给水排水设计手册》第二版第九册 272 页）。泵（E）型叶轮的直径在 0.4～2.0 m，由甲板、叶片、导流锥、进水口和上、下压水罩等部分构成。泵（E）型叶轮的充氧方式以水跃为主，液面更新为辅。泵（E）型叶轮曝气机充氧量及动力效率较高，提升力强，但其制造较为复杂，且叶轮中的水道易被堵塞。

倒伞形叶轮曝气机的叶轮由圆锥体及连在其表面的叶片组成。叶片的末端在圆锥体底边沿水平伸展出一小段距离，使叶轮旋转时甩出的水沫与池中水面相接触，从而扩大了叶轮的充氧作用。为了增加充氧量，有些倒伞形叶轮在锥体上邻近叶片的后部钻有进气孔。

倒伞型叶轮的直径一般为 0.5～2.5 m，国内最大的倒伞型叶轮直径为 3 m。由于其直径较泵型的大，故其转速较慢，为 30～60 r/min，动力效率为 2.13～2.44 kg O_2/（kW·h），在最佳时可达 2.51 kg O_2/（kW·h）。

通过改进叶轮叶片可以提高动力效率，降低能耗。如美国西方技术公司（WesTech）开发的 LANDY-7 表面曝气机的叶轮叶片采用碳钢或不锈钢，叶轮直径 2.2～3.4 m，功率 55～200 kW，动力效率达到 2.5～2.7 kg O_2/（kW·h）。

4. 鼓风曝气设备

鼓风曝气是指将空气通过鼓风机增压、管道传输以及曝气器扩散的作用强制送入液体，使液体与空气充分接触、氧气溶入液体内的过程。鼓风机是曝气设备的关键，被称为"污水处理厂的心脏"，在污水处理厂的运行能耗中占比为 45%～65%。了解和掌握鼓风机的相关原理和操作，对工艺运行人员而言十分重要。

(1) 鼓风机基础

污水处理厂要使用许多类型的风机设备，一般可分为叶片式和容积式两大类，其中叶片式风机包括离心鼓风机、轴流通风机等，容积式风机包括往复式压缩机、回转式鼓风机等。污水处理厂的鼓风曝气设备采用鼓风机，主要类型包括罗茨鼓风机、多级离心鼓风机、单级高速离心鼓风机、磁/气悬浮鼓风机等。鼓风机的主要部件包括叶轮、导叶、吸入室和扩压器，一般鼓风机还需要配备合适功率的电动机驱动，以及进气过滤装置、轴承冷却装置等。

鼓风机的主要参数包括流量、全压、轴功率、转速和效率等。流量一般换算为标准状况，常见单位是 m^3/h，单台鼓风机的常用运行范围是 600～6 000 m^3/h。全压是指气体通过鼓风机后的增压值，一般可以表示为鼓风机出口风压，常见单位有 mH_2O、bar 和 kPa，单台风机的常见全压范围是 5～10 mH_2O，在实际工作中需要注意单位之间的换算关系。

鼓风机的效率是衡量鼓风机性能的关键指标,等于轴功率与有用功率之比。轴功率是指电动机传递给鼓风机的功率,一般可近似等于电动机功率。有用功率描述流体通过鼓风机得到的能量,近似等于流量与全压的乘积。鼓风机的效率范围是 70%～90%,视风机类型、工况点不同而有所差异。罗茨风机的效率较低,一般仅有 70% 左右,而磁/气悬浮风机的效率较高,可达 90% 以上。

(2) 罗茨鼓风机

罗茨鼓风机是一种容积式回转鼓风机,利用两个叶形转子在气缸内作相对运动来压缩和输送气体(如图 8-9 所示)。罗茨风机的转子通过同步齿轮保持啮合,互不接触,靠严密控制的间隙实现密封。转子的凹入曲面与气缸内壁组成工作容积,回转时从吸气口带走气体,移到排气口时将气体输送到排气通道。

罗茨风机最大的优点是出口压力可以大幅度变化而流量变化不大,因此很适合变水位的 SBR 工艺、反冲压力变化的滤池操作等。罗茨鼓风机的压力选择范围很宽(9.8～196 kPa),而且可自动适应外部条件,因此具有强制输气的特点。罗茨鼓风机的流量范围为 0.15～1 200 m³/min,在需要调节风量时,往往要采用变频方式改变风机转速。此外,罗茨风机还有结构简单、性能可靠、维修方便、使用寿命长等优点。

罗茨风机一般采用变速调节方式,较常采用变频电动机调速的节能方案,需要增设变频装置。对于中小容量的变频调速,可以积极试用;对于大容量高电压变频调速,应结合具体情况,综合比较,决定取舍。总之,既要考虑调节性能,也要考虑设备初投资、可靠性及经济性等,全面评价调节方式的优劣。

罗茨风机的主要缺点是效率低、能耗高,尤其与离心风机和磁/气悬浮风机相比较时更是如此。此外,罗茨风机运行过程中存在冲击脉动,所以噪声比较大,工人的工作环境较差。最后,采用变频方式容易引起压力降低,导致风量的调节范围比较窄,难以对曝气过程进行准确的控制。

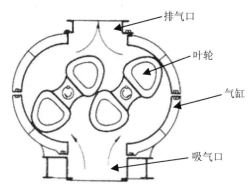

图 8-9 两叶罗茨鼓风机的转子和气缸

(3) 多级离心鼓风机

多级离心鼓风机是一种叶片式离心风机,叶轮由两个或更多叶轮串联组成,相邻叶轮之间有导叶连接(如图 8-10 所示)。多级离心鼓风机由主机、附件和配件三部分组成。主机部分包括叶轮、蜗壳、电动机,主机与电动机一般联合公共底座,与直联联轴器相连。附件部分包括弯管、消声器、过滤器等。配件部分主要包括风机进口碟阀、电动机控制起动柜、挠性接头等。多级离心鼓风机一般采用滚动轴承或滑动轴承。

多级离心鼓风机的性能曲线特征是压力变化不大而流量输出可大幅度变化，因此比较适合恒水位的污水处理工艺，比如常见的活性污泥法等。多级离心鼓风机的进口容积流量范围是 15~500 m^3/min，出口风压范围一般是 10~100 kPa，额定转速与电动机相同，一般为 3 000 r/min。与罗茨风机相比，多级离心鼓风机的效率接近，一般在 72%以上。此外，多级离心鼓风机运行平稳、噪声低、易损件少，以及安装、操作、维护简便，因此过去曾在污水处理中得到广泛应用。

多级离心鼓风机可采用变速调节方式，比如用变频电动机调速等，特点和处理原则与罗茨风机相似。此外，还可以通过调节导叶的方式改变输出的流量。多级离心鼓风机的叶轮之间有导叶，但角度固定不能调节，所以一般调节进气口和蜗壳的导叶开度，从而改变进气和扩压位置的流体压力损失，达到改变流量的目的。

多级离心鼓风机的主要缺点是效率比较低，工作流量范围比较窄，调试时容易发生喘震。多级离心鼓风机一般只能提供 70%~100%的额定流量，导致鼓风机编组运行时无法连续调节（需要提供 50%~100%可调区间才可以连续调节）。

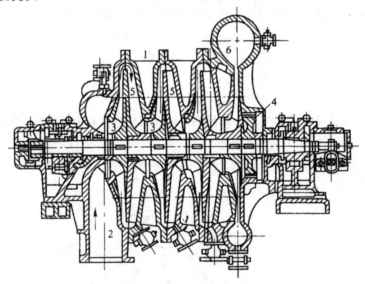

1—机壳；2—进气口；3—导叶；4—轴封；5—叶轮；6—出口

图 8-10 多级离心风机的结构

(4) 单级高速离心鼓风机

单级高速离心鼓风机也是一种叶片式离心风机，基本原理与多级离心风机相同。工作轮在旋转的过程中，由于旋转离心力的作用及工作轮中的扩压流动，使气体的速度得到提高，随后在扩压器中把速度能转化为压力能。但是单级离心风机只有一组叶轮，空气的压缩是一次压缩完成的，而多级离心风机在一根主轴上有多组叶轮，空气的压缩是在多组叶轮间逐步完成的。

单级高速离心鼓风机的结构如图 8-11 所示。首先空气从鼓风机吸入管进入进口导叶调节器。然后，原动机通过联轴器与增速齿轮，驱动三元半开式叶轮高速旋转，对气体进行做功，气流由进口轴向进入高速旋转的叶轮后变成径向流动被加速。然后，气体再经扩压器、蜗室,改变流动方向而减速,这种减速作用将高速旋转的气流中具有的动能转化为压能(势能),使风机出口保持稳定压力。最后,高压气体通过排气消声器、扩压管排出。主驱动电机借助联轴器与增速齿轮连接,增速齿轮驱动叶轮,将叶轮转速提高到 15 000 r/min 以上,从而在一次增压过程中就获得足够的能量,使机械效率更高,一般可到 80%~85%。

单级高速离心鼓风机的适用条件与多级低速离心鼓风机相同,广泛用于恒水位反应器。单级高速离心鼓风机的最大优点是效率很高,可比罗茨风机和多级离心鼓风机高 15%左右,能为用户创造较高的经济效益。这是因为单级高速离心鼓风机的叶轮设计采用了更加先进的三元流理论,而多级低速离心鼓风机是采用二元流叶轮。此外,轴向进气并预旋、一级加速流道短等因素,也明显减小了压力损失。最后,单级高速离心鼓风机为一级结构,损失小。

由于单级高速离心鼓风机采用了齿轮箱增速,因此其调节不能采用变频电机调节,而是需要采用前后导叶开度调节的方式。导叶开度调节的流量变化幅度较大,且调节过程中可维持较高的机械效率,以西门子 Turbo 单级高速离心风机为例,一般可以达到 45%~100%额定风量,并且效率维持在 80%以上,因此可以在编组运行时提供工作范围内的任何制定风量,实现连续和自动调节。由于上述特征,目前的溶解氧的自动控制装置一般都建议采用前后导叶可调的单级高速离心鼓风机。

此外,单级高速离心鼓风机在节能、防喘等方面更为有利。单级高速离心鼓风机设备重量轻,易损部件少,除了齿轮增速箱外,壳体内不需要润滑和冷却,维修工作量小。另外,单级高速离心鼓风机可适应全年气温有较大的变化,当空气容重改变时调节风量,避免电机超负荷运行。

单级高速离心鼓风机的主要缺点是价格较高,运行维护要求高。高速单级离心风机是一种非常复杂的设备,需要经常的管理以保证最优化运行。因为有内置或外置的传动装置,因此在运行维护时需要特别关注润滑系统、传动装置(内置或外置)和冷却水等。在 20 年以上的运行期内,单级高速离心风机的维护和操作人员费用会大大超过多级离心风机。

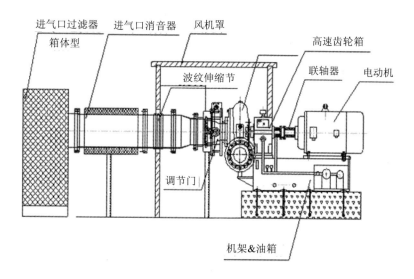

图 8-11 单级离心风机的结构

（5）磁/气悬浮鼓风机

从基本原理看，磁悬浮鼓风机或空气悬浮鼓风机都是一种单级高速离心风机，但这两种新型风机采用磁悬浮或者空气悬浮原理，使风机与电动机轴承成为一个整体，替代了原有增速齿轮箱功能。高效叶轮与超高速电机通过磁悬浮/空气轴承直接连接，去除了变速齿轮箱和润滑系统，无机械接触、无震动，运行噪声低，不需隔声罩。

磁/气悬浮鼓风机具有单级高速离心风机的优点，同时在工作效率、设备可靠性、免维护性方面有很大提高，因此具有良好的应用前景。比如，磁/气悬浮鼓风机可以采用直流电机的调速控制系统，根据需要动态调节风量（一般在 50%～100%额定风量范围内），同时在风机的工作流量的范围内保持很高的效率。

磁/气悬浮鼓风机的结构简单，如图 8-12 所示，因此能够节省空间，减少辅助设施投资。设备重量轻，基础施工简单，安装过程不需要使用大型吊车。风机房面积很小，工作环境较好。可以直接在曝气池上设鼓风机房，可节省管道投资，减少管道阻力损失。

磁/气悬浮鼓风机的操作简单、自动化程度高。风机房不需要单独配备就地控制柜、软启动柜，风机本身集成了就地控制系统；风机房设立的主控制盘通过电脑 CPU 可以自动连续调整压力、流量、控制开启、问题报警等，实现单台、多台同时联动自动控制作业。

磁/气悬浮鼓风机的主要缺点是价格较高，国内自主知识产权较少。此外，由于产品推出时间不长，运行人员的经验较少，相关配套服务还不够完善。

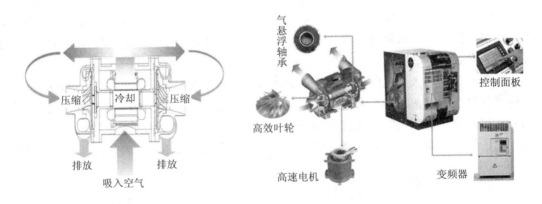

图 8-12　气悬浮鼓风机的结构

5. 滗水器

滗水器又称滗析器、撇水器、移动式出水堰，是一种随水位升降的浮动排水装置，是 SBR 工艺的关键设备。滗水器的作用是在间歇运行的曝气池静沉后排水时，可随水位的升降及时将上清液排出，同时不扰动池中各水层。滗水器按传动形式可分为机械式、自力（浮力）式和组合式，按构造和运行方式可分为虹吸式、旋转式、浮筒式和伸缩式，按收水口运动形式不同可分为升降式和弧线式。国内目前已开发研究出多种形式的滗水器，主要有虹吸式、自力（浮力）式和机械式三种。

（1）虹吸式滗水器

虹吸式滗水器实际是一组淹没出流堰，由一组垂直的短管组成，短管吸口向下，上端用总管连接，总管与 U 形管相通，U 形管一端高出反应器的最高水位，另一端低于反应池的最低水位,高端设自动阀与大气相通,低端接出水管以排出上清液。运行时通过控制进、排气阀的开闭,采用 U 形管水封封气,来形成滗水器中循环间断的真空和充气空间,达到开关滗水器和防止混合液流入的目的。滗水的最低水面限制在短管吸口以上,以防浮渣或泡沫进入。图 8-13 为虹吸式滗水器。

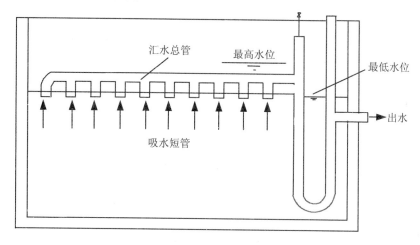

图 8-13 虹吸式滗水器

虹吸式滗水器的设计参数为:滗水器负荷 1.5～2.0 L/(m·s),滗水范围 0.4～0.6 m,滗水保护高 0.3 m。

(2) 自力(浮力)式滗水器

自力(浮力)式滗水器也有多种形式,如前所述的两种机械式滗水器也都可以制成自力式滗水器,不同的是它只依靠堰口上方的浮箱本身的浮力,使堰口随液面上下运动而不需外加机械动力。按堰口形状可分为条形堰式、圆盘堰式和管道式等。堰口下采用柔性软管或肘式接头来适应堰口的位移变化,将上清液滗出池外。浮箱本身也起拦渣作用。为了防止混合液进入管道,在每次滗水结束后,采用电磁阀或自力式阀关闭堰口,或采用气水置换浮箱,将堰口抬出水面。图 8-14 为自力(浮力)式滗水器。

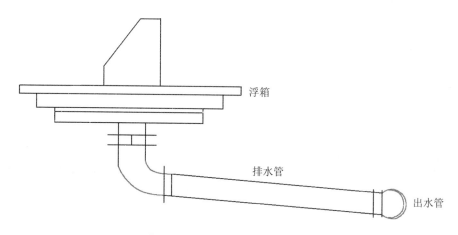

图 8-14 自力(浮力)式滗水器

（3）机械式滗水器

机械式滗水器国内现有两种形式，即旋转式和套筒式。旋转式滗水器由电动机、减速执行装置、四连杆机构、载体管道、浮子箱（拦渣器）、淹没出流堰口、回转接头等组成。通过电动机带动减速执行装置和四连杆机构，使堰口绕出水汇管做旋转运动，滗出上清液，液面也随之同步下降。浮子箱（拦渣器）可在堰口上方和前后端之间形成一个无浮渣或泡沫的出流区域，并可调节和堰口之间的距离，以适应堰口淹没深度的微小变化。

套筒式滗水器有丝杠式和钢丝绳式两种，都是在一个固定的池内平台上，通过电动机带动丝杠或滚筒上的钢丝绳，牵引出流堰口上下移动。堰口下的排水管插在有橡胶密封的套筒中，可以随出水堰上下移动，套筒连接在出水总管上，将上清液滗出池外，在堰口上也有一个拦浮渣和泡沫用的浮箱，采用剪刀式铰链和堰口连接，以适应堰口淹没深度的微小变化（详见《给水排水设计手册》第二版第九册 256 页）。

机械式滗水器的设计参数为：滗水器负荷 20~32 L/(m·s)，滗水范围 1.0~2.3 m，滗水保护高 0.3~1.0 m。套筒式滗水器的设计参数为：滗水器负荷 10~12 L/(m·s)，滗水范围 0.6~1.0 m，滗水保护高 0.8~1.1 m。

8.1.2 污泥处理过程常用设备的类型与性能

1. 刮泥机

刮泥机是将沉淀池底部的污泥刮到一个集中部位（如池中的集泥斗）的设备。刮泥机的种类较多，常见的有用于矩形平流式沉淀池的链条式和桁车式刮泥机，以及用于圆形辐流式沉淀池的回转式刮泥机。

（1）链条式刮泥机

链条式刮泥机是一种带刮板的双链输送机，最早出现于 20 世纪 50 年代的欧洲。国内使用这种链条式刮泥机较晚，多用于中小型污水厂。1994 年沈阳环保机械厂制成的塑料链条式刮泥机，是该型设备国产化的重要一步。

链条式刮泥机的两根主链上每隔一定间距装有刮板。两条节数相等的链条连成封闭的环状，由驱动装置带动主动链轮，在导向链轮及导轨的支撑下缓慢转动，并带动刮泥板移动。刮板在池底运行时将沉淀的污泥刮入池端的污泥斗中，同时可在水面回程时将浮渣导入渣槽。

链条刮板式刮泥机的特点是：① 刮板移动的速度可调至很低，以防扰动下层的污泥；常用速度为 0.6~0.9 m/min；② 由于刮板的数量多，工作连续，每个刮板的实际负荷较小，故刮板的高度只有 150~200 mm，不会使池底污水形成紊流；③ 由于利用回程的刮板刮浮渣，故浮渣槽必须设置在出水堰一端；④ 整个设备大部分在水下运转，可在池面加盖，防止臭气扩散。

链条刮板式刮泥机的缺点是单机控制的池面宽度只有 4~7 m，如果初沉池宽度为 28 m，则需 4 台刮泥机才能覆盖。另外，由于水下运转部件多，维护困难。大修设备有时需要更换所有主链条，成本较高（约占整机成本的 70%以上）。

（2）桁车式刮泥机

桁车式刮泥机安装在矩形平流式沉淀池上，运行方式为往复运动。因此每一个运行周期内有一个是工作行程，有一个是不工作的返回行程。其优点是：在工作行程中浸没于水中的只有刮泥板及浮渣刮板，而在返回行程中全机都在水面之上，这给维修保养带来了很大的方便。由于刮泥与刮渣都是正面推动，故污泥在池底停留时间少，刮泥的工作效率较高。桁车式刮泥机的缺点是运动和控制机构较为复杂、故障率较高。

（3）回转式刮泥机

辐流式沉淀池、浓缩池是污水厂常见的构筑物形式，在辐流池上使用的回转式刮泥机的运转形式为回转运动。回转式刮泥机结构简单、管理环节少、故障率很低。

1）全跨式与半跨式

如果回转式刮泥机只在半径上布置刮泥板，则桥架的一端与中心立柱上的旋转支座相接，另一端安装驱动机构和滚轮，桥架做回转运动，每转一圈刮一次泥。这种形式称为半跨式（又称单边式），其特点是结构简单、成本低，适用于直径 30 m 以下的中小型沉淀池。

如果回转式刮泥机具有横跨直径的工作桥，则旋转式桁架为对称的双臂式桁架，刮泥板也是对称布置的，该种形式称为全跨式（又称双边式）。对于一些直径 30 m 以上的沉淀池，刮泥机运转一周需 30～100 min，采用全跨式每转一周刮两次，可减少污泥在池底的停留时间。有些刮泥机在中心附近与主刮泥板的 90°方向上再增加几个副刮泥板，在污泥较厚的部位每回转一周刮四次泥。

2）中心驱动式与周边驱动式

回转式刮泥机的驱动方式有两种：中心驱动式与周边驱动式。

中心驱动式刮泥机的桥架是固定的，桥架所起的作用是固定中心架位置与安置操作、维修人员走道。驱动装置安置在中心，电机通过减速机使悬架转动。悬架的转动速度非常慢，对于直径为 20 m 以上的沉淀池，那么减速装置的减速比高达 1∶60 000 左右。由于减速比大，主轴的转矩也非常大，可达 10 000～30 000 N/m。

周边驱动式刮泥机绕中心轴转动，驱动装置与桁车式刮泥机相似，安装在桥架的两端（单边刮泥机安装在一端）。这种刮泥机的刮板与桥架通过支架固定在一起，随桥架绕中心转动，完成刮泥任务。

3）斜板式刮泥板与曲线式刮泥板

刮泥板有多种形式，使用较为广泛的是斜板式和曲线式两种。

斜板式刮泥板由多个倾斜安装的刮泥板组成，当斜板绕中心转动时，就产生了一个使污泥向沉淀池中心运动的分力，加之漏斗形的池底也使污泥的重力有一个向中心运动的分力，二力使污泥在随刮板转动时向中心流动。当污泥脱离这个刮板后，靠近中心的另一个刮板又接着刮，使污泥逐级流动，最终进入中心泥斗。沉淀在池子最外周的泥要经过刮泥机数圈运行才能进入泥斗。斜板式刮泥板的缺点是刮泥板与悬架刚性连接，如果池底出现板结或较大异物会造成阻力急剧增加而引起设备损坏，故长时间停机后开机，特别是水中有较多沉泥时应特别注意。另一个缺点是刮泥逐级接力进行，外围污泥进入泥斗时间较长，可能会不同程度地发生厌氧分解。

曲线式刮泥板的常用曲线有对数螺旋线和外摆线形，它在池底有数个小轮支撑，由几根浮动的钢索牵引，随机桥转动。污泥在随刮板转动的同时，在刮板曲线的各点都可以受到一个使之向中心运动的分力，使污泥沿刮板缓慢向中心流动，最后进入中心泥斗。由于刮板浮动安装，故当污泥阻力变大时刮板可抬起，从而避免刚性连接的阻力急剧增加所引起的破坏。另外污泥沿刮板连续流动，可以在较短的时间内进入泥斗。但这种刮泥机的直径不宜做得过大，一般在 30 m 以下。

2. 吸泥机

吸泥机是将沉淀池中沉淀到池底部的活性污泥吸出的机械设备，一般用于二沉池。吸泥机吸出的活性污泥进入回流污泥泵井，其中大部分回流至曝气池，少量作为剩余污泥排往污泥处理单元。大部分吸泥机在吸泥的过程中有刮泥板辅助，因此也称这种吸泥机为刮吸泥机。常见的有桁车式吸泥机和回转式吸泥机两种，前者用于平流式二沉池，后者用于辐流式二沉池。

（1）桁车式吸泥机

桁车式吸泥机的结构形式与桁车式刮泥机相似，主要用于矩形沉淀池。它包括桥架和使桥架往复行走的驱动系统，只是将可升降的刮泥板换成了固定于桥架上的污泥吸管。桁车式吸泥机往复行走，来回两个行程均为工作行程，不存在刮泥机那样空车返回的现象，因此两个行程的速度相同。桁车式吸泥机的运行速度是根据入流污水量、产泥量、池深等诸多因素综合考虑并设计的，一般为 0.3～1.5 m/min，速度过快会使池内流态产生扰动影响污泥的沉降。桁车泵吸式吸泥机的结构见图 8-15。

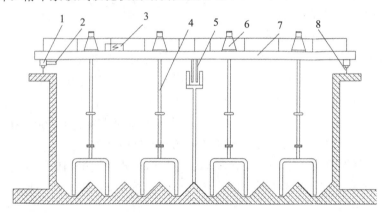

1—驱动装置；2—电缆滚筒；3—电控箱；4—吸泥管；5—排泥管；
6—液下污水泵；7—行走大梁；8—轨道组成及行程控制系统

图 8-15 桁车泵吸式吸泥机的结构

每台吸泥机都有两根或多根吸泥管，但吸泥管的吸口不可能将池底完全覆盖，每个吸泥管之间会有很大的空间。为了使污泥向吸泥管处集中，桁车式吸泥机采取了下列 3 种方式。

1）V 形槽

这种方法是将混凝土的池底做出一些纵向的 V 形槽，沉淀于池底的污泥由于重力的作用向 V 形槽的底部流动。吸泥管的管口深入槽的底部，沿槽的方向往复行走，吸取槽底集中的泥。

为了克服吸泥机往返行程内吸取污泥浓度不均匀的现象，有一种回转式吸泥管，即在往返两个行程内，每个吸泥管在不同的两个 V 形槽中吸泥，吸泥机行走到池子的一端即将返回时吸泥管会自动转到邻近的另一个 V 形槽内，返回时吸取另一个槽内的沉泥。这样吸泥机需要一次往返行程，吸泥管才能覆盖整个池底。这种形式的优点是每一个吸泥管吸取污泥时，槽内的污泥的沉降时间是一样的，可使吸取的污泥浓度在一个周期内尽可能地均匀。在同样的沉降条件下，采用可回转式吸泥管，比前一种方法的运行速度快一倍。回转式吸泥管的结构较为复杂，它要求几个吸泥管在到达准确的位置后自动同步转，还要求回转轴承能灵活转动，不能有泄漏。

2）X 型刮板

这种方法是在固定的吸泥管口安装分布成 X 状的四个小刮板。吸泥机运行的两个方向都可以利用刮板将污泥刮拢到吸管口。它的优点是池底可以做成水平的，降低了土建费用，且收集污泥的效果好。缺点是刮泥板会增加运行时的阻力。另外，这种形式出泥的浓度是不均匀的，呈周期性变化。当桁车从进水端向出水端返回时，浓度突然减小，然后逐渐加大，而从出水端返回时浓度最小，有时甚至类似于清水。

3）扁平吸口

这种方法是吸泥管口扩大成扁平状，以扩大吸泥控制宽度，这样池底仍可以做成水平的。它的缺点与 X 型刮板式一样，出泥浓度不均匀，呈周期性变化。

（2）回转式吸泥机

回转式吸泥机主要用于辐流式沉淀池，由桥架、端梁、中心部分、工作部分、驱动装置等部分组成。

a. 按驱动方式分为中心驱动式和周边驱动式两种，特点介绍如下：

a）中心驱动式

中心驱动式吸泥机的驱动电机、减速机等都安装在吸泥机的中心平台上。减速机带动着固定在转动支架上的大齿圈，驱动机架旋转。中心驱动式吸泥机机架的结构形式有多种：一种是桥式，桥架的两端有支撑轮与环形轨道，机桥绕中心转动时带动吸泥管转动；另一种是悬索式，在桥架的中心有一塔状支架，数根钢索从支架牵拉住桥架，有些桥架上还设置了浮箱，用以在运行时减轻钢索的拉力；还有一种桥架是固定的，吸泥管固定在旋转支架上，随旋转支架转动。中心驱动式吸泥机由于其结构的限制，一般仅安装在直径在 30 m 以下的中小型沉淀池上。

b）周边驱动式

周边驱动式吸泥机比中心驱动式应用广泛。直径 30 m 以上的大型吸泥机一般都采用这种驱动式。周边驱动式完全采用桥式结构，在桥架的一端（半桥）或两端（全桥）安装驱动电机及减速机，用以带动驱动钢轮或胶轮运转，从而使整个桥架转动。吸泥管、导泥槽、中心泥罐等一起随桥架转动。

b. 回转式吸泥机按排泥方式分为静压式、虹吸式、泵吸式、混合式四种，特点介绍如下：

a）静压式

静压式吸泥机的数根吸泥管的上端与一个集泥槽相连，集泥槽半浸入水中使其底平面低于沉淀池的水面，每个吸泥管与集泥槽连接部位安装一个锥形阀门。当池水灌满时打开锥阀，由液位差形成的压力，使池底的活性污泥源源不断地经吸泥管流入集泥槽。

静压式吸泥机的优点是操作简单方便，每个吸泥管的出泥量可用锥形阀控制。只要池中液面高于中心泥罐的液面即可工作。缺点是由于结构限制液位差不能很大，特别是靠近边缘的吸管压力差更小一些。静压式吸泥机在吸取较稠的污泥时有困难，此时需要使用气提管向吸泥管内强制曝气，以形成密度差而提升污泥。图 8-16 为静压式吸泥机结构。

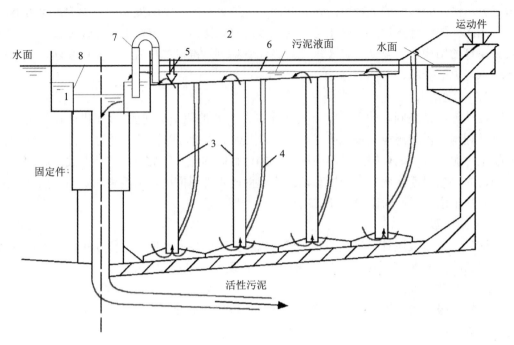

1—中心泥罐；2—机桥；3—吸泥管；4—气提管；5—锥形阀；6—集泥槽；7—联通管；8—污泥堰

图 8-16　静压式吸泥机结构

b) 虹吸式

虹吸式吸泥机是利用虹吸的原理，将污泥抽到辐流池的中心泥罐。形成虹吸的条件是虹吸管出口的液面应低于沉淀池的液面。使用这种方式需要在初始时将虹吸管充满水，即人为地制造一个形成虹吸的条件。

c) 泵吸式

泵吸式吸泥机是在吸泥机上安装一台或数台污水泵直接吸取池底的活性污泥。这种方式不需要有液位差，打开水泵即可抽泥。有的设备厂家利用普通离心式污水泵安装在桥架之上，工作之前往泵内灌水。有的把离心泵或轴流泵将电机装在桥架上，而泵则浸入水面之下，这样就省去了灌水的麻烦。有的使用潜水泵，但潜水泵自身的震动会影响污泥的沉降，故潜水泵一般都不置于池底，而用较长的吸管在池底吸泥。

d) 混合式（静压式与虹吸式、泵吸式配合吸泥）

这种方法是利用静压式吸泥的原理使活性污泥自动流入集泥槽后，再利用虹吸管或泥泵从泥槽中将泥吸到池外。

3. 污泥浓缩机

污泥浓缩是指使用机械取出浓度低于 1%的活性污泥中的水分，提高其浓度达 3%以上，便于后续的机械脱水的过程。污泥浓缩能够提高机械脱水的工作效率和使用效果，因此在污泥处理过程中非常重要。污泥浓缩机是具有活性污泥浓缩功能的机械，常见形式是中心传动式连续或间歇式工作的浓缩和澄清设备。

(1) 回转式浓缩机

辐流式污泥浓缩池上运行的回转式浓缩机的结构与回转式刮泥机很相似，除了具有刮泥及防止污泥板结的作用之外,还能对池中的污泥进行搅拌,用以促进泥水分离,使污泥进一步沉淀、浓缩,并能将浓缩的污泥刮入浓缩池中心的泥斗,以协助污泥泵输送。

回转式污泥浓缩机与回转式刮泥机在结构上不同的是斜板式刮泥板的上方加了一部分纵向的栅条。栅条的间隔在 100~300 mm 不等。通过栅条缓慢转动时的搅拌作用,促进污泥与水的分离,加快污泥的沉降过程。

(2) 机械浓缩机

机械浓缩机相对于回转式浓缩机的历史较短,大规模使用仅有 20 多年的历史。目前主要有重力带式浓缩机、离心浓缩机、转鼓浓缩机等类型。在实际工程中,机械浓缩机一般与污泥脱水机成套使用,比如一体化离心式浓缩脱水机等。机械浓缩机的工作原理和运行方式可参考下文的污泥脱水机。

4. 污泥脱水机

经过浓缩及消化处理的污泥其含水率仍高达 96%,体积很大、难以消纳处置,因此必须经过进一步的脱水处理,提高泥饼的含固率,以减少污泥堆置的占地面积。污泥脱水机就是以机械方式实现这个过程的设备,按脱水原理可分为真空过滤脱水、压滤脱水及离心脱水等类别。常见的脱水机种类有带式压滤脱水机、离心脱水机和板框脱水机等。

(1) 带式压滤脱水机

带式压滤脱水机是由上下两条张紧的滤带夹带着污泥层,从一连串按规律排列的辊压筒中呈 S 形弯曲经过,靠滤带本身的张力形成对污泥层的压榨力和剪切力,把污泥层中的毛细水挤压出来,获得含固量较高的泥饼,从而实现污泥脱水。带式压滤脱水机有很多形式,但一般都分成以下四个工作区,如图 8-17 所示。

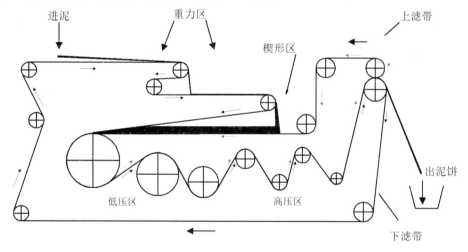

图 8-17 带式压滤脱水机工作原理

重力脱水区:污泥经调质之后,部分毛细水转化成游离水,这部分水分在该区内借自身重力穿过滤带,从污泥中分离出来。一般来说,重力脱水区可脱去污泥中 50%~70%的水分,使含固量达到 7%~10%。

楔形脱水区:楔形区是一个三角形的空间,滤带在该区内逐渐靠拢,污泥在两条滤带之间逐步开始受到挤压。在该段内污泥的含固量进一步提高，并由半固态向固态转变，为进入压力脱水区作准备。

低压脱水区：污泥经楔形区后，被夹在两条滤带之间绕辊压筒作 S 形上下移动。施加到泥层上的压榨力取决于滤带张力和辊压筒直径。在张力一定时，辊压筒直径越大，压榨力越小。脱水机前边三个辊压筒直径较大，一般在 50 cm 之上，施加到泥层上的压力较小，因此称为低压区。污泥经低压区之后含固量会进一步提高，但低压区的作用主要是使污泥成饼，强度增大，为接受高压作准备。

高压脱水区：经低压区之后的污泥，进入高压区之后受到的压榨力逐渐增大，其原因是辊压筒的直径越来越小。至高压区的最后一个辊压筒，直径往往降至 25 cm 以下，压榨力增至最大。污泥经高压区之后，含固量进一步提高，一般大于 20%，正常情况下在 25% 左右。

各种形式的带式压滤脱水机一般都由滤带、辊压筒、滤带张紧系统、滤带调偏系统、滤带冲洗系统和滤带驱动系统组成。带式压滤机的主要技术指标见表 8-4。

表 8-4　带式压滤机的主要技术指标

污泥种类	进泥含水率/%	产泥能力/[kg 干污泥/（m·h）]	泥饼含水率/%
初沉污泥	90～95	250～400	65～75
初沉污泥＋活性污泥	92～96	150～300	70～80

（2）离心脱水机

离心脱水机主要由转鼓和带空心转轴的螺旋输送器组成。污泥由空心转轴送入转筒后，在高速旋转产生的离心力作用下，立即被甩入转鼓腔内。污泥颗粒由于比重较大，离心力也大，因此被甩贴在转鼓内壁上，形成固体层（因为环状，称为固环层），水由于密度较小，所受离心力小，因此只能在固环层内侧形成液体层，称为液环层。固环层的污泥在螺旋输送器的缓慢推动下，被输送到转鼓的锥端，经转鼓周围的出口连续排出。液环层的液体则由堰口连续"溢流"排至转鼓外，形成分离液，然后汇集起来，靠重力排出脱水机外。

进泥方向与污泥固体的输送方向一致，即进泥口和出泥口分别在转鼓的两端时，称为顺流式离心脱水机，如图 8-18 所示。当进泥方向与污泥固体的输送方向相反，即进泥口和排泥口在转鼓的同一端时，称为逆流式离心脱水机，如图 8-19 所示。

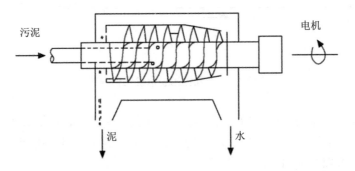

图 8-18　顺流式离心脱水机

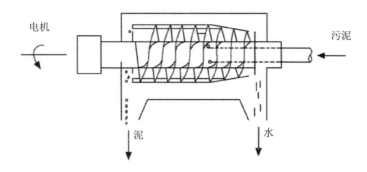

图 8-19 逆流式离心脱水机

转鼓是离心机的关键部件。转鼓的直径越大，离心机处理能力也越大，转鼓的长度一般为直径的 2.5~3.5 倍，长度越大污泥在机内停留的时间越长，分离效果越好。但离心机太大时，制造费用和处理成本都不经济。转鼓的转速是重要的工艺控制参数。转速的高低取决于转鼓的直径，要保证一定的离心分离效果，直径越小，要求的转速越高；直径越大，要求的转速越低。离心分离效果与离心机的分离因数有关，分离因数是颗粒在离心机内受到的离心力与其本身重力的比值，用下式计算：

$$\alpha = \frac{n^2 \cdot D}{1800} \tag{8-1}$$

式中：α——分离因数；

n——转鼓的转速，r/min；

D——转鼓的直径，m。

不同的离心机，其分离因数的调节范围不同。α 在 1 500 以下的称为低速离心机，在 1 500 以上的称为高速离心机。目前绝大部分处理厂均采用低速离心机。高速离心机因为虽然可获得98%以上的高固体回收率，但能耗很高，并需较多的维护管理。而低速离心机的固体回收率一般也能在90%以上，但能耗要低很多。

离心脱水机是单机处理量较大的污泥脱水设备，污泥处理能力可超过 50 m³/h，进泥含水率为97%时，处理速度可达 1 500 kg DS/h（DS 指绝干污泥，含水率0%），而带式压滤机的处理速度不超过 300 kg DS/h，即一台离心脱水机可相当于 5 台带式压滤机。离心机占地面积小，无异味，不需冲洗滤带，辅助设备少，能长期自动安全运行，操作管理简便，耗电量低于板框和真空压滤机。其缺点是噪声大，污泥中含有沙砾时磨损快，污泥固液相对密度差很小时不易分离，同时在生产中需要较高的维修技术能力。进泥分别为混合生污泥和混合消化污泥时，脱水泥饼含水率分别为 75%~80% 和 75%~85%。

（3）板框压滤脱水机

板框压滤脱水机相对于前两种类型在城市污水处理中应用较少。板框压滤脱水机工作时利用压力将一定数量的滤板加以固定，滤板表面包有滤布，当压紧在一起时就形成一连串相邻的泥室。污泥进入泥室后，在压力的作用下液体被挤出滤布流走，固体物则被滤布阻挡在泥室内，形成含水率很低的泥饼。

板框压滤脱水机常采用间歇运行方式，一个工作周期 1.5~4.5 h。其优点是单位面积滤速高，运行平稳，不易产生故障。进泥含水率要求不高，一般可为98%~99%，而脱水泥饼含水率可达65%以下，运输方便，利于进行干燥、焚烧等处置。目前完全自动化操作的板框压滤脱水机已经在国外的一些污水处理厂应用。

8.1.3 水处理过程常用设备的选型要点与适用范围

1. 一般原则

城市污水处理厂的污水、污泥处理设备种类繁多，型号更是不计其数，给设备选型带来很大的困难。同时，各污水厂水质各异，工艺千差万别，所以设备选型时必须全面考虑，具体问题具体分析。但总的来说，设备选型还是有规可循，以下是一些一般性的原则。

（1）工艺决定设备

工艺设计是整个污水处理厂设计的核心，设备选型应服从、服务于这个中心。任何以修改工艺去满足设备要求的想法和做法都是一种不科学的态度，有可能对工程建设造成巨大损失。

（2）保证高的能量效率

降低污水处理厂运行成本的关键之一是降低各设备的能耗，特别是优化高耗能设备，如污水提升设备、充氧设备等。对于普通活性污泥系统，鼓风机的能耗占全厂能耗的40%～60%，表面曝气设备的能耗一般占氧化沟系统的50%以上。因此，即使仅仅提高关键设备能量效率的1%，对大型污水处理厂而言也意味着节约数以万元计的运行费。

（3）操作简单、方便

一般情况下设备选型时必须尽可能选择成熟的产品，其主要目的是操作简单、方便，减少在运行中的故障率。例如，对于生物曝气池之后的泥水分离，实践证明辐流式沉淀池加回转式排泥设备的组合故障率很低，因此得到广泛应用。

（4）其他因素

在实际工程中，设备投资、占地以及设备操作时的卫生条件等因素也会在设备选型中起重要作用。

2. 特殊原则

对于不同类型的设备，选型时考虑的重点不同，以下一一列举。

（1）格栅除污机

选择格栅除污机时重点考虑5个因素。

1）故障率

格栅除污机选型的最重要原则是降低故障率。由于格栅除污机与进水直接接触，操作时卫生条件差，并且位于污水处理工艺的最前端，因此该设备的检修对整个污水厂的生产都会有较大影响。与回转式格栅除污机不同，钢绳式、高链式、弧形格栅除污机运行时均存在耙齿"吃入"格栅的动作，随着运行时间的延长，动作的偏差势必带来较高的故障率。由于回转式格栅除污机结构上的优势，故障率很低，因而占据了国内污水格栅市场的70%～80%。

2）水头损失

污水通过格栅时都会有一定的水头损失，设备选型时希望水头损失尽可能低一些以减少栅前与栅后的水位差。由于回转式格栅除污机的水中链轮与链条会减少过流面积，其水头损失大。台阶式格栅除污机水头损失小，其余各类介于二者之间。

3）提升高度

污水处理厂的格栅井一般深达数米，个别接近 10 m。这对格栅除污机的提升高度有了相应的要求。回转式、钢绳式格栅除污机的提升高度均较大，尤其是回转式，其最大提升高度可达 15 m 以上。台阶式格栅除污机的提升高度一般仅有 3~4 m，弧形格栅除污机的提升高度受回转半径的限制也较低。

4）固液分离效率

一般条件下台阶式、转鼓式格栅除污机的固液分离效率高，而回转式格栅容易把小块漂浮物带到背水面而引起分离效率的降低。

5）其他因素

设备选型还需考虑当地条件。对于台阶式格栅除污机，进水的含砂量必须严格控制，否则砂粒会夹在动组与静组栅片之间造成较大的阻力和磨损。另外，寒冷地区也不适宜采用台阶式格栅除污机。这是因为动组与静组栅片可能会冻在一起。

（2）除砂与砂水分离设备

除砂与砂水分离设备的选型主要考虑以下几个因素。

1）工艺需要

除砂与砂水分离设备有各自的使用范围，应根据工艺要求选择使用。比如，对于泵式除砂和气提除砂两种方式，前者的扬程可达 10 m 以上，后者最大扬程为 2 m。

2）操作简便

操作简便包含的内容很多，如何才能保证操作简便要视具体情况而定。仍以泵式除砂和气提除砂为例，泵式除砂方式不易堵塞，但设备磨损大，因此一般泵的叶轮每几个月就要更换，蜗壳每一两年也要换一次；气提除砂方式无磨损，寿命长，但易于堵塞。

3）分离效率

由水力旋流器和螺旋洗砂机组成的砂水分离系统出砂率高。对于单独采用螺旋洗砂机组成的砂水分离系统，由于水流影响较小砂粒的沉积，因此出砂率较低。

（3）刮泥机、吸泥机和浓缩机

刮泥机、吸泥机和浓缩机有相似的结构，设备类型也有相似之处。例如，桁车式刮泥机、桁车式吸泥机和回转式浓缩机都是常见的设备类型。设备的选型需考虑以下因素：

1）运行管理要求

将桁车式刮泥机和链条刮板式刮泥机比较可以发现，前者动作较复杂，因此故障率较高。但前者大部分构件均在水面之上，相比后者维修保养方便得多。选择不同吸泥形式的吸泥机时也需要根据运行管理的要求进行判断。静压式操作简单，但液位差不能很大；虹吸式节能，但必须经常检查虹吸是否破坏；泵吸式操作简便，但需耗能。

2）提高污泥浓度

桁车式刮泥机的刮泥板紧贴池底，链条刮板式刮泥机由于在水下轨道上运行，刮板距池底最近距离约有 10 mm，因此采用前者有利于提高出泥的浓度。

在选择桁车式吸泥机的不同集泥形式时，采用 V 形槽、X 型刮板和扁平吸口的污泥浓度和均一程度是不同的，需根据实际情况选择。

浓缩机的出泥浓度是设备选型的考虑因素之一。采用机械浓缩机污泥含固率可由 0.4%提高至 4%~8%，采用重力浓缩机和回转式浓缩机污泥含固率最高能达 5%左右。

3）经济性

选择机械浓缩或重力浓缩方式时，经济性是最重要的指标之一。因为各种机械浓缩方式都需添加高分子药剂，投量一般为 1.5～5.0 g/kg，这往往是一笔巨大的开支，而重力浓缩方式的耗能相比之下微乎其微。

（4）污泥脱水机

污泥脱水机的选型重点考察两个因素。

a. 能耗：带式压滤脱水机和离心脱水机均能满足生产的要求，但后者的耗能更大。

b. 维护管理：压滤脱水机和离心脱水机相比，故障率稍高，但维修成本远低于后者。此外，离心脱水机具有一些特点，例如操作的卫生条件好，无气味问题，占地少，但噪声大。

（5）鼓风曝气设备

鼓风机是污水处理厂二级生物处理工艺的关键设备，能耗可占污水厂总能耗的 45%～65%，因此选用何种形式的风机是一个非常重要的问题。风机选择正确与否与投资大小和运行管理费用密切相关，以下介绍主要选型的原则。

a. 罗茨风机：价格低，建设成本比较低。采用最简单的回转机械，因此易于控制和维护。效率一般低于多级、单级离心风机，运行成本偏高。

一般仅适用于低流量场合，当流量大于 120 m^3/min 时，占地面积大，容易造成浪费。由于出口压力随背压变化，因此适合变水位和变阻力场合。

b. 多级离心风机：低转速机械，可靠性高，使用寿命长。购买成本较低，备件费用低，不需要复杂的润滑系统。易于采用全风冷式设计，无冷却水相关故障和维保费用。操作维护简单，不需要特别训练的操作维修人员。

单机流量在 100～400 m^3/min 时具有较好的性能价格比。电机功率小于 400 kW 的机型可选用变频调速和直连驱动方式，可提高部分负载的工作效率。对于中小型污水处理厂来说具有更好的性价比和良好的长短期效益。

c. 单级高速离心风机：能耗效率高，一般达 80%～85%，节能效果明显。大流量鼓风机相对占地面积小，节省基建投资。风机转速高（一般超过 15 000 r/min），噪声比较大。设备价格昂贵，投资大，后期维护费用高。控制系统比较复杂，润滑系统的维护保养要求高。需要特别训练的操作人员，大修必须制造厂家负责等。

单机流量大于 300 m^3/min 的性价比高。特别适用于需要频繁调节风量，实施溶解氧自动控制的场合。对于技术实力较强的大型污水处理厂来说具有比较好的长期经济效益。

d. 磁/气悬浮风机：效率很高，一般可以达到 90%，节能效果明显。目前磁/气悬浮风机还处于产业化推广阶段，需要根据实际情况和使用经验比较和选择。

8.1.4 水处理过程常用设备的材质选择与防腐处理

腐蚀主要是材料在外部介质影响下产生的化学作用或电化学作用，使材料发生了破坏和质变。由化学作用引起的材料腐蚀属于化学腐蚀。金属材料与周围环境中的酸、碱或盐类等物质接触发生化学作用会造成金属材料腐蚀。在污水处理厂中，污水、污泥处理设备的腐蚀普遍存在，因此只有在正确选择材质的条件下做好防腐处理，才能较好地控制设备的腐蚀。

1. 一般原则

材质选择和防腐处理有几个一般原则：① 设备的水下部分（或腐蚀严重的部位）尽量采用不锈钢或塑料以防腐，水上部分可采用铝合金或高强度低合金钢；② 不锈钢也需要表面防腐，在氯离子含量高的情况下不锈钢的腐蚀尤其严重；③ 防腐处理不仅需要高质量的防腐漆，而且需要做好金属材料表面除污。

2. 特殊原则

不同的设备材质选择和防腐处理有其各自的特点，以下是几个例子。

（1）格栅除污机

耙齿链回转式格栅除污机的耙齿链节一般用高强度塑料或不锈钢制成，链轴用不锈钢。

（2）链条刮板式刮泥机

链条刮板式刮泥机早期的主链条采用可锻铸铁制造，后来改用不锈钢材料，但成本高。近年来逐步采用了高强度塑料链条，使之产生了一个质的飞跃。由于高强度塑料链条有良好的耐腐蚀性、自润滑性、自重较小，其连续运转寿命超过 8 年，间歇运转寿命达到 15 年。在改用塑料链条的同时，主动链轮、导向链轮也逐步改用塑料制造。

早期的刮泥板用柏木制造，近年来多用塑料及不锈钢型材制造。对于用木材制造的刮板，应每半年拆下晒干，用煤焦油浸泡后再继续使用，可以延长使用寿命。

早期的刮泥板导轨有的也采用柏木制造，目前多用非金属材料，如尼龙、聚酯、聚碳酸酯、聚甲醛、超高分子量聚乙烯、聚四氟乙烯、玻璃钢等。

（3）桁车式设备

桁车式设备（刮泥机、吸泥机、浓缩机）横跨池的大梁、轮架以及供操作及检修人员行走的走道、扶手等一般是钢制结构，一些国外产品则使用了铝合金结构的大梁、轮架。铝合金机架与钢铁结构相比防腐性能良好，省去了每两三年一次的防腐维护费用。

8.2 污水污泥处理过程的常用药剂

8.2.1 污水混凝沉淀药剂

1. 混凝剂与絮凝剂的定义

混凝过程中为使悬浮颗粒或胶体变成易于去除的絮体而投加的主要化学药剂称为混凝剂。混凝剂通过自身或其水解产物对水中胶体产生压缩双电层、中和电性以及吸附、架桥等作用。相关原理可参考本书第 4 章 4.1 节内容。

目前关于混凝剂的定义有两种看法：一种是根据胶体粒子聚集过程的不同阶段，即胶粒的表面改性及胶粒的粘连，将起胶粒表面改性作用的药品称为凝聚剂，使胶粒粘连的药品为絮凝剂，兼有上述两种功能的药品为混凝剂。另一种看法比较简单，将混凝剂与絮凝剂不加区分，原因是从机理上区分凝聚与絮凝有时也很困难。

2. 混凝剂与絮凝剂的种类与性能

目前混凝剂的品种超过 300 种，按其化学成分可分为无机及有机两大类。无机类的品种较少，主要是铝和铁的盐类及其水解聚合产物，在污水处理中的用量很大。有机类的品种很多，主要是高分子化合物，又可分成天然的及人工合成的两种，但有机类用量不如无机类大。下面对不同种类的混凝剂作简单介绍。无机混凝剂的主要品种列于表 8-5。

表 8-5 常用无机混凝剂

名称	缩写	分子式
硫酸铝（粗制或精制）	AS	$Al_2(SO_4)_3 \cdot 18H_2O$
明矾	KA	$KAl(SO_4)_2 \cdot 12H_2O$
结晶氯化铝	AC	$AlCl_3 \cdot nH_2O$
聚合氯化铝	PAC	$[Al_2(OH)_nCl_{6-n}]_m$
聚合硫酸铝	PAS	$[Al_2(OH)_n(SO_4)_{3-n/2}]_m$
三氯化铁	FC	$FeCl_3 \cdot 6H_2O$
硫酸亚铁	FSS	$FeSO_4 \cdot 7H_2O$
硫酸铁	FS	$Fe_2(SO_4)_3 \cdot 3H_2O$
聚合氯化铁	PFC	$[Fe_2(OH)_nCl_{6-n}]_m$
聚合硫酸铁	PFS	$[Fe_2(OH)_n(SO_4)_{3-n/2}]_m$
水解硅酸		$Si(OH)_4$ 等
钙盐	CC	$Ca(OH)_2$ 等
镁盐	MC	MgO，$MgCO_3$
硫酸铝铵	AAS	$(NH_4)_2SO_4 \cdot Al_2(SO_4)_3 \cdot 24H_2O$

硫酸铝是世界上水处理中使用最多的混凝剂之一。自 19 世纪末美国最先将硫酸铝用于水处理并取得专利以来，硫酸铝就以其良好的混凝沉淀性能而被广泛采用。精制硫酸铝中 $Al_2(SO_4)_3$ 的含量为 50%～60%，适宜水温 20～40℃，pH 为 6.0～8.5，水解缓慢，使用时需加碱性助剂，卫生条件好。聚合氯化铝、聚合硫酸铝性能优于硫酸铝，对水温、pH 和碱度的适应性强，絮体生成快且密实，使用时无须加碱性助剂，腐蚀性小。铝盐混凝剂使用中潜在的问题是其对生物体的影响，铝对幼鱼的毒性可能主要来自铝的无机态化合物。

环境医学界发现铝对生物体有不良影响，因此铁系混凝剂现在受到越来越多的重视。三氯化铁在低温下混凝效果好，这是处理厂在冬季用三氯化铁替代硫酸铝作为混凝剂的原因之一。三氯化铁的主要缺点是对金属有腐蚀作用，从而使它的应用受到限制。为了减少腐蚀性，提高混凝效果，日本首先研制成功聚合硫酸铁并投放市场。聚合硫酸铁与三氯化铁相比用量小、絮体生成快、大且密实、腐蚀性小，所需碱性助剂量小于 PAC 以外的铁铝盐。适宜水温为 10～50℃、pH 为 5.0～8.5 的环境，但在 4.0～11.0 的范围内仍可使用。

活化硅酸是在 20 世纪 30 年代后期作为混凝剂开始在水处理中得到应用。由于真溶液状态的活化硅酸组分在通常 pH 条件下带有负电荷，对胶体的混凝是通过吸附架桥使粒子粘连而完成的，因而常被称为絮凝剂或助凝剂。活化硅酸一般无商品出售，需在水处理现场制备，其原因是活化硅酸在储存时易析出硅胶而失去絮凝功能。活化硅酸实质上是硅酸钠在加酸条件下水解聚合反应进行到一定程度的中间产物，其组分特征如电荷、大小、结构等，取决于水解反应起始的硅浓度、反应时间（从酸化到稀释）和反应时的 pH。

人工合成的有机高分子絮凝剂都是水溶性的链状高分子聚合物，含有较多的能强烈吸附胶体和细微悬浮物的官能团，并且应有足够的分子长度和分子量。一般认为链长应大于 200 μm，分子质量应在 10^6 u 以上。当所含基团的电性与胶粒电性相反时，分子质量可降低到 5×10^5 u（u 是原子质量单位，1 u=1.66×10^{-27} kg）。

根据聚合物所带基团能否离解及离解后所剩离子的电性，有机高分子絮凝剂可分为阴离子型、阳离子型和非离子型三类。阴离子型主要是含有—COOM（M 为 H^+ 或金属离子）或—SO_3H 的聚合物，如部分水解聚丙烯酰胺（HPAM）、聚二甲基氨甲基丙烯酰胺（APAM）和聚乙烯吡啶盐等。非离子型是所含基团不发生离解的聚合物，如聚丙烯酰胺（PAM）、甲叉基聚丙烯酰胺（MPAM）和聚氧化乙烯（PEO）等，其中以 PAM 应用最为普遍。PAM 的聚合度 n 高达 20 000～90 000，相应的分子质量高达 50 万～800 万 u，通常为非离子型高聚物，但通过水解可产生阴离子型，也可通过引入基团制成阳离子型。按性状 PAM 产品分别有胶状（含量 5%～10%）、片状（20%～30%）和粉状（90%～95%）3 种，分子质量在 5×10^5～1.2×10^7 u。PAM 在 pH＞10 的 NaOH 溶液中水解，可得到 HPAM。PAM 加甲醛和二甲胺催化水解、聚合，便可得到 APAM。

天然高分子絮凝剂的应用远不如人工合成的广泛。主要原因是它们的电荷密度小，分子量较低，且容易发生降解而失去活性，其主要品种有淀粉、半乳甘露糖、纤维素衍生物、多糖和动物骨胶五大类。其他如海藻酸钠、丹宁等也有应用。

由于使用人工合成高分子絮凝剂产生的污泥较采用无机混凝剂为少，因而在城市污水的初次沉淀及二次沉淀中也可使用人工合成高分子絮凝剂，以加速污水中固态颗粒物的聚沉。

混凝剂与絮凝剂在城市污水中的应用主要在污水初级处理和深度处理。在初沉池常使用阴离子型已水解的聚丙烯酰胺（HPAM），水解度为 11%～40% 不等。非离子型聚丙烯酰胺（PAM）的效果不很好。由于阳离子型聚电解质如氨甲基聚丙烯酰胺（AMPAMS）价格较贵，一般在初沉池中不予采用。但是如果在二次沉淀后将上部污水进行回流，则因聚电解质可以重复作用，也可在初级池中使用阳离子型聚电解质。据统计，在初沉池中添加 1 mg/L HPAM，可去除进厂污水中 50% 以上的悬浮粒子及 40% 以上的 BOD_5。

在污水的初级沉淀处理中，聚电解质与无机混凝剂的混合使用，要比它们各自单独使用效果好。由于污水厂进水在悬浮粒子的浓度、粒径分布及种类方面会有变化，聚电解质的最佳剂量有时难以控制。这时若采用过量投加硫酸铝，用卷扫机理来沉淀悬浮粒子是可行的方法。但其缺点是作用时间比较长（15～30 min），形成的絮体易破碎。如果在投加硫酸铝时再加入一定量的聚电解质，则可使絮凝时间减少到 2～5 min，而且形成的絮体也比较密实。

在用沉淀法从水中去除带色有机胶体时可使用双聚电解质系统。先用带有高正电荷的阳离子型聚电解质使这些有机胶体脱稳，然后再用高分子量非离子型或阴离子型聚电解质使已脱稳的有机胶体絮凝成易沉淀的絮体。

二次沉淀池中常使用阳离子型聚电解质，如聚二甲基己二烯氯化铵或聚氨甲基二甲基己二烯氯化铵作絮凝剂，其剂量要比在初沉池中为少，原因是初沉池中所添加的阳离子型聚电解质有一部分会进入二沉池继续作用，而且二沉池中所添加的聚电解质在回流中能反复作用。

污水深度处理中使用的滤池有砂滤池、生物滤池及硅藻土滤池等。在过滤中使用聚电解质作助滤剂可以提高滤池出水水质，延长滤池有效工作时间（两次反冲洗之间的时间），加强滤池对污水流速变化的承受能力。各种阳离子型、阴离子型及非离子型聚电解质均可作为助滤剂用于污水过滤处理。

在给水处理厂对助滤剂的研究中，发现阳离子型聚电解质（二烯丙基二甲基氯化铵PDADMA 和聚丙烯酰胺 PAM 的共聚物）助滤效果较好，而非离子型聚丙烯酰胺 PAM 易使砂滤池表层砂黏结成块，很难用反冲洗法使之分散。使用聚电解质助滤剂时须连续投加，时断时续地投加会影响滤后效果。聚电解质（不论阴、阳或非离子型）在单层砂滤池及双层白煤砂滤池中均比聚合铝和聚合硅为佳，但比天然高分子絮凝剂海藻酸钠及骨胶为差。以上结果可供污水处理中使用聚电解质助滤剂时参考。

3. 选择要点与适用范围

选择混凝剂时应考虑以下四方面：① 通过试验确定出适合本厂水质的混凝剂种类；② 该种混凝剂操作使用是否方便；③ 该种混凝剂当地是否生产，质量是否可靠；④ 采用该种混凝剂在经济上是否合理。

总的来说，选择混凝剂要立足于当地产品。一般情况下重点考虑硫酸铝。在北方地区，冬季温度较低，可考虑选用氯化铁和硫酸亚铁。在有条件的处理厂或二级出水中碱度不足的处理厂，可考虑选用聚合氯化铝等无机高分子混凝剂。

8.2.2 污水消毒药剂

《城镇污水处理厂污染物排放标准》（GB/T 18918—2002）规定污水处理厂出水一级标准 A 标准粪大肠菌群数为 10^3 个/L，要达到此标准必须考虑污水的消毒。常见的消毒药剂包括氯气、二氧化氯、臭氧等。

关于消毒方法与应用见本书第 4 章 4.14 节的有关内容。

8.2.3 污泥处理药剂

1. 污泥调理概述

污泥处理过程使用的化学药剂主要用于污泥的调理。城市污水厂污泥中的固体物质主要是胶质微粒，与水的亲和力很强，若不做适当的预处理，脱水将非常困难。在污泥脱水前进行预处理，使污泥粒子改变物化性质，破坏污泥的胶体结构，减少其与水的亲和力，从而改善其脱水性能，这个过程称为污泥的调理或调质，其方法有化学调理和物理调理。由于化学调理法经济实用、简单方便而被国内外广泛采用。

当采用加药调理法时，药剂的种类和投加量与污泥的脱水性能有非常密切的关系。目前世界各国常采用污泥比阻（R 值）和毛细吸水时间（CST）两项指标。污泥比阻 R 和毛细吸水时间 CST 越大，污泥的脱水性能越差。一般认为，只有当污泥的比阻 R 小于 4.0×10^{13} m/kg 或毛细吸水时间 CST 小于 20 s 时，才适合进行机械脱水。除少量处理厂的初沉污泥以外，绝大部分处理厂的初沉污泥和所有污水处理工艺系统产生的剩余污泥，其比阻均在 4.0×10^{13} m/kg 之上，CST 均在 20 s 之上。因此，初沉污泥、剩余污泥或二者组成的混合污泥，经浓缩或消化之后，均应进行调质，降低 R 值或 CST 后再进行机械脱水。

无机混凝剂在污泥脱水中使用的剂量，与污泥的类型有密切关系。难脱水的污泥需投加的剂量较大，易脱水的污泥需投加的剂量较小。按污泥调理时混凝剂所需剂量增加而排列的各种污泥种类如下：① 未处理的初沉污泥；② 未处理的初沉污泥和生物滤池污泥的混合污泥；③ 未处理的初沉污泥和剩余污泥的混合污泥；④ 厌氧消化污泥；⑤ 厌氧消化污泥和剩余污泥的混合污泥；⑥ 好氧消化污泥。

剩余污泥可在聚电解质的作用下经过重力沉降或气浮法进行浓缩，在重力浓缩中添加阳离子型聚电解质可以提高浓缩池的处理能力，提高浓缩后污泥的密度，减少回流污水中的固体物质含量。一般来说，浓缩每吨干污泥的阳离子型聚电解质为 0.2~2.0 kg（干重）。气浮法对浓缩含有油脂的污泥很有效。当进入浮选池的污泥浓度较大时，使用阳离子型聚电解质可以有效地提高固态物质的回收率。

2. 常用药剂

污泥调理常用的铁盐混凝剂是三氯化铁。该种混凝剂适合的 pH 在 6.8~8.4，因其水解过程中会产生 H^+，降低 pH，因而一般需投加石灰作为助凝剂。三氯化铁在对污泥的调理中能生成大而重的絮体，使之易于脱水，因而使用较多。对于初沉污泥和剩余污泥的混合污泥来说，三氯化铁的加药量一般为 20‰~60‰，要求相应的石灰投加量一般为 200‰~400‰，消化污泥的石灰投加量一般为 100‰~200‰。使用三氯化铁的一个较大缺点是对金属管道或设备有较强烈的腐蚀，降低使用寿命。

三氯化铁与石灰的投药顺序对污泥脱水有影响。例如，在 100 s 的过滤时间里，先投入三氯化铁，后投入石灰，则三氯化铁的剂量为污泥干重的 1.5%即可，但如果先投放石灰再投放三氯化铁，则三氯化铁剂量要增加到 2.5%。

三氯化铁的投量一般取决于污泥的碱度和有机固体含量。由碱度决定的三氯化铁的剂量 D_1，可用下式估算：

$$D_1 = 1.08 \times \frac{P_W}{P_S} \times \frac{A}{10^4} \tag{8-2}$$

式中：P_W——污泥含水率，%；

P_S——污泥固体含量，%；

A——污泥的碱度，以 $CaCO_3$ 计，mg/L。

由有机固体含量决定的三氯化铁的剂量 D_2，可用下式估算：

$$D_2 = 1.6 \times \frac{S_0}{S_1} (\%) \tag{8-3}$$

式中：S_0——污泥固体中的有机物含量，%；

S_1——污泥固体中的无机物含量，%。

在进行真空过滤脱水时，总的三氯化铁的剂量 D，可用下式估算：

$$D = D_1 + D_2 \tag{8-4}$$

通常每立方米生活污水污泥可用 2~3 kg $FeCl_3 \cdot 6H_2O$ 加上 7~10 kg $Ca(OH)_2$，或 10 kg $FeSO_4 \cdot 7H_2O$ 加上 10~15 kg $Ca(OH)_2$。

为减少混凝剂的投量，在投混凝剂前可用水对污泥进行淘洗，以去除能大量消耗混凝剂的某些可溶性有机和无机组分。但由于淘洗污泥的费用不一定低于减少混凝剂用量节省下来的费用，且淘洗出来的污泥颗粒有可能流失而对环境造成污染，因而对污泥淘洗操作需持谨慎态度。

调理时选择铝盐混凝剂一般采用硫酸铝。该种混凝剂调质效果不如三氯化铁，且用量也较大，但由于无腐蚀性，且储运方便，使用也较多。聚合氯化铝作为一种高分子无机混凝剂，调质效果好，投药量少，虽价格偏高，但也有相当程度的使用。

目前，人工合成有机高分子絮凝剂在污泥调理中得到普遍使用，基本上已取代了无机混凝剂。常用的有机高分子絮凝剂是聚丙烯酰胺。污泥调理常采用阳离子型聚丙烯酰胺，其作用机理包括两个方面：一是其分子上带电的部位能中和污泥胶体颗粒所带的负电荷，使之脱稳；二是利用其高分子的长链条作用把许多细小污泥颗粒吸附并缠结在一起，结成较大的颗粒。前一作用称为压缩双电层，后一作用称为吸附架桥。

按照离子密度的高低，阳离子聚丙烯酰胺又分成弱阳离子、中阳离子和强阳离子三种，实际中都有应用。离子密度越高，使污泥胶体颗粒脱稳的作用越强，但高离子密度的 PAM 的分子量往往较小，吸附架桥能力较弱。因此以上三种 PAM 的污泥调理效果一般相差不大。表 8-6 为三种 PAM 的阳离子密度、分子量以及对消化污泥进行调理的加药量范围。

表 8-6　阳离子 PAM 的离子密度、分子质量及调理加药量

分　类	相对离子密度/%	分子质量/u	调理加药量/‰
弱阳离子 PAM	<10	4 000 000～8 000 000	0.25～5.0
中阳离子 PAM	10～25	1 000 000～4 000 000	1.0～5.0
强阳离子 PAM	>25	500 000～1 000 000	1.0～5.0

3. 选择要点与适用范围

目前调质效果最好的药剂是阳离子聚丙烯酰胺，虽然其价格昂贵，但使用却越来越普遍。实际应用中应根据本厂的具体情况，在满足要求的前提下，选择综合费用最低的药剂种类。

采用铁盐或铝盐等无机混凝剂，一般会使污泥量增加 15%～20%，另外其肥效和热值也都将大大降低，因此当污泥消纳场离处理厂距离较远或污泥的最终处置方式为农用或焚烧时，一般不适合采用无机混凝剂进行污泥调理。但当消纳厂离处理厂很近，且处置方式为卫生填埋时，采用此类药剂有可能使综合费用降低。另外，使用该类药剂还能在一定程度上降低脱水过程中产生的恶臭。富磷污泥脱水时，还能降低磷向滤液中的释放量。当采用石灰做助凝剂时，石灰还能起到一定的消毒效果。

采用聚丙烯酰胺进行调理污泥量基本不变，其肥效和热值都不降低，因此当污泥脱水后用作农肥或焚烧时，最好采用此类药剂。

调理药剂的选择还与脱水机的种类有关系。通常条件下，带式压滤脱水机可采用任何一种药剂进行调理，而离心脱水机则必须采用高分子絮凝剂。其原因是离心机内空间较小，对泥量要求很严格。如果采用无机药剂，使泥量增加很多，将大大降低离心机的脱水能力。

污泥调理还可以采用复合药剂，即采用两种或两种以上的药剂进行污泥调理，主要有以下几种组合方式。

a. 三氯化铁与阳离子聚丙烯酰胺组合，先加三氯化铁，再加聚丙烯酰胺。其原理是三氯化铁的电中和作用可使污泥胶体颗粒脱稳，再通过阳离子聚丙烯酰胺的吸附架桥作用形成较大的污泥絮体。两种药剂的共同作用，使总的药剂费用降低。

b. 三氯化铁与弱阳离子聚丙烯酰胺组合，先加三氯化铁，再加后者。

c. 聚合氯化铝与弱阳离子聚丙烯酰胺组合。

d. 石灰与阳离子聚丙烯酰胺组合使用。

e. 聚合氯化铝与三氯化铁或硫酸铝组合。

f. 阳离子聚丙烯酰胺与助凝剂，如粉煤灰、细炉渣、木屑等合用可降低用量。在阳离子聚丙烯酰胺加入污泥之前，先加入少量高锰酸钾，可使投药量降低25%～30%，同时还具有降低恶臭的作用。

g. 阳离子型和阴离子型聚丙烯酰胺共用。

许多污水处理厂的运行经验表明，药剂组合使用往往比单独使用一种的调质效果要好，综合费用会降低。但具体采用哪种组合方式则因厂而异，各污水处理厂可结合本厂特点选择出最佳的组合方式。

8.3 污水污泥处理过程的常用仪表

与给水处理厂相比，污水处理厂的处理方法、工艺流程、污水和污泥的指标等都有很大不同，其检测项目与方法也有很多特殊性。随着科学技术的飞速发展，检测仪表与控制设备在污水处理厂的运行管理中发挥越来越大的作用。本节主要介绍一些污水处理厂水处理常用的检测方法及其仪表设备。

8.3.1 污水污泥处理过程的取样与检测

1. 污水污泥处理过程的取样位置

为了能使处理系统的运行安全可靠，污水处理厂中的管理人员必须实时掌握污水与污泥的质和量等信息。显然，各种测定与检测是提供这些信息的重要手段。在对检测的意义充分理解的基础上，还应当考虑取样时间、地点、检测项目、检测频度等问题。

污水处理厂运行管理与控制中必要的取样地点包括：

a. 进水管道或调节池；

b. 沉砂池；

c. 初次沉淀池入口；

d. 初次沉淀池出口；

e. 曝气池内；

f. 回流污泥渠道；

g. 二次沉淀池出水口；

h. 二次沉淀池排泥口；

i. 浓缩池、消化池、投药池；

j. 脱水设备。

2. 污水污泥处理过程的取样方法

根据检测项目的特点，在取样时应区别对待或做些特殊的处理。如进行DO和微生物等检测时应准备特殊的专用容器；对于易变质的项目，要预先在容器内加入防腐剂；而对于易受物理性冲击的活性污泥混合液来说，应静置于容器中，避免强烈的搅拌；对于含有易沉淀物质的试样,应当用采样器取样少许,然后迅速移至试样容器。取样的频度或间隔时间与检测项目种类的管理严格程度有关。

(1) 常规定时取样

除星期日和节假日外,在每日的某一时间选择对运行管理起重要作用的位置取样,测定其浊度、pH、COD、MLDO(混合液溶解氧)、SV(污泥沉降比)、污泥浓度、污泥滤饼的含水率等,同时还有必要了解这些检测值与日平均值之间的关系。

(2) 常规定期取样

除了常规检测项目外,表 8-7 和表 8-8 中的某些项目也要在每周或隔周精确地测定一次。取样时应选择对运行管理起重要作用的位置或取样口。

表 8-7 与污水有关的检测项目与取样位置

取样口	沉砂池	初次沉淀池入口	初次沉淀池出口	二次沉淀池出口	排放口	曝气池中各处或出口
水温	◎	—	—	—	—	◎
外观	◎	◎	◎	◎	◎	◎
浊度	◎	◎	◎	◎	◎	—
臭味	◎	◎	◎	◎	◎	◎
pH	◎	◎	◎	◎	◎△	◎
SS	◎	◎	◎	◎	◎△	◎
VSS	—	—	—	—	—	◎
溶解性物质	○	—	—	—	—	—
DO	—	—	○	○	○	◎
BOD_5	◎	◎	◎	◎	△	○☆
COD	◎	◎	◎	◎	◎△	○☆
NH_4^+-N	○	—	○	○	◎△	—
NO_3^--N	○	—	—	—	—	—
有机氮	○	—	○	○	—	—
总磷	○	—	○	—	◎△	—
Cl^-	—	—	—	—	—	—
各种毒物	○	—	—	—	△	—
细菌学指标	—	—	—	◎	◎△	—
SV	—	—	—	—	—	◎
生物相	—	—	—	—	—	◎

注:◎通常检测;○适当检测;△法定检测;☆过滤后检测。

表 8-8　与污泥有关的检测项目与取样位置

	位置	浓缩池	消化池	淘洗池	投药池	脱水池	脱水机	焚烧	回水
污泥	温度	◎	◎	—	—	—	—	◎	—
	pH	◎	◎	—	◎	—	○	—	—
	固形物	◎	◎	◎	—	◎	◎△	—	—
	有机物	◎	◎	◎	—	—	◎△	◎	—
	有机酸	○	○	—	—	—	—	—	—
	碱度	◎	◎	—	—	—	—	—	—
	毒物类	—	○	—	—	—	○△	—	—
	过滤性	—	—	—	○	—	—	—	—
	沉降性	—	—	—	—	—	—	—	—
	发热量	—	—	—	—	—	—	○	—
废液	pH	◎	◎	—	—	◎	—	○	◎
	总固体	◎	◎	—	—	◎	—	○	◎
	SS	◎	◎	◎	—	—	—	—	◎
	BOD$_5$	○	○	—	—	—	—	—	◎
	COD								◎
	有机酸	○	○	—	—	—	—	—	—
	气体类	—	◎	—	—	—	—	◎	—
	营养盐	—	—	—	—	—	—	—	○

注：◎通常检测；○适当检测；△法定检测。

（3）整日连续取样

一般每月进行一次这样的检测，至少每年进行 4 次。在不降雨的日子，从上午 9 时到第二日凌晨 2 时每隔 2~3 h 取样一次，每次取样测定 pH、浊度、COD、BOD$_5$、SS、SV、MLSS（混合液污泥浓度）、回流污泥浓度等项目，求出一天的浓度变化。有时除上述项目外，也检测粪大肠杆菌数、滤后的 COD 和 BOD$_5$ 等项目。

根据处理水量的逐时变化，通过加权平均法用各时刻的水样混合后，得到一日的混合水样进行测定分析，或作为精密检测项目的水样。在操作人员连续工作 24 h 以上有困难时，可以使用自动采样器。目前的自动采样器不仅能每隔一定时间取一定的水样，而且能根据流量的变化加权平均自动配成一天的混合水样。如果想知道不同时刻的水质，必须将不同时刻的水样测定分析完毕后，再配成一天的混合水样，但是应当将所取水样放在冷藏室或冰箱中保存以防变质。

通过对用上述方法得到的水样进行检测，得到的分析数据对准确全面地掌握处理设施的运行状态非常重要，也可以用来计算处理设施的负荷量和处理效率等。

（4）短时间内取混合试样

由于沉淀池和污泥处理设施排放污泥时在很短时间内其污泥浓度发生剧烈地变化，所以应在短时间内多次取样，然后将这些试样等量混合，尽可能使其具有代表性。

3. 污水污泥处理过程的检测项目

（1）流量与其他有关物理性指标

在污水处理厂的检测项目可以分为量与质的两大类。从某种意义上来说，正确地检测处理设施中的量，不断地掌握它的数值变化比其质的检测更为重要。因为各种量的检测与控制往往决定其质的变化。污水处理厂中不同介质的流量和相关量主要检测项目如下。

a. 各处理设施的进水流量；
b. 沉砂池水位；
c. 沉砂量、栅渣量；
d. 初次沉淀池的排泥量；
e. 供气量、气水比、单位曝气池容积的供气量；
f. 回流污泥量、回流比；
g. 剩余污泥量；
h. 浓缩污泥量；
i. 消化气产量、循环气量；
j. 投药量（混凝剂等）、投药率；
k. 滤饼或脱水污泥重量；
l. 其他杂用水量；
m. 各种设施与设备的耗电量；
n. 燃料用量（重油、消化气等）；
o. 焚烧的灰分量。

除以上检测项目，一些活性污泥法的新工艺，如 A_NO 法，A_PO 法或 A^2O 法还应增加一些检测项目。在上述检测项目中，第（a）、（d）、（e）、（f）、（g）、（h）、（i）、（m）项是重要且必需的。为实现处理系统的自动控制，应当通过仪表设备自动连续地测定这些项目。通常在污水处理厂中心监视控制室的流量管理图上，能观察到这些量的变化情况。

（2）污水与污泥的特征指标

表 8-7 和表 8-8 分别给出了污水处理厂中各个单元设施需要检测的水质指标。

为了实现污水处理系统的自动控制，必须经常或连续地检测水温、pH、SS、VSS、DO、BOD、COD、有机氮、总磷、污泥沉降比等指标。用仪表设备进行连续在线检测某些指标是非常必要的。

8.3.2 污水污泥处理过程的计量监测仪表

1. 污水污泥处理过程仪表设备的作用与要点

为了有效利用仪表设备，必须首先明确安装仪表设备的目的，同时应掌握设计与安装仪表设备的要点。

（1）安装仪表设备的目的

仪表设备具有多方面的功能，对设施的运行管理具有至关重要的作用。检测设备相当于人的"眼睛"，控制设备相当于人的"脑"和"手"。安装仪表设备的目的是通过监测与控制的准确性，来提高处理系统的稳定性、可靠性与高效性，节省人力与改善操作环境，进而达到在保证出水水质的前提下节省运行费用。

（2）设计与安装仪表设备的要点

在安装仪表设备时，除了充分掌握处理工艺过程、操作内容、各处理设施的特点及相互关系之外，还要对它们之间的协调性进行深入分析，以期达到各检测设备与控制设备之间的协调工作，以使整个处理系统稳定可靠地运行。因此，在仪表设备的设计与安装时应注意以下几个方面的问题：① 进行技术经济分析；② 考察仪表设备的可靠性与稳定性；③ 了解仪表的功能与特性；④ 注意处理系统的分阶段施工或变更的情况；⑤ 充分考虑处理系统自动控制的发展。

2. 污水处理过程的常用计量监测仪表

（1）流量的检测方法与设备

流量检测仪表设备主要有堰板、文丘里管、喷嘴、孔板流量计、转子流量计、容积式流量计、涡轮式流量计、管式流量计、巴氏计量槽、P-B 计量槽、电磁流量计、超声波流量计等。

1）堰板式流量计

堰板式流量计适用于全宽矩形堰、收缩矩形堰、直角三角堰等不同形式。通过测定出堰板上游的溢流水深，计算出相应的流量。缺点是水头损失较大，不能检测压力流的水量。

堰板式流量计的使用必须保证堰缘内面要平滑，边缘 10 cm 以内应特别平滑。堰板的内壁面与水渠成直角，且要垂直。直角三角堰凹口的角分线应垂直，并与水渠宽度的中心一致。

2）水槽式流量计

a. 巴氏计量槽。巴氏计量槽的原理是利用有收缩喉道的明渠，根据水渠推算流量。巴氏计量槽具有水头损失小、堵塞的可能性小、费用较低等优点。因此，污水处理厂的最终出水经常采用巴氏计量槽来计量其总处理水量，这时巴氏计量槽可设置在地上，管理方便，也可实现在线检测与记录。

b. P-B 计量槽。P-B 计量槽的特点与巴氏计量槽大致相同。不过它更适用于圆形管道内的流量测定，也可安装在已有的管道中。

（2）有机物浓度的检测方法与仪表

在污水处理中，COD 主要用来表示有机物被强氧化剂氧化时消耗的强氧化剂的量，根据当量关系换算成氧的量，用 mg/L 来表示，即化学耗氧量。常见的有机物检测仪表包括 COD 计（COD 自动检测仪）、UV 计（紫外分光光度计）、TOC 计（总有机碳测定仪）与 TOD（总需氧量测定仪）计等。UV 计、TOC 计与 TOD 计的检测值都与 COD 计的检测值相关。

3. 污水处理过程的常用计量监测仪表

（1）污泥浓度的检测方法与仪表

污泥浓度的检测方式有光学式、超声波式和放射线式等，一般对低浓度污泥的检测多采用光学式，对高浓度污泥则多采用超声波式。

1）曝气池混合液（MLSS）质量浓度的检测

曝气池混合液质量浓度一般在 3 000～5 000 mg/L，属于低浓度污泥，常采用光学式检测仪。光学式检测仪又分为透射光式、散射光式和透光散射光式 3 种。

2）污泥浓度检测仪

污泥浓度较高时常采用超声波式浓度检测仪。其工作原理是将一对超声波发射器与接收器相对安装在测定管两侧，超声波在传播时被污泥中的固形物吸收和分散而发生衰减，其衰减量与污泥浓度成正比，通过测定超声波的衰减量来检测污泥浓度。它的优点是受污染的影响较小，缺点是间歇式检测，试样中的气泡也会引起检测误差。

（2）污泥界面的检测方法与仪表

污泥界面计的工作原理与污泥浓度检测仪类似，也是利用光学和超声波的原理来检测。在设置和检测时，应注意藻类与气泡的影响以及污泥界面的凹凸不平等引起的误差。常见的有光学式、超声波式两种。

4. 污水污泥处理过程仪表的信号处理

（1）检测信号的变换方法

信号变换器是为了把传感器输出的流量、液位、浓度与温度等检测值，转变成电信号、空气压力或油压信号（第一次转换），达到对于指示、记录、调节等都方便的标准，保持原样或再转换成其他信号（第二次转换）的仪表。根据其用途与转换方式不同信号转换有多种形式，如电流—电压、电压—电流、电流—电流、压力（空气或油压）—电流等。但其输出信号的种类、标准与信号的取值范围等应尽可能保持统一，精度也应当与处理设施的要求相协调。通常使用 DC 4~20 mA、1~5 V 的电信号。当有噪声干扰时，应当使用直流电信号。常用的信号变换器包括电气式变换器、力平衡式变换器、变位平衡式变换器三种。

（2）信号的接收及其仪表

信号的接收应采用适合于监视、记录等使用目的，容易维护管理的信号接收方式。信号接收器是接收来自变换器和传送器的信号，并对其进行定量指示、记录、显示、报警等的装置。

（3）仪表设备的安装与配置

在配置仪表设备时，为了充分发挥仪表设备的总体功能，要适当照顾到安装、配线和配管方面的工作。即使仪表设备的检测部分、变换部分、操作部分、接收部分等各部分的功能良好，若设置不适当，也会直接影响设备总体的性能、操作性、安全性及维护性，减少使用寿命。

8.3.3 水处理过程仪器仪表的选型要点与适用范围

1. 水处理过程仪器仪表的选型要点

检测仪表在污水处理厂的运行管理中起着重要作用。关于污水与污泥的量与质的检测仪表的选择，不仅应考察仪表的可靠性与精度，还应根据以下原则做出科学、合理的决策。

（1）检测的目的

随着仪器仪表工业的不断发展，污水处理的有关检测仪表也日趋多样化。即使是同类产品，也因其各自的原理、结构、信号、特性等的不同而有多种类型，适用于不同的检测目的。因此，首先应当根据其检测目的进行选择。

（2）检测的环境条件

在污水与污泥处理系统中，检测时往往受温度变化、潮湿、腐蚀性气体、强烈振动与噪声等恶劣环境条件的制约。因此，应当使用可靠、耐久的仪表，或结合环境条件选择相适应的仪表类型。

（3）检测精度、重现性与响应性

为了满足运行管理或自动控制的需要，选择仪表设备时首先应当考虑其检测精度、重现性与响应性满足要求。但是，对于检测对象的变化很缓慢或均匀性较差时，不必选用响应性很高的仪表。

（4）维护管理

从维护管理方面来看，希望仪表型号尽可能统一，具有互换性，维护、检修与调试校正都相对容易。此外，追求较低的运行费与维护费用也是必要的。

（5）检测对象的特殊性

应注意检测对象的某些特殊情况。如悬浮物造成的堵塞、附着物附着在传感器上、其他混入物造成仪表破损等，都会造成计量仪表不能正常工作或产生较大误差。

（6）各种信号的特征

信号是传递检测与控制信息的手段。信号可根据其构造原理与安装方式分为电气式、油压式或气压式等几种类型。电气式又可分为交流和直流电压、电流与脉冲信号等。应尽可能选用信号水平高，不受外部噪声影响的仪表。

对于电气式信号的仪表，为了使在检测端测出的变量能以模拟量或数字量表示，各制造厂家都作出相应设定，使电压与电流信号能转换成调节器的输出信号，作为积分、记忆、远程检测与控制用信号可转换成脉冲信号。但是当与信号接收端距离较远时，电压信号存在电压降低的问题，这时采用电流信号更好。

一般来说，由于交流电信号会产生电磁感应，故应当使用屏蔽线并应尽可能缩短传送距离。为了避免这一问题，也可使检测信号先转变成其他信号，然后再转换成电流或电压信号。

（7）检测范围

在污水处理厂的运行初期阶段，污水流量与有机负荷都较低，之后才逐渐增高。若按最终设计量确定检测范围，则可能发生仪表设备不动作或误差大等问题。这时应选择检测范围较宽的仪表，以满足当前及长远的需要。

2. 水处理过程仪器仪表的适用范围

表 8-9 和表 8-10 中列出了污水处理厂各处理设施中主要的检测设备。实际工作中可以根据前述基本原则选用最适用的仪表设备，使之既能满足工艺设计与自动控制的检测要求，又尽可能降低建设与运行费用。

表 8-9　量的主要检测仪表

检测指标	仪表种类		适用介质、条件
流量	堰式流量计		污水
	节流装置	文丘里管	污水
		喷嘴	污水
		孔板	污水
	计量槽	巴氏计量槽	污水
		P-B 计量槽	污水
	电磁流量计		污水、污泥、药液
	超声波流量计		污水

检测指标	仪表种类		适用介质、条件
液位	浮子式液位计		污水
	排气式液位计		污水、污泥、三氯化铁药液、污泥消化池、储泥池
	压力式液位计	浸没式	污水
		压差式	污水、药液
	电容式液位计		几乎所有液体都可使用
	超声波液位计		几乎所有液体都可使用
	电极式液位计		小型水槽
	倒转式液位计		污水、污泥
物料位	机械式物位计		各种料斗
	超声波式物位计		
	电容式物位计		
压力	弹簧管式压力计		锅炉蒸汽压、泵压
	膜片式压力计		气压、泵压、鼓风机压力
	环状天平式压力计		较低压力、气压
	波纹管式压力计		较低压力
转速	电机式转速计		泵
开启度	电位式开度计		进出水闸阀、鼓风机吸气阀、排泥阀、加氯机阀
重量	张力重量计（力传感器）		储药池、泥饼储斗

表 8-10　质的主要检测仪表

检测指标	仪表种类	适用介质、条件
温度	电阻温度计	曝气池、污泥消化池、催化燃烧式脱臭装置
	热电偶温度计	锅炉、直接燃烧式脱臭装置、内燃机的排气、污泥焚烧炉
pH	玻璃电极式 pH 计	污水、药液
DO	极谱仪式 DO 计	控制曝气池鼓风量
	电极式 DO 计	
浊度	表面散射光式浊度计	污水
	透射光散射光比较式浊度计	
污泥浓度	光学式浓度计	污水、剩余污泥、回流污泥
	超声波式浓度计	
污泥界面	光学式污泥界面计	初沉池、二沉池、浓缩池
	超声波式污泥界面计	
COD	COD 计	污水
UV	UV 计	污水

8.4　污水污泥处理过程的控制系统

8.4.1　污水污泥处理过程的单元控制环节

实现污水处理厂自动控制的目的就是提高处理效率和可靠性、节省人力和运行费用、改善作业环境等。由于处理设施的规模、设备及其他各种条件的差异，污水处理厂的自动化程度也大不相同，一般可分为单独控制、联动控制和自动控制 3 种，也可以单独或组合起来使用。以下简要介绍污水处理厂污水、污泥处理流程中的重要控制回路。

1. 预处理设施

（1）进水闸门

当进入泵站的污水量随时间变化很大时，为了维持沉砂池内的污水流速在适当范围内，应当通过控制进水闸门的开闭来控制沉砂池的运行数目。此外，为了防止污水量的突然增大或水泵的故障而引起泵房进水，必须实现进水闸门的紧急关闭控制。

（2）格栅式除污机

格栅式除污机中粗格栅一般用手动控制，细格栅一般用自动定时器进行间歇运转控制，也可根据监测格栅前后水位差进行自动除渣控制。传送带等附属设备也常与格栅式除污机联动运行。

（3）除砂机

除砂机的种类有链带铲斗式、抽砂泵式、螺旋铲斗式、行车铲斗式和旋臂起吊式等。除旋臂起吊式除砂机之外，一般都用定时器进行自动控制。

2. 初沉池

初沉池需自动控制的机械设备主要是刮泥机、排泥泵。

（1）刮泥机

刮泥机的运行方式取决于沉淀池的形状和刮泥机的种类。由于在圆形或方形沉淀池中的刮泥周期长，因而刮泥机连续运行。在长方形沉淀池中链条式刮泥机可用定时器进行间歇运行的自动控制。

（2）排泥泵

排泥泵的常用控制方法包括：只靠定时器来控制其开闭；或者联用定时器与流量计进行控制——用定时器来决定泵的启动，用流量计来控制停泵，每日排放定量的污泥。近年来，用污泥浓度测定仪或污泥界面计来控制停泵的自动控制方法应用得越来越广泛（如图 8-20 所示）。

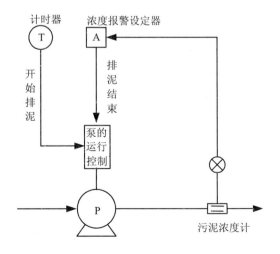

图 8-20　排泥泵的自动控制

3. 曝气池

曝气池是活性污泥法污水处理厂的核心处理构筑物。曝气池的自动控制对整个处理系统来说是至关重要的。曝气池的控制参数有供气量、回流污泥量和排泥量（控制污泥龄）等。

（1）供气量的控制

曝气池供气量的控制与鼓风机控制是密切相关的。控制鼓风机时可分为定供气量控制、与流入污水量成比例控制、溶解氧（DO）控制等。在实施这些控制后，通过空气量调节阀进行供气量的分配的控制。反之，通过曝气池上的调节阀来实现上述控制时，则必须控制鼓风机供气管道出口压力一定。

1）定供气量控制

这种控制方式是指不论进水流量与有机物负荷如何变化，按供气量的设定值控制供气量恒定。根据污水处理厂的日常监测结果，只有当 DO 浓度与要求的变化范围有很大偏差时，才改变供气量的设定值。通常白天与夜间按两个不同的设定值来控制供气量恒定。具体的控制方法又分为以下两种方法：根据供气量设定值与实测值的偏差来调节鼓风机的进口闸阀；使鼓风机出口风压一定而控制曝气池空气调节阀。

2）与进水量成比例控制

如果进水底物浓度和 MLSS 浓度不变，DO 浓度也变化不大，可以按进入曝气池污水量成一定比例来调节供气量。与定供气量控制一样，也可分为控制鼓风机与控制曝气池空气调节阀两种控制。

3）定 DO 浓度控制

曝气池中的 DO 浓度是判别供气量是否合适的直接指标。一般条件下，按定供气量或与进水量成比例来控制供气量，不可能维持 DO 浓度为某一个目标值。为此，在曝气池内设置在线的 DO 浓度检测仪，根据反馈的 DO 检测值，按 DO 的检测值与设定值保持一致来调节供气量维持 DO 浓度一定。

这种控制方式的核心问题是用于控制的 DO 检测仪的安放位置。不同形式曝气池 DO 浓度的分布规律不同，但同一曝气池的分布规律是大致稳定的。因此，关于 DO 检测仪的安放位置不必精心选择，只需保证选定后该位置不轻易变更即可。同时，当控制某一位置的 DO 浓度时，可以借助便携式溶解氧仪表大致了解其他位置的 DO 浓度。

4）最优供气量控制

在定 DO 浓度这种控制方式中，影响供气量的因素，例如微生物量及其活性、氧转移效率与速率、底物去除速率和进水水质等都是作为未知因素来考虑。而最优供气量控制是指将上述各影响因素逐一进行分析评价后实施的控制，它也作为包括回流污泥量控制和剩余污泥量控制在内的活性污泥处理系统总体控制的一部分。因此，为了实现这种控制方式，必须建立能定量描述处理系统动态特性的状态方程和表示最优控制目标的性能指标表达式，以及描述变量变化规律的控制算法和计算软件，在线检测的传感器等。最优供气量控制是一种先进的控制方式，还在不断地研究、开发与应用中。

（2）回流污泥量控制

污水处理工艺的最优回流污泥量各有不同，活性污泥法与阶段曝气法等的回流污泥量一般占进水流量的 30% 左右为宜，而脱氮除磷工艺则一般在 100% 左右。为了提高处理效率，保证处理效果，往往根据进水有机负荷变化来调节回流污泥量。

1）定回流污泥量控制

定回流污泥量控制是最简单的控制方法，它与定供气量控制的原理相同。通常白天与夜间按两个不同的设定值来控制回流污泥量。

2）与进水量成比例控制

按与进水流量成一定比例来控制回流污泥量，如果回流污泥浓度不变，曝气池的活性污泥浓度也能维持不变。由于回流污泥浓度随着回流污泥量的变化而变化，很难维持活性污泥浓度不变。与供气量的比例控制一样，也可以根据水质检测结果适当地修正回流比。

3）定 MLSS 质量浓度控制

活性污泥法中的 MLSS 质量浓度通常被控制在 2 000~3 000 mg/L。定 MLSS 质量浓度控制的目标是使 MLSS 质量浓度尽可能维持并等于某一最优值。可以根据下式来确定回流比，然后再用进水流量求出回流污泥量。

$$R = \frac{X}{X_r - X} \tag{8-5}$$

式中：R——污泥回流比，%；

X_r——回流污泥质量浓度，mg/L；

X——MLSS 目标值，即所要控制的最优 MLSS 质量浓度，mg/L。

还有两种定 MLSS 质量浓度控制方法：一种是直接在曝气池中设置在线 MLSS 检测仪，根据 MLSS 目标值与实测值的偏差直接调节回流污泥量；另一种是将设在曝气池中的 MLSS 检测仪输出的实测值与目标值之间的偏差和进水流量信号，输入回流比设定器，然后再由此向回流污泥量调节器输出控制回流污泥量的信号。

对于定 MLSS 质量浓度控制，无论采用哪一种控制方法，其控制范围和有效控制时间都受到二沉池中污泥贮存量的限制。因此，只有设置回流污泥贮存池才能实现更严格的定 MLSS 控制。

4）定 F/M 控制

定 F/M 控制的目标就是使有机物量和微生物量的比值保持不变。这种控制方法需要在线检测污水流量、BOD 与 MLSS 质量浓度。BOD 的检测可以考虑用 TOC 或 TOD 来代替。此外，定 F/M 控制还需要设置回流污泥贮存池。即使这样，在进水水质水量变化很大时也难以做到 F/M 的比值稳定。

4. 二沉池

二沉池在活性污泥法处理系统的运行中具有重要作用，它的运行状态与曝气池的运行控制密切相关，而且其运行情况直接关系到出水质量。

（1）定污泥排放量控制

定污泥排放量控制是指根据计算或经验每日排放一定量的污泥，在操作时每日可排放一次或数次，也可连续排放。排放时应当用 MLSS 质量浓度检测仪和流量计来计量。这种控制方法更适合于设置回流污泥贮存池的定 MLSS 质量浓度控制。

（2）间歇定时排泥控制

间歇定时排泥控制是指每隔一定的时间 t 排放污泥一次，使曝气池中的 MLSS 至某一设定的最小质量浓度为止，其中两次排泥的间隔时间 t 为一常数。何时排泥只取决于间隔时间,而与排泥前的 MLSS 质量浓度无关。实际上排泥前的 MLSS 质量浓度并不相同,每次排放的污泥量也不相同。

(3) 定污泥龄控制

定污泥龄控制通过连续控制排泥量来维持污泥龄不变。在稳定状态下可通过连续排泥实现定污泥龄控制。在实际污水处理厂中,由于进水水质水量的不断变化,维持稳定状态运行是很困难的。在非稳定状态下,可以通过控制污泥比增长速率来控制污泥龄。但是当进水有机物负荷很高时,污泥增长速率很大,此时也很难维持污泥龄不变。

(4) 随机排泥控制

一般情况下在污水处理厂实现定 F/M 或定污泥龄控制难度很大。其实,在大多数情况并没有必要维持底物浓度不变,而应当使处理水质在满足排放标准的前提下,尽可能减小其变化幅度。随机排泥控制是指根据进水水质水量的变化情况及出水质量的要求,通过随机排放污泥来有目的地控制 MLSS 质量浓度,是一种非定量非定时的控制方式。从目前发展趋势来看,随机排泥控制以模糊控制理论为基础,依靠计算机在线控制,具有良好的应用前景。

5. 接触池

接触池中氯的投加容易产生不足或过量等问题。在接触池出水口处设置余氯检查仪,根据余氯浓度信号,自动改变投氯量的设定值可很好地解决这一问题。

6. 污泥浓缩池

污泥浓缩池的控制主要指排放浓缩污泥的控制。控制方法主要有:①用计时器控制排泥泵的启动与停止;②用计时器和预置计数器控制每日排出一定量的浓缩污泥;③用计时器控制排泥泵的启动,用污泥浓度计检测污泥浓度降低至某一设定浓度时停泵;④用计时器控制泵的启动,用污泥浓度计、流量计和预置计数器控制每次都排出定量的固形物(以干污泥质量计)时停泵。

大型污水处理厂常采用第一种控制方法,小型污水处理一般采用第二种控制方法,第三、四种控制方法应用并不广泛。

7. 厌氧消化池

(1) 污泥投配与排出的控制

一般用水位计、流量计与顺序控制器组合的系统,向消化池投加生污泥、向二级消化池投配熟污泥、排除上清液和排出消化后的熟污泥等。策略方面都采用定容积流量控制。

(2) 搅拌控制

消化池的搅拌方式可分为机械搅拌与消化气搅拌。一级消化池常采用连续搅拌,也有时用计时器控制进行间歇搅拌。采用间歇搅拌方式时,在加温过程中或投配污泥过程中必须进行搅拌。

(3) 温度控制

消化池的加热方式有热交换式和蒸汽直接加热式两种。热交换式需控制热水量,蒸汽直接加热则需控制蒸汽量,以维持消化池内一定温度。温度控制常采用反馈控制方式,根据消化池内温度计的测定值与温度设定值之间的偏差,调节热水量和蒸汽量。由于消化池内的温度检测响应速度较慢,建议采用带有滞后时间补偿回路的控制方式。

8. 污泥调理过程

污泥调理的目的是改善污泥的脱水性能，涉及药品贮存设备、药品溶解池、投药设备等。

（1）药品溶解控制

以熟石灰溶解的控制为例，首先将贮存在筒仓或加料斗上的熟石灰用传送带送到溶解池，形成浓度为15%～20%的乳状物，溶解方式分为间歇式和连续式。间歇式溶解是用溶解池水位与计时器控制熟石灰的定量加料器和稀释水闸阀，使一定量的熟石灰和稀释水相混合。连续式溶解是控制熟石灰和稀释水按一定的比率进入溶解池。

（2）投药量控制

投药量控制方式可分为间歇式和连续式两种。应当根据脱水泥饼的状态随时改变投药量的设定值。

9. 脱水设施

脱水机的种类有真空过滤机、板框压滤机、离心脱水机、带式压滤机等类型，其控制方法各有特点，以下举两例说明。

（1）真空过滤机

为了使真空过滤机保持具有额定的过滤能力，应当控制污泥转筒中保持一定的污泥量。一般通过检测转筒中的污泥量和调节进泥管上的闸阀进行控制。

（2）压滤机

压滤机需要控制的因素是过滤和压滤时间。当污泥压入板框的压力超过设定值时，安全阀自动关闭停止送泥与过滤。也可以根据滤饼的含水率或过滤速度的检测结果，适当地修正压滤时间的设定值。

8.4.2 污水污泥处理过程的中央控制系统

由于城市污水处理厂设备自动化水平的提高，对污水厂计算机控制系统的功能也提出了更高的要求。伴随大规模集成电路的开发，微型计算机的功能得到了迅速增强，以微型计算机为核心的污水厂计算机控制系统已成为当今的主导潮流。

1. 计算机控制系统的分类

计算机控制系统与被控制对象密切相关。计算机控制系统有若干类型，其采用的类型主要取决于被控制对象的复杂程度、控制要求和现实条件等。

（1）分布式控制系统

分布式控制系统（Distributed Control System）又称综合—分散控制系统，简称集散系统。系统中各工序、各设备同时并行工作，相互独立，故系统比较复杂。

分布式控制系统是以微型计算机为主的连接结构，主要考虑信息的存取方法、传输延迟时间、信息吞吐量、网络扩展的灵活性、可靠性与投资等因素。常见的结构分为三级：管理层、控制层、设备层。分布式控制系统具有可靠性高、功能强、速度快的特点。图8-21是一座污水处理厂分布式控制系统。

该系统中主机主要用于管理业务，包括系统的运转控制、画面显示、调出或修改、采集运转数据等。3个分控制站分别完成污水、回用水和污泥系统的数据采集、报警和控制。例如，污水分站包括3个控制单元和打印机，可控制污水处理流程中各种设备的运行、控制和管理。该分站控制优先权高于中心控制室。

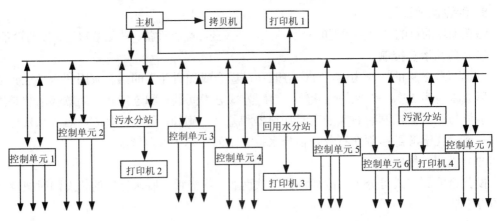

图 8-21 分布式控制系统

(2) PLC 控制系统

PLC 控制系统（Programmable Logic Controller，PLC）自问世以来，尽管时间不长但发展迅速。国际电工委员会（IEC）于 1987 年 2 月通过了 PLC 的定义："可编程控制器是一种数字运算操作的电子系统，专为在工业环境应用而设计的。它采用一类可编程的存储器，用于其内部存储程序，执行逻辑运算、顺序控制、定时、计数与算术操作等面向用户的指令，并通过数字或模拟式输入/输出控制各种类型的机械或生产过程。可编程控制器及其有关外部设备，都按易于与工业控制系统连成一个整体，易于扩充其功能的原则设计。"

目前应用较为普遍的是 PLC 系统，产品有从可以控制几十点的小型 PLC 到上千点的大型 PLC。PLC 的总线与网络能力越来越强，可方便地与上位 PC 机组成控制系统，因此得到业内人士的认可，在现有的污水处理厂广泛应用。从发展来看，水处理产业的自动化水平将随着国际自动化技术和设备的进步而不断发展，智能化、分布式、开放型、网络化、"管控一体化"是城市污水处理厂自动化发展的趋势。PLC 系统是分布式控制系统的主要实现途径，且系统价格低，配置灵活，易于扩展，维护方便。图 8-22 是一座污水处理厂 PLC 控制系统。

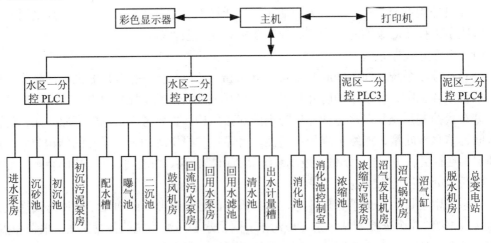

图 8-22 PLC 控制系统

该系统 4 个现场控制站均采用 PLC 负责各自辖区内设备的开停和各种信号的采集,出现异常情况可输出报警信号。

2. 计算机控制系统的设计选型

污水处理厂计算机系统的设计应当充分考虑处理厂平面布置、工艺特点、监视方式等情况。之后应该做好两方面的工作：了解计算机控制系统的工作内容、做好设备选型。以下是污水处理厂计算机系统设计的工作程序。

（1）了解系统的目的和作用

计算机控制系统应达到以下目的：① 改善工作条件，减轻劳动强度和提高工作效率与质量，减少运行管理费用；② 提高处理的效率和可靠性，有利于技术改造和升级。

（2）掌握系统的结构与分类

计算机控制系统的分类方法有以下几种。

a. 按功能分类：①只利用计算机记录功能的系统；②开始仅用记录功能，随着污水流量的增加和扩建计划的实施，逐渐完善计算机的监视和控制系统；③一开始就具备记录、监视和控制功能的系统。

b. 按可靠性分类：①利用手动操作的备用系统；②利用其他工业仪表设备来完成记录和控制的备用系统；③具有备用装置的备用系统；④联合使用上述备用系统。

（3）保证系统的设置条件

为了充分发挥计算机系统的功能，应当在计算机室安装空调设备，并应注意温度范围、湿度范围、防震范围、尘埃和腐蚀性气体进入等问题。

（4）做好系统的设备选型

污水处理厂的监视控制计算机可以按信息处理量划分为小型机和微型机，按利用方式划分为个人计算机和工作站等，应当根据使用目的和功能进行选择。设备选型首先应考虑满足监视、记录和控制等方面要求的存储能力和计算速度，其次应分析与计算机相适应的软件数量和内容，最后应当考察输入输出设备的使用目的和对整个计算机系统的适应性。

污水处理厂的中央控制系统一般应该由专业的自控供货商负责设计、施工和编程。

第 9 章 污水自然净化工程

污水自然净化工程于 20 世纪 70 年代逐渐趋向成熟并在实际中普遍应用。它基于生态工程学的原理,通过人工构筑湿地、稳定塘、水生植物塘、水生动物塘、土地处理系统以及上述多种处理工艺的组合,利用菌、藻等微生物、浮游动物、底栖动物、水生植物(凤眼莲、浮萍、宽叶香蒲等)的多层次、多功能代谢过程,使进入工程系统的污水中的有机污染物、氮、磷以及其他污染物被多级转换、利用和净化,从而实现污水的无害化和资源化。

9.1 人工湿地污水处理技术

20 世纪 70 年代,科研人员开发了人工湿地系统(artificial wetland system),也称为构筑湿地系统(constructed wetland system)。它有以下特点:①通过严格的管理,既可建立起野生生物的栖息地和良好生境,又可加以人工调控,进行污水净化,改善出水水质;②通过底部铺砌防渗材料防止污水渗出;③既能净化污水,又能创造出有价值的湿地生态系统,并适用于各种气候条件。

9.1.1 人工湿地技术的优缺点

人工湿地法具有明显的优点,使它特别受到一些生态学家和环境保护专家们的青睐,得以迅速发展。

其优点如下:① 能保持全年较高的水力负荷;② 若设计合理,运行管理严格,其处理废水的效果稳定、有效,出水 BOD_5、SS 与大肠杆菌明显优于生物处理出水,可与三级处理媲美,其脱磷能力和寿命都很好,同时具有相当的硝化脱氮能力,但若对出水除氮有更高要求,则尚嫌不足;此外,它对废水中含有的重金属及难降解有机污染物也有较高净化能力;③ 冬季亦能连续运行;④ 基建投资费用低,一般为生物处理的 1/3~1/4,甚至 1/5;⑤ 能耗省,运行费用低,为生物处理的 1/5~1/6;⑥ 运行操作简便,不需复杂的自控系统进行控制;⑦ 机械、电气、自控设备少,设备的管理工作量和所需人力也随之较少;⑧ 可定期收割作物,如芦苇等是优良的造纸及器具加工原料,芦根及香蒲等还是中药,具有较好的经济价值,可增加收入,抵补运行费用;⑨ 对于小流量污水及间歇排放的废水处理更为适宜,其耐污及水力负荷强,抗冲击负荷性能好;⑩ 不仅适合于生活污水的处理,对某些工业废水、农业废水、矿山酸性废水及液态污泥也具有较好的净化能力;⑪ 既能净化污染物,更能美化景观,增添绿色观瞻,形成良好生态环境,为野生动植物提供良好生境,可把废水治理与野生动植物园建设结合起来,提高环境资源与旅游资源价值。

其不足之处在于:① 需要土地面积较大;② 对恶劣气候条件抵御能力弱;③ 净化

能力受作物生长成熟程度的影响大；④ 此外，可能需控制蚊蝇滋生等。

9.1.2 人工湿地的类型与构成

1. 人工湿地的类型

（1）自由水面（敞流或表面流）型

自由水面湿地是指向湿地表面布水，并维持一定的水层厚度，一般为 10～30 cm，水力负荷可达 200 m³/(10^4 m²·d)，其工作原理见图 9-1。水流呈推流式前进，整个湿地表面形成一层地表水流，流至终端出水，完成整个净化过程。湿地纵向有坡度，底部不封底，土层不扰动，但表层需人工平整置坡。污水投入湿地后，在流动过程中，与土壤、植物，特别是与植物根茎部生长的生物膜接触，通过物理、化学以及生物等反应过程而得到净化。

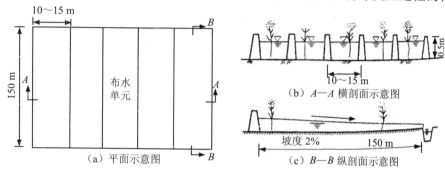

图 9-1 自由水面湿地系统

（2）地下流（潜流）型

地下潜流湿地由土壤、植物、砾石等组成。床底设隔水层，有纵向坡度。污水从布水沟流入，沿介质潜流进行水平过滤，从终端出水沟流出。在出水端砾石层底部也可设多孔集水管，与调节床内水位的出水管联结，以调控床内水位，其工作原理见图 9-2。近来发展的一种种植植物的水平生物滤床，称为渗滤湿地，国外称为根区法（Root Zone Method，RZM），也可称为土壤渗滤沟（Soil Filter Trench），或沼泽床（Marsh Bed）。图 9-3 为欧洲采用的根区法处理污水的示意图。图 9-4 和图 9-5 为通过多孔集水管出流的渗滤湿地（集水状况）以及设施。

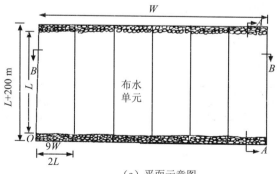

（a）平面示意图

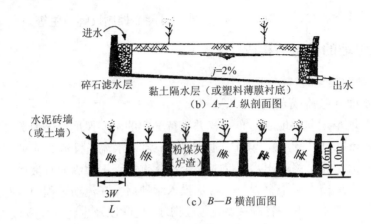

图 9-2 人工芦苇湿地系统（地下潜流）

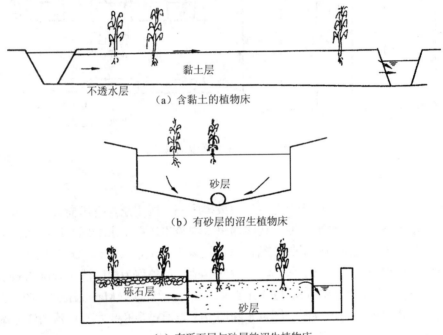

图 9-3 欧洲采用根区法处理废水的示意图

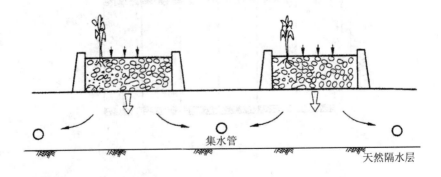

图 9-4 通过集水管出流的渗滤湿地（集水状况）

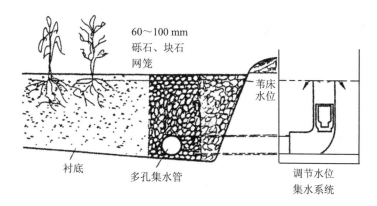

图 9-5 湿地系统多孔集水管出水设施

（3）渗滤湿地

如天津市环科院等创建的新型湿地。

（4）天然湿地

天然形成的湿地。

2. 人工湿地的构成

人工湿地系统主要由植物、土壤和微生物组成。

（1）植物

在人工构筑湿地中常选用芦苇、蘸草、香蒲等植物，其特点与生态要求如表 9-1 所示。

表 9-1　人工构筑湿地的挺水水生植物

水生作物 （名称与学术名称）	温度/℃ 适宜（理想）	温度/℃ 萌发*	最大耐盐极限 （质量分数）/10^{-12}	最佳 pH	最佳水深/cm
香蒲（*Typha* spp.）	10~30	12~24	30	4~10	50~80
芦苇（*Phragmites Communis*）	12~33	10~30	45	2~8	10~35
灯芯草（*Juncus* spp.）	16~26	—	20	5~7.5	—
蘸草（水葱）（*Scirpus* spp.）	16~27	—	20	4~9	20~50
蓑衣草（*Carex* spp.）	14~32	—		5~7.5	

* 指种子萌发的温度范围，地下根茎可在冻土中越冬。

其中芦苇是湿地最常选用的水生植物，其输氧能力强，最大输氧速率可达 28.8 g/($m^2 \cdot d$)，其除磷能力也强。

（2）土壤

土壤能吸附污水中大部分的磷，轻黏土最大吸磷容量可达 300~800 mg（P）/kg 土壤。采用中等颗粒的砂作介质，也可有效地吸附磷。

（3）微生物

湿地系统富集着大量的微生物，如细菌、真菌、原生动物以及较高等的动物，但一般来说只有附着在根系部分的微生物对污水净化起主导作用。

9.1.3 作用机理与净化效果

1. 作用机理

人工湿地系统去除污染物的作用机理，总结于表 9-2 中。

表 9-2　人工湿地系统去除污染物的作用机理

作用类型	作用过程	对污染物的去除与影响
物理作用	① 沉降或沉淀	可沉降固体在预处理及湿地中沉降去除，可絮凝固体也能通过絮凝沉降去除，随之也使部分 BOD_5、N、P、重金属、难降解有机物以及细菌及病毒去除
	② 过滤	通过颗粒间相互引力作用及植物根系与介质的阻截作用使可沉降与可絮凝固体被阻滤而去除
化学与物理化学作用	① 化学沉淀	磷、重金属可通过化学反应形成难溶解化合物或与其他难溶解化合物一起沉淀去除
	② 吸附	磷、重金属被吸附在土壤或植物根系表面，某些难降解有机物也能够通过吸附去除
	③ 分解	由于阳光辐射及氧化还原等反应过程，使难降解有机物分解或变成稳定性较差的化合物
生物作用	微生物代谢	通过悬浮的、底泥的以及附着的细菌的代谢作用，将凝聚性与可溶性固体进行生物分解；通过生物硝化—反硝化作用进行脱氮；也能将部分重金属吸收而加以去除
植物作用	① 植物代谢	通过植物的代谢而将有机物去除，植物根系分泌物对大肠杆菌和病原体有灭活作用
	② 植物吸收	相当数量的氮、磷、重金属及难降解有机物能被植物吸收而去除

2. 净化效果

人工湿地系统能有效去除污水中的 SS、BOD_5、N、P、重金属、微量有机物以及病原体等。种植不同植物渗滤床的净化效果列于表 9-3[美国加利福尼亚州桑悌（Santee）试验资料]。

表 9-3　不同植物渗滤床的净化效果

水生植物	根系穿透深度/cm	净化水水质/（mg/L）			氮去除率/%
		BOD_5	SS	NH_4-N	
1. 蔗草（灯芯草）	76	5.3	3.7	1.5	94
2. 芦苇	>60	22.3	7.9	5.4	78
3. 香蒲	30	30.4	5.5	17.7	28
4. 无水生植物（对照）	0	36.4	5.6	22.1	11

注：湿地进水 $q=3.04\ m^3/d$，HRT：6 天，床尺寸 18.5 m×3.5 m×0.76 m。

天津市环科院生产性人工湿地对污水的净化效果列于表 9-4。

表 9-4 天津市环科院生产性人工构筑湿地的净化效果

水质项目	进水/(mg/L)	出水/(mg/L)	去除率/%
BOD_5	137.7~159.7	9.26~27.17	88.3~94.2
SS	99.3~148.2	8.7~16.6	90.0~99.0
COD	329~393	99.7~104.2	67.4~73.9
TOC	93.1~115.7	22.2~29.4	68.5~80.5
TKN	35.85~40.35	6.06~11.37	68.3~84.4
NH_4^+-N	29.30~31.45	4.51~8.81	70.0~85.6
TP	2.53~3.20	0.30~0.43	85.5~89.7
PO_4^{3-}-P	0.323~0.332	0.060~0.084	74.7~81.9

此外，湿地系统对微量有害有毒有机化合物也有良好去除效果。国外资料表明，湿地系统对粪大肠杆菌也有良好的净化效果，如进水为 3 183 CFU/100 ml，出水平均为 272~785 CFU/100 ml，平均去除率达 86%左右。

9.1.4 设计方法

1. 场址选择与土地面积估算

（1）场址选择

人工湿地的场址选择应考虑以下因素：

a. 当地土地利用条件与土地面积；

b. 地形地貌状况；

c. 土壤性状；

d. 水文状况；

e. 动物、植物等生态因素；

f. 投资费用（如地价）等。

（2）土地面积估算

人工湿地的土地面积按下式进行估算：

$$F = 0.036\ 5\ Q/(L \cdot P)\ (10^4\ m^2)$$

式中：F —— 土地面积，$10^4\ m^2$；

Q —— 平均污水流量，m^3/d；

L —— 水力负荷，m/周；

P —— 运行时间，周/a；

0.036 5 —— 折算系数。

简易估算公式（Reed 公式）：

$$A = KQ\ (10^4\ m^2)$$

式中 K 为系数，取 6.57×10^{-3}，源自某实际工程状况，其 HRT 采用 7 天，BOD_5 负荷为 23 kg/($10^4\ m^2 \cdot d$)，出水 $BOD_5 < 20$ mg/L，SS<20 mg/L，TN<10 mg/L，P<5 mg/L。注意，该 K 值针对性强，使用的局限性也大，仅供参考。

2. 设计参数与技术要求

表 9-5 与表 9-6 列出了有关设计参数可供参考。初步设计的有关技术参数与要求如下：

a. 有机负荷：10～116 kg（BOD_5）/（$10^4 m^2·d$），一般取 110 kg/（$10^4 m^2·d$），BOD_5 去除率达 93%。

b. 水力停留时间（HRT）：7～10 d。

c. 水力投配负荷：2～20 cm/d。

d. 布水深度：夏季<10 cm，冬季>30 cm。

e. 形状：呈长方形，长：宽>10：1。

f. 进出水装置：扩散布水型或丁字管型布水或出水。

g. 湿地坡度：0～3%，土层要有一定的厚度。

h. 湿地对土壤的要求：土壤质地为黏土—壤土。

i. 土壤的渗透性：慢—中等渗透性。

j. 土壤的渗透速率：0.025～0.35 m/h。

表 9-5 人工湿地系统不同工艺类型与技术参数（天津实验资料汇集）

技术参数	自由水面湿地	地下潜流湿地	渗滤湿地	天然湿地
适宜气温/℃	−7～35			
进水水温/℃	7～25			
出水水温/℃	0～28	2～25	2～25	0～27
水力负荷/（cm/d）	2.4～5.8	3.3～8.2	3.4～6.7	2.4～4.0
/（m/a）	7～17	11～31	12～24	7～12
年运行天数/d	300	365	365	300
水层深度/m	0.1～0.4	0	0.1～0.4	0.2～0.8
水力停留时间 HRT/d	1.5～4	4～5	>10	<10
布水周期/（d/周）	6～7	6～7	6～7	6～7
投配时间/（h/d）	8～24	8～24	8～24	8～24
BOD_5 负荷/[kg/（$10^4 m^2·d$）]	65	64～150	80～130	60
氮（N）负荷/[kg/（$10^4 m^2·d$）]	16	28	25	11

表 9-6 人工湿地系统若干技术要求与参数

湿地类型	处理目标	对气候要求	水力停留时间/d	水流深度/m	水力负荷/[m^3/（$10^4 m^2·d$）]	出水水质/（mg/L）		
						BOD_5	SS	TN
自由水面人工湿地（敞流式）	二级处理或三级处理	无	7	0.1～0.3	200	5～10	5～15	5～10
地下水流人工湿地（潜流式）	二级处理或三级处理	无	0.3	—	600	5～10	5～20	5～20

3. 预处理要求

污水进入人工湿地系统前应先经过预处理，一般可采用化粪池、格栅、筛网、初次沉淀池、酸化（水解）池、厌氧处理池、稳定塘等。

9.1.5 人工湿地系统的进出水布置与组合系统

1. 人工湿地系统的进水与出水的布置

有四种形式：① 推流式[图9-6（a）]；② 分级进水式[图9-6（b）]；③ 具有回流的推流式[图9-6（c）]；④ "雪糕式"分散进水—回流的组合式[图9-6（d）]。

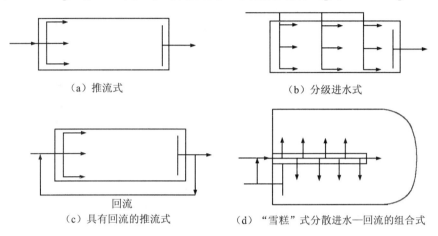

（a）推流式　　　　　　　　　　（b）分级进水式

（c）具有回流的推流式　　　　（d）"雪糕"式分散进水—回流的组合式

图9-6　人工构筑湿地的布水形式

2. 人工湿地系统的组合

人工湿地系统的组合可见图9-7，分7种形式：① 单池湿地系统[图9-7（a）]；② 湿地串联系统[图9-7（b）]；③ 湿地并联系统[图9-7（c）]；④ 湿地蛇形串联系统[图9-7（d）]；⑤ 湿地串联混合系统[图9-7（e）]；⑥ 湿地—稳定塘共同堤串联系统[图9-7（f）]；⑦ 湿地串联—并联混合系统[图9-7（g）]。

9.2 污水土地处理技术

利用土壤—微生物—植物组成的生态系统，在其自我调控及人工调控的机制下，对污水中的污染物进行一系列物理、化学和生物的净化过程，使污染物去除，污水水质改善。这种通过系统中营养物质和水分的循环利用，使绿色植物生长繁殖，从而实现污水的无害化、稳定化和资源化的生态系统工程，称为污水土地处理系统。

9.2.1 技术的优缺点和净化机理

1. 优点

这种污水净化系统具有以下明显优点：① 促进污水中植物营养素的循环；② 污水中有用物质通过作物的生产而获得再利用；③ 节省能源；④ 可利用废劣土地、坑塘洼淀处理污水，基建投资省；⑤ 运行管理简单、便利、低廉；⑥ 可绿化大地、增添风景美色，改善地区小气候，促进生态环境的良性循环；⑦ 污泥可充分利用，二次污染少。

2. 缺点

土地渗滤系统易于堵塞、对周围环境具有潜在不利影响（如渗滤可能造成的地下水污染、温室气体排放等）、长期除磷效果不佳（磷穿透问题）等。其中，系统堵塞问题对该技术的应用及推广影响尤为严重。

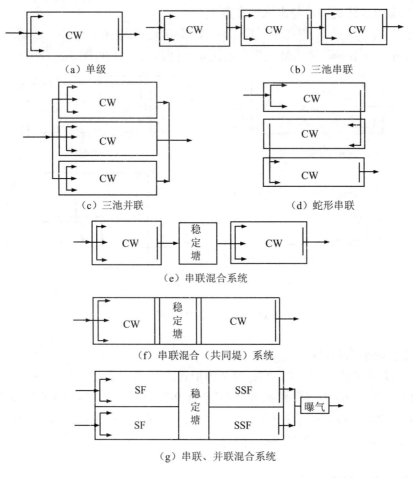

图 9-7 人工湿地的组合

3. 净化机理

污水土地处理系统是一个复杂的综合净化过程，其净化机理与人工湿地相似，也包括物理作用、化学作用、物理化学作用和生物作用。

9.2.2 污水土地处理系统的组成

污水土地处理系统一般由以下部分组成：① 污水的收集和预处理设施；② 污水的调节与储存设施；③ 污水的布水与控制系统；④ 污水土地净化田；⑤ 净化水的收集和利用设施。

9.2.3 污水土地处理系统的工艺类型

污水土地处理系统可分为慢速渗滤系统（Slow Rate Land Treatment System，SR）、快速渗滤系统（Rapid Infiltration Land Treatment System，RI）、地表漫流系统（Overland Flow Land Treatment System，OF）和地下渗滤系统（Subsurface Infiltration Land Treatment System，

SI)4种工艺类型。

1. 慢速渗滤系统

（1）性能与目标

适用于渗水性能良好的壤土、砂质壤土，以及蒸发量小、气候湿润的地区。污水借表面布水或喷灌布水，将污水分布入田，而后垂直向下缓慢渗滤，田表面种植作物，可充分利用污水中的水分和营养成分，并借土壤—作物—微生物的协同作用对污水进行净化，部分污水经蒸发或蒸发散逸入大气，部分污水渗入地下，系统见图 9-8。

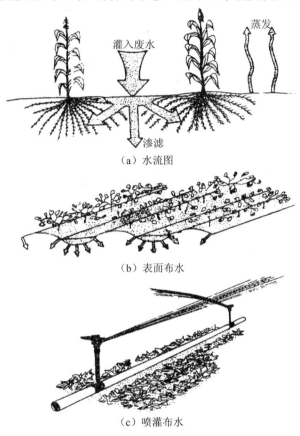

图 9-8 废水慢速渗滤系统

（2）预处理要求

一级处理或二级处理，如一级处理的沉淀池或酸化水解池，二级处理指稳定塘处理或传统的二级处理（生物法），应控制大肠杆菌数小于 100 MPN/100 mL。

（3）作物选择

选择作物十分重要，一般可选用多年生牧草，其生长期长、氮利用率高、忍受水力负荷能力强。当作物选用乔木、灌木时，还可同时进行污泥灌田。当选用谷物时，应该满足谷物对水的需要，应加强水量水质调节蓄存管理。

一般混杂硬木森林，N 吸收率在 $100 \sim 340$ kg/(10^4 m^2·a) 的范围内。饲料作物及大田作物对 N、P、K 的吸收率变化范围较大，在 $75 \sim 675$ kg/(10^4 m^2·a)，P 在 $15 \sim 85$ kg/(10^4 m^2·a)，K 在 $20 \sim 325$ kg/(10^4 m^2·a)，应该慎重认真地选用合适的数值。

（4）净化效果

慢速渗滤系统具有很强的净化能力，BOD_5 去除率 $>95\%$，$COD>88\%$，NH_4^+-N$>95\%$，$TP>90\%$，$SS>70\%$ 左右，与进水水质有很大关系。

慢速渗滤系统去除大肠杆菌的能力很强。对污水中有机污染物（如苯、氯仿等）也有显著净化能力。

（5）工艺设计

慢速渗滤系统的工艺设计所采用的设计公式与技术参考归结于表 9-7 中，可参考采用。

表 9-7　慢速渗滤系统的设计公式与技术参数

设计与计算项目	设计公式	技术参数
1. 最大设计水力负荷 L_w（在最小可能的土地面积上投配最大的废水量）/（cm/a）	$L_w = E_T - P_r + P_w$	E_T——蒸发散率，cm/a； P_r——降水率（含降雪），cm/a； P_w——设计的田块渗滤率，cm/a
2. 基于水力负荷需要的土地面积 F（最小土地面积）/m^2	$F = Q/L_w \times 100$	Q——设计投配废水流量，m^3/a； 100——cm 折成 m
3. 设计渗滤率 P_w	$P_w = K(24)(0.05 \sim 0.10)$	P_w——设计渗滤率，cm/h，指对清水渗滤率，当投配废水时取其 $5\% \sim 10\%$，故乘以 $0.05 \sim 0.10$
4. 最佳灌水负荷 L_R（灌溉型，即在最大可能土地面积上投配最少量废水）/（cm/a）	$L_R = \dfrac{P_w}{L_w + P_r}$	对于干旱气候，$P_w = \dfrac{L_R}{100}(E_T - P_r)$； 当 $(E_T - P_r) \leq 0$， $L_w = (E_T - P_r)\left(1 + \dfrac{L_R}{100}\right)\left(\dfrac{L_R}{100}\right)$；考虑到废水在输送、投配时的渗滤、蒸发的损失（$E_S$，%），$L_w = (E_T - P_r)\left(1 + \dfrac{L_R}{100}\right)\left(\dfrac{100}{E_S}\right)$
5. 基于"土地限制设计参数"（LDP）时的负荷，如以 N 作为限制参数，此时的氮负荷为 L_N，水力负荷为 L_{WN}/（cm/a）	$L_N = U + D + KC_P P_w$ $D = fL_N$ $L_{WN} = \dfrac{C_P(P_r - E_T) + 10U}{(1-f)(C_N - C_P)}$	L_N——氮（N）负荷，kg/（$10^4 m^2 \cdot a$）； U——作物对氮（N）的吸收率，kg/（$10^4 m^2 \cdot a$）； D——场地中氮（N）的损失，如挥发、脱氮等，kg/（$10^4 m^2 \cdot a$）； C_P——渗滤出水中的氮（N）质量浓度，mg/L； K——单位核算系数 $K=0.1$（10%）； f——氮损失系数，对于一级处理水 $f \approx 0.8$；二级处理水 $f = 0.1 \sim 0.2$； C_N——投配水的氮质量浓度，mg/L

我国《城市污水土地处理利用设计手册》（1991 年）建议采用以下设计参数：① 水力负荷为 $0.6 \sim 6.0$ m/a 或 $1 \sim 10$ cm/周；② 土壤渗透系数 K 为 $0.036 \sim 0.36$ m/d；③ 表层土壤包气带的最小厚度 $>0.6 \sim 1.0$ m；④ 地下水埋藏的最浅深度 >1.0 m；⑤ 灌溉田面积可按下式计算。

$$A_{\mathrm{w}} = \frac{Q \cdot 365 \pm \Delta V_{\mathrm{s}}}{C \cdot L_{\mathrm{w}}}$$

式中：Q —— 平均日处理污水量，m^3/d；

ΔV_{s} —— 由于降雨、蒸发、蒸发散以及渗漏而减少或增加的水量，m^3/d；

C —— 校正系数，采用 0.01；

L_{w} —— 设计水力负荷，cm/a。

2. 快速渗滤系统

（1）性能与目标

适用于透水性非常好的土壤，如砂土、壤土砂或砂壤土。经预处理的污水投配入渗滤田后快速下渗，部分被蒸发，大部分下渗地下水（见图 9-9）。

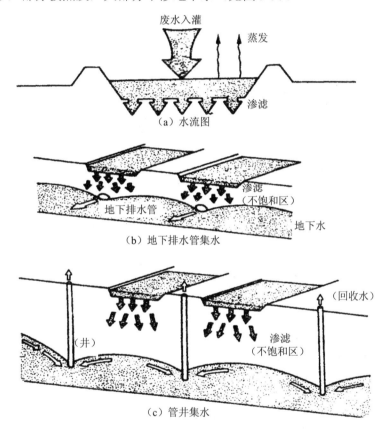

图 9-9 废水快速渗滤系统

采用周期性布水，继后休灌。灌水、休灌交替反复进行，使田块处于湿、干交替状态，借土壤及微生物对污水中组分进行阻截、吸附与生物分解，从而可防止土壤孔隙的堵塞。在田块土层内通过厌氧－好氧生物过程的交替重复运行，使 BOD_5、N、P 得以去除。该类系统的水力负荷与有机负荷比其他类型土地处理系统高得多，经科学设计，严格管理，其处理效率仍然很高。该系统的污水投配方式，若以达到回用为目的，则以面灌为主，借集水井或地下集水管系统收集出水；若仅为了回灌地下水，则可不设集水系统，净化水可直接储存在地下蓄水层内。

（2）工艺净化效果

控制布水（灌水）/休灌（落干），即采取不同的周期，可以达到不同的 BOD_5 去除、硝化、反硝化的要求。当进入污水 $BOD_5/N \geqslant 3$ 时，可满足脱氮过程对碳源的需要。进水布水 7～9 天，落干 12～15 天，可提高脱氮效率。此外，控制渗滤率也能提高脱氮效率。美国 7 处快速渗滤系统的 BOD_5 负荷在 45～177 kg/（10^4 m²·d），出水 BOD_5 1～19 mg/L，BOD_5 去除率 86%～100%，一般可达 90%以上。土壤的理化特性、水力停留时间及运行条件的调控，是十分重要的。北京环科院快速渗滤系统对 COD、BOD_5、SS、NH_4^+-N、TP 的去除率分别为 91.9%、95.3%、≥98.0%、85.6%、64.0%。

快速渗滤系统对磷的去除，一般可达 70%～93%。美国与以色列的运行结果表明，进水磷质量浓度 2.1～9.0 mg/L，出水磷质量浓度 0.014～0.37 mg/L，一般可达 0.3～0.4 mg/L，去除率 93%～99%。

（3）预处理要求

a. 欲使水力负荷、渗滤速率或硝化速率达最大值，污水经一级处理即可满足要求。

b. 如在很大渗滤速率下运行（可节省土地），则污水需经二级处理或相当于二级处理。

c. 对系统出水水质要求很高，则需二级或二级强化处理。

d. 若最大地去除氮量，则一级处理即可，需控制 BOD_5 和 N 的比例。

（4）工艺设计

1）水力负荷速率 L（Hydraulic Load Rate）

国外成功的快速渗滤系统的年水力负荷速率在 10～70 m/a，相应的有效水力传导系数（K_V）值为 2～15 cm/h。L_{cw}（清水传导率）为 175～1 314 m/a，L_{ww}（污水传导率）为 17.5～131.4 m/a。一级常用的 L_{ww} 值为 6～122 m/a，设计时可参考采用。

2）渗滤田面积 A

$$A = 1.9\, Q/(L \cdot P)$$

式中：A——渗滤田面积，m²；

Q——污水设计流量，m³/d；

L——设计水力负荷速率，m/a；

P——渗滤田年运行周数，周/a；

1.9——换算校正系数。

若终年运行，则 $A = 0.036\,5\, Q/L$。

3）投配（布水）期/落干（停滞）期的选用

污水处理的目标、预处理程度、季节（气候）条件、布水天数、落干天数、最小渗滤田块数等因素都是紧密相关的，影响快速渗滤系统的正常运行及处理效率。因此，在工艺设计时应谨慎选用，最好能参阅《污水土地处理手册》，以下提供若干信息资料，供参考选用。

a. 欲使污水入渗土壤的速率达到最大，以此值为目标，预处理为一级或二级处理，夏冬季节，布水天数若采用 2 天，落干天数采用 5～7 天，最小渗滤田数可采用 4～5 块，或将落干天数采用 4～5 天，最小渗滤田应该采用 3～4 块。

b. 若以脱氮率达最大为目标，预处理为一级或二级，夏冬季节，布水天数 2 天，落干天数 10～14 天，田块 6～8 块；或布水 7 天，落干 10～15 天，田块 3～4 块（一般用于二级处理出水）。

c. 若以硝化率达最大值为目标,应以二级处理出水作为处理水,夏冬运行,布水 2 天,落干 4~5 天,最小田块数 3 块;若落干 5~10 天,最小田块数应为 4~6 块。

4) 污水投配率

$$Q = (R \cdot A)$$

式中:Q——污水投配量,m^3/d;
  A—— 渗滤田面积,m^2;
  R—— 污水投配率,m/d。

污水投配率由年水力负荷率与负荷周期确定。

负荷周期天数=投配期(d)+落干期(d),年负荷周期数=年运行天数(d)/负荷周期天数(d);年水力负荷率/年污水负荷周期数=投配周期的水力负荷;每个投配期的水力负荷/污水投配期(d)= 污水投配率(R,m/d)。

5) 排水系统

应能保证渗滤田的正常渗滤速率和净化能力。净化出水或排入地表水体,或入地下排水系统。冬季运行时若有冰冻,应考虑冰下投配污水,但对落干期的复氧过程会有一定影响。

3. 地表漫流系统

(1) 工艺特性与目标

适用于透水性差的土壤,如黏土、亚黏土以及具有均匀适宜坡度(2%~8%)的田块。采用漫灌或喷灌方式将污水有控地投配到田块上,使之在田块表面形成薄膜,均匀地顺坡流下,小部分蒸发或下渗,大部分流入集水沟。田块上种植青草,供微生物栖息并防止土壤被冲刷流失。水力负荷一般为 1.5~7.5 m/a,地表漫流系统见图 9-10。

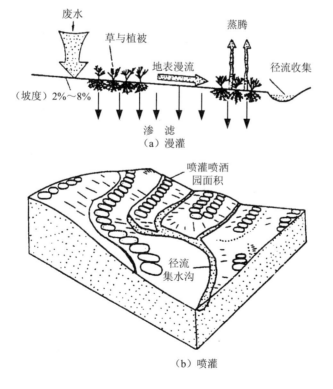

图 9-10 地表漫流水流

地表漫流系统对 SS、有机物、营养素、微量污染物及病原体都有很强的去除能力。污水在地表作物行进过程中，颗粒物由于截留、沉淀而被去除；借所生成的生物膜对溶解性有机物进行生物降解；通过生物硝化—反硝化反应对氮化合物进行去除，一般氮化合物的去除率在 70%左右。

（2）净化效率

美国 10 座、澳大利亚 1 座地表漫流系统多年运行资料表明，出水中 BOD_5 为 3.5～20.5 mg/L，SS 为 3～40 mg/L（超过 70%数据不大于 10 mg/L），出水中 TN 为 2.1～39.7 mg/L（超过 70%数据不大于 10 mg/L），TP 为 1.1～8.7 mg/L（平均为 5.2 mg/L）。

国内多座地表漫流系统对 BOD_5 的去除率为 85%～98%，对 SS 的去除率为 80%～96%，BOD_5、SS 出水均≤20 mg/L，优于二级处理。

（3）设计参数

a. 水力负荷率（L_w），$m^3/(10^4 m^2 \cdot d)$ 或 cm/d。表 9-13 中 L_w 为设计建议值，污水经格栅处理，L_w 可采用 2 cm/d；经一级处理，L_w 可采用 3 cm/d；经生物法二级处理，可采用 4 cm/d；经稳定塘处理，可采用 3 cm/d。地表漫流工艺的设计参数如表 9-8 所示。

表 9-8 土地处理地表漫流工艺的设计参数

预处理方式	水力负荷 L_w/(cm/d)	投配率 q/[$m^3/(m \cdot h)$]	投配时间 P/(h/d)	投配频率 D/(d/周)	坡面长度 L/m
初级处理：格栅	0.9～3.0	0.07～0.12	8～12	5～7	36～45
一级处理：初沉池	1.4～4.0	0.08～0.12	8～12	5～7	30～36
稳定塘	1.3～3.3	0.03～0.10	8～12	5～7	45
二级处理：生物法	2.8～6.7	0.10～0.20	8～12	5～7	30～36

b. 坡度：采用 2%～8%。

c. 坡面长度：以 30～60 m 为宜。

d. 投配率：一般采用 0.03～0.20（或 0.25）$m^3/(m \cdot h)$，冬季运行采用＜0.03～0.10 $m^3/(m \cdot h)$。

e. 土地面积按公式计算：

$$A = \frac{QZ}{q \cdot p \times 10^4}$$

式中：A——地表漫流坡田面积，$10^4 m^2$；

Q——投配污水量，m^3/d；

Z——坡田长度，m；

q——投配率，$m^3/(m \cdot h)$；

p——每日投配时间，h/d。

f. 植物：植物是地表漫流系统十分重要的组成部分，通常种植多年生牧草，这种作物既可供作牛羊饲料，又可绿化、美化大田，改善环境生态。

4. 地下渗滤系统

（1）性能与构造

将污水有控地投配到距地表一定深度、具有一定构造和良好扩散性能的土层中，污水在土壤的毛细管浸润和渗滤作用下，向周围运动并得到净化和利用的土地处理利用工艺。地下渗滤处理系统分为：① 土壤渗滤沟（标准构造渗滤见图 9-11）；② 地下毛细管浸润沟；③ 浸没生物滤池—土壤浸润复合工艺（图 9-12）。

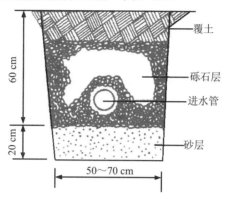

图 9-11 标准构造渗滤沟

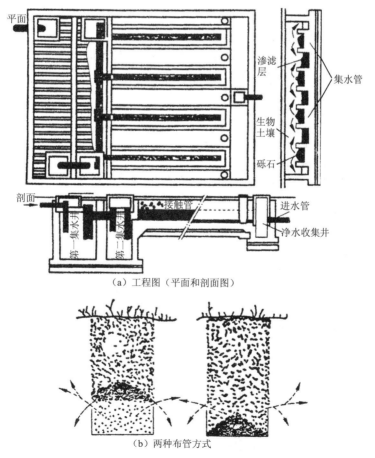

(a) 工程图（平面和剖面图）

(b) 两种布管方式

图 9-12 废水地下渗滤系统

系统的优点：布水系统埋于地下，不影响地面景观；运行管理简单；N、P 去除能力强；出水水质好，净化水可回用。

系统的缺点：受场地和土壤条件影响较大；控制不当，易堵塞；地下施工，工程量较大，投资较高。

（2）预处理要求

采用化粪池、沉淀池、水解酸化池、厌氧滤池、生物接触滤池、简易过滤池作为预处理工艺，可净化污水中有机物及磷。

（3）设计参数

1）土地需要量

$$L=10+2(n-5) \quad (n \geq 5)$$

式中：L——沟长，m；

n——处理人数。

2）一般工艺流程

污水 ⟶ 格栅 ⟶ 沉淀池 ⟶ 配水槽 ⟶ 地下渗滤田 ⟶ 集水池 ⟶ 过滤池 ⟶ 加氯消毒、回用

3）主要设计参数

场地土壤渗透系数 $K>1\times 10^{-7}$ m/s，进水 $BOD_5 \leq 200$ mg/L，$SS \leq 120$ mg/L，有机负荷（BOD_5）≤ 10 g/($m^2 \cdot d$)；或 $BOD_5 \leq 15$ g/($m \cdot d$)；水力负荷 ≤ 70 L/($m \cdot d$)。

5. 各种污水土地处理工艺类型的比较

各种土地处理工艺典型设计资料汇总于表 9-9。各种不同类型的废水土地处理系统的净化水的水质（典型值）列于表 9-10，可供参考采用。

表 9-9 各种土地处理工艺的典型设计资料汇总

项 目	慢速渗滤	快速渗滤	地表漫流	湿地	地下渗滤
1. 布水方式	人工降雨（喷灌）；地表投配（面灌、沟灌、畦灌、淹灌）；滴灌等	通常采用地表投配布水	人工降雨（喷灌）；地表布水	地表布水	地下管道布水
2. 水力负荷/(m/a)	0.6~6.0	6.0~170	3~20	1~30	<10
3. 周负荷率/(cm/周)	1.3~10.0	10~240	6~40①	2~64	5~20
4. 最低预处理要求	沉淀池或酸化水解池	沉淀池或酸化水解池	格栅及沉砂	沉淀池或酸化水解池	沉淀池或酸化水解池
5. 要求土地面积②/(10^4 $m^2/10^4$ m^3)	60~600	2~60	15~120	10~275	13~150
6. 投入废水的去向	蒸发及渗滤	主要为下渗	表面径流、蒸发及少量下渗	蒸发、渗滤及径流	少量蒸发，主要渗滤
7. 对植物的要求	必要	无规定要求（可要可不要）	必要	必要	可要可不要
8. 对气候的要求	较温暖	无限制	较温暖	较温暖	无限制
9. 适用的土壤	具有适当渗水性，灌水后作物生长好	具有快速渗水性，如砂土、亚砂土、砂质土	具有缓慢渗水性，如黏土、亚黏土等		

项　目		慢速渗滤	快速渗滤	地表漫流	湿地	地下渗滤
10. 地下水位最小深度/m		～1.5	～4.5	无规定	无规定	2.0
11. 对地下水水质的影响		可能有一些影响	一般会有影响	可能有轻微影响	一般会有影响	影响不太大
12. 有机负荷（BOD_5）率	[kg/(10^4 m²·a)]	2 000～20 000	36 000～47 000	15 000	18 000	
	kg/(10^4 m²·a)	50～500	150～1 000	40～120	18～140	
13. 场地坡度		种作物不超过20%；不种作物不超过40%	不受限制	2%～8%	1%～8%	
14. 可能达到的出水水质/(mg/L)		$BOD_5 \leq 2$ $TSS \leq 1$ $TN \leq 3$ $TP \leq 0.1$	$BOD_5 \leq 5$ $TSS \leq 2$ $TN \leq 10$ $TP \leq 1$	$BOD_5 \leq 10$ $TSS \leq 10$ $TN \leq 10$ $TP \leq 6$	BOD_5 5～40 TSS 5～20 TN 5～20	$BOD_5 \leq 10$ $TSS \leq 10$
15. 运行管理特点		种作物时应严格管理，系统使用寿命长	管理运行较简单，磷可能限制系统的寿命	运行管理比较严格，寿命长		

注：① 其中 6～15 cm/周，用于一级处理出水；15～40 cm/周，用于二级处理出水。
② 不包括缓冲地区、道路及沟渠等。

表9-10　各种废水土地处理类型的处理出水水质[①]

废水成分	慢速渗滤[②]		快速渗滤[③]		地表漫流[④]		地下渗滤	
	平均值	最高值	平均值	最高值	平均值	最高值	平均值	最高值
BOD_5/(mg/L)	<2	<5	5	<10	10	<15	<2	<5
SS/(mg/L)	<1	<5	2	<5	10	<20	<1	<5
TN/(mg/L)	3[⑤]	<8[⑥]	10	<20	5[⑥]	<10	3	<8
NH_3-N/(mg/L)	<0.5	<2	0.5	<2	<4	<6	<0.5	<2
TP/(mg/L)	<0.1	<0.3	1	<5	4	<6	<0.1	<0.3
大肠菌群/(个/L)	0	$<1 \times 10^2$	$<1 \times 10^2$	$<2 \times 10^3$	$<2 \times 10^3$	$<2 \times 10^4$	0	$<1 \times 10^2$

注：① 水力负荷的取值参见表9-15；
② 投配水为一级或者二级处理出水，渗滤土壤为1.5 m深的非饱和土壤；
③ 投配水为一级或者二级处理出水，渗滤土壤为4.5 m深的非饱和土壤，总磷和大肠菌群的去除率随深度的增加而增加；
④ 投配水为格栅出水，地表漫流的斜坡长度为30～36 m；
⑤ 出水浓度取决于负荷率和栽种的植物；
⑥ 在冬季操作条件下，或者投配水为二级处理出水且采用较高的负荷率时，出水浓度会变高。

9.3 污水稳定塘处理技术

稳定塘是一种构造简单、维护管理容易、处理效果稳定的污水处理方法。污水在塘内经较长时间的停留、贮存，通过微生物（细菌、真菌、藻类、原生动物等）的代谢活动，以及相伴的物理的、化学的、物理化学的过程，使污水中的污染物、营养素和有害有毒物质得到转换、降解和去除，从而使污水无害化、资源化与再回用。

稳定塘的类型包括：① 好氧塘（氧化塘）；② 兼性塘；③ 厌氧塘；④ 曝气塘；⑤ 深度处理塘（精制塘）；⑥ 控制出水塘。

9.3.1 氧化塘（好氧塘）

1. 特性

塘的深度较浅（<1m，0.5m左右），阳光能透射入塘底，有机负荷低。塘内存在藻—菌—原生动物的生态系统（图9-13），对污水 BOD_5 的去除率一般可达80%以上。污水在塘内停留时间为2~6天。其出水中 SS 往往较高，且多为藻类大量生长所致，故需进行除藻处理。

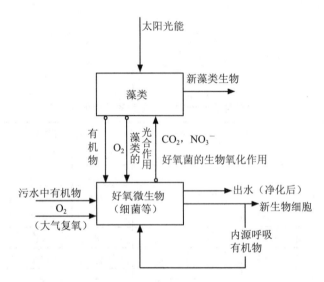

图 9-13 好氧塘内藻菌共生关系

2. 好氧塘设计参数

好氧塘的典型设计参数列于表9-11中，欧洲采用的设计参数列于表9-12中，不同专家对好氧塘的主要技术参数的推荐数值列于表9-13中，可供参考使用。

表 9-11　好氧塘的典型设计参数（Metcalf & Eddy）

序号	设计参数	高负荷好氧塘	普通好氧塘	深度处理好氧塘
1	BOD_5 表面负荷/[kg/(10^4 m²·d)]	80~160	40~120	<5
2	水力停留时间/d	4~6	10~40	5~20
3	有效水深/m	0.30~0.45	0.5~1.5	0.5~1.5
4	pH	6.5~10.5	6.5~10.5	6.5~10.5
5	温度范围/℃	5~30	0~30	0~30
6	BOD_5 去除率/%	80~95	80~95	60~80
7	藻类浓度/(mg/L)	100~260	40~100	5~10
8	出水 SS/(mg/L)	150~300	80~140	10~30

表 9-12　好氧塘设计参数（欧洲）

气候条件	有机负荷(BOD_5)/[kg/(10^4 m²·d)]	1 000 当量人口数/(m²/1 000 人)
不结冰季节	134	10 000
结冰季节	13.4	100 000

表 9-13　好氧塘的主要技术参数

序号	技术参数	密脱考夫与艾迪 (Metcalf and Eddy)①	奥斯沃尔德 (W. J. Oswald)	贝尼菲尔德 (L. D. Benefield)	我国有关参数
1	水流方式	间断混合			
2	单塘面积/(10^4 m²)	0.25~1.0			
3	运行方式 （取决于气候条件）	串联运行			
4	水力停留时间/d	4~6	2~6	2~6	2~6
5	塘内有效水深/m	0.30~0.45	0.18~0.31	0.15~0.45	0.20~0.40
6	pH	6.5~10.5			
7	温度范围/℃	5~30（最适 20）			
8	有机负荷(BOD_5)/ [kg/(10^4 m²·d)]	80~160	112~224	89~178②	100~200
9	BOD_5 去除率/%	80~95	80~95	80~95	80~95
10	藻类浓度/(mg/L)	100~260	>100	100~200	>100
11	出水 SS/(mg/L)	150~300		150~300	
12	回流比			0.2~2.0	

注：① Metcalf and Eddy 指的是高负荷好氧塘；
　　② 此处的 BOD 以总的 BOD 计。

好氧塘的设计可参考以下数据：

a. 塘深：0.5~1.5 m，不宜太深，也不宜太浅。

b. 长宽比：3:1~4:1，国外有的采用 5:1。

c. 堤坝：内坡坡度，垂直：水平为 1:2~1:3；外坡坡度，垂直：水平为 1:2~1:5。

d. 单塘面积：不宜超过 5 000 m²。

e. 出水除藻：应考虑投加混凝剂[$Al_2(SO_4)_3$ 为 100~300 mg/L；$FeSO_4$ 为 100~150 mg/L；出水 TSS≤10~25 mg/L]。

9.3.2 兼性塘

1. 特点

塘深通常在 1.0～2.0 m，塘内存在 3 个区域，见图 9-14。塘的最上层，阳光能透入，为好氧塘；塘的中层，兼性微生物占优势；塘的底部，厌氧微生物占优势。兼性塘内的生化反应过程十分复杂，反应产物的转化、生成也十分复杂，见图 9-15。

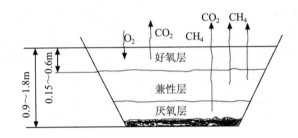

图 9-14　兼性塘内的 3 个区域

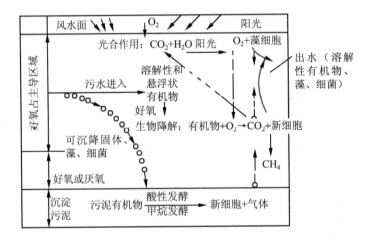

图 9-15　兼性生物塘内的生化反应

兼性塘的出水水质，BOD_5 较低，SS 较高，通常清晨出水中含藻量最小，中午最大。美国 285 座兼性塘多年运行的出水水质：BOD_5 为 35 mg/L（12 月）～57 mg/L（8 月）；VSS 为 38 mg/L（1 月）～75 mg/L（7 月）。一般 BOD_5 去除率达 70%～99%；N、P 去除率为 30%～95%，说明兼性塘具有相当强的净化能力。

2. 兼性塘设计

不少研究者通过试验研究给出了兼性塘的设计方法及设计参数，见表 9-14，其中最主要的有奥斯沃尔德（W. J. Oswald）法、贝尼菲尔德（L. D. Benefield）法，国内研究者在试验研究的基础上也提出了国内的设计参数，见表 9-15。国外推荐的有机负荷为 17.8～56.0 kg BOD_5/（10^4 $m^2·d$）。美国西南部采用的有机负荷为 56.0 kg BOD_5/（10^4 $m^2·d$），冬季仅为 16.8～22.4 kg BOD_5/（10^4 $m^2·d$）。兼性塘的构造与基本尺寸见图 9-16。

表 9-14 兼性塘的主要技术参数

序号	主要技术参数	奥斯沃尔德（W. J. Oswald）	贝尼菲尔德（L. D. Benefield）	国内使用
1	塘深/m	0.61~1.53	1.0~2.5	1.0~2.5
2	停留时间/d	7~30	7~50	7~30
3	有机负荷（BOD_5）/[kg/(10^4 m^2·d)]	22.4~56.0	17.8~44.5	20~100
4	BOD_5 去除率/%	70~85	70~95	35~75
5	出水中藻浓度/(mg/L)	10~50	10~100	10~50
6	回流比	—	0.2~2.0	—
7	BOD_5 降解形式	—	—	好氧分解
8	污泥分解形式	—	—	厌氧分解
9	出水中 SS 浓度/(mg/L)	—	100~350	—

表 9-15 城市废水兼性塘处理的有机负荷与水力停留时间（国内研究资料）

冬季平均气温/℃	BOD_5 表面负荷/[kg/(10^4 m^2·d)]	水力停留时间（HRT）/d
≥15	70~100	≥7
10~15	50~70	7~20
0~10	30~50	20~40
−10~0	20~30	40~120
−20~10	10~20	120~150
<−20	<10	150~180

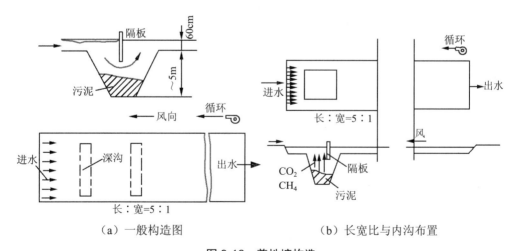

图 9-16 兼性塘构造

a. 塘深：美国采用 0.9 m，国内规定塘内有效水深为 1.2~1.5 m，超高 0.6~1.0 m，贮泥厚度≥0.3 m，若考虑冬季冰盖厚度，总深可达 2.5~4.0 m。

b. 长宽比：长：宽=3:1~4:1，美国为 5:1。

c. 堤坝：塘内坡坡度，垂直：水平为 1∶2～1∶3；塘外坡坡度，垂直：水平为 1∶2～1∶5。

d. 进出口：应使水流均匀分布，污泥若干年要清除一次。

e. 单塘面积：以 5 000 m² 为宜。

f. 塘数：一般不少于 3 座，串联运行。

9.3.3 厌氧塘

1. 特性

塘深在 2.0 m 以上，有机负荷高，塘内呈厌氧状态，有机物在厌氧微生物的代谢作用下缓慢分解，最后转化为 CH_4 和 CO_2 等，同时释出 NH_3、H_2S 等物质。一般 BOD_5 去除率 >70%～80%，厌氧塘的构造见图 9-17，图 9-18 为其进出口布置。

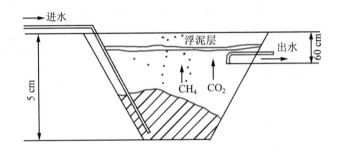

图 9-17 厌氧生物塘的构造

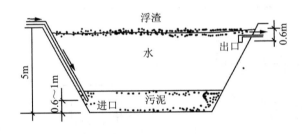

图 9-18 厌氧塘进出口布置

2. 厌氧塘设计

（1）一般规定

a. 塘底应采取防渗措施。

b. 应远离居民住宅区与商业区（500～1 000 m 以外）。

c. 应有防止浮渣及滋生小虫的措施。

d. 采用格栅、沉砂池作预处理。

（2）设计参数

厌氧塘的主要技术系数列于表 9-16。

表 9-16 厌氧塘的主要技术参数

技术参数	数据	说明
塘深/m	2.5～4.0	也有大于 5.0 m 乃至 8.0 m 的超深厌氧塘
水力停留时间/d	30～50	
有机负荷（BOD_5）/[kg/(10^4 m²·d)]	100～1 000	
BOD_5 去除率/%	50～70	

厌氧塘的有机负荷可采用 3 种表示方式：kg BOD_5/(10^4 m²·d)、kg BOD_5/(m³·d) 以及 kg VSS/(m³·d)。对于城市污水采用 100～400 kg BOD_5/(10^4 m²·d)（冬天）、500～1 000 kg BOD_5/(10^4 m²·d)（夏天）。南方选用负荷值远高于北方，如我国广东省可高达 1 500 kg BOD_5/(10^4 m²·d) 以上。

(3) 设计规定

a. 塘数应不少于 2 座。

b. 塘形一般长方形（也有用圆形），长∶宽为 (2.0～2.5)∶1.0。

c. 塘深 3.0～5.0 m，也有大于 6.0 m 者，乃至 8.0 m 者；或多级，小而深。

d. 塘内可采取强化措施，如设置载体填料等。

e. 塘底，平底或略具坡度，以利排泥。

f. 堤内坡度，垂直∶水平为 1∶1～1∶3。

g. 超高 0.6～1.0 m。

h. 多头进水、多头出水为好。

i. 进水中硫酸盐＜500 mg/L，NH_3 浓度大时，不利厌氧消化。

9.3.4 曝气塘

曝气塘是指通过人工曝气设备向塘内污水曝气供氧的稳定塘，一般其塘深≥2.0 m，污水在塘中的水力停留时间为 4～5 天，BOD_5 负荷 0.03～0.06 kg/(m³·d)，BOD_5 去除率 50%～90%。可采用机械表面曝气或扩散器曝气，分为完全混合好氧曝气塘与部分混合兼性曝气塘两种。

曝气设备的功率水平≥5～6 W/m³，但对于完全混合所需动力可高达 11.4～22.8 W/m³ 污水，国外典型曝气塘的设计与运行参数如表 9-17 所示。

表 9-17 国外典型曝气塘的设计和运行参数

技术参数	曝气塘系统				
	A	B	C	D	E
塘总表面积/10^4 m²	4.45	2.3	2.8	8.4	2.5
平均深度/m	3.0	3.0	3.0	3.0	1.9
设计废水流量/(m³/d)	1 893	1 514	2 271	1 670	1 893
总有机负荷（BOD_5）/[kg/d]	386	336	467	361	374
表面有机负荷（BOD_5）/[kg/(10^4 m²·d)]	151	161	87	285	486
水力负荷/[m³/(m²·d)]	0.018	0.022 1	0.033 5	0.056 3	0.109
进塘废水 BOD_5/(mg/L)	473	368	85	173	178

9.3.5 深度处理塘（精制塘）

深度处理塘主要是用来改善经二级生物处理或其他类型稳定塘处理后的污水水质，使 BOD_5、SS、N、P、细菌、病毒等进一步降低。塘内水深一般为 1.0~1.5 m，HRT 为 3~15 d，塘的设计技术参数列于表 9-18 中。

表 9-18 深度处理塘的设计技术参数

类型	BOD_5 负荷/ [kg/(10^4 m²·d)]	水力停留时间/ d	塘内有效水深/ m	BOD_5 去除率/ %
好氧塘型	20~60	5~25	1.0~1.5	30~55
兼性塘型	100~150	3~8	1.2~2.5	40

9.3.6 控制出水塘

在相当长时间内只进水不出水，起蓄贮作用。

在我国北方，此类塘的 BOD_5 负荷为 20~40 kg/(10^4 m²·d)，HRT≥180 d，最低水位深 0.5 m。

9.3.7 稳定塘影响因素

a. 氧的转移受塘面积与容积之比、水流紊动状况、塘内水深、细菌吸氧速率等的影响。
b. 光照。
c. 气温。
d. 营养物。
e. 有害有毒化学物。
f. 酸碱度等。

9.3.8 稳定塘处理工艺流程的确定

常用的稳定塘工艺流程汇总于表 9-19 中。

表 9-19 污水稳定塘处理的工艺流程

处理工艺流程组合				适用情况
1. 城市污水→	→沉砂池 →沉淀池 →水解酸化池	→兼性塘→	→生物养殖塘 →农田灌溉 →贮存塘	寒冷地区、缺水地区、冬贮春灌地区
2. 低浓度城市污水→沉砂池→水生植物塘→芦苇塘→养鱼塘→农田灌溉				低浓度有机废水、城镇废水、乡村生活污水
3. 高浓度有机废水→沉砂池→厌氧塘→兼性塘→水生植物塘→养鱼塘→农田灌溉				屠宰废水、制糖废水、酿酒废水、石油炼制及石油化工废水等废水与城市污水的混合废水
4. 组分复杂的废水→	→沉砂池 →厌氧塘 →水解酸化池	→	→厌氧塘→兼性塘	含有微量重金属及难生物降解的有机废水
5. （养殖水葫芦）→兼性塘（菌藻）→芦苇塘→农田灌溉（经济作物）				

表 9-20 中汇聚了上述各类稳定塘的工艺设计参数,表 9-21 中汇聚了上述各类稳定塘的有机负荷与水力停留时间,两表中的数值来源不同,可参照采用。

表 9-20　各类废水处理稳定塘的工艺设计参数

稳定塘类型		有机负荷（BOD_5）/[kg/(10^4 $m^2 \cdot d$)]			水力停留时间/d			塘深/m	净化效率/%	备注
		I	II	III	I	II	III			
厌氧塘		200	300	400	3～7	2～5	1～3	3～5	30～70	曝气器功率水平：1～2 W/m^3
兼性塘		30～50	50～70	70～100	20～30	15～20	5～15	1.2～2.5	60～80	
好氧塘	①二级处理塘	10～20	15～25	20～30	20～30	10～20	3～10	0.5～1.5	60～80	
	②深度处理塘	≤10	≤10	≤10	5～15	5～15	5～15	0.6～0.9	40～60	
曝气塘	①部分混合曝气塘	50～100	100～200	200～300	2～5	2～5	2～5	3～5	60～80	5～6 W/m^3
	②深度处理塘	100～200	200～300	200～400	1～3	1～3	1～3	3～5	70～90	
生物塘	①二级处理塘	不采用	50～200	100～300	—	5～10	3～7	0.4～2.0		
	②深度处理塘	不采用	20～50	30～60		3～5	2～4	0.4～2.0		
养鱼塘		20～30	30～40	40～50	20～25	15～20	10～15	1.5～2.5	70～90	

注：① I、II、III 分别指年平均气温在 8℃、8～16℃ 及 16℃ 以上的地区。
　② 水力停留时间指单塘的水力停留时间。

表 9-21　污水稳定塘的有机负荷与水力停留时间

稳定塘类型	用　途	有机负荷	水力停留时间/d	尺寸	备　注
兼性塘	用于处理城市污水（原水）、一级处理出水、生物滤池、曝气塘与厌氧塘出水	BOD_5 22～27 kg/(10^4 $m^2 \cdot d$)	25～180	深度：1.2～2.5 m　4～60×10^4 m^2	为最通用的废水稳定塘类型，如负荷低，塘整个深度均呈好氧状态
曝气塘	用于处理工业废水，或用于超负荷兼性塘及可供使用的土地有限的场合	BOD_5 8～320 kg/(10^3 $m^2 \cdot d$)	7～20	深度：2～6 m	应用范围：对光合作用的补充；延时曝气活性污泥法。比兼性塘需要的土地面积小
好氧塘	一般应用于经其他处理方法处理过的出水，好氧塘出水可溶性 BOD_5 低，藻类含量高	BOD_5 85～170 kg/(10^4 $m^2 \cdot d$)	10～40	深度：30～45 cm	因其出水水质使其使用受到限制；藻类产量大，需回收出水中的藻类，营养物去除率高
厌氧塘	用于处理工业废水（高浓度的）	BOD_5 160～800 kg/(10^3 $m^2 \cdot d$)	20～50	深度：2.5～5 m	通常存在臭气问题，需采取措施予以控制；出水需进一步处理

9.3.9 稳定塘系统的新发展

最近，将稳定塘按照生态学原理发展成为生物塘，在塘内养殖水生植物或水生动物，以加强对污水净化效能，并完善环境生态。其中凤眼莲塘是比较典型的，可用它作为二级处理，也可作为二级强化处理乃至三级处理，它对一些痕量有机物的处理能力也十分强。

国外（如美国）也采用稳定塘处理工业废水，包括罐头加工、肉和家禽加工、化工、造纸、制糖、纺织、酿酒、炼油、制革、马铃薯加工等，BOD_5 负荷从 179 kg/（10^4 m²·d）至 3 360 kg/（10^4 m²·d）不等，去除率在 37%～89%。

第 10 章　流域水污染防治工程

流域水污染防治是一项系统工程，涉及流域内产业布局、水资源管理、供排水系统管理、工业废水和面源污染控制、水环境修复等内容。本章讨论了水体污染的来源与危害、水体污染防治的原则与方法以及水体水质净化与修复的关键技术等内容。

10.1　水体污染物的来源、特性及其危害

10.1.1　水体与水体污染

水体是江河湖海、地下水含水层、冰川等的总称，是包括水、水中各种物质和水生生物等要素的综合体。水体污染是指因某种污染物或污染因子的介入，水体的物理、化学、生物特征和功能发生改变，从而影响水的利用价值、危害人体健康或破坏水体生态的现象。

10.1.2　水体中典型的污染物及其来源

引起水体污染的典型污染物或污染因子包括：热、色度、嗅味、固体物质等物理性污染因子，酸、碱、无机盐、氮、磷、硫酸盐、硫化物、重金属等无机污染因子；糖、蛋白质、核酸、油脂、酚等常量有机污染因子；内分泌干扰物（Endocrine Disrupt Compounds，EDCs）、持久性有机物（Persisted Organic Pollutants，POPs）、药物及个人护理品（Pharmaceutic and Personal Care Products，PPCPs）等微量有机污染因子；病原微生物、抗性微生物、有害藻类等生物污染因子。

水体污染的来源包括天然源和人为源。从污染物产生的环节分，人为源可以分为工业源、农业源、生活源等。从污染物进入水体的途径分，水体污染来源可以分为点源、非点源（面源）和内源。其中，点源是指通过排水管道进入水环境的污染来源，非点源是指从非特定地点通过降水径流或大气沉降作用进入水环境的污染来源。内源是指已经进入水体，平时积累在底泥或生物体中的污染物，一定条件下又重新释放出来所形成的污染源。

10.1.3　物理性污染因子特性及危害

1. 热污染

高温废水排入水体后，使水体水温升高，从而影响水生生物的生存及对水资源的利用，这种现象称为水体的热污染。水体的热污染主要来自火力发电厂、核电站、金属冶炼厂、石油化工厂等。热污染有如下后果：① 水温升高使饱和溶解氧降低，同时温度升高使水生生物的耗氧速率加快，加速水体中溶解氧的消耗，造成水生生物的窒息死亡；② 水温升高导致水体中的化学反应速率加快，细菌和藻类等微生物的生长速率加快，水体感官指标变差，增加了水处理过程的难度。

2. 色度

色度有表色与真色之分。由悬浮物（如泥砂、纸浆、纤维、焦油等）造成的色度称表色，由胶体物质与溶解物质（如染料、化学药剂、生物色素、无机盐等）形成的色度称真色。色度污染使水体色度加深，透光性减弱，引起人们感官不悦，同时影响水生生物的光合作用，抑制其生长繁殖，妨碍水体的自净作用。色度污染主要来源于城市污水和某些工业废水，特别是有色工业废水如印染、造纸、农药、焦化及有机化工废水等。

3. 嗅味

水中的某些物质可以通过不同途径引起人的嗅觉和味觉上的刺激，造成嗅味污染。其中，"嗅"是指嗅觉污染（对鼻子的刺激，英文为 odor），而"味"是指味觉污染（对舌头的刺激，英文为 taste）。多数情况下，嗅味污染主要是由水中挥发出的致嗅物质对嗅觉刺激引起的。水体中常见的致嗅物质包括硫化氢、甲硫醇、甲硫醚、二甲基二硫、二甲基三硫醚、土臭素、2-甲基异崁醇等。水的嗅味污染会引起周边居民投诉，使水体丧失景观娱乐功能。存在嗅味污染的水作为饮用水水源，还会造成供水问题并增加水处理的费用。

4. 固体物质

固体物质包括悬浮性固体与溶解性固体。固体物质污染的危害主要包括：① 悬浮性固体可能堵塞鱼鳃，导致鱼类窒息死亡；② 悬浮性固体会消耗水体中的溶解氧并沉积于水体底部，造成底泥积累与腐化，使水体水质恶化；悬浮性固体也可作为载体，吸附其他污染物质，随水流迁移污染；③ 溶解性固体可使水体溶解性无机盐浓度增加，若作为饮用水水源，口感发涩，易引起腹泻；作为农田灌溉用水，1 000 mg/L 以上溶解性固体可能使土壤板结；④ 悬浮性固体与溶解性固体均会影响水体的感官指标。

10.1.4 无机污染物特性及危害

1. 酸、碱及无机盐

工业废水中的酸、碱以及酸雨，都会使水体受到酸、碱污染。酸、碱进入水体后，互相中和产生无机盐类，同时又会与水体存在的地表矿物质如石灰石、白云石、硅石等发生中和反应，产生无机盐类。故水体的酸、碱污染往往伴随无机盐污染。酸、碱及无机盐污染的表现如下：① 使水体的 pH 发生变化，微生物生长受到抑制，水体的自净能力受到影响；渔业用水、农业灌溉用水的 pH 均有较严格的限制；② 使水体硬度增加，造成溶解性固体的污染，浓度过高时会对人体健康造成危害。

2. 氮、磷

氮、磷的污染主要来源于含磷洗涤剂及皮革、造纸、食品、化肥等工业废水、粪便污水及地面径流等。另外，农业废物（植物秸秆、牲畜粪便等）及农田施肥也是氮、磷污染的重要来源。

水体中氮的存在形态包括有机氮（如蛋白质、多肽、氨基酸和尿素等）、氨氮（游离氨或铵根离子）、硝酸盐氮、亚硝酸盐氮、氮气等。含氮物质在水体中可以发生多种生物转化过程，包括氨化、硝化、反硝化、厌氧氨氧化等过程。氨化是指含氮有机物在有氧或无氧条件下分解产生氨氮的过程。硝化是指氨氮与氧气反应最终被转化为硝酸盐的过程。反硝化是指硝酸盐与有机物反应最终被还原为氮气的过程。厌氧氨氧化是指亚硝酸盐和氨氮反应生成氮气的过程。

水体中的磷可分为有机磷与无机磷两大类。有机磷多以葡萄糖-6-磷酸，2-磷酸-甘油酸及磷肌酸等形式存在，大多呈胶体或颗粒状，其中可溶性有机磷只占30%左右。无机磷几乎都是以可溶性磷酸盐形式存在，包括正磷酸盐（PO_4^{3-}）、磷酸氢盐（HPO_4^{2-}）、磷酸二氢盐（$H_2PO_4^-$）以及聚合磷酸盐[如焦磷酸盐（$P_2O_7^{4-}$）、三磷酸盐（$P_3O_{10}^{5-}$）等]。

氮、磷污染的主要危害是使水体呈富营养化状态，引起水华或赤潮。水体中氮、磷污染会引起各种藻类（包括部分可产生毒素的藻）和浮游生物迅速繁殖，呈胶质状覆盖水面，同时水体溶解氧迅速降低，鱼类大量死亡。这种现象对于海水称"赤潮"，对于淡水称为"水华"。一般认为，总磷与无机氮浓度分别超过 0.02 mg/L 和 0.3 mg/L 时，标志水体已处于富营养化状态。也有人认为水体营养物质的负荷量达到临界负荷量，即总磷为 0.2~0.5 g/($m^2 \cdot a$)、总氮为 5~10 g/($m^2 \cdot a$)，即标志着水体已处于富营养化状态。

除了引起水华或赤潮外，高浓度的氨氮（主要是其中的游离态氨）对水生植物和动物都存在一定毒性作用。同时，由于氨化过程和硝化过程也会消耗水中的溶解氧，因此过高的有机氮和氨氮浓度会导致水体缺氧、水生生物死亡、水体发生黑臭。另外，长期饮用硝酸盐浓度高的水也会引起人体健康危害。

3. 硫酸盐与硫化物

排入水体的工业废水、生活污水和雨水都含有不同浓度的硫酸盐和硫化物。其中，某些采矿废水、发酵、制药和轻工行业的废水中硫酸盐浓度较高，可达到 1 500 mg/L。饮用水中含少量硫酸盐对人体无甚影响，但超过 250 mg/L 后会引起腹泻。如果水体缺氧，则 SO_4^{2-} 在硫酸盐还原菌（Sulfate Reduction Bacteria，SRB）的作用下产生反硫化反应生成 H_2S 和 S^{2-}。当水体 pH 低时，以 H_2S 形式存在为主（如 pH<5，H_2S 占总硫化物的 98%）；当 pH 高时以 S^{2-} 形式存在为主。H_2S 质量浓度达 0.5 mg/L 时即有强烈臭味，质量浓度达 50~100 mg/L 时 60 min 以上会致人残疾，质量浓度达 600~1000 mg/L 时 30 min 内会致人死亡。S^{2-} 可与铁锰等离子发生反应，生成黑色沉淀物使水色变黑。

4. 重金属

能引起环境污染的重金属主要是指汞、镉、铅、铬、铜、锌以及"类金属"砷等生物毒性显著的元素及其不同形态的化合物。水体中的重金属主要来源是工业污染，其次是交通污染和生活垃圾污染。水体中的重金属可以在底泥中积累，并通过食物链和吸收作用在植物、动物和人体内富集，超过一定浓度后会产生毒性效应，从而对健康和生态造成危害。重金属的毒害作用与重金属存在的形态也密切相关，如游离态的重金属比形成沉淀的结合态重金属危害大、有机汞比无机汞毒性大、六价铬比三价铬毒性大等。我国的《城镇污水处理厂污染物排放标准》（GB/T 18918—2002）、《地表水环境质量标准》（GB 3838—2002）、《农田灌溉水质标准》（GB 5084—2005）等标准都对重金属离子的浓度作了严格的限制。

10.1.5 常量有机污染物及危害

1. 糖、蛋白质、核酸等

糖、蛋白质、核酸等生物大分子均是生物细胞的组成成分。这些物质来源于排入水体的生活污水和食品（如酿酒）、制药（生物发酵）等行业的工业废水、城市垃圾渗滤液和农业废弃物发酵产生沼液等。这些大分子物质水解后，会产生各种有机酸和氨氮等小分子物质。

发生富营养化的水体,由于藻类的大量繁殖和死亡,也会产生各种生物大分子有机物污染。由于水体溶解氧降低或有毒物质浓度升高,导致大量水生生物死亡,残体分解后也会导致水体中此类有机物浓度的上升。

2. 油脂

油脂包括动植物油和矿物油两大类。前者主要来自屠宰场,食品加工厂的废水及生活污水;后者主要来自炼油厂、沿海、河口的石油开采及事故泄漏产生的废水。水体受油脂类物质污染后,会呈现出五颜六色,感官性状很差。油脂浓度高时,水面上结成油膜,膜厚达到 10^{-6} m 时,能隔绝水面与大气接触,水面复氧停止,影响水生生物的生长与繁殖。油脂还会堵塞鱼鳃,使其呼吸困难直至死亡。

3. 酚

酚主要来自炼油、化工、炸药、焦化等工业废水。按其能否与水蒸气共沸而挥发,可分为挥发酚和不挥发酚。酚污染主要来自挥发酚,它对水生生物(鱼类、贝类及海带等)有较大毒性。当水体含挥发酚质量浓度达到 1.0~2.0 mg/L 时可使鱼类中毒;质量浓度为 0.1~0.2 mg/L 时,鱼肉有酚味,不宜食用。挥发酚质量浓度超过 0.002 mg/L 的水体,若作为饮用水水源,加氯消毒时氯与酚结合成氯酚,产生臭味。酚质量浓度超过 5 mg/L 的水体,若灌溉农田也会导致作物减产甚至枯死。

以上有机物排入水体后,往往浓度较高(达到 mg/L 量级),被称为常量有机污染物。在有溶解氧的条件下,由于好氧微生物的呼吸作用,这些常量有机污染物被降解为 CO_2、H_2O 与 NH_3,同时合成新细胞,消耗掉水体的溶解氧。与此同时,水体水面与大气接触,大气中的氧不断溶入水体,使溶解氧得到补充,这种作用称为水面复氧。若排入的有机物量超过一定数量,则耗氧速度会超过复氧速度,水体出现缺氧甚至无氧。在水体缺氧的条件下,由于厌氧微生物的作用,有机物被降解产生 H_2S 等有害气体使水质恶化。

10.1.6 微量有机污染物及危害

除了常量有机污染物外,水体中还有一些浓度较低(μg/L 或 ng/L 量级)的有机污染物,这些物质的存在也会产生各种危害。

1. 内分泌干扰物

内分泌干扰物(Endocrine Disrupting Chemicals,EDCs),指环境中存在的能干扰人类或动物内分泌系统诸环节并导致异常效应的物质。除少量重金属外,大多数内分泌干扰物是有机物,如雌酮、乙炔基雌二醇、双酚 A、多氯联苯等。这些物质在水环境中的浓度虽然很低,但是能使生物体内分泌失调,使动物体和人体出现生殖器异常、生殖能力下降、幼体死亡等一系列问题。

2. 持久性有机污染物

持久性有机污染物(Persistent Organic Pollutants,POPs)指人类合成的能持久存在于环境中、通过生物食物链(网)累积、并对人类健康造成有害影响的化学物质。典型的 POPs 物质包括各类杀虫剂、工业化学品和工业副产品等,如滴滴涕、多氯联苯、二噁英、全氟辛烷磺酰基化合物(Perfluoro-octane Sulfonate,PFOS)等。持久性有机物对人体健康和生态环境的影响是潜在和长期的,因此不易被察觉。一旦形成污染,很难在短期内消除其影响。

3. 药物及个人护理品

药物及个人护理品（Pharmaceuticals and Personal Care Products，PPCPs）包括各种处方药、非处方药（如抗生素、类固醇、消炎药、镇静剂、显影剂、止痛药等）、个人护理用品（香料、洗护用品、化妆品等）等。其中，抗生素的滥用导致其在环境中浓度不断升高，造成环境中抗性微生物比例越来越高，增加了病原菌控制的难度。

10.1.7 病原微生物污染及危害

水体中的病原微生物主要来自生活污水、医院污水以及屠宰、制革、洗毛等工业废水。在城市污水中发现的常见病原微生物以及引起的疾病见表10-1。

表 10-1 城市污水中常见的病原微生物

类别	病原微生物	引起的疾病
细菌	病原性大肠杆菌	腹泻、败血症
	钩端螺旋体	钩端螺旋体病
	伤寒沙门氏菌	伤寒
	沙门氏菌	沙门氏菌病
	志贺氏菌	志贺氏细菌性痢疾
	霍乱弧菌	霍乱
原生动物	隐孢子虫	隐孢子虫病
	阿米巴变形虫	痢疾
	贾第虫	贾第虫病
蠕虫	蛔虫	蛔虫病
	绦虫	绦虫病
	鞭虫	鞭虫病
病毒	脊髓灰质炎病毒	脊髓灰质炎等
	柯萨奇病毒	脑膜炎等
	诺如病毒	腹泻等
	腺病毒	呼吸道、眼部、胃肠感染
	轮状病毒	胃肠炎

10.2 流域水污染防治的原则和主要方法

10.2.1 流域水污染防治的基本概念

1. 流域水污染防治

流域水污染防治是以某一水系（河流或湖泊）流域作为污染防治对象，通过法制、行政管理、经济和工程技术等方面的综合性措施，经济有效地防治全流域区域内的污染，使其恢复或保持良好的水环境质量和水资源的正常使用价值。流域水污染防治的内容与单独的废水处理有很大的不同。对于流域水污染防治来说，水体水质评价和水质预测是重要基础，污染物总量控制是防治的有力措施，综合管理措施是必要保障。

2. 我国水污染防治的重点流域

根据《重点流域水污染防治规划（2011—2015 年）》，我国水污染防治的重点流域包括松花江、淮河、海河、辽河、黄河中上游、太湖、巢湖、滇池、三峡库区及其上游、丹江口库区及上游共 10 个流域，共涉及 23 个省（自治区、直辖市），254 个市（州、盟），1578 个县（市、区、旗）。根据该规划，各个流域具体情况如表 10-2 所示。在水污染防治"十二五"规划中，全国各流域共涉及 37 个控制区和 315 个控制单元。

表 10-2 我国污染治理重点流域及规划范围

流域	省级行政区	控制区/个	控制单元/个	优先控制单元/个	地市级行政区/个	县级行政区/个	面积/万 km²
松花江	内蒙古自治区、吉林省、黑龙江省	3	33	9	26	170	58.4
淮河	江苏省、安徽省、山东省、河南省	8	57	24	36	226	27.0
海河	北京市、天津市、河北省、山西省、内蒙古自治区、山东省、河南省	7	88	23	64	302	32.7
辽河	内蒙古自治区、辽宁省、吉林省	3	22	14	16	107	22.0
黄河中上游	山西省、内蒙古自治区、河南省、陕西省、甘肃省、青海省、宁夏回族自治区	7	47	16	52	341	73.4
太湖	江苏省、浙江省、上海市	—	—	—	8	52	3.7
巢湖	安徽省	4	13	6	4	13	1.3
滇池	云南省	2	7	6	1	6	0.3
三峡库区及其上游	湖北省、重庆市、四川省、贵州省、云南省	3	48	20	39	318	80.5
丹江口库区及上游	陕西省、河南省、湖北省	—	—	—	8	43	9.5
合计	23	37	315	118	254	1578	308.8

注：扎鲁特旗、公主岭市、伊通满族自治县、凉城县、陵川县、武陟县、濮阳县、宁武县 8 个县级行政区跨两个流域，不重复统计。

根据《重点流域水污染防治"十三五"规划编制技术大纲》，水生态控制区是在区域（中观指导）尺度上统筹考虑水生态系统完整性而划定的分区，在流域与控制单元之间起到承上启下的作用。控制单元是流域水生态环境功能分区管理体系最核心的组成部分，是建立污染源和水质响应关系、实施水质精细化管理、落实各项环境管理措施的关键单元。

3. 水质基准与标准

水质基准是指一定自然特征的水环境因子（一般为某个污染物或物理化学指标）对特定对象（水生生物或人）不产生有害影响的、可接受的剂量浓度水平或限度。水质基准是制定水质标准的科学基础，决定了水质标准的科学性和适用性。水质标准是以水质基准为依据，在综合考虑特定地区自然、人文、社会、经济、技术等因素的基础上，制定的环境因子控制限值，该限值作为水环境管理的依据，具有法律效力。以重金属"镉"为例，根据镉对不同生物的毒理学实验数据，经过统计确定镉在水环境中的最大允许浓度为 8.7 μg/L，作为镉的水质基准。以此为依据，参考含镉废水排放和处理的现状，制定出我国地表水环境（III类）中镉浓度限值为 5 μg/L，作为镉的水环境标准。

4. 水体水质监测和预警

通过对水体的水质进行监测和预警，能够判断水体被污染的程度，从而为流域水污染防治和水污染应急管理提供科学依据。

水体水质监测是为了解特定水体的水质状况，采用各种采样和分析手段对水质指标进行不同频次的测定的过程。根据监测方式不同，可以分为在线监测、离线监测和应急监测等。依据水质监测的结果，可以了解水体中污染物的分布状态和变化趋势，为水环境管理和流域水污染防治提供基础数据，同时水质监测也是发现水体突发污染事故的重要手段。

水体水质预警是依据水质监测的结果，对水环境（尤其是饮用水水源地或生态保护区内水体）中某些污染因子异常升高的现象进行风险分析，提前对可能发生的健康或生态影响进行预报和警示，为污染的应急管理提供依据。

5. 水体水质评价与预测

水体水质评价是根据监测取得的大量资料，依据一定的标准对水体的水质作出综合性的定量评价。水质评价的主要目的是：① 评价某个水体的水质是否达到某种功能要求；② 分析水质污染对工农业生产和生态系统的影响；③ 分析水质对人体健康的影响。

在实际的水质管理和控制中，有时不仅需要知道水质的现状，还需要知道水质未来可能的变化趋势，这在环境影响评价中尤其重要。水体水质预测可为流域水污染防治的规划与控制提供科学的决策依据，从而为优化污染防治的资金投入服务。

6. 污染物总量控制与突发污染应急管理

实施总量控制必须建立在已掌握环境容量的基础上。因此，首先要调查流域内的污染现状和规律，计算出水体的自净容量，即水体对某一污染物在相应水质标准限值时的极限容纳量，进而确定各种污染物的允许排放总量。然后对流域内的污染源通过不同治理方案技术、经济的比较，确定出最优的治理方案。

水体突发污染应急管理是指针对突发（包括突然发生和突然发现）的有毒有害物质进入水体可能危及公众安全或生态破坏的事件，相应采取的责任主体界定、污染事件分级、应急准备、应急处置与救援、事后恢复与重建、信息公开、责任追究等一系列措施。

7. 综合管理措施

流域水污染防治是一种系统工程，技术只是解决问题的一个先决条件，更重要的是依靠管理，从法律、行政、经济和宣传四大方面着手，做好全流域的水污染防治工作。

10.2.2 流域水污染防治的原则

根据我国《重点流域水污染防治规划（2011—2015 年）》，流域水污染防治的原则是：

（1）分区控制，突出重点

根据各流域、控制区及控制单元经济社会发展水平和水环境问题，提出不同的防治要求。对于水环境问题突出、环境风险防范能力薄弱、水体功能高、经济社会发展压力大的控制单元，加强分类指导，优先落实防治措施，加大资金投入力度。

（2）统筹规划，综合防治

坚持点源与非点源统一控制，以水污染特征和水功能需求为依据，综合运用多种污染防治手段，统一部署污染防治工作，优先保障人民饮水安全，持续推进污染负荷削减，不断加强环境风险防范，逐步改善重点地区的水环境质量。

（3）海陆兼顾，河海统筹

统筹协调流域水污染防治与近岸海域环境保护的关系，充分考虑近岸海域环境容量要求，加强氮、磷等陆源污染物控制力度，不断降低入海河流的污染负荷，推进流域与近岸海域整体水环境质量持续改善。

（4）政府引导，明确责任

各级人民政府要加强组织协调，综合运用经济、法律和必要的行政手段，有效推进流域水污染防治工程建设。地方人民政府对辖区内水环境质量负责，是规划实施的责任主体，相关企业要切实承担污染治理责任，确保稳定达标排放。

10.2.3 水体水质监测

我国的水环境监测体系包括地表水监测、地下水监测、近岸海域监测，与之相关的常规水质监测工作还包括饮用水水源地和供水监测、污废水排水监测。所涉及的部门包括环保部、水利部、住建部、国土资源部、国家海洋局等。

1. 地表水环境常规监测

地表水环境常规监测主要以流域为单元，优化断面为基础。采用现场采样、实验室分析的方式。"十五"期间，环保部（当时为环保总局）就已经在全国重点水域共布设 759 个国控断面（其中含国界断面 26 个，省界断面 145 个，入海口断面 30 个），监控 318 条河流，26 个湖（库），共 262 个环境监测站承担国控网点的监测任务。自 2003 年开始，每月开展监测，并在环保部网页上发布环境质量月报数据。监测时间为每月的 1 日—10 日。每月河流的监测项目为水温、pH、电导率、溶解氧、高锰酸盐指数、五日生化需氧量、氨氮、石油类、挥发酚、汞、铅 11 项，部分省界断面还进行流量监测，以计算污染物通量。湖库监测项目在河流监测项目基础上，增加总磷、总氮、叶绿素 a、透明度、水位 5 项。

2. 地表水自动监测系统

通过实现水质的实时连续自动监测，可以及时掌握主要流域重点断面水质状况，预警预报重大或流域性水污染事故，解决跨行政区域的水污染事故纠纷，监督总量控制制度落实情况。近年来，环境保护部已在我国的干支流、重要支流汇入口及河流入海口、重要湖库湖体及环湖河流、国界河流及出入境河流、重大水利工程项目等断面上建设了 100 多个水质自动监测站。监测项目包括水温、pH、溶解氧（DO）、电导率、浊度、高锰酸盐指数、总有机碳（TOC）、氨氮，湖泊水质自动监测项目还包括总氮和总磷、挥发性有机物（VOCs）、生物毒性及叶绿素 a 等。监测频次一般每 4 小时一次，可根据需要提高频次，监测数据通过网络 VPN 方式传送到各水质自动站的托管站、省级监测中心站及中国环境监测总站。公众在环保部网站上可以直接查询相关站点的监测数据。

3. 水质监测的主要指标与监测方法

目前，我国已颁布的污染排放标准和水环境标准中，规定了 122 种（类）废水污染物或指标的排放限值，包括各类物理指标、有机物、无机物、重金属、生物学的综合与单项指标等。对应于这些指标的测定，配套的监测方法有 150 余个，以重量法、滴定法、光学法、电化学法、色谱法等为主。这些方法既包括国家已经发布的标准方法，也包括业内认可但尚未成为标准的参考方法，还包括一些引用自国外的试用方法。这些方法汇编于《水和废水监测分析方法（第四版）（增补版）》。除了单项指标的分析方法外，针对采样布点、监测频率、在线监测系统建设运行、数据质量控制等，我国也发布了一系列技术规范和要求，见表 10-3。

表 10-3 我国主要水污染监测技术规范与要求

名称	类型	实施时间
地表水和污水监测技术规范（HJ/T 91—2002）	规范	2003-01-01
水污染物排放总量监测技术规范（HJ/T 92—2002）	规范	2003-01-01
水污染源在线监测系统安装技术规范（试行）（HJ/T 353—2007）	规范	2007-08-01
水污染源在线监测系统验收技术规范（试行）（HJ/T 354—2007）	规范	2007-08-01
水污染源在线监测系统运行与考核技术规范（试行）（HJ/T 355—2007）	规范	2007-08-01
水污染源在线监测系统数据有效性判别技术规范（试行）（HJ/T 356—2007）	规范	2007-08-01
固定污染源监测质量保证与质量控制技术规范（试行）（HJ/T 373—2007）	规范	2008-08-01
水质采样方案设计技术规定（HJ 495—2009）	规范	2009-11
水质采样技术指导（HJ 494—2009）	规范	2009-11
国控重点污染源监测质量核查办法（试行）（总站统字〔2010〕191 号）	要求	2010-08-13
污染源自动监测设备比对监测技术规定（试行）（总站统字〔2010〕192 号）	要求	2010-08-13
近岸海域水质自动监测技术规范（HJ 731—2014）	规范	2015-01
近岸海域环境监测点位布设技术规范（HJ 730—2014）	规范	2015-01

10.2.4 水体水质评价

水体水质评价需要建立一个"评价标准"，这个标准与水的用途密切相关。目前，我国颁布的水环境标准主要有：《地表水环境质量标准》（GB 3838—2002）、《海水水质标准》（GB 3097—1997）、《地下水质量标准》（GB/T 14848—1993）、《渔业水质标准》（GB 11607—1989）、《农田灌溉水质标准》（GB 5084—2005）、《生活饮用水卫生标准》（GB 5749—2006）等。

1. 分级评价法

在《地表水环境质量标准》（GB 3838—2002）和《地下水质量标准》（GB/T 14848—1993）中，均按功能高低将水体水质分为 5 类。而在《海水水质标准》（GB 3097—1997）

中，按功能高低将水质分为 4 类。对应不同类别的水，其水质均有明确的要求和限值。因此，可以根据水质指标监测结果对应的类别（级别），直接评价水质优劣。当有多个水质指标并存时，一般取最差的指标确定水的级别。例如，某条河流化学需氧量、总氮都达到Ⅳ类水标准，但总磷只能达到Ⅴ类水标准，其水质只能判别为Ⅴ类水。分级评价方法的好处是简单易行，并且标准相对统一，缺点是难以反映多个指标的综合影响，存在因为某项指标异常高估或低估水质的情形。

2. 水质指数法

水质指数法是根据所选取的水质指标监测结果，按照一定的规则和公式计算出一个综合性的指数，根据指数大小对水质优劣和污染程度进行评价。国内外常见的水质指数包括内梅罗指数、Brown 指数、Ross 指数、有机污染综合指数、综合污染指数 K 等。其中，综合污染指数 K 的计算式为：

$$K = \sum \frac{C_K}{C_{oi}} \cdot c_i \tag{10-1}$$

式中：C_K——地面水体各种污染物的最高允许指标，如对水库，此值为 0.1；

C_{oi}——各种污染物的地面水环境质量标准；

c_i——各种污染物的实测质量浓度，mg/L。

如果 $K<0.1$ 说明各种污染物总含量之和未超过地面水环境质量标准，属未污染水体；当 $K \geqslant 0.1$ 时，表明河水中各种污染物的总含量已相当于一种有毒物质超过地面水环境质量标准，称为污染水体。污染水体又可分为轻度污染（$K=0.1 \sim 0.2$）、中度污染（$K=0.2 \sim 0.3$）和重度污染（$K>0.3$）。

10.2.5 水体水质模拟与预测

1. 污染排放模拟

水体水质模拟与预测首先需要预测未来通过不同途径进入水体的废水量、径流量和污染物排放量，这是决定水质模拟预测是否成功的关键。

点源污染的预测需要调研了解流域内污染源和排水管网的分布状况，同时对不同控制措施和不同控制强度下污染源的点源污染排放状况进行预测。

城市面源污染的预测可以通过模型分析的方法实现。常见的模型包括 SWMM（暴雨水质管理模型）、STORM（储存处理与漫流模型）和 Battelle（贝特尔城市径流管理）等。农业和森林为主流域系统的面源污染可以用 SWAT（Soil and Water Assessment Tool）模型进行模拟与计算。

2. 污染物迁移转化

污染物进入水体后，会发生一系列物理、化学和生物过程，污染物的浓度会不断降低。在没有人为控制的情况下，水体中污染物浓度的降低过程即为水体自净。水体中污染物的迁移转化过程包括物理过程、化学过程和生物过程。

（1）物理过程

输移与扩散：污染物进入水体后，随水流动发生移动，同时由于发生湍流扩散和分子扩散，使污染物在河水中的浓度差不断减小。当污染物在某断面上均匀分布（一般浓度差小于 5%）时，该断面称为完全混合断面。大江大河的河床宽阔，污水与河水不易达到完全混合，而只能与一部分河水相混合，并在排污口的一侧形成长度与宽度都较稳定的污染带。

沉降与悬浮：比重较大的颗粒态污染物，在进入水体后会逐渐沉降在水体底部，形成沉积物。已经沉降的污染物，一旦受到暴雨冲刷或扰动，可能再次悬浮，形成二次污染。

吸附与脱附：水中的溶解态污染物，在浓度较高时可以吸附到颗粒物表面，同时也会在浓度降低或pH、温度改变时脱附下来。

（2）化学过程

氧化还原：氧化还原是水体中污染物转化的主要作用。水体中的溶解氧可与某些污染物产生氧化反应，如二价锰离子可被氧化成难溶性的二氧化锰而沉淀。硫离子可被氧化成硫酸根随水流迁移。

酸碱反应：水体中存在的地表矿物质（如石灰石、白云石、硅石）以及游离二氧化碳、碳酸盐、碱度等对排入的酸、碱有一定的缓冲能力，使水体的pH维持稳定。当排入的酸、碱量超过缓冲能力后，水体的pH就会发生变化。若变成偏碱性水体，底泥中的三价铬可被氧化成六价铬而重新溶解，若变成偏酸性水体，上述反应逆向进行。

离子交换：天然水中存在大量带电荷的胶体微粒和带电基团，这些带电基团会和水体中的阴、阳离子发生离子交换。

化学沉淀：水体中的污染物（比如金属离子），可以与硫离子、碳酸根、氢氧根离子形成化学沉淀。

（3）生物过程

水体中存在适于微生物生长的各种碳、氮、磷及各种电子供体和电子受体，因此存在着多种功能各异的好氧、厌氧微生物。这些微生物产生的酶，可以作为催化剂，促进水中各种污染物质发生生物化学反应和转化。以含氮有机物为例，在有溶解氧存在的条件下，经好氧菌作用被氧化分解成 NH_4^+、NH_3、H_2O 和 CO_2 等物质。NH_4^+ 和 NH_3 在亚硝化菌作用下被氧化成亚硝酸盐，再在硝化菌的作用下，被氧化成硝酸盐。被消耗的溶解氧由水面复氧得到补充。可沉物沉淀后形成的有机底泥，由于底部缺氧，在厌氧细菌的作用下被分解为 NH_3、CH_4、CO_2 及少量 H_2S 等气体。这些气体部分游离于水体中，大部分进入大气。

3. 常见的水体水质模型

按水体类型分，水体水质模型包括河流模型、河口模型、湖泊水库模型、海湾模型、地下水模型等。按空间维度分，包括零维、一维、二维或三维模型。按照是否考虑时间变化分，包括稳态模型和非稳态模型。常见的水质模型包括简单的混合稀释模型、氧垂曲线模型（Streeter-Phelps 模型）以及复杂的 WASP 模型、QUAL2E 模型、MIKE 模型等，这里仅介绍两个简单的水质模型。

（1）混合稀释模型

废水排入河流与河水进行混合，参与混合的河水流量 Q_1 同河水总流量 Q 之比定义为混合系数 (a)。设受污河段上无支流、无地表径流和无地下水吐纳，河水流量 Q 与点污染源废水流量 q 均保持不变，则混合系数 a 为混合流程距离 L 的函数，即

$$a = \frac{Q_1}{Q} = \frac{1 - e^{-\alpha \sqrt[3]{L}}}{1 + \frac{Q}{q} e^{-\alpha \sqrt[3]{L}}} \tag{10-2}$$

式中：α——水力条件系数，$\alpha = \varphi \xi \sqrt[3]{E/q}$；

φ——河道弯曲系数，为混合河段实际长度 L 与其直线距离 L_1 之比（$\varphi = L/L_1$）；

ξ——与废水排放方式有关的系数，岸边排放时，$\xi = 1$，河心排放时，$\xi = 1.5$；

E——紊流扩散系数，对一般天然河流为：

$$E = v \cdot H / 200 \tag{10-3}$$

式中：v——该河段水的平均流速，m/s；

H——该河段水的平均深度，m。

参照图 10-1（图中排水口依离岸边的远近而有不尽相同的混合区），混合系数最简略的计算式为：

$$a = L_{\text{计算}} / L_{\text{全混}}$$

控制断面处某种污染物的质量浓度 c（mg/L）为：

$$c = \frac{c_w q + c_R a Q}{a Q + q} \tag{10-4}$$

式中：c_w——某种污染物在废水中的质量浓度，mg/L；

c_R——该种污染物在河水中的原有质量浓度，mg/L。

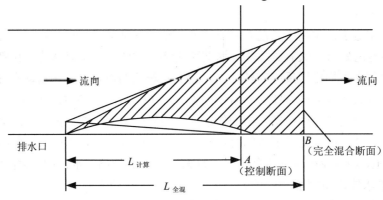

图 10-1 混合系数计算示意

忽略原河水中该种污染物时，则

$$c = c_w q / (aQ + q) = c_w / (n+1) \tag{10-5}$$

式中：n——参与混合的河水对废水的稀释比，即

$$n = aQ/q \tag{10-6}$$

不难看出，混合越完全（$a \to 1$），稀释比越大，则污染物的浓度越降低。

（2）氧垂曲线模型

氧垂曲线模型描述了河流有机物降解和溶解氧变化规律，是河流水体自净模型用的最早也是最普遍的一个。它是在 1925 年由美国的斯特里特和菲尔普斯（Streeter and Phelps）提出的，之后又有了一些修正模型，如 Thomas 模型、Dobbins-Camp 模型和 O'Connor 模型等。

Streeter-Phelps 模型假定：排入河流的污染源只有一个；排污量与河水流量不变；在受污点河水与废水立即达到完全混合；由于河水紊流作用，受污河段的 BOD_5 和 DO 在整个河流断面上都是均匀分布的；不考虑河水中藻类的光合作用、沉淀作用、硝化作用和底泥效应等，只将河流的生化自净过程简化为含碳有机物降解的耗氧作用和表面曝气的复氧作用的理想状态。

废水排入河流后，至下游各断面的累积耗氧量曲线、累积复氧量曲线和氧垂曲线（实际溶解氧量与饱和溶解氧量之差值变化曲线）如图 10-2 所示。氧垂曲线的下垂坐标为相应断面上河水的亏氧量 D。

根据 Streeter-Phelps 一维模型推导的氧垂曲线方程，有

$$D = \frac{k_1 L_a}{k_2 - k_1} \left(e^{-k_1 t} - e^{-k_2 t} \right) + D_a e^{-k_2 t} \tag{10-7}$$

式中：L_a——排污点混合水的起始 BOD_5，mg/L；
D_a——排污点混合水的起始亏氧量，mg/L；
k_1——耗氧速率常数，d^{-1}；
k_2——复氧速率常数，d^{-1}。

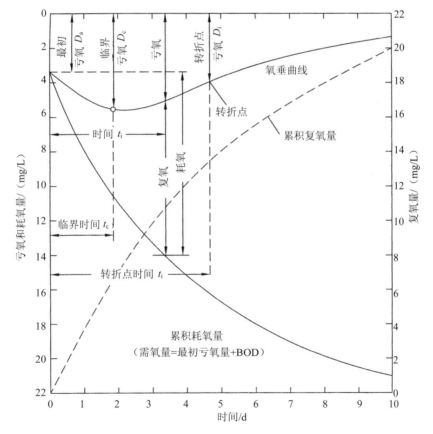

图 10-2 耗氧、复氧累计过程和氧垂曲线
（转折点即为最大复氧速率点）

10.2.6 污染物总量控制

从 20 世纪 70 年代起，我国就开展了有关水环境容量、水功能区划等的研究，将总量控制技术与水污染防治规划结合，形成了以污染物目标总量控制技术为主、容量总量控制和行业总量控制为辅的水质管理技术体系。然而，我国的污染物总量控制缺乏和水质改善目标的密切结合，也缺乏流域功能分区控制技术和水质基准、标准研究的支撑。从"十五"开始，参考美国的 TMDL（Total Maximum Daily Load，日最大负荷总量）计划和欧盟的水框架指令，我国学者提出了一套完整的总量控制策略和技术方法体系，如图 10-3 所示。

在该技术体系中，水环境生态功能分区、水环境质量基准与标准为水质目标确定提供依据，控制单元划分明确了水质目标管理的实施单元，水环境污染负荷计算与分配则明确了控制的对象和具体目标，污染负荷削减监管技术方案则是水质目标管理的具体措施和手段。

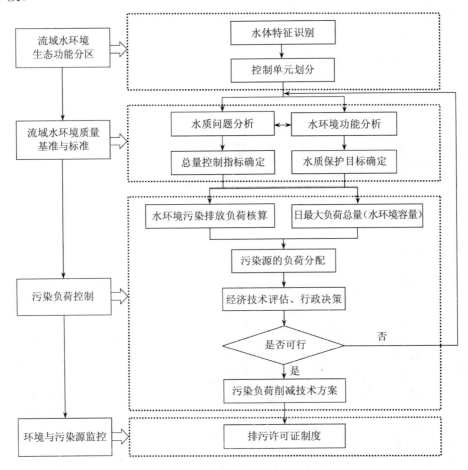

图 10-3　我国的水质目标管理技术体系建议（来源：孟伟等，2007）

污染物总量控制的关键是日最大负荷总量（TMDL）的计算和分配。一般根据流域内的下垫面属性、水质水量和污染源排放监测数据，针对不同的控制单元，结合相应的水体功能与水质保护目标，采用流域水质模型对不同污染源的污染物实际排放负荷与允许排放负荷进行估算和分配。

10.2.7 综合管理措施

1. 加强立法，严格执法

纵观世界上发达国家走过的道路，可以发现以完善的法律、法规为基础的流域水污染防治是一种成功的模式。英国早在 1876 年就颁布了《河道污染防治法》，1995 年 8 月 8 日，中华人民共和国国务院令第 183 号颁布了我国第一部流域性水污染防治法规：《淮河流域水污染防治暂行条例》。2008 年 2 月，全国人大通过了新的《水污染防治法》，对 1996 年的《水污染防治法》作了重大修正和补充。

2014 年 4 月 24 日，十二届全国人大常委会第八次会议表决通过了修订后的《环境保护法》，该法于 2015 年 1 月 1 日起施行。这部环保领域的基本法增加了政府、企业各方面责任和处罚力度，被专家称为"史上最严的环保法"和"带牙齿"的法律，必将影响我国整体的水污染防治形势。

目前，我国已逐步建立起相对完善的法规体系，但在严肃执法、公开查处上还比较薄弱。近年来曝光的多起违法排污事件，这些事件的产生既有特定的自然条件、社会因素，又有产业结构不合理等原因，还有一个重要因素就是有法不依、执法不严，把地方的、局部的利益置于国家、社会整体利益之上，导致出现不少排污严重超标和不符合国家产业政策的企业。因此，进一步强化监督管理，加强执法能力建设和完善执法监督机制是当前必须重点解决的问题。

2. 行政措施，落到实处

行政措施主要包括三类：法规性、政策性和临时性行政措施。

法规性措施主要是与法规性文件相关联的一些措施。2002 年 10 月 1 日《中华人民共和国水法》开始施行后，北京市人大 2004 年 5 月 27 日通过《北京市实施〈中华人民共和国水法〉办法》，并于 2004 年 10 月 1 日起施行，该办法即为法规性措施。这些措施根据其约束性程度分为一般性管理措施、行政处罚措施和由司法公安机关配合施行的强制性措施。

政策性措施作为法规性措施的补充，既具有指导性又具有说服教育性，同时还有一定的约束力，例如各级政府以通知、意见等形式下发的政策性文件。2015 年 4 月 16 日，国务院发布了《水污染防治行动计划》（简称"水十条"），提出从全面控制污染物排放、推动经济结构转型升级、着力节约保护水资源等十个方面开展水污染防治行动。

临时性措施是针对具体问题，由行政机关根据有关法律法规与政策采取的一些成文或不成文的措施。作为法规性和政策性措施的再补充，这些措施的地方性、时效性和适用性十分明显，规定具体，更便于操作。临时性措施可分为约束性、批评性、检查指导性、总结交流性、奖励性和宣传教育性等几种。

各类行政措施在流域水污染防治工作中占重要地位。法规性措施在流域水污染防治工作中起预防、监督的作用，处理时更具权威性，体现出普遍的约束力。政策性措施在工作中起指导与促进作用，同时具有预防监督和治理的功能。临时性行政措施相对于前两者工作方式灵活，效果显著。

3. 大力节水，提高效益

我国单位 GDP 用水量远远高于发达国家的水平，经济发展的耗水与水资源实际拥有状况极不相称。做好流域水污染防治必须大力节水，提高水资源的使用效益。在"十一五"初期，日本单位 GDP 用水量为 186 m^3/万美元，美国为 693 m^3/万美元，加拿大为 827 m^3/万美元，韩国为 652 m^3/万美元，泰国为 2 197 m^3/万美元；而中国为 2 000 m^3/万美元，比发达国家高出 2 倍以上。到了"十一五"末期，通过采取各种节水措施，中国单位 GDP 用水量已经下降到 700 m^3/万美元，可见节水的潜力巨大。

在农业用水方面，具体的节水措施包括将漫灌改为滴灌、喷灌，推广地膜覆盖等。在工业节水方面，主要是通过提高行业内或跨行业的污水回用，提高水的重复利用率。在城市和生活用水方面，可以通过将再生水用于绿化、景观、市政杂用和推广节水用具等措施，实现节约用水。

以北京市为例，2005 年北京市总供水量为 34.50 亿 m^3，其中再生水用量为 2.6 亿 m^3，占总供水量的 8%。而到 2013 年，北京市总供水量增加到 36.4 亿 m^3，再生水用量为 8 亿 m^3，占总供水量的 22%。再生水用量增加对于缓解用水供需矛盾起到了关键作用。

4. 宣传教育，普及深入

"宣传教育、提高认识、增强全民族的环境意识"是巩固流域水污染防治工作成果的基石。从关心环境、涵养水源意识入手，做好有关水资源、环境保护的宣传和教育工作，有助于使上下游的认识一致，团结治污，搞好各自辖区内的污染防治工作。流域水污染防治工作不能仅依靠环保、水利等部门孤军奋战，也要依靠各级政府、部门把实现环境质量目标的监督权交给人民群众，让人民群众和权力机关共同行使水体保护的监督力，形成强有力的社会力量，使全社会人人自觉地保护水环境。

10.3 污染水体水质净化与生态修复主要方法

10.3.1 污染水体水质净化与生态修复技术体系

污染水体的水质净化与生态修复是指利用环境工程学和生态学的原理，采用一系列技术措施使污染水体水质得到改善、生态得到恢复的过程。污染水体的水质净化与生态修复不是一项单一技术，而是由各种不同备选技术和工程措施组合形成的一个技术体系。对于具体的受污染水体，其修复过程不一定用到所有的技术，并且不同水体所应用的技术也有所不同，即所谓的"一河一策"。

根据水体水质净化与修复的阶段和目标，可以把上述技术体系分为控源截污技术、水质净化技术和生态修复技术三类，见图 10-4。许多发达国家和我国的实践经验表明，控源截污是基础与前提，水质净化是阶段性手段，生态修复是长效保障与最终目标。

10.3.2 控源截污技术

1. 点源污染控制

为做好流域内的点源污染控制，需要关注以下几个问题。

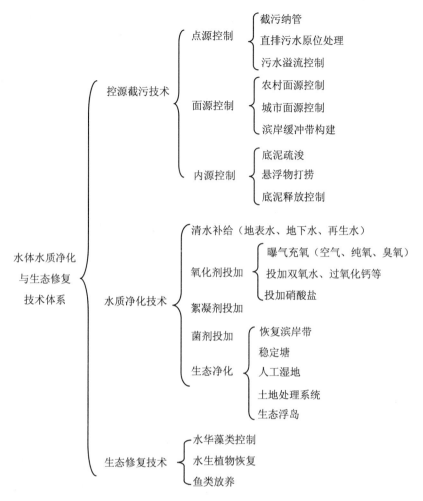

图 10-4 水体水质净化与生态修复技术体系

（1）完善污水收集和处理系统

某些流域缺乏完善的污水收集和处理系统，点源产生的污水直接排入河道造成污染。由于管网投资远远大于污水厂的投资，一些地方出现了污水处理厂建成后"吃不饱"、始终处于低负荷运行的状态。针对这些问题，需要做好城市发展的规划，加大城市管网、泵站等基础设施建设力度，提高污水收集率和处理率。

（2）解决好合流制管网污水溢流的问题

有些城市采用了合流制污水收集系统，导致雨水与污水在降雨集中的时段混合并溢流进入河道，造成污染。这种情况在我国南方城市比较突出。针对这种情况，需要加大合流系统的污水截留倍数，同时设置相应的调节池来存储暂时处理不了的污水。

（3）加强污水排放管理，防止偷排漏排

某些流域的污染是由于部分工厂企业将超标的工业污水偷排进入河道引起的。针对这种情况，需要加大对企业排水口的管理，加装各种在线监测设备，防止偷排漏排。

（4）积极提倡污水回用和推广清洁生产

通过污水回用，可以减少污水的排放量。同时，由于回用对水质要求的提高，推动污染物的高标准去除，也可以达到减排的目的。在工业污染方面，推动清洁生产可以从源头上减少污染物的产生量。

(5) 直排污水原位处理

针对短时间内无法进行截流或在降雨条件下溢流直接排入水体的污水，可就近选取占地小、或可移动的高效一级强化污水处理技术或工艺，在原位对污水或受污染的地表水进行处理，快速高效去除水中的悬浮物和有机污染物，避免污水直排对水体的污染。该类技术实施周期短、见效快，不受污水管网建设的影响和限制，可在短期内控制外源污染，改善水质。

2. 面源污染控制

(1) 农业产业布局和土地利用规划

通过合理的农业产业布局和土地利用规划，可以从源头上减少农业面源污染产生的强度，缓解农业生产和流域污染治理的矛盾。例如，在水环境敏感区域或水源地周边不宜布置传统的蔬菜生产基地，防止面源污染影响水体水质。滇池沿岸就根据这一原则将许多蔬菜种植基地迁移到更远的地方。

(2) 农田营养元素和农药流失控制

通过推广使用有机肥、精准施肥、提高肥料利用率、合理灌溉等措施，可以减少农田营养元素的流失，减少农业面源污染负荷。例如，实行水田灌溉的定额制度，可以减低62%~69%的农业面源氮素污染负荷。

通过实施病虫害综合防治，减少化学合成农药的使用量和农药的残留量。在农药产品使用方面，应尽量推广使用低毒、低残留的化学农药，同时改善和提高农药施用技术。

(3) 农作物秸秆和畜禽粪便污染控制

农作物秸秆和畜禽粪便处置不当，会产生非常严重的污染问题。这些农业废弃物产生的污染物除了有机物、氮、磷外，还包括一些有害微生物、寄生虫等。然而，这些废弃物如果能加以有效利用，则会变废为宝，成为一种有用的资源。因此，应大力开发并推广秸秆和畜禽粪便的无害化综合利用技术，利用其产生沼气等能源，并生产农业有机肥、动物饲料等。

(4) 城市面源污染控制

对于城市面源污染控制，应当采取综合措施加以控制。这些措施包括对城市垃圾加强管理、减少渗滤液产生，增加城市绿地面积，加强雨水在城市下垫面的下渗、蓄积和过滤，减少暴雨径流峰值和污染物负荷等。为了加强对初期雨水污染的控制，在有条件的城市，可以考虑雨水的合理利用。近年来，关于城市"低影响开发"(Low Impact Development, LID)技术和"海绵城市"构建技术的研究，其核心目标就是利用各种技术手段实现城市的雨水综合利用、雨洪和面源污染控制。

(5) 滨岸缓冲带构建

通过构建湖泊或河流的滨岸缓冲带(Riparian Buffer Zone)，可以使雨水进入受纳水体之前得到进一步的净化，从而减少直接进入水体的面源污染负荷。滨岸缓冲带既可以作为面源污染的屏障和生态隔离带，也可以加强水体的自净能力。

3. 内源污染控制

水体的内源污染主要是指水体沉积物（底泥）、悬浮物或漂浮物（垃圾、藻类残体、植物残体等）在一定条件下释放污染物对水体造成的污染。

水体底泥作为污染物的储存库，包含了大量有机物、氮磷营养盐、硫化物、微量有毒有害有机污染物、重金属等污染因子。底泥疏浚是较为常用的内源污染清除技术。我国的滇池、太湖和上海的苏州河、南京的秦淮河等治理工程都使用过底泥疏浚技术。底泥疏浚包括机械清淤（挖掘）和水力清淤（泵抽吸）两类技术。在实施时，应做好底泥污染调查，对疏浚范围和深度精确控制，防止"过度疏浚"导致水生态破坏。同时，在疏浚过程中也要防止二次污染，做好疏浚出底泥的安全处置。

对垃圾、藻类残体或水生植物残体等悬浮物进行定期打捞，对于减少污染物的溶解和释放、降低水体内源负荷也具有重要意义。在进行人工打捞的同时，可以使用各种机械打捞设备来提高工作效率。

10.3.3 水质净化技术

1. 清水补给

清水补给就是向污染水体中引入清洁的地表水、地下水或再生水，提高水体流动性，通过污染物的输移、扩散、稀释和降解实现局部水体水质改善，也称为综合调水或水动力调控。该方法不仅仅是"引水稀释"或"引水冲污"，还能增加水体中溶解氧浓度，对污染物降解转化也有一定促进，同时水体流速增加也会抑制藻类的爆发。

实现清水补给应具备三个先决条件：一是水系河网有比较完善的泵闸系统，二是有比较丰富的水源（地表水、地下水或再生水），三是河流上、下游能人工控制得到一定水位差。在实施清水补给时，应当坚持"保护和改善饮用水源地优先""充分利用现有水利设施""在缺水地区优先考虑再生水""防止形成新的污染""防汛和水环境改善并重"等原则。

在我国已进行了多次大型清水补给的工程实践，例如引钱塘江水稀释西湖、引黄浦江水稀释苏州河、引长江水来改善太湖水环境的"引江济太"工程等。"引江济太"对于加快太湖流域水体流动、增加流域的水环境容量、改善太湖流域水体水质，以及增加向太湖周边地区的供水具有重要意义。2002年开展的为期两年的"引江济太"调水试验表明：通过引水调控可以有效地改善河网及湖体受水区水体的水动力特性和水质。尤其是在2003年的特枯水年，调水使受水区水质改善显著、太湖高温季节水华现象消失、湖区供水水质明显好转，同时也保障了农业生产用水和航运安全。

清水补给措施虽然可达到立竿见影的效果，但也可能导致新的污染发生。应当对污染物排放总量进行严格控制，并且避免污染物的集中排放。

2. 氧化剂投加

（1）曝气充氧技术

曝气充氧技术是用人工方法向河道中充入空气（或氧气、臭氧），加速水体复氧过程，从而改善河流的水质状况。目前复氧曝气的主要设备包括固定式的曝气充氧设备和移动式的曝气充氧船。固定式曝气充氧设备包括鼓风机—微孔曝气系统、射流式水下曝气设备、叶轮式或倒伞式表面曝气设备等。固定式充氧设备的优点是单位充氧量的建设和运行成本较低，缺点是对污染源变化的反应能力差。德国的鲁尔河、美国的密西西比河、北京的清河、重庆的桃花溪等都采用了固定式的充氧设备治理黑臭河道。

移动式曝气充氧船一般使用纯氧—混流系统作为充氧设备，以便具备较高的充氧效率。移动式充氧船虽然具备较好的机动性，但总体充氧能力相对较低，运行维护相对较为复杂。德国 Saar 河、英国泰晤士河、澳大利亚 Swan 河与上海苏州河的河流治理中采用了移动式曝气充氧船。

(2) 投加氧化性药剂

除了充氧外,还可以向水体中投加氧化性的化学药剂,包括双氧水、过氧化钙、三价铁盐、硝酸钙等。其中,硝酸钙被用于 2001 年香港城门河的水质改善工程,使用数周后河流底泥由黑色变为棕色,臭味显著降低。

3. 化学絮凝剂投加

化学絮凝法是通过向污染水体中投加各种混凝剂(如铝盐、铁盐、硅藻土、聚丙烯酰胺等),从而可以在短时间内去除水体中的悬浮物、有机物、硫化物、重金属、磷酸盐等物质。化学絮凝法一般应用在小型且相对封闭的水体中,可以在短时间内快速净化水质。但是,一般不适用于大规模水体的水质净化。同时,化学絮凝法费用较高,产生较多沉积物,而且某些化学药剂具有一定毒性,可能形成二次污染,应严格限制使用。

4. 菌剂(酶制剂)投加

投菌法是通过向水体中投加某些特定功能的微生物,利用微生物的代谢功能促进污染物的分解和转化。所投加的菌种可以从生物界筛选出来,也可以是经过处理的变异菌株或经遗传工程构建的菌株(应用前首先需检验其安全性)。在商业化菌剂产品中,大多含有光合细菌、酵母菌、乳酸菌、放线菌、硝化菌等微生物。例如,由美国某公司生产的生物菌剂中细菌总数约为 5×10^7 个/mL,内含以下 7 种细菌,分别是:

a. 芽孢杆菌(*Bacillus* sp.)。无论在有氧或无氧情况下,均可分泌胞外酶,繁殖速度快,代谢能力强,能将不溶性脂肪分解为可溶性的短链脂肪酸和丙三醇,以利于进一步厌氧发酵或好氧处理。

b. 假单胞菌(*Pseudomonas* sp.)。具有较强分解各种有机物的能力并有脱氮作用。

c. 亚硝化单胞菌(*Nitrosomonas* sp.)。在硝化过程中能将 NH_3 转化为亚硝酸盐。

d. 硝化杆菌(*Nitrobacter* sp.)。在硝化过程中能将亚硝酸盐进一步转化为硝酸盐。

e. 纤维单胞菌(*Cellulomonas* sp.)。具有分解植物性纤维的能力。

f. 产气杆菌(*Aerobacter* sp.)。在厌氧状况下具有较强的将碳水化合物分解为糖类的能力。

g. 红色假单胞菌(*Rhodopseudomonas*)。红色假单胞菌对有机物有一定的分解能力,同时它是一种在厌氧光照下生长并产生红色色素的假单胞杆菌,摇动菌液肉眼可见杜鹃红色。

除了投加菌体外,还可以向水体中投加各种功能酶。

虽然投菌法对于水体水质净化具有促进作用,但是往往需要与曝气充氧等手段同时使用。另外,由于需要定期投菌,其成本也相对较高,一般可用于小型封闭水体,不适用于大规模应用。

5. 生态净化

生态净化法是根据生物和生态学原理,通过恢复和强化水体生物自净功能降解污染物和净化水质的一种方法。

(1) 恢复滨岸带

恢复或重建滨岸带不但对于控制水体面源污染具有重要意义,对于水体自净能力的恢复也有积极作用。一方面,滨岸带增加了水体复氧,促进了微生物对污染物的转化,另一方面，滨岸带中的水生植物吸收固定了大量营养物质。

（2）稳定塘与水生植物塘

第一座人工设计的稳定塘于 1940 年在澳大利亚建成。现在应用于水体生态修复的稳定塘是在科学理论基础上建立的技术系统，是人工强化措施与自然净化功能相结合的新型净化技术。

多水塘技术是稳定塘技术的一种新形式，该法利用河道两岸多个天然水塘或人工水塘以及河道内的水利工程设施对污染水体进行净化。我国新沂河的污水净化工程利用三座污水地涵及沭河河口以上的两个闸门，自然地分隔出狭长的 5 级河段稳定塘，并通过闸、坝的拦蓄功能以及合理调度增加了对污水自然降解能力。

水生植物塘（Aquatic Macrophyte-Based Treatment System，AMATS）是以大型水生植物为基础的水体生态修复系统，以水生植物如沉水植物、浮水植物和挺水植物等忍耐和超量积累某些化学物质的理论为基础，利用植物清除水体中污染物。美国 Texas（得克萨斯）州的经验表明，在 AMATS 系统中种植凤眼莲，面积 2.06 hm^2，设计每天处理 3 000 m^3 的污泥塘上清液，BOD_5 在 2 月由 28.0 mg/L 降至 9.3 mg/L，去除率为 66.7%；7 月由 47.2 mg/L 降至 21.5 mg/L，去除率为 55.4%。该技术对于控制水域富营养化有着非常重要的作用。例如，南京莫愁湖年产 25 万 t 的莲藕，每年可从湖中带出 60 t 多的氮和 1 t 多的磷。

（3）人工湿地净化技术

人工湿地净化技术主要利用"土壤—微生物—植物"生态系统的自我调控机制和对污染物的综合净化功能，使河流水质得到不同程度的改善。人工湿地净化技术近年来迅速发展，可以处理石油化工、纸浆、纺织印染、重金属冶炼等多种工业废水及雨水。人工湿地系统是在一定长宽比及底面有坡度的洼地中，由土壤和填料（如卵石等）混合组成填料床。污水可以在床体的填料缝隙中曲折地流动或在床体表面流动。床体的表面种植处理性能好、成活率高的水生植物（如芦苇等），形成一个独特的动植物生态环境。氮和磷作为植物生长过程中不可缺少的营养元素，可以直接被湿地中的植物吸收而去除。

（4）土地处理技术

土地处理技术是一种古老但行之有效的净化技术，目前又继续"推陈出新"。该方法利用土壤和植物系统的吸附、过滤及净化作用达到水体净化的目的。土地处理系统经过研究发展了快速渗滤、慢速渗滤、地表漫流等几种形式。国外的实践经验表明，土地处理系统对于有机化合物，尤其是有机氯和氨氮等，有较好的去除效果。

（5）人工生态（浮）岛

水体中的天然岛屿是许多水生生物的主要栖息场所，它们对水体的净化起着非常重要的作用。由于水体的开发和利用使许多天然生态岛消失，人工生态（浮）岛建立的目的就是对水域生态系统的恢复。日本的人工生态浮岛实践取得了良好的效果。岛上种植芦苇等水生植物后，水生植物的根系可为微生物的生长、繁殖提供场所。浮岛还可设置鱼类产卵用的产卵床，这更有利于为小鱼及底栖动物提供栖息地，同时芦苇、小鱼、底栖动物和微生物等形成了植物—动物—微生物净化系统。

（6）增加载体填料

以天然材料（如卵石、砾石）或人工材料（如塑料、纤维等）为载体，可以利用在其表面形成的生物膜对污染水体进行净化。日本、韩国等都有使用载体填料治理河道、湖泊的工程实例。例如，日本江户川支流坂川的古崎净化场就是利用直径 15～25 cm 的卵石对污水进行净化。

10.3.4 生态修复技术

1. 水华藻类控制

在黑臭水体水质得到明显改善后，往往还容易发生藻类暴发（水华）现象。藻类过度生长打破了水体中的生态平衡，引起水质恶化、藻毒素问题和其他水生生物的大量死亡，因此需要对藻类暴发进行控制。控制藻类生长有几个途径：一是控制水中的氮磷营养盐浓度，二是控制水体的水力停留时间（水流流速），三是对藻类直接进行打捞、抑制或杀灭。

2. 水生植物恢复

在健康的水生生态系统中，水生植物是生物链中的重要一环，而在污染严重的水体中，水生态系统受到破坏，水生植物往往难以生存。在水质净化的同时，种植不同种类的水生植物，对于水质净化和水生态系统的恢复都有重要作用。结合滨岸带的重建，可以在岸边和水中种植挺水、沉水和漂浮水生植物。这些水生植物对于污染物吸收、降解和藻类抑制都有积极作用。

在种植水生植物时，需要考虑景观的和谐，以及新引进物种与当地环境的适应性和相容性，同时要加强水生植物的管理，积极开展水生植物的收获与后序利用。

3. 鱼类放养

鱼类放养技术的关键是投放鱼类的品种、大小和数量以及对鱼类生产的控制管理。一般通过放养食鱼性鱼类以控制食浮游生物的鱼类，并借助浮游动物遏制藻类。但浮游动物只能控制细菌和小型藻类，对形成水华的大型藻类无能为力。中科院水生所在对武汉东湖的富营养化控制研究中发现，放养以浮游生物为食的鲢鱼和鳙鱼可以有效控制水华。

参考文献

[1] 徐祖信. 河流污染治理技术与实践. 北京：中国水利水电出版社，2003.

[2] 傅德黔. 水污染源监测监管技术体系研究. 北京：中国环境出版社，2013.

[3] 沈珍瑶. 长江上游非点源污染特征及其变化规律. 北京：科学出版社，2008.

[4] 中科院生态中心. 河流水环境综合整治技术集成（"十一"五水专项河流主题集成报告）. 2013.

[5] 环境保护部. 重点流域水污染防治规划（2011—2015 年）.

[6] 孟伟，张楠，张远，等. 流域水质目标管理技术研究——控制单元的总量控制技术. 环境科学研究，2007，20（4）：1-8.

[7] 孟伟，刘征涛，张楠，等. 流域水质目标管理技术研究（II）——水环境基准、标准与总量控制. 环境科学研究，2008，21（1）：1-8.

[8] 环境保护部. 重点流域水污染防治"十三五"规划编制技术大纲. 2016.

[9] 曹宇静，吴丰昌. 淡水中重金属镉的水质基准制定. 安徽农业科学，2010，38（3）：1378-1380.

附 件

一、环境质量标准

中华人民共和国国家标准

海水水质标准

Sea water quality standard

GB 3097—1997
代替 GB 3097—82

1 主题内容与标准适用范围

本标准规定了海域各类使用功能的水质要求。
本标准适用于中华人民共和国管辖的海域。

2 引用标准

下列标准所含条文，在本标准中被引用即构成本标准的条文，与本标准同效。
GB 12763.4－91　海洋调查规范　海水化学要素观测
HY 003－91　海洋监测规范
GB 12763.2－91　海洋调查规范　海洋水文观测
GB 7467－87　水质　六价铬的测定　二苯碳酰二肼分光光度法
GB 7485－87　水质　总砷的测定　二乙基二硫代氨基甲酸银分光光度法
GB 11910－89　水质　镍的测定　丁二酮肟分光光度法
GB 11912－89　水质　镍的测定　火焰原子吸收分光光度法
GB 13192－91　水质　有机磷农药的测定　气相色谱法
GB 11895－89　水质　苯并[a]芘的测定　乙酰化滤纸层析荧光分光光度法
当上述标准被修订时，应使用其最新版本。

3 海水水质分类与标准

3.1　海水水质分类
按照海域的不同使用功能和保护目标，海水水质分为四类：
第一类　适用于海洋渔业水域，海上自然保护区和珍稀濒危海洋生物保护区。
第二类　适用于水产养殖区，海水浴场，人体直接接触海水的海上运动或娱乐区，以及与人类食用直接有关的工业用水区。
第三类　适用于一般工业用水区，滨海风景旅游区。
第四类　适用于海洋港口水域，海洋开发作业区。

3.2 海水水质标准

各类海水水质标准列于表1。

表1 海水水质标准 单位：mg/L

序号	项目		第一类	第二类	第三类	第四类
1	漂浮物质		海面不得出现油膜、浮沫和其他漂浮物质			海面无明显油膜、浮沫和其他漂浮物质
2	色、臭、味		海水不得有异色、异臭、异味			海水不得有令人厌恶和感到不快的色、臭、味
3	悬浮物质		人为增加的量≤10		人为增加的量≤100	人为增加的量≤150
4	大肠菌群（个/L）	≤	10 000 供人生食的贝类增养殖水质≤700			—
5	粪大肠菌群（个/L）	≤	2 000 供人生食的贝类增养殖水质≤140			—
6	病原体		供人生食的贝类养殖水质不得含有病原体			
7	水温℃		人为造成的海水温升夏季不超过当时当地1℃，其他季节不超过2℃		人为造成的海水温升不超过当时当地4℃	
8	pH		7.8～8.5 同时不超出该海域正常变动范围的0.2 pH单位		6.8～8.8 同时不超出该海域正常变动范围的0.5 pH单位	
9	溶解氧	>	6	5	4	3
10	化学需氧量（COD）	≤	2	3	4	5
11	生化需氧量（BOD_5）	≤	1	3	4	5
12	无机氮（以N计）	≤	0.20	0.30	0.40	0.50
13	非离子氨（以N计）	≤	0.020			
14	活性磷酸盐（以P计）	≤	0.015	0.030		0.045
15	汞	≤	0.000 05	0.000 2		0.000 5
16	镉	≤	0.001	0.005	0.010	
17	铅	≤	0.001	0.005	0.010	0.050
18	六价铬	≤	0.005	0.010	0.020	0.050
19	总铬	≤	0.05	0.10	0.20	0.50
20	砷	≤	0.020	0.030	0.050	
21	铜	≤	0.005	0.010	0.050	
22	锌	≤	0.020	0.050	0.10	0.50
23	硒	≤	0.010	0.020		0.050
24	镍	≤	0.005	0.010	0.020	0.050
25	氰化物	≤	0.005		0.10	0.20
26	硫化物（以S计）	≤	0.02	0.05	0.10	0.25
27	挥发性酚	≤	0.005	0.010		0.050
28	石油类	≤	0.05		0.30	0.50
29	六六六	≤	0.001	0.002	0.003	0.005
30	滴滴涕	≤	0.000 05	0.000 1		

序号	项目		第一类	第二类	第三类	第四类
31	马拉硫磷	≤	0.000 5	0.001		
32	甲基对硫磷	≤	0.000 5	0.001		
33	苯并[a]芘（μg/L） ≤		0.002 5			
34	阴离子表面活性剂（以LAS计）		0.03	0.10		
35	放射性核素* （Bq/L）	^{60}Co	0.03			
		^{90}Sr	4			
		^{106}Rn	0.2			
		^{134}Cs	0.6			
		^{137}Cs	0.7			

4 海水水质监测

4.1 海水水质监测样品的采集、贮存、运输和预处理按 GB 12763.4－91 和 HY 003－91 的有关规定执行。

4.2 本标准各项目的监测，按表 2 的分析方法进行。

表 2 海水水质分析方法

序号	项目	分析方法	检出限/（mg/L）	引用标准
1	漂浮物质	目测法		
2	色、臭、味	比色法 感官法		GB 12763.2—91 HY 003.4—91
3	悬浮物质	重量法	2	HY 003.4—91
4	大肠菌群	（1）发酵法 （2）滤膜法		HY 003.9—91
5	粪大肠菌群	（1）发酵法 （2）滤膜法		HY 003.9—91
6	病原体	（1）微孔滤膜吸附法[1,a] （2）沉淀病毒浓聚法[1,a] （3）透析法[1,a]		
7	水温	（1）水温的铅直连续观测 （2）标准层水温观测		GB 12763.2—91 GB 12763.2—91
8	pH	（1）pH 计电测法 （2）pH 比色法		GB 127634—91 HY 003.4—91
9	溶解氧	碘量滴定法	0.042	GB 12763.4—91
10	化学需氧量（COD）	碱性高锰酸钾法	0.15	HY 003.4—91
11	生化需氧量（BOD_5）	五日培养法		HY 003.4—91
12	无机氮[2]（以 N 计）	氨：（1）靛酚蓝法	0.7×10^{-3}	GB 12763.4—91
		（2）次溴酸钠氧化法	0.4×10^{-3}	GB 12763.4—91
		亚硝酸盐：重氮-偶氮法	0.3×10^{-3}	GB 12763.4—91
		硝酸盐：（1）锌-镉还原法	0.7×10^{-3}	GB 12763.4—91
		（2）铜镉柱还原法	0.6×10^{-3}	GB 12763.4—91
13	非离子氨[3]（以 N 计）	按附录 B 进行换算		

序号	项目	分析方法	检出限/(mg/L)	引用标准
14	活性磷酸盐（以 P 计）	（1）抗坏血酸还原的磷钼兰法	0.62×10^{-3}	GB 12763.4—91
		（2）磷钼兰萃取分光光度法	1.4×10^{-3}	HY 003.4—91
15	汞	（1）冷原子吸收分光光度法	0.0086×10^{-3}	HY 003.4—91
		（2）金捕集冷原子吸收光度法	0.002×10^{-3}	HY 003.4—91
16	镉	（1）无火焰原子吸收分光光度法	0.014×10^{-3}	HY 003.4—91
		（2）火焰原子吸收分光光度法	0.34×10^{-3}	HY 003.4—91
		（3）阳极溶出伏安法	0.7×10^{-3}	HY 003.4—91
		（4）双硫腙分光光度法	1.1×10^{-3}	HY 003.4—91
17	铅	（1）无火焰原子吸收分光光度法	0.19×10^{-3}	HY 003.4—91
		（2）阳极溶出伏安法	4.0×10^{-3}	HY 003.4—91
		（3）双硫腙分光光度法	2.6×10^{-3}	HY 003.4—91
18	六价铬	二苯碳酰二肼分光光度法	4.0×10^{-3}	GB 7467—87
19	总铬	（1）二苯碳酰二肼分光光度法	1.2×10^{-3}	HY 003.4—91
		（2）无火焰原子吸收分光光度法	0.91×10^{-3}	HY 003.4—91
20	砷	（1）砷化氢-硝酸银分光光度法	1.3×10^{-3}	HY 003.4—91
		（2）氢化物发生原子吸收分光光度法	1.2×10^{-3}	HY 003.4—91
		（3）二乙基二硫代氨基甲酸银分光光度法	7.0×10^{-3}	GB 7485—87
21	铜	（1）无火焰原子吸收分光光度法	1.4×10^{-3}	HY 003.4—91
		（2）二乙氨基二硫代甲酸钠分光光度法	4.9×10^{-3}	HY 003.4—91
		（3）阳极溶出伏安法	3.7×10^{-3}	HY 003.4—91
22	锌	（1）火焰原子吸收分光光度法	16×10^{-3}	HY 003.4—91
		（2）阳极溶出伏安法	6.4×10^{-3}	HY 003.4—91
		（3）双硫腙分光光度法	9.2×10^{-3}	HY 003.4—91
23	硒	（1）荧光分光光度法	0.73×10^{-3}	HY 003.4—91
		（2）二氨基联苯胺分光光度法	1.5×10^{-3}	HY 003.4—91
		（3）催化极谱法	0.14×10^{-3}	HY 003.4—91
24	镍	（1）丁二酮肟分光光度法	0.25	GB 11910—89
		（2）无火焰原子吸收分光光度法[1,b]	0.03×10^{-3}	
		（3）火焰原子吸收分光光度法	0.05	GB 11912—89
25	氰化物	（1）异烟酸-吡唑啉酮分光光度法	2.1×10^{-3}	HY 003.4—91
		（2）吡啶-巴比土酸分光光度法	1.0×10^{-3}	HY 003.4—91
26	硫化物（以 S 计）	（1）亚甲基蓝分光光度法	1.7×10^{-3}	HY 003.4—91
		（2）离子选择电极法	8.1×10^{-3}	HY 003.4—91
27	挥发性酚	4-氨基安替比林分光光度法	4.8×10^{-3}	HY 003.4—91
28	石油类	（1）环己烷萃取荧光分光光度法	9.2×10^{-3}	HY 003.4—91
		（2）紫外分光光度法	60.5×10^{-3}	HY 003.4—91
		（3）重量法	0.2	HY 003.4—91
29	六六六[4]	气相色谱法	1.1×10^{-6}	HY 003.4—91
30	滴滴涕[4]	气相色谱法	3.8×10^{-6}	HY 003.4—91
31	马拉硫磷	气相色谱法	0.64×10^{-3}	GB 13192—91
32	甲基对硫磷	气相色谱法	0.42×10^{-3}	GB 13192—91
33	苯并[a]芘	乙酰化滤纸层析-荧光分光光度法	2.5×10^{-6}	GB 11895—89
34	阴离子表面活性剂（以 LAS 计）	亚甲基兰分光光度法	0.023	HY 003.4—91

序号	项目		分析方法	检出限/(mg/L)	引用标准
35	放射性核素/(Bq/L)	^{60}Co	离子交换-萃取-电沉积法	2.2×10^{-3}	HY/T 003.8—91
		^{90}Sr	（1）HDEHP 萃取-β 计数法	1.8×10^{-3}	HY/T 003.8—91
			（2）离子交换-β 计数法	2.2×10^{-3}	HY/T 003.8—91
		^{106}Ru	（1）四氯化碳萃取-镁粉还原-β 计数法	3.0×10^{-3}	HY/T 003.8—91
			（2）γ 能谱法 [1,c]	4.4×10^{-3}	
		^{134}Cs	γ 能谱法，参见 ^{137}Cs 分析法		
		^{137}Cs	（1）亚铁氰化铜-硅胶现场富集-γ 能谱法	1.0×10^{-3}	HY/T 003.8—91
			（2）磷钼酸铵-碘铋酸铯-β 计数法	3.7×10^{-3}	HY/T 003.8—91

注：1. 暂时采用下列分析方法，待国家标准发布后执行国家标准。

    a.《水和废水标准检验法》，第 15 版，中国建筑工业出版社，805～827，1985。

    b.环境科学，7（6）：75～79，1986。

    c.《辐射防护手册》，原子能出版社，2：259，1988。

  2. 见附录 A。

  3. 见附录 B。

  4. 六六六和 DDT 的检出限系指其四种异物检出限之和。

5 混合区的规定

污水集中排放形成的混合区，不得影响邻近功能区的水质和鱼类洄游通道。

附录 A（标准的附录）

无机氮的计算

无机氮是硝酸盐氮、亚硝酸盐氮和氨氮的总和，无机氮也称"活性氮"，或简称"三氮"。

在现行监测中，水样中的硝酸盐、亚硝酸盐和氨的浓度是以 μmol/L 表示总和。而本标准规定无机氮是以氮（N）计，单位采用 mg/L，因此，按下式计算无机氮：

$$c(N) = 14 \times 10^{-3}[c(NO_3^- - N) + c(NO_2 - N) + c(NH_3 - N)]$$

式中：$c(N)$——无机氮浓度，以 N 计，mg/L；

$c(NO_3^- - N)$——用监测方法测出的水样中硝酸盐的浓度，μmol/L；

$c(NO_2 - N)$——用监测方法测出的水样中亚硝酸盐的浓度，μmol/L；

$c(NH_3 - N)$——用监测方法测出的水样中氨的浓度，μmol/L。

附录 B（标准的附录）

非离子氨换算方法

按靛酚蓝法，次溴酸钠氧化法（GB 12763.4—91）测定得到的氨浓度（NH_3—N）看作是非离子氨与离子氨浓度的总和，非离子氨在氨的水溶液中的比例与水温、pH 值以及盐度有关。可按下述公式换算出非离子氨的浓度。

$$c(NH_3) = 14 \times 10^{-5} \cdot c(NH_3-N) \cdot f$$

$$f = 100/(10^{pK_a^{S \cdot T}-pH} + 1)$$

$$pK_a^{S \cdot T} = 9.245 + 0.002\,949\,S + 0.032\,4\,(298-T)$$

式中：f——氨的水溶液中非离子氨的摩尔百分比；

$c(NH_3)$——现场温度、pH、盐度下，水样中非离子氨的浓度（以 N 计），mg/L；

$c(NH_3-N)$——用监测方法测得的水样中氨的浓度，μmol/L；

T——海水温度，K；

S——海水盐度；

pH——海水的 pH；

$pK_a^{S \cdot T}$——温度为 T（T=273+t），盐度为 S 的海水中的 NH_4^+ 的解离平衡常数 $K_a^{S \cdot T}$ 的负对数。

附加说明：

本标准由国家海洋局第三海洋研究所和青岛海洋大学负责起草。

本标准主要起草人：黄自强、张克、许昆灿、隋永年、孙淑媛、陆贤昆、林庆礼。

中华人民共和国国家标准

地表水环境质量标准

Environmental quality standards for surface water

GB 3838—2002
代替 GB 3838—88，GHZB 1—1999

前 言

为贯彻《中华人民共和国环境保护法》和《中华人民共和国水污染防治法》，防治水污染，保护地表水水质，保障人体健康，维护良好的生态系统，制定本标准。

本标准将标准项目分为：地表水环境质量标准基本项目、集中式生活饮用水地表水源地补充项目和集中式生活饮用水地表水源地特定项目。地表水环境质量标准基本项目适用于全国江河、湖泊、运河、渠道、水库等具有使用功能的地表水水域；集中式生活饮用水地表水源地补充项目和特定项目适用于集中式生活饮用水地表水源地一级保护区和二级保护区。集中式生活饮用水地表水源地特定项目由县级以上人民政府环境保护行政主管部门根据本地区地表水水质特点和环境管理的需要进行选择，集中式生活饮用水地表水源地补充项目和选择确定的特定项目作为基本项目的补充指标。

本标准项目共计 109 项，其中地表水环境质量标准基本项目 24 项，集中式生活饮用水地表水源地补充项目 5 项，集中式生活饮用水地表水源地特定项目 80 项。

与 GHZB 1—1999 相比，本标准在地表水环境质量标准基本项目中增加了总氮一项指标，删除了基本要求和亚硝酸盐、非离子氨及凯氏氮三项指标，将硫酸盐、氯化物、硝酸盐、铁、锰调整为集中式生活饮用水地表水源地补充项目，修订了 pH、溶解氧、氨氮、总磷、高锰酸盐指数、铅、粪大肠菌群七个项目的标准值，增加了集中式生活饮用水地表水源地特定项目 40 项。本标准删除了湖泊水库特定项目标准值。

县级以上人民政府环境保护行政主管部门及相关部门根据职责分工，按本标准对地表水各类水域进行监督管理。

与近海水域相连的地表水河口水域根据水环境功能按本标准相应类别标准值进行管理，近海水功能区水域根据使用功能按《海水水质标准》相应类别标准值进行管理。批准划定的单一渔业水域按《渔业水质标准》进行管理；处理后的城市污水及与城市污水水质相近的工业废水用于农田灌溉用水的水质按《农田灌溉水质标准》进行管理。

《地面水环境质量标准》（GB 3838—83）为首次发布，1988 年为第一次修订，1999 年为第二次修订，本次为第三次修订。本标准自 2002 年 6 月 1 日起实施，《地面水环境质量标准》（GB 3838—88）和《地表水环境质量标准》（GHZB 1—1999）同时废止。

本标准由国家环境保护总局科技标准司提出并归口。

本标准由中国环境科学研究院负责修订。

本标准由国家环境保护总局 2002 年 4 月 26 日批准。

本标准由国家环境保护总局负责解释。

1 范 围

1.1 本标准按照地表水环境功能分类和保护目标，规定了水环境质量应控制的项目及限值，以及水质评价、水质项目的分析方法和标准的实施与监督。

1.2 本标准适用于中华人民共和国领域内江河、湖泊、运河、渠道、水库等具有使用功能的地表水水域。具有特定功能的水域，执行相应的专业用水水质标准。

2 引用标准

《生活饮用水卫生规范》（卫生部，2001 年）和本标准表 4～表 6 所列分析方法标准及规范中所含条文在本标准中被引用即构成为本标准条文，与本标准同效。当上述标准和规范被修订时，应使用其最新版本。

3 水域功能和标准分类

依据地表水水域环境功能和保护目标，按功能高低依次划分为五类：

Ⅰ类　主要适用于源头水、国家自然保护区；

Ⅱ类　主要适用于集中式生活饮用水地表水源地一级保护区、珍稀水生生物栖息地、鱼虾类产卵场、仔稚幼鱼的索饵场等；

Ⅲ类　主要适用于集中式生活饮用水地表水源地二级保护区、鱼虾类越冬场、洄游通道、水产养殖区等渔业水域及游泳区；

Ⅳ类　主要适用于一般工业用水区及人体非直接接触的娱乐用水区；

Ⅴ类　主要适用于农业用水区及一般景观要求水域。

对应地表水上述五类水域功能，将地表水环境质量标准基本项目标准值分为五类，不同功能类别分别执行相应类别的标准值。水域功能类别高的标准值严于水域功能类别低的标准值。同一水域兼有多类使用功能的，执行最高功能类别对应的标准值。实现水域功能与达功能类别标准为同一含义。

4 标准值

4.1 地表水环境质量标准基本项目标准限值见表 1。

4.2 集中式生活饮用水地表水源地补充项目标准限值见表 2。

4.3 集中式生活饮用水地表水源地特定项目标准限值见表 3。

表1　地表水环境质量标准基本项目标准限值　　　　　　　　　　　　　单位：mg/L

序号	标准值　分类　项目		I类	II类	III类	IV类	V类
1	水温（℃）		人为造成的环境水温变化应限制在：周平均最大温升≤1；周平均最大温降≤2				
2	pH（无量纲）		6～9				
3	溶解氧	≥	饱和率90%（或7.5）	6	5	3	2
4	高锰酸盐指数	≤	2	4	6	10	15
5	化学需氧量（COD）	≤	15	15	20	30	40
6	五日生化需氧量（BOD_5）	≤	3	3	4	6	10
7	氨氮（NH_3-N）	≤	0.15	0.5	1.0	1.5	2.0
8	总磷（以P计）	≤	0.02（湖、库0.01）	0.1（湖、库0.025）	0.2（湖、库0.05）	0.3（湖、库0.1）	0.4（湖、库0.2）
9	总氮（湖、库，以N计）	≤	0.2	0.5	1.0	1.5	2.0
10	铜	≤	0.01	1.0	1.0	1.0	1.0
11	锌	≤	0.05	1.0	1.0	2.0	2.0
12	氟化物（以F^-计）	≤	1.0	1.0	1.0	1.5	1.5
13	硒	≤	0.01	0.01	0.01	0.02	0.02
14	砷	≤	0.05	0.05	0.05	0.1	0.1
15	汞	≤	0.000 05	0.000 05	0.000 1	0.001	0.001
16	镉	≤	0.001	0.005	0.005	0.005	0.01
17	铬（六价）	≤	0.01	0.05	0.05	0.05	0.1
18	铅	≤	0.01	0.01	0.05	0.05	0.1
19	氰化物	≤	0.005	0.05	0.2	0.2	0.2
20	挥发酚	≤	0.002	0.002	0.005	0.01	0.1
21	石油类	≤	0.05	0.05	0.05	0.5	1.0
22	阴离子表面活性剂	≤	0.2	0.2	0.2	0.3	0.3
23	硫化物	≤	0.05	0.1	0.2	0.5	1.0
24	粪大肠菌群（个/L）	≤	200	2 000	10 000	20 000	40 000

表2　集中式生活饮用水地表水源地补充项目标准限值　　　　　　　　　单位：mg/L

序号	项目	标准值
1	硫酸盐（以SO_4^{2-}计）	250
2	氯化物（以Cl^-计）	250
3	硝酸盐（以N计）	10
4	铁	0.3
5	锰	0.1

表3 集中式生活饮用水地表水源地特定项目标准限值 单位：mg/L

序号	项目	标准值	序号	项目	标准值
1	三氯甲烷	0.06	41	丙烯酰胺	0.000 5
2	四氯化碳	0.002	42	丙烯腈	0.1
3	三溴甲烷	0.1	43	邻苯二甲酸二丁酯	0.003
4	二氯甲烷	0.02	44	邻苯二甲酸二（2-乙基己基）酯	0.008
5	1,2-二氯乙烷	0.03	45	水合肼	0.01
6	环氧氯丙烷	0.02	46	四乙基铅	0.000 1
7	氯乙烯	0.005	47	吡啶	0.2
8	1,1-二氯乙烯	0.03	48	松节油	0.2
9	1,2-二氯乙烯	0.05	49	苦味酸	0.5
10	三氯乙烯	0.07	50	丁基黄原酸	0.005
11	四氯乙烯	0.04	51	活性氯	0.01
12	氯丁二烯	0.002	52	滴滴涕	0.001
13	六氯丁二烯	0.000 6	53	林丹	0.002
14	苯乙烯	0.02	54	环氧七氯	0.000 2
15	甲醛	0.9	55	对硫磷	0.003
16	乙醛	0.05	56	甲基对硫磷	0.002
17	丙烯醛	0.1	57	马拉硫磷	0.05
18	三氯乙醛	0.01	58	乐果	0.08
19	苯	0.01	59	敌敌畏	0.05
20	甲苯	0.7	60	敌百虫	0.05
21	乙苯	0.3	61	内吸磷	0.03
22	二甲苯①	0.5	62	百菌清	0.01
23	异丙苯	0.25	63	甲萘威	0.05
24	氯苯	0.3	64	溴氰菊酯	0.02
25	1,2-二氯苯	1.0	65	阿特拉津	0.003
26	1,4-二氯苯	0.3	66	苯并[a]芘	2.8×10^{-6}
27	三氯苯②	0.02	67	甲基汞	1.0×10^{-6}
28	四氯苯③	0.02	68	多氯联苯⑥	2.0×10^{-5}
29	六氯苯	0.05	69	微囊藻毒素-LR	0.001
30	硝基苯	0.017	70	黄磷	0.003
31	二硝基苯④	0.5	71	钼	0.07
32	2,4-二硝基甲苯	0.000 3	72	钴	1.0
33	2,4,6-三硝基甲苯	0.5	73	铍	0.002
34	硝基氯苯⑤	0.05	74	硼	0.5
35	2,4-二硝基氯苯	0.5	75	锑	0.005
36	2,4-二氯苯酚	0.093	76	镍	0.02
37	2,4,6-三氯苯酚	0.2	77	钡	0.7
38	五氯酚	0.009	78	钒	0.05
39	苯胺	0.1	79	钛	0.1
40	联苯胺	0.000 2	80	铊	0.000 1

注：① 二甲苯：指对-二甲苯、间-二甲苯、邻-二甲苯。

② 三氯苯：指1,2,3-三氯苯、1,2,4-三氯苯、1,3,5-三氯苯。

③ 四氯苯：指1,2,3,4-四氯苯、1,2,3,5-四氯苯、1,2,4,5-四氯苯。

④ 二硝基苯：指对-二硝基苯、间-二硝基苯、邻-二硝基苯。

⑤ 硝基氯苯：指对-硝基氯苯、间-硝基氯苯、邻-硝基氯苯。

⑥ 多氯联苯：指PCB-1016、PCB-1221、PCB-1232、PCB-1242、PCB-1248、PCB-1254、PCB-1260。

5 水质评价

5.1 地表水环境质量评价应根据应实现的水域功能类别，选取相应类别标准，进行单因子评价，评价结果应说明水质达标情况，超标的应说明超标项目和超标倍数。

5.2 丰、平、枯水期特征明显的水域，应分水期进行水质评价。

5.3 集中式生活饮用水地表水源地水质评价的项目应包括表 1 中的基本项目、表 2 中的补充项目以及由县级以上人民政府环境保护行政主管部门从表 3 中选择确定的特定项目。

6 水质监测

6.1 本标准规定的项目标准值，要求水样采集后自然沉降 30 min，取上层非沉降部分按规定方法进行分析。

6.2 地表水水质监测的采样布点、监测频率应符合国家地表水环境监测技术规范的要求。

6.3 本标准水质项目的分析方法应优先选用表 4～表 6 规定的方法，也可采用 ISO 方法体系等其他等效分析方法，但须进行适用性检验。

表 4　地表水环境质量标准基本项目分析方法

序号	项目	分析方法	最低检出限/（mg/L）	方法来源
1	水温	温度计法		GB 13195—91
2	pH	玻璃电极法		GB 6920—86
3	溶解氧	碘量法	0.2	GB 7489—87
		电化学探头法		GB 11913—89
4	高锰酸盐指数		0.5	GB 11892—89
5	化学需氧量	重铬酸盐法	10	GB 11914—89
6	五日生化需氧量	稀释与接种法	2	GB 7488—87
7	氨氮	纳氏试剂比色法	0.05	GB 7479—87
		水杨酸分光光度法	0.01	GB 7481—87
8	总磷	钼酸铵分光光度法	0.01	GB 11893—89
9	总氮	碱性过硫酸钾消解紫外分光光度法	0.05	GB 11894—89
10	铜	2,9-二甲基-1,10-菲啰啉分光光度法	0.06	GB 7473—87
		二乙基二硫代氨基甲酸钠分光光度法	0.010	GB 7474—87
		原子吸收分光光度法（螯合萃取法）	0.001	GB 7475—87
11	锌	原子吸收分光光度法	0.05	GB 7475—87
12	氟化物	氟试剂分光光度法	0.05	GB 7483—87
		离子选择电极法	0.05	GB 7484—87
		离子色谱法	0.02	HJ/T 84—2001
13	硒	2,3-二氨基萘荧光法	0.000 25	GB 11902—89
		石墨炉原子吸收分光光度法	0.003	GB/T 15505—1995
14	砷	二乙基二硫代氨基甲酸银分光光度法	0.007	GB 7485—87
		冷原子荧光法	0.000 06	1)
15	汞	冷原子吸收分光光度法	0.000 05	GB 7468—87
		冷原子荧光法	0.000 05	1)
16	镉	原子吸收分光光度法（螯合萃取法）	0.001	GB 7475—87

序号	项目	分析方法	最低检出限/（mg/L）	方法来源
17	铬（六价）	二苯碳酰二肼分光光度法	0.004	GB 7467—87
18	铅	原子吸收分光光度法（螯合萃取法）	0.01	GB 7475—87
19	氰化物	异烟酸-吡唑啉酮比色法	0.004	GB 7487—87
		吡啶-巴比妥酸比色法	0.002	
20	挥发酚	蒸馏后4-氨基安替比林分光光度法	0.002	GB 7490—87
21	石油类	红外分光光度法	0.01	GB/T 16488—1996
22	阴离子表面活性剂	亚甲蓝分光光度法	0.05	GB 7494—87
23	硫化物	亚甲基蓝分光光度法	0.005	GB/T 16489—1996
		直接显色分光光度法	0.004	GB/T 17133—1997
24	粪大肠菌群	多管发酵法、滤膜法		1)

注：暂采用下列分析方法，待国家方法标准公布后，执行国家标准。
1)《水和废水监测分析方法（第三版）》，中国环境科学出版社，1989年。

表5 集中式生活饮用水地表水源地补充项目分析方法

序号	项目	分析方法	最低检出限/（mg/L）	方法来源
1	硫酸盐	重量法	10	GB 11899—89
		火焰原子吸收分光光度法	0.4	GB 13196—91
		铬酸钡光度法	8	1)
		离子色谱法	0.09	HJ/T 84—2001
2	氯化物	硝酸银滴定法	10	GB 11896—89
		硝酸汞滴定法	2.5	1)
		离子色谱法	0.02	HJ/T 84—2001
3	硝酸盐	酚二磺酸分光光度法	0.02	GB 7480—87
		紫外分光光度法	0.08	
		离子色谱法	0.08	HJ/T 84—2001
4	铁	火焰原子吸收分光光度法	0.03	GB 11911—89
		邻菲啰啉分光光度法	0.03	1)
5	锰	高碘酸钾分光光度法	0.02	GB 11906—89
		火焰原子吸收分光光度法	0.01	GB 11911—89
		甲醛肟光度法	0.01	1)

注：暂采用下列分析方法，待国家方法标准发布后，执行国家标准。
1)《水和废水监测分析方法（第三版）》，中国环境科学出版社，1989年。

表6 集中式生活饮用水地表水源地特定项目分析方法

序号	项目	分析方法	最低检出限/（mg/L）	方法来源
1	三氯甲烷	顶空气相色谱法	0.000 3	GB/T 17130—1997
		气相色谱法	0.000 6	2)
2	四氯化碳	顶空气相色谱法	0.000 05	GB/T 17130—1997
		气相色谱法	0.000 3	2)
3	三溴甲烷	顶空气相色谱法	0.001	GB/T 17130—1997
		气相色谱法	0.006	2)
4	二氯甲烷	顶空气相色谱法	0.008 7	2)

序号	项目	分析方法	最低检出限/（mg/L）	方法来源
5	1,2-二氯乙烷	顶空气相色谱法	0.012 5	2)
6	环氧氯丙烷	气相色谱法	0.02	2)
7	氯乙烯	气相色谱法	0.001	2)
8	1,1-二氯乙烯	吹出捕集气相色谱法	0.000 018	2)
9	1,2-二氯乙烯	吹出捕集气相色谱法	0.000 012	2)
10	三氯乙烯	顶空气相色谱法	0.000 5	GB/T 17130—1997
		气相色谱法	0.003	2)
11	四氯乙烯	顶空气相色谱法	0.000 2	GB/T 17130—1997
		气相色谱法	0.001 2	2)
12	氯丁二烯	顶空气相色谱法	0.002	2)
13	六氯丁二烯	气相色谱法	0.000 02	2)
14	苯乙烯	气相色谱法	0.01	2)
15	甲醛	乙酰丙酮分光光度法	0.05	GB 13197—91
		4-氨基-3-联氨-5-巯基-1,2,4-三氮杂茂（AHMT）分光光度法	0.05	2)
16	乙醛	气相色谱法	0.24	2)
17	丙烯醛	气相色谱法	0.019	2)
18	三氯乙醛	气相色谱法	0.001	2)
19	苯	液上气相色谱法	0.005	GB 11890—89
		顶空气相色谱法	0.000 42	
20	甲苯	液上气相色谱法	0.005	GB 11890—89
		二硫化碳萃取气相色谱法	0.05	
		气相色谱法	0.01	2)
21	乙苯	液上气相色谱法	0.005	GB 11890—89
		二硫化碳萃取气相色谱法	0.05	
		气相色谱法	0.01	2)
22	二甲苯	液上气相色谱法	0.005	GB 11890—89
		二硫化碳萃取气相色谱法	0.05	
		气相色谱法	0.01	2)
23	异丙苯	顶空气相色谱法	0.003 2	2)
24	氯苯	气相色谱法	0.01	HJ/T 74—2001
25	1,2-二氯苯	气相色谱法	0.002	GB/T 17131—1997
26	1,4-二氯苯	气相色谱法	0.005	GB/T 17131—1997
27	三氯苯	气相色谱法	0.000 04	2)
28	四氯苯	气相色谱法	0.000 02	2)
29	六氯苯	气相色谱法	0.000 02	2)
30	硝基苯	气相色谱法	0.000 2	GB 13194—91
31	二硝基苯	气相色谱法	0.2	2)
32	2,4-二硝基甲苯	气相色谱法	0.000 3	GB 13194—91
33	2,4,6-三硝基甲苯	气相色谱法	0.1	2)
34	硝基氯苯	气相色谱法	0.000 2	GB 13194—91
35	2,4-二硝基氯苯	气相色谱法	0.1	2)
36	2,4-二氯苯酚	电子捕获-毛细色谱法	0.000 4	2)

序号	项目	分析方法	最低检出限/（mg/L）	方法来源
37	2,4,6-三氯苯酚	电子捕获-毛细色谱法	0.000 04	2)
38	五氯酚	气相色谱法	0.000 04	GB 8972—88
		电子捕获-毛细色谱法	0.000 024	2)
39	苯胺	气相色谱法	0.002	2)
40	联苯胺	气相色谱法	0.000 2	3)
41	丙烯酰胺	气相色谱法	0.000 15	2)
42	丙烯腈	气相色谱法	0.10	2)
43	邻苯二甲酸二丁酯	液相色谱法	0.000 1	HJ/T 72—2001
44	邻苯二甲酸二(2-乙基己基)酯	气相色谱法	0.000 4	2)
45	水合肼	对二甲氨基苯甲醛直接分光光度法	0.005	2)
46	四乙基铅	双硫腙比色法	0.000 1	2)
47	吡啶	气相色谱法	0.031	GB/T 14672—93
		巴比土酸分光光度法	0.05	2)
48	松节油	气相色谱法	0.02	2)
49	苦味酸	气相色谱法	0.001	2)
50	丁基黄原酸	铜试剂亚铜分光光度法	0.002	2)
51	活性氯	N,N-二乙基对苯二胺（DPD）分光光度法	0.01	2)
		3,3',5,5'-四甲基联苯胺比色法	0.005	2)
52	滴滴涕	气相色谱法	0.000 2	GB 7492—87
53	林丹	气相色谱法	4×10^{-6}	GB 7492—87
54	环氧七氯	液液萃取气相色谱法	0.000 083	2)
55	对硫磷	气相色谱法	0.000 54	GB 13192—91
56	甲基对硫磷	气相色谱法	0.000 42	GB 13192—91
57	马拉硫磷	气相色谱法	0.000 64	GB 13192—91
58	乐果	气相色谱法	0.000 57	GB 13192—91
59	敌敌畏	气相色谱法	0.000 06	GB 13192—91
60	敌百虫	气相色谱法	0.000 051	GB 13192—91
61	内吸磷	气相色谱法	0.002 5	2)
62	百菌清	气相色谱法	0.000 4	2)
63	甲萘威	高效液相色谱法	0.01	2)
64	溴氰菊酯	气相色谱法	0.000 2	2)
		高效液相色谱法	0.002	2)
65	阿特拉津	气相色谱法		3)
66	苯并[a]芘	乙酰化滤纸层析荧光分光光度法	4×10^{-6}	GB 11895—89
		高效液相色谱法	1×10^{-6}	GB 13198—91
67	甲基汞	气相色谱法	1×10^{-8}	GB/T 17132—1997
68	多氯联苯	气相色谱法		3)
69	微囊藻毒素-LR	高效液相色谱法	0.000 01	2)
70	黄磷	钼-锑-抗分光光度法	0.002 5	2)
71	钼	无火焰原子吸收分光光度法	0.002 31	2)

序号	项目	分析方法	最低检出限/（mg/L）	方法来源
72	钴	无火焰原子吸收分光光度法	0.001 91	2)
73	铍	铬菁 R 分光光度法	0.000 2	HJ/T 58—2000
		石墨炉原子吸收分光光度法	0.000 02	HJ/T 59—2000
		桑色素荧光分光光度法	0.000 2	2)
74	硼	姜黄素分光光度法	0.02	HJ/T 49—1999
		甲亚胺-H 分光光度法	0.2	2)
75	锑	氢化原子吸收分光光度法	0.000 25	2)
76	镍	无火焰原子吸收分光光度法	0.002 48	2)
77	钡	无火焰原子吸收分光光度法	0.006 18	2)
78	钒	钽试剂（BPHA）萃取分光光度法	0.018	GB/T 15503—1995
		无火焰原子吸收分光光度法	0.006 98	2)
79	钛	催化示波极谱法	0.000 4	2)
		水杨基荧光酮分光光度法	0.02	2)
80	铊	无火焰原子吸收分光光度法	4×10^{-6}	2)

注：暂采用下列分析方法，待国家方法标准发布后，执行国家标准。
 1)《水和废水监测分析方法（第三版）》，中国环境科学出版社，1989 年。
 2)《生活饮用水卫生规范》，中华人民共和国卫生部，2001 年。
 3)《水和废水标准检验法（第 15 版）》，中国建筑工业出版社，1985 年。

7 标准的实施与监督

7.1 本标准由县级以上人民政府环境保护行政主管部门及相关部门按职责分工监督实施。

7.2 集中式生活饮用水地表水源地水质超标项目经自来水厂净化处理后，必须达到《生活饮用水卫生规范》的要求。

7.3 省、自治区、直辖市人民政府可以对本标准中未作规定的项目，制订地方补充标准，并报国务院环境保护行政主管部门备案。

中华人民共和国国家标准

农田灌溉水质标准

Standards for irrigation water quality

GB 5084—2005
代替 GB 5084—1992

前言

为贯彻执行《中华人民共和国环境保护法》，防止土壤、地下水和农产品污染，保障人体健康，维护生态平衡，促进经济发展，特制定本标准。本标准的全部技术内容为强制性。

本标准将控制项目分为基本控制项目和选择性控制项目。基本控制项目适用于全国以地表水、地下水和处理后的养殖业废水及以农产品为原料加工的工业废水为水源的农田灌溉用水；选择性控制项目由县级以上人民政府环境保护和农业行政主管部门，根据本地区农业水源水质特点和环境、农产品管理的需要进行选择控制，所选择的控制项目作为基本控制项目的补充指标。

本标准控制项目共计 27 项，其中农田灌溉用水水质基本控制项目 16 项，选择性控制项目 11 项。

本标准与 GB 5084—1992 相比，删除了凯氏氮、总磷两项指标。修订了五日生化需氧量、化学需氧量、悬浮物、氯化物、总镉、总铅、总铜、粪大肠菌群数和蛔虫卵数等 9 项指标。

本标准由中华人民共和国农业部提出。

本标准由中华人民共和国农业部归口并解释。

本标准由农业部环境保护科研监测所负责起草。

本标准主要起草人：王德荣、张泽、徐应明、宁安荣、沈跃。

本标准于 1985 年首次发布，1992 年第一次修订，本次为第二次修订。

1 范围

本标准规定了农田灌溉水质要求、监测和分析方法。

本标准适用于全国以地表水、地下水和处理后的养殖业废水及以农产品为原料加工的工业废水作为水源的农田灌溉用水。

2 规范性引用文件

下列文件中的条款通过本标准的引用而成为本标准的条款。凡是注日期的引用文件，其随后所有的修改单（不包括勘误的内容）和修订版均不适用于本标准。然而，鼓励根据本标准达成协议的各方研究是否可使用这些文件的最新版本。凡是不注日期的引用文件，其最新版本适用于本标准。

GB/T 5750—1985　生活饮用水标准检验法
GB/T 6920　水质　pH值的测定　玻璃电极法
GB/T 7467　水质　六价铬的测定　二苯碳酰二肼分光光度法
GB/T 7468　水质　总汞的测定　冷原子吸收分光光度法
GB/T 7475　水质铜、锌、铅、镉的测定原子吸收分光光度法
GB/T 7484　水质　氟化物的测定　离子选择电极法
GB/T 7485　水质总砷的测定　二乙基二硫代氨基甲酸银分光光度法
GB/T 7486　水质氰化物的测定第一部分总氰化物的测定
GB/T 7488　水质　五日生化需氧量（BOD_5）的测定　稀释与接种法
GB/T 7490　水质挥发酚的测定蒸馏后4-氨基安替比林分光光度法
GB/T 7494　水质　阴离子表面活性剂的测定亚甲蓝分光光度法
GB/T 11896　水质氯化物的测定　硝酸银滴定法
GB/T 11901　水质　悬浮物的测定　重量法
GB/T 11902　水质硒的测定 2,3-二氨基萘荧光法
GB/T 11914　水质化学需氧量的测定重铬酸盐法
GB/T 11934　水源水中乙醛、丙烯醛卫生检验标准方法　气相色谱法
GB/T 11937　水源水中苯系物卫生检验标准方法气相色谱法
GB/T 13195　水质水温的测定　温度计或颠倒温度计测定法
GB/T 16488　水质石油类和动植物油的测定　红外光度法
GB/T 16489　水质硫化物的测定　亚甲基蓝分光光度法
HJ/T 49　水质　硼的测定姜黄素分光光度法
HJ/T 50　水质　三氯乙醛的测定　吡唑啉酮分光光度法
HJ/T 51　水质　全盐量的测定重量法
NY/T　396农用水源环境质量检测技术规范

3 技术内容

3.1 农田灌溉用水水质应符合表1、表2的规定。

表1　农田灌溉用水水质基本控制项目标准值

序号	项目类别		作物种类		
			水作	旱作	蔬菜
1	五日生化需氧量/（mg/L）	≤	60	100	40[a]，15[b]
2	化学需氧量/（mg/L）	≤	150	200	100[a]，60[b]

序号	项目类别		作物种类		
			水作	旱作	蔬菜
3	悬浮物/（mg/L）	≤	80	100	60[a], 15[b]
4	阴离子表面活性剂,（mg/L）	≤	5	8	5
5	水温/℃	≤	35		
6	pH		5.5～8.5		
7	全盐量/（mg/L）	≤	1000[c]（非盐碱土地区），2000[c]（盐碱土地区）		
8	氯化物/（mg/L）	≤	350		
9	硫化物/（mg/L）	≤	1		
10	总汞/（mg/L）	≤	0.001		
11	镉/（mg/L）	≤	0.01		
12	总砷/（mg/L）	≤	0.05	0.1	0.05
13	铬（六价）/（mg/L）	≤	0.1		
14	铅/（mg/L）	≤	0.2		
15	粪大肠菌群数/（个/100 mL）	≤	4 000	4 000	2 000[a], 1 000[b]
16	蛔虫卵数/（个/L）	≤	2		2[a], 10

[a] 加工、烹调及去皮蔬菜.
[b] 生食类蔬菜、瓜类和草本水果。
[c] 具有一定的水利灌排设施，能保证一定的排水和地下水径流条件的地区，或有一定淡水资源能满足冲洗土体中盐分的地区，农田灌溉水质全盐量指标可以适当放宽。

表 2 农田灌溉用水水质选择性控制项目标准值

序号	项目类别		作物种类		
			水作	旱作	蔬菜
1	铜/（mg/L）	≤	0.5	1	
2	锌/（mg/L）	≤	2		
3	硒/（mg/L）	≤	0.02		
4	氟化物/（mg/L）	≤	2（一般地区），3（高氟区）		
5	氰化物/（mg/L）	≤	0.5		
6	石油类/（mg/L）	≤	5	10	1
7	挥发酚/（mg/L）	≤	1		
8	苯/（mg/L）	≤	2.5		
9	三氯乙醛/（mg/L）	≤	1	0.5	0.5
10	丙烯醛/（mg/L）	≤	0.5		
11	硼/（mg/L）	≤	1[a]（对硼敏感作物），2[b]（对硼耐受性较强的作物），3[c]（对硼耐受性强的作物）		

[a] 对硼敏感作物，如黄瓜、豆类、马铃薯、笋瓜、韭菜、洋葱、柑橘等。
[b] 对硼耐受性较强的作物，如小麦、玉米、青椒、小白菜、葱等。
[c] 对硼耐受性强的作物，如水稻、萝卜、油菜、甘蓝等。

3.2 向农田灌溉渠道排放处理后的养殖业废水及以农产品为原料加工的工业废水,应保证其下游最近灌溉取水点的水质符合本标准。

3.3 当本标准不能满足当地环境保护需要或农业生产需要时,各省、自治区、直辖市人民政府可以补充本标准中未规定的项目或制定严于本标准的相关项目,作为地方补充标准,并报国务院环境保护行政主管部门和农业行政主管部门备案。

4 监测与分析方法

4.1 监测

4.1.1 农田灌溉用水水质基本控制项目,监测项目的布点监测频率应符合 NY/T 396 的要求。

4.1.2 农田灌溉用水水质选择性控制项目,由地方主管部门根据当地农业水源的来源和可能的污染物种类选择相应的控制项目,所选择的控制项目监测布点和频率应符合 NY/T 396 的要求。

4.2 分析方法

本标准控制项目分析方法按表 3 执行。

表3 农田灌溉水质控制项目分析方法

序号	分析项目	测定方法	方法来源
1	生化需氧量(BOD$_5$)	稀释与接种法	GB/T 7488
2	化学需氧量	重铬酸盐法	GB/T 11914
3	悬浮物	重量法	GB/T 11901
4	阴离子表面活性剂	亚甲蓝分光光度法	GB/T 7494
5	水温	温度计或颠倒温度计测定法	GB/T 13195
6	pH	玻璃电极法	GB/T 6920
7	全盐量	重量法	HJ/T51
8	氯化物	硝酸银滴定法	GB/T 11896
9	硫化物	亚甲基蓝分光光度法	GB/T 16489
10	总汞	冷原子吸收分光光度法	GB/T 7468
11	镉	原子吸收分光光度法	GB/T 7475
12	总砷	二乙基二硫代氨基甲酸银分光光度法	GB/T 7485
13	铬(六价)	二苯碳酰二肼分光光度法	GB/T 7467
14	铅	原子吸收分光光度法	GB/T 7475
15	铜	原子吸收分光光度法	GB/T 7475
16	锌	原子吸收分光光度法	GB/T 7475
17	硒	2,3-二氨基萘荧光法	GB/T 11902
18	氟化物	离子选择电极法	GB/T 7484
19	氰化物	硝酸银滴定法	GB/T 7486
20	石油类	红外光度法	GB/T 16488
21	挥发酚	蒸馏后 4-氨基安替比林分光光度法	GB/T 7490
22	苯	气相色谱法	GB/T 11937
23	三氯乙醛	吡唑啉酮分光光度法	HJ/T50

序号	分析项目	测定方法	方法来源
24	丙烯醛	气相色谱法	GB/T 11934
25	硼	姜黄索分光光度法	HJ/T49
26	粪大肠菌群数	多管发酵法	GB/T 5750—1985
27	蛔虫卵数	沉淀集卵法	《农业环境监测实用手册》第三章中"水质污水蛔虫卵的测定沉淀集卵法"

a 暂采用此方法，待国家方法标准颁布后，执行国家标准。

参考文献

[1]刘凤枝. 农业环境监测实用手册[M]. 北京：中国标准出版社，2001.

中华人民共和国国家标准

渔业水质标准

Water quality standard for fisheries

GB 11607—89

为贯彻执行中华人民共和国《环境保护法》、《水污染防治法》和《海洋环境保护法》、《渔业法》，防止和控制渔业水域水质污染，保证鱼、虾、贝、藻类正常生长、繁殖和水产品的质量，特制订本标准。

1 主题内容与适用范围

本标准适用于鱼虾类的产卵场、索饵场、越冬场、洄游通道和水产增养殖区等海、淡水的渔业水域。

2 引用标准

  GB 5750 生活饮用水标准检验法
  GB 6920 水质 pH 值的测定 玻璃电极法
  GB 7467 水质 六价铬的测定 二碳酰二肼分光光度法
  GB 7468 水质 总汞测定 冷原子吸收分光光度法
  GB 7469 水质 总汞测定 高锰酸钾－过硫酸钾消除法 双硫腙分光光度法
  GB 7470 水质 铅的测定 双硫腙分光光度法
  GB 7471 水质 镉的测定 双硫腙分光光度法
  GB 7472 水质 锌的测定 双硫腙分光光度法
  GB 7474 水质 铜的测定 二乙基二硫代氨基甲酸钠分光光度法
  GB 7475 水质 铜、锌、铅、镉的测定 原子吸收分光光度法
  GB 7479 水质 铵的测定 纳氏试剂比色法
  GB 7481 水质 氨的测定 水杨酸分光光度法
  GB 7482 水质 氟化物的测定 茜素磺酸锆目视比色法
  GB 7484 水质 氟化物的测定 离子选择电极法
  GB 7485 水质 总砷的测定 二乙基二硫代氨基甲酸银分光光度法
  GB 7486 水质 氰化物的测定 第一部分：总氰化物的测定
  GB 7488 水质 五日生化需氧量（BOD_5） 稀释与接种法
  GB 7489 水质 溶解氧的测定 碘量法
  GB 7490 水质 挥发酚的测定 蒸馏后 4-氨基安替比林分光光度法

GB 7492　水质　六六六、滴滴涕的测定　气相色谱法
GB 8972　水质　五氯酚钠的测定　气相色谱法
GB 9803　水质　五氯酚钠的测定　藏红T分光光度法
GB 11891　水质　凯氏氮的测定
GB 11901　水质　悬浮物的测定　重量法
GB 11910　水质　镍的测定　丁二铜肟分光光度法
GB 11911　水质　铁、锰的测定　火焰原子吸收分光光度法
GB 11912　水质　镍的测定　火焰原子吸收分光光度法

3　渔业水质要求

3.1　渔业水域的水质，应符合渔业水质标准（见表1）。

表1　渔业水质标准　　　　　　　　　　　　　　　mg/L

项目序号	项　目	标　准　值
1	色、臭、味	不得使鱼、虾、贝、藻类带有异色、异臭、异味
2	漂浮物质	水面不得出现明显油膜或浮沫
3	悬浮物质	人为增加的量不得超过10，而且悬浮物质沉积于底部后，不得对鱼、虾、贝类产生有害的影响
4	pH值	淡水6.5～8.5，海水7.0～8.5
5	溶解氧	连续24 h中，16 h以上必须大于5，其余任何时候不得低于3，对于鲑科鱼类栖息水域冰封期其余任何时候不得低于4
6	生化需氧量（五天、20℃）	不超过5，冰封期不超过3
7	总大肠菌群	不超过5 000个/L（贝类养殖水质不超过500个/L）
8	汞	≤0.000 5
9	镉	≤0.005
10	铅	≤0.05
11	铬	≤0.1
12	铜	≤0.01
13	锌	≤0.1
14	镍	≤0.05
15	砷	≤0.05
16	氰化物	≤0.005
17	硫化物	≤0.2
18	氟化物（以F^-计）	≤1
19	非离子氨	≤0.02
20	凯氏氮	≤0.05
21	挥发性酚	≤0.005
22	黄磷	≤0.001
23	石油类	≤0.05
24	丙烯腈	≤0.5
25	丙烯醛	≤0.02

项目序号	项 目	标 准 值
26	六六六（丙体）	≤0.002
27	滴滴涕	≤0.001
28	马拉硫磷	≤0.005
29	五氯酚钠	≤0.01
30	乐果	≤0.1
31	甲胺磷	≤1
32	甲基对硫磷	≤0.000 5
33	呋喃丹	≤0.01

3.2 各项标准数值系指单项测定最高允许值。

3.3 标准值单项超标，即表明不能保证鱼、虾、贝正常生长繁殖，并产生危害，危害程度应参考背景值、渔业环境的调查数据及有关渔业水质基准资料进行综合评价。

4 渔业水质保护

4.1 任何企、事业单位和个体经营者排放的工业废水、生活污水和有害废弃物，必须采取有效措施，保证最近渔业水域的水质符合本标准。

4.2 未经处理的工业废水、生活污水和有害废弃物严禁直接排入鱼、虾类的产卵场、索饵场、越冬场和鱼、虾、贝、藻类的养殖场及珍贵水生动物保护区。

4.3 严禁向渔业水域排放含病源体的污水；如需排放此类污水，必须经过处理和严格消毒。

5 标准实施

5.1 本标准由各级渔政监督管理部门负责监督与实施，监督实施情况，定期报告同级人民政府环境保护部门。

5.2 在执行国家有关污染物排放标准中，如不能满足地方渔业水质要求时，省、自治区、直辖市人民政府可制定严于国家有关污染排放标准的地方污染物排放标准，以保证渔业水质的要求，并报国务院环境保护部门和渔业行政主管部门备案。

5.3 本标准以外的项目，若对渔业构成明显危害时，省级渔政监督管理部门应组织有关单位制订地方补充渔业水质标准，报省级人民政府批准，并报国务院环境保护部门和渔业行政主管部门备案。

5.4 排污口所在水域形成的混合区不得影响鱼类洄游通道。

6 水质监测

6.1 本标准各项目的监测要求，按规定分析方法（见表2）进行监测。

6.2 渔业水域的水质监测工作，由各级渔政监督管理部门组织渔业环境监测站负责执行。

表2 渔业水质分析方法

序号	项 目	测 定 方 法	试验方法标准编号
3	悬浮物质	重量法	GB 11901
4	pH值	玻璃电极法	GB 6920

序号	项 目	测 定 方 法	试验方法标准编号
5	溶解氧	碘量法	GB 7489
6	生化需氧量	稀释与接种法	GB 7488
7	总大肠菌群	多管发酵法滤膜法	GB 5750
8	汞	冷原子吸收分光光度法	GB 7468
		高锰酸钾－过硫酸钾消解 双硫腙分光光度法	GB 7469
9	镉	原子吸收分光光度法	GB 7475
		双硫腙分光光度法	GB 7471
10	铅	原子吸收分光光度法	GB 7475
		双硫腙分光光度法	GB 7470
11	铬	二苯碳酰二肼分光光度法（高锰酸盐氧化）	GB 7467
12	铜	原子吸收分光光度法	GB 7475
		二乙基二硫代氨基甲酸钠分光光度法	GB 7474
13	锌	原子吸收分光光度法	GB 7475
		双硫腙分光光度法	GB 7472
14	镍	火焰原子吸收分光光度法	GB 11912
		丁二铜肟分光光度法	GB 11910
15	砷	二乙基二硫代氨基甲酸银分光光度法	GB 7485
16	氰化物	异烟酸－吡啶啉酮比色法 吡啶－巴比妥酸比色法	GB 7486
17	硫化物	对二甲氨基苯胺分光光度法[1]	
18	氟化物	茜素磺酸锆目视比色法	GB 7482
		离子选择电极法	GB 7484
19	非离子氨[2]	纳氏试剂比色法	GB 7479
		水杨酸分光光度法	GB 7481
20	凯氏氮		GB 11891
21	挥发性酚	蒸馏后 4-氨基安替比林分光光度法	GB 7490
22	黄磷		
23	石油类	紫外分光光度法[1]	
24	丙烯腈	高锰酸钾转化法[1]	
25	丙烯醛	4-己基间苯二酚分光光度法[1]	
26	六六六（丙体）	气相色谱法	GB 7492
27	滴滴涕	气相色谱法	GB 7492
28	马拉硫磷	气相色谱法[1]	
29	五氯酚钠	气相色谱法	GB 8972
		藏红剂分光光度法	GB 9803
30	乐果	气相色谱法[3]	
31	甲胺磷		
32	甲基对硫磷	气相色谱法[3]	
33	呋喃丹		

注：暂时采用下列方法，待国家标准发布后，执行国家标准。
1）渔业水质检验方法为农牧渔业部 1983 年颁布。
2）测得结果为总氨浓度，然后按表 A1、表 A2 换算为非离子浓度。
3）地面水水质监测检验方法为中国医学科学院卫生研究所 1978 年颁布。

附录 A（补充件）

总氨换算表

表 A1　氨的水溶液中非离子氨的百分比

温度 ℃	pH 值								
	6.0	6.5	7.0	7.5	8.0	8.5	9.0	9.5	10.0
5	0.013	0.040	0.12	0.39	1.2	3.8	11	28	56
10	0.019	0.059	0.19	0.59	1.8	5.6	16	37	65
15	0.027	0.087	0.27	0.86	2.7	8.0	21	46	73
20	0.040	0.13	1.40	1.2	3.8	11	28	56	80
25	0.057	0.18	1.57	1.8	5.4	15	36	64	85
30	0.080	0.25	2.80	2.5	7.5	20	45	72	89

表 A2　总氨（$NH_4^+ + NH_3$）浓度，其中非离子氨浓度 0.020 mg/L（NH_3）　　　　mg/L

温度 ℃	pH 值								
	6.0	6.5	7.0	7.5	8.0	8.5	9.0	9.5	10.0
5	160	51	16	5.1	1.6	0.53	0.18	0.071	0.036
10	110	34	11	3.4	1.1	0.36	0.13	0.054	0.031
15	73	23	7.3	2.3	0.75	0.25	0.093	0.043	0.027
20	50	16	5.1	1.6	0.52	0.18	0.070	0.036	0.025
25	35	11	3.5	1.1	0.37	0.13	0.055	0.031	0.024
30	25	7.6	2.5	0.81	0.27	0.099	0.045	0.028	0.022

附加说明：

　　本标准由国家环境保护局标准处提出。
　　本标准由渔业水质标准修订组负责起草。
本标准委托农业部渔政渔港监督管理局负责解释。

中华人民共和国国家标准

地下水质量标准

Quality standard for ground water

GB/T 14848—93

1 引言

为保护和合理开发地下水资源，防止和控制地下水污染，保障人民身体健康，促进经济建设，特制定本标准。

本标准是地下水勘查评价、开发利用和监督管理的依据。

2 主题内容与适用范围

2.1 本标准规定了地下水的质量分类，地下水质量监测、评价方法和地下水质量保护。

2.2 本标准适用于一般地下水，不适用于地下热水、矿水、盐卤水。

3 引用标准

GB 5750 生活饮用水标准检验方法。

4 地下水质量分类及质量分类指标

4.1 地下水质量分类

依据我国地下水水质现状、人体健康基准值及地下水质量保护目标，并参照了生活饮用水、工业、农业用水水质要求，将地下水质量划分为五类。

Ⅰ类 主要反映地下水化学组分的天然低背景含量。适用于各种用途。

Ⅱ类 主要反映地下水化学组分的天然背景含量。适用于各种用途。

Ⅲ类 以人体健康基准值为依据。主要适用于集中式生活饮用水水源及工、农业用水。

Ⅳ类 以农业和工业用水要求为依据。除适用于农业和部分工业用水外，适当处理后可作生活饮用水。

Ⅴ类 不宜饮用，其他用水可根据使用目的选用。

4.2 地下水质量分类指标（见表1）

根据地下水各指标含量特征，分为五类，它是地下水质量评价的基础。以地下水为水源的各类专门用水，在地下水质量分类管理基础上，可按有关专门用水标准进行管理。

表 1　地下水质量分类指标

项目序号	项目 \ 类别 标准值	I类	II类	III类	IV类	V类
1	色（度）	≤5	≤5	≤15	≤25	>25
2	嗅和味	无	无	无	无	有
3	浑浊度（度）	≤3	≤3	≤3	≤10	>10
4	肉眼可见物	无	无	无	无	有
5	pH		6.5～8.5		5.5～6.5, 8.5～9	<5.5, >9
6	总硬度（以 $CaCO_3$ 计）/（mg/L）	≤150	≤300	≤450	≤550	>550
7	溶解性总固体/（mg/L）	≤300	≤500	≤1 000	≤2 000	>2 000
8	硫酸盐/（mg/L）	≤50	≤150	≤250	≤350	>350
9	氯化物/（mg/L）	≤50	≤150	≤250	≤350	>350
10	铁（Fe）/（mg/L）	≤0.1	≤0.2	≤0.3	≤1.5	>1.5
11	锰（Mn）/（mg/L）	≤0.05	≤0.05	≤0.1	≤1.0	>1.0
12	铜（Cu）/（mg/L）	≤0.01	≤0.05	≤1.0	≤1.5	>1.5
13	锌（Zn）/（mg/L）	≤0.05	≤0.5	≤1.0	≤5.0	>5.0
14	钼（Mo）/（mg/L）	≤0.001	≤0.01	≤0.1	≤0.5	>0.5
15	钴（Co）/（mg/L）	≤0.005	≤0.05	≤0.05	≤1.0	>1.0
16	挥发性酚类（以苯酚计）/（mg/L）	≤0.001	≤0.001	≤0.002	≤0.01	>0.01
17	阴离子合成洗涤剂/（mg/L）	不得检出	≤0.1	≤0.3	≤0.3	>0.3
18	高锰酸盐指数/（mg/L）	≤1.0	≤2.0	≤3.0	≤10	>10
19	硝酸盐（以 N 计）/（mg/L）	≤2.0	≤5.0	≤20	≤30	>30
20	亚硝酸盐（以 N 计）/（mg/L）	≤0.001	≤0.01	≤0.02	≤0.1	>0.1
21	氨氮（NH_3）/（mg/L）	≤0.02	≤0.02	≤0.2	≤0.5	>0.5
22	氟化物/（mg/L）	≤1.0	≤1.0	≤1.0	≤2.0	>2.0
23	碘化物/（mg/L）	≤0.1	≤0.1	≤0.2	≤1.0	>1.0
24	氰化物/（mg/L）	≤0.001	≤0.01	≤0.05	≤0.1	>0.1
25	汞（Hg）/（mg/L）	≤0.000 05	≤0.000 5	≤0.001	≤0.001	>0.001
26	砷（As）/（mg/L）	≤0.005	≤0.01	≤0.05	≤0.05	>0.05
27	硒（Se）/（mg/L）	≤0.01	≤0.01	≤0.01	≤0.1	>0.1
28	镉（Cd）/（mg/L）	≤0.000 1	≤0.001	≤0.01	≤0.01	>0.01
29	铬（六价）（Cr^{6+}）/（mg/L）	≤0.005	≤0.01	≤0.05	≤0.1	>0.1
30	铅（Pb）/（mg/L）	≤0.005	≤0.01	≤0.05	≤0.1	>0.1
31	铍（Be）/（mg/L）	≤0.000 02	≤0.000 1	≤0.000 2	≤0.001	>0.001
32	钡（Ba）/（mg/L）	≤0.01	≤0.1	≤1.0	≤4.0	>4.0
33	镍（Ni）/（mg/L）	≤0.005	≤0.05	≤0.05	≤0.1	>0.1
34	滴滴涕/（μg/L）	不得检出	≤0.005	≤1.0	≤1.0	>1.0
35	六六六/（μg/L）	≤0.005	≤0.05	≤5.0	≤5.0	>5.0
36	总大肠菌群/（个/L）	≤3.0	≤3.0	≤3.0	≤100	>100
37	细菌总数/（个/ml）	≤100	≤100	≤100	≤1 000	>1 000
38	总α放射性/（Bq/L）	≤0.1	≤0.1	≤0.1	>0.1	>0.1
39	总β放射性/（Bq/L）	≤0.1	≤1.0	≤1.0	>1.0	>1.0

5 地下水水质监测

5.1 各地区应对地下水水质进行定期检测。检验方法，按国家标准 GB 5750《生活饮用水标准检验方法》执行。

5.2 各地地下水监测部门，应在不同质量类别的地下水域设立监测点进行水质监测，监测频率不得少于每年二次（丰、枯水期）。

5.3 监测项目为：pH、氨氮、硝酸盐、亚硝酸盐、挥发性酚类、氰化物、砷、汞、铬（六价）、总硬度、铅、氟、镉、铁、锰、溶解性总固体、高锰酸盐指数、硫酸盐、氯化物、大肠菌群，以及反映本地区主要水质问题的其他项目。

6 地下水质量评价

6.1 地下水质量评价以地下水水质调查分析资料或水质监测资料为基础，可分为单项组分评价和综合评价两种。

6.2 地下水质量单项组分评价，按本标准所列分类指标，划分为五类，代号与类别代号相同，不同类别标准值相同时，从优不从劣。

例：挥发性酚类 I、II 类标准值均为 0.001 mg/L，若水质分析结果为 0.001 mg/L 时，应定为 I 类，不定为 II 类。

6.3 地下水质量综合评价，采用加附注的评分法。具体要求与步骤如下：

6.3.1 参加评分的项目，应不少于本标准规定的监测项目，但不包括细菌学指标。

6.3.2 首先进行各单项组分评价，划分组分所属质量类别。

6.3.3 对各类别按下列规定（表2）分别确定单项组分评价分值 F_i。

表 2

类别	I	II	III	IV	V
F_i	0	1	3	6	10

6.3.4 按式（1）和式（2）计算综合评价分值 F。

$$F = \sqrt{\frac{\overline{F}^2 + F_{max}^2}{2}} \qquad (1)$$

$$\overline{F} = \frac{1}{n}\sum_{i=1}^{n} F_i \qquad (2)$$

式中：$\overline{F}$——各单项组分评分值 F_i 的平均值；

F_{max}——单项组分评价分值 F_i 中的最大值；

n——项数。

6.3.5 根据 F 值，按以下规定（表3）划分地下水质量级别，再将细菌学指标评价类别注在级别定名之后。如"优良（II类）"、"较好（III类）"。

表 3

级别	优良	良好	较好	较差	极差
F	<0.80	0.80~<2.50	2.50~<4.25	4.25~<7.20	>7.20

6.4 使用两次以上的水质分析资料进行评价时，可分别进行地下水质量评价，也可根据具体情况，使用全年平均值和多年平均值或分别使用多年的枯水期、丰水期平均值进行评价。

6.5 在进行地下水质量评价时，除采用本方法外，也可采用其他评价方法进行对比。

7 地下水质量保护

7.1 为防止地下水污染和过量开采、人工回灌等引起的地下水质量恶化，保护地下水水源，必须按《中华人民共和国水污染防治法》和《中华人民共和国水法》有关规定执行。

7.2 利用污水灌溉、污水排放、有害废弃物（城市垃圾、工业废渣、核废料等）的堆放和地下处置，必须经过环境地质可行性论证及环境影响评价，征得环境保护部门批准后方能施行。

附加说明：

本标准由中华人民共和国地质矿产部提出。

本标准由地质矿产部地质环境管理司、地质矿产部水文地质工程地质研究所归口。

本标准由地质矿产部地质环境管理司、地质矿产部水文地质工程地质研究所、全国环境水文地质总站、吉林省环境水文地质总站、河南省水文地质总站、陕西省环境水文地质总站、广西壮族自治区环境水文地质总站、江西省环境地质大队负责起草。

本标准主要起草人李梅玲、张锡根、阎葆瑞、李京森、苗长青、吕水明、沈小珍、席文跃、多超美、雷觐韵。

二、污染物排放（控制）标准

中华人民共和国国家标准

制浆造纸工业水污染物排放标准

Discharge standard of water pollutants for pulp and paper industry

GB 3544—2008
代替 GB 3544—2001

前 言

为贯彻《中华人民共和国环境保护法》《中华人民共和国水污染防治法》《中华人民共和国海洋环境保护法》《国务院关于落实科学发展观 加强环境保护的决定》等法律、法规和《国务院关于编制全国主体功能区规划的意见》，保护环境，防治污染，促进制浆造纸工业生产工艺和污染治理技术的进步，制定本标准。

本标准规定了制浆造纸工业企业水污染物排放限值、监测和监控要求。为促进区域经济与环境协调发展，推动经济结构的调整和经济增长方式的转变，引导工业生产工艺和污染治理技术的发展方向，本标准规定了水污染物特别排放限值。

本标准中的污染物排放浓度均为质量浓度。

制浆造纸工业企业排放大气污染物（含恶臭污染物）、环境噪声适用相应的国家污染物排放标准，产生固体废物的鉴别、处理和处置适用国家固体废物污染控制标准。

本标准首次发布于1983年，1992年第一次修订，2001年第二次修订。

此次修订主要内容：

1. 根据落实国家环境保护规划、履行国际公约和环境保护管理和执法工作的需要，调整了排放标准体系，增加了控制排放的污染物项目，提高了污染物排放控制要求；

2. 规定了污染物排放监控要求和水污染物排放基准排水量；

3. 将可吸附有机卤素指标调整为强制执行项目。

自本标准实施之日起，《造纸工业水污染物排放标准》（GB 3544—2001）、《关于修订〈造纸工业水污染物排放标准〉的公告》（环发[2003]152号）废止。

本标准由环境保护部科技标准司组织制订。

本标准主要起草单位：山东省环境保护局、山东省环境规划研究院、环境保护部环境标准研究所、山东省环境保护科学研究设计院等单位起草。

本标准环境保护部2008年4月29日批准。

本标准自2008年8月1日起实施。

本标准由环境保护部解释。

1 适用范围

本标准规定了制浆造纸企业或生产设施水污染物排放限值。

本标准适用于现有制浆造纸企业或生产设施的水污染物排放管理。

本标准适用于对制浆造纸工业建设项目的环境影响评价、环境保护设施设计、竣工环境保护验收及其投产后的水污染物排放管理。

本标准适用于法律允许的污染物排放行为。新设立污染源的选址和特殊保护区域内现有污染源的管理，按照《中华人民共和国大气污染防治法》《中华人民共和国水污染防治法》《中华人民共和国海洋环境保护法》《中华人民共和国固体废物污染环境防治法》《中华人民共和国放射性污染防治法》《中华人民共和国环境影响评价法》等法律、法规、规章的相关规定执行。

本标准规定的水污染物排放控制要求适用于企业向环境水体的排放行为。

企业向设置污水处理厂的城镇排水系统排放废水时，有毒污染物可吸附有机卤素（AOX）、二噁英在本标准规定的监控位置执行相应的排放限值；其他污染物的排放控制要求由企业与城镇污水处理厂根据其污水处理能力商定或执行相关标准，并报当地环境保护主管部门备案；城镇污水处理厂应保证排放污染物达到相关排放标准要求。

建设项目拟向设置污水处理厂的城镇排水系统排放废水时，由建设单位和城镇污水处理厂按前款的规定执行。

2 规范性引用文件

本标准内容引用了下列文件或其中的条款。

GB/T 6920—1986　水质　pH 值的测定　玻璃电极法
GB/T 7478—1987　水质　铵的测定　蒸馏和滴定法
GB/T 7479—1987　水质　铵的测定　纳氏试剂比色法
GB/T 7481—1987　水质　铵的测定　水杨酸分光光度法
GB/T 7488—1987　水质　五日生化需氧量（BOD_5）的测定　稀释与接种法
GB/T 11893—1989　水质　总磷的测定　钼酸铵分光光度法
GB/T 11894—1989　水质　总氮的测定　碱性过硫酸钾消解紫外分光光度法
GB/T 11901—1989　水质　悬浮物的测定　重量法
GB/T 11903—1989　水质　色度的测定　稀释倍数法
GB/T 11914—1989　水质　化学需氧量的测定　重铬酸盐法
GB/T 15959—1995　水质　可吸附有机卤素（AOX）的测定　微库仑法
HJ/T 77—2001　多氯代二苯并二噁英和多氯代二苯并呋喃的测定　同位素稀释高分辨毛细管气相色谱/高分辨质谱法
HJ/T 83—2001　水质　可吸附有机卤素（AOX）的测定　离子色谱法
HJ/T 195—2005　水质　氨氮的测定　气相分子吸收光谱法
HJ/T 199—2005　水质　总氮的测定　气相分子吸收光谱法
HJ/T 399—2007　水质　化学需氧量的测定　快速消解分光光度法
《污染源自动监控管理办法》（国家环境保护总局令　第 28 号）

《环境监测管理办法》(国家环境保护总局令 第 39 号)

3 术语和定义

下列术语和定义适用于本标准。

3.1 制浆造纸工业

指以植物(木材、其他植物)或废纸等为原料生产纸浆,及(或)以纸浆为原料生产纸张、纸板等产品的工业。

3.2 现有企业

指本标准实施之日前已建成投产或环境影响评价文件已通过审批的制浆造纸企业或生产设施。

3.3 新建企业

指本标准实施之日起环境影响评价文件通过审批的新建、改建和扩建制浆造纸工业建设项目。

3.4 制浆企业

指单纯进行制浆生产的企业,以及纸浆产量大于纸张产量,且销售纸浆量占总制浆量 80%及以上的制浆造纸企业。

3.5 造纸企业

指单纯进行造纸生产的企业,以及自产纸浆量占纸浆总用量 20%及以下的制浆造纸企业。

3.6 制浆和造纸联合生产企业

指除制浆企业和造纸企业以外,同时进行制浆和造纸生产的制浆造纸企业。

3.7 废纸制浆和造纸企业

指自产废纸浆量占纸浆总用量 80%及以上的制浆造纸企业。

3.8 排水量

指生产设施或企业向企业法定边界以外排放的废水的量,包括与生产有直接或间接关系的各种外排废水(如厂区生活污水、冷却废水、厂区锅炉和电站排水等)。

3.9 单位产品基准排水量

指用于核定水污染物排放浓度而规定的生产单位纸浆、纸张(板)产品的废水排放量上限值。

4 水污染物排放控制要求

4.1 自 2009 年 5 月 1 日起至 2011 年 6 月 30 日止,现有制浆造纸企业执行表 1 规定的水污染物排放限值。

4.2 自 2011 年 7 月 1 日起,现有制浆造纸企业执行表 2 规定的水污染物排放限值。

4.3 自 2008 年 8 月 1 日起,新建制浆造纸企业执行表 2 规定的水污染物排放限值。

表1 现有企业水污染物排放浓度限值及单位产品基准排水量

单位：mg/L（pH值、色度除外）

序号	污染物项目	限值				污染物排放监控位置
		制浆企业	制浆和造纸联合生产企业		造纸企业	
			废纸制浆和造纸企业	其他制浆和造纸企业		
1	pH值	6~9	6~9	6~9	6~9	企业废水总排放口
2	色度（稀释倍数）	80	50	50	50	
3	悬浮物	70	50	50	50	
4	五日生化需氧量（BOD_5）	50	30	30	30	
5	化学需氧量（COD_{Cr}）	200	120	150	100	
6	氨氮	15	10	10	10	
7	总氮	18	15	15	15	
8	总磷	1.0	1.0	1.0	1.0	
9	可吸附有机卤素（AOX）	15	15	15	15	车间或生产设施废水排放口
单位产品（浆）基准排水量/（m^3/t）		80	20	60	20	排水量计量位置与污染物排放监控位置一致

注：
1. 可吸附有机卤素（AOX）指标适用于采用含氯漂白工艺的情况。
2. 纸浆量以绝干浆计。
3. 核定制浆和造纸联合生产企业单位产品实际排水量，以企业纸浆产量与外购商品浆数量的总和为依据。
4. 企业漂白非木浆产量占企业纸浆总用量的比重大于60%的，单位产品（浆）基准排水量为80 m^3/t。

表2 新建企业水污染物排放浓度限值及单位产品基准排水量

单位：mg/L（pH值、色度、二噁英除外）

序号	污染物项目	限值			污染物排放监控位置
		制浆企业	制浆和造纸联合生产企业	造纸企业	
1	pH值	6~9	6~9	6~9	企业废水总排放口
2	色度（稀释倍数）	50	50	50	
3	悬浮物	50	30	30	
4	五日生化需氧量（BOD_5）	20	20	20	
5	化学需氧量（COD_{Cr}）	100	90	80	
6	氨氮	12	8	8	
7	总氮	15	12	12	
8	总磷	0.8	0.8	0.8	
9	可吸附有机卤素（AOX）	12	12	12	车间或生产设施废水排放口
10	二噁英/（pgTEQ/L）	30	30	30	
单位产品（浆）基准排水量/（m^3/t）		50	40	20	排水量计量位置与污染物排放监控位置一致

注：
1. 可吸附有机卤素（AOX）和二噁英指标适用于采用含氯漂白工艺的情况。
2. 纸浆量以绝干浆计。
3. 核定制浆和造纸联合生产企业单位产品实际排水量，以企业纸浆产量与外购商品浆数量的总和为依据。
4. 企业自产废纸浆量占企业纸浆总用量的比重大于80%的，单位产品（浆）基准排水量为20 m^3/t。
5. 企业漂白非木浆产量占企业纸浆总用量的比重大于60%的，单位产品（浆）基准排水量为60 m^3/t。

4.4 根据环境保护工作的要求,在国土开发密度较高、环境承载能力开始减弱,或水环境容量较小、生态环境脆弱,容易发生严重水环境污染问题而需要采取特别保护措施的地区,应严格控制企业的污染物排放行为,在上述地区的企业执行表 3 规定的水污染物特别排放限值。

执行水污染物特别排放限值的地域范围、时间,由国务院环境保护行政主管部门或省级人民政府规定。

表 3　水污染物特别排放限值

单位:mg/L(pH 值、色度、二噁英除外)

序号	污染物项目	限值			污染物排放监控位置
		制浆企业	制浆和造纸联合生产企业	造纸企业	
1	pH 值	6~9	6~9	6~9	企业废水总排放口
2	色度(稀释倍数)	50	50	50	
3	悬浮物	20	10	10	
4	五日生化需氧量(BOD_5)	10	10	10	
5	化学需氧量(COD_{Cr})	80	60	50	
6	氨氮	5	5	5	
7	总氮	10	10	10	
8	总磷	0.5	0.5	0.5	
9	可吸附有机卤素(AOX)	8	8	8	车间或生产设施废水排放口
10	二噁英/(pgTEQ/L)	30	30	30	
	单位产品(浆)基准排水量/(m³/t)	30	25	10	排水量计量位置与污染物排放监控位置一致

注:
1. 可吸附有机卤素(AOX)和二噁英指标适用于采用含氯漂白工艺的情况。
2. 纸浆量以绝干浆计。
3. 核定制浆和造纸联合生产企业单位产品实际排水量,以企业纸浆产量与外购商品浆数量的总和为依据。
4. 企业自产废纸浆量占企业纸浆总用量的比重大于 80%的,单位产品(浆)基准排水量为 15 m³/t。

4.5 水污染物排放浓度限值适用于单位产品实际排水量不高于单位产品基准排水量的情况。若单位产品实际排水量超过单位产品基准排水量,须按式(1)将实测水污染物浓度换算为水污染物基准水量排放浓度,并以水污染物基准水量排放浓度作为判定排放是否达标的依据。产品产量和排水量统计周期为一个工作日。

在企业的生产设施同时生产两种以上产品、可适用不同排放控制要求或不同行业国家污染物排放标准,且生产设施产生的污水混合处理排放的情况下,应执行排放标准中规定的最严格的浓度限值,并按式(1)换算水污染物基准水量排放浓度:

$$\rho_{基} = \frac{Q_{总}}{\sum Y_i \cdot Q_{i基}} \cdot \rho_{实} \tag{1}$$

式中:$\rho_{基}$——水污染物基准水量排放浓度,mg/L;

$Q_{总}$——排水总量,m³;

Y_i——第 i 种产品产量，t；

$Q_{i基}$——第 i 种产品的单位产品基准排水量，m^3/t；

$\rho_{实}$——实测水污染物排放浓度，mg/L。

若 $Q_{总}$ 与 $\sum Y_i \cdot Q_{i基}$ 的比值小于 1，则以水污染物实测浓度作为判定排放是否达标的依据。

5 水污染物监测要求

5.1 对企业排放废水采样应根据监测污染物的种类，在规定的污染物排放监控位置进行，有废水处理设施的，应在该设施后监控。在污染物排放监控位置须设置永久性排污口标志。

5.2 新建企业应按照《污染源自动监控管理办法》的规定，安装污染物排放自动监控设备，并与环境保护主管部门的监控设备联网，保证设备正常运行。各地现有企业安装污染物排放自动监控设备的要求由省级环境保护行政主管部门规定。

5.3 对企业污染物排放情况进行监测的频次、采样时间等要求，按国家有关污染源监测技术规范的规定执行。

表 4 水污染物浓度测定方法标准

序号	污染物项目	方法标准名称	方法标准编号
1	pH 值	水质 pH 值的测定 玻璃电极法	GB/T 6920—1986
2	色度	水质 色度的测定 稀释倍数法	GB/T 11903—1989
3	悬浮物	水质 悬浮物的测定 重量法	GB/T 11901—1989
4	五日生化需氧量	水质 五日生化需氧量（BOD_5）的测定 稀释与接种法	GB/T 7488—1987
5	化学需氧量	水质 化学需氧量的测定 重铬酸盐法	GB/T 11914—1989
5	化学需氧量	水质 化学需氧量的测定 快速消解分光光度法	HJ/T 399—2007
6	氨氮	水质 铵的测定 蒸馏和滴定法	GB/T 7478—1987
6	氨氮	水质 铵的测定 纳氏试剂比色法	GB/T 7479—1987
6	氨氮	水质 铵的测定 水杨酸分光光度法	GB/T 7481—1987
6	氨氮	水质 氨氮的测定 气相分子吸收光谱法	HJ/T 195—2005
7	总氮	水质 总氮的测定 碱性过硫酸钾消解紫外分光光度法	GB/T 11894—1989
7	总氮	水质 总氮的测定 气相分子吸收光谱法	HJ/T 199—2005
8	总磷	水质 总磷的测定 钼酸铵分光光度法	GB/T 11893—1989
9	可吸附有机卤素（AOX）	水质 可吸附有机卤素（AOX）的测定 微库仑法	GB/T 15959—1995
9	可吸附有机卤素（AOX）	水质 可吸附有机卤素（AOX）的测定 离子色谱法	HJ/T 83—2001
10	二噁英	多氯代二苯并二噁英和多氯代二苯并呋喃的测定 同位素稀释高分辨毛细管气相色谱/高分辨质谱法	HJ/T 77—2001

二噁英指标每年监测一次。

5.4 企业产品产量的核定，以法定报表为依据。

5.5 对企业排放水污染物浓度的测定采用表 4 所列的方法标准。

5.6 企业须按照有关法律和《环境监测管理办法》的规定，对排污状况进行监测，并保存原始监测记录。

6 实施与监督

6.1　本标准由县级以上人民政府环境保护行政主管部门负责监督实施。

6.2　在任何情况下，制浆造纸企业均应遵守本标准的水污染物排放控制要求，采取必要措施保证污染防治设施正常运行。各级环保部门在对企业进行监督性检查时，可以现场即时采样或监测的结果，作为判定排污行为是否符合排放标准以及实施相关环境保护管理措施的依据。在发现企业耗水或排水量有异常变化的情况下，应核定企业的实际产品产量和排水量，按本标准的规定，换算水污染物基准水量排放浓度。

中华人民共和国国家标准

纺织染整工业水污染物排放标准

Discharge standards of water pollutants for dyeing and finishing of textile industry

GB 4287—2012
代替 GB 4287—92

前 言

为贯彻《中华人民共和国环境保护法》《中华人民共和国水污染防治法》《中华人民共和国海洋环境保护法》《国务院关于加强环境保护重点工作的意见》等法律、法规和《国务院关于编制全国主体功能区规划的意见》，保护环境，防治污染，促进纺织染整工业生产工艺和污染治理技术的进步，制定本标准。

本标准规定了纺织染整工业企业生产过程中水污染物排放限值、监测和监控要求。

本标准首次发布于1992年，本次为第一次修订。

此次修订主要内容：

——根据落实国家环境保护规划、环境保护管理和执法工作的需要，调整了控制排放的污染物项目，提高了污染物排放控制要求；

——为促进地区经济与环境协调发展，推动经济结构的调整和经济增长方式的转变，引导纺织染整生产工艺和污染治理技术的发展方向，本标准规定了水污染物特别排放限值。

本标准中的污染物排放浓度均为质量浓度。

纺织染整工业企业排放大气污染物（含恶臭污染物）、环境噪声适用相应的国家污染物排放标准，产生固体废物的鉴别、处理和处置适用国家固体废物污染控制标准。

自本标准实施之日起，《纺织染整工业水污染物排放标准》（GB 4287—92）废止。

地方省级人民政府对本标准未作规定的污染物项目，可以制定地方污染物排放标准；对本标准已作规定的污染物项目，可以制定严于本标准的地方污染物排放标准。

本标准由环境保护部科技标准司组织制订。

本标准主要起草单位：中国纺织经济研究中心、东华大学、环境保护部环境标准研究所、富润控股集团。

本标准环境保护部2012年9月11日批准。

本标准自2013年1月1日起实施。

本标准由环境保护部解释。

1 适用范围

本标准规定了纺织染整工业企业或生产设施水污染物排放限值、监测和监控要求，以及标准的实施与监督等相关规定。

本标准适用于现有纺织染整工业企业或生产设施的水污染物排放管理。

本标准适用于对纺织染整工业企业建设项目的环境影响评价、环境保护设施设计、竣工环境保护验收及其投产后的水污染物排放管理。

本标准适用于法律允许的污染物排放行为。新设立污染源的选址和特殊保护区域内现有污染源的管理，按照《中华人民共和国水污染防治法》《中华人民共和国海洋环境保护法》《中华人民共和国环境影响评价法》等法律、法规、规章的相关规定执行。

本标准不适用于洗毛、麻脱胶、煮茧和化纤等纺织用原料的生产工艺水污染物排放管理。

本标准规定的水污染物排放控制要求适用于企业直接或间接向其法定边界外排放水污染物的行为。

2 规范性引用文件

本标准引用了下列文件或其中的条款。

GB/T 6920—86　水质　pH值的测定　玻璃电极法

GB/T 7467—87　水质　六价铬的测定　二苯碳酰二肼分光光度法

GB/T 11889—89　水质　苯胺类化合物的测定　N-（1-萘基）乙二胺偶氮分光光度法

GB/T 11893—89　水质　总磷的测定　钼酸铵分光光度法

GB/T 11901—89　水质　悬浮物的测定　重量法

GB/T 11903—89　水质　色度的测定

GB/T 11914—89　水质　化学需氧量的测定　重铬酸盐法

HJ 505—2009　水质　五日生化需氧量（BOD_5）的测定　稀释与接种法

HJ 535—2009　水质　氨氮的测定　纳氏试剂分光光度法

HJ 536—2009　水质　氨氮的测定　水杨酸分光光度法

HJ 537—2009　水质　氨氮的测定　蒸馏-中和滴定法

HJ 551—2009　水质　二氧化氯的测定　碘量法（暂行）

HJ 636—2012　水质　总氮的测定　碱性过硫酸钾消解紫外分光光度法

HJ/T 60—2000　水质　硫化物的测定　碘量法

HJ/T 83—2001　水质　可吸附有机卤素（AOX）的测定　离子色谱法

HJ/T 195—2005　水质　氨氮的测定　气相分子吸收光谱法

HJ/T 199—2005　水质　总氮的测定　气相分子吸收光谱法

FZ/T 01002—2010　印染企业综合能耗计算办法及基本定额

《污染源自动监控管理办法》（国家环境保护总局令　第28号）

《环境监测管理办法》（国家环境保护总局令　第39号）

3 术语和定义

下列术语和定义适用于本标准。

3.1 纺织染整 dyeing and finishing of textile

俗称印染,指对纺织材料(纤维、纱、线和织物)进行以染色、印花、整理为主的处理工艺过程,包括预处理(不含洗毛、麻脱胶、煮茧和化纤等纺织用原料的生产工艺)、染色、印花和整理。

3.2 标准品 standard product

机织物标准品为布幅宽度 152 cm、布重 10~14 kg/100 m 的棉染色合格产品;真丝绸机织物标准品为布幅宽度 114 cm、布重 6~8 kg/100 m 的染色合格产品;针织、纱线标准品为棉浅色染色产品;毛织物标准品布幅按 1 500 cm、布重 30 kg/100 m 折算。

3.3 现有企业 existing facility

指在本标准实施之日前,已建成投产或环境影响评价文件已通过审批的纺织染整生产企业或生产设施。

3.4 新建企业 new facility

指在本标准实施之日起,环境影响评价文件通过审批的新建、改建和扩建的纺织染整生产设施建设项目。

3.5 排水量 effluent volume

指生产设施或企业向企业法定边界以外排放的废水的量,包括与生产有直接或间接关系的各种外排废水(含厂区生活污水、冷却废水、厂区锅炉和电站排水等)。

3.6 单位产品基准排水量 benchmark effluent volume per unit product

指用于核定水污染物排放浓度而规定的生产单位印染产品的废水排放量上限值。

3.7 直接排放 direct discharge

指排污单位直接向环境排放水污染物的行为。

3.8 间接排放 indirect discharge

指排污单位向公共污水处理系统排放水污染物的行为。

3.9 公共污水处理系统 public wastewater treatment system

指通过纳污管道等方式收集废水,为两家以上排污单位提供废水处理服务并且排水能够达到相关排放标准要求的企业或机构,包括各种规模和类型的城镇污水处理厂、区域(包括各类工业园区、开发区、工业聚集地等)废水处理厂等,其废水处理程度应达到二级或二级以上。

4 污染物排放控制要求

4.1 自 2013 年 1 月 1 日起至 2014 年 12 月 31 日止,现有企业执行表 1 规定的水污染物排放限值。

4.2 自 2015 年 1 月 1 日起,现有企业执行表 2 规定的水污染物排放限值。

4.3 自 2013 年 1 月 1 日起,新建企业执行表 2 规定的水污染物排放限值。

表 1 现有企业水污染物排放浓度限值及单位产品基准排水量

单位：mg/L（pH 值，色度除外）

序号	污染物项目	限值 直接排放	限值 间接排放	污染物排放监控位置
1	pH 值	6~9	6~9	企业废水总排放口
2	化学需氧量（COD_{Cr}）	100	200	
3	五日生化需氧量	25	50	
4	悬浮物	60	100	
5	色度	70	80	
6	氨氮	12 20 [a]	20 30 [a]	
7	总氮	20 35 [a]	30 50 [a]	
8	总磷	1.0	1.5	
9	二氧化氯	0.5	0.5	
10	可吸附有机卤素（AOX）	15	15	
11	硫化物	1.0	1.0	
12	苯胺类	1.0	1.0	
13	六价铬	0.5		车间或生产设施废水排放口
单位产品（标准品）基准排水量[b]/(m^3/t)	棉、麻、化纤及混纺机织物	175		排水量计量位置与污染物排放监控位置相同
	真丝绸机织物（含练白）	350		
	纱线、针织物	110		
	精梳毛织物	560		
	粗梳毛织物	640		

[a] 蜡染行业执行该限值。
[b] 非标准品可按 FZ/T 01002—2010 进行换算。

表 2 新建企业水污染物排放浓度限值及单位产品基准排水量

单位：mg/L（pH 值，色度除外）

序号	污染物项目	限值 直接排放	限值 间接排放	污染物排放监控位置
1	pH 值	6~9	6~9	企业废水总排放口
2	化学需氧量（COD_{Cr}）	80	200	
3	五日生化需氧量	20	50	
4	悬浮物	50	100	
5	色度	50	80	
6	氨氮	10 15 [a]	20 30 [a]	
7	总氮	15 25 [a]	30 50 [a]	
8	总磷	0.5	1.5	
9	二氧化氯	0.5	0.5	
10	可吸附有机卤素（AOX）	12	12	

序号	污染物项目	限值 直接排放	限值 间接排放	污染物排放监控位置
11	硫化物	0.5	0.5	企业废水总排放口
12	苯胺类	不得检出	不得检出	企业废水总排放口
13	六价铬	不得检出		车间或生产设施废水排放口
单位产品（标准品）基准排水量[b]/（m³/t）	棉、麻、化纤及混纺机织物	140		排水量计量位置与污染物排放监控位置相同
	真丝绸机织物（含练白）	300		
	纱线、针织物	85		
	精梳毛织物	500		
	粗梳毛织物	575		

[a] 蜡染行业执行该限值。
[b] 非标准品可按 FZ/T 01002—2010 进行换算。

4.4 根据环境保护工作的要求，在国土开发密度已经较高、环境承载能力开始减弱，或环境容量较小、生态环境脆弱，容易发生严重环境污染问题而需要采取特别保护措施的地区，应严格控制企业的污染物排放行为，在上述地区的企业执行表3规定的水污染物特别排放限值。

表3 水污染物特别排放限值

单位：mg/L（pH 值，色度除外）

序号	污染物项目	限值 直接排放	限值 间接排放	污染物排放监控位置
1	pH 值	6～9	6～9	企业废水总排放口
2	化学需氧量（COD$_{Cr}$）	60	80	
3	五日生化需氧量	15	20	
4	悬浮物	20	50	
5	色度	30	50	
6	氨氮	8	10	
7	总氮	12	15	
8	总磷	0.5	0.5	
9	二氧化氯	0.5	0.5	
10	可吸附有机卤素（AOX）	8	8	
11	硫化物	不得检出	不得检出	
12	苯胺类	不得检出	不得检出	
13	六价铬	不得检出		车间或生产设施废水排放口
单位产品（标准品）基准排水量[a]/（m³/t）	棉、麻、化纤及混纺机织物	140		排水量计量位置与污染物排放监控位置相同
	真丝绸机织物（含练白）	300		
	纱线、针织物	85		
	精梳毛织物	500		
	粗梳毛织物	575		

[a] 非标准品可按 FZ/T 01002—2010 进行换算。

执行水污染物特别排放限值的地域范围、时间，由国务院环境保护行政主管部门或省级人民政府规定。

4.5 水污染物排放浓度限值适用于单位产品实际排水量不高于单位产品基准排水量的情况。若单位产品实际排水量超过单位产品基准排水量，须按式（1）将实测水污染物浓度换算为水污染物基准排水量排放浓度，并以水污染物基准水量排放浓度作为判定排放是否达标的依据。产品产量和排水量统计周期为一个工作日。

在企业的生产设施同时生产两种以上产品、可适用不同排放控制要求或不同行业国家污染物排放标准，且生产设施产生的污水混合处理排放的情况下，应执行排放标准中规定的最严格的浓度限值，并按式（1）换算水污染物基准排水量排放浓度。

$$\rho_{基}=\frac{Q_{总}}{\sum Y_i \cdot Q_{i基}} \times \rho_{实} \tag{1}$$

式中：$\rho_{基}$——水污染物基准排水量排放浓度，mg/L；

$Q_{总}$——排水总量，m³；

Y_i——某种产品产量，t；

$Q_{i基}$——某种产品的单位产品基准排水量，m³/t；

$\rho_{实}$——实测水污染物排放浓度，mg/L。

若 $Q_{总}$ 与 $\sum Y_i \cdot Q_{i基}$ 的比值小于 1，则以水污染物实测浓度作为判定排放是否达标的依据。

5 污染物监测要求

5.1 对企业排放废水的采样，应根据监测污染物的种类，在规定的污染物排放监控位置进行，有废水处理设施的，应在处理设施后监控。企业应按照国家有关污染源监测技术规范的要求设置采样口，在污染物排放监控位置应设置排污口标志。

5.2 新建企业和现有企业安装污染物排放自动监控设备的要求，按有关法律和《污染源自动监控管理办法》的规定执行。

5.3 对企业污染物排放情况进行监测的频次、采样时间等要求，按国家有关污染源监测技术规范的规定执行。

5.4 企业产品产量的核定，以法定报表为依据。

5.5 企业应按照有关法律和《环境监测管理办法》的规定，对排污状况进行监测，并保存原始监测记录。

5.6 对企业排放水污染物浓度的测定采用表4所列的方法标准。

表4 水污染物浓度测定方法标准

序号	污染物项目	方法标准名称	方法标准编号
1	pH 值	水质 pH值的测定 玻璃电极法	GB/T 6920—86
2	化学需氧量	水质 化学需氧量的测定 重铬酸盐法	GB/T 11914—89
3	五日生化需氧量	水质 五日生化需氧量（BOD_5）的测定 稀释与接种法	HJ 505—2009
4	悬浮物	水质 悬浮物的测定 重量法	GB/T 11901—89

序号	污染物项目	方法标准名称	方法标准编号
5	色度	水质 色度的测定	GB/T 11903—89
6	氨氮	水质 氨氮的测定 纳氏试剂分光光度法	HJ 535—2009
		水质 氨氮的测定 水杨酸分光光度法	HJ 536—2009
		水质 氨氮的测定 蒸馏-中和滴定法	HJ 537—2009
		水质 氨氮的测定 气相分子吸收光谱法	HJ/T 195—2005
7	总氮	水质 总氮的测定 碱性过硫酸钾消解紫外分光光度法	HJ 636—2012
		水质 总氮的测定 气相分子吸收光谱法	HJ/T 199—2005
8	总磷	水质 总磷的测定 钼酸铵分光光度法	GB/T 11893—89
9	二氧化氯	水质 二氧化氯的测定 连续滴定碘量法（暂行）	HJ 551—2009
10	可吸附有机卤素（AOX）	水质 可吸附有机卤素（AOX）的测定 离子色谱法	HJ/T 83—2001
11	硫化物	水质 硫化物的测定 碘量法	HJ/T 60—2000
12	苯胺类	水质 苯胺类化合物的测定 N-(1-萘基)乙二胺偶氮分光光度法	GB/T 11889—89
13	六价铬	水质 六价铬的测定 二苯碳酰二肼分光光度法	GB/T 7467—87

6 实施与监督

6.1 本标准由县级以上人民政府环境保护行政主管部门负责监督实施。

6.2 在任何情况下，企业均应遵守本标准的污染物排放控制要求，采取必要措施保证污染防治设施正常运行。各级环保部门在对设施进行监督性检查时，可以现场即时采样或监测的结果，作为判定排污行为是否符合排放标准以及实施相关环境保护管理措施的依据。在发现企业耗水或排水量有异常变化的情况下，应核定企业的实际产品产量和排水量，按本标准的规定，换算水污染物基准水量排放浓度。

关于发布国家污染物排放标准《纺织染整工业水污染物排放标准》（GB 4287—2012）修改单的公告

环境保护部公告　2015 年第 19 号

为贯彻《中华人民共和国环境保护法》和《中华人民共和国水污染防治法》，防治污染，保护和改善生态环境，保障人体健康，完善国家环保标准体系，我部决定对国家污染物排放标准《纺织染整工业水污染物排放标准》（GB 4287—2012）进行修改完善，制定了标准修改单，并由我部与国家质量监督检验检疫总局联合发布。

该标准修改单自发布之日起实施。

特此公告。

附件：《纺织染整工业水污染物排放标准》（GB 4287—2012）修改单

环境保护部
2015 年 3 月 27 日

附件：

《纺织染整工业水污染物排放标准》（GB 4287—2012）修改单

为进一步完善国家污染物排放标准，我部决定修改国家污染物排放标准《纺织染整工业水污染物排放标准》（GB 4287—2012）。修改内容如下：

一、将表1、表2和表3的表头中"间接排放"改为"间接排放（3）"，同时在三个表的表注中增加"（3）废水进入城镇污水处理厂或经由城镇污水管线排放，应达到直接排放限值。"

二、将表1和表2中的化学需氧量（COD_{Cr}）间接排放限值调整为"500（4）/200（5）"，五日生化需氧量间接排放限值调整为"150（4）/50（5）"，同时在两表的表注中增加"（4）适用于园区（包括工业园区、开发区、工业聚集地等）企业向能够对纺织染整废水进行专门收集和集中预处理（不与其他废水混合）的园区污水处理厂排放的情形，集中预处理的出水应满足（5）所要求的排放限值。"和"（5）适用于除（3）和（4）以外的其他间接排放情形。"

三、在表 1、2、3 中增设"总锑"的排放控制要求，直接排放与间接排放限值均为 0.10mg/L，排放监控位置为"企业废水总排放口"。

四、在"2 规范性引用文件"和"表 4 水污染物浓度测定方法标准"中增加 2 项标准："水质汞、砷、硒、铋和锑的测定原子荧光法（HJ 694）""水质 65 种元素的测定电感耦合等离子体质谱法（HJ 700）"。

关于调整《纺织染整工业水污染物排放标准》（GB4287-2012）部分指标执行要求的公告

环境保护部公告 2015年第41号

为加强纺织染整工业水污染控制，2012年，环境保护部和国家质量监督检验检疫总局联合修订发布了《纺织染整工业水污染物排放标准》（GB 4287—2012）。2015年，结合纺织园区实际情况和水污染物间接排放控制的调整需求，又发布了《纺织染整工业水污染物排放标准》（GB 4287—2012）修改单（环境保护部公告 2015年第19号）。环境保护部已经启动GB 4287—2012的评估与修订工作，根据标准及修改单发布实施以来的实际反馈情况，现就有关事项公告如下：

一、暂缓执行GB 4287—2012中表2和表3的苯胺类、六价铬排放控制要求，暂缓期内苯胺类、六价铬执行表1相关要求。

二、暂缓实施GB 4287—2012修改单中"废水进入城镇污水处理厂或经由城镇污水管线排放，应达到直接排放限值"。

三、在GB 4287—2012修订实施前，按以上规定执行。

特此公告。

环境保护部
2015年6月17日

中华人民共和国国家标准

污水综合排放标准

Integrated wastewater discharge standard

GB 8978—1996*
代替 GB 8978—88

为贯彻《中华人民共和国环境保护法》《中华人民共和国水污染防治法》和《中华人民共和国海洋环境保护法》，控制水污染，保护江河、湖泊、运河、渠道、水库和海洋等地面水以及地下水水质的良好状态，保障人体健康，维护生态平衡，促进国民经济和城乡建设的发展，特制定本标准。

1 主题内容与适用范围

1.1 主题内容

本标准按照污水排放去向，分年限规定了69种水污染物最高允许排放浓度及部分行业最高允许排水量。

1.2 适用范围

本标准适用于现有单位水污染物的排放管理，以及建设项目的环境影响评价、建设项目环境保护设施设计、竣工验收及其投产后的排放管理。

按照国家综合排放标准与国家行业排放标准不交叉执行的原则，造纸工业执行《造纸工业水污染物排放标准（GB 3544—92）》，船舶执行《船舶污染物排放标准（GB 3552—83）》，船舶工业执行《船舶工业污染物排放标准（GB 4286—84）》，海洋石油开发工业执行《海洋石油开发工业含油污水排放标准（GB 4914—85）》，纺织染整工业执行《纺织染整工业水污染物排放标准（GB 4287—92）》，肉类加工工业执行《肉类加工工业水污染物排放标准（GB 13457—92）》，合成氨工业执行《合成氨工业水污染物排放标准（GB 13458—92）》，钢铁工业执行《钢铁工业水污染物排放标准（GB 13456—92）》，航天推进剂使用执行《航天推进剂水污染物排放标准（GB 14374—93）》，兵器工业执行《兵器工业水污染物排放标准（GB 14470.1～14470.3—93 和 GB 4274～4279—84）》，磷肥工业执行《磷肥工业水污染物排放标准（GB 15580—95）》，烧碱、聚氯乙烯工业执行《烧碱、聚氯乙烯工业水污染物排放标准（GB 15581—95）》，其他水污染物排放均执行本标准。

1.3 本标准颁布后，新增加国家行业水污染物排放标准的行业，按其适用范围执行相应的国家水污染物行业标准，不再执行本标准。

---

* 本标准根据1999年12月"《污水综合排放标准》（GB 8978—1996）中石化工业COD标准值修改单"进行了修改。

2 引用标准

下列标准所包含的条文，通过在本标准中引用而构成为本标准的条文。
GB 3097—82 海水水质标准
GB 3838—88 地面水环境质量标准
GB 8703—88 辐射防护规定

3 定 义

3.1 污水
指在生产与生活活动中排放的水的总称。

3.2 排水量
指在生产过程中直接用于工艺生产的水的排放量。不包括间接冷却水、厂区锅炉、电站排水。

3.3 一切排污单位
指本标准适用范围所包括的一切排污单位。

3.4 其他排污单位
指在某一控制项目中，除所列行业外的一切排污单位。

4 技术内容

4.1 标准分级

4.1.1 排入 GB 3838 中Ⅲ类水域（划定的保护区和游泳区除外）和排入 GB 3097 中二类海域的污水，执行一级标准。

4.1.2 排入 GB 3838 中Ⅳ、Ⅴ类水域和排入 GB 3097 中三类海域的污水，执行二级标准。

4.1.3 排入设置二级污水处理厂的城镇排水系统的污水，执行三级标准。

4.1.4 排入未设置二级污水处理厂的城镇排水系统的污水，必须根据排水系统出水受纳水域的功能要求，分别执行 4.1.1 和 4.1.2 的规定。

4.1.5 GB 3838 中Ⅰ、Ⅱ类水域和Ⅲ类水域中划定的保护区，GB 3097 中一类海域，禁止新建排污口，现有排污口应按水体功能要求，实行污染物总量控制，以保证受纳水体水质符合规定用途的水质标准。

4.2 标准值

4.2.1 本标准将排放的污染物按其性质及控制方式分为两类。

4.2.1.1 第一类污染物，不分行业和污水排放方式，也不分受纳水体的功能类别，一律在车间或车间处理设施排放口采样，其最高允许排放浓度必须达到本标准要求（采矿行业的尾矿坝出水口不得视为车间排放口）。

4.2.1.2 第二类污染物，在排污单位排放口采样，其最高允许排放浓度必须达到本标准要求。

4.2.2 本标准按年限规定了第一类污染物和第二类污染物最高允许排放浓度及部分行业最高允许排水量，分别为：

4.2.2.1 1997 年 12 月 31 日之前建设（包括改、扩建）的单位，水污染物的排放必须同时执行表 1、表 2、表 3 的规定。

表1 第一类污染物最高允许排放浓度   单位：mg/L

序号	污染物	最高允许排放浓度
1	总汞	0.05
2	烷基汞	不得检出
3	总镉	0.1
4	总铬	1.5
5	六价铬	0.5
6	总砷	0.5
7	总铅	1.0
8	总镍	1.0
9	苯并[a]芘	0.000 03
10	总铍	0.005
11	总银	0.5
12	总α放射性	1 Bq/L
13	总β放射性	10 Bq/L

表2 第二类污染物最高允许排放浓度

（1997年12月31日之前建设的单位）   单位：mg/L

序号	污染物	适用范围	一级标准	二级标准	三级标准
1	pH	一切排污单位	6～9	6～9	6～9
2	色度（稀释倍数）	染料工业	50	180	—
		其他排污单位	50	80	—
3	悬浮物（SS）	采矿、选矿、选煤工业	100	300	—
		脉金选矿	100	500	—
		边远地区砂金选矿	100	800	—
		城镇二级污水处理厂	20	30	—
		其他排污单位	70	200	400
4	五日生化需氧量（BOD_5）	甘蔗制糖、苎麻脱胶、湿法纤维板工业	30	100	600
		甜菜制糖、酒精、味精、皮革、化纤浆粕工业	30	150	600
		城镇二级污水处理厂	20	30	—
		其他排污单位	30	60	300
5	化学需氧量	甜菜制糖、焦化、合成脂肪酸、湿法纤维板、染料、洗毛、有机磷农药工业	100	200	1 000
		味精、酒精、医药原料药、生物制药、苎麻脱胶、皮革、化纤浆粕工业	100	300	1 000
		石油化工工业（包括石油炼制）	120	150	500
		有单独外排口的特殊石化装置[*]	160	250	—
		城镇二级污水处理厂	60	120	—
		其他排污单位	100	150	500
6	石油类	一切排污单位	10	10	30

序号	污染物	适用范围	一级标准	二级标准	三级标准
7	动植物油	一切排污单位	20	20	100
8	挥发酚	一切排污单位	0.5	0.5	2.0
9	总氰化合物	电影洗片（铁氰化合物）	0.5	5.0	5.0
9	总氰化合物	其他排污单位	0.5	0.5	1.0
10	硫化物	一切排污单位	1.0	1.0	2.0
11	氨氮	医药原料药、染料、石油化工工业	15	50	—
11	氨氮	其他排污单位	15	25	—
12	氟化物	黄磷工业	10	20	20
12	氟化物	低氟地区（水体含氟量<0.5mg/L）	10	20	30
12	氟化物	其他排污单位	10	10	20
13	磷酸盐（以P计）	一切排污单位	0.5	1.0	—
14	甲醛	一切排污单位	1.0	2.0	5.0
15	苯胺类	一切排污单位	1.0	2.0	5.0
16	硝基苯类	一切排污单位	2.0	3.0	5.0
17	阴离子表面活性剂（LAS）	合成洗涤剂工业	5.0	15	20
17	阴离子表面活性剂（LAS）	其他排污单位	5.0	10	20
18	总铜	一切排污单位	0.5	1.0	2.0
19	总锌	一切排污单位	2.0	5.0	5.0
20	总锰	合成脂肪酸工业	2.0	5.0	5.0
20	总锰	其他排污单位	2.0	2.0	5.0
21	彩色显影剂	电影洗片	2.0	3.0	5.0
22	显影剂及氧化物总量	电影洗片	3.0	6.0	6.0
23	元素磷	一切排污单位	0.1	0.3	0.3
24	有机磷农药（以P计）	一切排污单位	不得检出	0.5	0.5
25	粪大肠菌群数	医院**、兽医院及医疗机构含病原体污水	500个/L	1 000个/L	5 000个/L
25	粪大肠菌群数	传染病、结核病医院污水	100个/L	500个/L	1 000个/L
26	总余氯（采用氯化消毒的医院污水）	医院**、兽医院及医疗机构含病原体污水	<0.5***	>3（接触时间≥1 h）	>2（接触时间≥1 h）
26	总余氯（采用氯化消毒的医院污水）	传染病、结核病医院污水	<0.5***	>6.5（接触时间≥1.5 h）	>5（接触时间≥1.5 h）

注：*特殊石化装置指：丙烯腈-腈纶、己内酰胺、环氧氯丙烷、环氧丙烷、间甲酚、BHT、PTA、奈系列和催化剂生产装置。
**指50个床位以上的医院。
***加氯消毒后须进行脱氯处理，达到本标准。

表3 部分行业最高允许排水量
（1997年12月31日之前建设的单位）

序号	行业类别			最高允许排水量或最低允许水重复利用率	
1	矿山工业	有色金属系统选矿		水重复利用率75%	
		其他矿山工业采矿、选矿、选煤等		水重复利用率90%（选煤）	
		脉金选矿	重选	16.0 m³/t（矿石）	
			浮选	9.0 m³/t（矿石）	
			氰化	8.0 m³/t（矿石）	
			碳浆	8.0 m³/t（矿石）	
2	焦化企业（煤气厂）			1.2 m³/t（焦炭）	
3	有色金属冶炼及金属加工			水重复利用率80%	
4	石油炼制工业（不包括直排水炼油厂）加工深度分类： A．燃料型炼油厂 B．燃料＋润滑油型炼油厂 C．燃料＋润滑油＋炼油化工型炼油厂 （包括加工高含硫原油页岩油和石油添加剂生产基地的炼油厂）		A	>500万t，1.0 m³/t（原油） 250万~500万t，1.2 m³/t（原油） <250万t，1.5 m³/t（原油）	
			B	>500万t，1.5 m³/t（原油） 250万~500万t，2.0 m³/t（原油） <250万t，2.0 m³/t（原油）	
			C	>500万t，2.0 m³/t（原油） 250万~500万t，2.5 m³/t（原油） <250万t，2.5 m³/t（原油）	
5	合成洗涤剂工业	氯化法生产烷基苯		200.0 m³/t（烷基苯）	
		裂解法生产烷基苯		70.0 m³/t（烷基苯）	
		烷基苯生产合成洗涤剂		10.0 m³/t（产品）	
6	合成脂肪酸工业			200.0 m³/t（产品）	
7	湿法生产纤维板工业			30.0 m³/t（板）	
8	制糖工业	甘蔗制糖		10.0 m³/t（甘蔗）	
		甜菜制糖		4.0 m³/t（甜菜）	
9	皮革工业	猪盐湿皮		60.0 m³/t（原皮）	
		牛干皮		100.0 m³/t（原皮）	
		羊干皮		150.0 m³/t（原皮）	
10	发酵、酿造工业	酒精工业	以玉米为原料	100.0 m³/t（酒精）	
			以薯类为原料	80.0 m³/t（酒精）	
			以糖蜜为原料	70.0 m³/t（酒精）	
		味精工业		600.0 m³/t（味精）	
		啤酒工业（排水量不包括麦芽水部分）		16.0 m³/t（啤酒）	
11	铬盐工业			5.0 m³/t（产品）	
12	硫酸工业（水洗法）			15.0 m³/t（硫酸）	
13	苎麻脱胶工业			500 m³/t（原麻）或750 m³/t（精干麻）	
14	化纤浆粕			本色：150 m³/t（浆） 漂白：240 m³/t（浆）	
15	粘胶纤维工业（单纯纤维）	短纤维（棉型中长纤维、毛型中长纤维）		300 m³/t（纤维）	
		长纤维		800 m³/t（纤维）	
16	铁路货车洗刷			5.0 m³/辆	
17	电影洗片			5 m³/1 000 m（35 mm的胶片）	
18	石油沥青工业			冷却池的水循环利用率95%	

表4 第二类污染物最高允许排放浓度

（1998年1月1日后建设的单位）   单位：mg/L

序号	污染物	适用范围	一级标准	二级标准	三级标准
1	pH	一切排污单位	6～9	6～9	6～9
2	色度（稀释倍数）	一切排污单位	50	80	—
3	悬浮物（SS）	采矿、选矿、选煤工业	70	300	—
		脉金选矿	70	400	—
		边远地区砂金选矿	70	800	—
		城镇二级污水处理厂	20	30	—
		其他排污单位	70	150	400
4	五日生化需氧量（BOD_5）	甘蔗制糖、苎麻脱胶、湿法纤维板、染料、洗毛工业	20	60	600
		甜菜制糖、酒精、味精、皮革、化纤浆粕工业	20	100	600
		城镇二级污水处理厂	20	30	—
		其他排污单位	20	30	300
5	化学需氧量（COD）	甜菜制糖、合成脂肪酸、湿法纤维板、染料、洗毛、有机磷农药工业	100	200	1 000
		味精、酒精、医药原料药、生物制药、苎麻脱胶、皮革、化纤浆粕工业	100	300	1 000
		石油化工工业（包括石油炼制）	60	120	500
		城镇二级污水处理厂	60	120	—
		其他排污单位	100	150	500
6	石油类	一切排污单位	5	10	20
7	动植物油	一切排污单位	10	15	100
8	挥发酚	一切排污单位	0.5	0.5	2.0
9	总氰化合物	一切排污单位	0.5	0.5	1.0
10	硫化物	一切排污单位	1.0	1.0	1.0
11	氨氮	医药原料药、染料、石油化工工业	15	50	—
		其他排污单位	15	25	—
12	氟化物	黄磷工业	10	15	20
		低氟地区（水体含氟量<0.5 mg/L）	10	20	30
		其他排污单位	10	10	20
13	磷酸盐（以P计）	一切排污单位	0.5	1.0	—
14	甲醛	一切排污单位	1.0	2.0	5.0
15	苯胺类	一切排污单位	1.0	2.0	5.0
16	硝基苯类	一切排污单位	2.0	3.0	5.0
17	阴离子表面活性剂（LAS）	一切排污单位	5.0	10	20
18	总铜	一切排污单位	0.5	1.0	2.0
19	总锌	一切排污单位	2.0	5.0	5.0
20	总锰	合成脂肪酸工业	2.0	5.0	5.0
		其他排污单位	2.0	2.0	5.0
21	彩色显影剂	电影洗片	1.0	2.0	3.0
22	显影剂及氧化物总量	电影洗片	3.0	3.0	6.0
23	元素磷	一切排污单位	0.1	0.1	0.3

序号	污染物	适用范围	一级标准	二级标准	三级标准
24	有机磷农药（以P计）	一切排污单位	不得检出	0.5	0.5
25	乐果	一切排污单位	不得检出	1.0	2.0
26	对硫磷	一切排污单位	不得检出	1.0	2.0
27	甲基对硫磷	一切排污单位	不得检出	1.0	2.0
28	马拉硫磷	一切排污单位	不得检出	5.0	10
29	五氯酚及五氯酚钠（以五氯酚计）	一切排污单位	5.0	8.0	10
30	可吸附有机卤化物（AOX）（以Cl计）	一切排污单位	1.0	5.0	8.0
31	三氯甲烷	一切排污单位	0.3	0.6	1.0
32	四氯化碳	一切排污单位	0.03	0.06	0.5
33	三氯乙烯	一切排污单位	0.3	0.6	1.0
34	四氯乙烯	一切排污单位	0.1	0.2	0.5
35	苯	一切排污单位	0.1	0.2	0.5
36	甲苯	一切排污单位	0.1	0.2	0.5
37	乙苯	一切排污单位	0.4	0.6	1.0
38	邻-二甲苯	一切排污单位	0.4	0.6	1.0
39	对-二甲苯	一切排污单位	0.4	0.6	1.0
40	间-二甲苯	一切排污单位	0.4	0.6	1.0
41	氯苯	一切排污单位	0.2	0.4	1.0
42	邻-二氯苯	一切排污单位	0.4	0.6	1.0
43	对-二氯苯	一切排污单位	0.4	0.6	1.0
44	对-硝基氯苯	一切排污单位	0.5	1.0	5.0
45	2,4-二硝基氯苯	一切排污单位	0.5	1.0	5.0
46	苯酚	一切排污单位	0.3	0.4	1.0
47	间-甲酚	一切排污单位	0.1	0.2	0.5
48	2,4-二氯酚	一切排污单位	0.6	0.8	1.0
49	2,4,6-三氯酚	一切排污单位	0.6	0.8	1.0
50	邻苯二甲酸二丁酯	一切排污单位	0.2	0.4	2.0
51	邻苯二甲酸二辛酯	一切排污单位	0.3	0.6	2.0
52	丙烯腈	一切排污单位	2.0	5.0	5.0
53	总硒	一切排污单位	0.1	0.2	0.5
54	粪大肠菌群数	医院*、兽医院及医疗机构含病原体污水	500 个/L	1 000 个/L	5 000 个/L
		传染病、结核病医院污水	100 个/L	500 个/L	1 000 个/L
55	总余氯（采用氯化消毒的医院污水）	医院*、兽医院及医疗机构含病原体污水	<0.5**	>3（接触时间≥1 h）	>2（接触时间≥1 h）
		传染病、结核病医院污水	<0.5**	>6.5（接触时间≥1.5 h）	>5（接触时间≥1.5 h）
56	总有机碳（TOC）	合成脂肪酸工业	20	40	—
		苎麻脱胶工业	20	60	—
		其他排污单位	20	30	—

注：其他排污单位：指除在该控制项目中所列行业以外的一切排污单位。

*指 50 个床位以上的医院。

**加氯消毒后须进行脱氯处理，达到本标准。

4.2.2.2 1998年1月1日起建设（包括改、扩建）的单位，水污染物的排放必须同时执行表1、表4、表5的规定。

4.2.2.3 建设（包括改、扩建）单位的建设时间，以环境影响评价报告书（表）批准日期为准划分。

4.3 其他规定

4.3.1 同一排放口排放两种或两种以上不同类别的污水，且每种污水的排放标准又不同时，其混合污水的排放标准按附录A计算。

4.3.2 工业污水污染物的最高允许排放负荷量按附录B计算。

4.3.3 污染物最高允许年排放总量按附录C计算。

4.3.4 对于排放含有放射性物质的污水，除执行本标准外，还须符合GB 8703—88《辐射防护规定》。

表5 部分行业最高允许排水量

（1998年1月1日后建设的单位）

序号	行业类别			最高允许排水量或最低允许水重复利用率	
1	矿山工业	有色金属系统选矿		水重复利用率75%	
		其他矿山工业采矿、选矿、选煤等		水重复利用率90%（选煤）	
		脉金选矿	重选	16.0 m^3/t（矿石）	
			浮选	9.0 m^3/t（矿石）	
			氰化	8.0 m^3/t（矿石）	
			碳浆	8.0 m^3/t（矿石）	
2	焦化企业（煤气厂）			1.2 m^3/t（焦炭）	
3	有色金属冶炼及金属加工			水重复利用率80%	
4	石油炼制工业（不包括直排水炼油厂）加工深度分类： A．燃料型炼油厂 B．燃料+润滑油型炼油厂 C．燃料+润滑油+炼油化工型炼油厂 （包括加工高含硫原油页岩油和石油添加剂生产基地的炼油厂）		A	>500万t，1.0 m^3/t（原油） 250万~500万t，1.2 m^3/t（原油） <250万t，1.5 m^3/t（原油）	
			B	>500万t，1.5 m^3/t（原油） 250万~500万t，2.0 m^3/t（原油） <250万t，2.0 m^3/t（原油）	
			C	>500万t，2.0 m^3/t（原油） 250万~500万t，2.5 m^3/t（原油） <250万t，2.5 m^3/t（原油）	
5	合成洗涤剂工业	氯化法生产烷基苯		200.0 m^3/t（烷基苯）	
		裂解法生产烷基苯		70.0 m^3/t（烷基苯）	
		烷基苯生产合成洗涤剂		10.0 m^3/t（产品）	
6	合成脂肪酸工业			200.0 m^3/t（产品）	
7	湿法生产纤维板工业			30.0 m^3/t（板）	
8	制糖工业	甘蔗制糖		10.0 m^3/t（甘蔗）	
		甜菜制糖		4.0 m^3/t（甜菜）	
9	皮革工业	猪盐湿皮		60.0 m^3/t（原皮）	
		牛干皮		100.0 m^3/t（原皮）	
		羊干皮		150.0 m^3/t（原皮）	

序号	行业类别			最高允许排水量或最低允许水重复利用率
10	发酵、酿造工业	酒精工业	以玉米为原料	100.0 m³/t（酒精）
			以薯类为原料	80.0 m³/t（酒精）
			以糖蜜为原料	70.0 m³/t（酒精）
		味精工业		600.0 m³/t（味精）
		啤酒行业（排水量不包括麦芽水部分）		16.0 m³/t（啤酒）
11	铬盐工业			5.0 m³/t（产品）
12	硫酸工业（水洗法）			15.0 m³/t（硫酸）
13	苎麻脱胶工业			500 m³/t（原麻）
				750 m³/t（精干麻）
14	粘胶纤维工业单纯纤维	短纤维（棉型中长纤维、毛型中长纤维）		300.0 m³/t（纤维）
		长纤维		800.0 m³/t（纤维）
15	化纤浆粕			本色：150 m³/t（浆）；漂白：240 m³/t（浆）
16	制药工业医药原料药	青霉素		4 700 m³/t（青霉素）
		链霉素		1 450 m³/t（链霉素）
		土霉素		1 300 m³/t（土霉素）
		四环素		1 900 m³/t（四环素）
		洁霉素		9 200 m³/t（洁霉素）
		金霉素		3 000 m³/t（金霉素）
		庆大霉素		20 400 m³/t（庆大霉素）
		维生素 C		1 200 m³/t（维生素 C）
		氯霉素		2 700 m³/t（氯霉素）
		新诺明		2 000 m³/t（新诺明）
		维生素 B_1		3 400 m³/t（维生素 B_1）
		安乃近		180 m³/t（安乃近）
		非那西汀		750 m³/t（非那西汀）
		呋喃唑酮		2 400 m³/t（呋喃唑酮）
		咖啡因		1 200 m³/t（咖啡因）
17	有机磷农药工业	乐果**		700 m³/t（产品）
		甲基对硫磷（水相法）**		300 m³/t（产品）
		对硫磷（P_2S_5 法）**		500 m³/t（产品）
		对硫磷（$PSCl_3$ 法）**		550 m³/t（产品）
		敌敌畏（敌百虫碱解法）		200 m³/t（产品）
		敌百虫		40 m³/t（产品）（不包括三氯乙醛生产废水）
		马拉硫磷		700 m³/t（产品）
18	除*草剂工业	除草醚		5 m³/t（产品）
		五氯酚钠		2 m³/t（产品）
		五氯酚		4 m³/t（产品）
		2 甲 4 氯		14 m³/t（产品）
		2,4-D		4 m³/t（产品）
		丁草胺		4.5 m³/t（产品）
		绿麦隆（以 Fe 粉还原）		2 m³/t（产品）
		绿麦隆（以 Na_2S 还原）		3 m³/t（产品）
19	火力发电工业			3.5 m³/(MW·h)
20	铁路货车洗刷			5.0 m³/辆
21	电影洗片			5 m³/1 000 m（35 mm 胶片）
22	石油沥青工业			冷却池的水循环利用率 95%

注：*产品按 100%浓度计。

**不包括 P_2S_5、$PSCl_3$、PCl_3 原料生产废水。

5 监 测

5.1 采样点
采样点应按 4.2.1.1 及 4.2.1.2 第一、二类污染物排放口的规定设置,在排放口必须设置排放口标志、污水水量计量装置和污水比例采样装置。

5.2 采样频率
工业污水按生产周期确定监测频率。生产周期在 8 h 以内的,每 2 h 采样一次;生产周期大于 8 h 的,每 4 h 采样一次。其他污水采样,24 h 不少于 2 次。最高允许排放浓度按日均值计算。

5.3 排水量
以最高允许排水量或最低允许水重复利用率来控制,均以月均值计。

5.4 统计
企业的原材料使用量、产品产量等,以法定月报表或年报表为准。

5.5 测定方法
本标准采用的测定方法见表 6。

表 6 测定方法

序号	项 目	测定方法	方法来源
1	总汞	冷原子吸收光度法	GB 7468—87
2	烷基汞	气相色谱法	GB/T 14204—93
3	总镉	原子吸收分光光度法	GB 7475—87
4	总铬	高锰酸钾氧化-二苯碳酰二肼分光光度法	GB 7466—87
5	六价铬	二苯碳酰二肼分光光度法	GB 7467—87
6	总砷	二乙基二硫代氨基甲酸银分光光度法	GB 7485—87
7	总铅	原子吸收分光光度法	GB 7475—87
8	总镍	火焰原子吸收分光光度法	GB 11912—89
		丁二酮肟分光光度法	GB 19910—89
9	苯并(a)芘	乙酰化滤纸层析荧光分光光度法	GB 11895—89
10	总铍	活性炭吸附-铬天菁 S 光度法	1)
11	总银	火焰原子吸收分光光度法	GB 11907—89
12	总α	物理法	2)
13	总β	物理法	2)
14	pH 值	玻璃电极法	GB 6920—86
15	色度	稀释倍数法	GB 11903—89
16	悬浮物	重量法	GB 11901—89
17	五日生化需氧量(BOD$_5$)	稀释与接种法	GB 7488—87
		重铬酸钾紫外光度法	待颁布
18	化学需氧量(COD)	重铬酸钾法	GB 11914—89
19	石油类	红外光度法	GB/T 16488—1996
20	动植物油	红外光度法	GB/T 16488—1996
21	挥发酚	蒸馏后用 4-氨基安替比林分光光度法	GB 7490—87
22	总氰化物	硝酸银滴定法	GB 7486—87

序号	项　目	测定方法	方法来源
23	硫化物	亚甲基蓝分光光度法	GB/T 16489—1996
24	氨氮	纳氏试剂比色法	GB 7478—87
		蒸馏和滴定法	GB 7479—87
25	氟化物	离子选择电极法	GB 7484—87
26	磷酸盐	钼蓝比色法	1)
27	甲醛	乙酰丙酮分光光度法	GB 13197—91
28	苯胺类	N-（1-萘基）乙二胺偶氮分光光度法	GB 11889—89
29	硝基苯类	还原-偶氮比色法或分光光度法	1)
30	阴离子表面活性剂	亚甲蓝分光光度法	GB 7494—87
31	总铜	原子吸收分光光度法	GB 7475—87
		二乙基二硫化氨基甲酸钠分光光度法	GB 7474—87
32	总锌	原子吸收分光光度法	GB 7475—87
		双硫腙分光光度法	GB 7472—87
33	总锰	火焰原子吸收分光光度法	GB 11911—89
		高碘酸钾分光光度法	GB 11906—89
34	彩色显影剂	169 成色剂法	3)
35	显影剂及氧化物总量	碘-淀粉比色法	3)
36	元素磷	磷钼蓝比色法	3)
37	有机磷农药（以 P 计）	有机磷农药的测定	GB 13192—91
38	乐果	气相色谱法	GB 13192—91
39	对硫磷	气相色谱法	GB 13192—91
40	甲基对硫磷	气相色谱法	GB 13192—91
41	马拉硫磷	气相色谱法	GB 13192—91
42	五氯酚及五氯酚钠（以五氯酚计）	气相色谱法	GB 8972—88
		藏红 T 分光光度法	GB 9803—88
43	可吸附有机卤化物（AOX）（以 Cl 计）	微库仑法	GB/T 15959—95
44	三氯甲烷	气相色谱法	待颁布
45	四氯化碳	气相色谱法	待颁布
46	三氯乙烯	气相色谱法	待颁布
47	四氯乙烯	气相色谱法	待颁布
48	苯	气相色谱法	GB 11890—89
49	甲苯	气相色谱法	GB 11890—89
50	乙苯	气相色谱法	GB 11890—89
51	邻-二甲苯	气相色谱法	GB 11890—89
52	对-二甲苯	气相色谱法	GB 11890—89
53	间-二甲苯	气相色谱法	GB 11890—89
54	氯苯	气相色谱法	待颁布
55	邻-二氯苯	气相色谱法	待颁布
56	对-二氯苯	气相色谱法	待颁布
57	对-硝基氯苯	气相色谱法	GB 13194—91
58	2,4-二硝基氯苯	气相色谱法	GB 13194—91
59	苯酚	气相色谱法	待颁布

序号	项目	测定方法	方法来源
60	间-甲酚	气相色谱法	待颁布
61	2,4-二氯酚	气相色谱法	待颁布
62	2,4,6-三氯酚	气相色谱法	待颁布
63	邻苯二甲酸二丁酯	气相、液相色谱法	待制定
64	邻苯二甲酸二辛酯	气相、液相色谱法	待制定
65	丙烯腈	气相色谱法	待制定
66	总硒	2,3-二氨基萘荧光法	GB 11902—89
67	粪大肠菌群数	多管发酵法	1)
68	余氯量	N,N-二乙基-1,4-苯二胺分光光度法	GB 11898—89
		N,N-二乙基-1,4-苯二胺滴定法	GB 11897—89
69	总有机碳（TOC）	非色散红外吸收法	待制定
		直接紫外荧光法	待制定

注：暂采用下列方法，待国家方法标准发布后，执行国家标准。
1)《水和废水监测分析方法（第三版）》，中国环境科学出版社，1989年。
2)《环境监测技术规范（放射性部分）》，国家环境保护局。
3) 详见附录D。

6 标准实施监督

6.1 本标准由县级以上人民政府环境保护行政主管部门负责监督实施。

6.2 省、自治区、直辖市人民政府对执行国家水污染物排放标准不能保证达到水环境功能要求时，可以制定严于国家水污染物排放标准的地方水污染物排放标准，并报国家环境保护行政主管部门备案。

附录 A（标准的附录）

关于排放单位在同一个排污口排放两种或两种以上工业污水，且每种工业污水中同一污染物的排放标准又不同时，可采用如下方法计算混合排放时该污染物的最高允许排放浓度（$C_{混合}$）。

$$C_{混合} = \frac{\sum_{i=1}^{n} C_i Q_i Y_i}{\sum_{i=1}^{n} Q_i Y_i} \tag{A1}$$

式中：$C_{混合}$——混合污水某污染物最高允许排放浓度，mg/L；
C_i——不同工业污水某污染物最高允许排放浓度，mg/L；
Q_i——不同工业的最高允许排水量，m³/t（产品）
（本标准未作规定的行业，其最高允许排水量由地方环保部门与有关部门协商确定）；
Y_i——某种工业产品产量（t/d，以月平均计）。

附录 B（标准的附录）

工业污水污染物最高允许排放负荷计算：

$$L_{负} = C \times Q \times 10^{-3} \tag{B1}$$

式中：$L_{负}$——工业污水污染物最高允许排放负荷，kg/t（产品）；
C——某污染物最高允许排放浓度，mg/L；
Q——某工业的最高允许排水量，m³/t（产品）。

附录 C（标准的附录）

某污染物最高允许年排放总量的计算：

$$L_{总} = L_{负} \times Y \times 10^{-3} \tag{C1}$$

式中：$L_{总}$——某污染物最高允许年排放量，t/a；
$L_{负}$——某污染物最高允许排放负荷，kg/t（产品）；
Y——核定的产品年产量，t/a（产品）。

附录 D（标准的附录）

D.1 彩色显影剂总量的测定——169成色剂法

洗片的综合废水中存在的彩色显影剂很难检测出来，国内外介绍的方法一般都仅适用于显影水洗水中的显影剂检测。本方法可以快速地测出综合废水中的彩色显影剂。当废水中同时存在多种彩色显影剂时，用此法测出的量是多种彩色显影剂的总量。

D1.1 原理

电影洗片废水中的彩色显影剂可被氧化剂氧化，其氧化物在碱性溶液中遇到水溶性成色剂时，立即偶合形成染料。不同结构的显影剂（TSS，CD-2，CD-3）与169成色剂偶合成染料时，其最大吸收的光谱波长均在550 nm处，并在0～10 mg/L 范围内符合比耳定律。

以 TSS 为例，反应如下：

（TSS） + （169成色剂） $\xrightarrow{Cu^{2+}}$ （品红染料）

D1.2 仪器及设备

721型或类似型号分光光度计及1 cm 比色槽。

50 ml、100 ml 及 1 000 ml 的容量瓶。

D1.3 试剂

D1.3.1 0.5%成色剂：称取 0.5 g 169 成色剂置于有 100 ml 蒸馏水的烧杯中。在搅拌下，加入 1～2 粒氢氧化钠，使其完全溶解。

D1.3.2 混合氧化剂溶液：将 $CuSO_4 \cdot 5H_2O$ 0.5 g，Na_2CO_3 5.0 g，$NaNO_2$ 5.0 g 以及 NH_4Cl 5.0 g 依次溶解于 100 ml 蒸馏水中。

D1.3.3 标准溶液：精确称取照相级的彩色显影剂（生产中使用最多的一种）100 mg，溶解于少量蒸馏水中。其已溶入 100 mg Na_2SO_3 作保护剂，移入 1 L 容量瓶中，并加蒸馏水至刻度。此标准溶液相当 0.1mg/ml，必须在使用前配制。

D1.4 步骤

D1.4.1 标准曲线的制作

在 6 个 50 ml 容量瓶中，分别加入以下不同量的显影剂标准液。

编号	加入标准液的毫升数	相当显影剂含量（mg/L）
0	0	0
1	1	2
2	2	4
3	3	6
4	4	8
5	5	10

以上 6 个容量瓶中皆加入 1 ml 成色剂溶液，并用蒸馏水加至刻度。分别加入 1 ml 混合氧化剂溶液，摇匀。在 5 min 内在分光光度计 550 nm 处测定其不同试样生成染料的光密度（以编号 0 为零），绘制不同显影剂含量的相应光密度曲线。横坐标为 2、4、6、8、10 mg/L。

D1.4.2 水样的测定

取 2 份水样（一般为 20 ml）分别置于两个 50 ml 的容量瓶中。一个为测定水样，另一个为空白试验。在前者测定水样中加 1 ml 成色剂溶液。然后分别在两个瓶中加蒸馏水至刻度，其他步骤同标准曲线的制作。以空白液为零，测出水样的光密度，在标准曲线中查出相应的浓度。

D1.5 计算

$$\text{从标准曲线中查出的浓度} \times \frac{50}{a} = \text{废水中彩色显影剂的总量（mg/L）}$$

式中：a —— 废水取样的毫升数。

D1.6 注意事项

D1.6.1 生成的品红染料在 8 min 之内光密度是稳定的，故宜在染料生成后 5 min 之内测定。

D1.6.2 本方法不包括黑白显影剂。

D.2 显影剂及其氧化物总量的测定方法

电影洗印废水中存在不同量的赤血盐漂白液，将排放的显影剂部分或全部氧化，因此废水中一种情况是存在显影剂及其氧化物，另一种情况是只存在大量的氧化物而无显影剂。本方法测出的结果在第一种情况下是废水中显影剂及氧化物的总量，在第二种情况下是废水中原有显影剂氧化物的含量。

D2.1 原理

通常使用的显影剂，大都具有对苯二酚、对氨基酚、对苯二胺类的结构。经氧化水解后都能得到对苯二醌。利用溴或氯溴将显影剂氧化成显影剂氧化物，再用碘量法进行碘—淀粉比色法测定。

以米吐尔为例：

$$\text{HO-C}_6\text{H}_4\text{-NHCH}_3 + H_2O + Br_2 \rightleftharpoons \text{O=C}_6\text{H}_4\text{=O} + CH_3NH_2 + 2H^+ + 2Br^-$$

醌是较强的氧化剂。在酸性溶液中，碘离子定量还原对苯二醌为对苯二酚。所释出的当量碘，可用淀粉发生蓝色进行比色测定。

$$\text{O=C}_6\text{H}_4\text{=O} + 2H^+ + 2I^- \rightleftharpoons I_2 + \text{HO-C}_6\text{H}_4\text{-OH}$$

D2.2 仪器和设备

721 或类似型号分光光度计及 2 cm 比色槽，恒温水浴锅，50 ml 容量瓶，2 ml、5 ml 及 10 ml 刻度吸管。

D2.3 试剂

D2.3.1　0.1 N 溴酸钾—溴化钾溶液：称取 2.8 g 溴酸钾和 4.0 g 溴化钾，用蒸馏水稀释至 1 L。

D2.3.2　1∶1 磷酸：磷酸加一倍蒸馏水。

D2.3.3　饱和氯化钠溶液：称取 40 g 氯化钠，溶于 100 ml 蒸馏水中。

D2.3.4　20%溴化钾溶液：称取 20 g 溴化钾，溶于 100 ml 蒸馏水中。

D2.3.5　5%苯酚溶液：取苯酚 5 ml，溶于 100 ml 蒸馏水中。

D2.3.6　5%碘化钾溶液：称取 5 g 碘化钾，溶于 100 ml 蒸馏水中（用时配制，放暗处）。

D2.3.7　0.2%淀粉溶液：称取 1 g 可溶性淀粉，加少量水搅匀，注入沸腾的 500 ml 水中，继续煮沸 5 min。夏季可加水杨酸 0.2 g。

D2.3.8　配制标准液。

准确称取对苯二酚（分子量为 110.11 g）0.276 g，如果是照相级米吐尔（分子量为 344.40 g）可称取 0.861 g，照相级 TSS（分子量为 262.33 g）可称取 0.656 g（或根据所使用药品的分子量及纯度另行计算），溶于 25 ml 的 6 N HCl 中，移入 250 ml 容量瓶中，用蒸馏水加至刻度。此溶液浓度为 0.010 0 M。

D2.4 步骤

D2.4.1 标准曲线的制作

D2.4.1.1 取标准液 25 ml，加蒸馏水稀释至 1 000 ml，此液浓度为 0.000 25 M，即每毫升含对苯二酚 0.25 μmol（甲液）。

D2.4.1.2 取甲液 25 ml 用蒸馏水稀释至 250 ml，此溶液浓度为 0.000 025 M，即每毫升含对苯二酚 0.025 μmol（乙液）。

D2.4.1.3 取 6 个 50 ml 容量瓶，分别加入标准稀释液（乙液）0，0.1，0.2，0.3，0 4，0.5 μmol 对苯二酚（即 4.0，8.0，12.0，16.0，20.0 ml 乙液），加入适量蒸馏水，使各容量瓶中大约为 20 ml 溶液。

D2.4.1.4 用刻度吸管加入 1∶1 磷酸 2 ml。

D2.4.1.5 用吸管取饱和氯化钠溶液 5 ml。

D2.4.1.6 用吸管取 0.1 N 溴酸钾—溴化钾溶液 2 ml，尽可能不要沾在瓶壁上。用极少量的水冲洗瓶壁并摇匀。溶液应是氯溴的浅黄色。放入 35℃恒温水浴锅内，放置 15 min。

D2.4.1.7 吸取 20%溴化钾溶液 2 ml，沿瓶壁周围加入容量瓶中。摇匀后放在 35℃水溶中 5~10 min。

D2.4.1.8 用滴管快速加入 5%苯酚溶液 1 ml，立即摇匀，使溴的颜色褪去（如慢慢加入则易生成白色沉淀，无法比色）。

D2.4.1.9 降温：放自来水中降温 3 min。

D2.4.1.10 用吸管加入新配制的 5%碘化钾溶液 2 ml，冲洗瓶壁；放入暗柜 5 min。

D2.4.1.11 吸取 0.2%淀粉指示剂 10 ml，加入容量瓶中，用蒸馏水加至刻度，加盖摇匀后，放暗柜中 20 min。

D2.4.1.12 将发色试液分别放入 2 cm 比色槽中，在分光光度计 570 nm 处，以试剂空白为零，分别测出 5 个溶液的光密度，并绘制出标准曲线。横坐标为 0.1、0.2、0.3、0.4、0.5 μmol/50 ml。

D2.4.2 水样的测定

取水样适量（1~10 ml）放入 50 ml 容量瓶中，并加蒸馏水至 20 ml 左右，于另一个 50 ml 容量瓶中加 20 ml 蒸馏水作试剂空白。以下按步骤④~⑫进行，测出水样的光密度，在曲线上查出 50 ml 中所含微克分子数。

D2.4.3 需排除干扰的水样测定

当水样中含有六价铬离子而影响测定时，可用 $NaNO_2$ 将 Cr^{6+} 还原成 Cr^{3+}，用过量的尿素去除多余的 $NaNO_2$ 对本实验的干扰，即可达到消除铬干扰的目的。

准确取适量的水样（1~10 ml），放入 50 ml 容量瓶中，加入蒸馏水至 20 ml 左右，加入 1∶1 磷酸 2 ml，再加入 3 滴 10% $NaNO_2$，充分振荡，放入 35℃恒温水浴中 15 min。再加入 20%尿素 2 ml，充分振荡，放入 35℃水浴中 10 min。以下操作按步骤⑤~⑫进行，测出光密度，在曲线上查出 50 ml 中所含微克分子数。

D2.5 计算

水样中显影剂及氧化物总量 C（以对苯二酚计）按下式计算：

$$C = \frac{50 \text{ ml}中\mu mol数 \times 110}{取样体积(ml)} \times 1000 \quad (mg/L)$$

D2.6 注意事项

D2.6.1 本试验步骤多，时间长，因此要求操作仔细认真。

D2.6.2 所用玻璃器皿必须用清洁液洗净。

D2.6.3 水浴温度要准确在 35℃±1℃，每个步骤反应时间要准确控制。

D2.6.4 加入溴酸钾—溴化钾后，必须用蒸馏水冲洗容量瓶壁，否则残留溴酸钾与碘化钾作用生成碘，使光密度增加。

D2.6.5 在无铬离子的废水中，水样可不必处理，直接进行测定。

D2.6.6 水样如太浓，则预先稀释再进行测定。

D.3 元素磷的测定——磷钼蓝比色法

D3.1 原理

元素磷经苯萃取后氧化形成的钼磷酸为氯化亚锡还原成蓝色铬合物。灵敏度比钒钼磷酸比色法高，并且易于富集，富集后能提高元素磷含量小于 0.1 mg/L 时检测的可靠性，并减少干扰。

水样中含砷化物、硅化物和硫化物的量分别为元素磷含量的 100 倍、200 倍和 300 倍时，对本方法无明显干扰。

D3.2 仪器和试剂

D3.2.1 仪器：分光光度计：3 cm 比色皿。

D3.2.2 比色管：50 ml。

D3.2.3 分液漏斗：60、125、250 ml。

D3.2.4 磨口锥形瓶：250 ml。

D3.2.5 试剂：以下试剂均为分析纯：苯、高氯酸、溴酸钾、溴化钾、甘油、氯化亚锡、钼酸铵、磷酸二氢钾、醋酸丁酯、硫酸、硝酸、无水乙醇、酚酞指示剂。

D3.3 溶液的配制：

D3.3.1 磷酸二氢钾标准溶液：准确称取 0.439 4 g 干燥过的磷酸二氢钾，溶于少量水中，移入 1 000 ml 容量瓶中，定容。此溶液 PO_4^{3-}—P 含量为 0.1 mg/ml。取 10 ml 上述溶液于 1 000 ml 容量瓶中，定容，得到 PO_4^{3-}—P 含量为 1 μg/ml 的磷酸二氢钾标准溶液。

D3.3.2 溴酸钾—溴化钾溶液：溶解 10 g 溴酸钾和 8 g 溴化钾于 400 ml 水中。

D3.3.3 2.5%钼酸铵溶液：称取 2.5 g 钼酸铵，加 1∶1 硫酸溶液 70 ml，待钼酸铵溶解后再加入 30 ml 水。

D3.3.4 2.5%氯化亚锡甘油溶液：溶解 2.5 g 氯化亚锡于 100 ml 甘油中（可在水浴中加热，促进溶解）。

D3.3.5 5%钼酸铵溶液：溶解 12.5 g 钼酸铵于 150 ml 水中，溶解后将此液缓慢地倒入 100 ml 1∶5 的硝酸溶液中。

D3.3.6 1%氯化亚锡溶液：溶解 1 g 氯化亚锡于 15 ml 盐酸中，加入 85 ml 水及 1.5 g 抗坏血酸（可保存 4～5 d）。

D3.3.7 1∶1 硫酸溶液、1∶5 硝酸溶液、20%氢氧化钠溶液。

D3.4 测定步骤

D3.4.1 废水中元素磷含量大于 0.05 mg/L 时，采取水相直接比色，按下列规定操作。

D3.4.1.1 水样预处理

a）萃取：移取 10～100 ml 水样于盛有 25 ml 苯的 125 ml 或 250 ml 的分液漏斗中，振荡 5 min 后静置分层。将水相移入另一盛有 15 ml 苯的分液漏斗中,振荡 2 min 后静置,弃去水相,将苯相并入第一支分液漏斗中。加入 15 ml 水,振荡 1 min 后静置,弃去水相,苯相重复操作水洗 6 次。

b) 氧化：在苯相中加入 10～15 ml 溴酸钾—溴化钾溶液,2 ml 1∶1 硫酸溶液振荡 5 min,静置 2 min 后加入 2 ml 高氯酸,再振荡 5 min,移入 250 ml 锥形瓶内,在电热板上缓缓加热以驱赶过量高氯酸和除溴（勿使样品溅出或蒸干）,至白烟减少时,取下冷却。加入少量水及 1 滴酚酞指示剂,用 20%氢氧化钠溶液中和至呈粉红色,加 1 滴 1∶1 硫酸溶液至粉红色消失,移入容量瓶中,用蒸馏水稀释至刻度（据元素磷的含量确定稀释体积）。

D3.4.1.2 比色

移取适量上述的稀释液于 50 ml 比色管中,加 2 ml 2.5%钼酸铵溶液及 6 滴 2.5%氯化亚锡甘油溶液,加水稀释至刻度,混匀,于 20～30℃放置 20～30 min,倾入 3 cm 比色皿中,在分光光度计 690 nm 波长处,以试剂空白为零,测光密度。

D3.4.1.3 直接比色工作曲线的绘制

a) 移取适量的磷酸二氢钾标准溶液,使 PO_4^{3-}—P 的含量分别为 0 μg、1 μg、3 μg、5 μg、7 μg……17 μg 于 50 ml 比色管中,测光密度。

b) 以 PO_4^{3-}—P 含量为横坐标,光密度为纵坐标,绘制直接比色工作曲线。

D3.4.2 废水中元素磷含量小于 0.05 mg/L 时,采用有机相萃取比色。按下列规定操作：

D3.4.2.1 水样预处理

萃取比色：移取适量的氧化稀释液于 60 ml 分液漏斗已含有 3 ml 的 1∶5 硝酸溶液中,加入 7 ml 15%钼酸铵溶液和 10 ml 醋酸丁酯,振荡 1 min,弃去水相,向有机相加 2 ml 1%氯化亚锡溶液,摇匀,再加入 1 ml 无水乙醇,轻轻转动分液漏斗,使水珠下降,放尽水相,将有机相倾入 3 cm 比色皿中,在分光光度计 630 nm 或 720 nm 波长处,以试剂空白为零测光密度。

D3.4.2.2 有机相萃取比色工作曲线的绘制

a) 移取适量的磷酸二氢钾标准溶液,使 PO_4^{3-}—P 含量分别为 1 μg、2 μg、3 μg、4 μg、5 μg 于 60 ml 分液漏斗中,加入少量的水,以下按上节萃取比色步骤进行。

b) 以 PO_4^{3-}—P 含量为横坐标,光密度为纵坐标,绘制有机相萃取比色工作曲线。

D3.5 计算

用下列公式计算直接比色和有机相萃取比色测得 1 L 废水中元素磷的毫克数。

$$P = \frac{G}{\frac{V_1}{V_2} \times V_3}$$

式中：G ——从工作曲线查得元素磷量,μg;

V_1 ——取废水水样体积,ml;

V_2 ——废水水样氧化后稀释体积,ml;

V_3 ——比色时取稀释液的体积,ml。

D3.6 精确度

平行测定两个结果的差数,不应超过较小结果的 10%。

取平行测定两个结果的算术平均值作为样品中元素磷的含量，测定结果取两位有效数字。

D3.7 样品保存

采样后调节水样 pH 为 6~7，可于塑料瓶或玻璃瓶贮存 48 h。

关于发布《污水综合排放标准》（GB8978—1996）中石化工业 COD 标准值修改单的通知

环发[1999]285 号

各省、自治区、直辖市环境保护局：

为贯彻《中华人民共和国环境保护法》、《中华人民共和国水污染防治法》和《中华人民共和国海洋环境保护法》，防治水污染，现发布《污水综合排放标准》（GB8978—1996）中石化工业 COD 标准值修改单（见附件），本修改单自发布之日起实施，请遵照执行。

一九九九年十二月十五日

附件：《污水综合排放标准》（GB8978—1996）中石化工业 COD 标准值修改单

附件：

《污水综合排放标准》（GB 8978—1996）中石化工业 COD 标准值修改单

1997 年 12 月 31 日之前建设（包括改、扩）的石化企业，COD 一级标准值由 100mg/l 调整为 120mg/l，有单独外排口的特殊石化装置的 COD 标准值按照一级：160mg/l，二级：250 mg/l 执行，特殊石化装置指：丙烯腈-腈纶、己内酰胺、环氧氯丙烷、环氧丙烷、间甲酚、BHT、PTA、奈系列和催化剂生产装置。

中华人民共和国国家标准

钢铁工业水污染物排放标准

Discharge standard of water pollutants for iron and steel industry

GB 13456—2012
代替 GB 13456—1992

前 言

为贯彻《中华人民共和国环境保护法》《中华人民共和国水污染防治法》《中华人民共和国海洋环境保护法》《国务院关于落实科学发展观 加强环境保护的决定》等法律、法规和《国务院关于编制全国主体功能区规划的意见》，保护环境，防治污染，促进钢铁工业工艺和污染治理技术的进步，制定本标准。

本标准规定了钢铁生产企业水污染物排放限值、监测和监控要求，不包括铁矿采选、焦化以及铁合金生产工序。

本标准首次发布于1992年。

本次修订主要内容：

——规定了现有企业、新建企业水污染物排放限值，取消了按污水去向分级管理的规定。

——为促进地区经济与环境协调发展，推动经济结构的调整和经济增长方式的转变，引导工业生产工艺和污染治理技术的发展方向，本标准规定了水污染物特别排放限值。

本标准中的污染物排放浓度均为质量浓度。

钢铁生产企业排放的大气污染物（含恶臭污染物）、环境噪声适用相应的国家污染物排放标准；产生固体废物的鉴别、处理和处置，适用相应的国家固体废物污染控制标准。

自本标准实施之日起，《钢铁工业水污染物排放标准》（GB 13456—1992）同时废止。

地方省级人民政府对本标准未作规定的污染物项目，可以制定地方污染物排放标准；对本标准已作规定的污染物项目，可以制定严于本标准的地方污染物排放标准。

本标准由环境保护部科技标准司组织制订。

本标准起草单位：中钢集团武汉安全环保研究院、环境保护部环境标准研究所。

本标准环境保护部2012年6月15日批准。

本标准自2012年10月1日起实施。

本标准由环境保护部解释。

1 适用范围

本标准规定了钢铁生产企业或生产设施水污染物排放限值、监测和监控要求，以及标准的实施与监督等相关规定。

本标准适用于现有钢铁生产企业或生产设施的水污染物排放管理。

本标准适用于对钢铁工业建设项目的环境影响评价、环境保护设施设计、竣工环境保护验收及其投产后的水污染物排放管理。

本标准不适用于钢铁生产企业中铁矿采选废水、焦化废水和铁合金废水的排放管理。

本标准适用于法律允许的污染物排放行为。新设立污染源的选址和特殊保护区域内现有污染源的管理，按照《中华人民共和国大气污染防治法》《中华人民共和国水污染防治法》《中华人民共和国海洋环境保护法》《中华人民共和国固体废物污染环境防治法》《中华人民共和国环境影响评价法》等法律、法规、规章的相关规定执行。

本标准规定的水污染物排放控制要求适用于企业直接或间接向其法定边界外排放水污染物的行为。

2 规范性引用文件

本标准内容引用了下列文件中的条款。

GB/T 6920—1986　水质　pH值的测定　玻璃电极法
GB/T 7466—1987　水质　总铬的测定
GB/T 7467—1987　水质　六价铬的测定　二苯碳酰二肼分光光度法
GB/T 7469—1987　水质　总汞的测定　高锰酸钾-过硫酸钾消解　双硫腙分光光度法
GB/T 7475—1987　水质　铜、锌、铅、镉的测定　原子吸收分光光度法
GB/T 7484—1987　水质　氟化物的测定　离子选择电极法
GB/T 7485—1987　水质　总砷的测定　二乙基二硫代氨基钾酸银分光光度法
GB/T 11893—1989　水质　总磷的测定　钼酸铵分光光度法
GB/T 11901—1989　水质　悬浮物的测定　重量法
GB/T 11910—1989　水质　镍的测定　丁二酮肟分光光度法
GB/T 11911—1989　水质　铁、锰的测定　火焰原子吸收分光光度法
GB/T 11912—1989　水质　镍的测定　火焰原子吸收分光光度法
GB/T 11914—1989　水质　化学需氧量的测定　重铬酸钾法
HJ/T 195—2005　水质　氨氮的测定　气相分子吸收光谱法
HJ/T 345—2007　水质　铁的测定　邻菲啰啉分光光度法（试行）
HJ/T 399—2007　水质　化学需氧量的测定　快速消解分光光度法
HJ 484—2009　水质　氰化物的测定　容量法和分光光度法
HJ 485—2009　水质　铜的测定　二乙基二硫代氨基甲酸钠分光光度法
HJ 486—2009　水质　铜的测定　2,9-二甲基-1,10-菲啰啉分光光度法
HJ 487—2009　水质　氟化物的测定　茜素磺酸锆目视比色法
HJ 488—2009　水质　氟化物的测定　氟试剂分光光度法
HJ 502—2009　水质　挥发酚的测定　溴化容量法
HJ 503—2009　水质　挥发酚的测定　4-氨基安替比林分光光度法
HJ 537—2009　水质　氨氮的测定　蒸馏-中和滴定法
HJ 597—2011　水质　总汞的测定　冷原子吸收分光光度法

HJ 636—2012　水质　总氮的测定　碱性过硫酸钾消解紫外分光光度法
HJ 637—2012　水质　石油类和动植物油类的测定　红外分光光度法
《污染源自动监控管理办法》（国家环境保护总局令　第 28 号）
《环境监测管理办法》（国家环境保护总局令　第 39 号）

3 术语和定义

3.1　钢铁联合企业　integrated iron and steel works
拥有钢铁工业的基本生产过程的钢铁企业，至少包含炼铁、炼钢和轧钢等生产工序。

3.2　钢铁非联合企业　non integrated iron and steel works
除钢铁联合企业外，含一个或两个及以上钢铁工业生产工序的企业。

3.3　烧结　sintering
铁粉矿等含铁原料加入熔剂和固体燃料，按要求的比例配合，加水混合制粒后，平铺在烧结机台车上，经点火抽风，使其燃料燃烧，烧结料部分熔化黏结成块状的过程，包括球团。

3.4　炼铁　ironmaking
采用高炉冶炼生铁的生产过程。高炉是工艺流程的主体，从其上部装入的铁矿石、燃料和熔剂向下运动，下部鼓入空气燃料燃烧，产生大量的高温还原性气体向上运动；炉料经过加热、还原、熔化、造渣、渗碳、脱硫等一系列物理化学过程，最后生成液态炉渣和生铁。

3.5　炼钢　steelmaking
将炉料（如铁水、废钢、海绵铁、铁合金等）熔化、升温、提纯，使之符合成分和纯净度要求的过程，涉及的生产工艺包括铁水预处理、熔炼、炉外精炼（二次冶金）和浇铸（连铸）。

3.6　轧钢　steel rolling
钢坯料经过加热通过热轧或将钢板通过冷轧轧制变成所需要的成品钢材的过程。本标准也包括在钢材表面涂镀金属或非金属的涂、镀层钢材的加工过程。

3.7　现有企业　existing facility
本标准实施之日前，已建成投产或环境影响评价文件已通过审批的钢铁生产企业或生产设施。

3.8　新建企业　new facility
自本标准实施之日起，环境影响评价文件通过审批的新建、改建和扩建的钢铁工业建设项目。

3.9　直接排放　direct discharge
排污单位直接向环境排放水污染物的行为。

3.10　间接排放　indirect discharge
排污单位向公共污水处理系统排放水污染物的行为。

3.11　公共污水处理系统　public wastewater treatment system
通过纳污管道等方式收集废水，为两家以上排污单位提供废水处理服务并且排水能够达到相关排放标准要求的企业或机构，包括各种规模和类型的城镇污水处理厂、区域（包括各类工业园区、开发区、工业聚集地等）废水处理厂等，其废水处理程度应达到二级或二级以上。

3.12　排水量　effluent volume

生产设施或企业向企业法定边界以外排放的废水的量，包括与生产有直接或间接关系的各种外排废水（如厂区生活污水、冷却废水、厂区锅炉和电站排水等）。

3.13 单位产品基准排水量 benchmark effluent volume per unit product

用于核定水污染物排放浓度而规定的生产单位产品的废水排放量上限值。

4 水污染物排放控制要求

4.1 自 2012 年 10 月 1 日起至 2014 年 12 月 31 日止，现有企业执行表 1 规定的水污染物排放限值。

表 1 现有企业水污染物排放限值

单位：mg/L（pH 值除外）

序号	污染物项目	直接排放限值						间接排放限值	污染物排放监控位置
		钢铁联合企业	钢铁非联合企业						
			烧结（球团）	炼铁	炼钢	轧钢 冷轧	轧钢 热轧		
1	pH 值	6～9	6～9	6～9	6～9	6～9	6～9	6～9	企业废水总排放口
2	悬浮物	50	50	50	50	50	50	100	
3	化学需氧量（COD_{Cr}）	60	60	60	60	80	60	200	
4	氨氮	8	—	8	—	8	—	15	
5	总氮	20	—	20	—	20	—	35	
6	总磷	1.0	—	—	—	1.0	—	2.0	
7	石油类	5	5	5	5	5	5	10	
8	挥发酚	0.5	—	0.5	—	—	—	1.0	
9	总氰化物	0.5	—	0.5	—	0.5	—	0.5	
10	氟化物	10	—	—	10	10	—	20	
11	总铁[a]	10	—	—	—	10	—	10	
12	总锌	2.0	—	2.0	—	2.0	—	4.0	
13	总铜	0.5	—	—	—	0.5	—	1.0	
14	总砷	0.5	0.5	—	—	0.5	—	0.5	车间或生产设施废水排放口
15	六价铬	0.5	—	—	—	0.5	—	0.5	
16	总铬	1.5	—	—	—	1.5	—	1.5	
17	总铅	1.0	—	1.0	—	—	—	1.0	
18	总镍	1.0	—	—	—	1.0	—	1.0	
19	总镉	0.1	—	—	—	0.1	—	0.1	
20	总汞	0.05	—	—	—	0.05	—	0.05	
单位产品基准排水量/（m³/t）	钢铁联合企业[b]	2.0							排水量计量位置与污染物排放监控位置相同
	钢铁非联合企业 烧结、球团	0.05							
	钢铁非联合企业 炼铁								
	钢铁非联合企业 炼钢	0.1							
	钢铁非联合企业 轧钢	1.8							

注：[a] 排放废水 pH 值小于 7 时执行该限值。
[b] 钢铁联合企业的产品以粗钢计。

4.2 自 2015 年 1 月 1 日起，现有企业执行表 2 规定的水污染物排放限值。

4.3 自 2012 年 10 月 1 日起，新建企业执行表 2 规定的水污染物排放限值。

表2 新建企业水污染物排放限值

单位：mg/L（pH 值除外）

序号	污染物项目	排放限值						污染物排放监控位置
		直接排放限值					间接排放限值	
		钢铁联合企业	钢铁非联合企业					
			烧结（球团）	炼铁	炼钢	轧钢		
						冷轧 / 热轧		
1	pH 值	6~9	6~9	6~9	6~9	6~9	6~9	企业废水总排放口
2	悬浮物	30	30	30	30	30	100	
3	化学需氧量（COD_{Cr}）	50	50	50	50	70 / 50	200	
4	氨氮	5	—	5	5	5	15	
5	总氮	15	—	15	15	15	35	
6	总磷	0.5	—	—	—	0.5	2.0	
7	石油类	3	3	3	3	3	10	
8	挥发酚	0.5	0.5	0.5	—	—	1.0	
9	总氰化物	0.5	0.5	0.5	—	0.5	0.5	
10	氟化物	10	—	—	10	10	20	
11	总铁[a]	10	—	—	—	10	10	
12	总锌	2.0	—	2.0	—	2.0	4.0	
13	总铜	0.5	—	—	—	0.5	1.0	
14	总砷	0.5	0.5	—	—	0.5	0.5	
15	六价铬	0.5	—	—	—	0.5	0.5	车间或生产设施废水排放口
16	总铬	1.5	—	—	—	1.5	1.5	
17	总铅	1.0	1.0	1.0	—	—	1.0	
18	总镍	1.0	—	—	—	1.0	1.0	
19	总镉	0.1	—	—	—	0.1	0.1	
20	总汞	0.05	—	—	—	0.05	0.05	
单位产品基准排水量/（m³/t）	钢铁联合企业[b]	1.8						排水量计量位置与污染物排放监控位置相同
	钢铁非联合企业 烧结、球团、炼铁	0.05						
	炼钢	0.1						
	轧钢	1.5						

注：[a] 排放废水 pH 值小于 7 时执行该限值。
[b] 钢铁联合企业的产品以粗钢计。

4.4 根据环境保护工作的要求，在国土开发密度已经较高、环境承载能力开始减弱，或环境容量较小、生态环境脆弱，容易发生严重环境污染问题而需要采取特别保护措施的地区，应严格控制企业的污染物排放行为，在上述地区的企业执行表 3 规定的水污染物特别排放限值。

执行水污染物特别排放限值的地域范围、时间，由国务院环境保护行政主管部门或省级人民政府规定。

4.5 水污染物排放浓度限值适用于单位产品实际排水量不高于单位产品基准排水量的情况。若单位产品实际排水量超过单位产品基准排水量，须按式（1）将实测水污染物浓度换算为水污染物基准水量排放浓度，并以水污染物基准水量排放浓度作为判定排放是否达标的依据。产品产量和排水量统计周期为一个工作日。

表3 水污染物特别排放限值

单位：mg/L（pH 值除外）

序号	污染物项目	排放限值 直接排放限值 钢铁联合企业	钢铁非联合企业 烧结（球团）	炼铁	炼钢	轧钢	间接排放限值	污染物排放监控位置
1	pH 值	6～9	6～9	6～9	6～9	6～9	6～9	企业废水总排放口
2	悬浮物	20	20	20	20	20	30	
3	化学需氧量（COD_{Cr}）	30	30	30	30	30	200	
4	氨氮	5	—	5	5	5	8	
5	总氮	15	—	15	15	15	20	
6	总磷	0.5	—	—	—	0.5	0.5	
7	石油类	1	1	1	1	1	3	
8	挥发酚	0.5	—	0.5	—	—	0.5	
9	总氰化物	0.5	—	0.5	—	0.5	0.5	
10	氟化物	10	—	—	10	10	10	
11	总铁[a]	2.0	—	—	—	2.0	10	
12	总锌	1.0	—	1.0	—	1.0	2.0	
13	总铜	0.3	—	—	—	0.3	0.5	
14	总砷	0.1	0.1	—	—	0.1	0.1	车间或生产设施废水排放口
15	六价铬	0.05	—	—	—	0.05	0.05	
16	总铬	0.1	—	—	—	0.1	0.1	
17	总铅	0.1	0.1	0.1	—	—	0.1	
18	总镍	0.05	—	—	—	0.05	0.05	
19	总镉	0.01	—	—	—	0.01	0.01	
20	总汞	0.01	—	—	—	0.01	0.01	
单位产品基准排水量/（m³/t）	钢铁联合企业[b]	1.2						排水量计量位置与污染物排放监控位置相同
	钢铁非联合企业 烧结、球团、炼铁	0.05						
	炼钢	0.1						
	轧钢	1.1						

注：[a] 排放废水 pH 值小于 7 时执行该限值。
[b] 钢铁联合企业的产品以粗钢计。

在企业的生产设施为两种及以上工序或同时生产两种及以上产品，可适用不同排放控制要求或不同行业国家污染物排放标准时，且生产设施产生的污水混合处理排放的情况下，应执行排放标准中规定的最严格的浓度限值，并按式（1）换算水污染物基准水量排放浓度。

$$\rho_{基} = \frac{Q_{总}}{\sum Y_i Q_{i基}} \times \rho_{实} \qquad (1)$$

式中：$\rho_{基}$——水污染物基准水量排放质量浓度，mg/L；
$Q_{总}$——实测排水总量，m³；
Y_i——第 i 种产品产量，t；
$Q_{i基}$——第 i 种产品的单位产品基准排水量，m³/t；

$\rho_\text{实}$——实测水污染物质量浓度，mg/L。

若 $Q_\text{总}$ 与 $\sum Y_i Q_{i\text{基}}$ 的比值小于1，则以水污染物实测浓度作为判定排放是否达标的依据。

5 水污染物监测要求

5.1 对企业排放废水的采样，应根据监测污染物的种类，在规定的污染物排放监控位置进行。有废水处理设施的，应在该设施后监控。在污染物排放监控位置须设置永久性排污口标志。

5.2 新建企业和现有企业安装污染物排放自动监控设备的要求，按有关法律和《污染源自动监控管理办法》的规定执行。

5.3 对企业水污染物排放情况进行监测的频次、采样时间等要求，按国家有关污染源监测技术规范的规定执行。

5.4 企业产品产量的核定，以法定报表为依据。

5.5 企业应按照有关法律和《环境监测管理办法》的规定，对排污状况进行监测，并保存原始监测记录。

5.6 对企业排放水污染物浓度的测定采用表4所列的方法标准。

表4 水污染物浓度测定方法标准

序号	污染物项目	方法标准名称	方法标准编号
1	pH值	水质 pH值的测定 玻璃电极法	GB/T 6920—1986
2	悬浮物	水质 悬浮物的测定 重量法	GB/T 11901—1989
3	化学需氧量	水质 化学需氧量的测定 重铬酸钾法	GB/T 11914—1989
		水质 化学需氧量的测定 快速消解分光光度法	HJ/T 399—2007
4	氨氮	水质 氨氮的测定 气相分子吸收光谱法	HJ/T 195—2005
		水质 氨氮的测定 蒸馏-中和滴定法	HJ 537—2009
5	总氮	水质 总氮的测定 碱性过硫酸钾消解紫外分光光度法	HJ 636—2012
6	总磷	水质 总磷的测定 钼酸铵分光光度法	GB/T 11893—1989
7	石油类	水质 石油类和动植物油类的测定 红外分光光度法	HJ 637—2012
8	挥发酚	水质 挥发酚的测定 溴化容量法	HJ 502—2009
		水质 挥发酚的测定 4-氨基安替比林分光光度法	HJ 503—2009
9	氟化物	水质 氟化物的测定 离子选择电极法	GB/T 7484—1987
		水质 氟化物的测定 茜素磺酸锆目视比色法	HJ 487—2009
		水质 氟化物的测定 氟试剂分光光度法	HJ 488—2009
10	氰化物	水质 氰化物的测定 容量法和分光光度法	HJ 484—2009
11	总铁	水质 铁、锰的测定 火焰原子吸收分光光度法	GB/T 11911—1989
		水质 铁的测定 邻菲啰啉分光光度法（试行）	HJ/T 345—2007
12	总锌	水质 铜、锌、铅、镉的测定 原子吸收分光光度法	GB/T 7475—1987
13	总铜	水质 铜、锌、铅、镉的测定 原子吸收分光光度法	GB/T 7475—1987
		水质 铜的测定 二乙基二硫代氨基甲酸钠分光光度法	HJ 485—2009
		水质 铜的测定 2,9-二甲基-1,10-菲啰啉分光光度法	HJ 486—2009
14	总砷	水质 砷的测定 二乙基二硫代氨基钾酸银分光光度法	GB/T 7485—1987
15	总铬	水质 总铬的测定	GB/T 7466—1987

序号	污染物项目	方法标准名称	方法标准编号
16	六价铬	水质 六价铬的测定 二苯碳酰二肼分光光度法	GB/T 7467—1987
17	总铅	水质 铜、锌、铅、镉的测定 原子吸收分光光度法	GB/T 7475—1987
18	总镍	水质 镍的测定 丁二酮肟分光光度法	GB/T 11910—1989
18	总镍	水质 镍的测定 火焰原子吸收分光光度法	GB/T 11912—1989
19	总镉	水质 铜、锌、铅、镉的测定 原子吸收分光光度法	GB/T 7475—1987
20	总汞	水质 总汞的测定 高锰酸钾-过硫酸钾消解 双硫腙分光光度法	GB/T 7469—1987
20	总汞	水质 总汞的测定 冷原子吸收分光光度法	HJ 597—2011

6 实施与监督

6.1 本标准由县级以上人民政府环境保护行政主管部门负责监督实施。

6.2 在任何情况下，钢铁生产企业均应遵守本标准的水污染物排放控制要求，采取必要措施保证污染防治设施的正常运行。各级环保部门在对企业进行监督性检查时，可以采用现场即时采样或监测的结果，作为判定排污行为是否符合排放标准以及实施相关环境保护管理措施的依据。在发现设施耗水或排水量有异常变化的情况下，应核定设施的实际产品产量和排水量，按本标准的规定，将实测水污染物浓度换算为水污染物基准水量排放浓度后进行考核。

中华人民共和国国家标准

肉类加工工业水污染物排放标准

Discharge standards of water pollutants for meat packing industry

GB 13457—92

为贯彻《中华人民共和国环境保护法》《中华人民共和国水污染防治法》和《中华人民共和国海洋环境保护法》，促进生产工艺和污染治理技术的进步，防治水污染，制定本标准。

1 主题内容与适用范围

1.1 主题内容

本标准按废水排放去向，分年限规定了肉类加工企业水污染物最高允许排放浓度和排水量等指标。

1.2 适用范围

本标准适用于肉类加工工业的企业排放管理，以及建设项目的环境影响评价、设计、竣工验收及其建成后的排放管理。

2 引用标准

    GB 3097 海水水质标准
    GB 3838 地面水环境质量标准
    GB 5749 生活饮用水卫生标准
    GB 5750 生活饮用水标准检验法
    GB 6920 水质 pH值的测定 玻璃电极法
    GB 7478 水质 铵的测定 蒸馏和滴定法
    GB 7479 水质 铵的测定 纳氏试剂比色法
    GB 7481 水质 铵的测定 水杨酸分光光度法
    GB 7488 水质 五日生化需氧量（BOD_5）的测定 稀释与接种法
    GB 8978 污水综合排放标准
    GB 11901 水质 悬浮物的测定 重量法
    GB 11914 水质 化学需氧量的测定 重铬酸盐法

3 术语

3.1 活屠重
指被屠宰畜、禽的活重。

3.2 原料肉
指作为加工肉制品原料的冻肉或鲜肉。

4 技术内容

4.1 加工类别
按肉类加工企业的加工类别分为：

a. 畜类屠宰加工；
b. 肉制品加工；
c. 禽类屠宰加工。

4.2 标准分级
按排入水域的类别划分标准级别。

4.2.1 排入 GB 3838 中 III 类水域（水体保护区除外），GB 3097 中二类海域的废水，执行一级标准。

4.2.2 排入 GB 3838 中 IV、V 类水域，GB 3097 中三类海域的废水，执行二级标准。

4.2.3 排入设置二级污水处理厂的城镇下水道的废水，执行三级标准。

4.2.4 排入未设置二级污水处理厂的城镇下水道的废水，必须根据下水道出水受纳水域的功能要求，分别执行 4.2.1 和 4.2.2 的规定。

4.2.5 GB 3838 中 I、II 类水域和 III 类水域中的水体保护区，GB 3097 中一类海域，禁止新建排污口，扩建、改建项目不得增加排污量。

4.3 标准值
本标准按照不同年限分别规定了肉类加工企业的排水量和水污染物最高允许排放浓度等指标，标准值分别规定为：

4.3.1 1989 年 1 月 1 日之前立项的建设项目及其建成后投产的企业按表 1 执行。

表 1

污染物 标准值级别	悬浮物			生化需氧量 (BOD$_5$)			化学需氧量 (COD$_{Cr}$)			动植物油			氨氮			pH 值			大肠菌群数(个/L)			排水量 m³/t(活屠重、原料肉)		
	一级	二级	三级	一级	二级	三级	一级	二级	三级	一级	二级	三级	一级	二级	三级	一级	二级	三级	一级	二级	三级	一级	二级	三级
排放浓度/(mg/L)	100	250	400	60	80	300	120	160	500	30	40	100	25	40	—	6~9			5000	—		7.2		

4.3.2 1989 年 1 月 1 日至 1992 年 6 月 30 日之间立项的建设项目及其建成后投产的企业按表 2 执行。

表2

污染物 级别 标准值	悬浮物			生化需氧量(BOD₅)			化学需氧量(COD_Cr)			动植物油			氨氮			pH值			大肠菌群数(个/L)			排水量 m³/t(活屠重、原料肉)		
	一级	二级	三级	一级	二级	三级	一级	二级	三级	一级	二级	三级	一级	二级	三级	一级	二级	三级	一级	二级	三级	一级	二级	三级
排放浓度/(mg/L)	70	200	400	30	60	300	100	120	500	20	20	100	15	25	—	6~9			5000	—	—	6.5		

4.3.3 1992年7月1日起立项的建设项目及其建成后投产的企业按表3执行。

4.4 其他规定

4.4.1 表1、表2和表3中所列污染物最高允许排放浓度，按日均值计算。

4.4.2 污泥与固体废物应合理处理。

4.4.3 工艺参考指标为行业内部考核评价企业排放状况的主要参数。

4.4.4 有分割肉、化制等工序的企业，每加工1 t原料肉，可增加排水量2 m³。

4.4.5 加工蛋品的企业，每加工1 t蛋品，可增加排水量5 m³。

4.4.6 回用水应符合回用水水质标准。

4.4.7 在执行三级标准时，若二级污水处理厂运行条件允许，生化需氧量（BOD₅）可放宽至600 mg/L，化学需氧量（COD_Cr）可放宽至1 000 mg/L，但需经当地环境保护行政主管部门认定。

4.4.8 非单一加工类别的企业，其污染物最高允许排放浓度、排水量和污染物排放量限值，以一定时间内的各种原料加工量为权数，加权平均计算。计算方法见附录A。

4.4.9 表1、表2中禽类屠宰加工的排水量参照表3执行。

5 监测

5.1 采样点

采样点应在肉类加工企业的废水排放口，排放口应设置废水水量计量装置和设立永久性标志。

5.2 采样频率

按生产周期确定监测频率。生产周期在8 h以内的，每2 h采样一次；生产周期大于8 h的，每4 h采样一次。

5.3 排水量

排水量只计算直接生产排水，不包括间接冷却水、厂区生活排水及厂内锅炉、电站排水，若不符合以上条件时，应改建排放口；排水量按月均值计算。

5.4 统计

企业原材料使用量、产品产量等，以法定月报表和年报表为准。

5.5 测定方法

本标准采用的测定方法按表4执行。

表3

加工类别	标准值	污染物 浓度与总量	悬浮物 一级	悬浮物 二级	悬浮物 三级	生化需氧量(BOD₅) 一级	生化需氧量(BOD₅) 二级	生化需氧量(BOD₅) 三级	化学需氧量(COD_Cr) 一级	化学需氧量(COD_Cr) 二级	化学需氧量(COD_Cr) 三级	动植物油 一级	动植物油 二级	动植物油 三级	氨氮 一级	氨氮 二级	氨氮 三级	pH值 一级	pH值 二级	pH值 三级	大肠菌群数(个/L) 一级	大肠菌群数(个/L) 二级	大肠菌群数(个/L) 三级	排水量 m³/t 一级	排水量 m³/t 二级	排水量 m³/t 三级	工艺参考指标 油脂回收率 %	工艺参考指标 血液回收率 %	工艺参考指标 肠胃内容物回收率 %	工艺参考指标 毛羽回收率 %	工艺参考指标 废水回收率 %
畜类屠宰加工		排放浓度/(mg/L)	60	120	400	30	60	300	80	120	500	15	20	60	15	25	—	6.0~8.5			5 000	10 000	—			6.5	>75	>80	>60	>90	>15
畜类屠宰加工		排放总量/(kg/t)(活屠重)	0.4	0.8	2.6	0.2	0.4	2.0	0.5	0.8	3.3	0.1	0.13	0.4	0.1	0.16	—														
禽类屠宰加工		排放浓度/(mg/L)	60	100	350	25	50	300	80	120	500	15	20	60	15	20	—	6.0~8.5			5 000	10 000	—			5.8	75	—	—	—	15
禽类屠宰加工		排放总量/(kg/t)(原料肉)	0.35	0.6	2.0	0.15	0.3	1.7	0.45	0.7	2.9	0.09	0.12	0.35	0.09	0.12	—														
禽类屠宰加工		排放浓度/(mg/L)	60	100	300	25	40	250	70	100	500	15	20	50	15	20	—	6.0~8.5			5 000	10 000	—			18.0	>75	>80	>50	>90	>15
禽类屠宰加工		排放总量/(kg/t)(活屠重)	1.1	1.8	5.4	0.45	0.72	4.5	1.20	1.8	9.0	0.27	0.36	0.9	0.27	0.36	—														

表 4

序 号	项 目	方 法	方法来源
1	pH 值	玻璃电极	GB 6920
2	悬浮物	重量法	GB 11901
3	五日生化需氧量（BOD_5）	稀释与接种法	GB 7488
4	化学需氧量（COD_{Cr}）	重铬酸钾法	GB 11914
5	动植物油	重量法	1)
6	氨氮	蒸馏中滴定法	GB 7478
		纳氏试剂比色法	GB 7479
		水杨酸分光光度法	GB 7481
7	大肠菌群数	发酵法	GB 5750

注：1）暂时采用《环境监测分析方法》（城乡建设环境保护部环境保护局，1983）。待国家颁布相应的方法标准后，执行国家标准。

6 标准实施监督

本标准由各级人民政府环境保护行政主管部门负责监督实施。

附录 A（补充件）

非单一加工企业污染物限值计算方法

A1 污染物最高允许排放浓度按式（A1）计算：

$$C = \frac{\sum Q_i W_i C_i}{\sum Q_i W_i} \qquad (A1)$$

A2 排水量按式（A2）计算：

$$Q = \frac{\sum Q_i W_i}{\sum W_i} \qquad (A2)$$

A3 污染物排放量按式（A3）计算：

$$T = \frac{\sum T_i W_i}{\sum W_i} \qquad (A3)$$

式中：C —— 污染物最高允许排放浓度，mg/L；
　　　Q —— 排水量，m³/t（活屠重）或 m³/t（原料肉）；
　　　T —— 污染物排放量，kg/t（活屠重）或 kg/t（原料肉）；
　　　Q_i —— 某一加工类别加工单位重量原料允许排水量，m³/t（活屠重）或 m³/t（原料肉）；
　　　W_i —— 某一加工类别一定时间内原料加工量，t（活屠重）或 t（原料肉）；
　　　C_i —— 某一加工类别的某一污染物的最高允许排放浓度，mg/L；
　　　T_i —— 某一加工类别加工单位重量原料允许污染物排放量，kg/t（活屠重）或 kg/t（原料肉）。

附加说明：

本标准由国家环境保护局科技标准司提出。

本标准由商业部《肉类加工工业水污染物排放标准》编制组、中国环境科学研究院环境标准研究所负责起草。

本标准主要起草人牛景金、王嘉儒、周晓明、孟宪亭、邹首民、王守伟、许俊森等。

本标准由国家环境保护局负责解释。

中华人民共和国国家标准

合成氨工业水污染物排放标准

Discharge standard of water pollutants for ammonia industry

GB 13458—2013
代替 GB 13458—2001

前 言

为贯彻《中华人民共和国环境保护法》《中华人民共和国水污染防治法》《中华人民共和国海洋环境保护法》《国务院关于加强环境保护重点工作的意见》等法律、法规和《国务院关于编制全国主体功能区规划的意见》，保护环境，防治污染，促进合成氨工业生产工艺和污染治理技术的进步，制定本标准。

本标准规定了合成氨工业企业生产过程中水污染物排放限值、监测和监控要求。

本标准中的污染物排放浓度均为质量浓度。

合成氨工业企业排放大气污染物（含恶臭污染物）、环境噪声适用相应的国家污染物排放标准，产生固体废物的鉴别、处理和处置适用国家固体废物污染控制标准。

本标准首次发布于1992年，2001年第一次修订，本次为第二次修订。

本次修订的主要内容：

——根据落实国家环境保护规划、环境保护管理和执法工作的需要，调整了控制排放的污染物项目，提高了污染物排放控制要求；

——取消了按污水去向分级控制的规定；

——为促进区域经济与环境协调发展，推动经济结构的调整和经济增长方式的转变，引导合成氨工业生产工艺和污染治理技术的发展方向，规定了水污染物特别排放限值；

——为完善国家环境保护标准体系，规范水污染物排放行为，适应国家水污染防治工作的需要，增加了水污染物间接排放限值。

自本标准实施之日起，《合成氨工业水污染物排放标准》（GB 13458—2001）同时废止。

地方省级人民政府对本标准未作规定的污染物项目，可以制定地方污染物排放标准；对本标准已作规定的污染物项目，可以制定严于本标准的地方污染物排放标准。

本标准由环境保护部科技标准司组织制订。

本标准主要起草单位：中国环境科学研究院。

本标准环境保护部2013年2月25日批准。

本标准自 2013 年 7 月 1 日起实施。

本标准由环境保护部解释。

1 适用范围

本标准规定了合成氨工业企业或生产设施的水污染物排放限值、监测和监控要求，以及标准的实施与监督等相关规定。

本标准适用于现有合成氨工业企业或生产设施的水污染物排放管理。

本标准适用于对合成氨工业企业建设项目的环境影响评价、环境保护设施设计、竣工环境保护验收及其投产后的水污染物排放管理。

本标准不适用于硝酸、复混肥以及联碱法纯碱生产的水污染物排放管理。

本标准适用于法律允许的水污染物排放行为。新设立污染源的选址和特殊保护区域内现有污染源的管理，按照《中华人民共和国水污染防治法》《中华人民共和国海洋环境保护法》《中华人民共和国环境影响评价法》等法律的相关规定执行。

本标准规定的水污染物排放控制要求适用于企业直接或间接向其法定边界外排放水污染物的行为。

2 规范性引用文件

本标准引用了下列文件或其中的条款。凡未注明日期的引用文件，其最新版本适用于本标准。

GB/T 6920　水质　pH 值的测定　玻璃电极法
GB/T 11893　水质　总磷的测定　钼酸铵分光光度法
GB/T 11901　水质　悬浮物的测定　重量法
GB/T 11914　水质　化学需氧量的测定　重铬酸盐法
GB/T 16489　水质　硫化物的测定　亚甲基蓝分光光度法
GB/T 17133　水质　硫化物的测定　直接显色分光光度法
HJ 484　水质　氰化物的测定　容量法和分光光度法
HJ 502　水质　挥发酚的测定　溴化容量法
HJ 503　水质　挥发酚的测定　4-氨基安替比林分光光度法
HJ 535　水质　氨氮的测定　纳氏试剂分光光度法
HJ 536　水质　氨氮的测定　水杨酸分光光度法
HJ 537　水质　氨氮的测定　蒸馏-中和滴定法
HJ 636　水质　总氮的测定　碱性过硫酸钾消解紫外分光光度法
HJ 637　水质　石油类和动植物油类的测定　红外分光光度法
HJ/T 60　水质　硫化物的测定　碘量法
HJ/T 195　水质　氨氮的测定　气相分子吸收光谱法
HJ/T 199　水质　总氮的测定　气相分子吸收光谱法
HJ/T 200　水质　硫化物的测定　气相分子吸收光谱法
HJ/T 399　水质　化学需氧量的测定　快速消解分光光度法
《污染源自动监控管理办法》（国家环境保护总局令　第 28 号）

《环境监测管理办法》(国家环境保护总局令 第 39 号)

3 术语和定义

下列术语和定义适用于本标准。

3.1 合成氨工业 ammonia industry

合成氨工业包括生产合成氨以及以合成氨为原料生产尿素、硝酸铵、碳酸氢铵以及醇氨联产的生产企业或生产设施。

3.2 现有企业 existing facility

指在本标准实施之日前,已建成投产或环境影响评价文件已通过审批的合成氨工业企业或生产设施。

3.3 新建企业 new facility

指在本标准实施之日起,环境影响评价文件通过审批的新建、改建和扩建的合成氨工业生产设施建设项目。

3.4 排水量 effluent volume

指生产设施或企业向企业法定边界以外排放的废水的量,包括与生产有直接或间接关系的各种外排废水(含厂区生活污水、冷却废水、厂区锅炉和电站排水等)。

3.5 单位产品基准排水量 benchmark effluent volume per unit product

指用于核定水污染物排放浓度而规定的生产吨氨的废水排放量上限值。

注:醇氨联产企业需将醇生产量折算为氨生产量后再加和核定单位产品基准排水量。

3.6 直接排放 direct discharge

指排污单位直接向环境排放水污染物的行为。

3.7 间接排放 indirect discharge

指排污单位向公共污水处理系统排放水污染物的行为。

3.8 公共污水处理系统 public wastewater treatment system

指通过纳污管道等方式收集废水,为两家以上排污单位提供废水处理服务并且排水能够达到相关排放标准要求的企业或机构,包括各种规模和类型的城镇污水处理厂、区域(包括各类工业园区、开发区、工业聚集地等)废水处理厂等,其废水处理程度应达到二级或二级以上。

4 水污染物排放控制要求

4.1 自 2014 年 7 月 1 日起至 2015 年 12 月 31 日止,现有企业执行表 1 规定的水污染物排放限值。

表 1 现有企业水污染物排放浓度限值及单位产品基准排水量

单位:mg/L(pH 值除外)

序号	污染物项目	限值		污染物排放监控位置
		直接排放	间接排放	
1	pH 值	6~9	6~9	企业废水总排放口
2	悬浮物	60	100	

序号	污染物项目	限值		污染物排放监控位置
		直接排放	间接排放	
3	化学需氧量（COD$_{Cr}$）	100	200	企业废水总排放口
4	氨氮	40	50	
5	总氮	50	60	
6	总磷	1.0	1.5	
7	氰化物	0.2	0.2	
8	挥发酚	0.1	0.1	
9	硫化物	0.5	0.5	
10	石油类	5	5	
单位产品（氨）基准排水量/（m³/t）		10 [a]		排水量计量位置与污染物排放监控位置相同
		30 [b]		

[a] 单套装置年产合成氨≥30万t；
[b] 单套装置年产合成氨＜30万t。

4.2 自2016年1月1日起，现有企业执行表2规定的水污染物排放限值。

4.3 自2013年7月1日起，新建企业执行表2规定的水污染物排放限值。

表2 新建企业水污染物排放浓度限值及单位产品基准排水量

单位：mg/L（pH值除外）

序号	污染物项目	限值		污染物排放监控位置
		直接排放	间接排放	
1	pH值	6～9	6～9	企业废水总排放口
2	悬浮物	50	100	
3	化学需氧量（COD$_{Cr}$）	80	200	
4	氨氮	25	50	
5	总氮	35	60	
6	总磷	0.5	1.5	
7	氰化物	0.2	0.2	
8	挥发酚	0.1	0.1	
9	硫化物	0.5	0.5	
10	石油类	3	3	
单位产品（氨）基准排水量/（m³/t）		10		排水量计量位置与污染物排放监控位置相同

4.4 根据环境保护工作的要求，在国土开发密度已经较高、环境承载能力开始减弱，或环境容量较小、生态环境脆弱，容易发生严重环境污染问题而需要采取特别保护措施的地区，应严格控制企业的污染物排放行为，在上述地区的企业执行表3规定的水污染物特别排放限值。

表3 水污染物特别排放限值

单位：mg/L（pH 值除外）

序号	污染物项目	限值 直接排放	限值 间接排放	污染物排放监控位置
1	pH 值	6~9	6~9	企业废水总排放口
2	悬浮物	30	50	企业废水总排放口
3	化学需氧量（COD_{Cr}）	50	80	企业废水总排放口
4	氨氮	15	25	企业废水总排放口
5	总氮	25	35	企业废水总排放口
6	总磷	0.5	0.5	企业废水总排放口
7	氰化物	0.2	0.2	企业废水总排放口
8	挥发酚	0.1	0.1	企业废水总排放口
9	硫化物	0.5	0.5	企业废水总排放口
10	石油类	3	3	企业废水总排放口
单位产品（氨）基准排水量/（m³/t）		10		排水量计量位置与污染物排放监控位置相同

执行水污染物特别排放限值的地域范围、时间，由国务院环境保护主管部门或省级人民政府规定。

4.5 水污染物排放浓度限值适用于单位产品实际排水量不高于单位产品基准排水量的情况。若单位产品实际排水量超过单位产品基准排水量，须按式（1）将实测水污染物浓度换算为水污染物基准排水量排放浓度，并以水污染物基准排水量排放浓度作为判定排放是否达标的依据。产品产量和排水量统计周期为一个工作日。

在企业的生产设施同时生产两种以上产品、可适用不同排放控制要求或不同行业国家污染物排放标准，且生产设施产生的污水混合处理排放的情况下，应执行排放标准中规定的最严格的浓度限值，并按式（1）换算水污染物基准排水量排放浓度。

$$\rho_{基}=\frac{Q_{总}}{\sum Y_i \cdot Q_{i基}} \times \rho_{实} \tag{1}$$

式中：$\rho_{基}$——水污染物基准排水量排放浓度，mg/L；

$Q_{总}$——排水总量，m³；

Y_i——某种产品产量，t；

$Q_{i基}$——某种产品的单位产品基准排水量，m³/t；

$\rho_{实}$——实测水污染物排放浓度，mg/L。

若 $Q_{总}$ 与 $\sum Y_i \cdot Q_{i基}$ 的比值小于1，则以水污染物实测浓度作为判定排放是否达标的依据。

5 水污染物监测要求

5.1 对企业排放废水的采样,应根据监测污染物的种类,在规定的污染物排放监控位置进行,有废水处理设施的,应在该设施后监控。企业应按照国家有关污染源监测技术规范的要求设置采样口,在污染物排放监控位置应设置排污口标志。

5.2 新建企业和现有企业安装污染物排放自动监控设备的要求,按有关法律和《污染源自动监控管理办法》的规定执行。

5.3 对企业污染物排放情况进行监测的频次、采样时间等要求,按国家有关污染源监测技术规范的规定执行。

5.4 企业产品产量的核定,以法定报表为依据。

5.5 企业应按照有关法律和《环境监测管理办法》的规定,对排污状况进行监测,并保存原始监测记录。

5.6 对企业排放水污染物浓度的测定采用表4所列的方法标准。

表 4 水污染物浓度测定方法标准

序号	污染物项目	方法标准名称	方法标准编号
1	pH 值	水质 pH 值的测定 玻璃电极法	GB/T 6920
2	悬浮物	水质 悬浮物的测定 重量法	GB/T 11901
3	化学需氧量	水质 化学需氧量的测定 重铬酸盐法	GB/T 11914
		水质 化学需氧量的测定 快速消解分光光度法	HJ/T 399
4	氨氮	水质 氨氮的测定 纳氏试剂分光光度法	HJ 535
		水质 氨氮的测定 水杨酸分光光度法	HJ 536
		水质 氨氮的测定 蒸馏-中和滴定法	HJ 537
		水质 氨氮的测定 气相分子吸收光谱法	HJ/T 195
5	总氮	水质 总氮的测定 碱性过硫酸钾消解紫外分光光度法	HJ 636
		水质 总氮的测定 气相分子吸收光谱法	HJ/T 199
6	总磷	水质 总磷的测定 钼酸铵分光光度法	GB/T 11893
7	氰化物	水质 氰化物的测定 容量法和分光光度法	HJ 484
8	挥发酚	水质 挥发酚的测定 溴化容量法	HJ 502
		水质 挥发酚的测定 4-氨基安替比林分光光度法	HJ 503
9	硫化物	水质 硫化物的测定 亚甲基蓝分光光度法	GB/T 16489
		水质 硫化物的测定 直接显色分光光度法	GB/T 17133
		水质 硫化物的测定 碘量法	HJ/T 60
		水质 硫化物的测定 气相分子吸收光谱法	HJ/T 200
10	石油类	水质 石油类和动植物油类的测定 红外分光光度法	HJ 637

6 实施与监督

6.1 本标准由县级以上人民政府环境保护主管部门负责监督实施。

6.2 在任何情况下,企业均应遵守本标准规定的污染物排放控制要求,采取必要措施保证污染防治设施正常运行。各级环保部门在对设施进行监督性检查时,可以现场即时采样或监测的结果，作为判定排污行为是否符合排放标准以及实施相关环境保护管理措施的依据。在发现企业耗水或排水量有异常变化的情况下，应核定企业的实际产品产量和排水量，按本标准的规定，换算水污染物基准排水量排放浓度。

中华人民共和国国家标准

航天推进剂水污染物排放与分析方法标准

Discharge standard of Water pollutants and standard of analytical methed for space propellant

GB 14374—93
GB/T 14375～14378—93

为贯彻《中华人民共和国环境保护法》和《中华人民共和国水污染防治法》，防治航天推进剂对水环境的污染，制订本标准。

1 主题内容与适用范围

1.1 主题内容

本标准按照废水排放去向，分年限规定了航天推进剂水污染物最高允许排放浓度。

1.2 适用范围

本标准适用于航天使用推进剂的废水排放管理，以及建设项目的环境影响评价、设计、竣工验收及其建成后的排放管理。

本标准也适用于使用肼类、胺类燃料的单位。

2 引用标准

GB 3097 海水水质标准

GB 3838 地面水环境质量标准

GB 6920 水质 pH 值的规定 玻璃电极法

GB 7479 水质 铵的测定 纳氏试剂比色法

GB 7487 水质 氰化物的测定 第二部分：氰化物的测定

GB 7488 水质 五日生化需氧量（BOD_5）的测定 稀释与接种法

GB 8978 污水综合排放标准

GB 11889 水质 苯胺类化合物的测定 N-（1-萘基）乙二胺偶氮分光光度法

GB 11901 水质 悬浮物的测定 重量法

GB 11914 水质 化学需氧量的测定 重铬酸盐法

GB 13197 水质 甲醛的测定 乙酰丙酮分光光度法

GB/T 14375 水质 一甲基肼的测定 对二甲氨基苯甲醛分光光度法

GB/T 14376 水质 偏二甲基肼的测定 氨基亚铁氰化钠分光光度法

GB/T 14377 水质 三乙胺的测定 溴酚蓝分光光度法

GB/T 14378 水质　二乙烯三胺的测定　水杨醛分光光度法

3 技术内容

3.1 排放去向

本标准规定的污染物不得排入 GB 3838 中 IV、V 类水域和 GB 3097 中三类海域以外的水域。

3.2 标准值

3.2.1 1993 年 12 月 1 日以前立项的建设项目及其建成后投产的企业按表 1 执行。

表 1

序号	污染物最高允许排放浓度，mg/L	
1	pH 值	6～9
2	生化需氧量（BOD_5）	80
3	化学需氧量（COD_{Cr}）	200
4	悬浮物	250
5	氨氮	40
6	氰化物	0.5
7	甲醛	3.0
8	苯胺类	3.0
9	肼	0.1
10	一甲基肼	0.2
11	偏二甲基肼	0.5
12	三乙胺	10.0
13	二乙烯三胺	10.0

注：标准值为一次监测最大值。

3.2.2 1993 年 12 月 1 日起立项的建设项目及其建成后投产的企业按表 2 执行。

表 2

序号	污染物最高允许排放浓度，mg/L	
1	pH 值	6～9
2	生化需氧量（BOD_5）	60
3	化学需氧量（COD_{Cr}）	150
4	悬浮物	200
5	氨氮	25
6	氰化物	0.5
7	甲醛	2.0
8	苯胺类	2.0
9	肼	0.1
10	一甲基肼	0.2
11	偏二甲基肼	0.5
12	三乙胺	10.0
13	二乙烯三胺	10.0

注：标准值为一次监测最大值。

4 监测

4.1 采样点

肼、一甲基肼、偏二甲基肼、三乙胺、二乙烯三胺的采样点应设在车间或处理设施的排放口；其他污染物在总排放口采样。排放口设置永久性标志。

4.2 采样频率

按生产周期确定监测频率。生产周期在 8 h 以内的，每 2 h 采样一次；生产周期大于 8 h 的，每 4 h 采样一次。

4.3 测定方法

本标准中污染物的测定方法按表 3 执行。

表 3

序号	项目	测定方法	方法标准号
1	pH 值	玻璃电极法	GB 6920
2	生化需氧量（BOD_5）	稀释与接种法	GB 7488
3	化学需氧量（COD_{Cr}）	重铬酸盐法	GB 11914
4	悬浮物	重量法	GB 11901
5	氨氮	纳氏试剂比色法	GB 7479
6	氰化物	异烟酸-吡唑啉酮比色法	GB 7487
7	甲醛	乙酰丙酮分光光度法	GB 13197
8	苯胺类	N-（1-奈基）乙二胺偶氮分光光度法	GB 11889
9	一甲基肼	对二甲氨基苯甲醛分光光度法	GB/T 14375
10	偏二甲基肼	氨基亚铁氰化钠分光光度法	GB/T 14376
11	三乙胺	溴酚蓝分光光度法	GB/T 14377
12	二乙烯三胺	水杨醛分光光度法	GB/T 14378

5 标准实施监督

本标准由各级人民政府环境保护行政主管部门负责监督实施。

附加说明：

本标准由国家环境保护局科技标准司、原航空航天工业部建设司联合提出。

本标准由原航空航天工业部第七设计研究院负责起草。

本标准主要起草人徐志通、王兰翠。

本标准由国家环境保护局解释。

中华人民共和国国家标准

兵器工业水污染物排放标准　火炸药

Discharge standard for water pollutants from ordnance industry Powder and explosive

GB 14470.1—2002
代替 GB 14470.1—93
GB 4274—84
GB 4275—84
GB 4276—84

前言

为贯彻《中华人民共和国环境保护法》《中华人民共和国水污染防治法》和《中华人民共和国海洋环境保护法》，促进火炸药工业生产工艺和水污染治理技术进步，防治火炸药工业废水对环境的污染，制定本标准。

本标准是对 GB 14470.1—93《兵器工业水污染物排放标准　火炸药》、GB 4274—84《梯恩梯工业水污染物排放标准》、GB 4275—84《黑索今工业水污染物排放标准》、GB 4276—84《火炸药工业硫酸浓缩污染物排放标准》的修订。

本标准实施之日起，下列标准同时废止。

GB 14470.1—93《兵器工业水污染物排放标准　火炸药》；

GB 4274—84《梯恩梯工业水污染物排放标准》；

GB 4275—84《黑索今工业水污染物排放标准》；

GB 4276—84《火炸药工业硫酸浓缩污染物排放标准》。

本标准由国家环境保护总局科技标准司提出并归口。

本标准由中国兵器工业集团公司、中国兵器工业第五设计研究院负责起草。

本标准由国家环境保护总局于 2002 年 10 月 31 日批准。

本标准由国家环境保护总局负责解释。

1 范围

本标准按火炸药生产规模、生产工艺和产品种类，分时段规定了火炸药工业水污染物最高允许日均排放浓度和吨产品最高允许排水量。

本标准适用于全国火炸药生产企业水污染物的排放管理，以及火炸药生产企业建设项目的环境影响评价、建设项目环境保护设施设计、竣工验收及其建成后的污染控制与监督管理。

2 规范性引用文件

以下标准中的条文通过本标准的引用而构成本标准的条文，与本标准同效。

GB 6920　水质　pH 值的测定　玻璃电极法

GB 7488　水质　五日生化需氧量（BOD_5）的测定　稀释与接种法

GB 11901　水质　悬浮物的测定　重量法

GB 11903　水质　色度的测定

GB 11914　水质　化学需氧量的测定　重铬酸盐法

GB/T 13896　水质　铅的测定　示波极谱法

GB/T 13901　水质　二硝基甲苯的测定　示波极谱法

GB/T 13902　水质　硝化甘油的测定　示波极谱法

GB/T 13905　水质　梯恩梯的测定　亚硫酸钠分光光度法

GJB 102A　弹药系统术语

当上述标准被修订时，应使用其最新版本。

3 术语和定义

GJB 102A 规定的术语和定义适用于本标准。

3.1　硝化纤维素（nitrocellulose）

纤维素与硝酸酯化后的反应产物。其中棉纤维素与硝酸酯化后的产物称硝化棉。代号：NC。

3.2　梯恩梯（trinitrotoluene）

学名 2,4,6-三硝基甲苯；分子式 $C_7H_5N_3O_6$；代号 TNT。

3.3　地恩梯（dinitrotoluene）

学名　二硝基甲苯；分子式 $C_7H_6N_2O_4$；代号 DNT。

3.4　黑索今（hexogen；cyclonite）

学名　环三亚甲基三硝胺，又称 1,3,5-三硝基-1,3,5-三氮杂环己烷；分子式 $C_3H_6N_6O_6$；代号 RDX。

3.5　硝化甘油（nitroglycerin）

学名 1,2,3-丙三醇三硝酸酯或甘油三硝酸酯；分子式 $C_3H_5O_9N_3$；代号 NG。

4 技术要求

4.1　本标准分年限规定了火炸药工业水污染物最高日均允许排放浓度、吨产品最高允许排水量。

4.1.1　2003 年 6 月 30 日之前建设的项目及其建成后投产的企业，按表 1 规定的标准执行。

4.1.2　2003 年 7 月 1 日起建设的企业和现有企业的新、扩、改建项目，按表 2 规定的标准执行。

排入设置二级污水处理厂城镇下水道的火炸药工业废水中特征污染物 NG，TNT，DNT，RDX 应达到本标准；其他项目应达到地方规定的污水处理厂进水要求。

4.2　建设（包括改、扩建）项目的建设时间，以环境影响评价报告书（表）批准日期为准划分。

同一排放口排放两种或两种以上不同类别的废水，且每种废水中所含的同一种污染物的排放标准不同时，其混合后水污染物的最高允许排放浓度（$c_{混合}$）按照附录 A 的规定换算。

表1 2003年6月30日之前建成投产的火炸药企业，工业水污染物最高日均允许排放浓度、吨产品最高允许排水量　　　　　　　　　　　　　单位：单位：mg/L，色度、pH除外

类别	产品、原料工艺、规模	排水量(m^3/t)	污染物最高允许日均排放浓度									
			色度(稀释倍数)	悬浮物(SS)	生化需氧量(BOD_5)	化学需氧量(COD_{Cr})	总硝基化合物		黑索今(RDX)	硝化甘油(NG)	铅[1](Pb)	pH
							梯恩梯(TNT)	二硝基甲苯(DNT)				
硝化甘油系火炸药	硝化甘油	7.0	80	100	60	150	—	3.0	—	100	1.0	6~9
	双基发射药	5.0										
	硝化甘油类炸药	2.0										
	固体火箭推进剂	9.0										
粉状铵锑炸药	年产量＞6 000 t	1.5	80	70	60	120	3.0	—	—	—	—	6~9
	年产量≤6 000 t	2.0	80	100	60	150	4.0					6~9
硝化棉	以精制棉为原料	200	80	100	60	150	—	—	—	—	—	6~9
	以棉短绒为原料	450	200	150	100	300	—	—	—	—	—	6~9
单质炸药	黑索今	35	80	100	60	150	—	—	5.0	—	—	6~9
	梯恩梯	4.0	80	70	60	150	10	—	—	—	—	6~9
火炸药工业废酸浓缩	锅式浓缩硫酸	36	80	70	60	150	15	—	—	—	—	6~9
	硫酸法浓缩硝酸	8.0										
	硝镁法浓缩硝酸	400	80	70	60	150	—	—	—	—	—	6~9

注：1) 在车间或车间处理设施排放口取样。

表2 2003年7月1日起建设的火炸药企业和现有企业的新扩改建项目，工业水污染物最高日均允许排放浓度、吨产品最高允许排水量　　　　　　单位：mg/L，色度、pH除外

类别	产品、原料工艺、规模	排水量(m^3/t)	污染物最高允许日均排放浓度									
			色度(稀释倍数)	悬浮物(SS)	生化需氧量(BOD_5)	化学需氧量(COD_{Cr})	总硝基化合物		黑索今(RDX)	硝化甘油(NG)	铅[1](Pb)	pH
							梯恩梯(TNT)	二硝基甲苯(DNT)				
硝化甘油系火炸药	硝化甘油	7.0	50	70	30	100	—	3.0	—	80	1.0	6~9
	双基发射药	5.0										
	硝化甘油类炸药	2.0										
	固体火箭推进剂	9.0										
粉状铵锑炸药	年产量＞6 000 t	0.8	50	40	30	100	0.5	—	—	—	—	6~9
	年产量≤6 000 t	1.0	50	70	30	100	0.5	—	—	—	—	6~9
硝化棉	以精制棉为原料	200	50	70	30	100	—	—	—	—	—	6~9
	以棉短绒为原料	450	80	100	60	150	—	—	—	—	—	6~9
单质炸药	黑索今	30	50	70	30	100	—	—	3.0	—	—	6~9
	梯恩梯	2.5	50	70	30	100	5.0	—	—	—	—	6~9
火炸药工业废酸浓缩	真空法浓缩硫酸[2]	1.0	50	70	30	100	5.0	—	—	—	—	6~9
	硫酸法浓缩硝酸	7.0										
	硝镁法浓缩硝酸	300	50	70	30	100	—	—	—	—	—	6~9

注：1) 在车间或车间处理设施排放口取样。
2) 该工艺在与锅式浓缩结合时排放值参照附录A计算。

5 其他要求

5.1 硝化甘油系火炸药生产

5.1.1 对硝化甘油喷射输送水,应采取措施除去游离的硝化甘油等安全措施后可循环使用。

5.1.2 二硝基甲苯应采用间接加温法熔化,以减少废水的排放。

5.1.3 对吸收药驱水机排出的废水可用于棉浆配制、混合液喷射输送和冲洗管道等,以减少排放量。

5.2 硝化棉生产

5.2.1 硝化棉生产驱酸过程应采用高分离效率的驱酸技术和设备,最大限度地减少硝化棉的吸附酸含量,降低消耗,提高综合利用率。

5.2.2 驱酸后的硝化棉应进行酸水置换,进一步回收吸附酸,降低酸度,减少污染。

5.2.3 硝化棉酸性输送水应循环使用,以提高水的循环利用率。

5.3 粉状铵梯炸药生产

5.3.1 产生粉尘的各种工序采用不排或少排含梯恩梯废水的除尘方法。

5.3.2 在生产过程中,应严格控制药粉撒落室内、外地面。对废药、带药垃圾、废水沉淀池中固体沉淀渣及粘附药粉的包装袋等应集中保管,定期销毁。禁止露天堆放或随意乱抛,防止污染环境。

5.4 梯恩梯生产

5.4.1 梯恩梯精制产生的碱性废水(包括冲洗地面、刷洗设备、废药回收及事故排放等碱性废水)必须进行处理,严禁外排。

5.4.2 梯恩梯生产过程中产生的酸性废水,属于工艺酸性废水的应循环使用;属于非工艺酸性废水必须进行处理达标排放。

5.4.3 制片、干燥、包装等工序宜采用不排或少排含药粉尘废水的除尘方法。

5.4.4 废水沉淀池中的固体沉渣及各种废药不得露天堆放,应集中回收或销毁。

5.5 黑索今生产

5.5.1 采用直接硝化法生产工艺,主机的中间试样、黑索今酸性洗涤水、煮洗水必须回用。

5.5.2 对散落在地面上的固体黑索今及废水沉淀池中清理出的沉渣应集中处理销毁。

5.5.3 提高酸性产品水洗效率,避免煮洗不合格,以减少煮洗水的排放量。

5.6 火炸药工业废酸浓缩

5.6.1 硫酸浓缩过程中产生的酸渣,必须处理达中性后定点堆放,防止流失污染环境。

5.6.2 黑索今生产厂硝酸浓缩采用硝镁法时,大气冷凝器应采用间接冷凝,减少大量酸性废水的排放量。

6 监测

企业废水排放口应设置排污口标志和废水水量计量装置。

6.1 采样点

采样点设在企业的废水排放口(铅在车间或车间处理设施排放口采样)。

6.2 采样频率

采样频率应按生产周期确定,生产周期在 8 h 以内,每 2 h 采样一次;生产周期大于 8 h

的，每4 h采样一次。计算日均值。

6.3 排水量

排水量只计直接生产排水，不包括间接冷却水量、厂区生活污水及厂内锅炉排水量。吨产品最高允许排水量按月均值计算。

6.4 统计

企业原材料使用量、产品产量等，以法定月报表或年报表为准。

6.5 测定方法

本标准采用的测定方法按表3执行。

表3 污染物项目测定方法

序号	项目	测定方法	方法来源
1	pH值	玻璃电极法	GB 6920
2	生化需氧量（BOD_5）	稀释与接种法	GB 7488
3	悬浮物	重量法	GB 11901
4	色度	稀释倍数法	GB 11903
5	化学需氧量（COD_{Cr}）	重铬酸盐法	GB 11914
6	铅（Pb）	示波极谱法	GB/T 13896
7	二硝基甲苯（DNT）	示波极谱法	GB/T 13901
8	硝化甘油（NG）	示波极谱法	GB/T 13902
9	梯恩梯（NTN）	亚硫酸钠分光光度法	GB/T 13905
10	黑索今（RDX）	萘乙二胺分光光度法	1）
11	梯恩梯（TNT）	CPC分光光度法	1）

注：1）《兵器工业环境监测分析方法》，国防工业出版社，1991年。

7 标准实施监督

本标准由县级以上人民政府环境保护行政主管部门负责监督实施。

附录 A（规范性附录）

混合废水污染物最高允许排放浓度计算

关于排放单位在同一个排污口排放两种或两种以上工业废水，且每种工业废水中所含的同一种污染物的排放标准不同时，可采用如下方法计算混合排放时该污染物的最高允许排放浓度（$c_{混合}$）。

$$c_{混合} = \frac{\sum\limits_{i=1}^{n} c_i Q_i Y_i}{\sum\limits_{i=1}^{n} Q_i Y_i}$$

式中：$c_{混合}$——混合废水中某污染物最高允许排放浓度，mg/L；

c_i——不同产品废水中某污染物最高允许排放浓度，mg/L；

Q_i——不同产品最高允许排水量，m^3/t；

Y_i——分别为某种产品的产量（t/d，以月平均计）。

中华人民共和国国家标准

兵器工业水污染物排放标准 火工药剂

Discharge standard for water pollutants from ordnance industry Initiating explosive material and relative composition

GB 14470.2—2002
代替 GB 4277—84 GB 4278—84
GB 4279—84 GB 14470.2—93

前 言

为了贯彻执行《中华人民共和国环境保护法》《中华人民共和国水污染防治法》和《中华人民共和国海洋环境保护法》，防治火工药剂工业废水对环境的污染，制订本标准。

本标准是对《雷汞工业水污染物排放标准》（GB 4277—84）、《二硝基重氮酚工业水污染物排放标准》（GB 4278—84）、《叠氮化铅、三硝基间苯二酚铅、D·S 共晶工业水污染物排放标准》（GB 4279—84）和《兵器工业水污染物排放标准 火工品》（GB 14470.2—93）的修订。

修订的主要内容有：
——鉴于雷汞已停止生产，删除了对雷汞工业水污染物的排放控制。
——增加了对 K·D 复盐起爆药和三硝基间苯二酚工业水污染物的排放控制。
——取消了标准分级，以本标准实施之日为界限，分时段规定标准值。

自本标准实施之日起，GB 4277—84 GB 4278—84 GB 4279—84 和 GB 14470.2—93 同时废止。

本标准附录 A 是标准的资料性附录。

本标准由国家环境保护总局科技标准司提出并归口。

本标准由中国兵器工业集团公司，西安北方庆华电器（集团）有限责任公司负责起草。

本标准由国家环境保护总局于 2002 年 10 月 31 日批准。

本标准由国家环境保护总局负责解释。

1 范围

本标准规定了二硝基重氮酚、叠氮化铅、三硝基间苯二酚铅、D·S 共沉淀起爆药、K·D 复盐起爆药、硫氰酸铅、亚铁氰化铅、叠氮化钠、三硝基间苯二酚等工业水污染物最高允许日均排放浓度和单位产品最高允许排水量。

本标准适用于全国火工药剂生产企业水污染物的排放管理，以及这些产品生产企业建设项目的环境影响评价、设计、施工、竣工验收及建成后的污染控制与监督管理。

2 规范性引用文件

下列标准中的条文通过本标准的引用而构成本标准的条文，与本标准同效。

GB 6920	水质	pH 值的测定 玻璃电极法
GB 7470	水质	总铅的测定 双硫腙分光光度法
GB 7475	水质	总铅的测定 原子吸收分光光度法
GB 7488	水质	五日生化需氧量（BOD_5）的测定 稀释与接种法
GB 11903	水质	色度的测定
GB 11914	水质	化学需氧量的测定 重铬酸盐法
GB/T 13897	水质	硫氰酸盐的测定 异烟酸-吡唑啉酮分光光度法
GB/T 13898	水质	铁（Ⅱ、Ⅲ）氰络合物的测定 原子吸收分光光度法
GB/T 13899	水质	铁（Ⅱ、Ⅲ）氰络合物的测定 三氯化铁分光光度法
GB/T 15507	水质	肼的测定 对二甲氨基苯甲醛分光光度法
GB/T 16489	水质	硫化物的测定 亚甲基蓝分光光度法
GJB 102A	弹药系统术语	
J 9032	民用爆破器材术语、符号	

当上述标准被修订时，应使用其最新版本。

3 术语和定义

3.1 火工药剂（initiating explosive material and their relative composition）

用于或主要用于火工品的炸药或烟火药等，主要包括起爆药、点火药和延期药等。

3.2 苦味酸（picric acid；2,4,6-trinitrophenol）学名 2,4,6-三硝基苯酚。

3.3 碱式苦味酸铅与叠氮酸铅复盐（Double salt of basic lead picrate and lead azide），又称 K·D 复盐起爆药。

3.4 叠氮化铅与三硝基间苯二酚铅共沉淀起爆药（Co-ipitated product of lead azide and lead trinitrore-sorcinate），又称 D·S 共沉淀起爆药。

4 技术要求

4.1 标准值

本标准按照不同时间段规定了火工药剂工业水污染物最高允许日均排放浓度和生产中直接用水的单位产品最高允许排水量。

4.1.1 2003 年 6 月 30 日之前建设的项目及其建成后投产的企业，按表 1 规定的标准执行。

4.1.2 2003 年 7 月 1 日起建设的企业和现有企业的新、扩、改建项目，按表 2 规定的标准执行。

4.2 排入设置二级污水处理厂城镇排水系统的污水，特征污染物硝基酚类、叠氮化物、肼、硫氰酸盐、铁（Ⅱ、Ⅲ）氰络合物和总铅执行本标准，其他项目应达到地方规定的污水处理厂进水要求。

表1　2003年6月30日之前建设的项目及其建成后投产的火工药剂生产企业，水污染物最高允许日均排放浓度、单位产品最高允许排水量　　　　单位：mg/L，pH、色度除外

产品名称	排水量(L/kg)	pH值	污染物最高允许日均排放浓度									
			化学需氧量(COD)	生化需氧量(BOD$_5$)	色度(稀释倍数)	总铅	硝基酚类(以苦味酸计)	叠氮化钠(以N$_3^-$计)	肼(以N$_2$H$_4$计)	硫氰酸盐(以SCN$^-$计)	铁(Ⅱ、Ⅲ)氰络合物(以[Fe(CN)$_6$]$^{3-}$计)	硫化物(以S^{2-}计)
二硝基重氮酚	220	6～9	250	80	180	—	6.0	—	—	—	—	2.0
叠氮化铅	60	6～9	150	30	—	3.0	—	5.0	—	—	—	—
三硝基间苯二酚铅	60	6～9	150	30	100	4.0	—	—	—	—	—	—
D·S共沉淀起爆药	60	6～9	150	30	100	5.0	4.0	5.0	—	—	—	—
K·D复盐起爆药	60	6～9	150	30	150	5.0	4.0	5.0	—	—	—	—
硫氰酸盐	20	6～9	150	30	—	3.0	—	—	—	5.0	—	—
亚铁氰化铅	80	6～9	150	30	—	3.0	—	—	—	—	5.0	—
叠氮化钠	20	6～9	200	80	—	—	—	3.0	3.0	—	—	—
三硝基间苯二酚	50	6～9	150	30	150	—	4.0	—	—	—	—	—

表2　2003年7月1日起建设的火工药剂生产企业及其新、改、扩建项目，水污染物最高允许日均排放浓度、单位产品最高允许排水量　　　　单位：mg/L，pH、色度除外

产品名称	排水量(L/kg)	pH值	污染物最高允许日均排放浓度（单位：mg/L，pH、色度除外）									
			化学需氧量(COD)	生化需氧量(BOD$_5$)	色度(稀释倍数)	总铅	硝基酚类(以苦味酸计)	叠氮化钠(以N$_3^-$计)	肼(以N$_2$H$_4$计)	硫氰酸盐(以SCN$^-$计)	铁(Ⅱ、Ⅲ)氰络合物(以[Fe(CN)$_6$]$^{3-}$计)	硫化物(以S^{2-}计)
二硝基重氮酚	220	6～9	150	40	120	—	3.0	—	—	—	—	1.0
叠氮化铅	60	6～9	150	30	—	1.0	—	5.0	—	—	—	—
三硝基间苯二酚铅	60	6～9	150	30	80	1.0	3.0	—	—	—	—	—
D·S共沉淀起爆药	60	6～9	150	30	80	1.0	3.0	3.0	—	—	—	—
K·D复盐起爆药	60	6～9	150	30	120	1.0	3.0	5.0	—	—	—	—
硫氰酸盐	20	6～9	150	30	—	1.0	—	—	—	3.0	—	—
亚铁氰化铅	80	6～9	150	30	—	1.0	—	—	—	—	5.0	—
叠氮化钠	15	6～9	150	40	—	—	—	3.0	3.0	—	—	—
三硝基间苯二酚	50	6～9	150	30	120	—	3.0	—	—	—	—	—

5　其他要求

5.1　应将生产过程中产生的废水与一般清理卫生的污水分开，以减少需处理的污水量。对于含有标准中所列有害物质的卫生用水应予以处理，符合排放标准后方可排放。

5.2　对于废水中所含的药粒，在保障安全和产品质量的前提下，尽量与废水分离，使之回用于生产。

5.3　对于三硝基间苯二酚、硫氰酸铅等药剂生产中的洗涤水应尽量回用作配料水或冲淡用

水，以减少废水的处理数量，节约用水，增加得率。三硝基间苯二酚的生产母液经吸附处理除去硝基酚后，其含酸溶液尽量用作叠氮化钠、D·S 共沉淀起爆药等废水处理时的药剂，做到以废治废。

5.4 废水治理后的铅盐应做到回收使用。三硝基间苯二酚、硫酸钠等应尽量予以利用，避免二次污染。

5.5 原材料包装品不得任意丢弃，应集中处理。

6 监测

6.1 采样点

对总铅、叠氮化物、肼三个项目的监测在车间排放口采样，其余项目均在工厂总排放口采样。排放口应设置排放口标志和污水水量计量装置。

6.2 采样频率

采样频率应按生产周期确定。生产周期在 8 h 以内的，每 2 h 采样一次；生产周期大于 8 h 的，每 4 h 采样一次。最高允许排放浓度按日均值计算。

6.3 排水量

排水量只计生产直接排水，其最高允许排水量按月均值计算。

6.4 统计

企业的原料使用量、产品产量等，以法定月报表或年报表为准。

6.5 测定方法

本标准采用的测定方法按表 3 执行。

表 3 污染物项目的监测方法

序号	监测项目	测定方法	方法来源
1	pH 值	玻璃电极法	GB 6920
2	总铅	双硫腙分光光度法	GB 7470
3	总铅	原子吸收分光光度法	GB 7475
4	生化需氧量（BOD_5）	稀释与接种法	GB 7488
5	色度	稀释倍数法	GB 11903
6	化学需氧量（COD）	重铬酸盐法	GB 11914
7	硫氰酸盐	异烟酸-吡唑啉酮分光光度法	GB/T 13897
8	铁（Ⅱ、Ⅲ）氰络合物	原子吸收分光光度法	GB/T 13898
9	铁（Ⅱ、Ⅲ）氰络合物	三氯化铁分光光度法	GB/T 13899
10	肼	对二甲氨基苯甲醛分光光度法	GB/T 15507
11	硫化物	亚甲基蓝分光光度法	GB/T 16489
12	硝基酚类	分光光度法	参见附录 A
13	叠氮化物	限量比色法	注1）

注：1）参见《国家排放污染物标准编制说明和分析方法（2）》，城乡建设环境保护部环保局标准处，1984 年。对于 K·D 复盐起爆药和叠氮化钠工业废水中叠氮化物的测定，暂按本书中"叠氮化铅、三硝基间苯二酚铅和 D·S 共沉淀起爆药工业废水分析方法"进行。在分析叠氮化钠工业废水时，将叠氮化钠标准溶液乙的加入量由 2.5 ml 改为 1.5 ml。

7 标准实施与监督

本标准由县级以上人民政府环境保护行政主管部门负责实施与监督。

附录 A（资料性附录）

火工药剂废水中硝基酚类的分析方法

A.1 范围

本附录所规定的分析方法用于火工药剂生产工厂排出口废水中硝基酚类含量的测定。

A.2 原理

利用火工药剂废水中的硝基酚类能与三辛基甲基氯化铵生成离子缔合物，且其中的几种主要硝基酚与之生成的离子缔合物在 410 nm 波长处有相近吸光系数的特性，经二氯乙烷萃取后，对废水中硝基酚类总量进行分光光度测定。

A.3 试剂

本附录规定的方法所用试剂均为分析纯试剂，所用的水为去离子水或具有同等纯度的水。

A.3.1 亚硫酸钠（Na_2SO_3）。

A.3.2 亚硫酸钠溶液：100 g/L。

A.3.3 硫酸溶液：1+2。

A.3.4 三辛基甲基氯化铵溶液：12.5 g/L。

A.3.5 氢氧化钠溶液：50 g/L。

A.3.6 二氯乙烷。

A.3.7 碳酸氢钠-硫酸钠溶液：称取 25 g 碳酸氢钠和 10 g 硫酸钠，以水溶解，并稀释至 1 L。

A.3.8 苦味酸标准溶液。

A.3.8.1 苦味酸标准贮备液：称取 0.200 0 g 经 70℃烘干 3 h 的苦味酸，加入 10 mL 氢氧化钠溶液（A.3.5）和 20 mL 水，溶解后，移入 1 L 容量瓶中，以水稀释至标线，混匀。保存于暗处。1.00 mL 此溶液含苦味酸 200 μg。

A.3.8.2 苦味酸标准使用液：量取 10.00 mL 苦味酸标准贮备液于 200 mL 容量瓶中，加水稀释至标线，混匀。1.00 mL 此溶液含苦味酸 10.0 μg。

A.4 仪器

一般实验室仪器和分光光度计。

A.5 采样及样品

以每升水样加 10 g 的量预先将亚硫酸钠（A.3.1）加入玻璃采样瓶中，采集工厂排出口废水水样，用氢氧化钠溶液（A.3.5）调整其 pH 值为 8~9，于 2~5℃下冷藏。样品应在 24 h 内进行测定。

A.6 分析步骤

A.6.1 试料

分别量取两份经干滤纸过滤后的同体积均匀试样（其体积不大于 50 mL，准确至 0.1 mL，含硝基酚类的量小于 100 μg）作为试料。

A.6.2 空白试验

用 5 mL 亚硫酸钠溶液（A.3.2）和 45 mL 水代替试样，加入试剂的量和试验步骤与 A.6.3 测定相同，进行空白试验。

A.6.3 测定

A.6.3.1 前处理

量取适量试料于 250 mL 梨形分液漏斗中，加水至 50 mL，加入 1.00 mL 硫酸溶液（A.3.3），混匀后，加入 10 mL 三辛基甲基氯化铵溶液（A.3.4），混匀，静置 10 min。加入 10.00 mL 二氯乙烷（A.3.6），充分摇动，萃取 2 min。静置至两相完全分层后，将下层有机相放入盛有 50 mL 碳酸氢钠-硫酸钠溶液（A.3.7）的另一分液漏斗，摇动萃洗有机相 1 min。静置至两相完全分离。

A.6.3.2 测量

将有机相经脱脂棉脱水后，以 A.6.2 空白试验溶液作参比，用 10 mm 厚比色皿，于 410 nm 波长处测量其吸光度。

A.6.4 校准

A.6.4.1 标准工作溶液的制备、显色和测量

分别量取 0，1.00，2.00，4.00，6.00，8.00，10.00 mL 苦味酸标准使用液（A.3.8.2）于 250 mL 梨形分液漏斗中，各加入 5 mL 亚硫酸钠溶液（A.3.2），以下按 A.6.3 测定步骤操作，以空白试验（零浓度）溶液为参比，进行其他各浓度标准工作溶液吸光度的测定。

A.6.4.2 校准曲线的绘制

用测定的吸光度和对应的苦味酸的量绘制校准曲线。

A.7 结果的表示

硝基酚类的含量 c 以苦味酸计，按下式计算：

$$c = m/V$$

式中：c——水样中硝基酚类的含量，mg/L；

m——由校准曲线上查得试料中苦味酸的量，μg；

V——试料的体积，mL。

A.8 注意事项

A.8.1 由于测定所选波长不在缔合物最大吸收处，所以应准确调整测量波长，否则易引起较大的测量误差。

A.8.2 温度对测定的影响较大，应尽可能保持环境温度在 20℃以上，并在测定试样的同时进行校准曲线的测绘，以减少测定误差。

中华人民共和国国家标准

弹药装药行业水污染物排放标准

Effluent standards of water pollutants for ammunition loading industry

GB 14470.3—2011
代替 GB 14470.3—2002

前 言

为贯彻《中华人民共和国环境保护法》《中华人民共和国水污染防治法》《中华人民共和国海洋环境保护法》《国务院关于落实科学发展观 加强环境保护的决定》等法律、法规和《国务院关于编制全国主体功能区规划的意见》，保护环境，防治污染，促进弹药装药行业生产工艺和污染治理技术的进步，修定本标准。

本标准规定了弹药装药行业水污染物排放限值、监测和监控要求。为促进区域经济与环境协调发展，推动经济结构的调整和经济增长方式的转变，引导工业生产工艺和污染治理水平的发展方向，本标准规定了水污染物特别排放限值。

本标准中的污染物排放浓度均为质量浓度。

弹药装药生产企业排放的大气污染物、环境噪声适用相应的国家污染物排放标准，产生固体废物的鉴别、处理和处置适用国家固体废物污染控制标准。

本标准首次发布于1993年，2002年第一次修订，本次为第二次修订。

本次修订的主要内容为：

——标准名称修改为《弹药装药行业水污染物排放标准》。

——在"适用范围"章节增加了污染物排放行为的控制要求。

——在"术语和定义"章节增加了现有企业、新建企业、排水量、基准排水量、直接排放、间接排放、公共污水处理系统的定义。

——将 GB 14470.3—2002 中的"4 技术要求"和"5 其他要求"章节内容修改为"水污染物排放控制要求"；污染物排放控制项目增加了"总磷、总氮、氨氮、阴离子表面活性剂和基准排水量"，使控制项目由原来的9项增加到14项；增加了直接排放和间接排放的浓度限值要求；增加了水污染物特别排放限值。

——将 GB 14470.3—2002 中的"6 监测"修改为"水污染物监测要求"的内容。

——在"实施与监督"章节中增加了新的内容。

本标准自实施之日起，《兵器工业水污染物排放标准 弹药装药》（GB 14470.3—2002）自动废止。

本标准由环境保护部科技标准司组织制订。

本标准主要起草单位：北京中兵北方环境科技发展有限责任公司、中国兵器工业集团公司。

本标准环境保护部 2011 年 4 月 29 日批准。

本标准自 2012 年 1 月 1 日起实施。

本标准由环境保护部解释。

1 适用范围

本标准规定了弹药装药企业的水污染物排放限值、监测和监控要求，以及标准的实施与监督相关规定。

本标准适用于各类现有弹药装药企业的水污染物排放管理。

本标准适用于对各类弹药装药企业建设项目的环境影响评价、环境保护设施设计、竣工环境保护验收及其投产后的水污染物排放管理。

本标准适用于法律允许的污染物排放行为；新设立污染源的选址和特殊保护区域内现有污染源的管理，按照《中华人民共和国大气污染防治法》《中华人民共和国水污染防治法》《中华人民共和国海洋环境保护法》《中华人民共和国固体废物污染环境防治法》《中华人民共和国环境影响评价法》等法律、法规、规章的相关规定执行。

本标准规定的水污染物排放控制要求适用于企业直接或间接向其法定边界外排放水污染物的行为。

2 规范性引用文件

本标准内容引用了下列文件或其中的条款。凡是不注明日期的引用文件，其有效版本适用于本标准。

GB/T 6920　水质　pH 值的测定　玻璃电极法

GB/T 7494　水质　阴离子表面活性剂的测定　亚甲蓝分光光度法

GB/T 11893　水质　总磷的测定　钼酸铵分光光度法

GB/T 11894　水质　总氮的测定　碱性过硫酸钾消解紫外分光光度法

GB/T 11901　水质　悬浮物的测定　重量法

GB/T 11903　水质　色度的测定

GB/T 11914　水质　化学需氧量的测定　重铬酸钾法

GB/T 13900　水质　黑索今的测定　分光光度法

GB/T 16488　水质　石油类和动植物油的测定　红外光度法

HJ/T 86　水质　生化需氧量（BOD_5）的测定　微生物传感器快速测定法

HJ/T 195　水质　氨氮的测定　气相分子吸收光谱法

HJ/T 199　水质　总氮的测定　气相分子吸收光谱法

HJ/T 399　水质　化学需氧量的测定　快速消解分光光度法

HJ 505　水质　五日生化需氧量（BOD_5）的测定　稀释与接种法

HJ 535　水质　氨氮的测定　纳氏试剂分光光度法

HJ 536　水质　氨氮的测定　水杨酸分光光度法

HJ 537　水质　氨氮的测定　蒸馏—中和滴定法

HJ 599　水质　梯恩梯的测定　N-氯代十六烷基吡啶-亚硝酸钠分光光度法
HJ 600　水质　梯恩梯、黑索今、地恩梯的测定　气相色谱法
GJB 102A　弹药系统术语

3　术语和定义

下列术语和定义适用于本标准。

3.1　弹药装药　ammunition loading

依据规定动能需要，按照一定的工艺要求，将一定量的火药、炸药、烟火药及火工药剂等填充到弹药有关零部件中的操作过程或最终结果。

3.2　梯恩梯　2,4,6-trinitrotoluene

通用名称：梯恩梯；代号：TNT；其他名称：茶褐炸药；化学名称：2,4,6-三硝基甲苯；分子式：$CH_3C_6H_2(NO_2)_3$；相对分子质量 227.13；结构式：

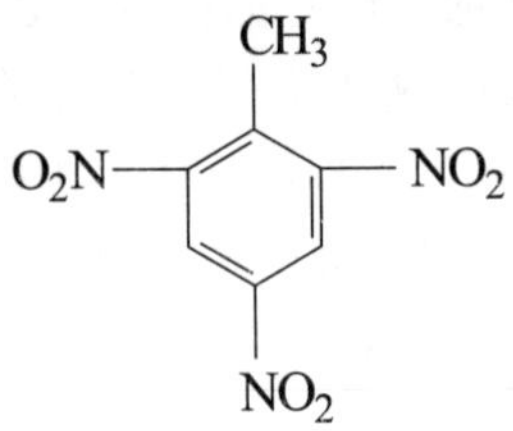

3.3　地恩梯　2,4-dinitrotoluene

通用名称：地恩梯；代号：DNT；化学名称：2,4-二硝基甲苯；分子式：$CH_3C_6H_3(NO_2)_2$；相对分子质量 182.14；结构式：

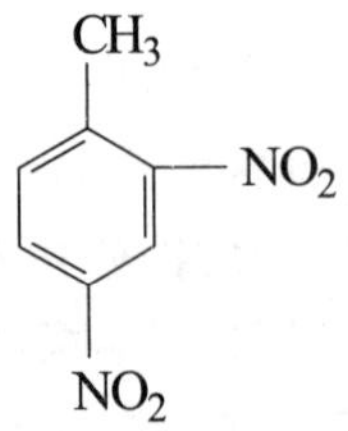

3.4　黑索今　cyclotrimethylene trinitramine；Hexogen

通用名称：黑索今；代号：RDX；化学名称：环三亚甲基三硝胺，又称 1,3,5-三硝基-1,3,5-三氮杂环己烷；分子式：$(CH_2NNO_2)_3$；相对分子质量 222.15；结构式：

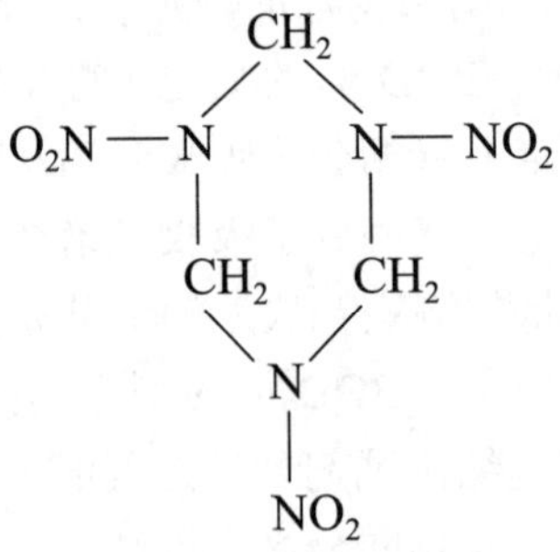

3.5 现有企业 existing facility

本标准实施之日前已建成投产或环境影响评价文件已通过审批的弹药装药企业或生产设施。

3.6 新建企业 new facility

本标准实施之日起环境影响文件通过审批的新建、改建和扩建的弹药装药行业建设项目。

3.7 排水量 discharge of wastewater

指生产设施或企业向企业法定边界以外排放的废水的量,包括与生产有直接或间接关系的各种外排废水(含厂区生活污水、冷却废水、厂区锅炉和电站废水等)。

3.8 基准排水量 datum discharge of wastewater quantity in unit time

指用于核定水污染物排放浓度而规定的每日清洗设备、工作面、洗涤防护品、水浴除尘器和其他各种外排水设施的废水排放量上限值。

3.9 直接排放 direct discharge

指排污单位直接向环境水体排放污染物的行为。

3.10 间接排放 indirect discharge

指排污单位向公共污水处理系统排放污染物的行为。

3.11 公共污水处理系统 publish wastewater treatment system

指通过纳污管道等方式收集废水,为两家以上排污单位提供废水处理服务并且排水能够达到相关排放标准要求的企业或机构,包括各种规模和类型的城镇污水处理厂、区域(各类工业园区、开发区、工业聚集地等)废水处理厂等,其废水处理程度应达到二级或二级以上。

4 水污染物排放控制要求

4.1 自 2012 年 1 月 1 日起至 2013 年 6 月 31 日止,现有企业执行表 1 规定的水污染物排放限值。

表 1 现有企业水污染物排放限值及基准排水量

单位:mg/L(pH 值、色度和基准排水量除外)

序号	污染物项目	排放限值		污染物排放监控位置
		直接排放	间接排放	
1	pH 值	6~9	6~9	企业废水总排放口
2	色度(稀释倍数)	50	100	
3	五日生化需氧量(BOD$_5$)	30	60	
4	化学需氧量(COD$_{Cr}$)	100	200	
5	总磷	1.5	3.0	
6	总氮	30	50	
7	氨氮	20	40	
8	阴离子表面活性剂	2	5	
9	石油类	5	10	
10	悬浮物(SS)	70	100	
11	梯恩梯(TNT)	1.0	1.0	车间或生产设施废水排放口
12	地恩梯(DNT)	1.0	1.0	
13	黑索今(RDX)	0.5	0.5	
14	基准排水量/(m^3/d)	30		排水量计量位置与污染物排放监控位置一致

4.2 自2013年7月1日起，现有企业执行表2规定的水污染物排放质量浓度限值。

4.3 自2012年1月1日起，新建企业执行表2规定的水污染物排放质量浓度限值。

表2 新建企业水污染物排放质量浓度限值及基准排水量

单位：mg/L（pH值、色度和基准排水量除外）

序号	污染物项目	排放限值		污染物排放监控位置
		直接排放	间接排放	
1	pH值	6~9	6~9	企业废水总排放口
2	色度（稀释倍数）	40	100	
3	五日生化需氧量（BOD$_5$）	20	60	
4	化学需氧量（COD$_{Cr}$）	60	200	
5	总磷	1.0	3.0	
6	总氮	20	50	
7	氨氮	15	40	
8	阴离子表面活性剂	1	5	
9	石油类	3	10	
10	悬浮物（SS）	50	100	
11	梯恩梯（TNT）	0.5	0.5	车间或生产设施废水排放口
12	地恩梯（DNT）	0.5	0.5	
13	黑索今（RDX）	0.2	0.2	
14	基准排水量/（m^3/d）	20		排水量计量位置与污染物排放监控位置一致

4.4 根据环境保护工作的要求，在国土开发密度较高、环境承载能力开始减弱，或水环境容量较小、生态环境脆弱，容易发生严重水环境污染问题而需要采取特别保护措施的地区，应严格控制设施的污染排放行为，在上述地区的企业执行表3规定的水污染物特别排放限值。

表3 水污染物特别排放限值及基准排水量

单位：mg/L（pH值、色度和基准排水量除外）

序号	污染物项目	排放限值		污染物排放监控位置
		直接排放	间接排放	
1	pH值	6~9	6~9	企业废水总排放口
2	色度（稀释倍数）	30	40	
3	五日生化需氧量（BOD$_5$）	20	40	
4	化学需氧量（COD$_{Cr}$）	50	60	
5	总磷	0.5	1.0	
6	总氮	15	20	
7	氨氮	10	15	
8	阴离子表面活性剂	0.5	1	
9	石油类	2	3	
10	悬浮物（SS）	30	50	
11	梯恩梯（TNT）	0.2	0.2	车间或生产设施废水排放口
12	地恩梯（DNT）	0.2	0.2	
13	黑索今（RDX）	0.1	0.1	
14	基准排水量/（m^3/d）	20		排水量计量位置与污染物排放监控位置一致

执行水污染物特别排放限值的地域范围、时间，由国务院环境保护行政主管部门或省级人民政府规定。

4.5 水污染物排放限值适用于本标准规定的每日外排废水的实际排水量不高于基准排水量的情况。若每日次实际排水量超过基准排水量，须按式（1）将实测水污染物质量浓度换算为水污染物基准水量排放质量浓度，并以水污染物基准水量排放质量浓度作为判定排放是否达标的依据。

$$\rho_{基} = \frac{Q_{总} \rho_{实}}{Q_{基}} \tag{1}$$

式中：$\rho_{基}$——水污染物基准水量排放质量浓度，mg/L；

$Q_{总}$——排水总量，m³/d；

$Q_{基}$——基准排水量，m³/d；

$\rho_{实}$——实测水污染物排放质量浓度，mg/L。

5 水污染物监测要求

5.1 对企业排放废水采样，应根据监测污染物的种类，在规定的污染物排放监控位置进行。有废水处理设施的，应在该设施后监控。企业应按国家有关污染源监测技术规范的要求设置采样口，在污染物排放监控位置须设置永久性排污口标志。

5.2 新建企业和现有企业安装污染物排放自动监控设备的要求，按有关法律和《污染源自动监控管理办法》的规定执行。

5.3 对企业水污染物排放情况进行监测的频次、采样时间、质量保证与质量控制等要求，按照国家有关污染源监测技术规范的规定和环境保护行政主管部门的要求执行。

5.4 企业应按照有关法律和《环境监测管理办法》的规定，对排污状况进行监测，并保存原始监测记录。

5.5 对企业排放水污染物质量浓度的测定采用表4所列的方法标准。

表4 水污染物质量浓度测定方法标准

序号	污染物项目	方法标准名称	方法标准编号
1	pH 值	水质 pH 值的测定 玻璃电极法	GB/T 6920—1986
2	色度	水质 色度的测定 稀释倍数法	GB/T 11903—1989
3	五日生化需氧量（BOD_5）	水质 五日生化需氧量（BOD_5）的测定 稀释与接种法	HJ 505—2009
		水质 生化需氧量（BOD）的测定 微生物传感器快速测定法	HJ/T 86—2002
4	化学需氧量（COD_{Cr}）	水质 化学需氧量的测定 重铬酸盐法	GB/T 11914—1989
		水质 化学需氧量的测定 快速消解分光光度法	HJ/T 399—2007
5	总磷	水质 总磷的测定 钼酸铵分光光度法	GB/T 11894—1989
6	总氮	水质 总氮的测定 碱性过硫酸钾消解紫外分光光度法	GB/T 11894—1989
		水质 总氮的测定 气相分子吸收光谱法	HJ/T 199—2005
7	氨氮	水质 氨氮的测定 纳氏试剂分光光度法	HJ 535—2009
		水质 氨氮的测定 水杨酸分光光度法	HJ 536—2009
		水质 氨氮的测定 蒸馏-中和滴定法	HJ 537—2009
		水质 氨氮的测定 气相分子吸收光谱法	HJ/T 195—2005
8	阴离子表面活性剂	水质 阴离子表面活性剂的测定 亚甲蓝分光光度法	GB/T 7494—1987
9	石油类	水质 石油类和动植物油的测定 红外光度法	GB/T 16488—1996

序号	污染物项目	方法标准名称	方法标准编号
10	悬浮物（SS）	水质 悬浮物的测定 重量法	GB/T 11901—1989
11	梯恩梯（TNT）	水质 梯恩梯的测定 N-氯代十六烷基吡啶-亚硝酸钠分光光度法	HJ 599—2011
		水质 梯恩梯、黑索今、地恩梯的测定 气相色谱法	HJ 600—2011
12	地恩梯（DNT）	水质 梯恩梯、黑索今、地恩梯的测定 气相色谱法	HJ 600—2011
13	黑索今（RDX）	水质 黑索今的测定 分光光度法	GB/T 13900—1992
		水质 梯恩梯、黑索今、地恩梯的测定 气相色谱法	HJ 600—2011

6 实施与监督

6.1 本标准由县级以上人民政府环境保护行政主管部门负责监督实施。

6.2 在任何情况下，弹药装药企业均应遵守本标准的污染物排放控制要求，采取必要措施保证污染防治设施正常运行。各级环保部门在对设施进行监督性检查时，可以现场即时采样或监测的结果，作为判定排污行为是否符合排放标准及实施相关环境保护管理措施的依据。在发现排水量有异常变化的情况下，应按 4.5 的规定，换算水污染物基准水量排放质量浓度。

中华人民共和国国家标准

磷肥工业水污染物排放标准

Discharge standard of water pollutants for phosphate fertilizer industry

GB 15580—2011
代替 GB 15580—95

前 言

为贯彻《中华人民共和国环境保护法》、《中华人民共和国水污染防治法》、《中华人民共和国海洋环境保护法》、《国务院关于落实科学发展观　加强环境保护的决定》等法律、法规和《国务院关于编制全国主体功能区规划的意见》，保护环境，防治污染，加强对磷肥企业废水排放的控制和管理，制定本标准。

本标准规定了磷肥工业企业水污染物排放限值、监测和监控要求。为促进区域经济与环境协调发展，推动经济结构的调整和经济增长方式的转变，引导工业生产工艺和污染治理技术的发展方向，本标准规定了水污染物特别排放限值。

本标准中的污染物排放浓度为质量浓度。

磷肥工业企业和生产设施排放大气污染物（含恶臭污染物）、环境噪声适用相应的国家污染物排放标准，产生固体废物的鉴别、处理和处置适用国家固体废物污染控制标准。

本标准首次发布于 1995 年，本次为第一次修订。

本次修订的主要内容为：

——根据落实国家环境保护规划、环境保护管理和执法工作的需要，调整了控制排放的污染物项目，提高了污染物排放控制要求；

——增加了水污染物特别排放限值和间接排放限值；

——取消了按污水去向分级管理的规定；

——不再按企业规模规定污染物排放限值。

自本标准实施之日起，《磷肥工业水污染物排放标准》（GB 15580—95）同时废止。

地方省级人民政府对本标准未作规定的污染物项目，可以制定地方污染物排放标准；对本标准已作规定的污染物项目，可以制定严于本标准的地方污染物排放标准。

本标准由环境保护部科技标准司组织制订。

本标准主要起草单位：中国环境科学研究院、中石化集团南京设计院。

本标准环境保护部 2011 年 4 月 2 日批准。

本标准自 2011 年 10 月 1 日起实施。

本标准由环境保护部解释。

1 适用范围

本标准规定了磷肥工业企业或生产设施水污染物排放限值。

本标准适用于现有磷肥工业企业或生产设施的水污染物排放管理。

本标准适用于对磷肥工业建设项目的环境影响评价、环境保护设施设计、竣工环境保护验收及其投产后的水污染物排放管理。

本标准适用于法律允许的污染物排放行为。新设立污染源的选址和特殊保护区域内现有污染源的管理，按照《中华人民共和国大气污染防治法》、《中华人民共和国水污染防治法》、《中华人民共和国海洋环境保护法》、《中华人民共和国固体废物污染环境防治法》、《中华人民共和国放射性污染防治法》、《中华人民共和国环境影响评价法》等法律、法规、规章的相关规定执行。

本标准规定的水污染物排放控制要求适用于企业直接或间接向其法定边界外排放水污染物的行为。

2 规范性引用文件

本标准内容引用了下列文件或其中的条款。

GB/T 6920—86　水质　pH值的测定　玻璃电极法

GB/T 7484—87　水质　氟化物的测定　离子选择电极法

GB/T 7485—87　水质　总砷的测定　二乙基二硫代氨基甲酸银分光光度法

GB/T 11893—89　水质　总磷的测定　钼酸铵分光光度法

GB/T 11894—89　水质　总氮的测定　碱性过硫酸钾消解分光光度法

GB/T 11901—89　水质　悬浮物的测定　重量法

GB/T 11914—89　水质　化学需氧量的测定　重铬酸盐法

HJ/T 84—2001　水质　无机阴离子的测定　离子色谱法

HJ/T 195—2005　水质　氨氮的测定　气相分子吸收光谱法

HJ/T 199—2005　水质　总氮的测定　气相分子吸收光谱法

HJ/T 399—2007　水质　化学需氧量的测定　快速消解分光光度法

HJ 487—2009　水质　氟化物的测定　茜素磺酸锆目视比色法

HJ 488—2009　水质　氟化物的测定　氟试剂分光光度法

HJ 535—2009　水质　氨氮的测定　纳氏试剂分光光度法

HJ 536—2009　水质　氨氮的测定　水杨酸分光光度法

HJ 537—2009　水质　氨氮的测定　蒸馏-中和滴定法

《污染源自动监控管理办法》（国家环境保护总局令　第28号）

《环境监测管理办法》（国家环境保护总局令　第39号）

3 术语和定义

下列术语和定义适用于本标准。

3.1　磷肥工业　phosphate fertilizer industry

生产磷肥产品的工业。磷肥产品包括：过磷酸钙（简称普钙）、钙镁磷肥、磷酸铵、重过磷酸钙（简称重钙）、复混肥（包括复合肥和掺合肥）、硝酸磷肥和其他副产品（如氟加工产品等），以及生产磷肥所需的中间产品磷酸（湿法）。

3.2 现有企业 existing facility

本标准实施之日前已建成投产或环境影响评价文件已通过审批的磷肥企业或生产设施。

3.3 新建企业 new facility

本标准实施之日起环境影响评价文件通过审批的新建、改建和扩建磷肥工业建设项目。

3.4 直接排放 direct discharge

排污单位直接向环境水体排放污染物的行为。

3.5 间接排放 indirect discharge

排污单位向公共污水处理系统排放污染物的行为。

3.6 公共污水处理系统 publish wastewater treatment system

通过纳污管道等方式收集废水，为两家以上排污单位提供废水处理服务并且排水能够达到相关排放标准要求的企业或机构，包括各种规模和类型的城镇污水处理厂、区域（包括各类工业园区、开发区、工业聚集地等）废水处理厂等，其废水处理程度应达到二级或二级以上。

3.7 排水量 effluent volume

生产设施或企业向企业法定边界以外排放的废水的量，包括与生产有直接或间接关系的各种外排废水（如厂区生活污水、冷却废水、厂区锅炉和电站排水等）。

3.8 单位产品基准排水量 benchmark effluent volume per unit product

用于核定水污染物排放浓度而规定的生产单位磷肥产品的废水排放量上限值。

4 水污染物排放控制要求

4.1 自2011年10月1日起至2013年3月31日止，现有企业执行表1规定的水污染排放限值。

表 1 现有企业水污染物排放限值

单位：mg/L（pH 值除外）

序号	污染物	直接排放限值					间接排放限值	污染物排放监控位置
		过磷酸钙	钙镁磷肥	磷酸铵[a]	重过磷酸钙	复混肥		
1	pH 值	6～9	6～9	6～9	6～9	6～9	6～9	企业废水总排放口
2	化学需氧量（COD_{Cr}）	80	80	80	80	80	150	
3	悬浮物	80	80	50	50	50	100	
4	氟化物（以 F 计）	20	20	15	15	15	20	
5	总磷（以 P 计）	20	20	20	20	20	20	
6	总氮	15	15	20	15	20	60	企业废水总排放口
7	氨氮	10	10	15	10	15	30	
8	总砷	0.5	0.5	0.5	0.5	0.5	0.5	车间或生产设施废水排放口

序号	污染物	直接排放限值					间接排放限值	污染物排放监控位置
		过磷酸钙	钙镁磷肥	磷酸铵[a]	重过磷酸钙	复混肥		
	单位产品基准排水量/（m³/t 产品）	0.3	0.4	0.3	0.2	0.2	与直接排放相同	排水量计量位置与污染物排放监控位置一致
		15[b]						

[a] 硝酸磷肥按磷酸铵的排放限值执行。
[b] 适用于有氟加工产品（产品以氟硅酸钠计）的企业，单位为 m³/t。

4.2 自 2013 年 4 月 1 日起，现有企业执行表 2 规定的水污染排放限值。

4.3 自 2011 年 10 月 1 日起，新建企业执行表 2 规定的水污染排放限值。

表 2 新建企业水污染物排放限值

单位：mg/L（pH 值除外）

序号	污染物	直接排放限值					间接排放限值	污染物排放监控位置
		过磷酸钙	钙镁磷肥	磷酸铵[a]	重过磷酸钙	复混肥		
1	pH 值	6～9	6～9	6～9	6～9	6～9	6～9	企业废水总排放口
2	化学需氧量（COD$_{Cr}$）	70	70	70	70	70	150	
3	悬浮物	30	30	30	30	30	100	
4	氟化物（以 F 计）	15	15	15	15	15	20	
5	总磷（以 P 计）	10	10	15	15	10	20	
6	总氮	15	15	20	15	20	60	
7	氨氮	10	10	15	10	15	30	
8	总砷	0.3	0.3	0.3	0.3	0.3	0.3	车间或生产设施废水排放口
	单位产品基准排水量/（m³/t）	0.3	0.4	0.2	0.15	0.15	与直接排放相同	排水量计量位置与污染物排放监控位置一致
		12[b]						

[a] 硝酸磷肥按磷酸铵的排放限值执行。
[b] 适用于有氟加工产品（产品以氟硅酸钠计）的企业，单位为 m³/t。

4.4 根据环境保护工作的要求，在国土开发密度已经较高、环境承载能力开始减弱，或环境容量较小、生态环境脆弱，容易发生严重环境污染问题而需要采取特别保护措施的地区，应严格控制企业的污染物排放行为，在上述地区的磷肥企业执行表 3 规定的水污染物特别排放限值。

表 3 水污染物特别排放限值

单位：mg/L（pH 值除外）

序号	污染物	直接排放限值					间接排放限值	污染物排放监控位置
		过磷酸钙	钙镁磷肥	磷酸铵[a]	重过磷酸钙	复混肥		
1	pH 值	6～9	6～9	6～9	6～9	6～9	6～9	企业废水总排放口
2	化学需氧量（COD$_{Cr}$）	50	50	50	50	50	100	
3	悬浮物	20	20	20	20	20	40	

序号	污染物	直接排放限值					间接排放限值	污染物排放监控位置
		过磷酸钙	钙镁磷肥	磷酸铵 a	重过磷酸钙	复混肥		
4	氟化物（以F计）	10	10	10	10	10	15	企业废水总排放口
5	总磷（以P计）	0.5	0.5	0.5	0.5	0.5	1.0	
6	总氮	10	10	15	10	15	20	企业废水总排放口
7	氨氮	5	5	10	5	10	15	
8	总砷	0.1	0.1	0.1	0.1	0.1	0.1	车间或生产设施废水排放口
单位产品基准排水量/（m³/t 产品）		0.2	0.2	0.1	0.1	0.1	与直接排放相同	排水量计量位置与污染物排放监控位置一致

a 硝酸磷肥按磷酸铵的排放限值执行。

执行水污染物特别排放限值的地域范围、时间，由国务院环境保护行政主管部门或省级人民政府规定。

4.5 水污染物排放浓度限值适用于单位产品实际排水量不高于单位产品基准排水量的情况。若单位产品实际排水量超过单位产品基准排水量，须按式（1）将实测水污染物浓度换算为水污染物基准排水量排放浓度，并以水污染物基准排水量排放浓度作为判定排放是否达标的依据。产品产量和排水量统计周期为一个工作日。

在企业的生产设施同时生产两种以上产品、可适用不同排放控制要求或不同行业国家污染物排放标准，且生产设施产生的污水混合处理排放的情况下，应执行排放标准中规定的最严格的浓度限值，并按式（1）换算水污染物基准排水量排放浓度。

$$\rho_\text{基} = \frac{Q_\text{总}}{\sum Y_i Q_{i\text{基}}} \times \rho_\text{实} \tag{1}$$

式中：$\rho_\text{基}$——水污染物基准排水量排放浓度，mg/L；

$Q_\text{总}$——实测排水总量，m³；

Y_i——某种产品产量，t；

$Q_{i\text{基}}$——某种产品的单位产品基准排水量，m³/t；

$\rho_\text{实}$——实测水污染物浓度，mg/L。

若 $Q_\text{总}$ 与 $\sum Y_i Q_{i\text{基}}$ 的比值小于 1，则以水污染物实测浓度作为判定排放是否达标的依据。

5 水污染物监测要求

5.1 对企业排放废水的采样，应根据监测污染物的种类，在规定的污染物排放监控位置进行。有废水处理设施的，应在处理设施后监控。在污染物排放监控位置须设置永久性排污口标志。

5.2 新建企业和现有企业安装污染物排放自动监控设备的要求，按有关法律和《污染源自动监控管理办法》的规定执行。

5.3 对企业污染物排放情况进行监测的频次、采样时间、质量保证与质量控制等要求，按国家有关污染源监测技术规范的规定执行。

5.4 企业产品产量的核定，以法定报表为依据。

5.5 企业应按照有关法律和《环境监测管理办法》的规定，对排污状况进行监测，并保存原始监测记录。

5.6 对企业排放水污染物浓度的测定采用表4所列的方法标准。

表4 水污染物浓度测定方法标准

序号	污染物项目	方法标准名称	方法标准编号
1	pH值	水质 pH值的测定 玻璃电极法	GB/T 6920—86
2	化学需氧量	水质 化学需氧量的测定 重铬酸盐法	GB/T 11914—89
		水质 化学需氧量的测定 快速消解分光光度法	HJ/T 399—2007
3	悬浮物	水质 悬浮物的测定 重量法	GB/T 11901—89
4	氟化物	水质 氟化物的测定 离子选择电极法	GB/T 7484—87
		水质 无机阴离子的测定 离子色谱法	HJ/T 84—2001
		水质 氟化物的测定 茜素磺酸锆目视比色法	HJ 487—2009
		水质 氟化物的测定 氟试剂分光光度法	HJ 488—2009
5	总磷	水质 总磷的测定 钼酸铵分光光度法	GB/T 11893—89
6	总氮	水质 总氮的测定 碱性过硫酸钾消解分光光度法	GB/T 11894—89
		水质 总氮的测定 气相分子吸收光谱法	HJ/T 199—2005
7	氨氮	水质 氨氮的测定 气相分子吸收光谱法	HJ/T 195—2005
		水质 氨氮的测定 纳氏试剂分光光度法	HJ 535—2009
		水质 氨氮的测定 水杨酸分光光度法	HJ 536—2009
		水质 氨氮的测定 蒸馏-中和滴定法	HJ 537—2009
8	总砷	水质 总砷的测定 二乙基二硫代氨基甲酸银分光光度法	GB/T 7485—87

6 实施与监督

6.1 本标准由县级以上人民政府环境保护行政主管部门负责监督实施。

6.2 在任何情况下，企业均应遵守本标准的污染物排放控制要求，采取必要措施保证污染防治设施正常运行。各级环保部门在对设施进行监督性检查时，可以现场即时采样或监测的结果，作为判定排污行为是否符合排放标准以及实施相关环境保护管理措施的依据。在发现设施耗水或排水量有异常变化的情况下，应核定设施的实际产品产量和排水量，按本标准的规定，换算水污染物基准水量排放浓度。